THE COMPREHENSIVE TEXTBOOK OF

CLINICAL BIOMECHANICS

运动康复力学应用

生物力学基础与临床（第2版）

（美）吉姆·理查兹（Jim Richards） 著
吴广亮 阳煜华 肖军 主译

清華大學出版社
北 京

北京市版权局著作权合同登记号 图字：01-2020-0621

Elsevier (Singapore) Pte Ltd.
3 Killiney Road, #08-01 Winsland House I,
Singapore 239519
Tel: (65) 6349-0200; Fax: (65) 6733-1817

The Comprehensive Textbook of CLINICAL BIOMECHANICS, 2nd edition

First edition 2008, Second edition 2018
ISBN: 9780702054891

This translation of The Comprehensive Textbook of CLINICAL BIOMECHANICS, 2nd edition by Jim Richards was undertaken by Tsinghua University Press and is published by arrangement with Elsevier (Singapore) Pte Ltd.

The Comprehensive Textbook of CLINICAL BIOMECHANICS, 2nd edition by Jim Richards 由清华大学出版社进行翻译，并根据清华大学出版社与爱思唯尔（新加坡）私人有限公司的协议约定出版。

《运动康复力学应用：生物力学基础与临床》（第2版）（吴广亮　阳煜华　肖军　主译）

ISBN: 9787302621195

注　意

本译本由清华大学出版社完成。相关从业及研究人员必须凭借其自身经验和知识对文中描述的信息数据、方法策略、搭配组合、实验操作进行评估和使用。由于医学科学发展迅速，临床诊断和给药剂量尤其需要经过独立验证。在法律允许的最大范围内，爱思唯尔、译文的原文作者、原文编辑及原文内容提供者均不对译文或因产品责任、疏忽或其他操作造成的人身及 / 或财产伤害及 / 或损失承担责任，亦不对由于使用文中提到的方法、产品、说明或思想而导致的人身及 / 或财产伤害及 / 或损失承担责任。

图书在版编目（CIP）数据

运动康复力学应用：生物力学基础与临床：第2版 / (美) 吉姆·理查兹 (Jim Richards) 著；吴广亮，阳煜华，肖军主译. —北京：清华大学出版社，2022.11
书名原文：The Comprehensive Textbook of CLINICAL BIOMECHANICS
ISBN 978-7-302-62119-5

Ⅰ.①运…　Ⅱ.①吉… ②吴… ③阳… ④肖…　Ⅲ.①生物力学—研究　Ⅳ.①Q66

中国版本图书馆CIP数据核字(2022)第200210号

责任编辑： 肖　军
封面设计： 钟　达
责任校对： 李建庄
责任印制： 宋　林

出版发行： 清华大学出版社
网　　址： http://www.tup.com.cn, http://www.wqbook.com
地　　址： 北京清华大学学研大厦A座　　**邮　　编：** 100084
社 总 机： 010-83470000　　**邮　　购：** 010-62786544
投稿与读者服务： 010-62776969, c-service@tup.tsinghua.edu.cn
质量反馈： 010-62772015, zhiliang@tup.tsinghua.edu.cn
印 装 者： 三河市龙大印装有限公司
经　　销： 全国新华书店
开　　本： 210mm × 285mm　　**印　　张：** 16.75　　**字　　数：** 396千字
版　　次： 2022年11月第1版　　**印　　次：** 2022年11月第1次印刷
定　　价： 198.00元

产品编号：084804-01

译者名单

主　译　吴广亮　阳煜华　肖　军

译　者（按姓氏笔画排序）

阳煜华　北京化工大学文法学院

肖　军　北京燕化医院

吴广亮　中国人民大学体育部

赵建功　北京市东城区第一人民医院

高　宁　北京市昌平区南口医院

谢卫东　华润武钢总医院

潘　磊　中亮健康管理有限公司

原著者名单

NACHIAPPAN CHOCKALINGAM BENG, MSC,PHD, CENG, CSCI, PFHEA
Professor of Clinical Biomechanics in the School of Life Sciences and Education at Staffordshire University , UK

PAOLA CONTESSA BSC(ENG) , MSC(ENG), PHD
Research Scientist at Boston University , Research Scientist at Delsys Inc. , USA

CARLO J DE LUCA , PHD
was Professor of Biomedical Engineering, Founder and Director of the NeuroMuscular Research Center, Research Professor of eurology, Professor of Electrical and Computer Engineering, Professor of Physical Therapy and Founding President of Delsys Inc. In 2015 he was appointed Professor Emeritus of Boston University College of Engineering , USA

AOIFE HEALY BSC, MSC, PHD
Senior Research Offi cer in the School of Life Sciences and Education at Staffordshire University, UK

SARAH JANE HOBBS BENG(HONS), PHD
Reader in Equine and Human Biomechanics and research lead for Centre for Applied Sport and Exercise Sciences at University of Central Lancashire , UK

DAVID L EVINE , PT, PHD, DPT, OCS
Professor and Walter M. Cline Chair of Excellence in Physical Therapy at The University of Tennessee at Chattanooga , USA

RICARDO MATIAS PT, PHD
Researcher at the Neurobiology of Action Group, Champalimaud Foundation and Neuromechanics of Human Movement Research Group , University of Lisbon, Portugal

ROBERT NEEDHAM BSC, MSC, FHEA
Lecturer in Biomechanics in the School of Life Sciences and Education at Staffordshire University, UK

SERGE ROY SCD, PT
Director of Research, Delsys Inc , Natick , MA ; and Adjunct Research Professor at Sargent College of Health and Rehabilitation Sciences at Boston University , USA

JIM RICHARDS BENG, MSC, PHD
Professor in Biomechanics and research lead for Allied Health Professions at University of Central Lancashire , UK

JAMES SELFE DSC, PHD, MA, GDPHYS, FCSP
Professor of Physiotherapy in the Department of Health Professions at Manchester Metropolitan University , UK

JONATHAN S INCLAIR BSC (HONS), PHD
Senior Lecturer and Course Leader for MSc Sport & Exercise Sciences, Sport, Exercise & Nutritional Sciences at University of Central Lancashire , UK

DOMINIC T HEWLIS BSC (HONS), PHD
Associate Professor of Biomechanics and NHMRC R.D. Wright Career Development Fellow at Centre for Orthopaedic and Trauma Research , University of Adelaide, Australia

NATALIE VANICEK BSC (HONS), MSC, PGCHE, PHD
Reader in Biomechanics focusing on preventing falls and improving musculoskeletal function at the University of Hull, UK

献给 Jackie, Imogen 和 Joe

致 谢

在此，我要感谢所有过去和现在的同事及学生，特别感谢本书的编者，感谢他们孜孜不倦的工作。我也想借此机会纪念我的朋友和导师卡洛 (Carlo John De Luca) 教授，他于 2016 年 7 月 20 日去世，享年 72 岁。卡洛一直激励着我，也激励着无数人。他毕生致力于神经肌肉控制、信号处理和肌电传感器技术，在该领域不断挑战并取得了重大突破。是我们所有人学习的榜样，也给我们留下了无与伦比的精神财富，我们会永远怀念卡洛。

前 言

多年以来，临床医师对循证医疗实践或循证医学提出很多建议。1992 年《美国医学会杂志》在“医学文献使用者指南”指出：

■ 仅仅对疾病基本机制的理解还不足以指导临床实践。

■ 为了研究临床实践的有效性，需要系统地记录观察结果和重复测量结果。

临床实践的两个挑战是：有效性测量的可重复性和所采取措施的临床意义，在过去的几年内，临床研究中的两个常见问题是：

■ 什么是最小临床意义差值（Minimal Clinical Important Differences，MCID）？最小临床意义差值是在患者和规定的“正常值”之间的最小可测量值之间的差异。

■ 什么是最小临床意义变化（Minimal Clinically Important Changes，MCIC）？最小临床意义变化为在有关领域内，患者认为有益的治疗而产生的效果变化。

因此，生物力学中常常被问到的问题是：

■ 生物力学能提供新的、准确地评估方法吗？

■ 生物力学能评估不同疗法的有效性吗？

■ 生物力学能否为临床实践提供即时、详细和直接的反馈吗？

本书涵盖了理解生物力学测量所必需的概念和理论，以及收集、分析和解释生物力学数据的临床可用方法。包括理解肌肉骨骼系统和解释生物力学测量所必需的数学和力学概念，用于生物力学测量的各种方法，肌肉骨骼和神经病理性疾病非手术治疗的生物力学理论等。重点介绍了在临床评估中使用的运动康复和矫形器的生物力学知识。本书可作为相关学科本科生、研究生及临床相关学科专业人员以培训和临床实践相结合的方式提高其解决实际问题能力的参考。

本书分为 3 部分 13 章：第 1 部分是力学和生物力学理论，第 2 部分是测量和建模，第 3 部分是临床评估，教师可根据具体情况予以调整。第 1 章涵盖了理解复杂人体力学所需的数学和力学基础知识，介绍如何将问题分解并提供疑难生物力学问题的解决方案。第 2 章详细介绍与肌肉骨骼系统相关的数学和力学特性，主要介绍上肢和下肢关节、肌肉和力的特性。第 3 章介绍了如何采用不同的测量方法计算地面反作用力和足底压力，包括在姿势晃动、行走和不同形式的跑步期间如何测量地面反作用力和足底压力。第 4 章介绍了关节运动分析的基础理论和基本方法，包括足踝关节、膝关节、髋关节和骨盆三维运动。第 5 章介绍运动中功和功率、角功和角功率的概念和计算方法，角功和角功率用于分析步态期间的方法。第 6 章介绍逆动力学的概念及相关的回转半径和转动惯量，列举分析计算动态关节力矩和力的临床案例。第 7 章介绍力和压力的测量方法。包括评估力和压力的不同方法，以及在研究中常用的各种测量方法的识别和临床评估。第 8 章介绍不同运动分析方法的优缺点，从摄像技术的使用到惯性计量单位。包括采集和分析运动数据所需的过程和对错误数据的分析。第 9 章介绍运动分析过程中足、下肢、脊柱和肩关节等部位标志的设置，讨论了 6 个自由度测量的原理以及在不同坐标系下所遇到的相关误差。第 10 章介绍肌电图信号的本质及采用 EMG 测量肌活动的不同方法。包括肌电图的设置和使用，肌电图标准数据处理技术，以及影响EMG信号质量的因素。还介绍了一些EMG数据采集和处理技术的新进展，而这些新进展使测量个体运动单位成为可能。第11章介绍评估下肢运动的生物力学知识，包括上、下台阶，从坐位到立位，起动步态，下蹲等。第12章介绍下肢矫形生物力学管理理论和方法，包括矫形管理的理论和设备使用的案例研究。第13章介绍了下肢截肢者在水平行走和爬楼梯时所使用的代偿运动学和动力学策略，以及通过截肢平面和假肢类型分析比较来了解假肢的真实效果。

目　录

第 1 部分　力学和生物力学理论

第 2 部分　测量和建模

第 3 部分　临床评估

第 1 部分

力学和生物力学理论

第1章　数学和力学

理解复杂人体力学的关键概念、基础数学和力学知识，介绍如何将问题分解并提供分析生物力学问题的解决方案。

目的

理解复杂生物力学所必备的数学和力学概念。

目标

- 掌握描述身体运动的关键概念。
- 掌握计算向量的方法。
- 理解牛顿定律与人体的相关性以及质量与重量的区别。
- 探究力向量对关节的作用。
- 理解足的摩擦力。
- 理解什么是回转力矩。

1.1 重点概念

1.1.1 单位：标准国际计量单位

我们目前使用的计量单位是1960年制定的国际单位制（Système Internationald Unites SI）。国际单位制是国际上普遍采用的标准度量衡单位，基于MKS（米、千克、秒）系统。解决问题过程中使用这些单位，请勿使用英镑和英尺，如果在计算中不用SI单位，那么有些问题变得难以解决。

在生物力学中推荐的一些SI单位，是与其他单元密切关联的，这些SI单位使问题更容易解决（表1.1）。

表 1.1　国际单位制

数量	单位	符号
长度	米	m
质量	千克	kg
时间	秒	s
面积	平方米	m^2
体积	立方米	m^3
速度	米每秒	m/s
加速	米每平方秒	m/s^2
作用力	牛[顿]	N
压力	帕斯卡	N/s^2
能量	焦[耳]	J
功率：	瓦[特]	W

1.1.2 指数

指数是表示非常大或非常小数字的一种方式，不包含大量的零（表1.2）。例如，100 000米可以被写为100千米，并且10 000 000帕斯卡的压力可以写为10 MPa。在生物力学中，特别是压力测量时（数值可能非常大），指数是非常有用的。

表 1.2　指数

数	符号
1 000 000 000	10^9(G)
1 000 000	10^6(M)
1000	10^3(k)
100	10^2(h)
10	10^1(da)
0.1	10^{-1} (d)
0.01	10^{-2} (c)
0.001	10^{-3} (m)
0.000 001	10^{-6}(μ)
0.000 000 001	10^{-9} (p)

1.1.3 解剖概念

我们常常用3个解剖学概念来描述身体的位置：矢状面、冠状面和水平面。矢状面可以描述为从侧面的一个视图，冠状面（有时被称为额面）是从前面或后面的视图，水平面是从上面或者沿着人体肢体横轴的视图。因此，屈和伸被描述为在矢状面内的运动（或者考虑视角时的背屈和跖屈），外展和内收被描述为冠状面内的运动，水平面运动被描述内旋和外旋。解剖学概念也用于描述不同肢体相对于身体中心之间的关系（图 1.1）。这些包括前（前面）、后（背面）、上（上面）、下（下面），内侧（朝向身体中线），侧面（远离身体中线），近侧（朝向身体其他部位）和远侧（远离身体其他部位）。

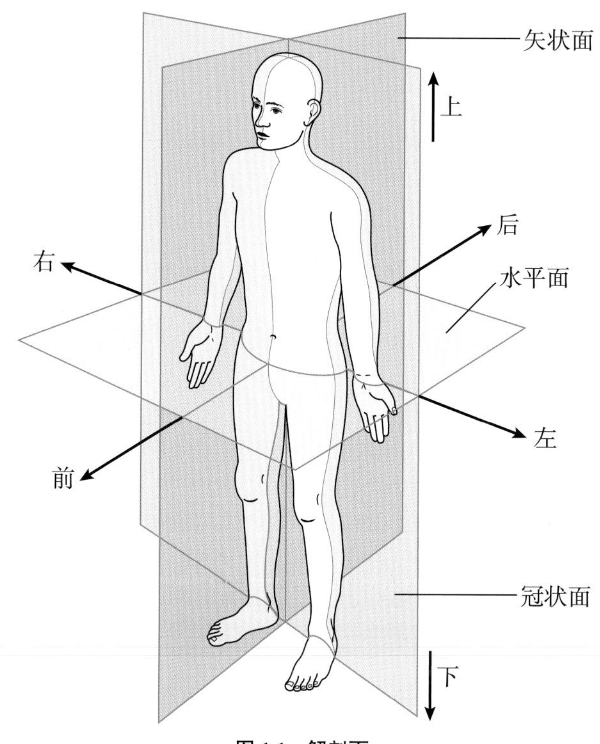

图 1.1　解剖面
（Levine, Whittle's Gait Analysis, Churchill Livingstone, 2012）

1.2 数学

正确理解人体生物力学的本质，必须在数学的指导下分析人体运动。随着学习的深入，力学分析可能会变得越来越困难，但分析问题的方法一样。许多临床医师在理解生物力学相关的数学方面有困难，是由于数学抽象的本质造成的。我们可以根据解剖学和临床评估展来显示其相关性。

1.2.1　三角函数

在理解人体如何运动以及力对身体的影响时，学习三角函数是绝对必要的。例如，测量膝关节如何运动以及当它运动时有什么力作用在它上面，需要三角函数来找出这些力，生物力学最具挑战性的部分是在完成所有的计算之后，要弄清楚这一切意味着什么，而三角函数是至关重要的第一步。大多数运动分析系统采用三角函数解决力学分析问题，理解哪种运动对患者有益，并且可以帮助患者理解评估的意义。下一节将介绍勾股定理和切线，下一章将通过分析身体肢体的位置和方向，讨论毕达哥拉斯定理、正切、正弦和余弦。

勾股定理（毕达哥拉斯定理）

毕达哥拉斯生于公元前 570 年，逝于公元前 495 年。他最先发现：在一个直角三角形中，直角三角形斜边的平方等于其他两边平方之和。这仅适用于直角三角形（一个内角为 90°）。

对大多数生物力学问题而言，直角三角形定律帮助我们理解关节运动和力量所需的全部内容。在很大程度上，我们将身体分为三个面，这三个身体平面相互成 90° 角（或正交直线，如果我们采用的解剖学概念）。从数学角度来看：无论我们看哪个解剖面，我们都有一个 90° 角。因为有 90° 角，相关三角问题就变得非常易于解决！

因此，三角对于分析生物力学非常重要；我们现在用毕氏定律来分析股骨的位置和角度；在开始前，我们需要知道股骨的远端和近端位置。这些位置通常通过在膝关节上的股骨髁（A）和在髋关节上的股骨头（C）来确定（图 1.2）。

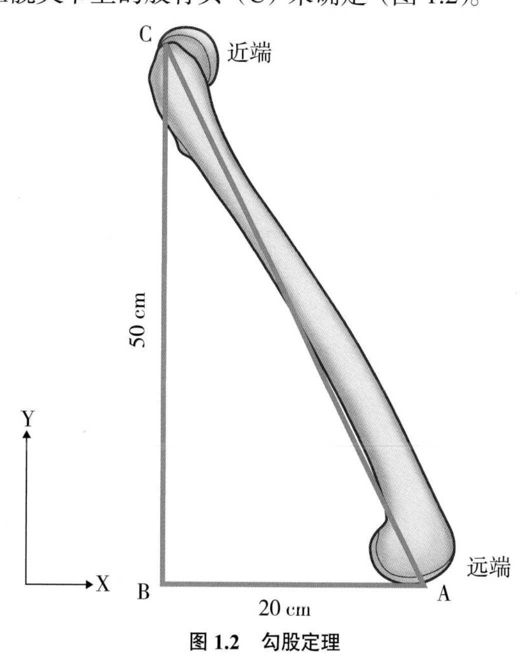

图 1.2　勾股定理

毕氏定律认为：斜边的平方等于其他两边的平方之和，斜边是任何直角三角内的最长的边，在此，剩余的两个边组成 90° 角。因此：

$$AC^2 = AB^2 + BC^2$$

在此，AB 是膝关节和髋关节之间的水平距离，BC 是膝关节和髋关节之间的垂直距离，AC 是斜边或者股骨的长度。

运动分析系统通常会告诉我们身体部分末端在 x 和 y 坐标中的位置，如果我们知道水平边和垂直边的长度，AB = 20 cm 和 BC = 50 cm，我们可以用毕氏定律计算出股骨或者 AC 的长度。

$$AC^2 = AB^2 + BC^2$$

$$AC^2 = 20^2 + 50^2$$

$$AC^2 = 400 + 2500$$

$$AC^2 = 2900$$

$$AC = \sqrt{2900} = 53.85\ \text{cm}$$

因此，股骨的长度是 53.85 cm。

重要的是：注意股骨的长度或者斜边是三角形的最长的边，永远都是这样：如果您计算出此斜边比其他两边的任一边更短，那么您对此方程式的理解可能有些模糊。

如果我们知道一个直角三角形的任意两边，那么就可以计算出第三边。如果我们知道膝关节和髋关节的水平和垂直位置，我们可以计算出股骨的长度。尽管大多数人对此并不感兴趣，但是如果没有这些方面的研究，我们将对此机理甚至生物力学知之甚少。

什么是正切、正弦和余弦?

理解正切、正弦和余弦的最好方法是把它们想象成一个三角的不同边的比例。

在英国，常常用上坡的距离与向前走的距离来描述一个小山的坡度。比如，一个坡度为 1/4 的小山意味着每向前走 4 米则向上走 1 米：这让我们判断出小山的坡度。

我们可以将此范例与角度相关联，但无需用概念表示一个髋关节屈伸角度。在这个点上，正切、正弦和余弦可以帮助我们将不同边之间的比率转换为角度。也可以探究关于三者的大量细节，但是我们想了解的是如何使用正切、正弦和余弦，而非证明它们从何而来以及为什么起作用，将这些比例转化为角度的最佳方式是采用计算器，或者使用效果相同的表格。

学生笔记

采用计算器解决这些问题时，如果知道角度，需要使用正弦、余弦和正切，如果试图从一个比例发现角度，需要使用反正弦、反余弦和反正切，或许使用第二个函数来得到这些。

角的正切

在一个直角三角形中，三角形边的比例决定三角内的角度，反之亦然（图 1.3）。

$$\text{角的正切}(\tan\theta) = \frac{\text{对边}}{\text{邻边}}$$

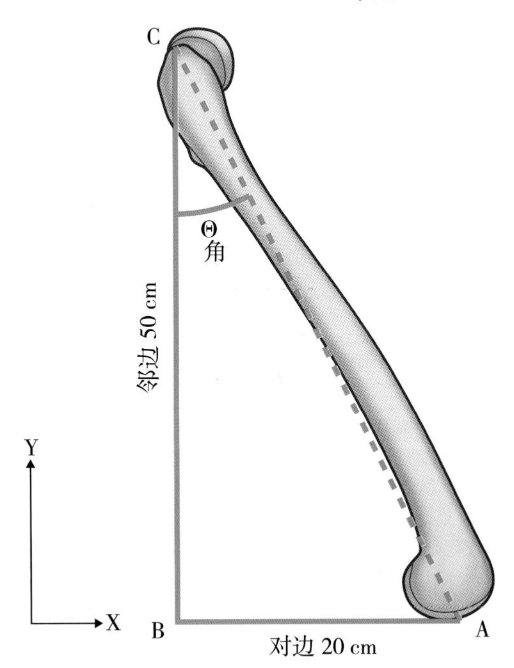

图 1.3　角的正切

生物力学的一个重要分析功能是计算不同平面内的人体肢体的角度。我们可以用人体肢体的近端和远端位置计算这些值。对于三维（x、y、z）或者三个截面（矢状面、冠状面和水平面），可能非常复杂，但通过力矩，我们关注二维平面或角度（x、y）或者解剖学的矢状面。如果用同样的测量再次计算股骨，已知 AB 和 BC 的长度分别为 20cm 和 50cm，且分别为水平距离和垂直距离

（图 1.3）。此外我们可能需要大腿到垂线的角 θ 的度数股骨的屈伸角度，关于计算出角度的最重要的事情是边的命名。如果这个边正对着我们感兴趣的角，我们称之为“对边”，如果它与我们感兴趣的角相邻，我们称之为“邻边”。

学生笔记

现在，在这一点，可以说两个边都与角相邻；然而，最长的边将总是斜边，我们还没将斜边考虑进角的计算。

$$\tan\theta=\frac{对边}{邻边}$$

$$\tan\theta=\frac{20}{50}$$

$$\tan\theta=0.4$$

现在，已经得到 tanθ，但还需要发现 θ 的度数；为了计算，要把 tanθ 从等式两边移出，然后这个变为 $\tan^{-1}$。接下来，只需要把数字输入计算器即可。

$$\theta=\tan^{-1}0.4$$

$$\theta=21.8°$$

因此，大腿屈伸度为 21.8°。

知道一个角对边和邻边的长度，就可以得到大腿的角度。同样，知道角 θ 的度数和对边的长度，可以计算得到邻边的长度。

一个角的正弦和余弦

在直角三角形的边长和三角形的内角之间还有另外两个比率，即：正弦和余弦，通常记为 sin 和 cos，正弦和余弦与正切类似，他们分别表示斜边和对边及邻边（图 1.4）。

$$角\ \theta\ 的正弦（\sin\theta）=\frac{对边}{邻边}$$

$$角\ \theta\ 的余弦（\cos\theta）=\frac{邻边}{斜边}$$

正弦

如果股骨角 θ 的度数是 21.8°，对边是 20cm，用此信息计算股骨的长度：

$$\sin\theta=\frac{对边}{斜边}$$

$$\sin21.8=\frac{20}{斜边}$$

$$0.3714=\frac{20}{斜边}$$

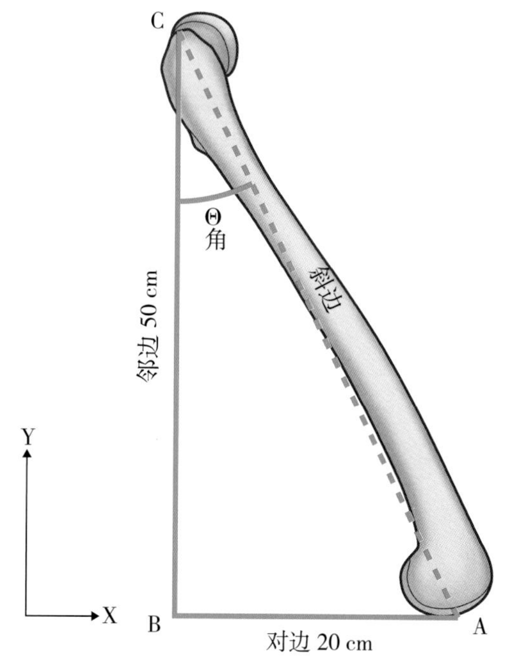

图 1.4　角的正弦和余弦

如果把斜边移动到方程式的另一边，在此不是除法，而是乘法：

$$0.3714\times 斜边=20$$

$$斜边=\frac{20}{0.3714}$$

$$斜边=53.85\ \text{cm}$$

（股骨的长度同前）

余弦

在此例中，可通过斜边和邻边计算得出股骨角度，如果知道斜边 53.85 cm，邻边长度 50cm，如何计算角度 θ？

$$\cos\theta=\frac{邻边}{斜边}$$

$$\cos\theta=\frac{50}{53.85}$$

$$\cos\theta=0.9285$$

$$\theta=\cos^{-1}0.9285$$

$$\theta=21.8°$$

这与之前所计算的股骨屈伸角度相同，根据给定的特定三角形信息，不同的方法可以互换使用，因此，不仅仅只有一种方法来解决特定的问题。

正弦、余弦和正切与边

直角三角形边的关系：

$$\sin\theta=\frac{对边}{斜边}$$

$$\cos\theta=\frac{邻边}{斜边}$$

$$\tan\theta=\frac{对边}{邻边}$$

如果知道一个直角三角形一个边的长度和一个角的大小，就可以得到所有其他边的长度和角的大小。

在生物力学中，通过使用直角三角形，可以解决生物力学中所有的三角函数问题。

1.2.2 向量

什么是向量

向量既有量（即大小），又有方向，一切向量都可以用垂直和水平方向上的分向量来描述，或者用特定方向的合力来描述（图 1.5）。

本书中，会用到的一个向量是地面对足部的作用力，或称之为“地面反作用力”，在后文对此深入分析。图 1.5 显示此力的水平和垂直分向量以及总作用力，即这两个分向量的合力；向量的使用还包括位移、速度和加速度。向量问题可以按照 1.1.1 节的内容，即用直角三角形得到，而唯一的差异就是概念。

合力

合力是所有向量的联合。在以前的案例中，合力是来自于地面的总作用力；在本质上只是一个斜边，可以用毕氏理论或者正切、正弦和余弦计算得到，取决于具体提供什么信息。

分向量

合力的分向量互相成 90°，这些分向量相当于直角三角的对边和邻边，这些分向量沿着一个坐标系统或者参考系作用，在此情况中，分向量方向是垂直于或水平于地面。因此，在分析水平和垂直“作用”情况时，可以把它看成一个直角三角形。

向量的增加和减少

在生物力学实际问题中，所分析的节段和肢体通常受到不同方向力的作用，可以将这些力“加在一起”，来判断它们的整体效果；最简单的案例是向量在参考系的运动，图 1.5 显示了不同的作用力和合力。

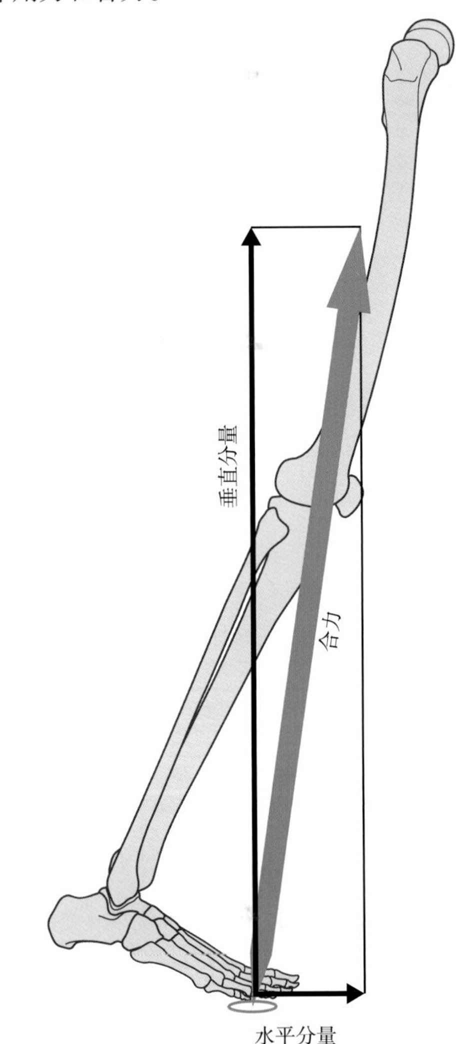

图 1.5　向量图

如果所涉及的所有向量都沿同一条直线运动，它们就可以代数相加。也就是说，作用于一个方向的力被认为是正的，作用于相反方向的力被认为是负的——至于正和负的定义，将在后文讨论。后续章节中的案例展示作用于足的向左和向右、向上和向下的力及其合力（图 1.6）。目前为止，还不用担心力的单位 N（牛顿）。

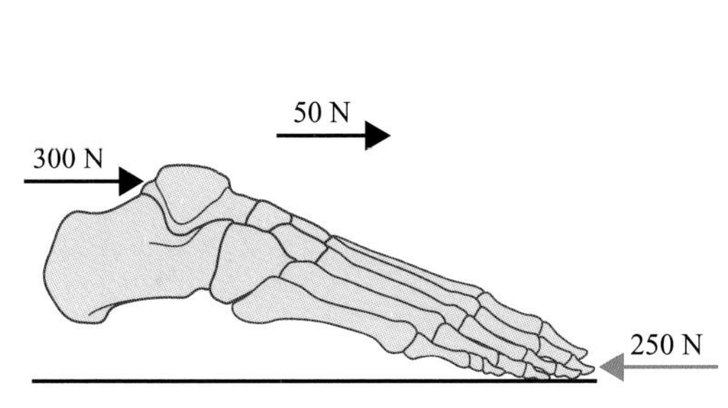

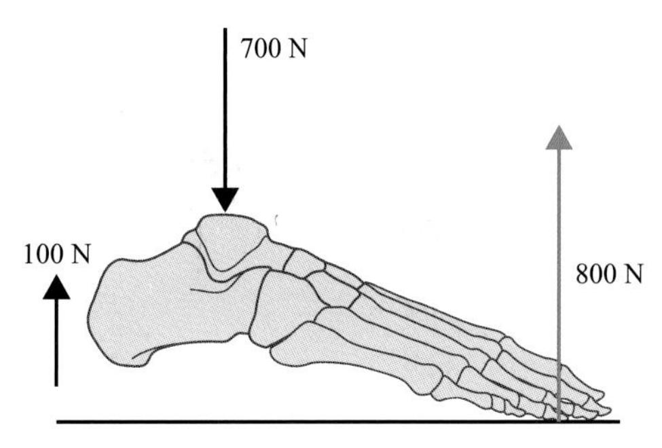

图 1.6　力的分析

分解

向量可作用在不同方向，且大小也不同；当考虑运动中某个肌肉的作用时，不论问题多复杂，如果遵循一个原则，可能将这些向量分解并找出总向量。

解决复杂问题的关键是向量分解，分解从总向量计算分向量或者反之，需要再次回到直角三角形。

解决向量问题的原则

解决向量问题，首先需要确定一个合理的参照物或参考系。参考系可能是：

1. 相对于地面的垂直方向和水平方向。
2. 人体的平面，比如矢状面、冠状面和水平面。
3. 和肢体成 90°。

为了计算和理解所有向量的整体效果，必须将每个向量与相同的合理参考系联系起来。换句话说，要关注的是找到参考系并分析水平或垂直于参考系的力的效果。

经常会遇到这样的问题，向量与选定的参考系成一个角；有时，用一个“倾斜角”来描述这个情形，即向量并不对齐坐标系。在这种情况下，“倾斜角”的向量可以通过水平于或垂直于一个参考系来分解，或者，“倾斜角”的向量，可以被分为一个直角三角的对边和邻边；对边和邻边将成为作用于参考系的每个方向上的分向量；同理，如果有水平方向和垂直方向的向量（对边和邻边），可以用毕氏定律计算合力（斜边），然后，使用正弦和余弦，得到合力的角度。

一个简单的向量问题

在分析走路蹬离地面时的力时，不关心它的具体含义或者单位的本质；而关注：有一个大小为 1000N 的向量以 80° 的角作用于地面，当足蹬离开地面时，此合力的水平分向量和垂直分向量各是多少？

在分析之前，必须确定一个合理的参考系；在这种情况下非常简单：垂直和水平于地面的向量最易于理解。现在，应该在“倾斜角”的向量末端画图，即不与地面垂直和水平对齐的向量。由于其他原因可能导致的力作用，可以暂时将其忽略，要将注意力关注向量本身，需要了解垂直和水平的向量分向量以及它们的大小和来源。

分向量的大小是向量图垂直和水平边的长度。所有分向量必须从同一个点发出，即代表合成、水平和垂直分向量的起始部应全部会聚在同一点上，在本例中位于足跖骨头下方（图 1.7）。

现在确定一个参考系，并且可设想水平和垂直分向量，在参考系的基础上可以计算水平分向量和垂直分向量的大小；这就是有时称作试验室坐标系或者总坐标系（global coordinate system，GCS）。虽然有点过度处理问题，但如果不用此方法，可能在更复杂的问题上出错误。

简单的部分也是如此：数学！

图 1.7 有两个完全相同的直角三角形，对于这个三角形，已知其中的一个内角是 80°，需要分辨三角形的斜边、对边和邻边，并且采用正弦和余弦得出水平分向量和垂直分向量（图 1.7）。

$$角的余弦=\frac{邻边}{斜边}$$

$$\cos 80=\frac{邻边}{1000}$$

$$1000\cos 80=邻边$$

$$173.6=邻边$$

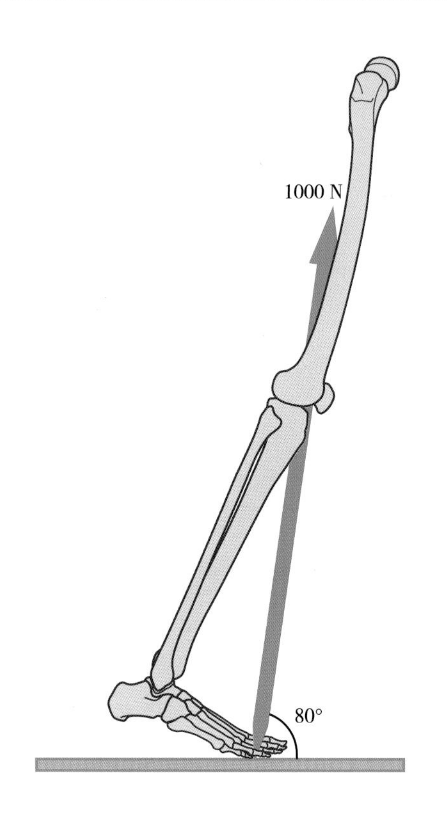

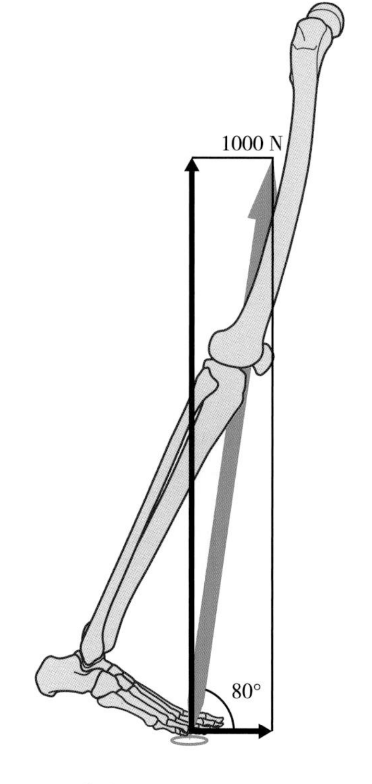

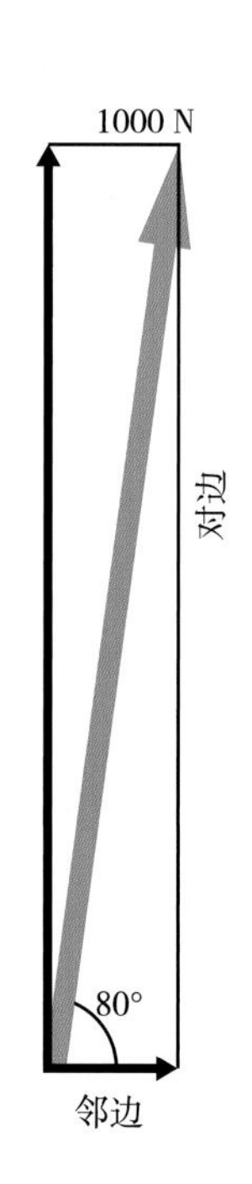

图 1.7　简单向量分解

水平分向量 =173.6 N

$$角的正弦 = \frac{对边}{斜边}$$

$$\sin 80 = \frac{对边}{1000}$$

$$1000\sin 80 = 对边$$

$$984.8 = 对边$$

垂直分向量 =984.8 N

把结果放入实际场景中，意味着有 984.8 N 的力是向上推的，而 173.6 N 在推动或者推进身体向前。这点将在后文进行深入讨论。

复杂向量问题

在分析髋关节周围肌群作用时，一般分为两个肌组：髋内收肌群和髋外展肌群（通过解剖图的粗略说明）。

问题：什么力沿着股骨方向作用并将股骨推入髋关节？

在此首先考虑选择合理的参考系，在这种情况下，在水平面和垂直面上，股骨各有什么力发生，这和上一个案例足相对于地面的水平和垂直分力不同，因为股骨并非完美地垂直于地面。这时可采用局部或部分坐标系（图 1.8）。和前文相似，将采用 N（牛顿）作为力的单位。

确定参考系之后，需要在每个肌力的向量终点画图，并确保所有分向量和这个参考系对齐。同前，可忽略股骨本身，而仅仅关注向量及其参考系；一旦要解决这种问题，就要把它与解剖联系起来。下一步，将分别分析每个肌群并计算出沿着股骨长轴的分向量及与股骨成 90° 的分向量（我们的合理参考系）；将首先考虑髋关节的内收肌群（图 1.8）。

沿股骨长轴的力是成角 40° 的对边。由此：

$$角的正弦 = \frac{对边}{斜边}$$

$$\sin 40 = \frac{对边}{1500}$$

$$1500\sin 40 = 对边$$

$$964.2 = 对边$$

股骨长轴分向量 =964.2 N

力的方向与股骨轴垂直的边成角 40°，由此：

$$角的余弦值 = \frac{邻边}{斜边}$$

$$\cos 40=\frac{邻边}{1500}$$

$$1500\cos 40=邻边$$

$$1149=邻边$$

与股骨成角 90° 的分向量 =1149N

我们现在分析髋关节的内收肌群（图 1.8）：沿股骨长轴的力与股骨成角 10°。由此：

$$角的余弦值=\frac{邻边}{斜边}$$

$$\cos 10=\frac{邻边}{800}$$

$$800\cos 10=邻边$$

$$787.8=邻边$$

股骨长轴分向量 =787.8 N

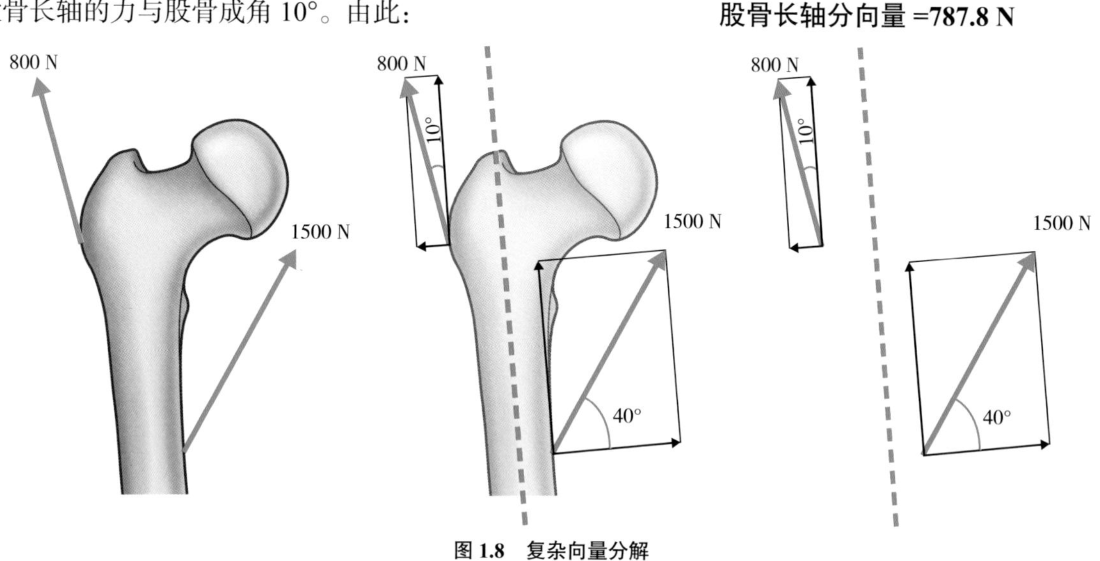

图 1.8　复杂向量分解

力的方向与股骨轴垂直的边成角 10°。由此：

$$角的正弦值=\frac{对边}{斜边}$$

$$\sin 10=\frac{对边}{800}$$

$$800\sin 10=对边$$

$$138.9=对边$$

与股骨成角 90° 的分向量 =138.9N

如果我们现在整合两个肌群的分析结果：

股骨长轴总向量 =964.2 + 787.8

股骨长轴总向量 =1752N

与股骨长轴成角 90° 的总向量 =1149–138.9

与股骨长轴成角 90° 的总向量 =1010.1N

问题得到简化，因为所有的力都沿着股骨轴作用或者与长轴成角 90° 作用（图 1.9）。现在可以加上沿着轴作用的力和与长轴成角 90° 的力。为达到此目的，需要一些简单的规定：

■ 所有向上作用的力是正的，所有向下作用的力是负的。

■ 所有向左作用的力是正的，所有向右作用的力是负的。

如果想进一步解决所有力学问题，就要了解与之相抗衡的力（图 1.10）。

这是解决较复杂的生物力学问题的开始，通过将此问题分解为更简单的数个部分而解决问题。我们将在第 2 章：作用力、力矩和肌力更详细地讲述肌力和肌合力。

1.3 力学

1.3.1　力

生物力学的研究内容包括力、运动和力矩。力能使物体移动、使物体停止或改变物体形状。力可以是推力或者拉力，在国际单位系统中，力的单位是牛顿（N），力是一个向量单位，因此，力有两个特征：大小和方向，力的分析离不开牛顿提出的运动定律。

1.3.2　牛顿运动定律

1687 年，艾萨克·牛顿（Isaac Newton，1642—1727）出版了《自然哲学的数学原理》。此书首次以拉丁文出版，于 1713 年和 1726 年修订；

在他逝世后，直到1729年，此书才被翻译为英文。《自然哲学的数学原理》介绍了多个物理学概念，其中有三个“运动定律”。

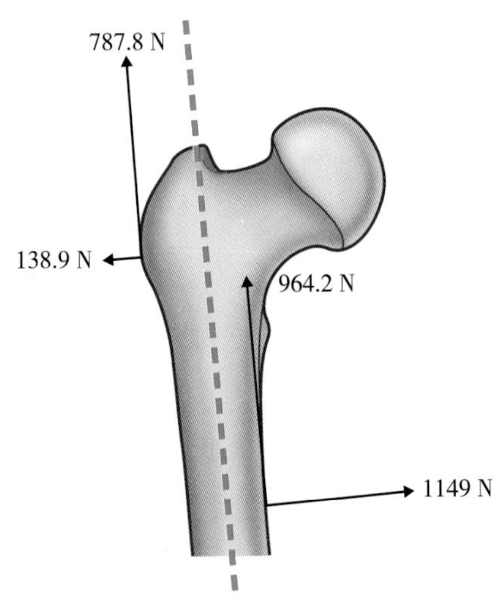

图 1.9　沿着长轴和与长轴成角 90° 的力

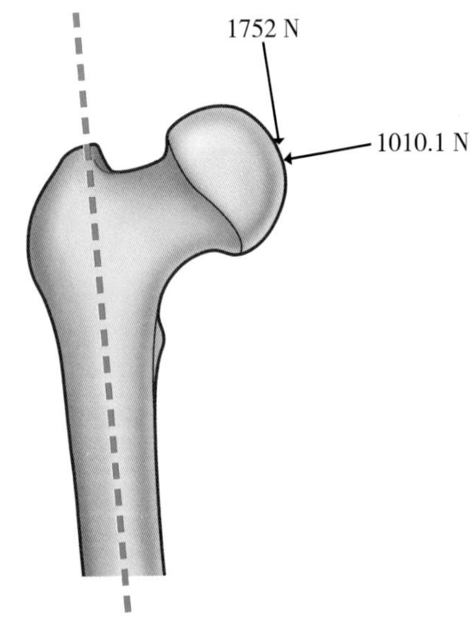

图 1.10　力

牛顿第一定律

一切物体总保持匀速直线运动状态或静止状态，直到有外力作用迫使它改变这种状态为止。

此定律描述：如果一个物体处于静止，那么将仍然保持静止；如果它在一个直线内以恒定的速度移动，只要无外力作用于其上，将保持原有运动状态，即如果一个物体无外力作用，它将保持移动或者完全不移动。

此定律表达惯性的概念。一个物体的惯性可以被描述为它停止运动，或者一旦开始就停止运动。事实上，处于完全静止的状态或者匀速状态从未发生在运动中，由于总是有些运动，意味着一个持续改变的速度，即使考虑跑步者以可感知的不变速度行进，事实上整个身体和肢体的垂直和水平速度也有显著变化。

牛顿第一定律是一个重要的声明，它强调一个在无摩擦环境中以一个不变的速度行进的物体的性质。这也为其余的两个运动定律做好准备。

牛顿第二定律

物体的质量（m）、加速度（a）和所受的力（F）之间的关系是F=ma。加速度的方向跟作用力的方向相同。

此定律陈述速度的变化速率（加速度）是直接与作用于身体并与施加的外在力成比例，并且发生在力的方向上。因此，力可以或者导致一个物体的加速或者减速，加速经常被定义为正的，减速被定义为负的。

F=ma

F= 作用力（N）

m= 身体质量（kg）

a= 身体的加速度（m/s^2）

如果您把一个鼠标放在键盘上且推动它（单个外力）会发生什么？当你推动或者提供一个力（F）时，由于鼠标质量小；键盘和鼠标会快速分开，可以将鼠标想象成一只大犬，并且您用相同的力推动，较重的犬将以更慢的速度加速；因此，对于同一力，由于物的不同体积，由关系 a=F/m 可以获得两种不同的加速度。

该定律还提出了一个关于生物力学中有关外力的观点，身体经常受许多外力作用；因此，为了能够计算出身体将如何运动，需要考虑所有作用力，会使一些问题很难解决。

牛顿第三定律

两个物体之间的作用力和反作用力，在同一条直线上，大小相等，方向相反。

此定律陈述：如果一个物体 A 对一个物体 B 施加力，那么 B 对 A 施加一个相等但相反的力。这并不表示力彼此抵消，因为它们作用于两个不同物体。比如，一个跑步者对地面施加力并且接收到一个反作用力，此力驱使他向上并向前。这被认为是 GRF 的一个地面反作用力。

1.3.3　质量和重量

什么是质量

质量是一个物体包含的物质，换而言之，组成身体的原子数目，除非物体的物理性质改变，否则质量将不变，比如，您通过成长、节食或者失去身体的一部分而改变身体物质的数量。一个极端的案例是走入空间轨道或者登月；尽管您可能失重，或者您的体重下降很多，您的身体仍然含有相同数量的物质。因此，一个节食团体“体重守望者”事实上不正确，用“质量守望者”比较恰当，因为正在改变的是物质的数量或身体的质量。

什么是重量

在任何一个行星或天体上，重量都是一种吸引力，吸引力在所有物体之间存在，当一个物体的质量很大，才可以观察到此作用力，重力取决于物体的质量和作用于物体上的加速度。重力常被解释为：作用在足部的力，比如在浴室测重量，尽管没有用到重力的标准单位，重力的标准单位应该是牛顿。

我们可以改变我们的体重吗？一个减少体重的好方法是站立在电梯内，并按下降按钮，足部的力伴随着电梯的加速下降出现重量减轻，不幸的是，当电梯停止时，体重将重新恢复正常。出现这种情况是通过增加电梯加速度以及重力加速度来暂时改变体重。

有关质量和重量之间的差异，经典的案例是宇航员。当他们在太空中时，处于失重状态，体重明显减轻，但并不表示他们进行过惊人的节食，他们只是很小的或者几乎没有经历重力加速度，因此任何作用于他（她）们的力是零。

因此，重量取决于物体的质量和重力加速度。这将我们带回牛顿第二定律，F=ma，只是重量作为力，加速度是重力加速度。

力 = 质量 × 加速度

重量 = 质量 × 重力加速度

重量 =mg

重力加速度

无论您站在地球的哪里，总有重力加速度作用于您的身体；重力加速度从何而来？在此，我们看牛顿，他发现被称为平方反比的定律：

$$F=\frac{GMm}{r^2}$$

其中，F：力，G：万有引力常数（6.673×10^{-11} Nm^2/kg^2），M：物体的质量，m：物体重量的平方，r：离开物体中心的距离。

F 是任何两个物体之间的吸引力，物体含有的质量越大，物体之间的引力越大。因此，身体的重量越大，身体受到的引力越大！

现在，计算地球对我产生的引力或者重量。地球的质量约 5.9742×10^{24}kg，地球的半径约 6375 km，我现在的重量约 75 kg。

$$F\text{或者重量}=\frac{6.673\times10^{-11}\times5.9742\times10^{24}\times75}{6375000^2}$$

得出一个力，F=735.7 N

因此，地球对我产生的引力为 735.7 N，这个数值是我现在的重量（以 N 为单位）。现在，如果将此与牛顿第二定律关联，将发现计算此数值的一个更容易的方式。

$$F=ma$$

$$735.7=75\times a$$

$$\frac{735.7}{75}=a$$

$$a=9.81m/s^2$$

因此，我们彼此之间的引力和地球产生的重力加速度（g）为 9.81 m/s^2，这是一个可以接受的数值，并且仅受制于在地球表面非常小的地理差异。出于粗略计算的目的，通常将其舍入到 10 m/s^2。为了得到最佳可能的精确度，应该采用 9.81 m/s^2；因此，这本书中使用 9.81 m/s^2。

重量 = 质量 × 重力

或

重量 =mg

1.3.4　静力平衡

静力平衡的概念在生物力学中是相当重要的，因为可以计算未知的力。牛顿第一定律告诉我们：如果身体处于静态，即力平衡。

因此，如果一个物体处于静态，作用于此物

体的任何方向的力的总和肯定是零。因此，当我们在一个水平和垂直方向分解，合力也肯定为零。

如果计算静止站立的人，他们将有一个来自足部的地面反作用力，这将有一个垂直分向量，但是，在每个足部也有一个小的水平中间（朝向中间）的分向量，因为足间的距离比骨盆的距离更宽。然而，实际上，这些水平力将互相作用并按照在向量章节中所描述的相同的方式互相抵消，因为它们作用于同样的物体，在此实例中，是一个人。我们需要计算其他向下作用的重量：这将与足下面作用的反应力的垂直分向量相反。因此，垂直和水平的力的和将为零，这表明一个人静态站立（图 1.11）。

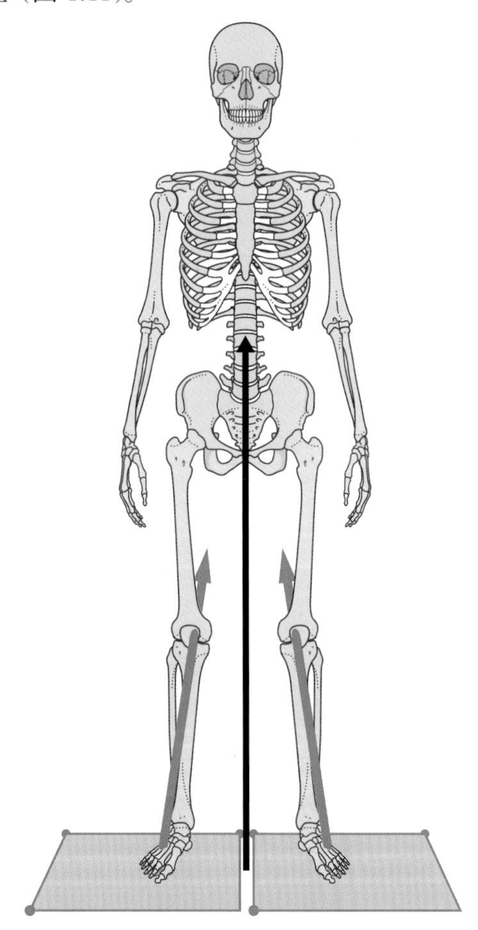

图 1.11　静态平衡

1.3.5　自由体分析

自由体分析是分析力的一项技术，通过图或草图来显示所有作用力，以此简化问题，我们已经在向量章节中讨论类似案例。

在两个人的拔河比赛中，两人都在拉同一根绳（图 1.12），首先需要确定所有作用力。在这个案例中：有绳上的张力把每个人都拉向中心，每个人重量向下的作用力及足底向上的地面反作用力形成一个合力；一旦画出这些，然后考虑它们是如何在一个合理的参考系中起作用的，如果力与这个参照系不一致，就需要通过垂直和水平分解力来解决。力的分解和系统的绘制称为自由体分析图（图 1.13）。

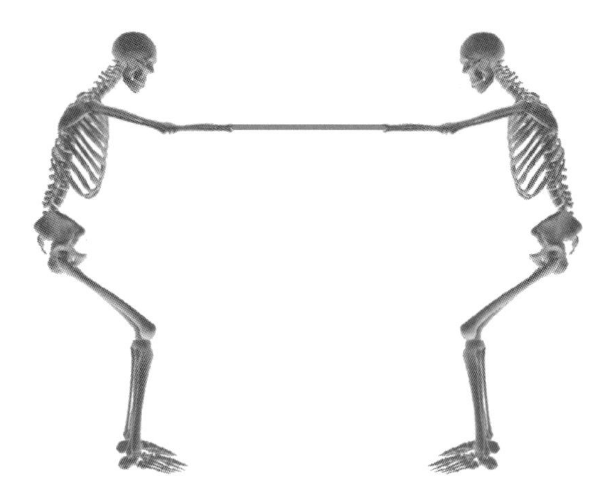

图 1.12　拔河比赛

画出此图表后，开始分析力并解决问题；需要确定绳的张力和人的质量。假设：两人的重量和高度相同，并且他们处于相同的位置，同时他们处于静态平衡，每个人足部的合力是 900N，该力与垂直线的力的角度为 30°（图 1.14）。

分解

首先，必须分解 900N 的力，让它处于合理的参考系内，将该力分解为与地面水平和垂直的力。

水平

$$\sin 30=\frac{\text{对边}}{\text{斜边}}$$

$$\sin 30=\frac{\text{水平分向量}}{\text{斜边}}$$

$$900\sin 30=\text{水平分向量}$$

$$450\text{N}=\text{水平分向量}$$

$$\text{绳的张力}=450\text{N}$$

除了绳的张力，没有其他作用于人的水平力。因此，根据牛顿第三定律，如果这是静态平衡，此力必须与绳的张力相等且相反。

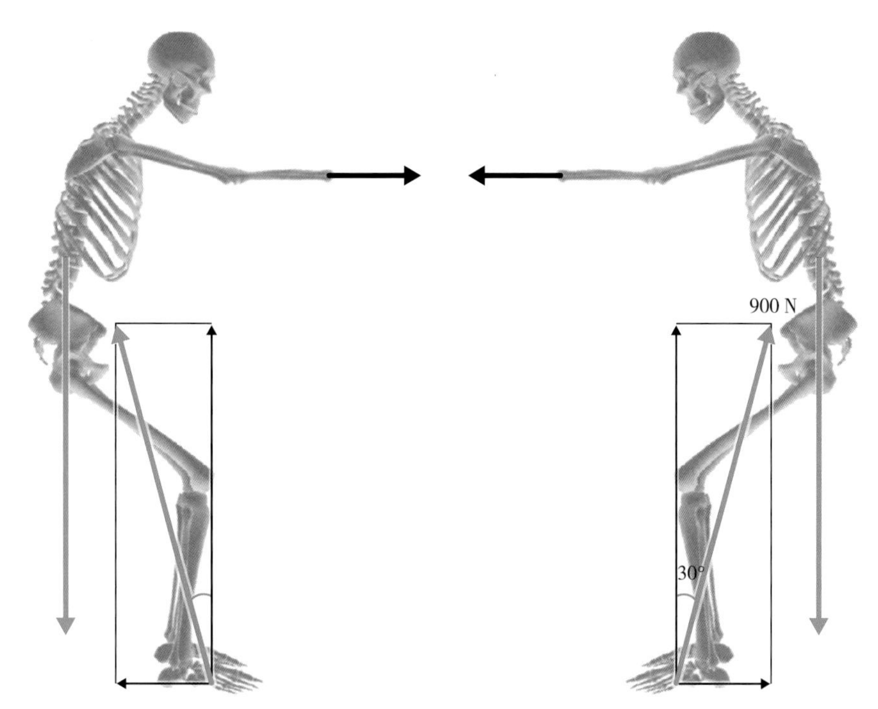

图 1.13　自由体作用力分析图

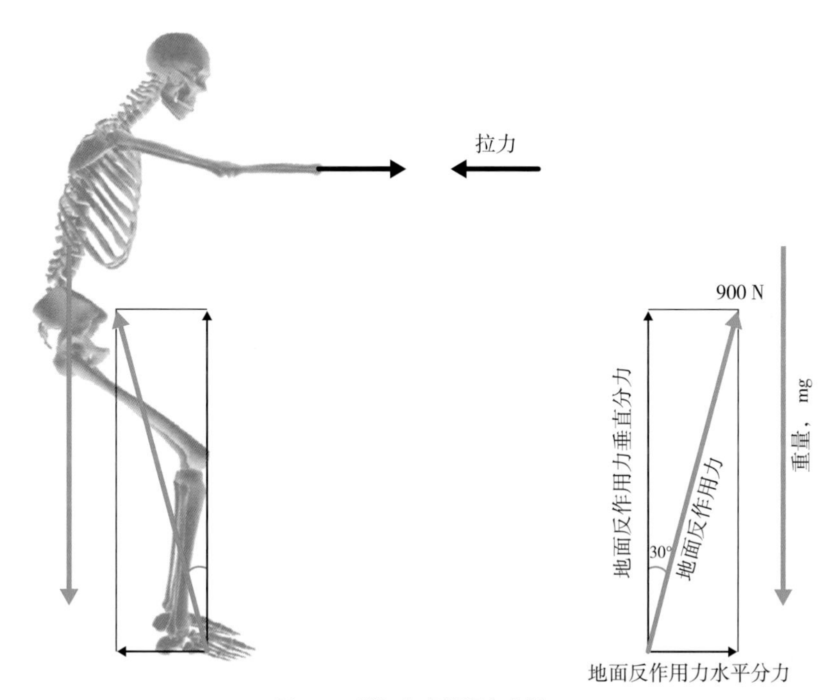

图 1.14　拔河比赛期间力分析

垂直

$$\cos 30=\frac{\text{邻边}}{\text{斜边}}$$

$$\cos 30=\frac{\text{垂直分向量}}{\text{斜边}}$$

900cos30= 垂直分向量

779.4N= 垂直分向量

人的重量 =779.4N

除了人体的重量之外，没有其他垂直分力。因此，根据牛顿第三定律，如果这是静态平衡，此重量必须与力相等且相反。

但是，什么是人的质量？现在重新考虑质量和重量的概念。

重量 = 质量 × 重力加速度

$$779.4\text{N}=\text{质量}\times 9.81\text{m/s}^2$$

$$\frac{779.4}{9.81}=\text{质量}$$

因此，人的质量是 79.45 kg。

1.3.6　力和力矩

当力作用在远端支点的物体上时，就会产生转动效果。如同您正用足够的力打开和关闭一扇门：所需的力乘以距您推动的转轴（铰链）的距离就是力矩（图 1.15）。

力矩被定义为：

$M=F\times d$。

M= 力矩、F= 力的大小（您推力如何）、d = 距转轴的距离

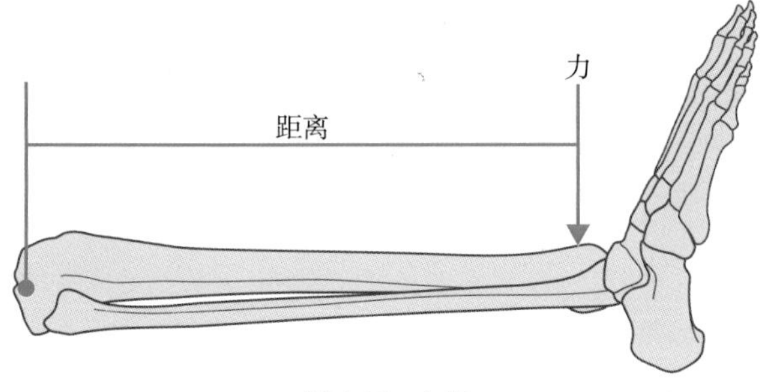

图 1.15　力矩

平衡力矩

与采用静态平衡计算未知的力，在静态平衡中，通过总作用力为零来计算平衡力矩，即一个力矩的作用和另一个力矩的作用相互抵消。类似的实例是观察跷跷板上的转动力（图 1.16）。

在图 1.16A，跷跷板是不会平衡的，可以让跷跷板沿顺时针方向旋转，跷跷板上体重大者的一端会向下，直到体重大者的双足接触地面，接触到地面反作用力后再次平衡。因此，为了平衡跷跷板，需要把转轴点向更重的人移动（图 1.16B）。

平衡力矩和数学分析

为了解决力矩问题，依次分析每个力的作用，分析是否每个力都会让物体（跷跷板）顺时针或逆时针方向旋转，如果是顺时针方向，则认为是正方向；如果是逆时针方向，则认为是负方向。通过分析图 1.16B 中的数学问题。

500N 的重量按照逆时针转动跷跷板。

1000N 的重量按照顺时针转动跷跷板。

如果跷跷板平衡，就需要顺时针转动作用力和逆时针转动作用力的总和为零，通过分解每个作用力，并且计算总作用力。

如果将逆时针力矩确定为负，且顺时针的力矩为正。

力矩 = 力 × 到转轴的距离

力矩 = −(500 × 2) + (1000 × 1)

力矩 = − 1000 + 1000

即力矩和力矩相互抵消并且让跷跷板平衡。

如果用牛顿第三定律分析问题，必然得出还有第三个力，分析跷跷板的垂直作用力，会发现在每侧有两个向下作用的力，则总力为 1500 N，根据牛顿第三定律，一定存在一个大小相等、方向相反的反作用力。作用点是支点，由于静力平衡必须有一个 1500 N 的力（图 1.16C）。

寻找力和力矩的技巧与我们寻找身体肌肉和肌合力的技巧相同，这将在第 2 章：力、力矩和肌肉中更深入地讨论。

1.3.7　压力

什么是压力

压力是单位面积上的垂直作用力，如果力作用于一个非常大的区域，压力则相对小；如果同样的力作用于非常小的面积上，压力将很大。因此，压力取决于所施加的力和力所作用的面积。

$$\text{压力}=\frac{\text{力}}{\text{面积}}$$

历史上曾经出现过很多压力单位，这些单位包括：毫巴、巴、帕斯卡、千帕、牛顿每平方厘米、牛顿每平方米、英寸汞、mmHg、kg/cm^2、磅每平方英寸、磅每平方英尺和吨每平方米，这还只是其中一些！

在生物力学研究中，使用相对一致的单位，包括牛顿每平方毫米（N/mm^2）、牛顿每平方厘米（N/cm^2）、千克每平方毫米（kg/mm^2）、千克每平方厘米（kg/cm^2），有时用磅每平方英寸（psi）和毫米汞柱（mmHg）。

严格来说，任何使用千克的压力单位都是错的，因为这是质量单位而不是力的单位。但多

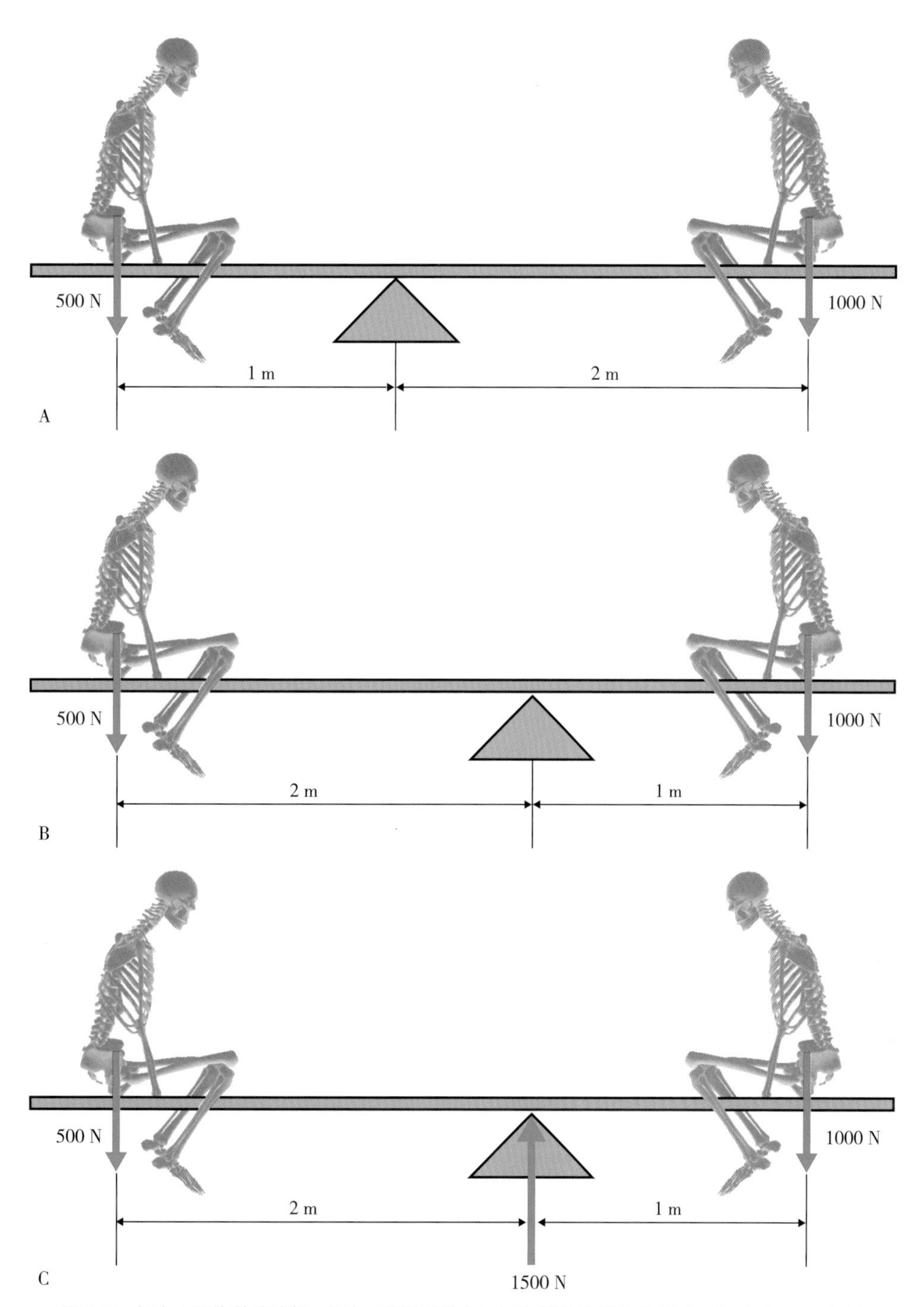

图 1.16　（A）不平衡的跷跷板，（B）平衡的跷跷板，（C）转轴作用力（Tidy's Physiotherapy 15e）

数人基于对千克的错误认识促进了它的广泛使用，磅的使用也类似，虽然早在 1875 年就构建了国际米制公约，但 1971 年国际度量衡大会（the Conférence Générale des Poids et Mesures CGPM）同意维持使用该度量单位，压力的多种单位并存使临床科研数据的比较变得困难，计算更为艰巨。

我们应该使用什么单位？压力的 SI 单位是帕斯卡（Pa），尽管测量过程中，千帕更有意义，即 1kPa=1000 Pa（帕斯卡），帕斯卡是用法国数学家和物理学家布莱斯帕斯卡（1623—1662）的名字命名的。1 帕斯卡是 1 N 的力作用在 1 平方米的面积上时所产生的压力。

站立时的压力

如果一个重量为 700 N 的测试者站在边长为 4 cm 的方块上（图 1.17A），可以发现在接触足下方块的平均压力为：

面积 =0.04 × 0.04=0.0016 m²

足底的压力等于牛顿第三定律的重力。足与足下方块之间的平均压力 = 力 / 面积：

$$压力 = \frac{力}{面积}$$

$$压力 = \frac{700}{0.0016}$$

压力 =437 500 N/m²（Pa）或 437.5 kN/m²（kPa）

如果体重为 700 N 的测试者现在站在一个边长为 2 cm 的方块上，那么足下的平均压力将会更大。同样，这也取决于足与方块接触的面积和测试者的体重（图 1.17B）。

足底与足下方块接触面积的计算方法为：

面积 = 0.02 × 0.02 =0.0004 m²

足与足下方块之间的平均压力 = 力 / 面积：

$$压力 = \frac{力}{面积}$$

$$压力 = \frac{700}{0.0004}$$

压力 =1750 000 N/m²（Pa）或 1750 kN/m²（kPa）

例如，如果一个人用平足站立，他的足部的压力会比用弓足站立时的压力小，因为力量分布的区域更大。

这只考虑了整个足的平均压力。但是，负荷不会均匀地分布在整个足底，而是集中在足底的各个点，足底压力的分布对减轻疼痛和防止组织破坏都非常重要，这将在第 7 章中更详细地阐述：力和压力的测量。

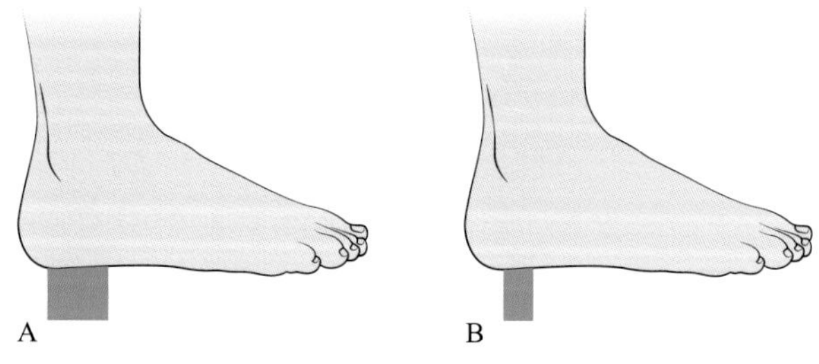

图 1.17　足底的不同压力（A）4 cm 方块，（B）2 cm 方块

1.3.8　摩擦

产生摩擦的原因是什么

在学习牛顿第一定律时，我们已经简要地讨论过摩擦力，但是什么是摩擦力，它是如何引起的呢？

当这两个面交叉时，会发生什么？接触表面在显微镜下粘连在一起。然后，当物体继续相互移动的过程会产生一种试图抵抗运动的力，这种力就是我们所说的摩擦力。这个过程留下的磨损也能抵抗运动并进一步磨损表面，这就是所谓的三体磨损，这三体是两个相对的表面和碎片本身。所以，哪里有摩擦，哪里就有磨损，你只需看看鞋底就知道了。

静摩擦

一个物体在另一个物体表面运动时，在两个物体接触面会产生一种阻碍运动的力叫摩擦力。摩擦力会沿表面运动并且与运动方向相反，如果我们沿着地面拉动一个物体，也许是一个不情愿的狗或者孩子，最初力量很小，而物体不会移动，随着拉力的增加，物体开始滑动（注意：这不应该被认为是良好的育儿或养狗的做法）。

这表明，对于较小的拉力，摩擦力相等且方向相反，但是存在可以发挥作用的静摩擦力，即相对运动即将开始瞬间的摩擦力。当拉力大于静摩擦力时，物体将按照牛顿第二定律加速，有趣的是，一旦物体开始移动，克服摩擦力所需的力就会略微减小。

摩擦力取决于什么呢？

摩擦力取决于两个因素：物体向下压到表面上的力度（法向反作用力）和两个表面之间接触的粗糙度（摩擦系数）。

摩擦系数

通过增加负载，然后施加水平分力，可以显示出摩擦力与法向反作用力成正比。移动平台所需的力将随着负载的增加而增加，随着法向反作用力（R）的增大，静摩擦力（F）也会增大。静摩擦力将根据两个物体表面的材料而变化，每种材料都有自己的摩擦系数，符号为 μ。

静摩擦力

理解静摩擦力的办法是找两个形状相同但重量不同的物体进行对比。比如：将一只老鼠和一只狗放置在一个物体上，如果我们试图推动物体，摩擦系数在两种情况下是相同的；由于狗的体重更大，表示推狗的摩擦力要大得多。

使用以下公式可找到静摩擦力：

静摩擦力 = 摩擦系数（μ）× 法向反作用力

$$F=\mu R$$

其中：F 为静摩擦力，μ 为摩擦系数，R 为法向反作用力。

图 1.18 显示摩擦力与给鞋施加的垂直分力成比例增加，如果鞋以恒定的速度前行，摩擦力等于拉力，因为鞋既没有加速也没有减速。

图 1.18　摩擦力

行走时的静摩擦力

静摩擦力对走路时的稳定性非常重要。如果考虑在两个摩擦系数不同的表面上行走的影响，就可以预测一个人是否有可能滑倒。因此，如果一个人走在地毯上，摩擦系数为 0.55，然后走在地板上，摩擦系数为 0.18，如图 1.19 所示。他们会滑倒吗？

首先，我们必须找到地面反作用力的垂直和水平分力。

$$\text{角的余弦}=\frac{\text{邻边}}{\text{斜边}}$$

$$\cos 80=\frac{\text{邻边}}{1000}$$

$$1000\cos 80=\text{邻边}$$

$$173.6=\text{邻边}$$

水平分向量 =173.6 N

该水平力等于或小于静摩擦力，为了找到可用的静摩擦力，首先需要找到 GRF 的“法向反作用力”或“垂直分力”。

$$\text{角的正弦值}=\frac{\text{对边}}{\text{斜边}}$$

$$\sin 80=\frac{\text{对边}}{1000}$$

$$1000\sin 80=\text{对边}$$

$$984.8=\text{对边}$$

垂直分向量 = 984.8 N

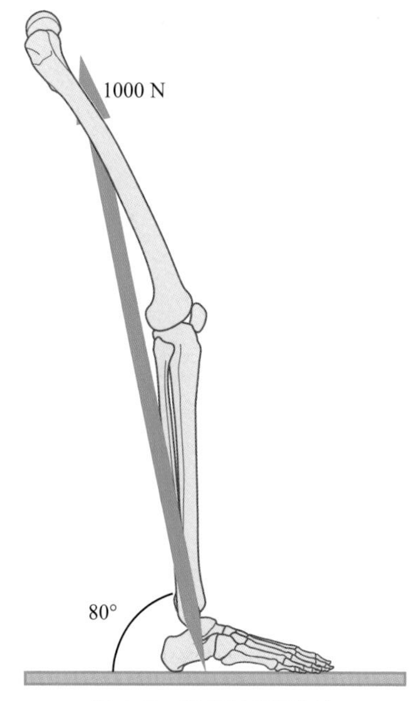

图 1.19　行走时的摩擦力

地毯的静摩擦力

垂直分力的大小将决定每个摩擦系数可用摩擦力的大小。

静摩擦力 = 法向反作用力 ×μ

$F=\mu R$

地毯的静摩擦力 = 0.55 × 984.8=541.6 N

在地毯上行走时，静摩擦力为 541.6 N，远远大于水平摩擦力 173.6N，因此测试者是十分安全的。

瓷砖地板的静摩擦力

瓷砖地板的静摩擦力 = 0.18 × 984.8=177.3N

在瓷砖地板上行走时，静摩擦力大大降低，为 177.3N，但刚好有足够的摩擦力支持 173.6 N 的水平力来阻止滑倒。任何更大的水平力或任何轻微的摩擦系数的减少都意味将会滑动，因为地板将不再能够保持静摩擦力来阻止它。

摩擦力的临床相关性

摩擦力影响生物力学的许多方面：没有摩擦力，走路时就不会有水平力，当您不穿鞋在冰面上行走，因缺少摩擦力会让您根本无法移动，要么一旦移动就会滑倒。在防滑上人们已经进行了大量的工作，理论上，人们希望以最小的地板磨损达到最佳的摩擦系数来产生最大的摩擦力，使我们能够安全地行走。

摩擦力也用在许多假肢上，例如，一些外部膝关节假肢具有摩擦制动器，让截肢者在支撑相期间进行膝关节屈伸同时保持稳定，一些内部假体装置（膝和髋关节假体）旨在尽可能地减少摩擦，增加假体的寿命。

总结：数学和力学

- 向量是有大小和方向的量。我们可以用参考系的值和角度来描述它们，可以沿解剖学找到它们。
- 当一个物体运动时，处于连续的加减速状态，内部和外部的力量不断地推动着这些运动。
- 重量和质量不一样，质量是一个物体所包含的物质的量，重量是由于身体的质量和作用于其上的加速度而产生的力。
- 描述了力矩的转动效应，肌肉的瞬间动作和控制关节运动的作用。
- 压力是测量足底下方的力或压力分布的一种方法，压力可用于确定承重或压力模式的变化，高压会导致组织破坏和损伤。
- 摩擦力无处不在，但最重要的摩擦力是在足和地面之间；没有这种力，我们将无法前行或停止。

第2章　力、力矩和肌力

详细介绍与肌肉骨骼系统相关的数学和力学以及上肢和下肢关节、肌肉和力学的特性。

目的

力和力矩与肌力和肌合力。

目标

- 掌握质心的概念及了解肢体信息。
- 掌握关节力矩的计算。
- 掌握肌力的计算。
- 掌握肌合力的计算。

2.1 质心

什么是质心？质心是物体上的一个点，在这个点上所有的质量都可以被认为起作用。物体的质心并不总是与其几何中心重合，因为它不仅受到物体形状的影响，而且还受到物体各处材料密度的影响。重心是由古希腊数学家、物理学家和工程师阿基米德首先提出的，它常与质心互换使用，在力学和生物力学中，质心是非常有用，通过质心能够研究由于物体位置及其对外力的响应而产生的力。

2.1.1 通过计算得到的质心

质心的计算可以通过物体上某一点的力矩来完成，跷跷板上两个人的质心位于平衡点正下方的水平位置，但在下面的案例中，我们将忽略跷跷板的重量（图 2.1）。

物体的质心是其重量作用的点，在这种情况下，物体可以认为跷跷板和两个人是一个整个系统。如果物体围绕其重心旋转，那么这个点就不会有力矩，因此跷跷板就会保持平衡。但在图 2.1 的案例中，没有告诉你平衡点的位置，因为这正是我们想解决的，可以设想平衡点是距离离较重的人 X 米：我们现在要做的就是计算 X。

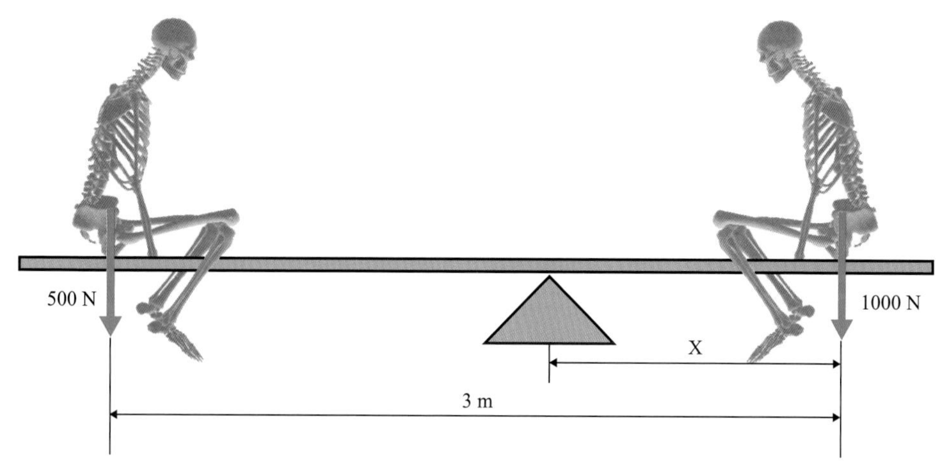

图 2.1　通过计算得到的质心

要计算跷跷板两端的力矩，要用未知的 X 来表示离较重这端的力矩，如前所述，顺时针力矩被认为是正的，逆时针力矩被认为是负的。因此：

1000N 力矩 – 500 N 力矩 =0

1000N × 到平衡点的距离 − 500N × 到平衡点的距离 =0

1000X − 500（3 − X）=0

1000X − 1500 + 500X=0

1500X − 1500=0

$$X=\frac{1500}{1500}$$

因此，X=1 米

这告诉我们物体质心的确切位置，也就是离较重的人 1 米远的地方。

2.1.2 通过试验找到质心

通过计算可以得到简单物体的质心，如果必须找到不规则物体二维或三维的质心位置，如身体部位等，则不能通过计算来解决，应该通过试验找到质心的方法。

踝足矫形器（AFO）是常用于治疗脑性瘫痪和卒中时常用的踝关节支具，如果该装置设置智能系统，可以用计算机辅助设计（CAD）包找到质心，然而 AFO 通常用测试者的足踝石膏模型手工制作。因此，找到质心的最好方法是通过试验找到它，为此，需要将对象悬挂在靠近边缘的位置，放下铅垂线并将其标志在研究对象上，然后，将对象从另一个位置悬挂起来，放下第二条铅垂线并再次标志，两条线的交点将位于质心，可以通过选择第三个悬挂位置进行检查，该位置应与已标志的交叉点相重合（图 2.2A、B、C）。

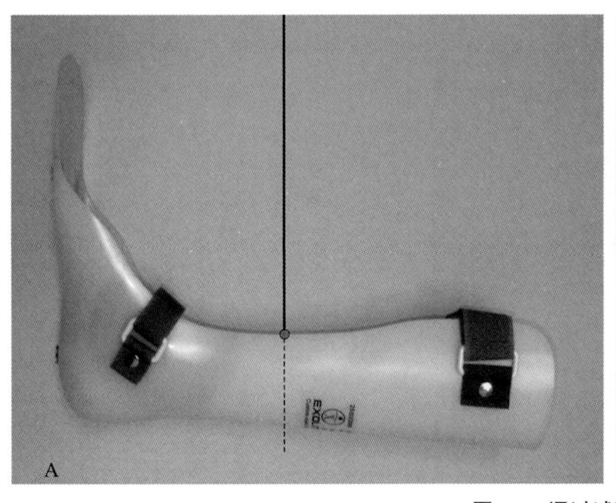

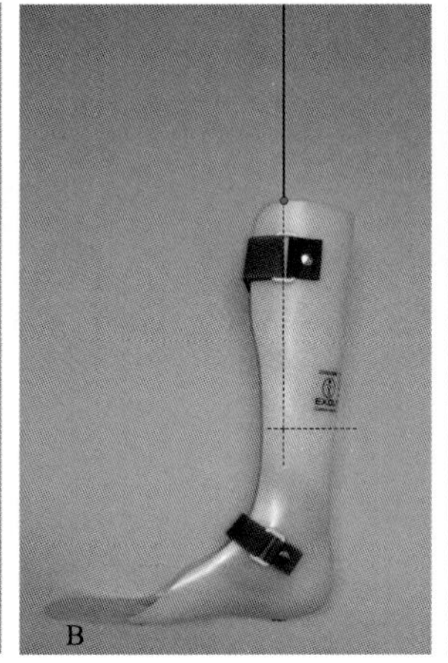

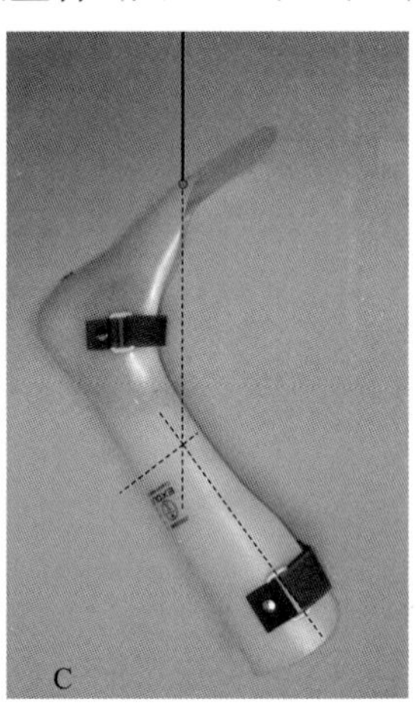

图 2.2 通过试验得到的质心

2.1.3 不同位置的质心和身体稳定性

由于人体的可变性，整个身体的质心的精确位置将随着肢体的位置而明显改变。不同的身体位置甚至可能导致质心落在身体内部或外部。例如，在支撑时，成年人的重心位于骶骨上部前面的骨盆内，其确切位置取决于个人的体型、性别和年龄，当人移动时，身体各部分的相对位置也随之移动。图 2.3 展示了在坐立转换过程中，质心的位置是如何移动的。

第 1 张图显示了人刚离开椅子后的矢状图。注意，质心落在足后面，如果测试者在此时停下来，他们会回到椅子上。第 2 张图显示质心更接近骨盆，力线现在落在足的支撑底部，如果这个人在此时停下来，就会处于稳定的蹲姿状态。第 3 和第 4 张图显示了站立位置的矢状面和冠状面。

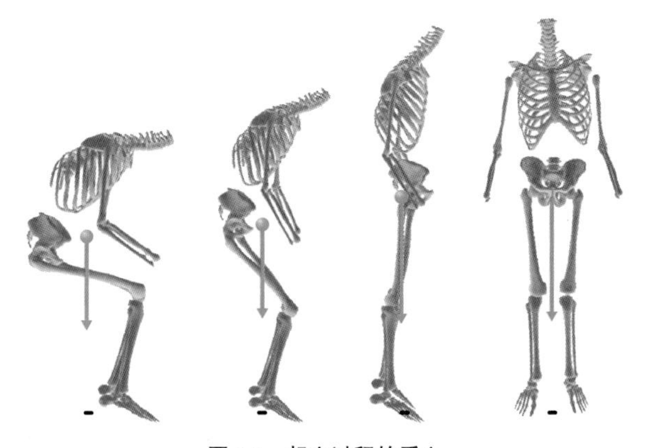

图 2.3 起立过程的质心

2.2 人体测量学

2.2.1 人体测量学的背景

研究肌肉和关节需要肢体的长度、质量分布、质心和肢体的回转半径等数据。布劳恩和费希尔（Braune and Fischer，1889）在 19 世纪末首次收集了有关的人体尺寸信息。从那时起，人们进行了更全面的研究（Dempster，1955；Dempster，1959；Drillis，1966；Clauser，1969；Chandler，1975；Zatsiorsky，1983；de Leva，1996）。其中一些有关肢体的体积和密度是从尸体研究中获得的，金玛（Kingma，1995）讨论了使用老式人体测量方法造成的相关误差，并提出了优化质心的计算程序，通过测量肢体长度，消除由于自然变化而产生的一些误差，可以实现更高的准确度。为了消除与计算有关的错误，需要进行完整的人体测量，然而，这需要相当多的时间，而且本身也可能出现许多测量错误。

登普斯特（Dempster）在 1955 年设计的人体测量方法被许多学者认为是最好的模式，之后的人体测量学研究大多是在 Dempster 的基础上进行改良，而不是创新方法。由于 Dempster1955 年的数据中只包含了 8 具尸体数据，大多是肢体的估算数据，根据数据挖掘尸体之间的一些差异，Dempsters 的报告涵盖了人体测量学的许多方面，包括人体模型的设计，但引用最多的是身体各部分的质量、质心位置和惯性力矩。迪利斯和康蒂尼（Drillis and Contini，1966）报告了基于整体身高相对的肢体长度数据，利用这些数据，我们能够根据测试者质量和身高来估算身体各个肢体的物理特性，由于解剖比例的自然变异，这些估算数据很容易出错。尽管科学家使用各种方法来减少误差，但大多数人体测量数据提供了类似的结果，采用不同模型的测试数据与临床不一致，导致很多争议。

2.2.2　常见的人体测量参数

生物力学中最常用的人体测量参数是：肢体长度（L）相对于身高（H），肢体质量相对于总质量（m），以及质心位置（r）和回转半径（k）相对于肢体长度（图 2.4）。不同的肢体，质心位置与回转半径随肢体长度的关系是不同的，因此，我们必须在每个项目使用特定的工具，比如：计算肢体的加减速时，只计算肢体段的回转半径，回转半径用于计算动态力矩，但肢体可以认为是静态的，表 2.1 为 Dempster（1955）发现的数据，表 2.1 与图 2.5 是 Drillis 和 Contini（1966）的数据摘要。

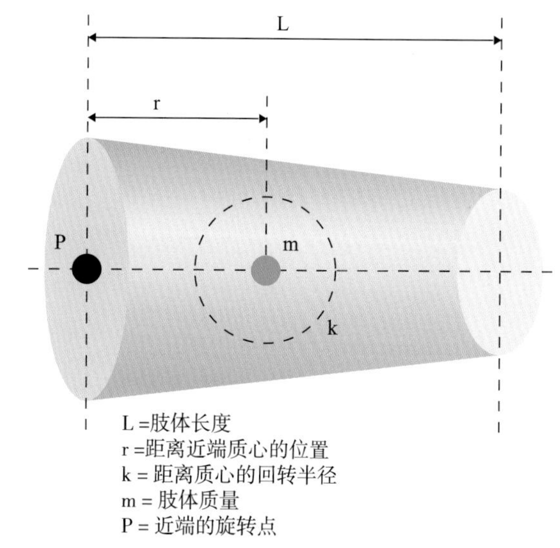

图 2.4　人体测量参数

2.2.3　人体测量

人体测量计算非常简单，我们测量的目的是得到与身高、质量或肢体长度相关的参数（百分比或比率）。因此，从表 2.1 中可以得到肢体相关的长度、质量、质心和回转半径。

例如：计算一位质量 80kg 和身高 1.8m 的肢体参数。从表 2.1，足的质量是全身质量的 0.014，因此，可以通过全身质量与此相乘计算足的质量：

足的质量 =0.014×80

足的质量 =1.12kg

也可以用类似的方式计算肢体长度，大腿长度是总身高的 0.245，可与人体的身高相乘计算大腿长度：

大腿长度 =0.245×1.8

大腿长度 =0.441m

类似方法也可以得到质心的位置，取决于肢体的长度而非取决于身高，为了计算从近端到前臂的质心的位置，首先必须计算肢体长度和质心：

前臂长度 =0.146×1.8

前臂长度 =0.2628 m

质心的位置是距离近端关节 0.430× 肢体长度，因此，可以计算前臂质心的位置：

前臂质心位置 =0.2628×0.430

表 2.1　肢体的测量

部位	肢体长度与身高	肢体质量与总质量	质心（CoM）与肢体长度（从近端测量）	回转半径与肢体长度
足	0.152（长）	0.014	0.429	0.475
	0.055（宽）			
	0.039（深）			
小腿	0.246	0.045	0.433	0.302
小腿和足	0.285	0.0595	0.434	0.416
大腿	0.245	0.096	0.433	0.323
整个下肢（包括盆腔）	0.530	0.157	0.434	0.326
上臂	0.186	0.0265	0.436	0.322
前臂	0.146	0.0155	0.430	0.303
手	0.108	0.006	0.506	0.297
前臂和手	0.254	0.0215	0.677*	0.468
整个上肢	0.441	0.0485	0.512	0.368
头部、躯干和盆腔减去四肢	0.52	0.565	0.604（从头顶）	0.503
头部和颈部	0.182	0.079		0.495

* 前臂和手的重心位置为前臂的 0.677 处

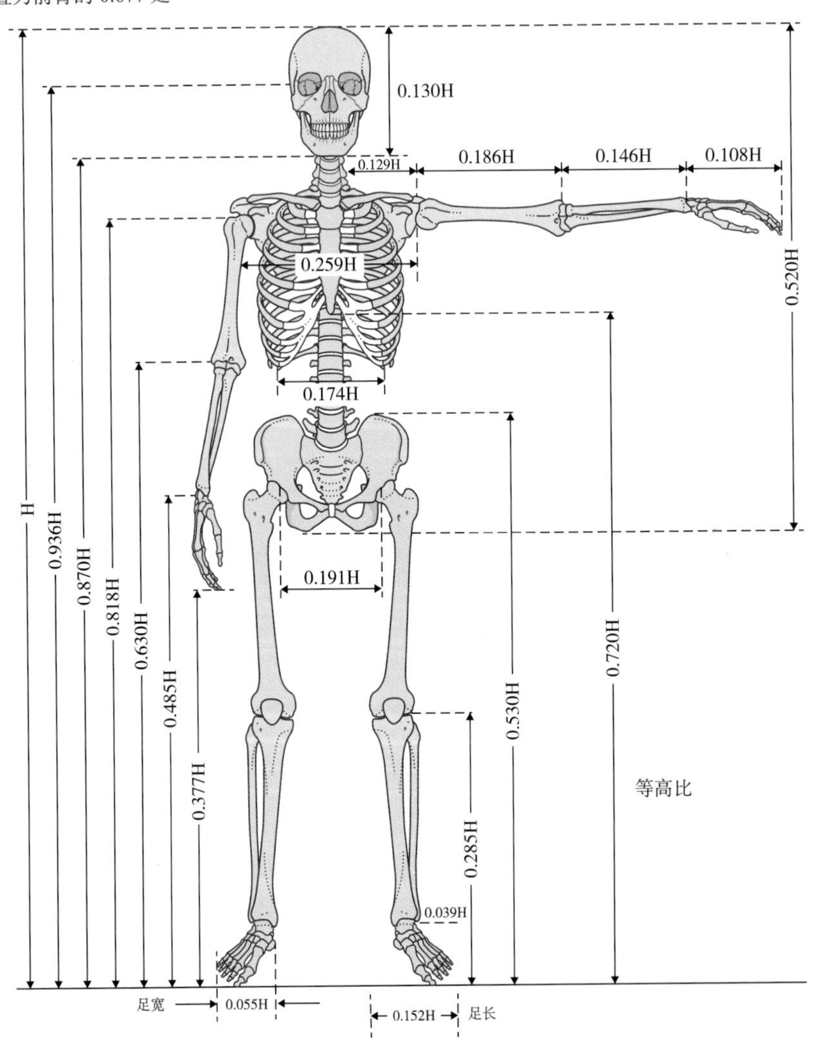

图 2.5　人体各部位测量参数

质心位置 = 距离近端关节 0.113m 处

我们尚未计算运动时的力，稍后将介绍这些内容，我们需要计算旋转力的参数是“回转半径”，可以用类似的方式定位质心，因此，为了计算旋转半径，可以再次使用肢体长度：

前臂长度 = 0.2628 m

旋转半径是 0.303 × 距离近端关节的肢体长度。

旋转半径 =0.303 × 0.2628

旋转半径 = 质心的 0.0796 倍

学生笔记

许多运动分析软件不用身高来计算质心，而是采用关节中心计算肢体长度，然后用此数值来确认质心的位置和旋转半径，这种算法可以消除因为肢体长度自然变异引起的一些误差，学者们认为这种模式计算的质心更准确。

2.3 力矩、肌力和肌合力

2.3.1　如何发现作用在骨骼肌上力和力矩

现在用力学和人体测量学的概念来认识肌肉骨骼系统的力和力矩，就像分析跷跷板的生物力学一样（见 1.3.6 节 力和力矩）。

为了得到力和力矩，需要得到作用在关节上的力大小和距关节的距离，因此，需要分解力以解决我们的目的（第 1 章节：向量），两种做法在数学上都是可行的。

1. 在与肢体 90° 的位置分解分向量。

2. 分解与地面水平和与地面垂直的分向量。

每种方法都可以通过多种方式进行描述，但是对于初学者，可以将该技术分为两个步骤：①确认三角形在哪里，②确认跷跷板在哪里。事实上，采用生物力学分析的难点不在于数学本身，而在于寻找并确认这两个“更为简单”的环节。

类似通过跷跷板平衡来确认骨骼肌力的平衡和在跷跷板找到支点上的力一样来分析，最终目的确定关节的三角形。

在之前跷跷板案例中，分析力的作用，它们是顺时针还是逆时针旋转，本章所涉及的案例，继续将顺时针力矩为正，逆时针力矩为负，当然，还可以使用其他约定，比如关节的某个力矩是否屈曲或伸展关节，虽然在解剖学上有意义，但在理解力矩对肌力的影响时，实际上并没有改变数学分析。

没有数学背景的学生不用担心，因为本节所使用的原理与第 1 章的原理完全相同，从中如何找到平衡力和支点上的力，以及如何求解向量。

以下方法虽然简约，但对了解关节内外的作用力很有用，有关动态活动中关节力矩和力的更优化模型，请参见第 6 章：逆动力学理论。

2.3.2　如何找到肌力

首先分析肘关节周围肌肉的作用，其中肱二头肌与前臂有个倾斜角度，要计算它对肘关节的作用，必须把肱二头肌肌力分成两个分向量，一个水平于参考系，另一个垂直于参考系。在这种情况下，参考系沿着前臂并与前臂成直角，可以用正弦和余弦来计算，肱二头肌的两个分向量有时被称为旋转分向量和稳定分向量（图 2.6）。可以用下面的公式计算出来，其中角 A 是肱二头肌和前臂的夹角：

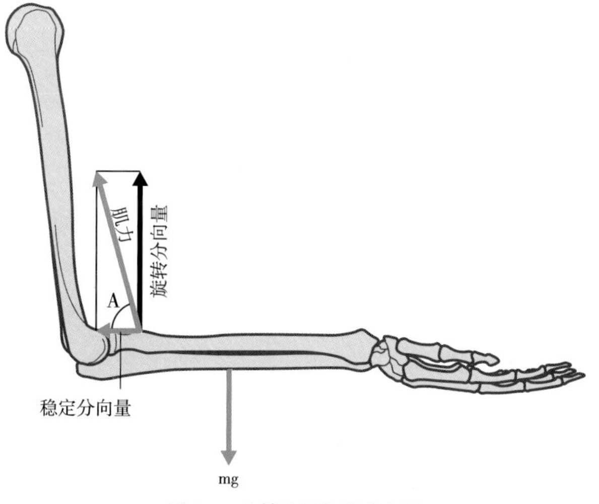

图 2.6　旋转向量和稳定向量

旋转分向量 = 肌力 × sinA

稳定分向量 = 肌力 × cosA

旋转分向量是一种力，它让肢体围绕近端关节旋转（屈曲或伸展关节），稳定分向量是作用于肢段的力（如图 2.6 所示的前臂），来稳定关节。

稳定分向量通过关节起作用，因此对关节力

矩没有影响，而旋转分向量将产生近端关节的力矩，虽然只有旋转分向量对肌力有影响，但旋转分向量和稳定分向量对肌合力都有影响。

2.3.3 如何求合力

为了计算合力，需要回到跷跷板问题，在这个问题中，支点上的力等于向下作用两个力的和，与我们采用的方法相同。对于合力，必须计算水平作用力和垂直作用力（图 2.7）。如果想要一个更完整的图，还需要考虑冠状面和水平面上的力矩，而不仅仅是矢状面（稍后会有更多）。

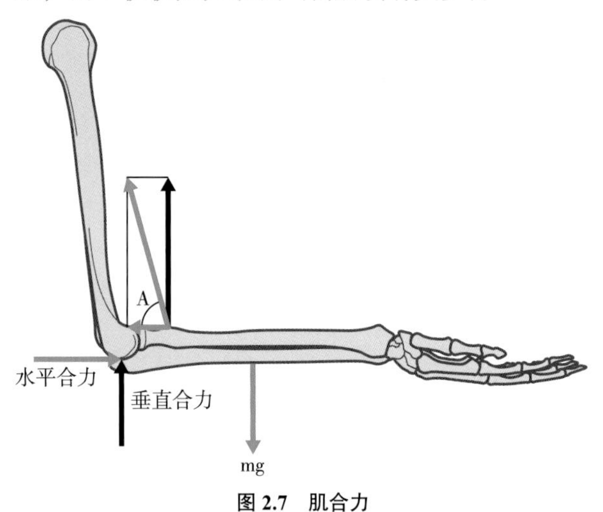

图 2.7 肌合力

有两种方法来计算合力：要么计算水平方向和垂直方向作用于关节的力，要么算出作用于关节的总合力，两种方法都有各自的优点。例如，合力提供了作用于关节的总力，但这并不一定与解剖的力相关，相关肌力的水平和垂直分力提供了压力和剪切力。

为了计算垂直合力，我们需要找到所有垂直方向或与身体成 90° 的所有力，包括垂直分向量的肌力、体重和垂直分力。所有这些力之和必须等于零，这表示如果获知这些力中的两个，就可以找到第三个。

与垂直合力一样，作用于水平方向的所有力之和必须等于零。在这个案例中，知道两个力：肌力的水平分力和水平合力。

还可以用勾股定理计算总合力：

总合力^2= 垂直合力^2 + 水平合力^2

动态肌合力

在动态情况下，关节力取决于肢体的加速和减速，也许还有关节周围的肌肉运动，这一点非常重要，我们在“如何找到肌力”的简化模型中有一种计算肌力的方法，但这并没有考虑所有可能起作用的肌肉，甚至没考虑它们可能起作用的方式，例如，如果人体站直、放松，然后绷紧下肢肌，使用前面提到的方法，力学分析不会显示两种情况之间的任何区别，但通过关节周围肌肉的收缩会增加关节表面所承受的力，改进肌肉合力模型的一种方法是更详细地考虑肌张力和肌力，并使用有时被称为肌电图（EMG）辅助模型。

2.4 下肢关节力矩、肌力及肌合力

现在通过案例来说明在下肢运动中，如何找到关节力矩、肌力和肌合力，采用生物力学分析下肢深蹲运动和步行来计算其力矩。

2.4.1 下蹲运动中的关节力矩

练习下蹲的主要目的是锻炼股四头肌，但可能对踝关节和髋关节有作用，为了确定这一点，需要知道地面反作用力（GRF）的作用点以及踝关节、膝关节和髋关节的位置。假设在缓慢深蹲运动过程中有肢体的慢加速和减速段（静态），还假设 GRF 直接作用关节且下蹲过程控制很好。

图 2.8 显示 GRF 作用于踝关节前、膝关节后、髋关节。了解 GRF 对踝关节、膝关节和髋关节周围肌的作用之前，首先要计算 GRF 对踝关节和髋关节产生的力矩。如果知道 GRF 的大小以及 GRF 到踝关节、膝关节和髋关节的水平距离，就可以简单地计算 GRF 对每个关节的作用。所以，需要关注关节的位置和垂直作用力。

踝关节力矩

如果踝关节与 GRF（800N）之间的水平距离是 0.08m，踝关节力矩就是力乘以距离，并且要判断这个力是顺时针旋转还是逆时针旋转。实际目的是：800N 的力对支点会有什么作用。如果我们认为支点是固定的，那么 800N 的力向上推并将关节的远端逆时针方向旋转，踝关节力矩将被视为负力矩。

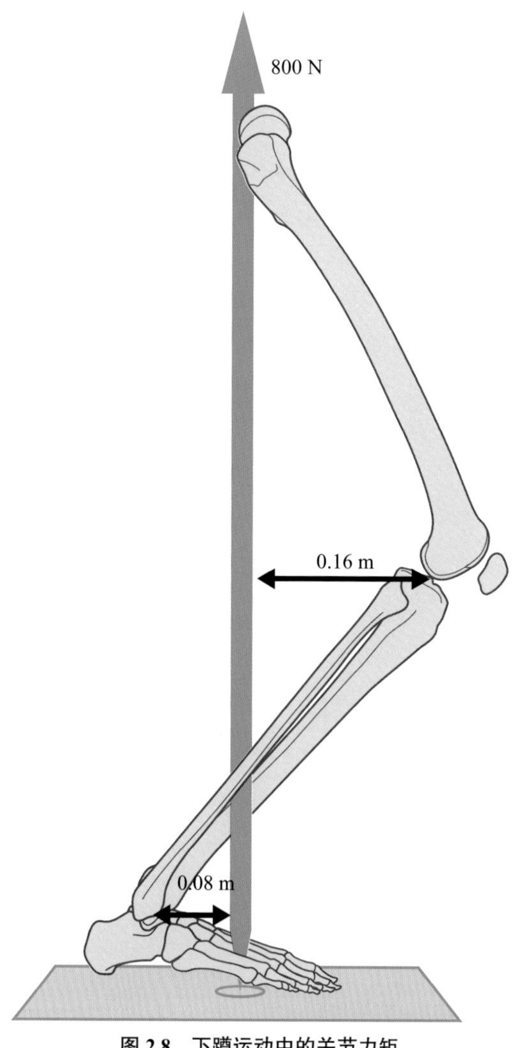

图 2.8 下蹲运动中的关节力矩

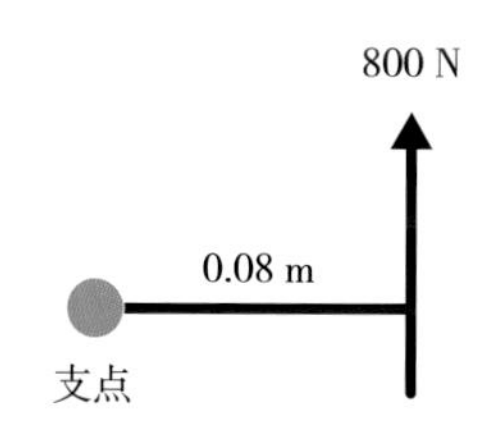

因此：

力矩 = 力 × 距离

足踝力矩 = –（800 × 0.08）

足踝力矩 = – 64Nm

负号表明足围绕胫骨做逆时针旋转，可以描述为 64Nm 的背伸力矩，因为这个力矩使足踝背伸，但顺时针或者逆时针旋转取决于这个人面对的方向。

膝关节力矩

膝关节与 GRF（800 N）的水平距离为 0.16 m，如果我们认为支点是固定的，那么 800 N 的力会向上推，试图顺时针方向转动关节的远端，因为力在关节的左边，膝关节力矩将被视为一个正力矩。

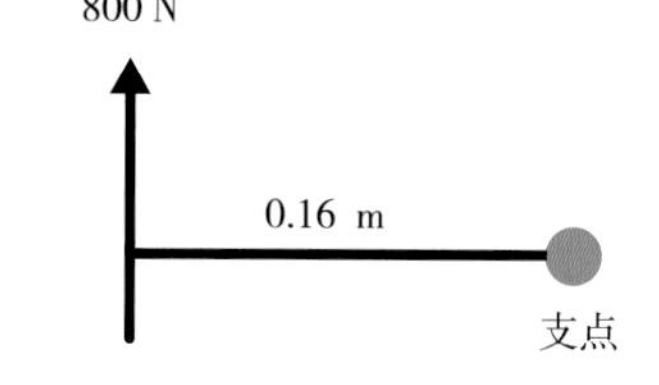

因此：

力矩 = 力量 × 距离

膝关节周围的力矩 = +（800 × 0.16）

膝关节周围的力矩 =128Nm

正值表明胫骨围绕膝关节股骨顺时针旋转，描述为一个 128 Nm 膝关节屈力矩。

髋关节力矩

和踝关节和膝关节一样来计算髋关节力矩，800N 力直接作用于髋关节且贯穿髋关节，和坐在跷跷板中间相似，GRF 直接在支点上，力到支点的距离实际上是零，没有产生力矩。

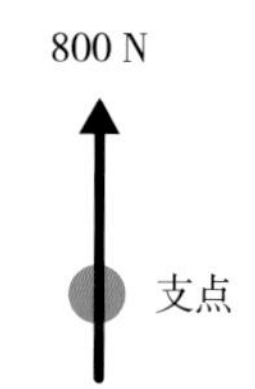

因此：

力矩 = 力 × 距离

髋关节力矩 = +（800 × 0）

髋关节力矩 = 0Nm

这些力矩对肌肉有什么影响

关于踝关节，GRF 具有逆时针旋转的效果使踝关节屈伸，被称为 64 Nm 的背伸力矩。如果测试者稳定保持这个姿势，则必须有一个相等且相反、大小为 64 Nm 的顺时针平衡力矩，该力矩由踝关节（小腿后肌群）或跖屈肌提供，称为跖屈力矩，因为小腿后肌群导致踝关节的跖屈。

同样，在膝关节周围的 GRF 有顺时针旋转的效果并使膝关节伸曲，称为 128 Nm 的屈伸力矩，维持这个姿势的肌是膝关节伸肌（股四头肌），所以这有时也被称为伸展力矩。

对于髋关节，当力通过髋关节时没有距离，但在现实中髋关节周围会有稳定的肌肉收缩，但不是 GRF 作用的结果，而是关节的位置。

屈 / 伸力矩和伸 / 屈力矩的概念可能会让人混淆，本书提到 GRF 对关节的外部作用以及它们导致关节屈曲或伸展，描述相应的肌肉但不从肌肉的角度来描述力矩。

2.4.2　行走期间的下肢关节力矩

在行走期间，外部 GRF 作用于下肢，由于足着地或推离地面，并引起身体的减速或者加速。因此，在行走期间的 GRF 比在下蹲位期间的 GRF 更复杂，后者仅仅作用于垂直方向；为了得到完整的分析资料，应该包括肢体加速和减速过程的 GRF，因为它们会对关节力矩产生作用，但是我们计算 GRF 对下肢关节起作用。

图 2.9 显示正常测试者足部的合成 GRF（粗箭头），所得到的 GRF 可以分解为两个独立的分向量：一个在垂直方向，另一个在水平方向。

如果知道 GRF 的作用点和作用角度以及踝关节、膝关节和髋关节的位置，就可以计算出 GRF 对踝关节、膝关节和髋关节产生的力矩，可以确定哪些肌作用后形成力矩，要做到这一点，我们将使用与下蹲分析完全相同的步骤，除了 GRF 正在作用的角度，我们要做的第一件事就是将其分解为垂直分向量和水平分向量（图 2.9A，B）。

大小为 1000 N 的 GRF 作用于水平方向 80°。

分解

水平 GRF=1000 × cos80

垂直 GRF=1000 × sin80

水平 GRF=173.6N

垂直 GRF=984.8N

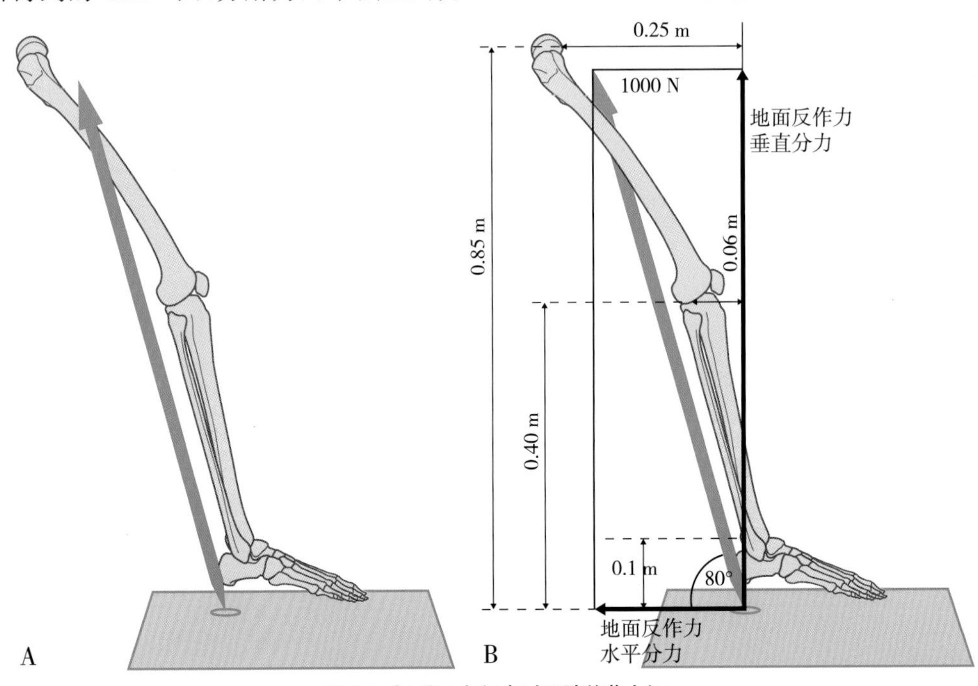

图 2.9 （A 和 B）行走时下肢关节力矩

一旦找到了垂直分力和水平力，就可以分别计算各分向量对关节的作用。

踝关节力矩

GRF 的垂直分向量直接作用于关节不会产生力矩，GRF 的水平分向量作用于踝下方和右侧，产生顺时针力矩或跖屈力矩。

踝关节力矩 = − 984.8 × 0 + 173.6 × 0.1

踝关节力矩 =17.36 Nm

（正值表示跖屈力矩）

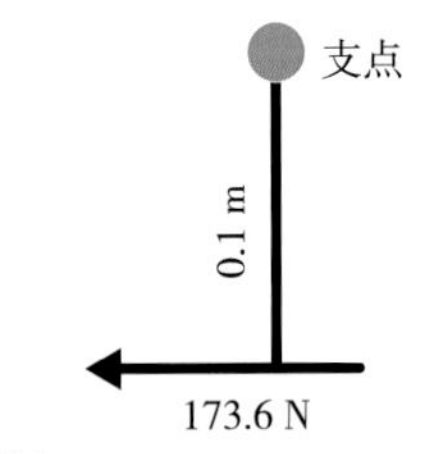

膝关节力矩

GRF 垂直分向量作用于膝关节前方，产生逆时针或伸展力矩，GRF 的水平分向量作用于膝关节下方和右侧，产生顺时针力矩或屈伸力矩。

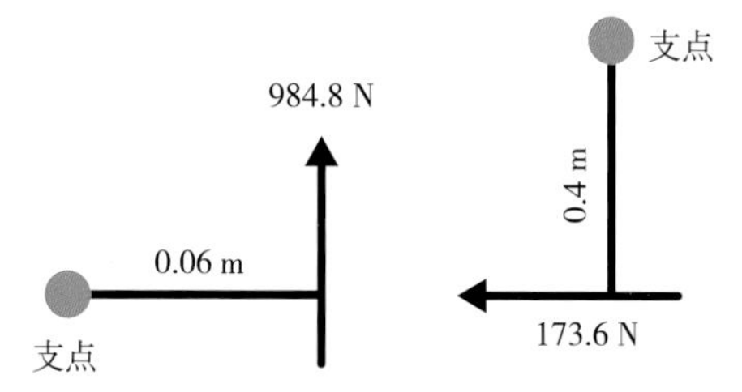

膝关节力矩 = – 984.8 × 0.06 + 173.6 × 0.4

膝关节力矩 = 10.35 Nm（正值表示屈力矩）

髋关节力矩

GRF 的垂直分向量作用于髋关节前方，产生逆时针或屈曲力矩，水平分向量作用于髋关节下方和右侧，产生顺时针力矩或伸展力矩。

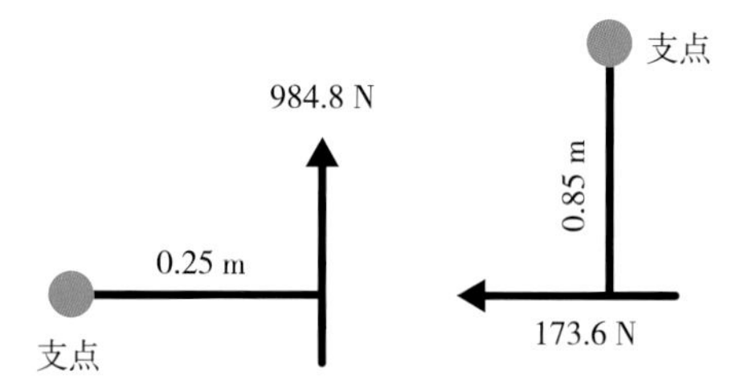

髋关节力矩 = – 984.8 × 0.25 + 173.6 × 0.85

髋关节力矩 = – 98.64 Nm

（负值表示屈曲力矩）

力矩对肌肉有什么作用？

踝关节的净力矩为跖屈力矩，因此，小腿前肌群（背屈肌）必须处于激活状态。

膝关节的净力矩为屈曲力矩，因此，膝关节伸肌群于激活状态。

髋关节的净力矩为屈曲力矩，因此，髋关节伸肌于激活状态。

2.4.3　下肢肌力

与前面的案例一样，首先需要将 GRF 分解为垂直分向量和水平分向量。如果知道力作用点距离关节水平和垂直的距离，通过分向量可以计算关节力矩，也可以通过知道肌肉附着点离关节的距离以及肌作用力线来估算肌力，之所以使用“估算”这个词，是基于一些假设：类似肌肉活动过程中没有统一收缩等假设内容，但“估算”仍然是有用的肌力指标。

比如分析：体重 80kg 的人在跑步时跟腱的受力情况，在跑步过程中，GRF 通常是体重的 2.5 倍。已知 GRF 与水平线的夹角为 75°（图 2.10）。

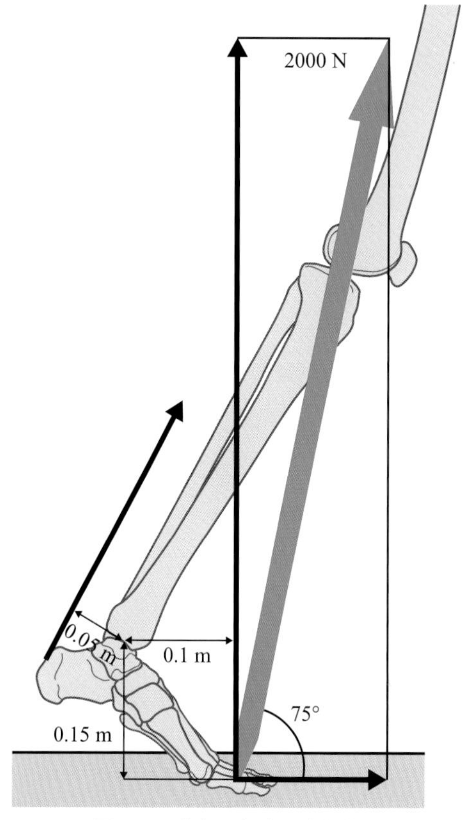

图 2.10　跑步蹬离地面时力分析

分解力

与其他案例一样，首先需要将 GRF 分解为垂直分向量和水平分向量。

垂直分向量的 GRF=2000 sin75°

垂直分向量的 GRF=1931.9 N

水平分向量的 GRF=000cos75°

水平分向量的 GRF =517.6 N

力矩

现在计算关节力矩。在这种情况下，只计算踝关节。

踝关节力矩 = – 1931.9 × 0.1 – 517.6 × 0.15

踝关节力矩 = – 270.8Nm

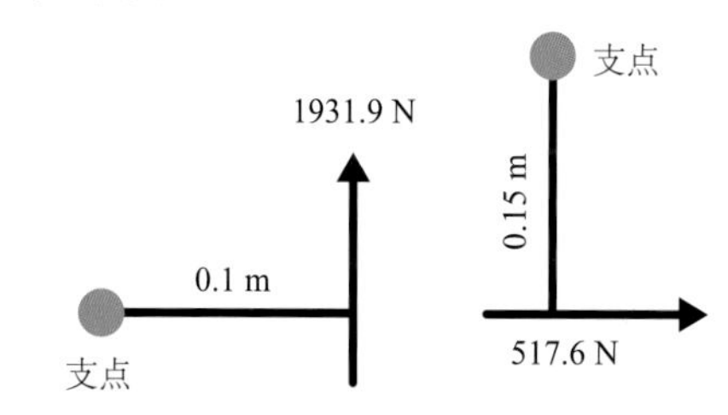

肌力

踝关节的净力矩取决于外部力矩和内部力矩的和，内部力矩由肌肉产生的，与外部力矩大小相等且方向相反；这种情况下，GRF 产生的外部力矩是逆时针运动并使足背屈；因此，肌内部力矩呈顺时针方向运动，由穿过跟腱的跖屈肌产生。因此，通过平衡方程可以得到肌力。

肌力 × 到关节中心的距离 – 270.8=0

肌力 ×0.05= 270.8Nm

$$肌力 = \frac{270.8}{0.05}$$

肌力 = 5416N

对于 80kg 的人来讲，其跟腱力约为体重 6.9 倍，这与斯科特（Scott）和温特（Winter，1990）报道相似：跟腱力为体重 6.1 ~ 8.2 倍。

2.4.4 下肢合力

合力取决于作用于关节的水平力和垂直分力。可以用不同的方法来计算合力，但是否将肌力纳入其中，且肌力对合力的计算有多大的影响？下文具体讨论肌力是否纳入对合力计算的影响。

没有纳入肌力的合力

首先计算 GRF 的垂直分力和水平力，这些力必须与合力大小相等并且方向相反，即垂直方向和水平方向所有力的总和必须为零（图 2.11）。

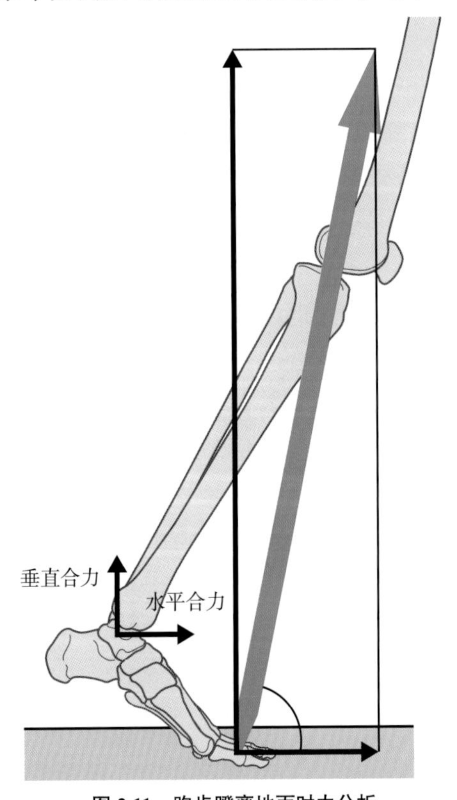

图 2.11 跑步蹬离地面时力分析

GRF 的垂直分向量 =2000 sin 75°

GRF 的垂直分向量 =1931.9 N

GRF 的水平分向量 =2000cos75°

GRF 的水平分向量 =517.6

垂直合力 = – 1931.9 N

（负值指此合力向下，即胫骨向踝关节的力）

水平合力 + 517.6=0

水平合力 = – 517.6 N

（负值指此合力向左或向后作用）

通过水平合力和垂直合力，可以计算总合力。

$总合力^2 = 517.6^2 + 1931.9^2$

总合力 =2000N

这与初始合力 GRF 相同。

纳入肌力的合力

将计算由小腿后肌群作用于踝关节的力，和 GRF 一样，肌力必须按照参考系分解为水平分向量和垂直分向量。为了计算合力，需要分别计算所有的垂直分力和水平力，并且垂直合力和水平合力相平衡（图 2.12）。

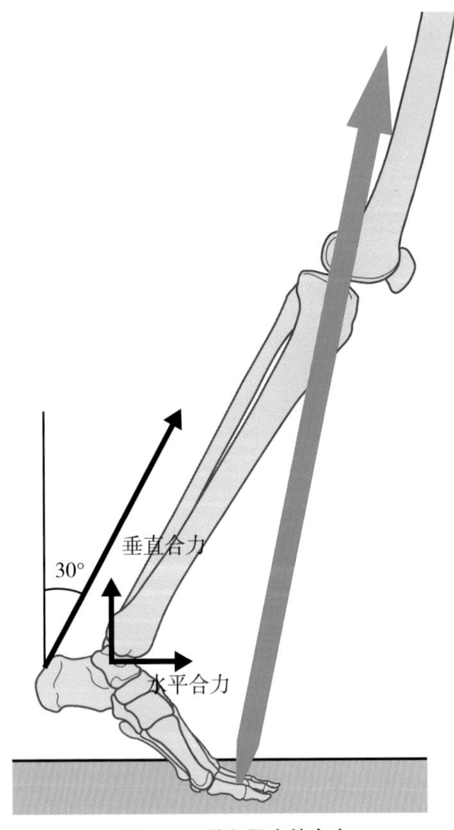

图 2.12 纳入肌力的合力

GRF 的垂直分向量 =1931.9N

GRF 的水平分向量 =517.6N

先前计算的肌力是 5416N，由于是向垂直方向以 30° 起作用的力，并且必须将其分解为水平和垂直分向量：

肌力的垂直分向量 =5416cos30

肌力的垂直分向量 =4690.4N

肌力的水平分向量 =5416sin 30

肌力的水平分向量 =2708N

此外，如果我们以向上作为正值并以向下作为负值，以向右作为正值并以向左作为负值，我们得到方程式：

垂直合力 + GRF 的垂直分向量 + 肌力的垂直分向量 = 0

垂直合力 + 1931.9 + 4690.4= 0

垂直合力 = – 1931.9 – 4690.4

垂直合力 = – 6622.3 N

（负值指向下作用，即胫骨作用于踝关节）

水平合力 + GRF 的水平分向量 + 肌力的水平分向量 =0

水平合力 + 517.6 + 2708 = 0

水平合力 = – 3225.6 N

（负值是指它作用于左侧，即小腿后肌群合力）

此外，来自水平和垂直合力，我们可以计算合力：

总合力 ^{2} = $3225.6^2 + 6622.3^2$

总合力 =7366.1N

相当于作用于胫骨上的压力，此压力大约是体重为 80kg 的人 9.4 倍，与斯科特和温特所报告（1990）的 10.3 ~ 14.1 倍体重的数值相似。

请注意：在这些案例中，应该包括所研究关节远端肢体的重量，本案例研究对象是足。足在此案例的重量可忽略不计，但严格来说，应该包括在内，尤其是我们研究整个下肢时，重量将变得重要。

两种计算合力方法的争议

大多数下肢生物力学模型中，在计算合力时没有纳入肌力，主要是因为肌肉和韧带的内力难以准确估算。约翰 保罗（John Paul）于 1970 年发现步行速度影响髋关节和膝关节对力的传导，保罗计算了动态合力，其中包含了肌肉和韧带的力，本质上是“合力和肌力”，保罗估算了每块肌的肌力，今天很少有人尝试复制这一壮举，更不用说 20 世纪 60 年代的计算能力了。大约在同一时期，Rydell（瑞德尔，1966）采用了一种更“直接”的方法来计算行走过程中的合力，瑞德尔报告了两例全髋关节置换术后 6 个月的临床病例，其中安装的髋关节假肢包含电应变仪。保罗（1967）发现，在步行周期中，作用于髋关节的力是体重的 1.7 ~ 9.2 倍。从这个角度来看，一个 1000N 的人在行走时髋关节的受力将超过 9000N 或者近 1 吨（粗略地转换成非 SI 单位）。瑞德尔发现较小的力可以达到体重的 3 倍，然而，与保罗的研究对象相比，瑞德尔的研究对象接受了髋关节置换手术，其步幅明显缩短。

保罗能做到，为什么我们现在不做呢？答案是，大多数生物力学的研究目的不一定是关节处的各种力，一般研究都忽略肌肉和韧带的内力。我们常通过平衡的外在力矩来了解肌肉所提供的内在力矩，而非估算肌力本身。但有趣的是，即使没有纳入肌力，力矩的计算仍是正确的，原因是肌肉所谓的内力及力矩被外力和力矩直接影响而发生变化，即平衡了 GRF 和肢体重量在内的结构力。

应该注意的是：作用于关节的力在许多肌骨骼病症中是极为重要的，并且有模型计算肌力及其对合力的作用（图 2.13），这些成果对于辅助设计髋关节假体非常重要的。

2.4.5　肢体重量对计算力矩的影响

本节列举的下肢生物力学分析案例中，仅将 GRF 作为外力，没有计算肢体重量，但肢体重量对力矩也有作用，很多下肢生物力学研究，由于 GRF 是最大的作用力，肢体重量常常被忽略不计，由于肢体重量常常被忽略，导致很多肢体问题难以解决。

把肢体重量纳入生物力学研究后，计算结果的精确度会得以提升，虽然注意了肢体重量，但身体加速或减速时涉及的力还没有纳入进来，为

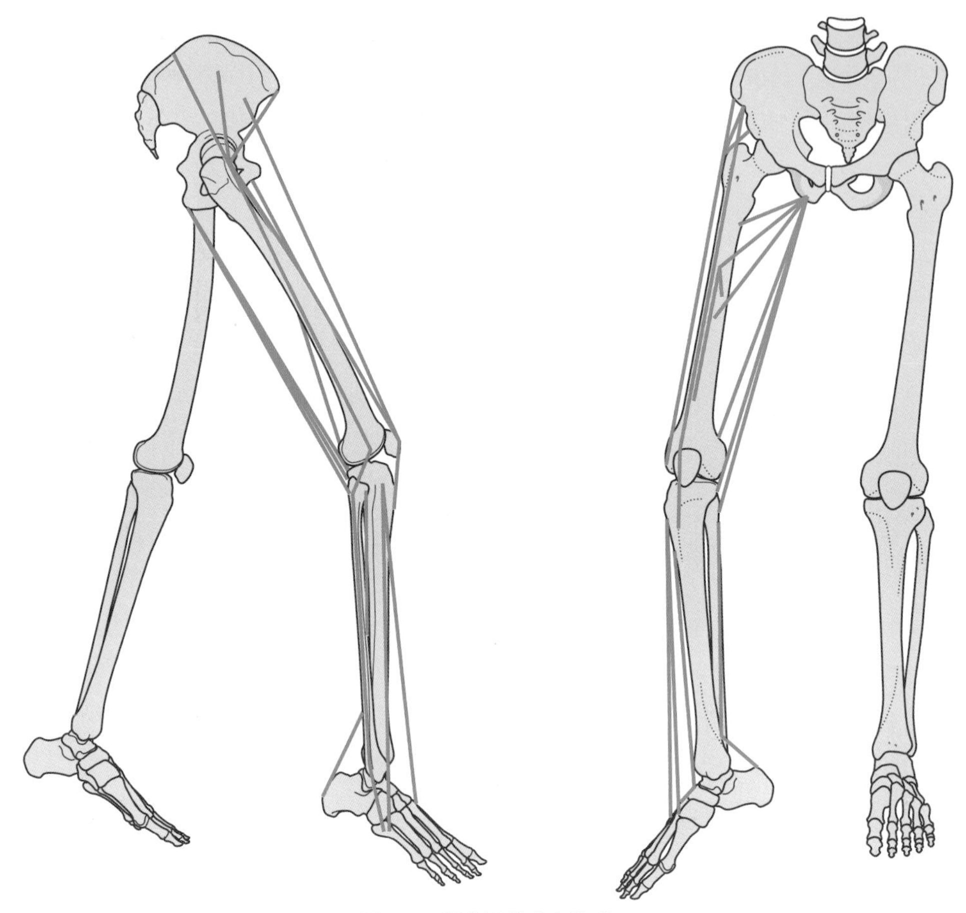

图 2.13　肌作用的动态模型

了评价所有“动态”力的作用，需要利用惯性（牛顿第二定律）以及本书第 6 章的相关理论。

2.5 上肢力矩、肌力和合力的计算

搜索生物力学文献就会发现，大多数生物力学科研关注的是下肢和盆腔，较少关注脊柱和上肢，虽然上肢不常与地面接触，但不表示其不受其他外力作用。本节介绍上肢正常状态的案例，在上肢问题中，不能忽略肢体的重量，重量对生物力学研究有更实质的作用，这是因为与作用于下肢的 GRF 相比，上肢的其他外力小得多，除非做倒立动作。在上肢生物力学的每个案例中，主要关注：重量、肌力和合力。

2.5.1　握持一杯啤酒时的力矩、肌力和合力

本书不讨论喝啤酒的生物学课题，在研究上肢生物力学课题中，我们采用一杯啤酒的案例（很快就转化为国际标准单位），我们将计算一杯啤酒的重量、前臂和手的重量、长度和质心的位置、前臂和手的前臂的任何倾向、肌肉的附着点和肌作用力线。为了简化学习难度，首先我们要假设将前臂保持静态水平位置，虽然该姿势不太适合喝酒，但力学分析要一步一步来。

一杯啤酒的重量

假设一杯啤酒约为 0.568 升，酿造好的啤酒比重为 1000 kg/m^3，那么一杯啤酒的质量为 0.568 kg，如果加上玻璃杯的质量，约 0.25 kg，那么质量是 0.818 kg，重量是 8.02 N。

人体测量学

假设拿玻璃酒杯的人身高 1.7 米，体重 71kg，则可用人体测量法得到前臂和手的长度、前臂和手的重量以及前臂和手的质心位置。前臂和手的质量为 0.0215 × 体质量，前臂和手的长度为 0.254 × 高，前臂和手的质心为 0.677 × 前臂长度。因此：

前臂和手的质量 = 0.0215 × 71

前臂和手的质量 = 1.5265 kg

或前臂和手的重量（mg）= 14.975 N

前臂和手的长度 = 0.254 × 1.7
= 0.4318 m

前臂长度 = 0.146 × 1.7= 0.2482 m

前臂和手的质心 = 0.677 × 0.2482
= 0.168 m

计算的前提：手完全伸展，没有握住玻璃杯，只是将作为所涉力的估数（图 2.14）。

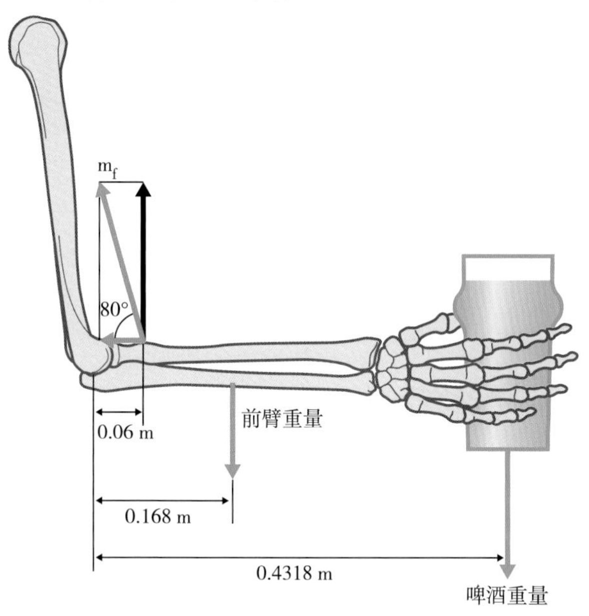

图 2.14　握持一杯啤酒的力矩

肘关节力矩

肘关节力矩 =（前臂重量 × 重心）+（啤酒重量 × 前臂长度）

肘关节力矩 =（14.975 × 0.168）+（8.02 × 0.4318）

肘关节力矩 = 2.526 + 3.463

肘关节力矩 = 5.989 Nm

2.5.2　计算肌力

假设肱二头肌和前臂成 80° 倾斜角，肱二头肌肉附着点距离肘关节 0.06 m，如何计算肱二头肌肌力？

可以设想肱二头肌提供了一个大小相等和方向相反的转向力矩来对抗手臂的重量和啤酒的重量，然而，肱二头肌倾斜于前臂，因此需要分解肌力，使其与前臂垂直。

如果肱二头肌肌力用符号 m_f，垂直分向量（或转动分向量）将是 $m_f \sin 80$。

由于肱二头肌提供了一个大小相等和方向相反的转向力矩，顺时针方向的分向量必须等于逆时针方向的分向量，也就是说，肱二头肌提供与肘关节力矩大小相等、方向相反的转向力矩。

因此：

$$m_f \sin 80 \times 0.06 = 5.989$$

$$m_f = \frac{5.989}{0.06 \times \sin 80}$$

$$m_f = 99.6\text{Nm}$$

需要注意的是，肱二头肌肌力明显大于前臂的重量（14.975 N）和啤酒的重量（8.02 N）之和，靠近肘关节的肌肉附着点需要相当大的肌力来平衡外部力矩。

2.5.3　计算合力

为了计算合力，需要再次确认垂直方向和水平方向的力，这个案例的最佳参考系应该是沿着前臂并与前臂成 90° 垂直角。

与前臂成 90° 的垂直分力由啤酒重量、前臂重量、肌力的垂直分向量和合力组成（图 2.15）：

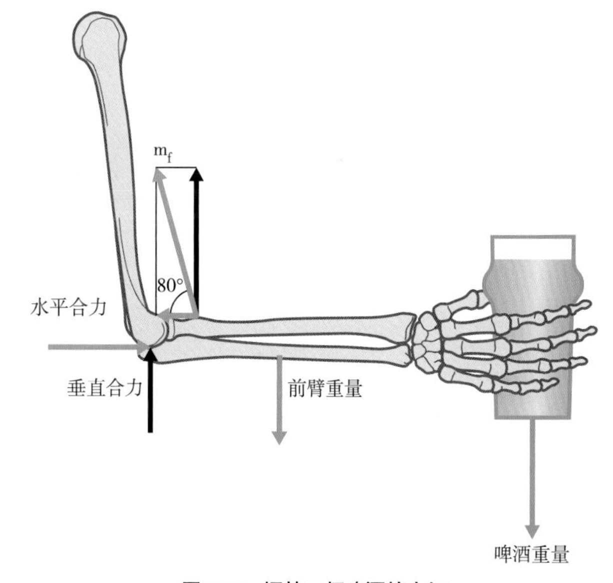

图 2.15　握持一杯啤酒的力矩

啤酒重量 + 前臂重量 − $m_f \sin 80$ + 垂直合力 = 0

8.02 + 14.975 − 101.36 sin80 + 垂直合力 = 0

垂直合力 = − 8.02 − 14.975 + 99.82

垂直合力 =76.83 N

前臂的力由肌力和合力的水平分向量组成：

水平合力 −101.36 cos80= 0

水平合力 = 17.60 N

这些水平分向量和垂直分向量与线段成 90°，利用这个参考系，水平力将与关节上的稳定力或压力有关，垂直分力将与转动分向量有关。但和前面的案例一样，也可以用勾股定理计算总合力：

$$总合力^2=76.3^2+17.60^2$$

$$总合力=78.8N$$

2.5.4 负重 20 kg 时肘关节的力矩和力

用同样的方法来计算握住一个质量大的物体（20 kg），前臂向水平方向倾斜 30° 时所产生的力（图 2.16）。

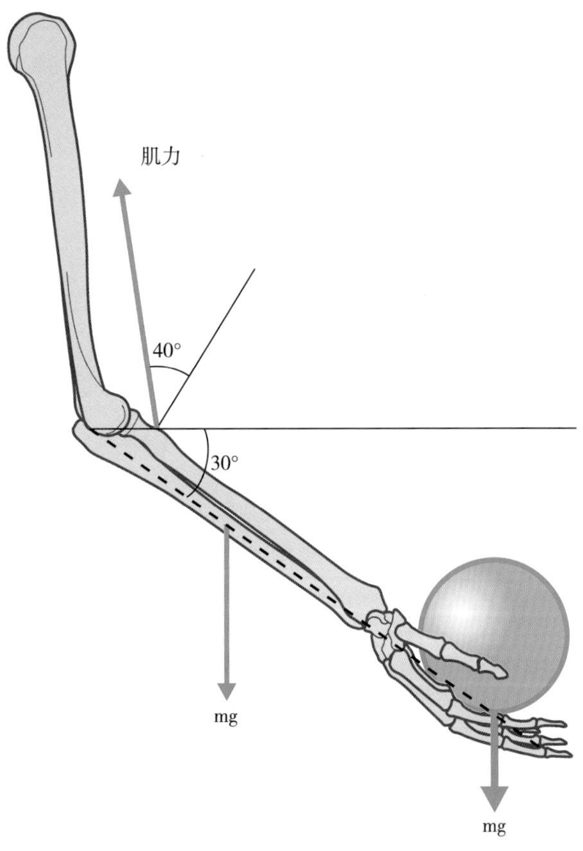

图 2.16 肘关节负重时力矩和力

外部的力矩

要找到肘关节力矩，需要找出前臂和手的长度和质心，以及质心的位置，所有这些都可以通过人体测量学得到。

前臂和手的质量 = 0.0215 × 71= 1.5265 kg

前臂和手的重量（mg）= 14.975 N

前臂和手的长度 = 0.254 × 1.7= 0.4318 m

前臂长度 = 0.146 × 1.7= 0.2482 m

前臂和手的质心 = 0.677 × 0.2482= 0.168 m

外部力矩的力是身体肢体的重量和 20kg 物体的重量（图 2.17）。

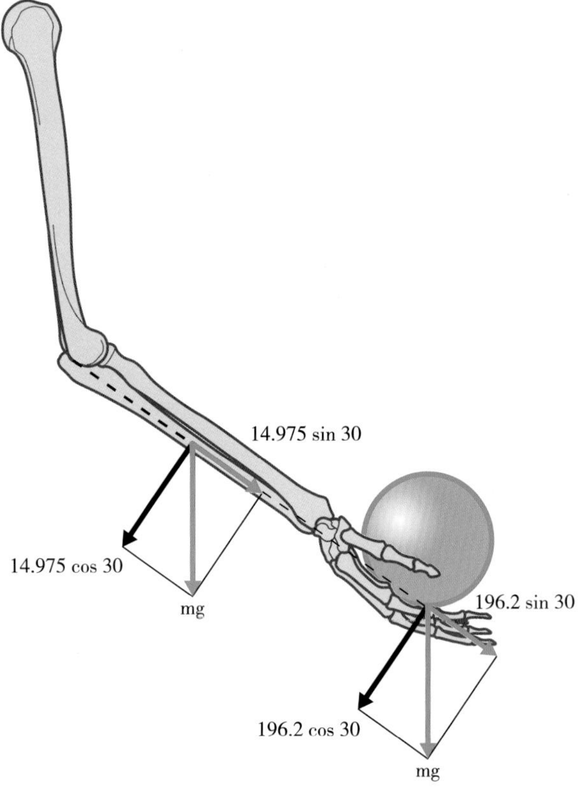

图 2.17 手持重物时肘关节力分析

肘关节力矩 =（前臂重量 cos30 × 重心）+（重量 cos 30 × 前臂长度）

从前面的案例可知，肢体的重量为 14.975N。

重 20kg 的物体的质量（mg）= 20 × 9.81 = 196.2 N。

肘关节力矩 =（14.975 cos 30 × 0.168）+（196.2 cos 30 × 0.4318）

肘关节力矩 = 2.179 + 73.369

肘关节力矩 = 75.548 Nm

肌力

如果肱二头肌与前臂成 50° 角，并且肌附着点与之前的相同，为 0.06m，则可以计算肌力。

外力矩必须与由内在结构所提供的内力矩相平衡，在此案例中，内在结构是肱二头肌（图 2.18）。

$$肌力\ \sin 50 \times 0.06 = 75.548$$

$$肌力 = \frac{75.548}{0.06 \times \sin 50}$$

肌力 = 1643.68 N

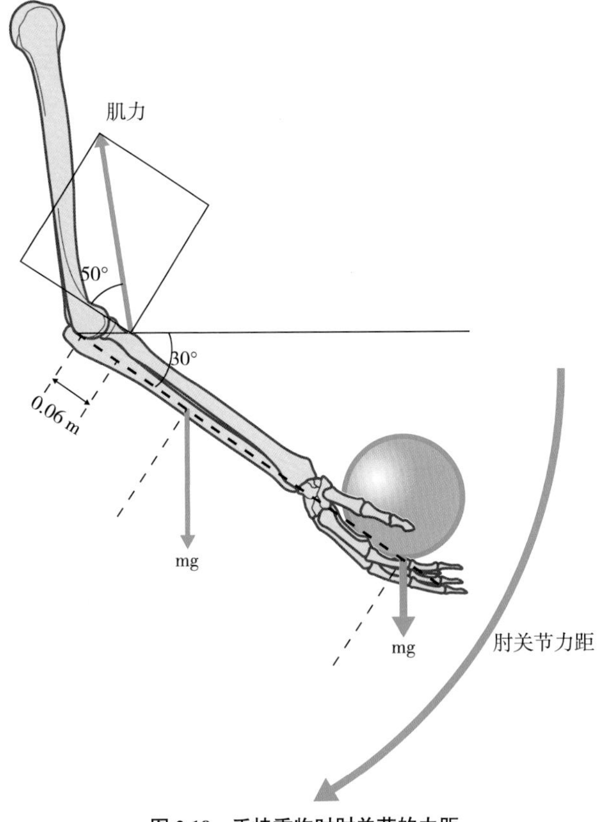

图 2.18　手持重物时肘关节的力距

肌合力

因为前臂有一个角度倾斜，需要分解所有的力，如此，此力的一个分向量沿着肢体作用，另一个分向量作用于与肢体成 90° 的位置，这是参考系或者肢体协调系统。由此，可以计算作用于关节的力（图 2.19）。

垂直合力 + 1643.68sin50 − 14.975cos30 − 196.2 cos 30 =0

垂直合力 + 1259.13 − 12.97 − 169.9 =0

垂直合力 = − 1076.26N

水平合力 = − 1643.68 cos 50 + 14.975 sin 30 + 196.2 sin 30 = 0

水平合力 = − 1056.54 + 7.4875 + 98.1=0

水平合力 = − 950.95 N

这些力对于理解以下内容非常有用：与关节剪切力相关的垂直分力和压力或者沿着前臂轴力有关的水平力。

我们也可以发现作用于关节的总合力，尽管此力将没有任何解剖参照。

总合力 ^{2} = $1076.26^2 + 950.95^2$

总合力 = 1436.19 N

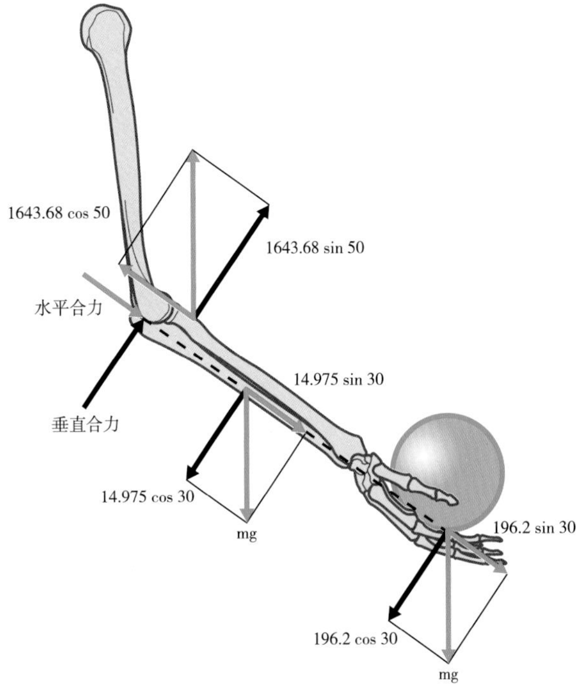

图 2.19　手持重物时肘关节的合力

此案例中，肘关节合力显著大于个人的体重，尽管 20kg 是相当大的重量，但远未达到以此方式承担的最大力量。

总结：力、矩和肌力

- 人体测量学是计算肢体比例的重要工具，这些信息包括质量、重量和质心位置。
- 通过计算作用于远端肢体且向特定关节作用的合力，可以发现其周围的净力矩或者总力矩，可采用力矩描述在执行不同动作期间的肌作用。
- 通过关节力矩和肌肉附着点，可以计算肌力，了解现存的力对制订治疗方案很有帮助。
- 可以通过计算垂直作用和水平作用的力或计算沿着肢体和与肢体成直角的力来得到合力，有时也可以估算肌力，把估算的肌力纳入合力的计算中。

第3章　地面反作用力和足底压力

采用不同测量方法计算地面反作用力（ground reaction forces，GRF）和足底压力，包括在姿势晃动、行走和不同形式的跑步期间如何测量地面反作用力和足底压力。

目的

掌握GRF和足底压力的测量方法。

目标

- 掌握支撑压力测量方法。
- 掌握行走期间垂直分力、前后力和内外侧力的测量。
- 掌握绘制向量图的方法。
- 掌握采用GRF数据计算冲量和动量。
- 掌握在跑步期间GRF的冲量和动量分析。
- 分析不同的垂直分力、前后力和内外侧力。

3.1 支撑地面反作用力

1680年博雷利（Borrelli）首次测量了身体的质心，并描述在步行期间质心如何维持平衡，博雷利首次计算作用于关节周围的GRF。

GRF是物体落在地面上或撞击地面而产生的力，根据牛顿第三定律，身体与地面接触时，地面对身体产生的大小相等和方向相反的作用力，根据牛顿第二定律，GRF与冲击期间的减速和在推动期间的加速有关，如果一个人站在地面且不动，测试者将对地面施加一个力，但是地面对测试者有一个大小相等和方向相反的反作用力，此作用力就是GRF（图3.1）。

如果测试者持续保持不动，在其足底形成了GRF在地面的位置，即压力中心，定义“压力中心”可能有误导，其实质并非压力而是位置，并且指在足底或者双足底的平均压力点。图3.1显示在每个足底的两个GRF向量，每个向量在足底（压力中心）的相对位置，也包括一个合力，此合力是两个力的总和，合力的压力中心常常用于研究姿势。

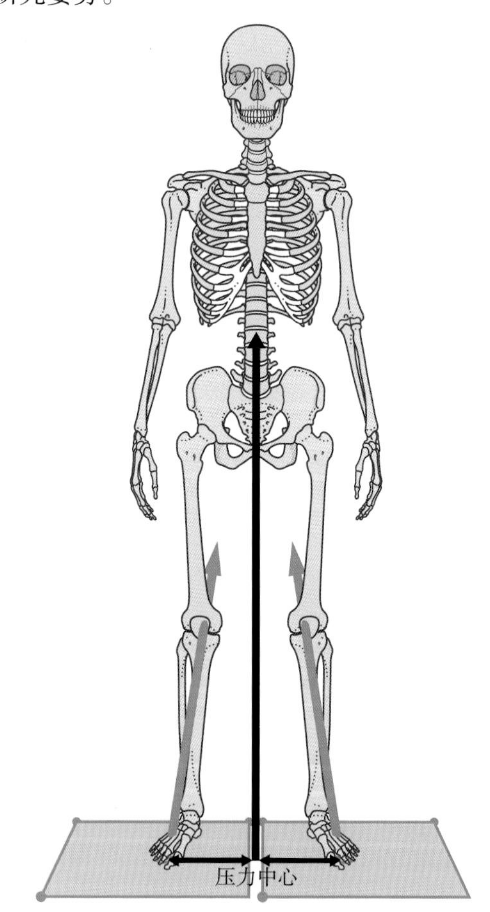

图3.1　站立时的压力中心

事实上，我们从未完全静止过，我们在此位置中，但我们总是在内外侧向方向（图3.2）和前后方向（图3.3）进行摇摆。这些图显示一个夸张

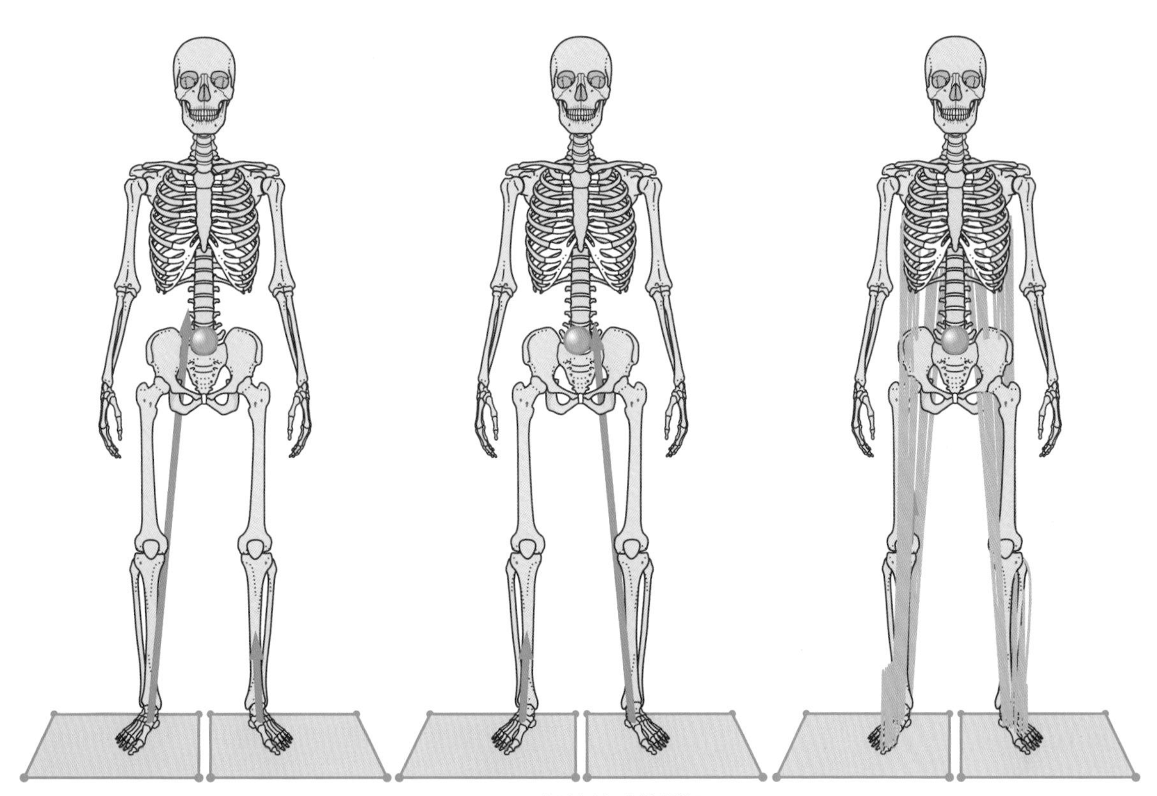

图 3.2　内外侧向姿势摇摆

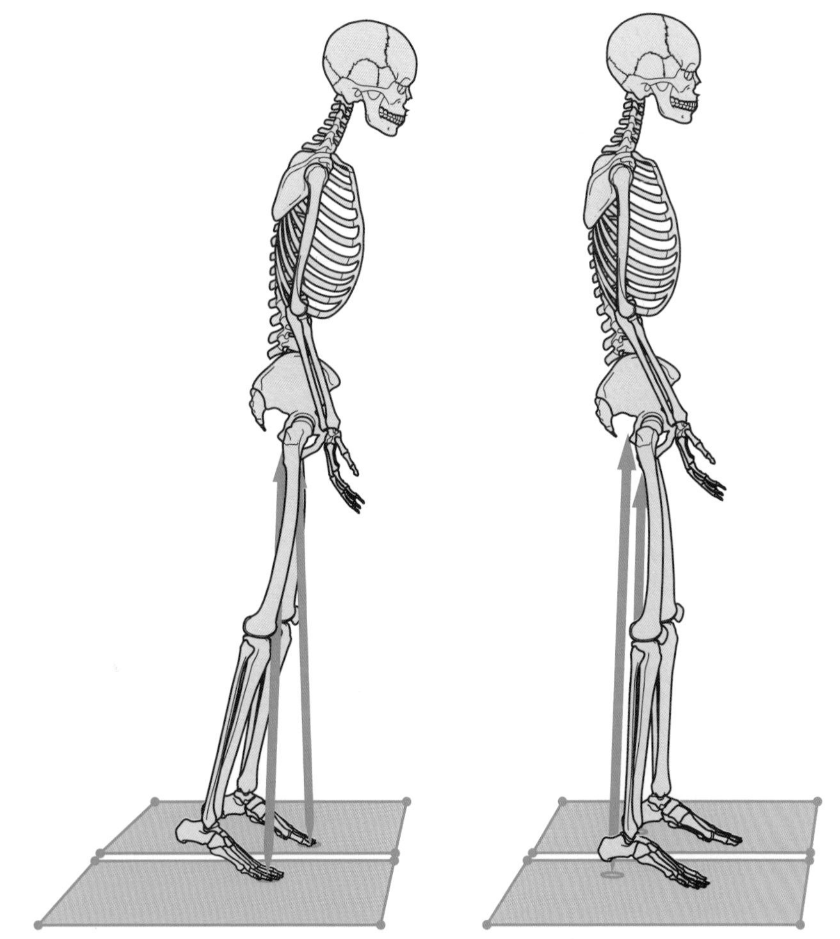

图 3.3　前后向的姿势摇摆

的姿势摇摆测试，以显示在足底的力如何变化，在姿势摆动期间，GRF 将指向质心的大致位置，力指向支持基底相关的方向。如果力向外，这将产生一个偏离质心的一个加速向量，测试者将变得不稳定，容易跌倒。

当测试者从一侧向另一侧摇摆或者从后向前摇摆时，力作用的位置（压力中心）也将移动（图 3.4）。人们常常采用压力中心的移动量对姿势摆动期间的动态稳定性进行定量评估，常用的试验是：在睁眼和闭眼的情形下，观察测试者在内外侧和前后向的移动量。

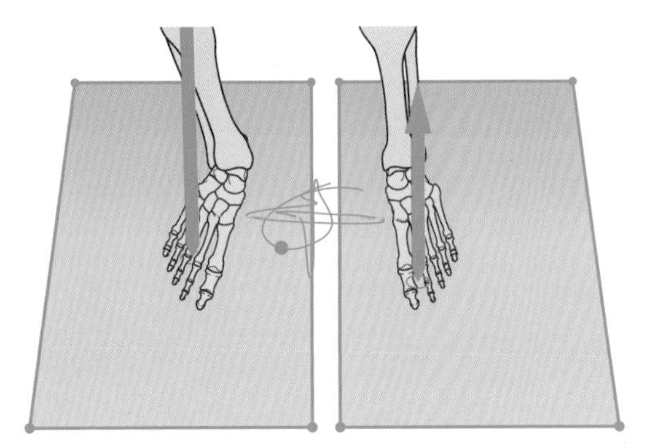

图 3.4　姿势摇摆导致压力中心移动

3.2 行走期间的地面反作用力

3.2.1　图形

生物力学分析常常采用（上下、前后和内外侧向）力曲线图、压力中心曲线图和向量或者蝴蝶样曲线图，对于这些曲线图，可以通过观察形状并分析特定测试者的平面图和步态模式之间的差异。步态周期中的关键点可以通过运动轨迹和测量来识别，对于每一项测量，可以研究内外侧之间的百分比差异以及被测试对象与正常对照个体之间的差异，不仅能识别出步态模式的差异，还能识别出差异的大小。

3.2.2　地面反作用力的垂直分力测量

地面反作用力的垂直分力测量是生物力学文献中引用最多的内容，目前有多种方法测量垂直分力（地面反作用力），垂直分力有第一峰值（最大垂直承重力）和第二个峰值（最大垂直推力），垂直分力测量会提供身体站立时的有用信息。

垂直分力应该使用牛顿单位，但通常以体重相关方式报告，可以用牛顿为单位的数值除以人的体重表示。两个峰值的正常值大约是体重的 1.2 倍，谷值通常是体重的 0.7 倍，尽管这些测量值取决于步行速度。

峰值和波谷出现的时间是一个非常有用的数据，相应的时间数据包括：第一个和第二个峰值时间（达到最大垂直承重时间和达到最大垂直推出时间）、到达低谷值的时间（有时指支撑中间期）和总时间。目前对是否用秒作为时间单位还是有争议的，因为与行走速度有关，但这些时间数据对于总支撑时间是非常有用（图 3.5A、B）。GRF 的垂直分向量可以被分为 4 部分，每部分都可能与足接触地面的功能有关，并能为我们提供下肢整体功能的重要信息。

足跟着地（第一个峰值）

第一个峰值是足跟接触地面的瞬间和身体减速下落之时，地面给足和小腿的反作用力，力从足背向足掌跟传递。第一个峰值基本上反映了此时地面对足和小腿冲击力的大小，峰值一般为个人体重的 1.2 倍。

第一个峰值与个人用在足跟上的力有关。在截肢者的步态中，可能与个人对假肢的信心有关，第一个峰值的下降可能是截肢者对假肢信心不足导致。下降的力可能也与疼痛感和不适感的存在、下肢关节较差的功能性运动或者慢行速度有关。

第一个峰值（F1）到波谷（F2）

当身体着地后膝关节伸展，开始移动前行并且质心提高，当质心接近最高点时身体前行的速度会慢下来或者其向上的动作减弱，这与一个小汽车行驶过拱桥具有相同的感觉：类似到达拱桥的拱顶，身体向上的减速停止，在垂直分力模式中产生下降到谷底的过程，其正常值为体重的 0.7 倍。

因此，波谷的深度与测试者身体移动程度有关，还可能受到疼痛和下肢功能障碍的影响。高谷值或低谷值可能与身体的不良运动或缓慢步行速度有关，步行过程中快步行速度或较大的身体平移可能会产生低或深的波谷。波谷期通常发生

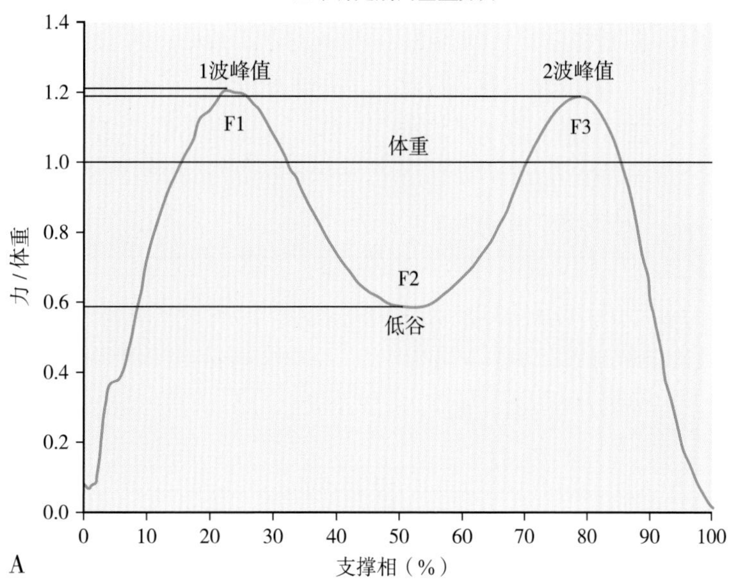

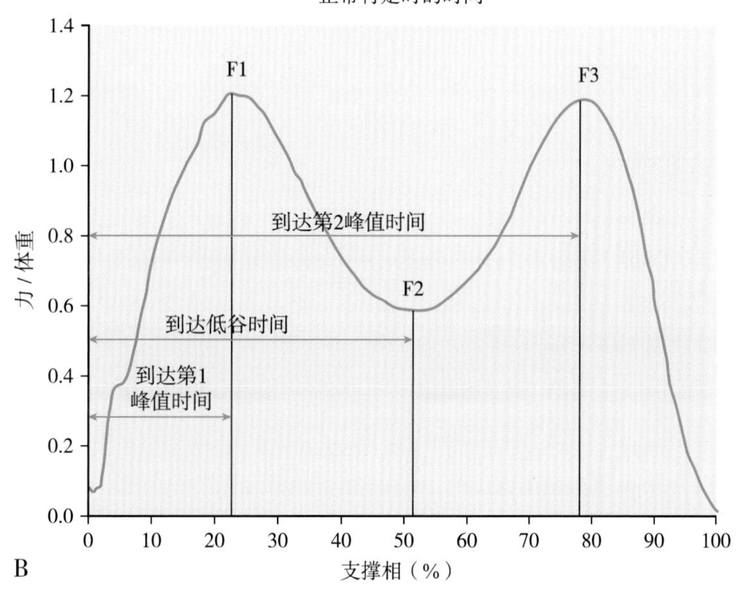

图 3.5（A 和 B）正常行走期间垂直方向的力 - 时间图

在支撑相的中间位置，尽管波谷期常因个体而异，但通常在前后力交叉点发生的同一时间（图 3.6）。

波谷（F2）到第二个峰值（F3）

当抬起足跟，在小腿后肌群的收缩作用，地面反作用力转移到足掌，身体向前的减速行为和来自足踝复合体的推进下，出现了第二个峰值，一般情况下，第二个峰值的正常值大约是体重的 1.2 倍。

第二个峰值与垂直推力有关，此推力使人向上。通常情况下，低峰值伴随着较差的推离力，而高峰值可能与加速有关。

第二个峰值（F3）到足尖离地

正常行走期间，当负荷从后足转移到对侧足掌，后足将负荷转移到足掌所用的时间，与身体重心的转移速度相关，因此，后足去负荷的时间越长，足掌承载负荷期间的第一个峰值越低，在分析该阶段力的模式时，应谨慎分析双足的力，因为后足推力差和推力加载阶段较差，都可能导致另一侧足掌的初始加载发生变化。

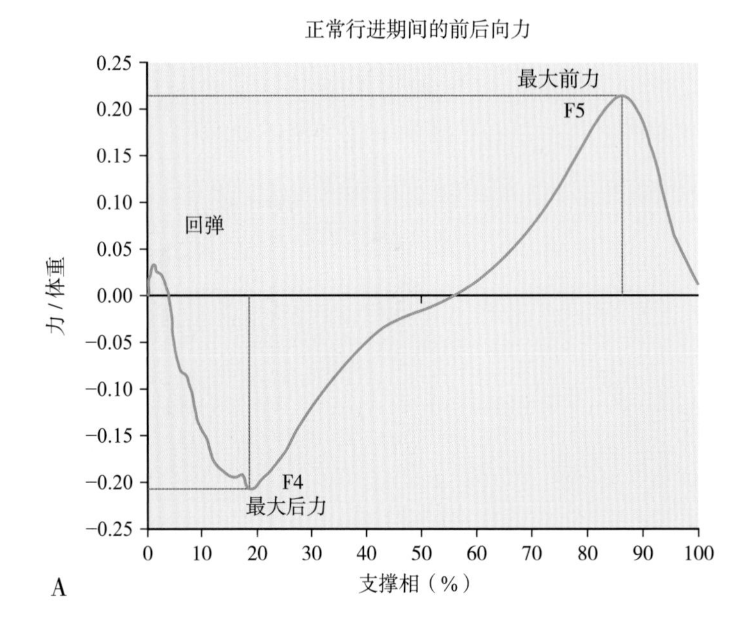

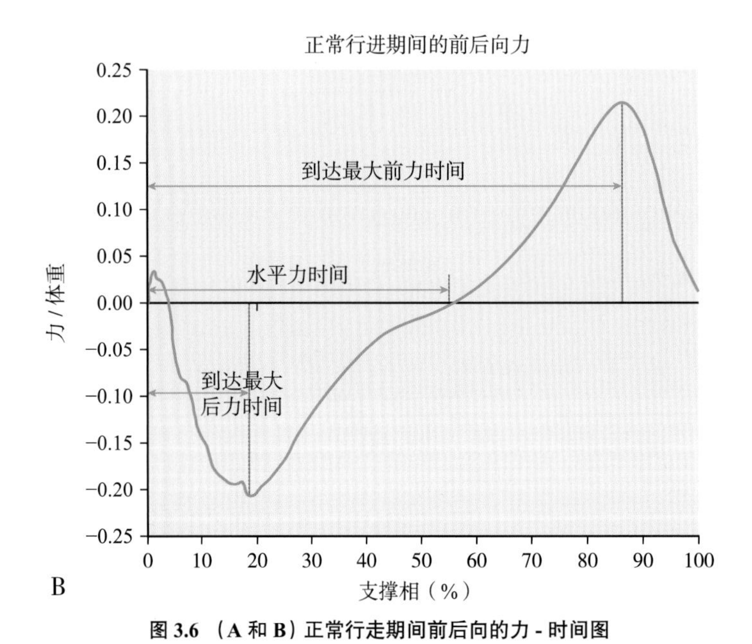

图 3.6 （A 和 B）正常行走期间前后向的力 - 时间图

3.2.3 地面反作用力的前后力测量

与测量垂直分力一样，前后力的测量研究包括：负峰值或最大后向加载力，以及正峰值或最大前向推力。这两种测量结果都可以用牛顿或相对于体重的单位，两个峰值的正常值约为体重的 0.2，但同样取决于步行速度。

峰值的负值和正值可能引起一些混淆，主要取决于力的方向。例如，沿着时间轴放置一面镜子，如果一个人以完全相同的方式向左然后向右走，在镜像情况下，最大承重力数值和最大推力数值相同，并且在一个方向，但两个数值可能分别是负的和正的，而用另一个方向来参考，此两个数值可能分别是正的和负的，就此而言，没有对与错，除了绝不能将其称为正力和负力外，我们一般称为后力和前力。

这些峰值发生的时间对分析垂直分力非常有用，相应的时间测量可以是达到最大后力和最大前力的时间，也可以是测量第 3 次时间（交叉时的时间），该时间点位于无前力和后力作用的位置。如果身体重心在支撑侧肢体上，第 3 次时间可能是一个更好的时间点，是中点的测量，而不是在垂直分力图低谷的测量。有趣的是，有些学者注意到：无痛无病理改变的大多数人的第 3 次时间可能有轻微的不同，但在许多有病理改变的患者，可能显著不同（图 3.6A、B）。

前后力的测量可以采取冲量，即力 – 时间曲线下的面积，可以像前面一样，分别命名为是后冲量和前冲量（图 3.7）。

与垂直分力一样，前后向的 GRF 为我们提供了下肢功能的重要信息，在行走期间的 GRF 的前后向分向量也可以被分为 4 个部分（图 3.6A）。

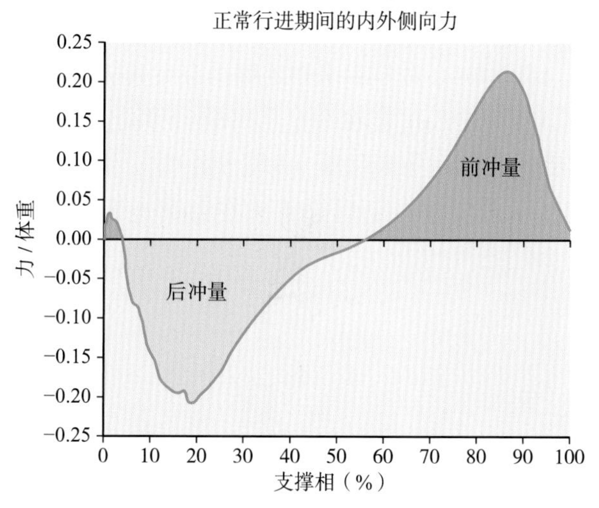

图 3.7　正常行走期间的前 - 后冲量

回弹力和足跟着地

回弹力是由于摆动相初期肢体撞着地面引起的前力，在前进过程中，足跟着地瞬间由冲击力导致的回弹力常常被夸大。穿鞋时，由于鞋的性能，我们观察到回弹力被震动吸收，当不穿鞋时，常常可以观察到一个快速的“瞬变”回弹力，是由于未被保护的足跟着地所致。

图 3.8 显示足跟着地（有回弹力）的测试者，足跟着地瞬间，回弹力比承重力和推进力都大，回弹力沿着下肢撞击膝关节和髋关节，导致膝关节和髋关节疼痛。临床上采用足跟软垫后，缓解了关节撞击后产生的疼痛，因回弹力导致关节撞击后疼痛的患者尽管不多见，但该模式证明了瞬间 GRF 和回弹力的作用（图 3.8A、B）。

足跟着地与第二峰值（F4）

足跟着地后身体减速，引发一个向后的剪切力。可以假设：你从厚地毯上走到滑冰场，由于冰面和足之间的摩擦系数很低，导致踏上冰面的足将向前滑动，但地毯的足可提供一个后部阻力，阻止你的腿向前滑动。此时产生的第二峰值应该为体重的 0.2 倍。

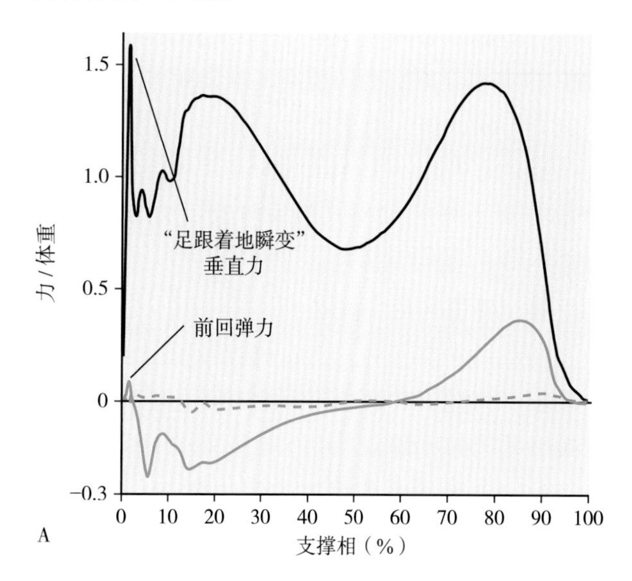

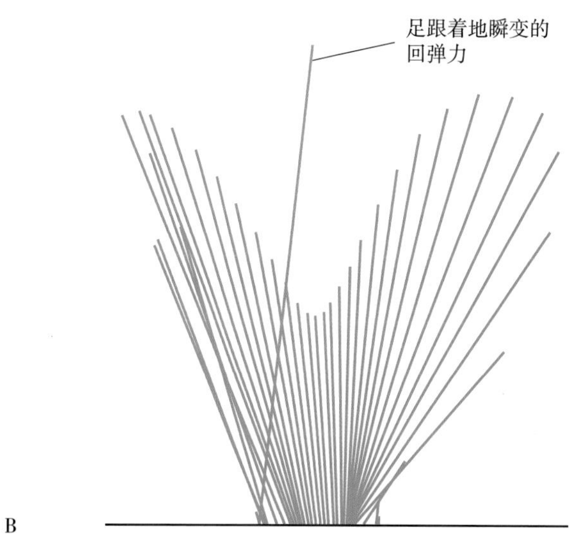

图 3.8（A 和 B）足跟着地瞬间回弹力

与垂直 GRF 一样，第二峰值与行走的速度有关，也和个人对足的承重或静摩擦力相关，有些患者因信心不足导致足底的承重减少，我们也将调整此数值，静摩擦力取决于鞋或者足底和所行走的路面之间的摩擦系数。

第二峰值到交叉点

在支撑相阶段，随着身体向前移动，GRF 的水平分力减小，到交叉点的时候，GRF 水平分力为零，只剩下 GRF 垂直分力。也就是身体位于足上方，也定义为支撑相中期的点，通常位置在支撑相的55%处，并且与垂直分力模式的波谷相对应。

交叉点到第一峰值（F5）

当小腿后肌群收缩，足跟上抬，身体前倾GRF的水平分力中有向前力，推动身体前进。与其他力一样，该力取决于行走速度，而第一峰值为体重的0.2倍。这个降低的峰值告诉我们：无论垂直分力模式如何，都未将测试者身体向前推进。

第一峰值到足尖离地

在双足支撑末期，在力被转移到足掌并减少的阶段，力减少和卸载所需的时间会影响下一次足接触期间的负载。

3.2.4　地面反作用力的侧向力

相同的技术工具也可以用于地面反作用力的最大内侧力和最大外侧力，最大内侧力和最大外侧力与体重有关，最大内侧力一般是体重的0.05 ~ 0.1倍，最大外侧力通常小于最大内侧力。当我们计算足踝矫形器的作用时，尤其是足跟的楔入，需要最大内侧力和最大外侧力的相关数据。

内侧力和外侧力可拆分为两个环节，最初负重情况下，足跟着地时先产生外侧推力，在此期间，足踝作为联结装置而运作，从外旋转为内旋，随着身体进入单支撑相，内侧力发挥主要作用，在最终推离阶段，可观察到外侧向力发挥作用（图3.9）。

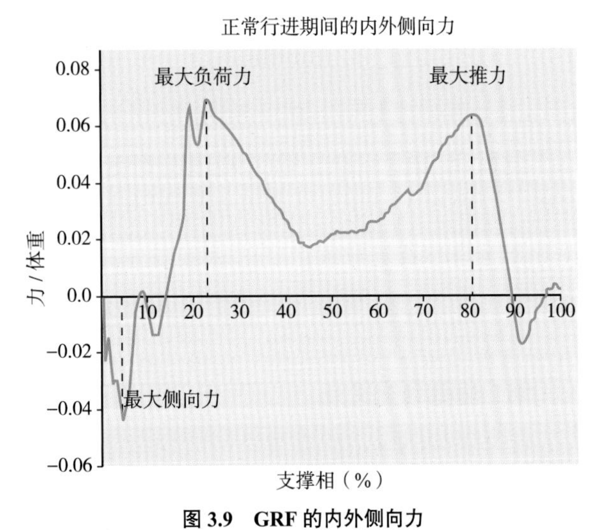

图3.9　GRF的内外侧向力

地面反作用力的三个分力中，内外侧力是三个分力中变化最大的，很容易受到鞋和足踝矫形器的影响。正常情况下，最大内侧力在体重的0.05 ~ 0.1之间，最大外侧向力一般应小于最大内侧力。虽然内侧的力是可变的，但它们对冠状面踝关节和膝关节的承重有实质性的影响，在计算鞋和矫形治疗的影响时，它们不应被忽视。

3.3　正常行走期间的压力中心和向量图

3.3.1　压力中心

压力中心是显示来自地面力在足部的具体位置，压力中心可能在每只足底前后移动（足掌和足跟）并且内外侧移动（内侧和外侧），图3.10A，B显示了负重时足后跟下和在蹬离地面时足趾的力。

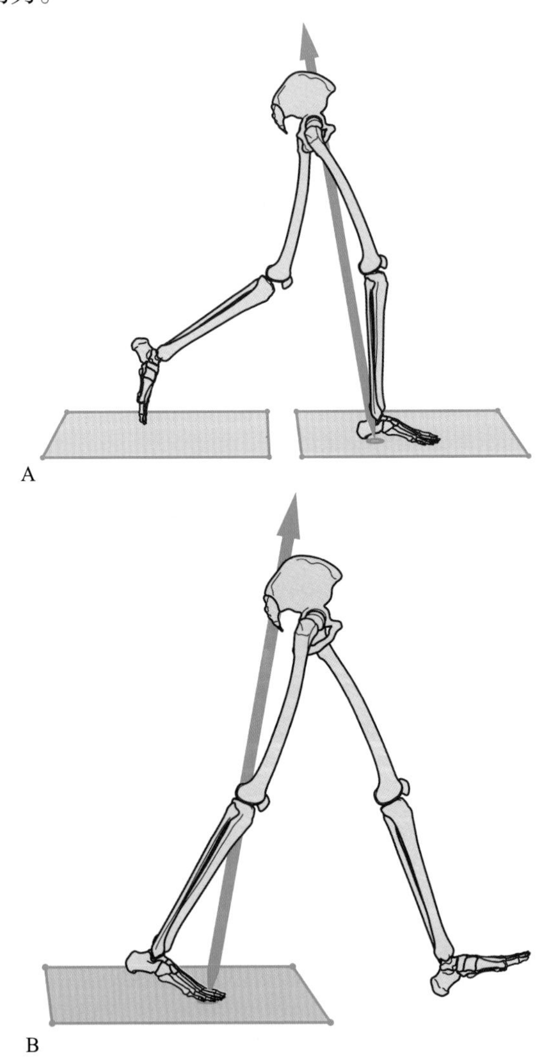

图3.10　行走时的GRF：（A）承重力，（B）推离力

在行走期间的压力中心常常表示为随时间的:(A)前后向压力中心,(B)内外侧压力中心,(C)内外侧压力中心和前后向压力中心的联合(图 3.11)。在不同方向上,压力中心随着时间而出现在不同的位置。前后向和内外侧压力中心曲线图为我们提供了一个有用的数据,描述了力如何从足跟向足尖移动及压力中心的侧向移动的变化。

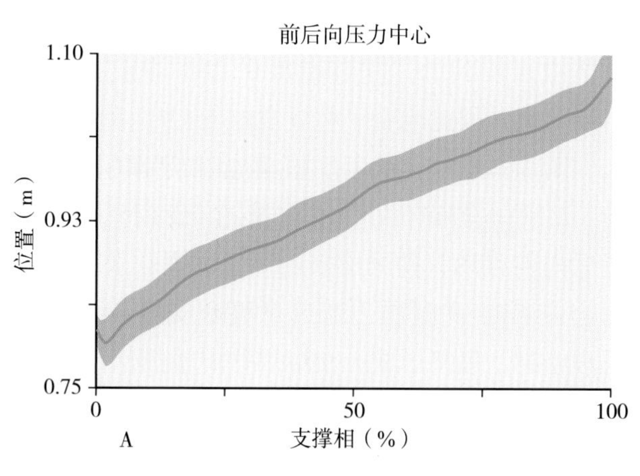

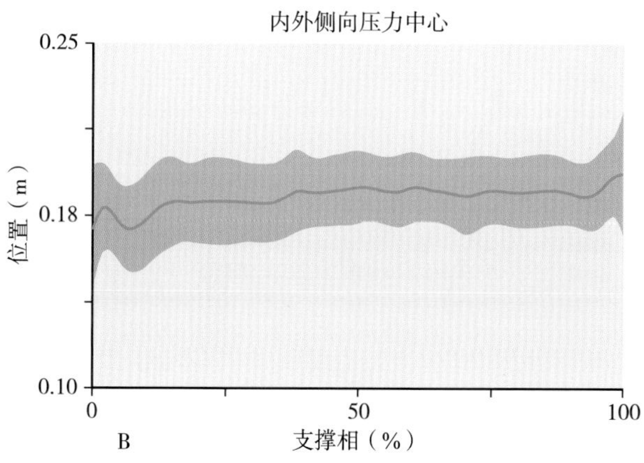

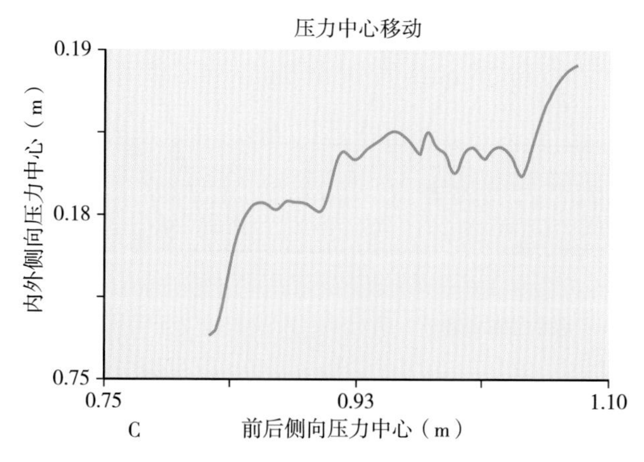

图 3.11 (A)前后向压力中心,(B)内外侧压力中心,(C)内外侧和前后向联合压力中心

图 3.12 显示在行走期间习惯足跟抬起走路测试者足部压力中心的变化:图 3.12A 显示随时间的前后向压力中心变化,3.12B 显示向量图。当足跟开始抬离地面的动作时,显示明显的承重模式(1),此模式与压力中心的快速移动相结合,直到它达到跖骨头(2)。这种位于跖骨头下的力可以通过力向量的紧密组合来观察,然后,在推离期间,显示压力中心从跖骨头到足尖的快速移动(3)。

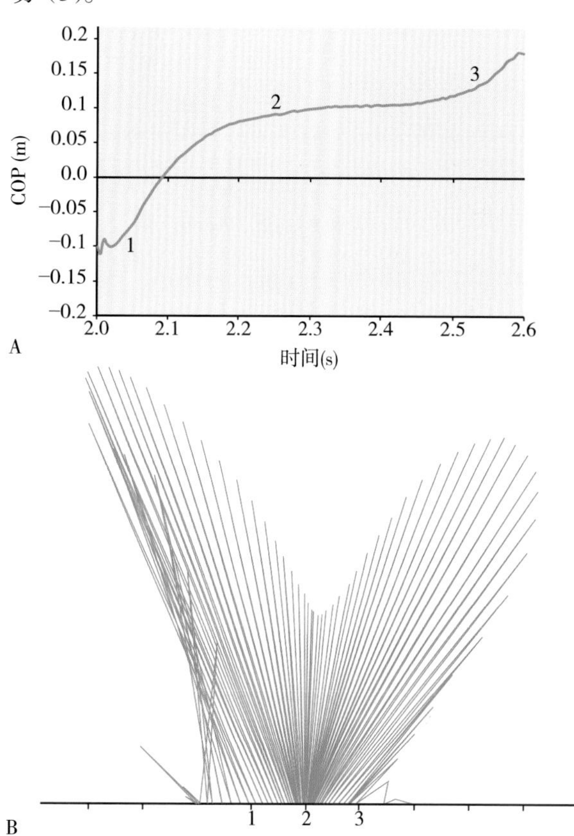

图 3.12 抬足跟时压力中心(COP):(A)前后 COP,(B)向量(Pedotti)图

3.3.2 地面反作用力和向量图

GRF 由三部分组成:垂直、前后和内外侧。采用一个向量图可以显示垂直分力、前后力和侧向力的相互作用。图 3.13A 和 B 显示一个向量图;显示此力的幅度和方向的变化及压力中心如何从足跟移动到足尖,向量图也显示合力 GRF 的幅度。

支撑相初期 GRF 位于足跟,GRF 随着承重反应(减速阶段)期的增加,到支撑相中期随着身体在站立肢体上移动而减小。在中段之后,GRF 再次在推进(加速阶段)期增加并指向足尖。

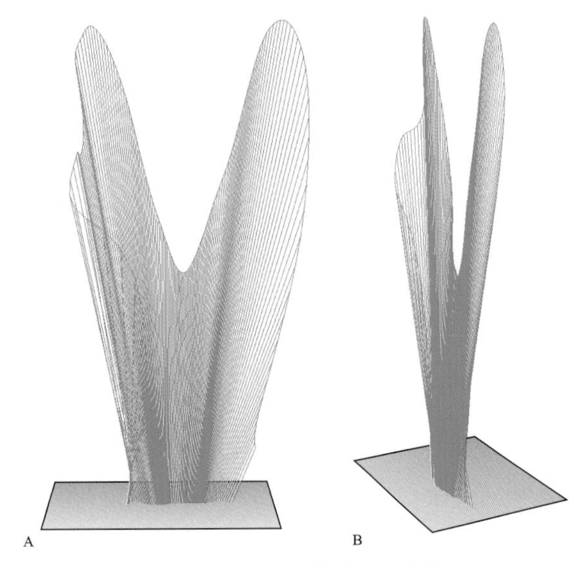

图 3.13 （A 和 B）向量（Pedotti）图

向量图显示了合力 GRF 的大小，是一种可以很好地显示不同方向力与压力中心相互作用的方法。然而，要确定 GRF 不同方面的大小和功能，更要单独考虑每个组成部分。

3.3.3 绘制向量图

向量图的绘制依赖测力台所提供的数据，为了绘制向量图，我们需要获知垂直分力和水平力数据，以及每个力矩的所在平面内的压力中心数据。

在支撑阶段，力从足跟向足尖移动，所以，压力中心被描述为由后向前移动。正如我们在前几节中所看到的，垂直和水平 GRF 在支撑阶段不断变化，因此改变了合成 GRF 的方向和大小。

图 3.14A-F 显示了足跟触地时绘制的垂直向量、水平向量和合成 GRF 向量图。此时压力中心自后向前移动，并形成新的垂直向量、水平向量和合成 GRF 向量图，通过对整个支撑相多次分析和绘制，最终形成一个蝴蝶样向量图。

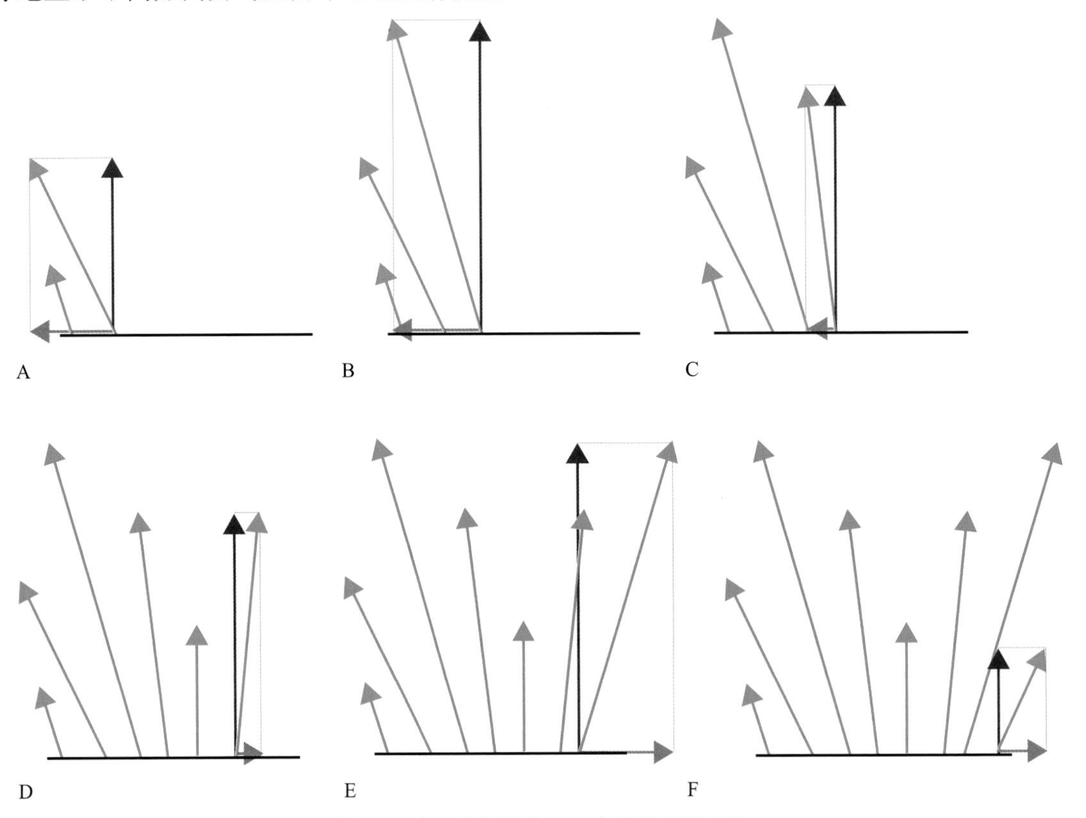

图 3.14 （A-F）向量（Pedotti）图的绘制过程

3.3.4 肌肉活动与力向量

为了估算肌对 GRF 的作用，就要确认 GRF 通过关节的哪一边起作用，如果 GRF 通过膝关节的前部，那么就要估算伸展肌群的作用，因此，需要计算膝关节保持伸展位所需要的力矩，有时称其为屈伸力矩（即外部力矩将保持膝关节伸展位，但身体需要从膝关节屈肌产生内部屈伸力矩）。如果 GRF 通过膝关节的后部，将试图屈伸膝关节；因此，需要伸膝肌肉收缩所产生的转向力矩。有时被称为伸肌力矩（表示：外力矩将试图屈伸膝关节，但身体需要膝伸肌产生一个伸展力矩）。必须强调，尽管该数据在步态分析中非常有用，但这些数据只能用于估算，并不能给出精确的数值。

在摆动阶段，由于没有 GRF 的作用，仍然需要肌肉活动来克服由于身体肢体的加速和减速而引起的惯性力。采用一个被称为逆动力学的技术可以发现在摆动阶段的加速和减速期间的力矩（第 6 章：逆动力学理论）。

3.4 冲量和动量

3.4.1　冲量

力学分析对临床非常有用，它能告诉我们冲击力有多大，但它不能提供指导临床所需的整个冲击阶段的所有力学数据。如果我们具体描述某段时间内力的效果，就要用到冲量和动量的概念，在撞击过程中，在很短的时间内，可能会有速度的快速变化，当计算冲击的影响时或者当考虑推进过程中速度的变化时，冲量和动量可能给提供更多重要的信息，我们首先需要回到牛顿的第二个运动定律。

$$F=ma$$

式中：

F = 作用力

m = 物体质量

a = 物体的加速度

如果我们现在计算加速度对我们意味着什么，即速度随着时间的变化：

$$加速度=\frac{速度的变化}{时间}$$

因此，我们认为：

$$力=\frac{质量\times速度的变化}{时间}$$

由此，我们可以得到力 × 时间的方程：

$$力\times时间=Ft=质量\times速度的变化$$

$$Ft=m（最终速度-最初速度）$$

力和时间的乘积是冲量或者冲击量，告诉我们力的增加或者更长的时间将得出更大的冲量。

计算一个质量为 2kg 的物体撞击地面时的冲量。如果在其撞击地面时，该物体以 20m/s 的速度行进，并且在撞击后处于静止，人们可以发现冲量（图 3.15）

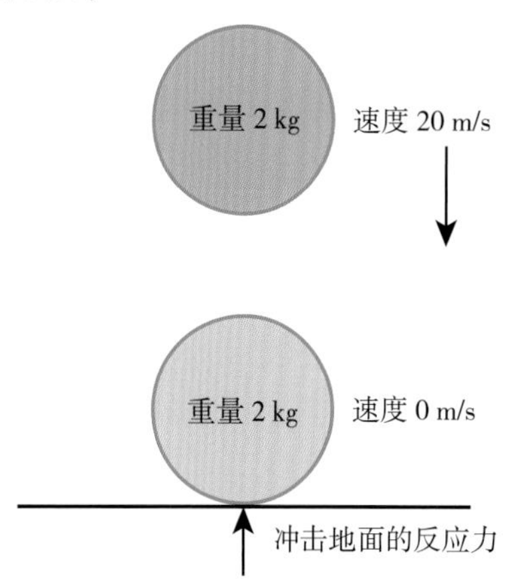

图 3.15　冲击期间的冲量

$$Ft=m（最终速度-最初速度）$$

$$Ft=2（0-20）$$

$$Ft=-40$$

但冲量的单位是什么？如果我们看方程式的右侧。

$$质量（kg）\times速度（m/s）$$

单位可为：

$$Kg\ m/s$$

但是，如果我们看方程式的左侧，我们得出冲量的单位是：

$$Ns$$

事实上是相同的事物：

$$F（N）=m（kg）\times a（m/s^2）$$

或

$$F（N）=\frac{kg\times m}{s^2}$$

因此，冲量的单位可以被写为：

$$F（N）t（s）=\frac{kg\times m}{s}\ 或\ kg\times m/s$$

现在常常以 Ns 作为单位冲量。

3.4.2　动量

如果某物被称为有动量，这意味着它很难停止，一个快速行进的重物比一个慢速行进的轻物具有大得多的动量，这是由物体的质量和物体的速度决定的，因此，动量是物体的质量乘以其速度。

$$动量=质量\times速度$$

如果我们再次考虑冲量，冲量是质量乘以速度的变化，因此，冲量告诉我们动量的变化。

动量的变化 = 质量 × 速度的变化

力 × 时间 =Ft= 质量 × 速度的变化

3.4.3 冲刺开始时的冲量和动量变化

我们之前已经知道冲量与牛顿第二定律的关系，但是如何将它与 GRF 联系起来呢？我们可以来计算冲刺开始时的冲量和动量的变化。图 3.16 显示一个能在 11 秒内跑完 100 m 的人在短跑开始时足尖和足跟的垂直分力和前后力的曲线图。

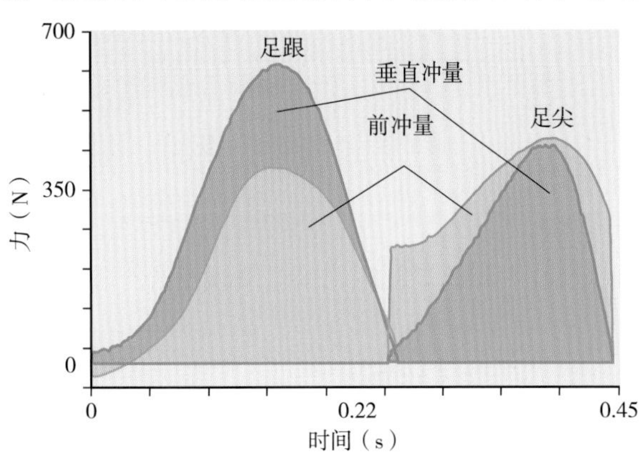

图 3.16 冲刺开始时的冲量和动量变化

冲量可以写成力 × 时间，这表示力 - 时间图的面积一定与冲量有关，因此也与动量和速度的变化有关。那么在冲刺开始时速度的变化有多大，足尖和足跟对总动量变化的贡献是什么，这里需要强调的是，所提供的数据是在没有冲刺的情况下收集的（图 3.16）。从足跟到足尖的前后净冲量可以通过在力 - 时间图下找到面积，或者对在运动开始到足底离开地面之间力 - 时间图进行“积分”来发现：

足跟前后净冲量 = 50.6 Ns

足尖前后净冲量 = 69.5 Ns

因此，足跟占水平加速度的 42%，足尖占 58%。

可以通过简单地将这些值加得到冲刺开始时的前后总净冲量：

总冲量 = 50.6 + 69.5= 120.1 Ns

如果一个人的体重是 62kg，那么就可以在短跑开始的出发阶段发现速度的变化。

冲量（Ft）= 质量 × 速度变化量

120.1= 62 × 速度变化量

速度变化量 =1.94m/s

这是 100m 短跑平均速度的一个重要比例：

$$冲刺的平均速度 = \frac{100}{11}$$

冲刺的平均速度 =9.09 m/s

也可以从发生在 0.45 秒内的速度变化发现在开始时的加速，此 0.45 秒即为从运动开始到足尖离开地面时的时间。

$$平均加速度 = \frac{速度的变化}{时间}$$

$$平均加速度 = \frac{1.94}{0.45}$$

平均加速度 = 4.3 m/s^2

3.4.4 防止冲击力

在计算冲击力学的作用时，冲量、速度和力量之间的关系是非常重要的。当一个人跳起或者跌倒，如果他们能延长冲击的时间，冲击力作用将按比例减小。生活中的一个实例是当从高处跳落地面时自然屈伸膝关节，采用关节运动来增加冲击时间。体育运动通常的做法是采用不同的材料作为“减震器”，有效的减震器会延长冲击发生的时间，在许多类型的跑鞋中包含了许多不同的装置和材料作为减震器。在第 3.6 节中考虑跑步过程中的冲击承重力时，我们会更详细地讨论这一点。

3.5 整合数据曲线面积

了解冲量和动量的概念后，就可以计算力 - 时间图下的面积。在整合或找到数据曲线下方的面积可以告诉我们重要的生物力学信息：速度 - 时间图下方的面积可以告诉我们行进的距离，受力面积 - 距离图可以告诉我们所做的工作，力 - 时间图下的面积可以告诉我们冲量或动量变化。然而，所有这些模式都可能非常复杂，那么如何整合复杂的数据曲线呢。

3.5.1 整合

整合是发现图下面积之和的一种方式。可以在限制值之间整合，即采用开始点和结束点，在此之间整合可以计算出面积。

整合的通用公式：

$$X^n \text{的积分} = \frac{X^{n+1} + c}{n + 1}$$

因此，如果曲线有关系定位：

$$y = x$$

可以被写为 x^1，积分将为：

$$\frac{1}{2}x^2$$

3.5.2 简单图形的整合

如果首先考虑简单数据曲线的面积或者积分，可以通过计算简单图形的高和宽来得到面积，比如三角形和长方形（图 3.17）。

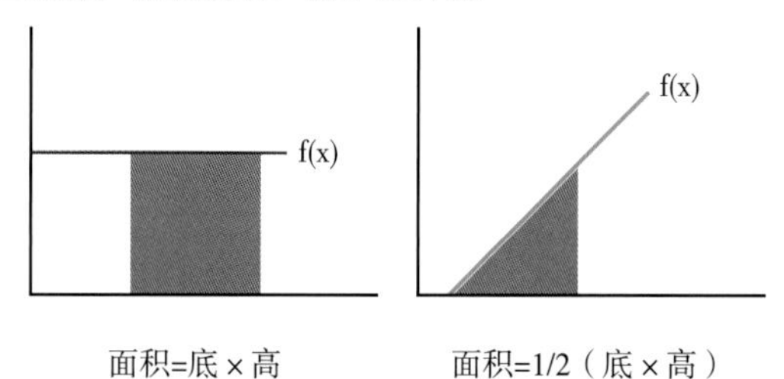

图 3.17 简单图形的整合

面积的计算是生物力学中一种有用的技术，但通常参数之间的关系要复杂得多，要使用这种技术，还需要知道数据的方程式，在冲刺开始的力 - 时间图的实例中（图 3.18），只需要用简单而准确的方法来计算图下的面积。

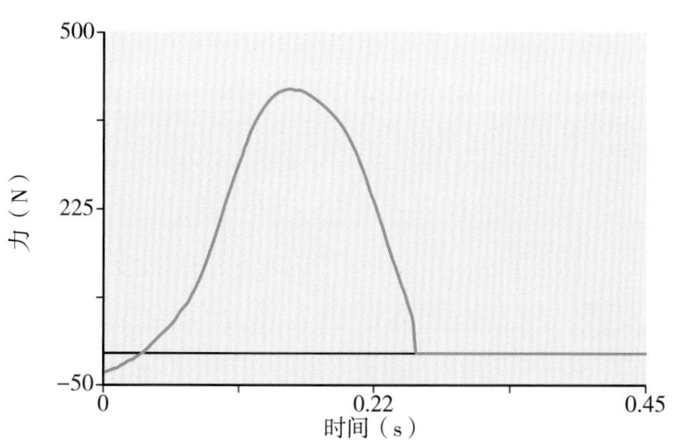

图 3.18 在冲刺开始的时间 - 力

3.5.3 正方形计数

将图案分为一系列正方形并对其计数（图 3.19）的一种方法，由于正方形的大小不一，这种方法耗时并且易于形成错误计数导致数据不准确。

3.5.4 面积界限

当不可能得知曲线下确切面积时，我们需要估算。一种方法是扩大面积，可以围着面积画一个长方形，并使画出的长方形易于计算，通常情况下，长方形比曲线下的面积大，也容易导致数据错误（图 3.20A，B）。

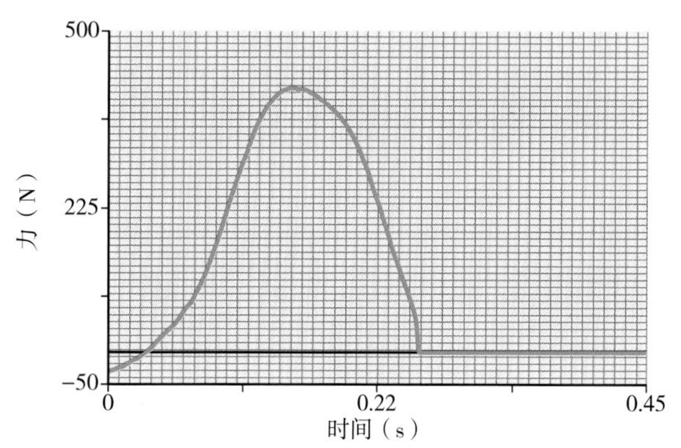

图 3.19 通过正方形来计算面积

3.5.5 矩形法则

我们对曲线面积的估算，需要从研究矩形的高度入手，但这并不容易找到，我们在实践中需要寻找并得到一个相当的高度。

3.5.6 梯形法则

如果我们计算图的面积，可以从图 3.18 的横轴画出设定宽度的垂直线，直到它们与数据曲线相交，然后在这两个相交点之间画一条线，创建一系列梯形，然后分别找到每个梯形的面积（图 3.21 A，B，C）。

每个梯形的面积：

面积 = 1/2（1 高 + 2 高）× 底宽

我们要做的是找到一个梯形的平均高度然后乘以底的宽度：

面积 = 条带平均高度 × 条带宽度

条带宽越大，该方法的精度越低。我们把曲线分成的条带数越多，对面积的估算就越准确。图 3.21C 显示 15 个条带，而在图 3.21A 我们仅考虑 6 个条带。这显示梯形的顶部更好地适应数据，尽管我们实质上使用直线间接计算面积。

在生物力学中，我们使用此方法来计算曲线面积，以每秒 400 帧收集这些条带数据，数据的总时间为 0.25 秒；因此，我们可以将面积分为 100 个梯形，对曲线下面积进行“估计”，这样的计算结果使误差变得非常小。

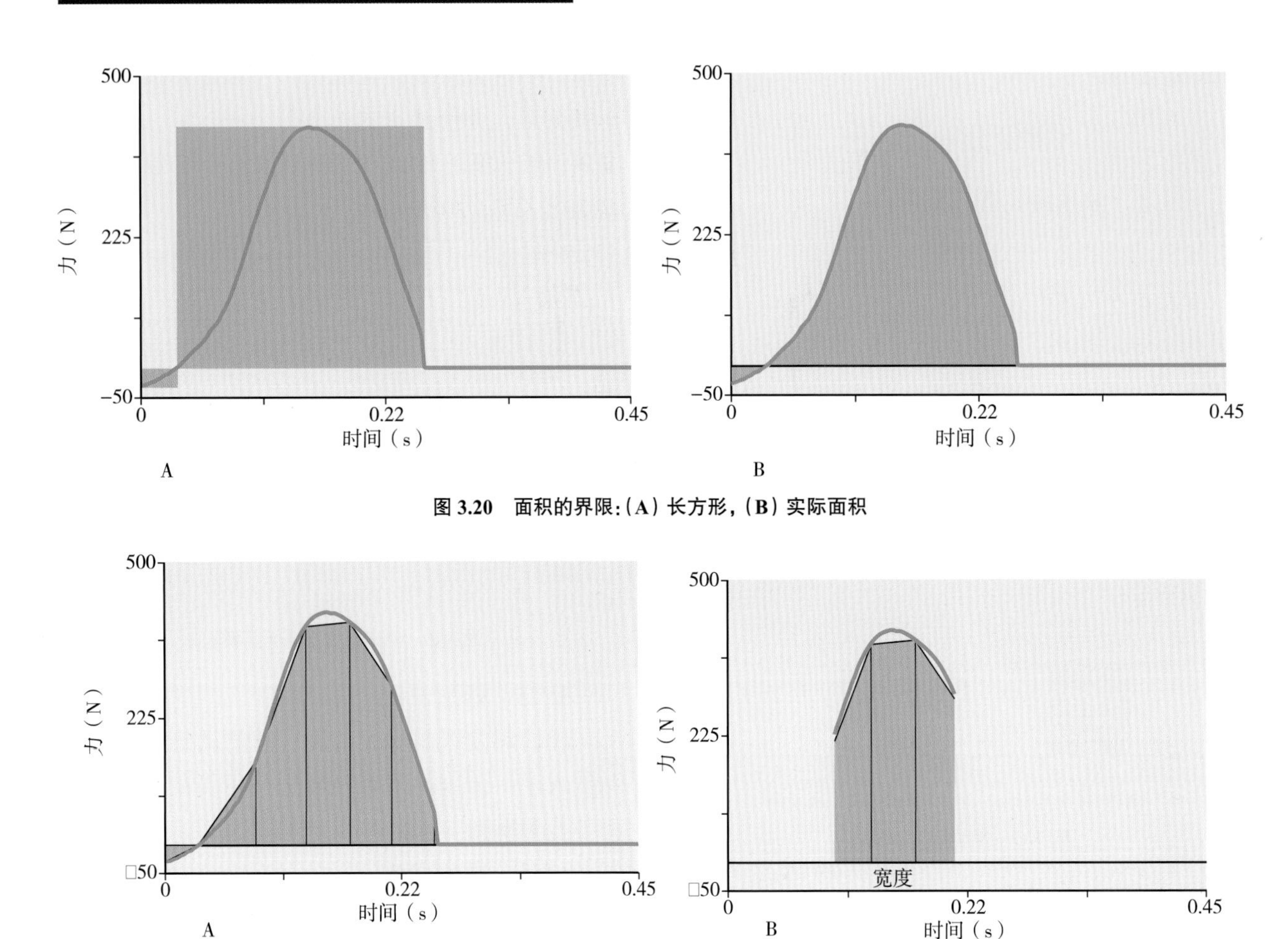

图 3.20　面积的界限:（A）长方形,（B）实际面积

图 3.21　（A）梯形法则,（B）梯形法则单个条带,（C）梯形法则多个条带

3.6 跑步中的地面反作用力

就像走路一样，我们可以研究与地面接触或碰撞中所受的力，由于力在很短的时间内起作用，在步行过程中，接触阶段约为步行周期的 0.6 秒或 60%，在跑步过程中，原力的作用约为 0.25 秒或步行周期的 30%。

3.6.1　跑步时的垂直分力

跑步时的垂直分力与步行时的垂直分力没有相似之处，虽然该模式仍然可以轻易地划分为加载峰值、波谷和蹬离峰值，但不同部位的功能不同（图 3.22A，B，C）。

冲击率

冲击率告诉我们着地时冲击力产生得有多快，通过测量垂直分力和它们发生的时间变量除以时间的变量得到冲击率。如果该值较高，则减震效果较差，可能与踝关节和膝关节功能差和鞋减震效果差有关。如果力作用时间太快，就会产生很高的冲击率。

在图 3.22 中可以看出，足跟着地的冲击率最大，其次是足弓着地，足尖着地的冲击率最低。该参数对鞋类设计者有意义，也对分析任何与冲击相关的伤害有意义。从三种不同类型的数据可以看出，不同的跑步风格需要不同的鞋型设计和矫形管理。

速率 = 力的变化 / 该变化所花费的时间

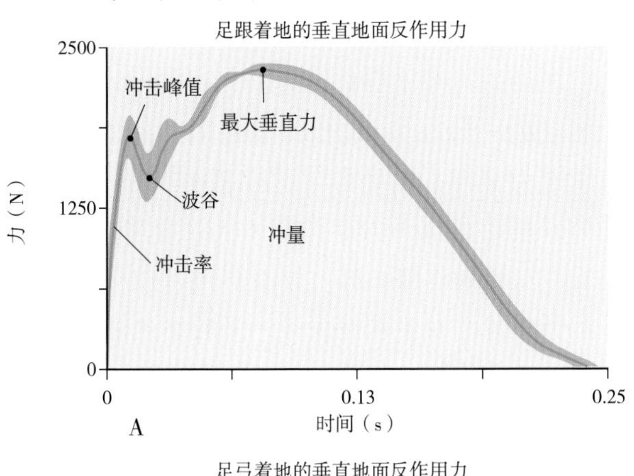

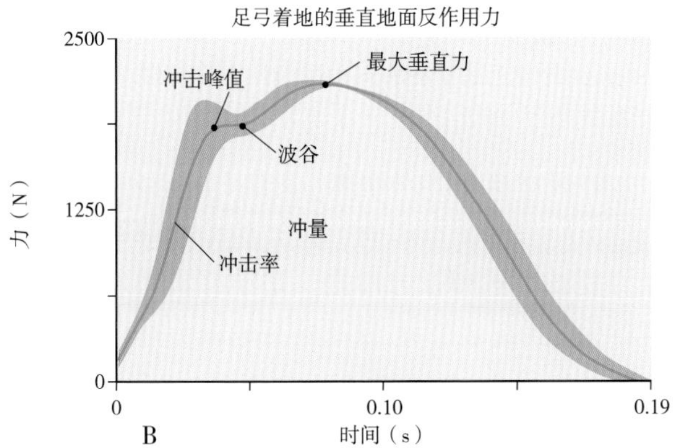

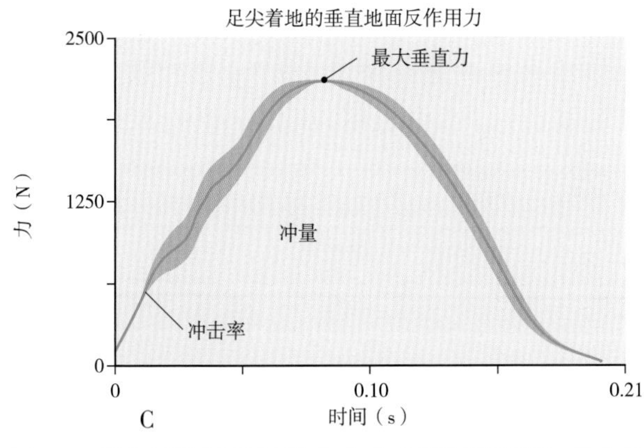

图 3.22 跑步过程中的垂直分力：（A）典型的足跟着地，（B）典型的足弓着地，（C）典型的足尖着地

用来计算冲击率的测量方法包括峰值冲击力和到达峰值所需的时间。例如，图 3.22A 中的值为 1800 N/0.03s，该段时间的平均冲击率为 60 000 N/s。有时表示为体重的冲击率（BW/s），如果体重是 750N 那么这就等于 80BW/s。但是，这并没有告诉瞬时冲击率，并且可能会低估峰值冲击率。这可以通过计算一个连续时间周期的力的变化来发现，在这种情况下是 1/400 秒或 0.0025 秒（图 3.23）。可以计算出前后向和侧向的冲击率，也可能与跑步时的一些过度使用损伤有关。

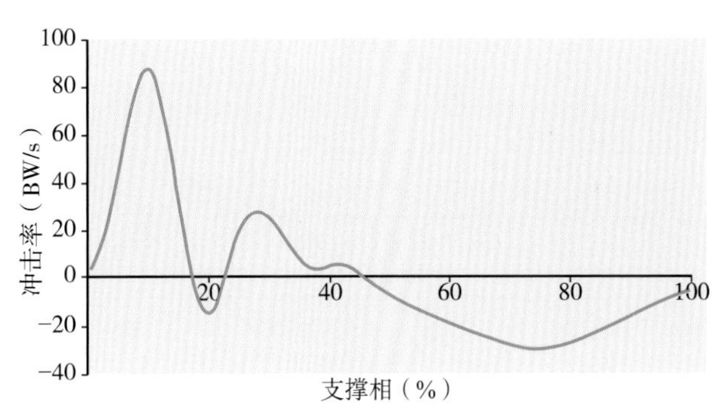

图 3.23 足跟着地跑步者的冲击率

峰值的影响

峰值的大小显示了撞击地面的力度，也就是说，在最初的撞击中，支撑肢体垂直方向上的力减弱，初始加载峰值不应超过最大垂直推进力。同样，这个峰值的大小与减震特性有关，特别是初始接触的性质，足跟着地有最大和最明显的峰值，其次是足弓着地，足尖着地往往没有明显的冲击峰值。

波谷

这个波谷并不像行走时那样与前后力的零点交叉相对应，但它确实与最初冲击之后的力减少有关。这个力减少近似于踝关节快速地进入跖屈到足的平位置。这个波谷在足弓着地中几乎看不出来，而且在足尖跑步时不存在，因为足踝的运动较少，而且运动进入背屈而不是跖屈。

最大垂直分力

最大垂直分力与身体向下减速或垂直加速力有关，最大垂直分力一般在体重的 2.5 倍左右，主要依赖于跑步速度，力的增加是由于膝关节在加载阶段控制着身体的垂直减速，这也会对膝关节周围肌肉产生拉伸 / 延长效应（离心肌肉动作），从而启动拉伸缩短周期，进而在缩短（向心肌肉动作）阶段帮助推进，当膝关节周围肌肉开始伸展时，在达到最大垂直分力后不久就开始推进，这些共同作用，推动身体向前通过膝关节伸周围肌肉的向心动力产生，但我们将在第 5 章详细介绍：工作、能量和动力。

3.6.2 跑步时前后力

跑步时前后力与步行时前后力无明显差异，与步行一样，这种模式可以分为加载阶段和推进阶段（图 3.24A、B、C）。

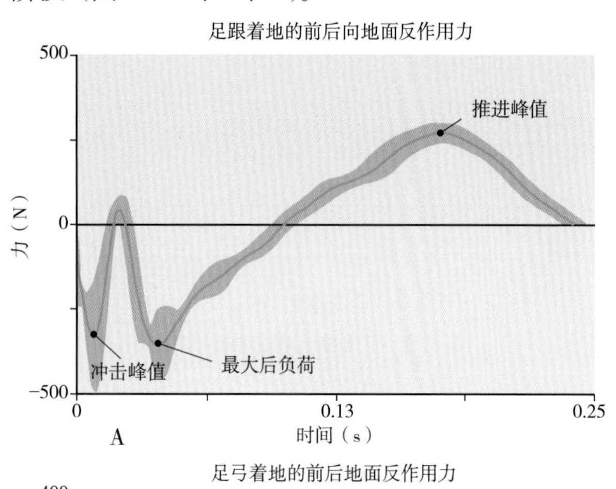

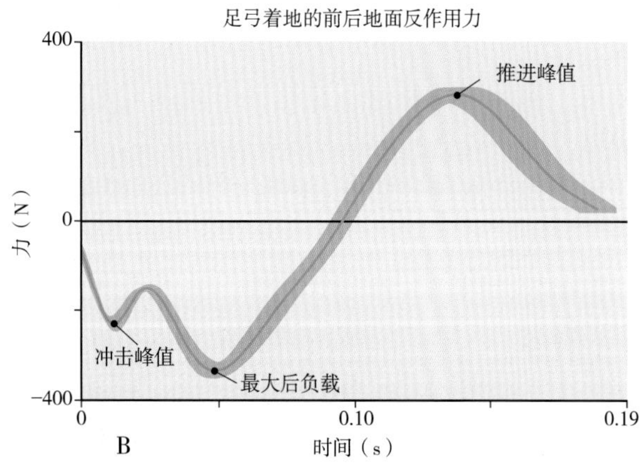

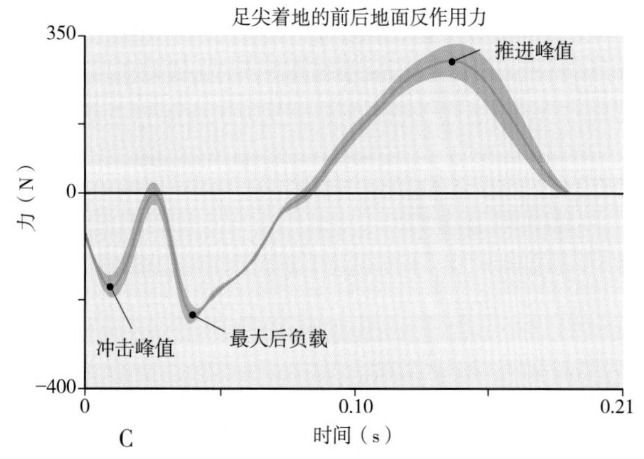

图 3.24 跑步中的前后力：（A）典型的足跟着地，（B）典型的足弓着地，（C）典型的足尖着地

后撞击峰

和垂直冲击峰值一样，代表力的大小，告诉我们这个人落地有多用力，至于垂直分力，这是由最初的足接触地面和鞋的性质决定的。从图 3.24 可以看出，虽然足跟，足弓及足尖着地存在一定的差异，但是足跟着地产生的冲击力最大，足跟着地的冲击率最大。

最大制动力

制动力是后力的一种，发生在承重或加速期间，在冲击过程中身体减速所形成的制动力。最大制动力一般在体重的 0.4 倍左右，然而，与垂直承重力一样，制动力与运行速度非常相关，制动后，制动力减小为零，即矢状面力垂直向上时的交点。就像走路一样，该交点可以被称为中点，在运行中通常发生在略少于一半的站立时间。

最大前推力

这是身体向前加速推进时产生的最大前力。

在水平推进阶段，压力中心从足掌下方向前移动，使得力距离踝关节更远，从而最大限度地利用足踝力量向前推动（参见第 5 章）。

制动冲量和推力冲量

前后力示意图的面积，即冲量，很容易被划分为制动冲量和推力冲量，制动冲量为负，推力冲量为正（图 3.25），制动冲量和推力冲量的大小应该是相同的。如果这个人在提速，净脉冲量（制动和推力的总和）将是正的，如果这个人在减速，净脉冲量将是负的。从制动和推力冲量可以得到机体的确切减速或加速（见 3.4 节冲量和动量），这可能是一个非常有用的检查，当跑步时，以确

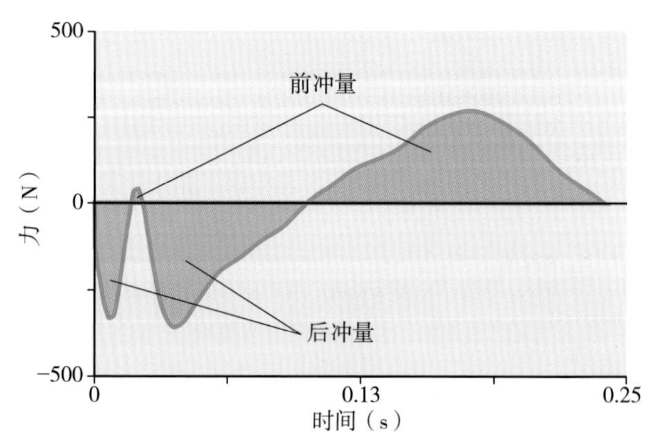

图 3.25 足跟着地跑步者的前后冲量

保该测试者实际上是在一个稳定的速度运行，而不是加速或减速。

3.6.3　跑步时的侧向力

数据显示了之前计算过的足跟、足掌和足趾着地数据。其中最显著的是足跟着地时的内侧冲击力，足跟着地明显大于足弓和足尖着地的冲击力（图 3.26A，B，C）。

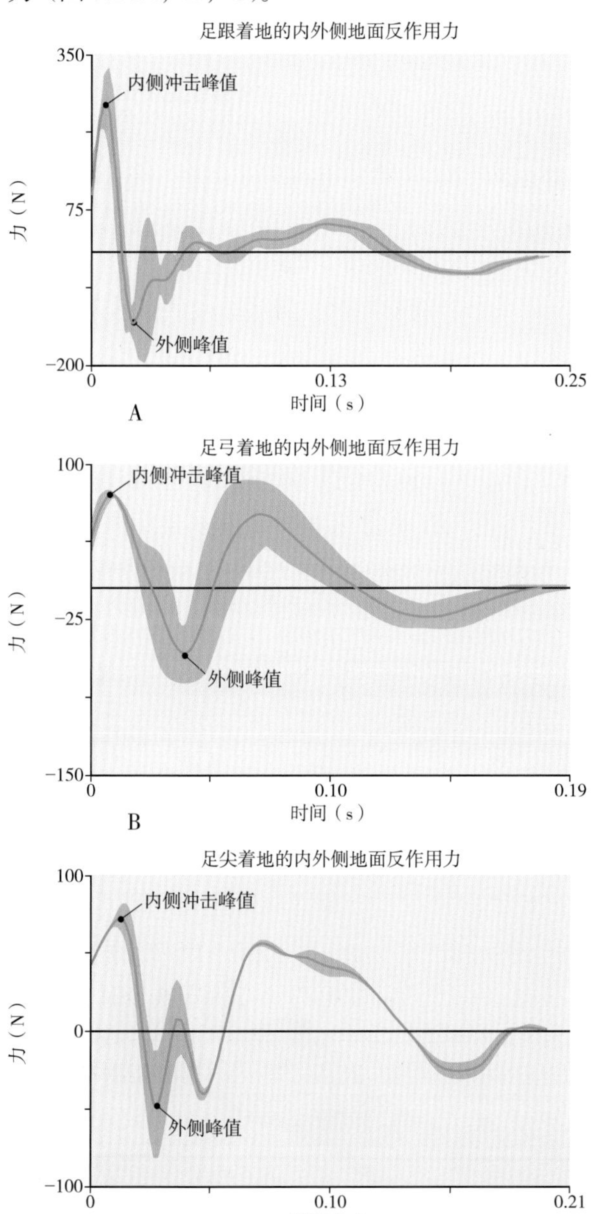

图 3.26　跑步时侧向力：（A）典型的足跟着地，（B）典型的足弓着地，（C）典型的足尖着地

由于在支撑相不同的内旋和外旋，个体间的内外侧力的变异相当大。根据足的位置和足的哪一部分先接触地面，有可能出现外侧或内侧撞击峰。然而，我们可以从力 - 时间图中找到最大的内侧力和最大的外侧力，以及它们发生的时间。

与步行一样，内侧力（尽管是可变的）对踝关节和膝关节在冠状面上的承重和稳定性有重要影响。当评估鞋和矫形器治疗的效果时，这些都不应该被忽视，因为它们会给患者的内外侧面力模式带来临床上显著的变化（图 3.27A，B）。

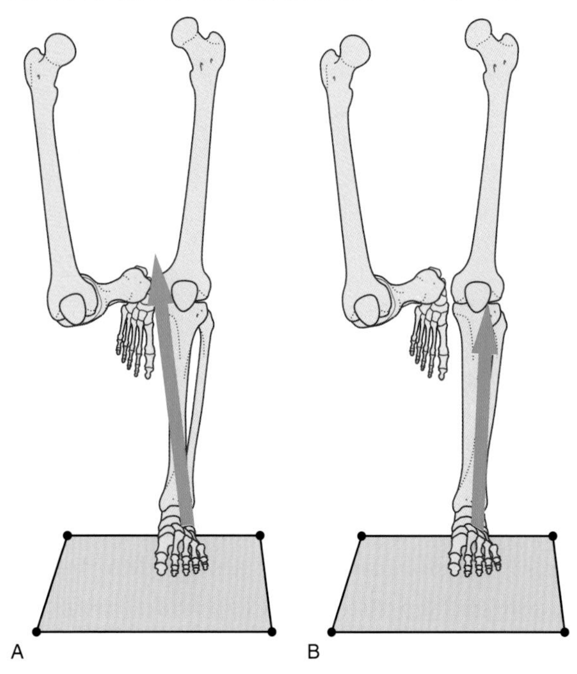

图 3.27　（A）内侧承重峰值，（B）外侧承重峰值

3.7 足底压力

与足部相关的压力测量通常被称为足底压力分析，因为通常是测量足部的足底表面和支撑表面之间的压力，在某些情况下，也需要测量足背的压力。在文献中，有很多术语用于描述足底压力的测量，这些包括足底气压图、足部压力测量、足底压力成像和压力分布分析（见第 7 章）。

3.7.1　为什么足部压力测量很重要

压力测量非常重要，过大的压力会导致组织损伤。预防和治疗足底皮肤溃疡的一个重要因素就是减轻足底压力，评估压力可能是足底皮肤溃疡可能发生的早期预测方法，该方法让临床医师预防严重损害的发生并早期治疗。本节介绍足底压力测量，这在评估软组织压力过大可能导致损伤的病理中具有特别的价值。

3.7.2 定义

压力是力与所作用部位的面积之比。这个力通常被认为是垂直于它所作用面积的表面的方向。

压力 = 力 / 面积

3.7.3 压力单位

有时会出现不正确的单位：例如，N/mm^2（通过乘以 1000 000 可以很容易地转换回 N/m）。错误的压力单位还表示为 kg/m^2 或 kg/mm^2，因为 kg 是质量的单位，而不是力，想想月球上的宇航员；他们足下的压力将比他们站在地球上时要小，即使他们的质量相同，但重量（足上的力）不同（表 3.1）。

表 3.1 压力单位转换

常用单位	换算	数值
N/mm^2	1 N/mm^2 = 1000 000 N/m^2	1 MN/m^2 或 1 MPa
N/cm^2	1 N/cm^2 = 10 000 N/m^2	10 kN/m^2 或 10 kPa
kg/mm^2	1 kg/mm^2 = 9810 000 N/m^2	9.81 MN/m^2 或 9.81 MPa
kg/cm^2	1 kg/cm^2 = 98 100 N/m^2	9.81 kN/m^2 或 9.81 kPa
mmHg	1 mmHg = 133.3 N/m^2	133.3 N/m^2 或 133.3 Pa
psi（磅 / 平方英寸）	1 psi = 6867 N/m^2	6.867 kN/m^2 或 6.687 kPa

3.7.4 数据表达形式

压力测量设备记录的数据有许多不同的表示方法。采用气象图相似的颜色比例尺是最常用的方法之一，通常情况下，使用蓝色阴影表示低压区，红色阴影表示足部高压区（图 3.28A）。

在许多系统中，颜色比例尺是由用户设定的，实际的压力值不仅仅是颜色，看到红色的区域并非不好。例如，如果刻度设置为压力大于 200kpa 时显示红色，那么如果压力为 200kpa 或 500kpa 时，即使实际压力值有很大差异，面积也将是相同的红色，有时使用增加高度来显示压力增加，也有人使用三维图（图 3.28B）和动态条形图来表示压力。

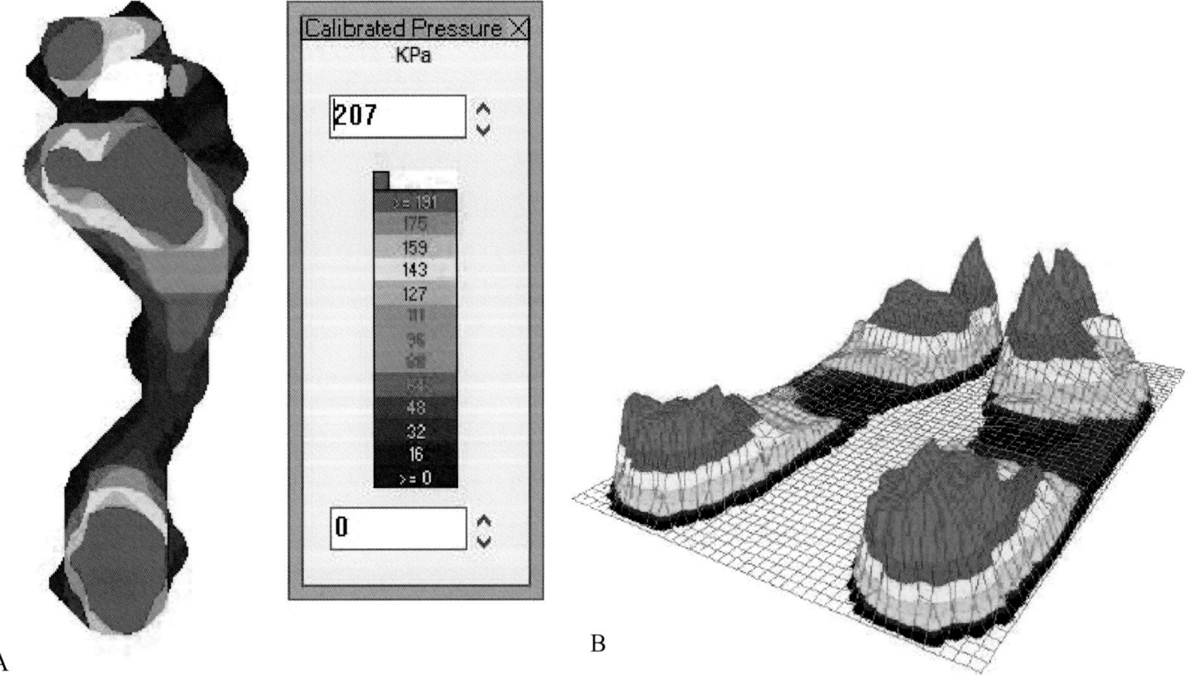

图 3.28 压力测量显示（A）支撑阶段峰值；显示传感器在支撑阶段达到的最大压力（美国 MA 波士顿 Tekscan 有限公司）；（B）支撑阶段峰值三维成像（德国慕尼黑诺新股份有限公司）

3.7.5 数据解读

商业机构根据数据所需的条件提供了不同级别的软件。入门级软件提供简单和快速分析程序，其主要供时间有限的临床医师使用，只需要一个可视化压力表，而高水平的软件提供更详细的分析数据来进一步分析。

感兴趣的区域

许多软件有专门评估足部特定区域（称为感兴趣区域）压力的程序。在软件程序中，用户可以手动选择感兴趣的区域，或者使用软件中的自动算法将足分割成多个区域（图 3.29A 和 B）。不同的制造商在其软件中使用不同的术语来表述感兴趣区域的选择，包括屏蔽、方格和区域。

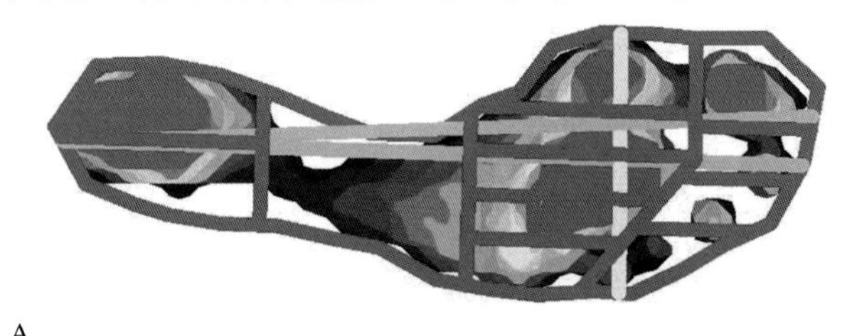

A

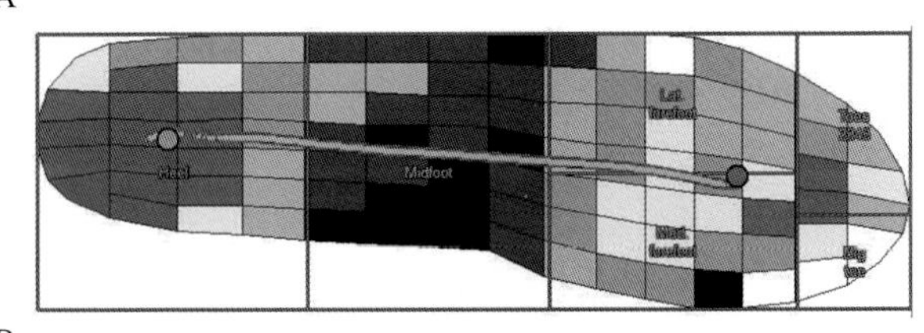

B

图 3.29 （A）12 个关注区域（美国 MA 波士顿 Tekscan 有限公司）；（B）6 个关注区域（德国慕尼黑新公司）

临床上对某些部位进行压力评估是非常有价值的，但计算该部位对整个足部的影响更重要。如足弓压力高的高危糖尿病足患者，干预的重点是通过换鞋来降低该区域的压力，以降低皮肤溃疡的风险。但是，我们不仅要考虑鞋对足弓的影响，换鞋可能让足弓的压力降低，但可能导致相邻区域皮肤压力的增加。这种干预可能会预防足部皮肤溃疡，但可能会增加足部其他部位皮肤溃疡的风险。

平均力

有时采用的一种测量方法是足不同区域的平均承重。然而，需要对这些数据采取非常谨慎的态度，因为这些数据往往受到所选区域大小的影响（图 3.30），通常最有用的是复制在平台上看到的垂直分力模式。

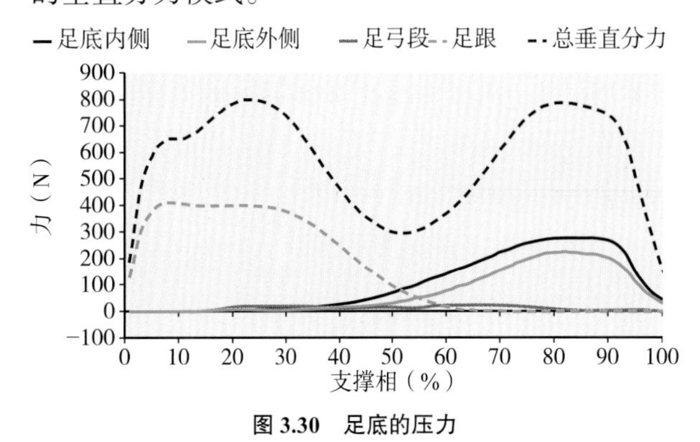

图 3.30 足底的压力

接触区域

接触面积是由足的传感器面积，通常用 mm^2 或 cm^2 表示。

平均压力

整个足底的平均压力几乎不能告诉我们足底下发生了什么，更好的测量方法是足特定区域（感兴趣区域）下的平均压力（图 3.31 A，B）。

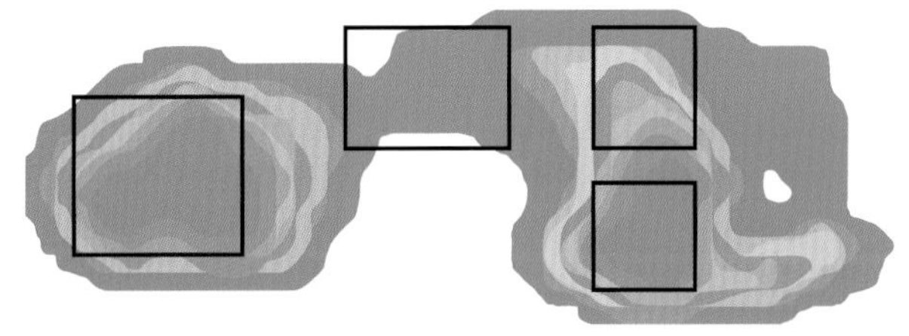

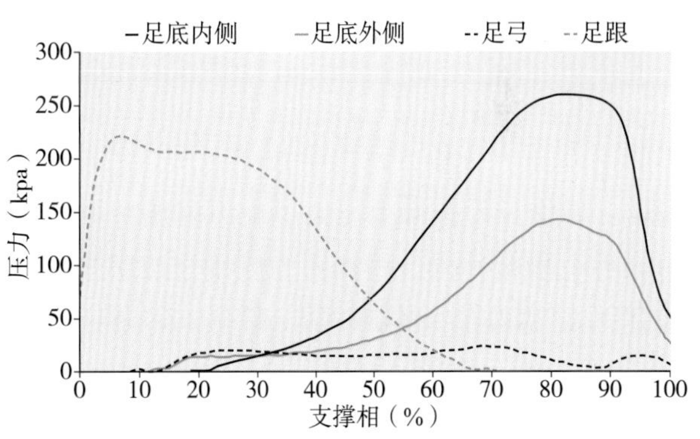

图 3.31 正常足部平均压力

最大（峰值）压力

最大压力，也称为峰值压力，是随着时间的推移所经历的最大瞬时压力，在寻找过度压力导致组织损伤的病因时，它更有意义。虽然仍然用在足平均压力相同的区域，但是每个区域中最大的压力读数都绘制出来了，而不是平均值，平均值可能包含高压的小区域。

对于正常测试者，典型的足下压力峰值是站

立时 80 ~ 100 kPa，行走时 200 ~ 500 kPa。在糖尿病神经病理学中，压力可高达 1000 ~ 3000 kPa。从这个角度来看，3000 kPa 相当于 30.5 kg 作用在 1 cm^2 面积上的压力，或者作用在 1cm^2 面积上的 61kg 体重（610N）的一半。

一般来说，在健康的成年人行走中，第二和第三跖骨头周围区域的足部承受的最大压力最大。目前无法预测行走过程中压力峰值的位置或值，然而，年龄、线性运动学、足弓结构、足底软组织厚度、影像学测量和腓肠肌活动等因素已被确定为影响峰值压力的因素（Morag & Cavanagh，1999）。

压力时间积分

压力时间积分，是足的峰值压力如何随着时间变化曲线图，如果产生的压力只在很短的时间内起作用，那么它造成组织损伤的时间就少，如果它的作用时间长，那么就会造成更多的组织损伤。

为了测量峰值压力 - 时间或平均压力时间曲线下的面积，通常设定一个特定的区域，为所选区域的压力 - 时间效应提供了一个单独的值，这种测量称为压力时间积分，积分是离散时间序列中所有压力值的和。单位是帕斯卡秒（帕斯卡秒或牛顿秒），或牛顿秒每平方米（Ns/m^2 或 kNs/m^2），冲量有时也从力 - 时间曲线中得到数据，尽管它在压力分析中可能会出错。图 3.32A 和 B 说明：如果只检查峰值压力，就可能漏掉重要信息。在一段时间内，两种压力测量方法记录的峰值压力是相等的（200 kPa），但是（A）的压力 - 时间积分要比（B）大得多，因为（A）中峰值压力保持的时间更长。

压力中心（COP）

足部的 COP 是 GRF 作用于足部的位置，它由与传感器原点相关的 x 和 y 坐标表示。它的位置在行走过程中会发生变化，当足离开地面时，它会从后足与地面接触点移动到前足。如果将 COP 绘制在步态的姿态阶段上，所显示的称为 COP 的路径（图 3.33）。COP 的典型路径行走从中线稍外侧鞋跟与地面的接触点，发展到后内侧移动沿中线的足跖，当足准备离开地面，它转移到第一或第二个足趾。临床上如果出现偏离 COP 路径时，可以用来鉴别患者的疾病病理情况。

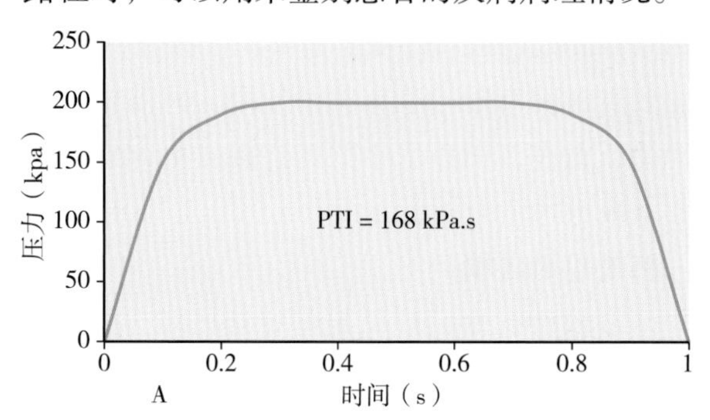

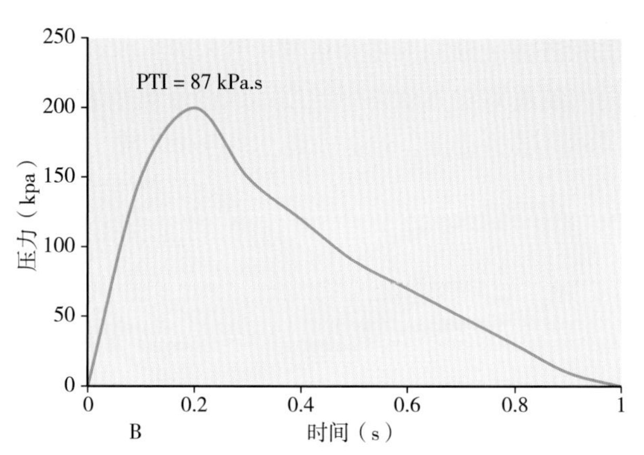

图 3.32　相同峰值压力（200kpa）不同压力 - 时间（PTI）的压力 - 时间曲线

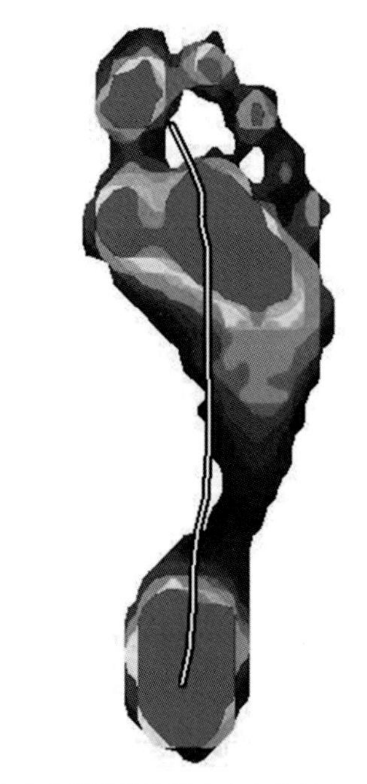

图 3.33　行走中支撑阶段的压力中心路径（COP）（美国 MA 波士顿 Tekscan 有限公司）

COP 也可以用来检查身体的平衡性，患者完成 Romberg 试验时，可站在压力平台上，对 COP

前后、内外侧方向的运动进行量化。请注意，重要的是要记住 COP 和重心（COG）不是可互换的术语（Winter，1995a，b）。

总结：地面反作用力、冲量和动量

■ 压力中心是一个点，常用来计算 GRF 的作用，压力中心主要用于评估在 GRF 作用下，走路时足的运动和支撑相平衡测试时的姿势摇摆量。

■ GRF 作用的整体结果可用 Pedotti 向量图显示，可以通过计算 GRF 在身体的垂直作用力、前后作用力和内外侧作用力来显示。

■ 将 GRF 分解到不同的平面上，可以得到关于身体在不同运动模式下的承重、推进力和稳定性的重要数据。

■ 冲量是力 - 时间图下的面积，与物体动量的变化相对应，对于了解步行和跑步时的速度变化很有意义，可以作为步态稳定的评估指标。

■ GRF 分析在诊断行走功能障碍方面非常有意义，也可用于判断跑步方式。

■ 压力可描述为作用在足某个区域上的力，不一定与GRF有关，过大的压力会导致组织损伤。

■ 压力分析可告诉我们所研究区域的作用力的数据，可提供关于特定解剖结构的承重信息。

■ 足底压力分析可以提供干预的信息。

第4章 关节和运动

介绍关节运动分析的基础理论和基本方法，包括足踝关节、膝关节、髋关节和骨盆三维运动。

目的

通过下肢运动分析了解下肢运动功能。

目标

- 用步态时间参数与空间参数来评估步态功能。
- 识别并绘制下肢与骨盆的运动模式。
- 解释下肢与骨盆的运动模式对行走的影响。
- 用图表解释下肢与骨盆的相互作用。

4.1 临床运动分析研究

4.1.1 早期研究者

人类对运动的研究可以追溯到1680年的博雷利（Borrelli），直到19世纪的晚期，随着照相术的产生，运动分析才成为真正意义上的研究。迈布里奇（Muybridg）和马雷（Marey）曾收集人类的运动数据，Marey（1873）首次创作人类运动简笔人物画，Muybridge于1872年和1885年在许多活动中拍摄了人类运动的摄影作品，并于1907年出版。

1950年，布雷斯勒（Bresler）和弗兰克尔（Frankel）首次研究了行走中的力学分析。他们的工作包括：研究在步态中的关节运动和惯性力。1953年，桑德斯（Saunders）和他的同事研究正常步态的主要决定因素，并将其用于评估病理步态，英曼（Inman，1966，1967）和默里（Murray，1967）发表了对人类运动期间的动力学和能量守恒的具体分析论文，今天人们仍频繁引用这些分析。之后，Inman和他的同事（1981）出版了《人类行走》，这是一本关于人类运动的综合教科书；收集并分析人类应用于临床实践的许多运动技巧，并且提出了用于外科治疗的具体临床评估方法，其中有脑瘫患者治疗的评估建议（Sutherland & Cooper，1978；Davids，1993；Gage，1994）。

4.1.2 步态分析

人们常常就足部着地次数研究步行周期（步态周期）。一个完整的步行周期被定义为行走过程中一侧足跟着地至该侧足跟再次着地时所经过的时间。

步行周期根据足部接触地面或者不接触地面分为支撑相（又称支撑阶段或站立期）和摆动相（又称摆动阶段或迈步期），支撑相又被分为单支撑期或双支撑期，即：单足或双足接触地面（Murraye et al. 1964）。

通过研究足部接触地面时期和身体不同部位的伴随运动，可以更为具体地研究步行周期，也就是动力学研究。动力学研究涉及的变量为足接触地面的时间和距离、线性移位和角度移位、速度及身体部分的提速。动力学研究不涉及内在力和外在力，而是研究运动本身规律。

1981年，布兰德（Brand）和克罗因谢尔德（Crowninshield）强调采用生物力学来“诊断”或者“评估”临床问题之间的区别，他们认为：“与诊断相比，评估意味着赋予某事物新的价值，医学评估是确定疾病严重程度的一个参数，生物力学就属于医学评估范畴。”

1981年，布兰德（Brand）和克罗因谢尔德（Crowninshield）推出用于评估患者的6个指标。

1. 所测参数必须与患者的功能相关。

2. 所测参数不能由医师或者治疗师直接观察和量化。

3. 所测参数必须清楚地区分正常和非正常。

4. 测量技术不得显著改变被评估运动的性能。

5. 测量方法必须精确且可复制。

6. 测试结果简单易懂。

Brand 和 Crowninshield 认为："大多数评估步态的方法未能满足这些标准，所以它们未被广泛应用。"

在过去 35 年，生物力学评估发展迅猛，目前使用运动和力学来分析步态已司空见惯，在经过同行审核的论文和教科书中，正常步态模式和功能之间的逻辑关系得到有力地证明（Bruckner，1998；Perry，1992；Rose 和 Gamble，1994）。有些临床医师或者理疗师开始研究有偏差的步态模式对患者运动功能的影响。由于以主观方式研究步态导致测试者之间和测试者的可信度受到质疑，其价值和可重复性是可疑的。例如，通过观察一个人行走的活动不可能同时得到所有关节的运动模式。研究运动模式要求客观地运动分析，同时收集已知精确度和可信度的信息，这样，可以评价由于理疗师和外科医师干预引起的运动模式改变及其对功能的影响。多数针对个体运动分析系统的报告中都包含关节动力学内容，并且同一个图表也包含平均值和正常值的信息。

帕特里克（Patrick，1991）回顾了运动分析的一些案例，认为：运动分析实验室未被临床医师广泛应用的原因是分析时间太长，其系统主要为研究人员设计而非临床医师设计，并且理疗师和临床医师对结果的评估缺乏理解。1991 年之后，运动分析实验室开始被医师接受，运动分析所需要的时间在减少，为帮助医师决策，很多医院在临床设置新的实验室。

温特（Winter，1993）在步态评估知识基础的标题下回顾了步态分析技术，这是对来自 Brand 和 Crowninshield 的一种回应。Winter 给出证据显示：临床步态评估可以为临床诊断提供有价值的证据，而这些诊断信息有助于临床医师设计矫形手术计划、康复计划和假肢设备的评估。

针对常见病理性步态问题，Winter 设计了病理性步态诊断检查表（此检查表并未涉及特殊病例），Winter 用 5 种疾病检验了检查表的效用：膝关节置换术、膝关节以下截肢、脑卒中偏瘫、膝关节以上截肢和髌骨切除术，最后的结论：评估病理步态并非一个容易的任务，需要相当大的费用进行设备投入、软件升级和专业人员培训。Winter 建议加强儿童、成人和老年人的数据库的建设，对运动分析实验室有异议的还有成本，贝尔（Bell）报告了运动分析设备成本及其在临床设置中的应用（Bell et al. 1996）。事实上，运动分析实验室在临床评估中或者治疗中的设备技术要求也是问题之一。一个案例是放射诊断与运动分析设备的相对成本较高（Bell et al. 1996）。盖奇（Gage，1994）认为步态分析成本与 MRI（磁共振）或者 CAT（计算机断层显像）成本具有可比性。Gage 采用运动分析作为评估的具体形式，可能有更广的成本收益并且首次认识到能改善临床服务。Bell 和同事（1995）强调应用综合方法分析步态运动，包括肌肉性能和关节运动范围及步态运动力学和运动参数，并提供病理及此后治疗效果的具体评估。

4.2 步行周期

对于正常行走，步行周期分为足部接触地面的支撑期和足部不接触地面的摆动期。已知这些分别是支撑期（大约为步行周期的 60%）和摆动期（大约为步行周期的 40%）。支撑期可以被再分为（图 4.1A-E）：（A）足跟着地、（B）足部放平、（C）站立中间期、（D）足跟离地（E）足尖离地。摆动期可以被再分为三个时期（图 4.2A、B、C）：（A）早期摆动、（B）中间摆动和（C）晚期摆动。最简单的方式是我们通过研究足部接触地面的距离和次数观察行走模式。

4.2.1　空间参数

为了规范测试者的行走，应该考虑步行周期的足部接触的空间参数（图 4.3）。在步行周期的

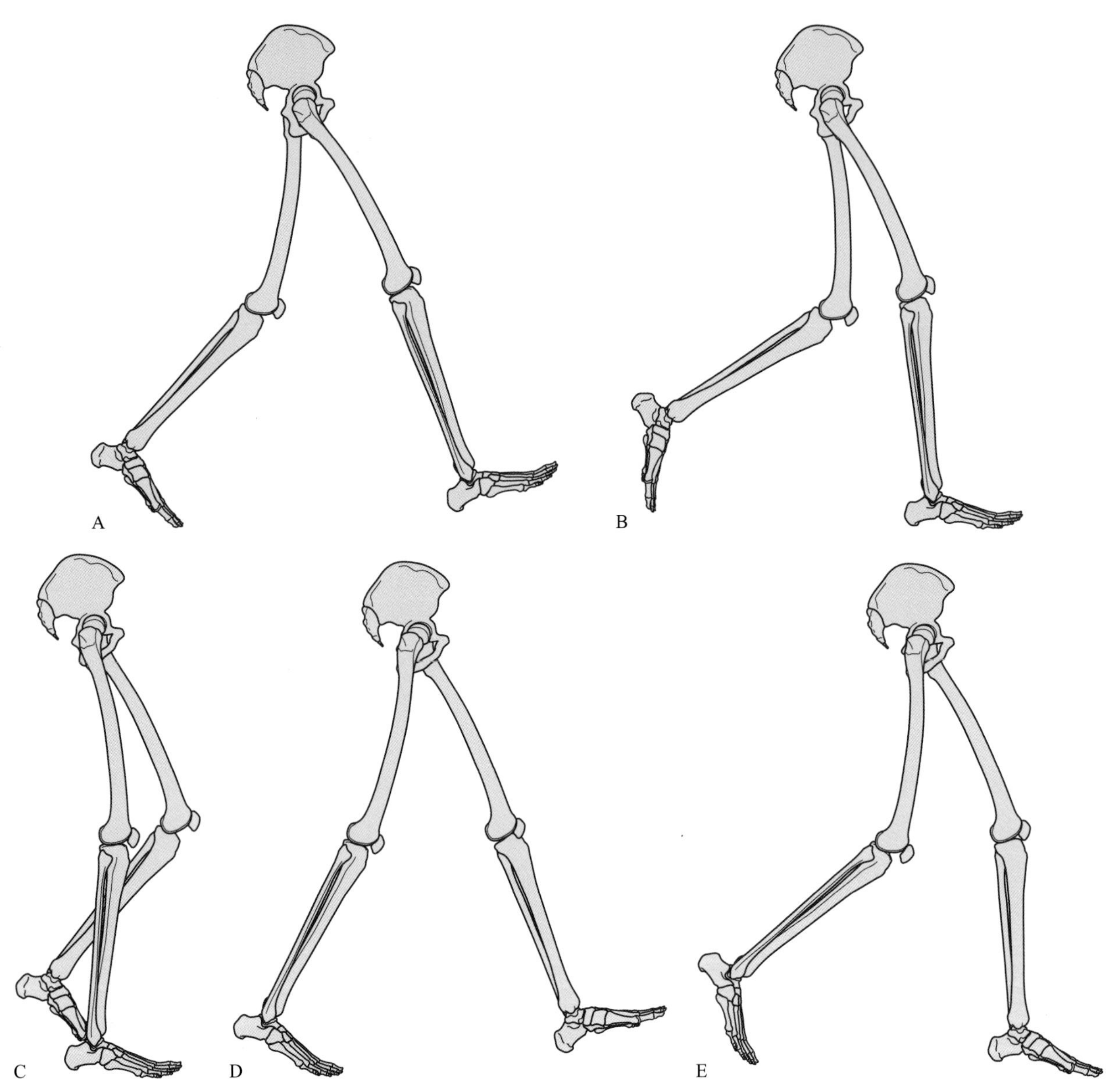

图 4.1 支撑相：(A) 足跟着地，(B) 足弓着地，(C) 支撑中期，(D) 足跟离地，(E) 足尖离地

足部接触地面的参数是步长、步幅、足角和步宽（Murray，1964，1970；Rigas，1984））

步长和步幅分别定义为不同足连续两次初始接触地面的距离和同一足连续两次初始接触地面的距离，足角被定义为足向远离行进线的角度，基本宽度定义为步态过程中每个足后跟中心之间的中外侧距离（Murray，1964，1970；Rigas，1984）。利用这一信息可以很容易地计算出另外两个参数，这些是步频和步速，步态过程中足部接触地面的参数为：

步长：是连续两个足跟着地之间的距离。

步幅：同一条腿连续连续两次足跟撞击地面的距离。

足角：指在行走中人体前进的方向与足的长轴所形成的夹角。

步宽或步态基数：在步态中每个足跟中心之间的内 - 外侧距离。

4.2.2 时间参数

足接触地面时间是步态的重要时间参数，如果记录了每一次连续的足跟着地和足趾离地的时间，那么就可以计算出步幅和步速。步长时间和步幅时间分别定义为不同足连续两次接触地面的距离和同一只足连续两次接触地面的距离所用时间。一个完整的步行周期等同于一个步幅

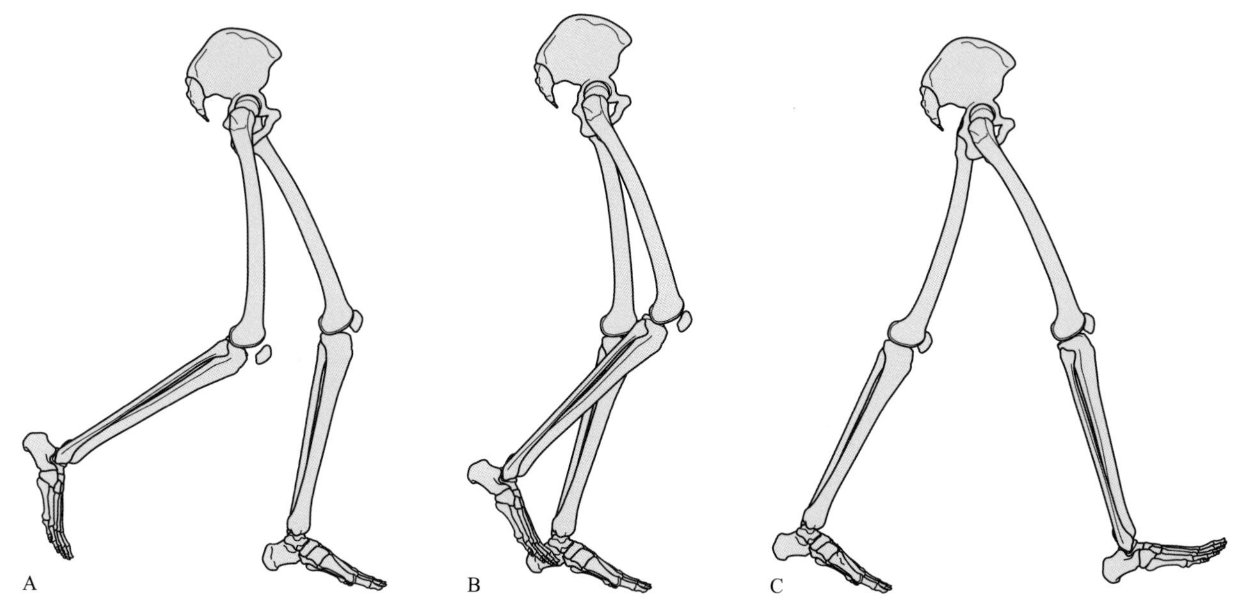

图 4.2　摆动相：(A) 早期摆动，(B) 中期摆动，(C) 晚期摆动。

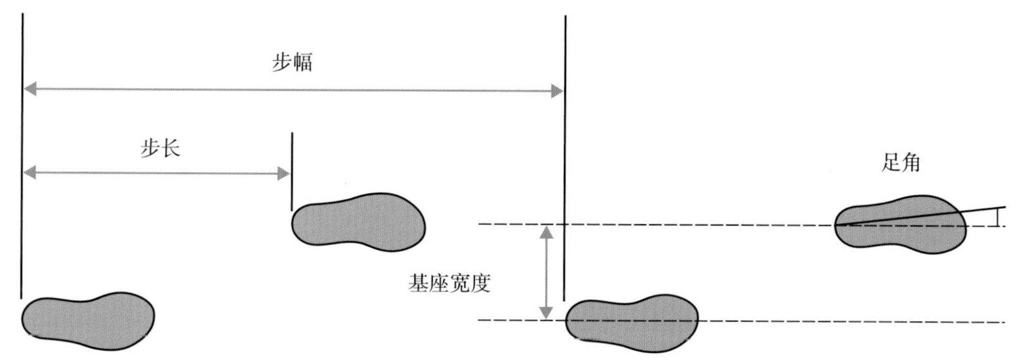

图 4.3　空间参数

(Murray，1964，1970; Rigas，1984)。我们还可以得到每足的单支撑期和双支撑期信息，单支撑期时间和双支撑期时间可以分别定义为单足与和两足与地面接触的时间，摆动相时间与另一足的单支撑相时间相同。

可以发现单支撑相时间、双支撑时间和步长时间的对称性，可以从它们推断出足部着地时间及参数如图 4.4。

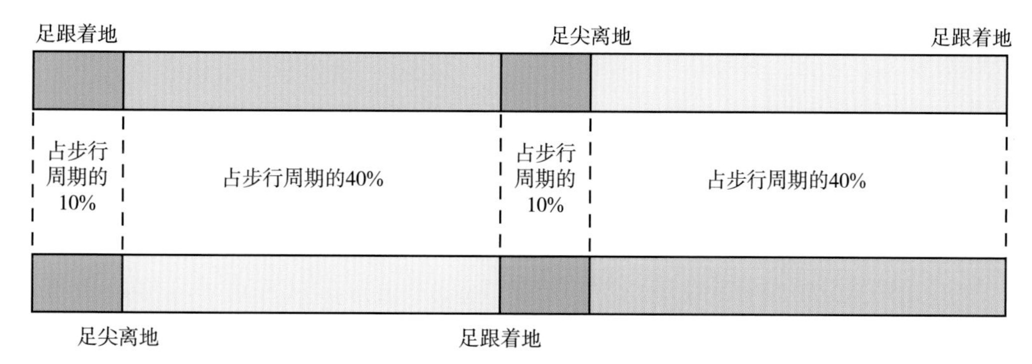

图 4.4　时间参数

步长时间

步长时间是两个连续足跟着地之间的时间。如果一个人走路时左右两侧完全对称，步长时间是 50% 的步幅时间。

步幅时间

定义为同一条腿连续两次足跟着地之间的时

间，一个完整的步行周期或该肢体步行周期的100%。

单支撑

身体由一条腿支撑所用的时间，大约占步行周期的40%。

双支撑

身体被两条腿支撑时所耗用的时间。包括两个阶段，每个阶段持续时间为步行周期的10%。

摆动时间

当身体在用一条腿上单支时，腿摆动所用的时间，因此，这个比例与单支撑相同，即步行周期的40%。

总支撑

在一个完整的步行周期间由一只腿支撑身体的总时间，此时间是单个支撑时间和两个双支撑时间，占步行周期的60%。

尽管在单支撑和双支撑所耗用的时间百分比有临床意义，但该数据往往取决于行走速度，在临床评价中慎用这些数据。

步行周期的时间参数基于正常行走速度，随着行走速度下降，双支撑时间越长，单支撑时间越小，直到当双支撑时间占比是100%时，行走速度为零，即：所有时间双足都接触地面，并且此人不再行走。随着速度增加，双支撑时间减少，直到站立时期和摆动时期几乎相等，并且几乎无双支撑时间，类似从竞走到跑步之间的过渡，在此，不再有任何双支撑时间，并且摆动时间比站立时间长。

利用这些数据可以计算出其他参数：步频和步速，步频是一个给定时间内步行的数量，常常为每分钟步数，可以通过下列公式计算速度：

步频 = 每分钟步数

$$步速 = \frac{步长（m）\times 步频（步数/分钟）}{60（1分钟内的秒数）}$$

通过把左侧的参数值除以右侧的参数值，也可以发现对左侧和右侧之间的对称性的测量值，可以对所有之前提及的测量值实施此计算：

$$步长的对称性 = \frac{左侧步长}{右侧步长}$$

$$步长时间的对称性 = \frac{左侧步长时间}{右侧步长时间}$$

4.3 步态期间的正常运动模式

人类行走可以使身体的重心平稳而有效地前进，为了达到此目的，下肢的关节有数个不同平面的运动。这些关节的正确运动模式保障身体平稳而高效行进，关键是下肢关节运动之间的关系：如果这些模式有任何偏离，行走的能量成本可能增加，并且冲击力上的减震作用也增加，推进力可能不那么有效。

通常的关节运动模式包括：踝关节前屈、足旋转、膝关节屈伸、膝关节外展内收（外翻内翻）、膝关节内外旋、髋屈伸、髋外展内收、髋内外旋、骨盆前倾、骨盆后倾、骨盆旋转，本节的运动模式包括矢状面、冠状面和水平面内所有关节和肢体的运动。

- 踝关节
- 足跟、足弓和足尖运动
- 胫骨
- 膝关节
- 球窝关节
- 骨盆

图表中对关节之间协调性包括：

- 角 - 角图
- 角度速度图

对于参与各个肢体移动的相关能量，可阅读5.7节内容。

4.3.1 踝关节跖屈和背屈

足围绕胫骨的整体运动称为踝关节运动，并且这是最常见的足踝复合体运动模式。由于足跟着地有减震作用，尤其是在矢状面的运动更为明显，并且在站立时期间也是如此，踝关节运动在“推离”或足趾离开地面之前的推动阶段很重要。在摆动阶段，踝关节运动中足部活动需要部分空间，而一些病理步态模式可能与缺乏足部空间有关。在行走中踝关节的动作范围在20°和40°之间，平均范围是30°，但我们仍然不清楚整个步态中踝关节运动如何变化，在步态期间，踝关节有 4 个运动时期（图 4.5）。

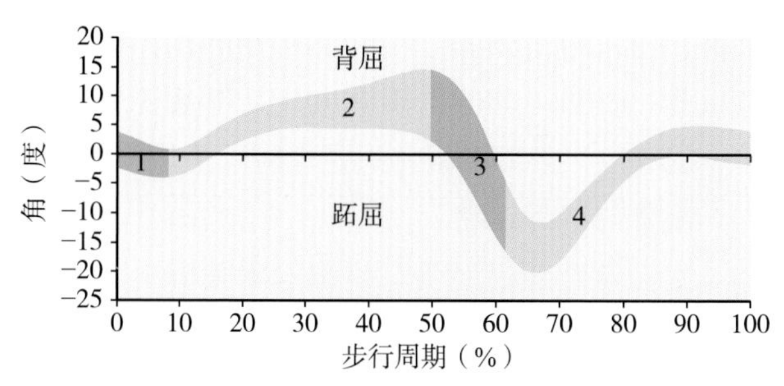

图 4.5　踝关节的跖屈和背屈

第 1 阶段

在最初的接触或者足跟着地时，踝关节处于中立位置。跖屈在 3° ～ 5° 之间，直到足尖着地。有时，这被称为“第 1 摇轴”或者“第 1 部位”，这时足以足跟为中心旋转；在此期间，足和踝关节前的背屈肌控群控制着跖屈，形成减震器作用并有助于下肢对重量的平稳接受。

第 2 阶段

在足尖着地的位置，踝关节开始背屈。当力从胫骨向踝关节移动，足部变得稳固并且胫骨变为运动部位，背屈达到最大值为 10°，从足掌着地到足跟抬起的时间被称为“第 2 个摇轴”或者“第 2 个部位”，这时动作轴出现在踝关节上，并且足部牢固固定于地面，在此期间，跖屈肌离开中心而控制胫骨向前的运动。

第 3 阶段

足跟在双支撑开始抬起，导致踝关节快速跖屈，到足尖离地站立期结束，达到均值 20°。这被称为“第 3 个摇轴”或者“第 3 部位”，由于支点在跖骨头的下面。在此期间，踝关节达到 250°/s 跖屈的角速度，这可能与力度产生有关，这是步行周期的推进时期。在此期间，足踝的后的跖屈肌向心收缩，推动足踝关节进入跖屈并且推动身体向前，这种快速的跖屈是推动身体前进的主要动力源（见 5.4 节：动量之间的关系、正常步态之间的角速度和关节力）。

第 4 阶段

在摆动相，踝关节快速背屈（1500/s）以协助足离开地面。通过中间摆动，达到中立位置（0°），在摆动阶段的剩余时间期间，维持此位置，直到下一次足跟着地，被称为“第四足位”，据相关数据，在摆动阶段，有时会出现 3° 到 5° 的背屈。在此阶段，踝关节背屈向心收缩以协助足蹬离地面并打开足部空间并为下一次足着地做准备。

有关描述踝关节运动的术语非常多，有数个常被临床医师和生物工程师使用的术语，本文中我们使用第 1、第 2 和第 3 摇轴和第 1、第 2、第 3 和第 4 足位，这些术语通常也可以互换使用（表 4.1）。

表 4.1　摇轴 / 足位

第 1 阶段：	第 2 阶段	第 3 阶段	第 4 阶段
第 1 摇轴	第 2 摇轴	第 3 摇轴	摆动相
足跟轴	踝关节轴	前足尖轴	摆动相
第 1 足位	第 2 足位	第 3 足位	第 4 足位
接触	支撑相中期	推进	摆动相

4.3.2　踝关节、足跟、足弓和足尖的运动

绝大多数研究一直把足看作一个运动单位，通常由踝骨和跖骨的外侧部分，或者足跟和跖骨的内侧和外侧部分来研究定义。近来，足踝外科医师从 3 个部分分析足部：足跟、足弓和足尖。

本章我们将足视作为一个运动单元，我们将分析各个分部之间的运动和相互作用（参见 9.6.2 节：多段足模型）。首先将足分为三个分部：跟骨、跖骨和趾骨（图 4.6）。

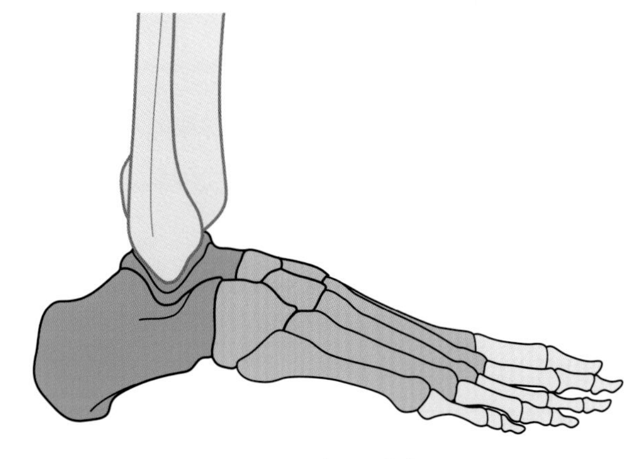

图 4.6　足分为三个节段

将足视为单个或多个节段导致分析时可能出发点不同，所分析的数据可能出现一些差异，有些数据显示了 5 次试验后的均值和标准差，但这些数据不应作为规范数据使用，而应作为不同足的阶段对运动模式的对照。

胫骨与足部运动

矢状面（跖屈背屈）：胫骨到足矢状面的运动与 4.3.1 节描述的足底和踝关节背屈的模式相同，其中整个足部被定义为单个节段（图 4.7A）。

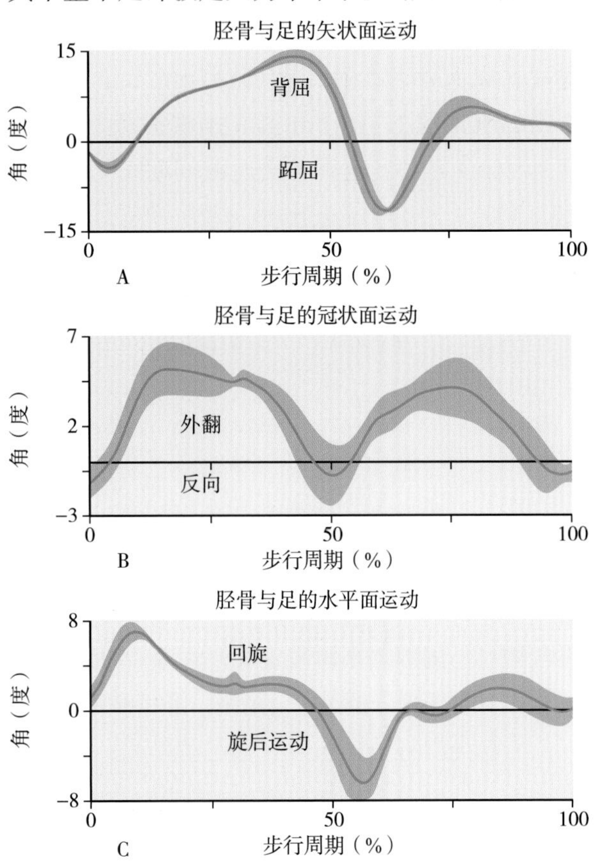

图 4.7 （A）胫骨与足的矢状面运动,（B）胫骨与足的冠状面运动,（C）胫骨与足的水平面运动

冠状面（反转 - 外翻）：冠状面用来描述整个足部的反转 - 外翻模式，足跟着地时，足掌呈倒立姿势着地，并在负重时进入外翻状态，然后快速反转发生在步行周期的 50% 之前（图 4.7B），该图形显示的运动范围为 7°，而足部被作为一个单一的节段产生不同的运动模式，与跟骨和胫骨的运动相比，这种差异是由于跟骨和跖骨节段之间的运动。

水平面（内 - 外旋或旋前 - 旋后）

水平面可以用来描述内外旋转，足与胫骨的水平面运动也被用来描述为内转 - 旋后（Nester，2003）。图 4.7C 显示的是足部在轻微内旋的位置着地，并迅速进入进一步内旋，这与内斯特（Nester，2003）的研究结果略有不同，内斯特显示：在足跟着地时呈轻微的仰卧位，在站立后期进入仰卧位之前，内旋减少并趋于平稳，有趣的是，这种模式认为：虽然运动的范围更大，足部被视为一个单一的节段，类似于跟骨到胫骨的运动。

跟骨与胫骨运动

我们常常通过胫骨与足部运动来分析踝关节运动，并将跟骨和跖骨段结合看成一个整体，但跟骨到胫骨之间的运动更有意义，尤其是分析冠状面和水平面时。

矢状面（跖屈背屈）：在站立的早期至中期，足部到胫骨的矢状面运动与功能表现基本相同。然而，跟骨到胫骨段之间发生的足底屈曲量明显小于跖骨段的足底屈曲量（图 4.8A）。这是由于跖骨段相对于跟骨段有明显的背屈和跖屈模式。因此，包括跖骨段可以很好地提供足部的整体功能，然而，它提供了一个“足踝”跖屈的扭曲的观点。

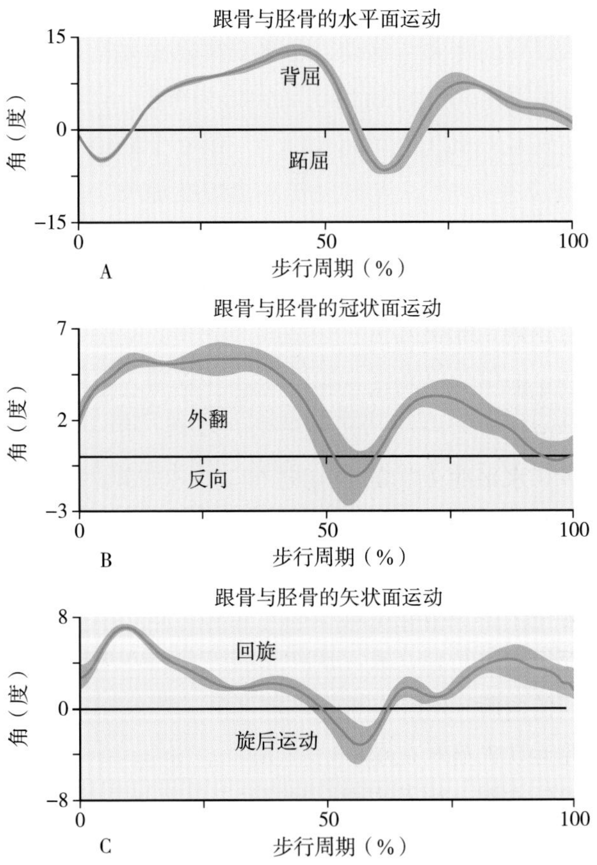

图 4.8 （A）跟骨与胫骨的矢状面运动，（B）跟骨与胫骨的冠状面运动，（C）跟骨与胫骨的水平面运动

冠状面（反转 - 外翻）：足跟着地时，足弓呈倒立姿势着地，并在负重时进入进一步外翻状态，导致跖趾关节运动、足弓下降和前足活动，在单节足模型中，同样的快速反转模式发生在步行周期的 50% 之前，忽略了跖趾关节，形成一个刚性杠杆和一个正常的足弓（图 4.8B），虽然进一步外翻的运动范围小于单节段模型，仅仅是跖骨对跟骨的运动。

水平面（内 - 外旋或旋前 - 旋后）：跟骨对胫骨段的水平面运动与足 - 胫骨段的运动方式基本相同，尽管运动范围更小。此范围的差异是由于跖骨和跟骨节段之间的水平面内的小运动量（图 4.8C）。因此，将足部作为单个节段的治疗（跟骨和跖骨）似乎可以很好地显示跟骨相对于胫骨的运动模式。

矢状面（跖屈背屈）：跖骨与跟骨的矢状面运动显示：早期支撑相出现跖骨与跟骨背屈，支撑阶段晚期表现为跖屈，当身体在支撑阶段移动时与踝关节的背屈相对应，而在推进期间与跖屈相对应。这可能意味着跖骨和跟骨运动在足部前进和推离时期都起作用（图 4.9A）。并引起胫骨与足运动和跟骨与胫骨运动之间的跖屈 - 背屈模式的差异。

冠状面（反转 - 外翻）：在足跟着地时，跖骨和跟骨之间的角度处于中立位，并且逐步移动进入稍微外翻的位置，在支撑阶段的移动范围是大约 1.5°，可能是由于皮肤和软组织移动所致（图 4.9B）。

水平面（内收 - 外展）：跖骨和跟骨之间的水平面移动相对较小，但确实有一个可辨认的模式，此模式与踝关节水平面移动同步。当我们把足看为一个单关节运动时，少量的移动也显示了水平面运动的价值，水平面运动等同于跖骨和跟骨之间的内收 - 外展，而临床期望此运动幅度最小化，此运动也显示在承重期间与跟骨关联的跖骨外展，然后在摆动相回到中立位置（图 4.9C）。

跖骨与趾骨的运动

矢状面（跖屈背屈）：有关跖趾关节矢状面运动的文献不多，可能是大多数足踝教科书和研究文献中的最显著的遗漏。在足跟着地时，跖趾关节处于背屈位置，当足平放在地板上开始向中立位置移动，当身体前移，跖趾关节更为背屈，在足跟离地，大约 50% 的步行周期的位置上，足以跖骨头为轴，跖趾关节被迫进入快速背屈或者伸展，在推离时期，踝关节进入快速跖屈并拉紧跖腱膜，称为跖趾背屈。在足趾离地后，跖骨回到一个稍微背屈的位置形成摆动阶段的足底空间。（图 4.10A）尽管此运动可能在推离期间无任何功能，但在临床设计用于控制或者协助前足运动的足部矫正器械时非常重要。

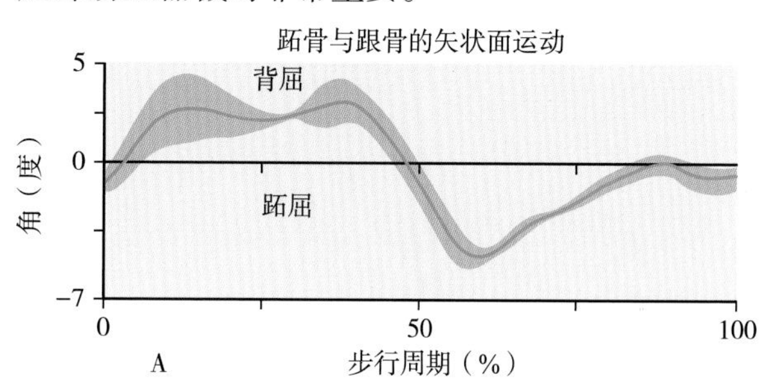

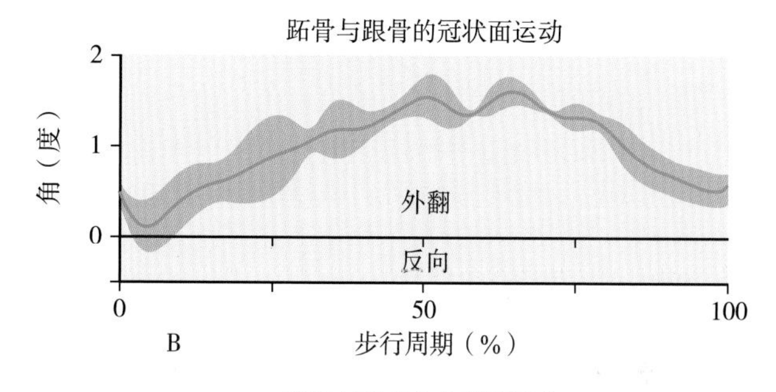

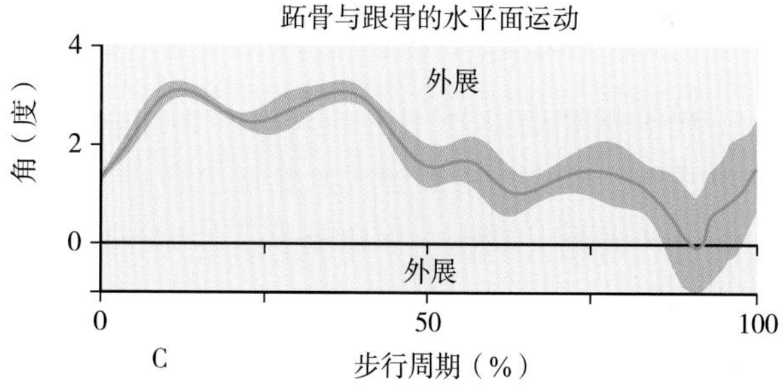

图 4.9　（A）跖骨与跟骨的矢状面运动，（B）跖骨与跟骨的冠状面运动，（C）跖骨与跟骨的水平面运动

冠状面（反转 - 外翻）：直到足跟离开地面时，跖趾关节在冠状面几乎无运动，在足跟离地时，在跖趾关节产生一个“扭转”，这与跟骨与胫骨运动相对应，并且恰好在 50% 的步行周期之前，看到一个快速倒转的模式（图 4.10B）。

水平面（内收 - 外展）：在足跟离地之前，就冠状面而言，跖趾关节水平面几乎无运动，在足跟离地时，冠状面的“扭转”也产生一个跖趾关节的快速外展运动，和跟骨与胫骨运动相互对应，此运动进入仰转位置并恢复足弓，在足跟离地后，在摆动相跖趾关节回到中立位置（图 4.10C）。

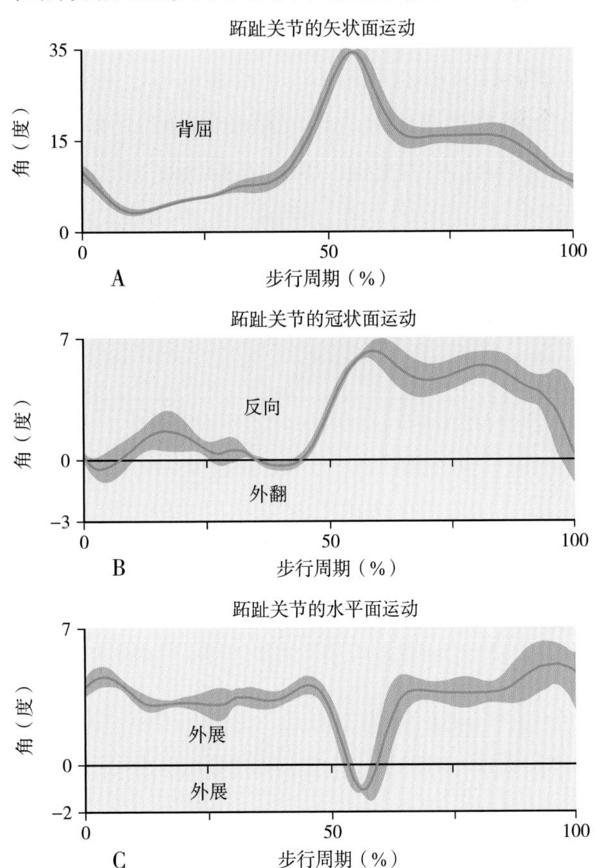

图 4.10 （A）跖趾关节的矢状面运动，（B）跖趾关节的冠状面运动，（C）跖趾关节的水平面运动

我们需要评估单节段足和多节段足的分析研究数据，首先，这些数据采集自赤足行走的个体，可以帮助人们识别足部解剖结构并形成规范数据（Carson，2001; MacWilliams，2003），这些数据对研究研究病理足的动作很有帮助（Woodburn，2004）。然而，当我们评估足部矫形器的作用，以及足部矫形器是否限制或改变了不同足节之间的运动模式时，这些数据无任何意义，之前提出的模型可以应用于鞋类，但它是否产生了相同的数据，因为足的功能会在穿鞋时发生变化，这个问题还没有得到研究文献的回答证据（表 4.2A、B、C）。

4.3.3 胫骨关节的运动

对胫骨的研究可以为病理步态模式提供重要信息。在各种病理情况下，由于缺乏肌力或肌肉痉挛，踝关节运动需要使用矫形器加以限制。然而，如果踝关节运动受到限制，也限制胫骨在站位肢体上的运动，使测试者很难在站位肢体上移动，在这种情况下，可以通过在鞋底安装摇杆，使肢体运动而踝关节没有运动，我们需要一种测量胫骨运动情况的方法，不是相对于足部的运动，而是相对于垂直方向的运动。

图 4.11 显示与垂直轴有关的胫骨运动。当足跟着地①，胫骨后倾（远端关节位于近端关节的前部）20°。然后，胫骨快速经过垂直位置②，当在站立肢体上的运动被腓肠肌群的离心活动所控制，此动作放缓，当足跟抬离③，运动速率再次增加，为摆动阶段准备。

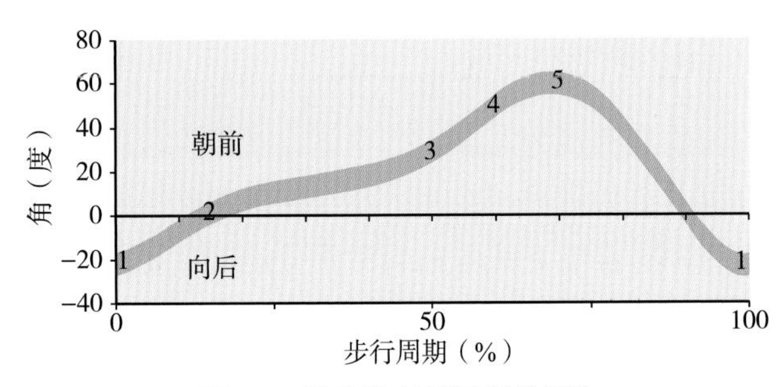

图 4.11 胫骨相对于垂直轴的运动

足趾离开地面④，胫骨继续前倾多达 60° 以确保足底空间，随后是小腿向前的快速运动，为下一个足跟着地做准备。可以将胫骨是垂直的点⑤作为踝关节跖骨 - 背屈模式的一个参考。当小腿通过垂直位置，足在平放位置，因此，踝关节在中立位置，将此用于病理步态模式需谨慎。

4.3.4 膝关节运动

在步态期间，膝关节同时在矢状面、水平面和冠状面运动。膝关节的大多数运动在矢状面内，包括膝关节的屈和伸；但冠状面和水平面的膝关节运动模式对诊断功能性和病理性病变很有帮助。

膝关节矢状面运动

膝关节的屈和伸是循环性的，在 0° 和 70° 之间，尽管最大屈曲角的准确数值有差异，可能与行走速度、测试者个性和选择肢体序列的标志差异有关。膝关节屈伸模式可以被分为 5 个阶段（图 4.12）。当足跟着地或者初次接触，膝关节应该是

表 4.2A　矢状面肢体位置				
步行周期				
肢体	接触 / 承重	支撑阶段中期	推离	摆动阶段
足	进入跖屈的中立移动	小腿移动时的背屈	当足推离时的跖屈	背屈形成足底空间
跟骨	进入跖屈的中立移动	向着单个节段的背屈	跖屈角度减少	背屈形成足底空间
跖骨	由于离心收缩的背屈	当前足接受体重，维持背屈	当足跟抬起时的快速跖屈	背屈
趾骨	持续背屈 / 伸展	移动进入中立	当足跟抬起的背屈	背屈

表 4.2B　冠状面肢体位置				
步行周期				
分段	接触 / 承重	支撑阶段中期	推进	摆动阶段
足	着地快速外翻	维持外翻位置	当足跟抬起，快速内翻	最初外翻
跟骨	着地外翻并且进一步外翻	维持外翻	当足跟抬起，快速内翻	在向着中立移动前的外翻
跖骨	中立	外翻一点	外翻	已经外翻
趾骨	中立	中立	快速扭转	最初内翻向中立运动

表 4.2C　水平面肢体位置				
步行周期				
分段	接触 / 负载	支撑阶段中期	推进	摆动阶段
足	外展角度增加	外展角度减少	快速进入内收	外展
跟骨	内翻角度增加	内翻角度减少	进入旋后	旋后
跖骨	外展	外展	外展角度减少	中立
趾骨	外展	外展	快速内收	快速内收

屈曲的。然而，人们的膝关节姿势可以在轻度过度伸展的 –2° 到屈曲的 10° 之间变化，平均值为 5°。

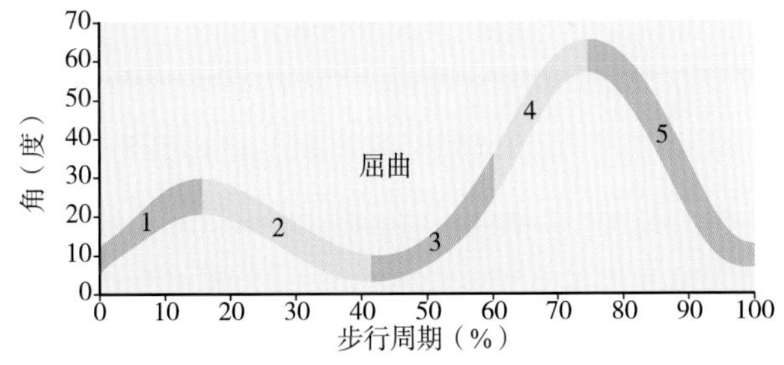

图 4.12　膝关节矢状面屈曲模式

第 1 阶段：在最初接触后，膝关节屈曲达到 20° 时，处于在最大承重负荷之下，膝关节以 150 ~ 200°/ s 的角速度来吸收负荷。这与踝关节前屈同时发生，在下肢负重时起到减震器的作用。

第 2 阶段：在膝关节屈曲的第一个峰值后，膝关节以 80 ~ 100°/s 的角速度达到几乎完全伸展；与身体平稳地离心控制运动有关。

第 3 阶段：膝关节开始其第二峰值的伸展，与足跟抬起同时发生；在第二次峰值期间，下肢在步态循环的推进期。膝关节经历一个快速的屈曲，为摆动阶段做准备，有时被称为摆动阶段前期。

第 4 阶段：当膝关节屈曲大约 40°，足尖离地发生，在此时，膝关节以 300 ~ 350°/s 的角速度屈曲。此屈曲与踝关节背屈相结合，允许足趾抬离地面。在最初到中期摆动阶段，膝关节继续屈曲达到最大程度，即 65 ~ 70°。

第 5 阶段：在摆动阶段晚期，膝关节经历一个快速伸展（400 ~ 450°/s）为第二次足跟着地做准备。

膝关节冠状面运动

长期以来，膝关节冠状面运动的角度一直是一个争论的话题，焦点是膝关节冠状面运动外展和内收角度大小，该问题在很大程度上是个体之间的差异以及来自其他层面的运动对膝关节冠状面运动的干扰形成的。许多作者试图对此进行弥补矫正，但在纠正偏倚的过程中，他们使用人为地的方法来减少影响，这导致数据本质上是假的，对于研究不同群体所得到相同的文献数据是罕见的。

有关冠状面膝关节活动角度的测量，最可靠

的是在站立位几乎没有运动的测量，在正常的个体中，在负重时有轻微的变形和在站立阶段晚期有变形，这种变形基于膝关节的解剖，即内收或外展（内翻或外翻）的角度。通常情况下，我们不希望看到超过 4° 的移动（图 4.13）。摆动阶段通常是运动的阶段，然而，目前还不清楚冠状面膝关节活动角度是由于关节的松弛造成的，还是由于线段坐标系统方向的变化造成的。也不清楚这种运动是否是真实情况，曾经在摆动阶段测量冠状面膝关节活动角度高达 10°，如果该记录为解剖学上不可能的运动，则可能存在平面串扰的影响，或者可能存在关节松弛，或者由于坐标系的方向变化而导致的假数据，在这个过程中病理性变化例如骨关节炎也会导致关节变形而出现虚假数据。

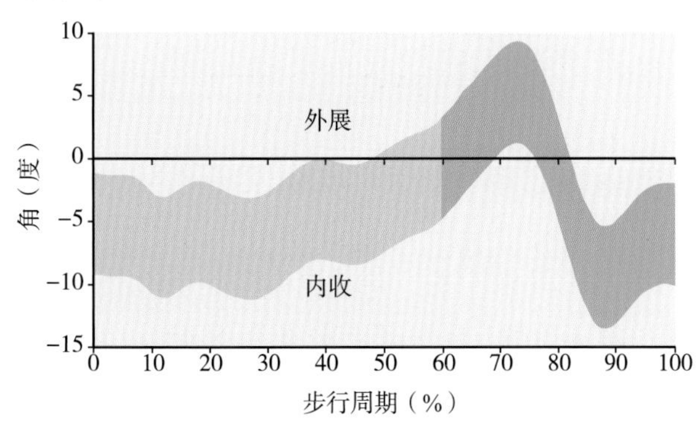

图 4.13　膝关节冠状面运动

膝关节水平面运动

膝关节在水平面的运动主要指站立相和摆动相胫骨与股骨旋转的运动（图 4.14），这种运动被称为螺旋归位效应。许多出版物都记载了胫骨的螺旋归位效应，该运动最早的记录在《格雷解剖学》，其运动归因于股骨内侧和外侧髁的长度差异，哈伦和林达尔（Hallen and Lindahl，1966）进行了一项研究，研究正常膝关节的轴向旋转和螺旋归位的运动程度，本该研究采用尸检标本，评估胫骨在膝关节完全伸展、160° 伸展、20° 屈曲时绕膝关节的轴向旋转角度。此外，还对胫骨在伸展（被动伸展）过程中的自然运动进行了测量。哈伦和林达尔（1966）发现完全伸展时轴向旋转角度为 12°，伸展时旋转角度为 23°，被动伸展时旋转角度为 7°。安德里亚奇（Andriacchi，2005）对这种现象提供了一个临床解释，因为这种运动通过摆动使胫骨向外旋转，并以使胫骨和足在初始接触时保持对齐。Andriacchi 及其同事（2005）指出，在前交叉韧带（ACL）缺损的膝关节中，除了膝关节结构对螺旋归位效应之外，螺旋归位的效果减少，这是由于在 ACL 结构在站立时产生的被动张力所致，一旦没有这种张力，ACL 就会导致胫骨相对股骨向外旋转，需要注意的是，通常认为骨关节炎（OA）患者的前交叉韧带有缺陷，因此螺旋归位也应该减少，这支持了 Andriacchi 及其同事（2005）的发现。在站立相，由于足和胫骨的内旋导致前交叉韧带产生张力，这种张力在摆动阶段被释放，加上髁突长度的差异，导致胫骨外旋。

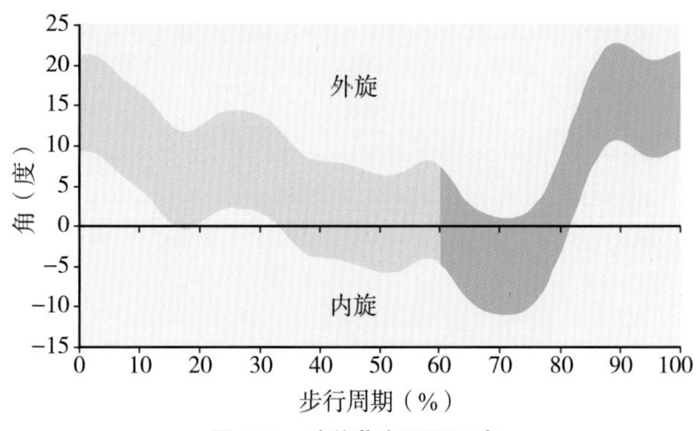

图 4.14　膝关节水平面运动

膝关节矢状面角速度

图 4.15 显示了膝关节矢状面角速度，足跟着地时，膝关节开始屈，在足初始加载时，膝关节最大角速度为 150 ～ 200°/s ①；当膝关节达到初始最大屈曲值时，膝关节屈曲速度减慢，伸展速度在 80°/s 到 100°/s 之间②；在到达步行周期的 50% 时，足跟开始抬起，膝关节再次屈曲；在足尖离地时，膝关节以 300 ～ 350°/s 的速度屈伸③；当膝关节达到最大屈曲时，膝关节的速度就会减慢；最大屈曲后，膝关节开始以 400 ～ 450°/s 的速度快速伸展④。

已证明，膝关节角速度比膝关节屈伸角度和时间参数更敏感。这可以解释为：运动范围稍微大一点和时间稍微少一点对膝关节角速度有显著影响，但对角度或时间参数没有影响（Richards，2003）。角速度可能比角度和时间更敏感，反映了关节角速度可能对关节控制的变化更敏感，而不是关节的绝对位置（Richards，2003）。

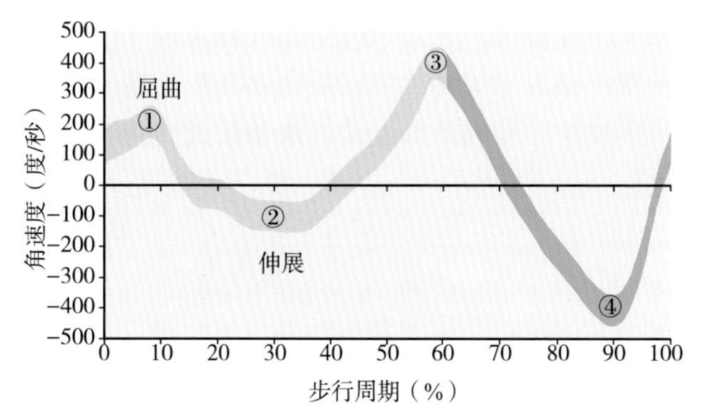

图 4.15　步行周期中膝关节角速度模式

膝关节角速度也应用在其他工作中，叶夫谢瓦尔（Jevsevar，1993）研究了健康测试者和膝关节置换术患者在行走、上楼梯和下楼梯以及从椅子上站起来的膝关节运动学，包括膝关节的运动范围、角速度和力矩，他们报告说，不同运动形式在膝关节矢状面的活动范围存在显著差异，所有活动的膝关节力矩和垂直分力没有显著差异。然而，Jevsevar 发现，健康测试者和膝关节置换术患者的膝关节角速度存在显著差异。Jevsevar 认为：膝关节置换术患者的摆动阶段（卸载）和支撑阶段（加载）的屈曲和伸展速度都显著降低，除下楼梯外，膝关节置换术患者的所有活动的角速度均显著降低。梅西耶（Messier，1992）研究了膝骨关节炎（osteoarthritis of the knee KOA）患者运动学，Messier 发现，KOA 患者与健康对照者在很多方面存在显著差异，这些差异包括 KOA 患者膝关节运动范围减小、膝关节平均角速度和膝关节最大伸展角速度减小。周（Chou，1998）研究抬腿站在不同高度平台上的下肢运动学，发现膝关节角速度随着平台高度的增加而增加，并指出膝关节屈曲的角速度是首要因素，这表明膝关节角速度对于控制下肢运动很重要。

4.3.5　髋关节矢状面运动

在行走期间，大腿向前屈伸迈出一步。髋关节角度是指骨盆和大腿之间的角度，髋关节的运动形成弧形，从足跟开始到足尖离开地面结束（图 4.16A）。

第 1 阶段： 足跟着地后，肢体上方的身体以 150°/s 的角速度移动，髋关节也随之伸展，髋关节的最大伸展角度发生在足完全着地后；在支撑阶段后期，大腿落后于身体，髋关节屈伸角度是骨盆与大腿之间的夹角，骨盆也在矢状面上活动；特别是足部着地时，骨盆向前倾斜，减小了骨盆和大腿之间的角度（臀角）。一些作者认为，足跟着地时髋关节还没有伸展运动；这种差异在一定程度上可以通过骨盆倾斜角的定义来解释（参见第 9 章：解剖学模型和标志）。

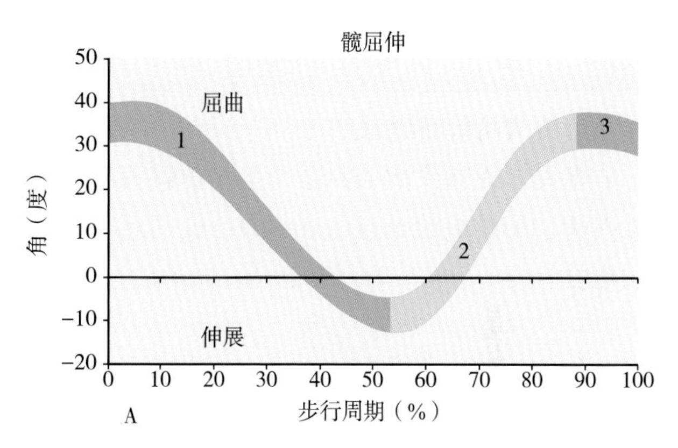

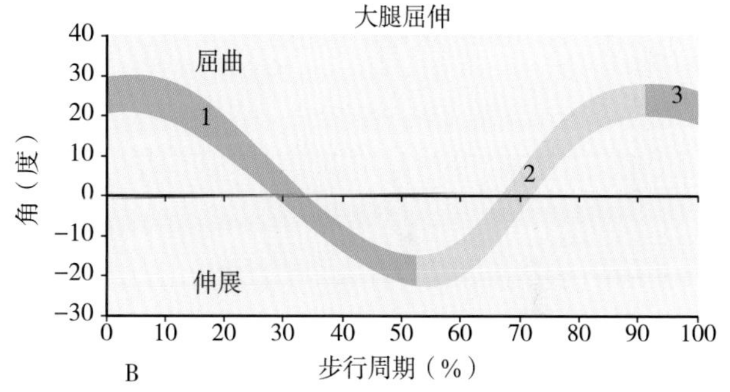

图 4.16　（A）髋关节矢状面运动，（B）大腿矢状面运动

第 2 阶段： 髋关节最大伸展后，重心转移到前足，后足开始在髋关节屈伸。这是摆动阶段的前期，足趾在大约 60% 的步行周期处离开地面，髋关节以 200°/s 的角速度快速屈伸，这种快速的屈伸使大腿向前迈出一步，髋关节在足跟着地前达到最大屈伸度。

第 3 阶段： 当髋关节形成最大屈曲角度后，通常会有一个小的伸展运动，也就是说髋关节的屈变少了。这涉及在足跟着地之前足的位置或预置，这在行进中尤其普遍，因为髋关节的屈被夸大了。

大腿角：大腿角以前也被用于步态评估，大腿角就是大腿段相对于垂线的运动（图 4.16B）。最初看起来这一切似乎令人困惑，然而在正常行走过程中，大腿和臀部屈伸的模式几乎是相同的，尽管最大值可能上升或下降。这是因为在步态期间骨盆在矢状平面中的运动范围变化大约 10°，导致与髋关节角度相比大腿角度的延伸明显增加 10°。

大腿和髋关节角度都有一个值得研究的参数，那就是活动范围，即最大值和最小值的差值，无论使用哪种系统，这应该是几乎相同的，正常情况下应在 45° 的范围内。

对骨盆病变的患者进行研究时，不应单独考虑大腿角，因为这可能会误导临床重要的运动决策。

髋关节冠状面运动

髋关节在冠状面上的运动主要指髋关节外展和内收，外展指的是远离身体中心线的运动，内收指的是朝向身体中心线的运动（图 4.17）。

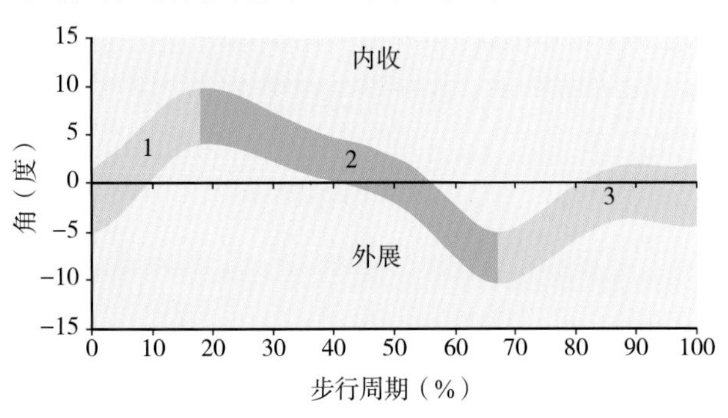

图 4.17 髋关节冠状面运动

第 1 阶段：在足跟处着地时，髋关节处于轻微外展位置。然后，随着下肢的负重和支撑，它迅速地进入内收，这种内收也是由于对侧或无支撑肢体的骨盆下降所致。

第 2 阶段：在最初的髋关节内收之后，随着骨盆和整个身体的前移，髋关节进入外展，足趾离开地面后不久，随着骨盆下降髋关节达到最大外展，肢体此时处于摆动阶段。

第 3 阶段：随着肢体在中后摆动相运动，骨盆再次平稳，运动的总范围大约为 15°，具有相同的外展和内收角度，会产生与冠状面中的骨盆运动非常相似的运动模式。

髋关节水平面上的运动

髋关节在水平面中的运动，即股骨和骨盆之间的运动，可以描述为内部和外部旋转（图 4.18）。足跟着地时，髋关节处于外部旋转约 10° 的位置，但随着膝关节屈曲，身体开始越过站立肢体，髋关节内部旋转约 5°，同时骨盆向前旋转，内部旋转发生在足跟落地处。在后期摆动相，髋关节显示出快速移动到外部旋转，这种模式有相当多的变化，与骨盆的位置和股骨旋转本身有关。

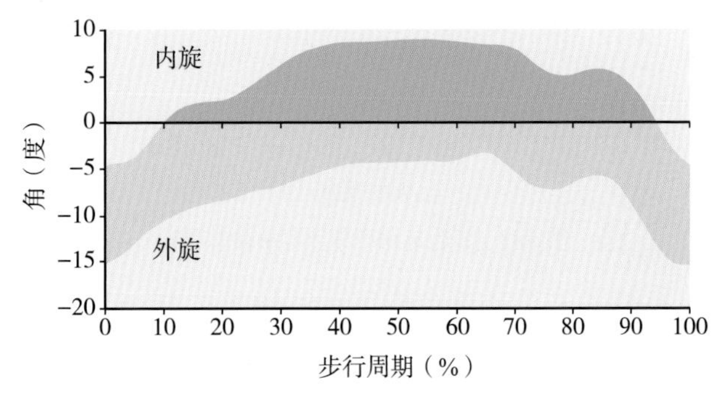

图 4.18 髋关节水平面运动

4.3.6 骨盆运动

骨盆在冠状面运动（骨盆倾斜）

在支撑阶段早期，从冠状面来看骨盆一侧下降，在正常步态中，骨盆倾斜的最大值发生在足尖离地后，这与负重肢体的早期支撑相对应（图 4.19）。盆腔倾斜有两个目的：允许减震和调整肢体长度，其中调整肢体长度在截肢者步态表现明显，其骨盆倾斜角并不总是遵循正常模式。由于失去了对膝关节的正常控制，因此通过搭接对侧骨盆来确保足底空间，骨盆倾斜可以保障在需要时缩短有效肢体长度。虽然增加整个身体重心的偏移，可能会有能量消耗，通过势能的变化增加了功。

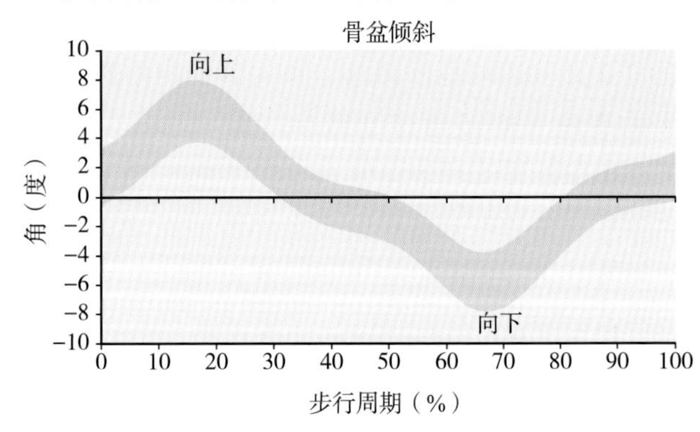

图 4.19 骨盆冠状面运动（骨盆倾斜）

骨盆水平面运动（骨盆旋转）

在正常行走期间，骨盆围绕垂直轴交替向左和向右旋转，这种旋转通常在该中心轴的任一侧大约为 4° 时，峰值内旋转发生在脚足着地时，最大外旋转发生在另一侧足着地时（图 4.20）。这种旋转通过增加步长有效地延长了肢体并防止全身重心过度下降，使步行模式更有效，骨盆旋转还具有重心垂直偏移和减少足部着地时的影响。

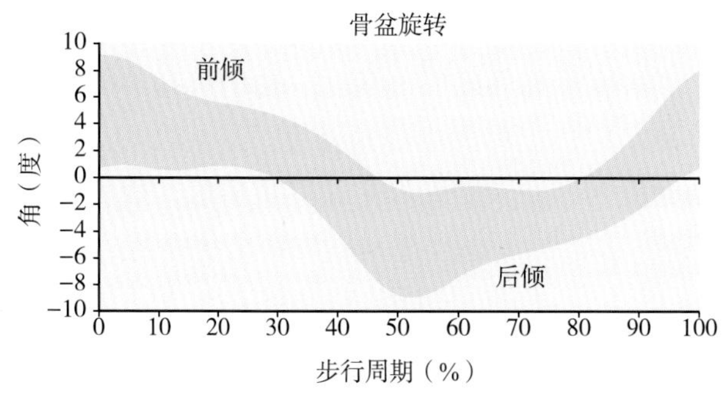

图 4.20　骨盆水平面运动（骨盆旋转）

4.3.7 角 - 角图

角 - 角图是在同一图表上绘制的两个关节的角度图。格里夫（Grieve，1968）提出使用角 - 角图作为一种简单的方法来表示与每个步幅或步行周期的循环性质有关的关节角度数据。最常用的角 - 角图是膝关节屈伸与髋关节屈伸的图，在纵坐标（y 轴）上绘制膝关节屈伸，在横坐标（x 轴）上绘制髋屈伸，给出了膝关节屈伸和髋关节屈伸之间关系的图示（图 4.21）。应该注意的是，当绘制膝关节与髋关节的角 - 角图时，膝关节屈曲通常被认为是负的。图 4.21 中角 - 角图的不同部分显示了步行周期阶段膝关节和髋关节之间的协调。

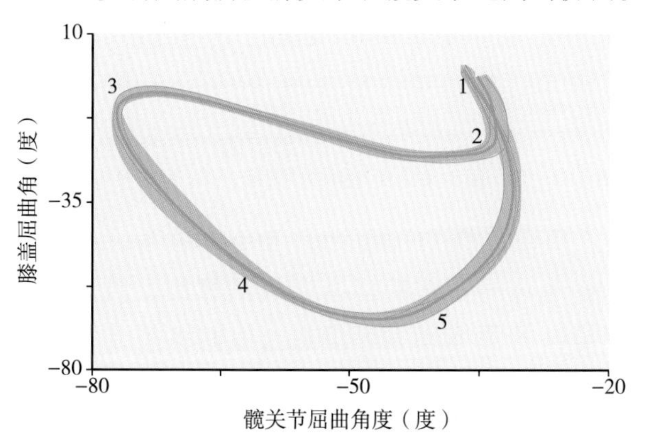

图 4.21　膝关节与髋关节的角 - 角图

从第 1 点到第 2 点的表明膝关节屈伸平稳增加，髋关节在伸展方向上的移动量很小；在第 2 点处，膝关节处于最大屈曲位；第 2 点到第 3 点显示膝关节伸展到髋关节伸展的速度，表明站立肢体的身体平稳向前；第 3 点对应足跟抬起；从第 3 点到第 4 点，随着髋关节开始屈伸，膝关节开始第二波屈伸；然后膝关节的屈伸变慢，髋关节的屈伸变得更快，直到第 5 点，中间摆动，在从第 5 点到第 1 点的中间摆动之后，髋关节屈曲减少并且膝关节屈曲逐渐变得更快，直到足跟在第 1 点处落地。在摆动相后期，髋关节达到最大屈曲时，并开始向伸展方向运动。

膝关节和髋关节之间的这种相互作用不仅提供了两个关节协调的宝贵数据，而且还提供了步行周期各阶段之间平稳过渡的宝贵信息。赫什勒和米尔纳（Hershler&Milner，1980）讨论了对单个和多个循环的视觉检查和量化的使用，单个循环表示一个步行周期，而多个循环表示多个步行周期。查特里斯（Charteris ,1978）使用多回路角 - 角图来测量跑步机行走中膝关节和髋关节运动的可重复性，对跑步机行走是否已经达到稳态步态模式，使用多回路角 - 角图是一个非常有用的测量方法，Hershler 和 Milner（1980）指出，单回路的视觉检查提供了一个临床可接受的双关节同时运动的测试方法。

通过这种技术，可以描述根据环路的形状的步态模式，并对其功能进行测试。虽然视觉检查很有用，但也可以量化单角 - 角回路。从这些图中可以得到的参数包括：两个关节的运动范围，回路中包含的区域，回路周长的长度，以及回路质心的位置。

单回路研究是有用的，但是，它们仅代表一个步行周期，并且不提供有关运动模式的可重复性的任何信息，为了研究步态模式的重复性，可以研究多个回路，允许视觉印象重复步态模式。然而，多个回路图可能会变得混乱，因为多个跟踪会相互重叠。希德威（Sidway，1995）证明了用相关分析来量化角 - 角图中包含的可变性是可能的，多回路的均值和标准差如图 4.21 所示，角 - 角图已被用于评估各种步态模式，包括脑瘫（Hershler & Milner，1980；De Bruin，1982；Rine，1992；Drezner，1994）和膝关节以上截肢者（Hershler& Milner，1980）。这些研究使用电测角仪来研究膝关节和髋关节的角度，并证明了角-角图在临床评估中和量化步态模式方面的价值。

赫尔利（Hurley，1990）使用了类似髋关节对膝关节角-角图的技术来研究膝下截肢者步态中的对侧肢体运动数据。他们使用了带有倾斜度的大腿角图，他们认为这样可以更好地描述下肢在行走过程中的动作。

4.3.8 角-角图矢量编码

矢量编码是一种从角-角图量化的技术。它计算相邻数据点之间相对于右侧水平方向的向量方向，并已被用于给出协调和协调随时间变化的定量度量。所采取的措施称为“耦合角”（coupling angle CA），范围从0°到360°（Sparrow，1987；Hamill，2000；图4.22）。由于CA是一个方向变量，需要循环统计量来进行平均和角偏差计算（Batschelet，1981）。关于矢量编码的必要程序和计算的方法也有其他报道（Needham，2014）。根据极坐标，CA可以被分类为4种协调模式中的1种（图4.23）近端显性的同相（白）、远端显性的同相（浅灰色）、近端显性的反相（深灰色）和远端显性的反相（黑色，Needham，2015）。

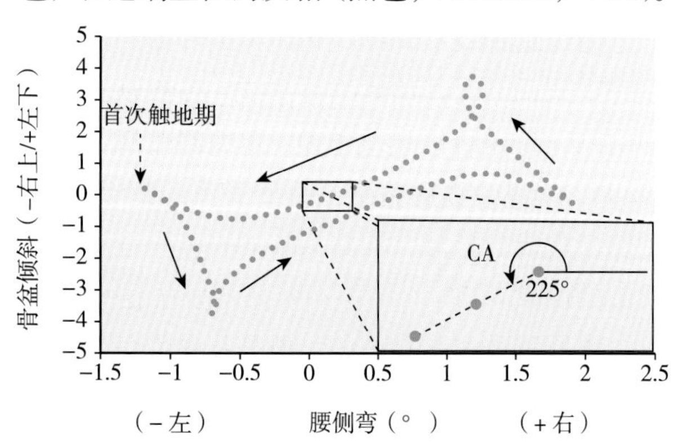

图4.22 骨盆倾斜和腰椎侧弯的角-角图（CA扩展视图）

同相图表明近端和远端节段的旋转方向相同（图4.23a，e），而反相图则表明两段的旋转方向相反（图4.23c，g）。CA在协调模式中的极坐标位置突出了近端或远端节段对相对运动的支配性（图4.23的圆周的灰色数字表示百分比贡献）。例如，在45°时，两段以相同的速度向同一方向旋转，因此，近端和远端节段相对运动的贡献率为50%（同相，D50-P50）。如果CA为81°，两个节段仍在同一方向旋转（同相），但远端节段对相对运动的贡献为90%（D90-P10）。

4.3.9 角度与角速度关系图（相平面图）

克雷克和奥蒂斯（Craik & Oatis，1995）描述了一种显示小腿行走的技术。他们分离了两个在任何时间都能捕捉到系统状态的变量，然后研究了这些变量如何随时间变化，他们选择的两个变量是小腿角位移和小腿角速度（图4.24A），在运动分析中，变量的选择是相当重要的，变量的选择在一定程度上取决于对数据提出的问题。

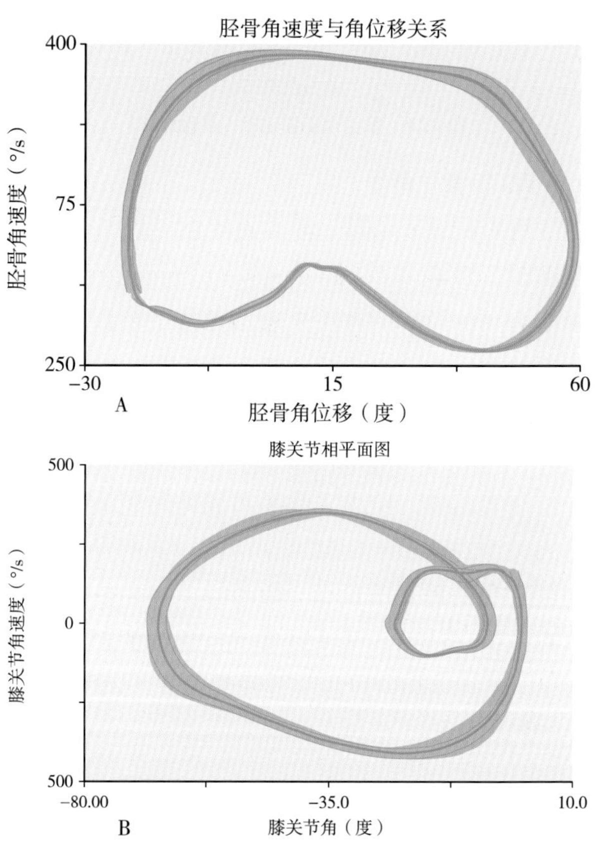

图4.24 （A）胫骨角速度与角位移关系，（B）膝关节相平面图

胡穆兹鲁（Hurmuzlu，1994）认为，关节角位移随时间变化的标准图虽然有用，但不能提供足够的关节动力学信息。他们将关节角速度与关节角位移的关系描述为“相平面图”，并报告了正常行走过程中髋关节、膝关节的情况（图4.24B）。作者提出，使用这样的图可以更好地理解关节运动的动态变化。Hurmuzlu及其同事继续使用这些图来研究小儿麻痹症患者的运动学和动态稳定性（Hurmuzlu，1996）。

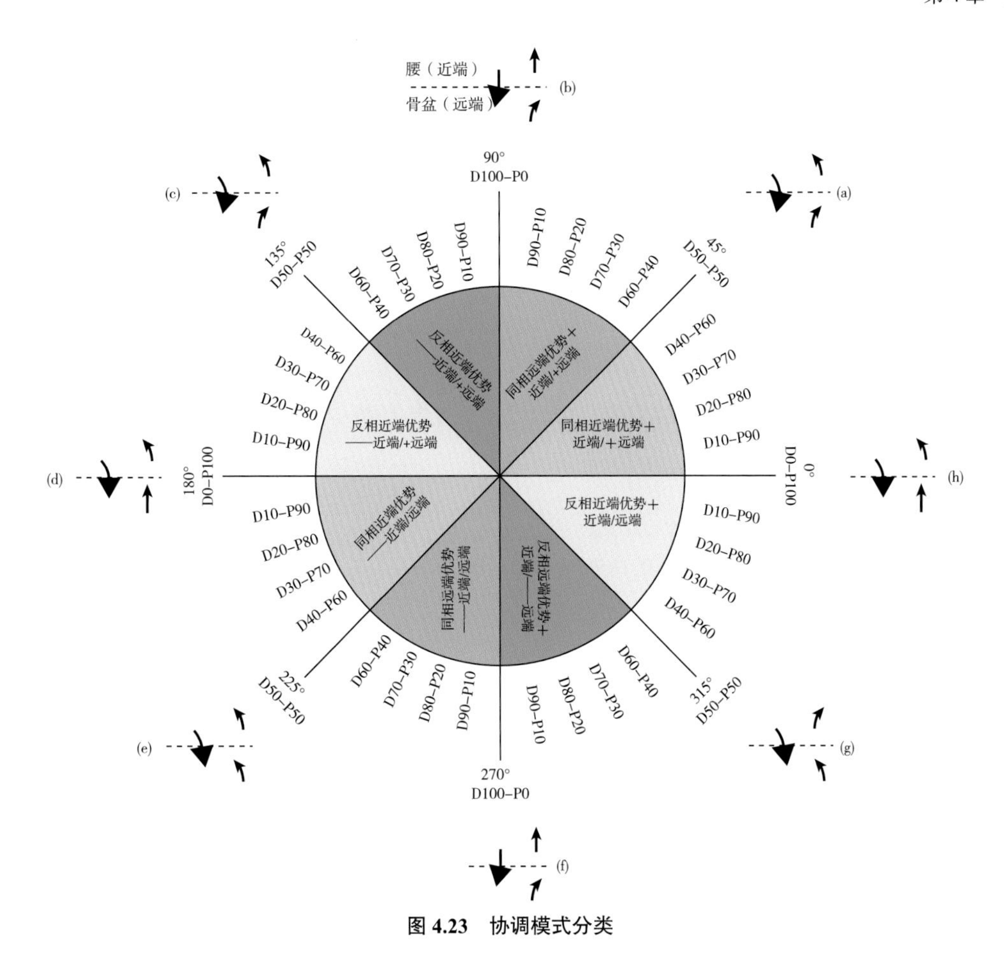

图 4.23　协调模式分类

极坐标图（灰色文本）的边缘显示节段性占优，并包含可视化插图，以显示腰椎区域（近端）和骨盆（远端）在特定 CA（a–h）处的协调模式。需要注意的是，近端和远端节段角度数据分别显示在水平轴和垂直轴上（Needham，2015）。

索伊卡（Sojka，1995）使用髋关节与膝关节角位移对比图和膝关节角速度与膝关节角位移对比图评估出现膝反屈的脑瘫儿童的膝关节功能。

Sojka 及其同事将膝关节角速度与膝关节角位移的关系图描述为膝关节相平面图。使用相平面图的文献很少；已经证明使用这种图可以提供关于协调和控制特定关节运动的重要信息。

伯吉斯 - 利默里克（Burgess-Limerick，1993）应用相平面图来研究举重运动的关节协调性，作者认为：“从理论上讲，使用角位移和角速度来描述关节在相平面上的运动对提高运动成绩是有利的，因为从肌肉获得的传入信息有效地反映了关节位置和速度。”

总结：运动和关节运动

■ 步态的时间和空间参数与足接触地面时间和距离有关，是最简单的测量方法，也是对临床评估中非常有用的数据，可用于监测治疗和康复方案期间的变化。

■ 下肢关节的所有运动模式均发生在行走过程中的 3 个平面，虽然对患者临床步态的评估有些困难，但是可以通过分析不同关节的不同运动模式来综合，并根据功能来描述它们的运动。

■ 使用新技术，可以将足分成 3 个独立的部分，并分别分析每个部分的运动模式和功能。

■ 有几种不同的方法可以绘制下肢和骨盆的运动模式。角 - 时间图是最常见的，然而，有些图，如角 - 角图，允许描述关节之间的相互作用，而角位移 - 角速度图可以用来评估关节位置和协调控制的关系。

第5章　人体运动的功和功率

介绍人体运动中功和功率、角功和角功率的概念和计算方法，以及角功和角功率用于分析步态期间的方法。

目的

掌握功，能量和功率的概念，以及与肌肉收缩的关系

目标

- 了解角功、(线性) 功和功率之间的差异。
- 计算功、角功和功率的方法。
- 如何在跳高测试中分析功及功率。
- 分析影响肌肉和关节训练的重要因素。
- 分析步态过程中力矩、角速度和功率之间的相互作用。
- 理解运动能量以及它们的用途

5.1 功、功率及能量

5.1.1　功

功是作用于物体上的力以及物体在力方向上位移的乘积 (图 5.1)，并不单指肌肉收缩或脑力劳动。(线性) 功的本质是一种克服阻力并使物体移动一段距离的力。

如果把一个物体从地板搬到桌面，则克服向下的重力作用即为功，另一方面，如果一个持续作用力未产生运动，则视为无功。举例来说，稳稳地拿着一本书，不管如何努力，都不会涉及功。

$$功 = 力（F）\times 位移量$$

$$W = Fs$$

功的单位

功的单位用力乘以位移量 (牛顿 × 米或 Nm) 来表示。但功的国际单位是焦耳 (J)，1 J 的功等于用 1N 的力将物体推出 1m，因此，在正常情况下 Nm 和 J 通用。

功与力矩之间的差异

功和力矩的单位虽然都是 Nm，但它们内涵不同，力矩是力垂直作用于距离，功是力作用方向与位移方向相同。

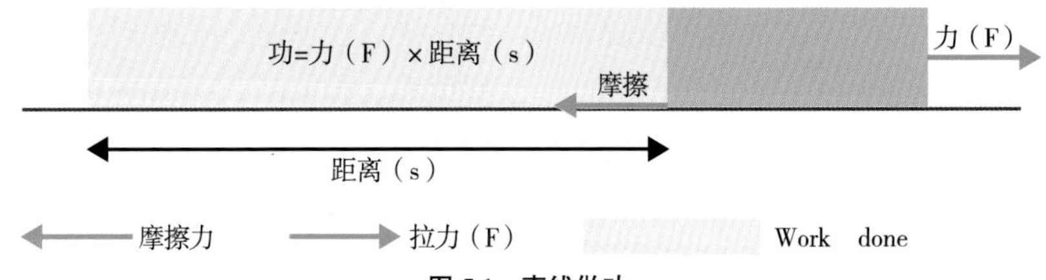

图 5.1　直线做功

功随着物体加速而出现

根据牛顿第二定律：物体质量、加速度以及作用力 F 之间的关系是：

$$F = ma$$

因为：功 = 力 × 位移

所以：功 = 质量 × 加速度 × 位移

$$功 = m \times a \times s$$

正负功

当力的作用方向与运动方向相同时，就称为正功；当力的作用方向与运动方向相反时，就称为负功。

功率

功率指做功或传递能量的速率，功等于移动物体的力乘以物体移动的距离，功率衡量的是做功速度。

$$功率 = \frac{功}{时间}$$

假设一个人想把一个重箱子推出房间，为了克服箱子底部与地板之间的摩擦力，人必须用力推动箱子，假设把箱子从房间的一头推到另一头是 5 米，在 10 秒内的摩擦力是 100N，然后在 5 秒内把箱子推回到原来的位置。每次穿过房间的过程中，同样的距离，施加同样的力，所以每次所做的功是相同的。

然而，第二次推动箱子时，人们必须要比第一次施加更多的力，相同的功要在 5 秒内完成而非 10 秒。

$$功 = Fs$$

$$功 = 10 \times 5 = 50\ J$$

然而，功率：

$$功率 = \frac{50}{10} = 5W$$

或

$$功率 = \frac{50}{5} = 10W$$

功率单位是焦耳每秒（J/S）或瓦特（W）。

5.1.2　能量

在某物体做功时，就会有能量转移到该物体上，所以功是能量的转移，能量和功单位相同，因为功产生了能量的变化，单位是焦耳（J）。能量是由于物体运动或作用于该物体的相对位置而引起做功的能力。与位置有关的能量是势能，与运动有关的能量称为动能，比如摆动的钟摆，它在端点的势能最大，在中间位置它的动能和势能不同。

能量可以转化，但不能创造或消失。在转化过程中，动能或势能都有可能丢失或获得，但两者之和始终相同。悬挂在绳上的物体，由于其位置因素，具备势能，如果切断绳，则物体会在坠落过程中做功，如果开枪，则火药的势能（化学能）会转化为子弹的动能，所有形式的能量都倾向于转化为热，这是最短暂的能量形式。

5.1.3　势能

势能为储存能量的一种方式，由其相对位置决定势能的大小，例如，如果将球举过地面，则球具有一定的势能，把球举得更高会增加球的势能。

$$势能 = 质量 \times 重力 \times 高度$$

$$势能 = mgh$$

把球抬离地面需要做功，一个系统的势能等于对该系统所做的功，势能也可以转化为其他形式的能量。例如，将一个球举到高处后让其落地，则球的势能转化为动能。

5.1.4　动能

动能是物体运动产生的能量，动能的大小取决于物体的质量和速度，根据以下公式：

$$动能 = 1/2\ mv^2$$

动能与势能的关系可以用物体的升降来说明。

5.2　力、冲量和功率之间的关系

5.2.1　纵跳试验

纵跳试验，或称为 Sargent 跳高测试，是指测试者从最初的静态位置进行跳高。这项试验通常在墙旁边进行，因为这样可以对指尖可以触及的点进行初始高度测量，足平放在地面上，然后测试者站在离墙稍远的地方，用双臂和双腿尽可能垂直地跳高，以帮助身体向上跳高后接触或标志最高点，静态到达高度与跳高高度之间的距离差即为分数，这个分数可以很好地反映出测试者的肌肉爆发力水平，通常被用于测试拉伸训练效果，在这种运动中肌肉首先离心负荷，以产生更大的同心动力。

这个测试的形式已用于各种体育活动，包括篮球，排球，网球和橄榄球。纵跳测试也用来了解受伤运动员的运动康复表现。然而，对跳高高度的简单测量并不能准确告诉我们关于功率所有信息。在本章的第 5.6 节会讨论有关纵跳测试过程中的功率。但我们首先考虑在进行纵跳测试时，从测力台上获取哪些信息可以用于数据的客观测量。

5.2.2 起跳和着地时的最大作用力

最大起跳力和着地力的值可以直接从力 - 时间图中测量（图 5.2）。

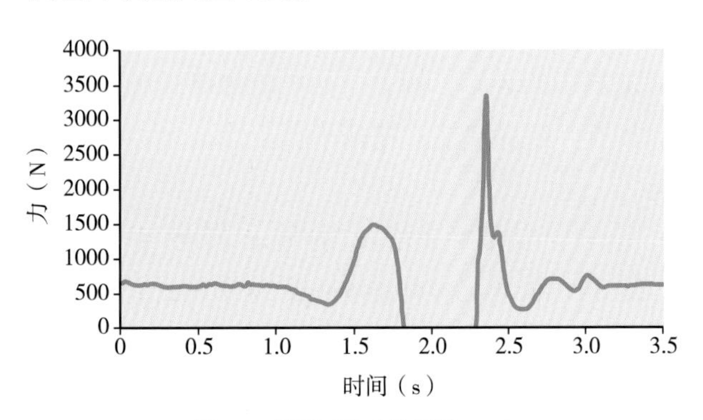

图 5.2 纵跳试验中的垂直 GRF

5.2.3 跳高时的速度

纵跳过程中物体的瞬时速度可以通过力 - 时间图下的面积确定。力 - 时间图下的区域表示为冲量：

$$冲量 = 质量 \times 速度（V）$$

对力 - 时间图下的区域按时间分割，即可以找到瞬时速度（参见第 3.2 节）。要得出速度，为了计算速度，我们必须先从原始数据中减去体重，这给了我们分析力的轨迹。

$$F = ma$$

也可以说：

$$F = \frac{m \times 速度变化}{时间}$$

$$F = \frac{m \times (v-u)}{t}$$

所以：

$$Ft = m(v-u)$$

其中 u 是跳高的初始速度（必须为零，因为人还没有开始移动）。因此，

$$Ft = mv$$

我们需要知道速度 v，质量已知，质量是重力除以 9.81 m/ s^2。因此，

$$Ft = \frac{v}{m}$$

如何从这些数据中得到速度呢？首先计算出力 - 时间曲线的单位时间内每个梯形的面积。然后，计算出图形下面积的累计总和（参见第 3.5 节），得出速度，这告诉我们在特定时间内图表下的面积，即瞬时速度（图 5.3）！

5.2.4 由测力台数据计算跳高高度

跳高高度可以通过测量总跳高时间确定，时间可以从图表上体现出来（在人离开地面的时间力为零），跳高的高度也可以由起跳速度计算出来，同样使用运动方程，通过速度的积分可以找到物体质心的瞬时位移：

$$速度 = \frac{位移}{时间}$$

所以：

$$位移（S）= 速度 \times 时间$$

（或速度 - 时间图下的面积，即速度的积分）

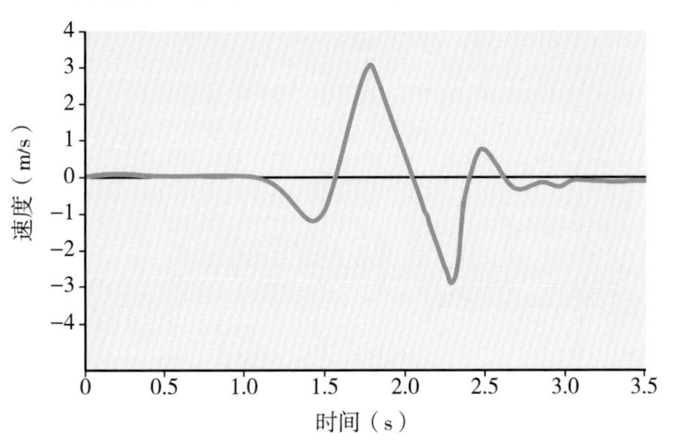

图 5.3 纵跳试验中的速度

那么我们如何从这些数据中找到位移呢？同样地，我们首先计算出速度 - 时间曲线的单位时间内每个梯形的面积。然后计算图下面积的累计总和得到位移，这告诉我们在特定时间内图表下的面积；即瞬时位移（图 5.4）！

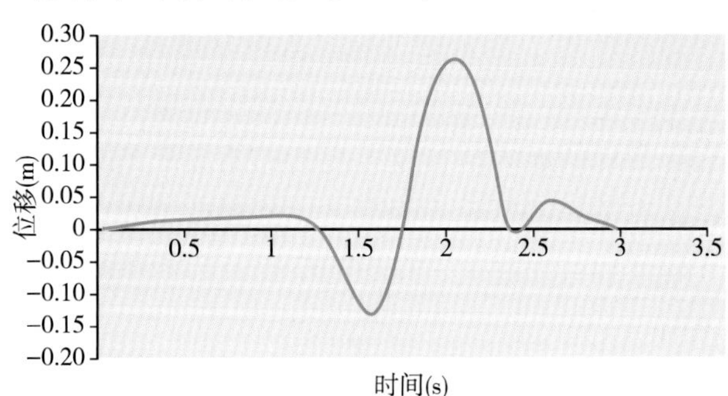

图 5.4 纵跳试验中的垂直位移

5.2.5 测力台板数据的功率计算

如第 5.2.3 节所述，已知瞬时速度，力的大小可由测力台得知，则也可计算出瞬时功率：

$$功率 = \frac{功}{时间}$$

但是，功可以表示为：

$$功 = 力 \times 位移$$

$$W = F \times s$$

因此，功率可以表示为：

$$功率\ P= \frac{F \times s}{t}$$

从而，速度可以表示为：

$$速度 = \frac{位移}{时间}$$

$$v = \frac{s}{t}$$

由此可得，功率可以由多个力的作用及其速度计算得出（图 5.5）：

$$功率 = 功 \times 速度$$

$$功率\ P= F \times v$$

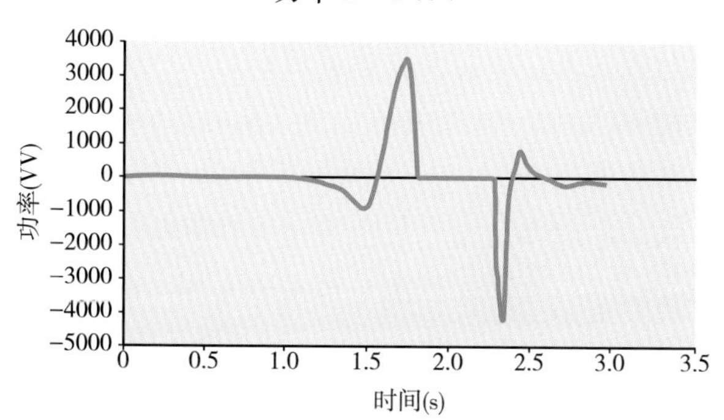

图 5.5　纵跳试验中的功率

5.3 角功、角能量及角功率

5.3.1　角功

要找到角功，首先必须知道弧的长度，为此，我们首先考虑一个圆的周长，圆的周长可以由圆周率（π）以及与圆的周长和直径之间的关系中计算。

$$\pi= \frac{圆周长}{直径}$$

$$\pi \times 直径 = 圆周长$$

圆的直径是半径的两倍，因此可以得出：

$$2 \times \pi \times 半径 = 周长$$

然而，圆周也可以认为是一个非常大的弧的长度，如果认为有两个不同半径和角度的弧，那么它们有不同的弧长（图 5.6）。

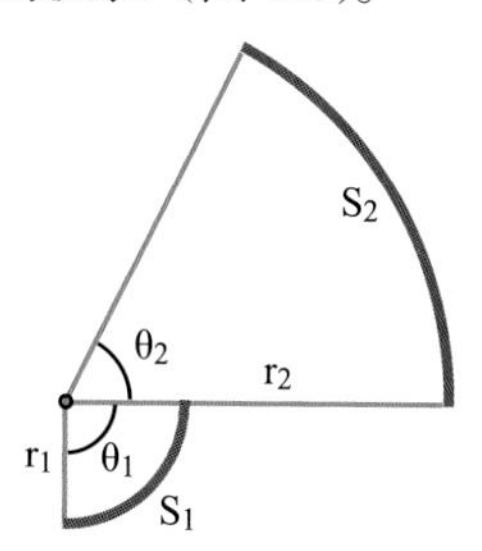

图 5.6　具有不同半径和不同角度的两个弧的长度

随着角度的增加，弧的长度也会增加，随着半径的增加，弧的长度也会增加。因此，我们可以说弧长取决于半径和角度。这可以用以下公式来描述：

$$弧长 = 角位移 \times 半径$$

$$弧长 = \theta \times r$$

我们以前把圆的周长描述为一个非常大的弧的长度。式中：

$$周长 = 2 \times \pi \times 半径$$

这说明通过的角位移或角度可以表示为 $2 \times \pi$，并完成一次完整的旋转。π 为常量（3.1415926.......）；因此，$2 \times \pi$ 约为 6.2831852。但是单位是什么呢？

角位移（通过的角度）的单位是弧度（rad），在计算角功或功率时，初始弧度指定为 0。所以，如果 6.2831852 弧度是一圈（360°），那么：

$$1\ rad = \frac{360}{6.2831852}$$

$$1\ rad = 57.295°$$

四舍五入到 57.3°。

弧度的计算可以应用于抬腿活动。如果测试者的腿长为 1 米，他们的腿移动了 90 度，那么他们的足移动的弧长是多少？

如果我们在计算中使用度数：

$$弧长 = \theta \times r$$

$$弧长 = 90 \times r$$

$$弧长 = 90\ m$$

情况通常并非如此，但是，如果是 90° 的弧度，即得到 1.57 rad。

$$弧长 =\theta \times r$$

$$弧长 = 1.57 \times 1$$

$$\text{弧长} = 1.57\ \text{m}$$

这才是正确的弧长，或者足移动时的角位移。这在我们使用弧度时才能得出。

角功计算

如前所述，功的定义是：

$$\text{功} = \text{力} \times \text{位移}$$

但是，当我们考虑角功时，移动的距离是力通过一个弧移动的距离，弧的长度是 $r \times \theta$，因此：

$$\text{功} = \text{力} \times r \times \theta$$

然而：

$$\text{力} \times r = \text{力矩（M）}$$

因此：

$$\text{功} = \text{力矩（m）} \times \theta$$

$$\text{功} = M \times \theta$$

其中 θ 以弧度（rad）表示。

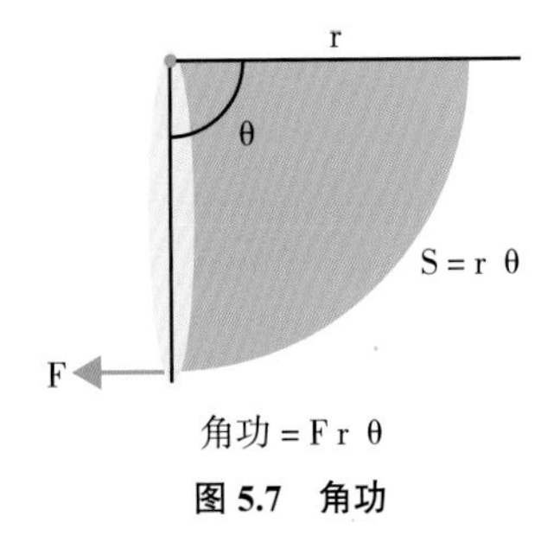

图 5.7　角功

5.3.2　角功率

参考前面功率的定义：

$$\text{功率} = \frac{\text{功}}{\text{时间}}$$

$$\text{功率} = \frac{F \times r \times \theta}{t}$$

或

$$\text{功率} = \frac{\text{力矩（M）} \times \theta}{\text{时间}}$$

$$\text{功率}\ P = \frac{M \times \theta}{t}$$

然而：

$$\text{角速度}\ \omega = \frac{\theta}{t}$$

所以：

$$\text{功率} = M\omega$$

式中 ω 为弧度 / 秒（rad/s）。

因此，为了研究功率，我们需要计算关节的力矩和关节的角速度，功率可以是正的也可以是负的。在下面的章节中，我们把正功率作为功率产生，负功率作为能量吸收。

在接下来的三个部分中，我们将探索在常见的运动任务中，包括正常步态，跑步和跳高，关节力矩，角速度和功率之间的相互作用。

5.4　正常步态时力矩、角速度和功率之间的关系

5.4.1　正常步态时的力矩、速度和功率

逆动力学结合动力学和运动学的研究用于计算关节力矩和产生的角功率（力矩计算见第 2 章）；然而，这些计算中都假设身体各部分没有加速。如果身体加速运动，那么在计算关节的转向力矩和功率时必须考虑惯性效应（见第 6 章）。

我们现在研究关节力矩、角速度以及正常行走时踝关节、膝关节和髋关节的功率产生和吸收之间的关系。结合关节力矩（Nm 或 Nm/kg）和关节角速度（rad/s），计算关节功率。关节功率的正值表示功率产生，负值表示能量吸收。有关肌动作是向心运动还是离心运动也有用，向心活动与功率产生有关，而离心活动则与能量吸收有关。

有些图表很难解释，但如果考虑到这些时刻关节是屈还是伸，以及在这些时间点发生了什么样的运动就容易理解了。以下案例考虑了行走过程中踝关节、膝关节和髋关节在矢状面的能量吸收和生成过程。

注意事项

通常角速度的单位表示为：度 / 秒（便于理解）；但是，计算功率时必须将单位转换为 rad/s，即除以 57.3（1 弧度中的度数）。

5.4.2　正常步态时的踝关节力矩、速度和功率

踝关节力矩

足跟着地时，地面反作用力（GRF）作用点非常接近踝关节中心，会产生非常小的力矩。在某些情况下，作用点会在踝关节后面，引起足底屈伸力矩。足跟着地后，地面反作用力作用点在

踝关节前发生，产生一个背屈力矩，这会随着力在跖骨头下方移动而增加，并且在推离过程中力也会增加（图 5.8A）。

踝关节角速度

在足跟着地时，踝关节前屈，由胫骨前肌群的离心动作控制，之后，胫骨开始在踝关节上方前移，小腿后肌群开始离心收缩。在 50% 的步行周期中，足跟开始抬起，踝关节在 250°/s（4.4 rad/s）的速度下快速抬起，由小腿后肌肉群的同心收缩产生，并为身体提供推进力（图 5.8B）。

踝关节功率

如果踝关节具有背屈速度，且力矩在踝关节周围背屈，则小腿后肌群必须离心收缩产生吸收功率，如果脚踝具有跖屈速度和背屈力矩，那么小腿后肌群必须同心收缩从而产生动力。

足跟着地时，有跖屈力矩和角速度；因此，在足跟着地时，背屈肌群会吸收离心力。随后，当身体在脚上向前移动时，跖屈肌群会吸收偏心的力。在推出过程中有一个背屈力矩和跖屈速度；因此，功率是由跖屈肌的向心运动产生的（图 5.8C）。

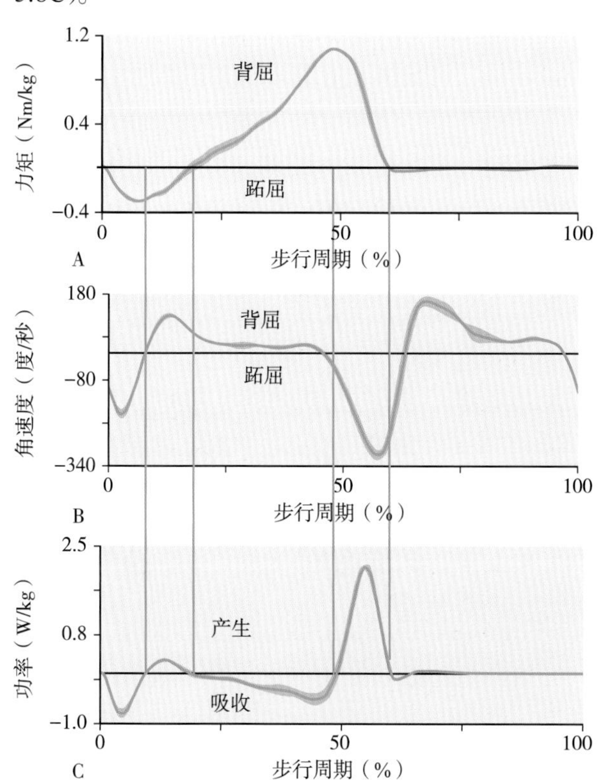

图 5.8　正常步态下的足踝（A）力矩，（B）角速度，（C）功率

5.4.3　正常步态时的膝关节力矩、角速度和功率

膝关节力矩

在足跟着地时，地面反作用力作用点首先通过膝关节前部，产生一个伸展力矩。然后，地面反作用力迅速从膝关节后方移动，产生屈伸力矩。到了支撑中期，力再次在膝关节前传递，直到足趾离开。在摆动阶段，由于足和胫骨的加速和减速，膝关节也产生力矩（图 5.9A）。

膝关节角速度

在足后跟落地时，膝关节已经屈伸；在足部初始承重期间，膝关节屈曲峰值在 150 ~ 200°/s。当膝关节达到其初始峰值屈伸时，膝关节屈伸速度会减慢。现在大腿在胫骨上前移（同时胫骨在踝关节上前移），会导致伸展速度在 80 到 100°/s 之间。在 50% 的步态循环中，足后跟开始抬起，膝关节再次开始屈伸。在足趾偏离膝关节时以 300 ~ 350°/s 的速度屈伸，在这一点之后，随着膝关节达到最大屈曲度，膝关节速度减慢。在最大膝关节屈伸点之后，膝关节开始以 400 ~ 450°/s 的速度快速伸展（图 5.9B）。

膝关节功率

在足跟着地时，膝关节会产生功率，这是由于地面反作用力作用点在膝关节前通过，在膝关节屈曲时产生了一个伸展力矩。这种肌腱的初始功率或向心收缩确保了膝关节在足跟着地时会屈伸，而不是移动到一个过度伸展的位置。之后，地面反作用力作用点落在膝关节后面，在膝关节屈伸时产生一个屈伸力矩，因此，股四头肌将以拉伸方式以充当减震器。然后，膝在大约 20% 的步行周期中，由于股四头肌肉收缩导致地面反作用力作用点在膝后而产生力矩，当膝关节伸展时，地面反作用力作用点通过膝关节，不产生力矩也就没有能量吸收。

有趣的是，在 50% ~ 60% 的步行周期中有膝关节的参与。在这段时间内，地面反作用力作用点落在膝关节后面，产生了一个屈伸力矩，但此时膝关节屈伸导致功率被吸收不是产生。(图 5.9C)。

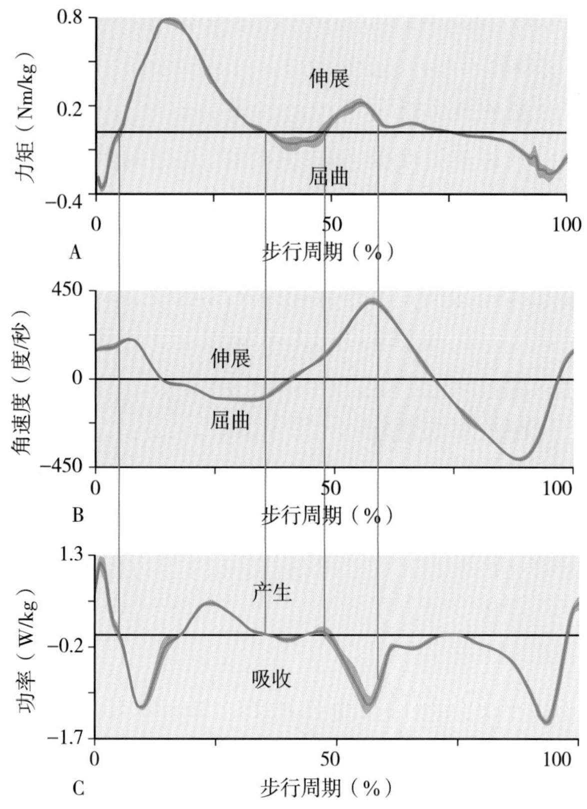

图 5.9　正常步态下膝关节的（A）力矩，（B）角速度，（C）功率

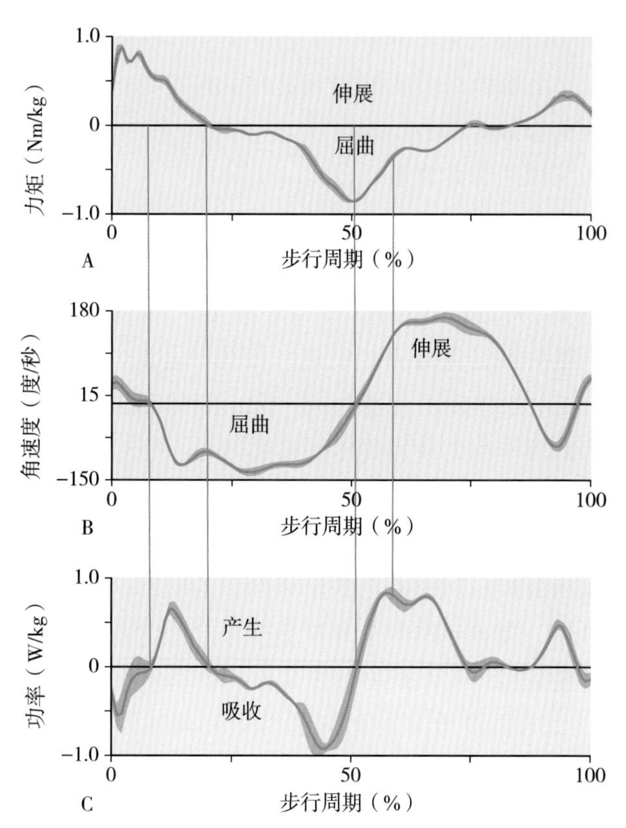

图 5.10　正常步态下髋关节的（A）力矩，（B）角速度，（C）功率

5.4 正常步态时的髋关节力矩、速度和功率

髋关节力矩

在足跟着地时，地面反作用力在髋关节前相当远的位置通过，产生最大的屈伸力矩。

足跟着地后，地面反作用力仍在髋关节前通过，但力到臀部的距离减小，支撑相中期后，力向臀部后方传递产生伸展力矩，与膝关节一样，在摆动阶段由于下肢的加速和减速，也存在明显的力矩（图 5.10A）。

髋关节角速度

髋关节屈曲角速度图要简单得多。足跟着地时，髋关节屈曲并保持静止；当上半身移动时，髋关节就会进入伸展状态，到 50% 的步行周期时，足跟抬起，将大腿向前推，从而开始又一轮髋关节屈曲。髋关节伸展速度比其屈曲速度慢，这表明在站姿肢体上有控制的运动，随后是更快速的屈曲速度，以向前移动腿部迈出一步（图 5.10B）。

髋关节功率

在足跟着地时髋关节开始吸收能量，髋关节开始是很小的屈伸速度和屈伸力矩。然后髋关节开始伸展，将身体重心移动到站侧肢体，通过髋关节伸肌产生功率但此时髋关节仍屈曲。大约到步态周期的 25% 时，力矩从髋关节后经过，并从屈曲力矩变为伸展力矩，在髋屈肌经过能量吸收或偏心收缩后髋关节继续扩大伸展角度，在步态周期的 50% 之后，髋关节达到其最大伸展位置并在推离过程中会产生快速的动力。产生动力的原因是，当髋关节从伸展角速度变为屈曲角速度时，GRF 产生了一个伸展力矩，因此，有助于在推离过程中产生能量（图 5.10C）。

5.5 跑步步态时力矩、角速度和功率之间的关系

这里展示的数据显示了前足着地的跑步者踝关节、膝关节和髋关节的关节角度、力矩、角速度和力的相互作用（请注意，后脚着地的跑步者的模式将完全不同）。

5.5.1　跑步时的踝关节力矩、速度和功率

足着地时，足踝处于接近中间的位置，然后踝关节逐渐背屈，达到 400°/s 的最大背屈速度。从 800 瓦的负功率中看出，小腿肌肉离心收缩充当减震器时，这种离心收缩还有一个功能上的好处，那就是提供一个肌肉的伸展运动，通过启动一个“伸展缩短周期”来实现更好的推动。拉伸阶段后，胫骨在足部上方前移，同时踝关节在高达 650°/s 的角速度下进行快速跖屈。在此期间，地面反作用力在足下向前移动并增加了足踝的力矩，导致最大力矩为 220 Nm（牛顿・米），功率为 1150W。这种力是由于小腿肌的向心收缩，从而推动身体向前和向上以保持向前的动力。在摆动阶段，测试者的踝关节向背屈方向移动，以确保足底空间，并为下一次足部着地做准备（图 5.11）。

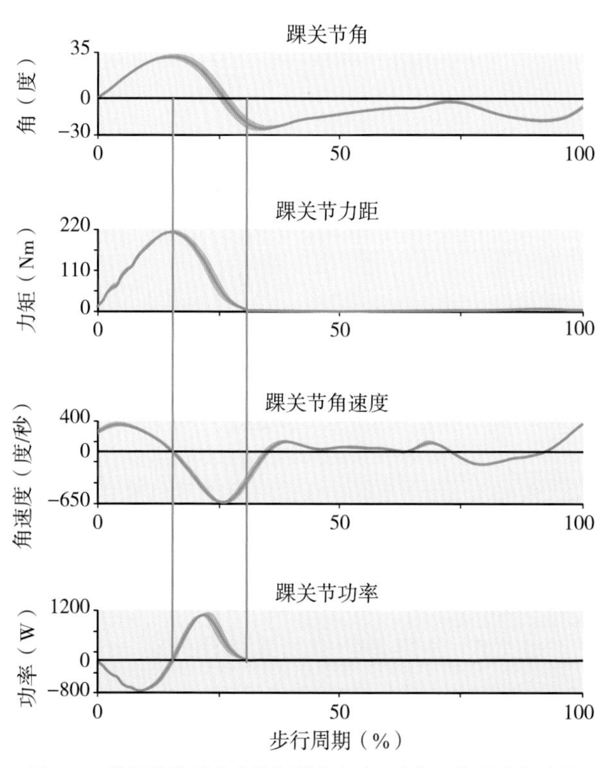

图 5.11　前足跑步者步态的踝关节角度、力矩、角速度和功率

5.5.2　跑步时的膝关节力矩、速度和功率

膝关节在足着地时开始屈曲，并屈曲至 50° 以减少冲击时的震动。此时，膝关节的峰值屈曲力矩为 200 Nm，吸收峰值功率为 500W。然后，膝关节开始迅速伸展至 550°/s，使上半身越过下肢，产生高达 700W 的功率。膝关节的峰值功率产生略早于踝关节，且不到踝关节产生的功率的一半，到 30% 的步行周期时，在足趾离地时膝关节达到最大伸展度，此时膝关节角速度为零。然后，膝关节迅速屈曲到 110°，以协助足部离地，同时具有减少腿部加速前进所需的惯性力矩的效果。此时，膝关节迅速伸展，在步行周期的 100% 时准备进行下一次足部着地（图 5.12）。

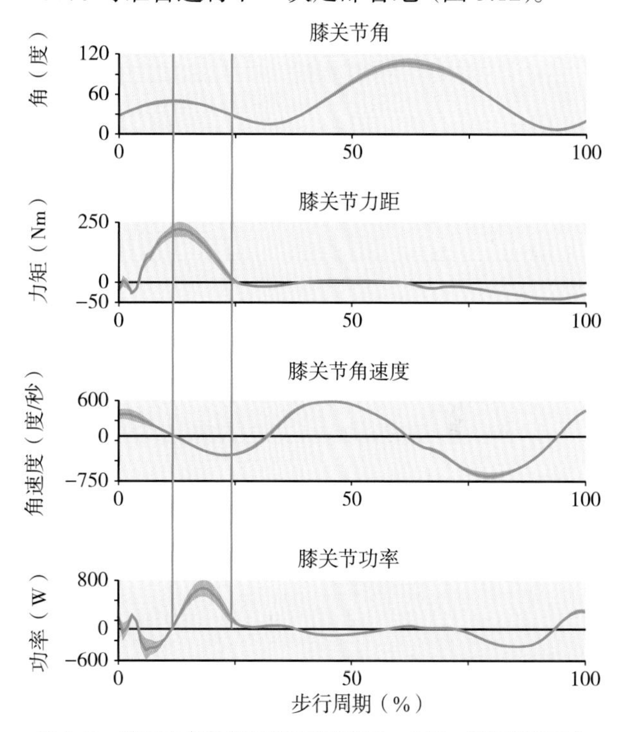

图 5.12　前足跑步者步态的膝关节角度、力矩、角速度和功率

5.5.3　跑步时的髋关节力矩、角速度和功率

随着身体向前移动，在足着地时髋关节屈伸，髋关节以 350°/s 的角速度进入伸展状态，这在力的产生过程中有着重要作用。此时，髋关节的最大值功率早于膝关节功率产生，达 450W，而膝关节功率产生则略早于踝关节功率。表明，动力传递机制是由近至远发生的。足尖离开地面后，髋关节以大约 400°/s 的速度屈伸。在摆动阶段，髋关节的总运动范围为 45°。大腿在摆动阶段仍然有大量的能量产生，以加速肢体向前移动，准备进行下一次足部着地（图 5.13）。

5.6 纵跳测试时的功率

我们已经研究了力矩、角速度和功率的相互

作用。现在，我们将在纵跳测试中分别研究踝关节、膝关节和髋关节的作用（图 5.14A、B）。

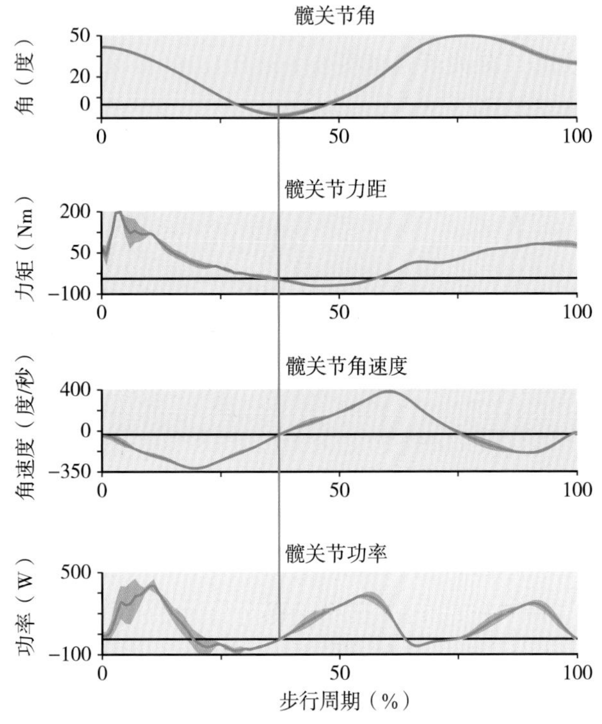

图 5.13　足弓跑步者步态中的髋关节角度、力矩、角速度和功率

5.6.1　准备和推进

踝关节和膝关节的运动表明，当测试者处于蹲姿时，膝关节屈，踝关节背屈。然后膝关节和足底迅速伸展并合拢，产生起身的动力。在此阶段，膝关节角速度约为 600°/s，略低于踝关节，其进行足底屈曲的角速度，最大值约为 700°/s。

膝关节在推进过程中产生 550W 的功率，踝关节产生 600W，髋关节功率最小，为 390W。髋关节的峰值功率的产生略早于膝关节，而膝关节的峰值功率的产生则略早于踝关节。表明，动力传递机制是由近至远进行工作的，与跑步状态时相同。

5.6.2　推进

此时，膝关节应保持微屈，足踝保持跖屈，为着地做好准备。

5.6.3　着地

在着地过程中，膝关节和踝关节会快速屈和背屈，以减少冲击时的震动。同样，踝关节角速度为 1000°/s，膝关节角速度为 500°/s，踝关节角速度大于膝关节角速度。

踝关节具有最大的能量吸收，约为 1500W，膝关节约为 700W，而髋关节为 200W，对能量吸收的贡献最小。

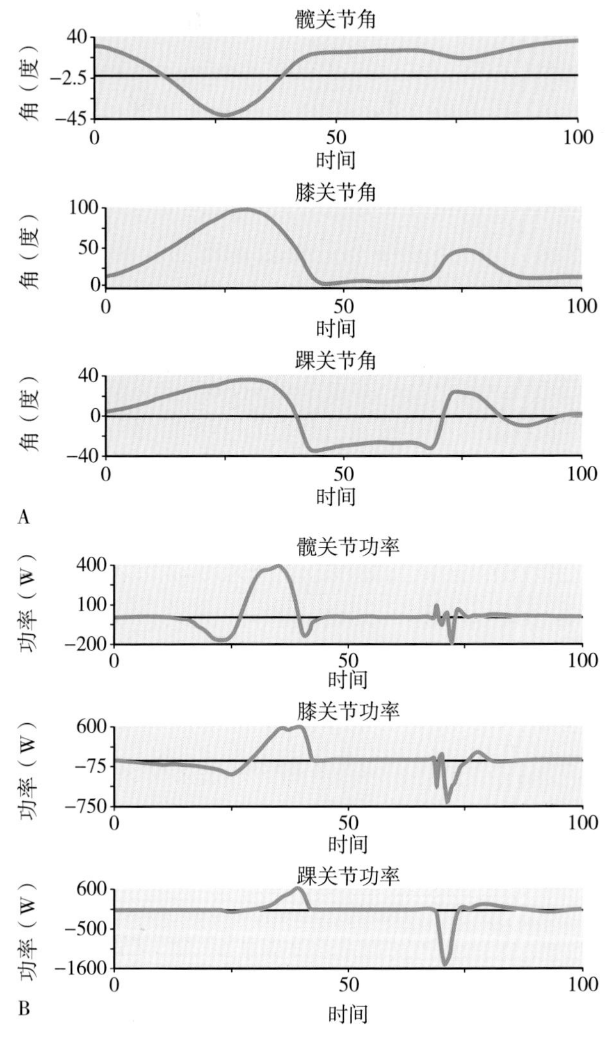

图 5.14　纵跳试验中的（A）关节角度，（B）关节功率

5.7　身体各部位的能量

5.7.1　身体各部位的能量是什么

研究身体部位的能量能够向我们展示身体运动时所需的机械能。它由三个部分构成：势能，动能和转动能。对人体测量数据进行了总体研究，并且找到了角位移和线位移和速度，就可以计算分段能量。

我们将讨论如何找到不同部位的能量。

1. 身体各部位的动能。
2. 身体各部位的转动能。
3. 身体各部位的势能。

4. 身体各部位的总能量。

5.7.2　动能计算

我们可以找到每个关节在三个方向上的线性位移和速度，由此可以找到在给定方向上的身体部分的质心速度（图 5.15）。

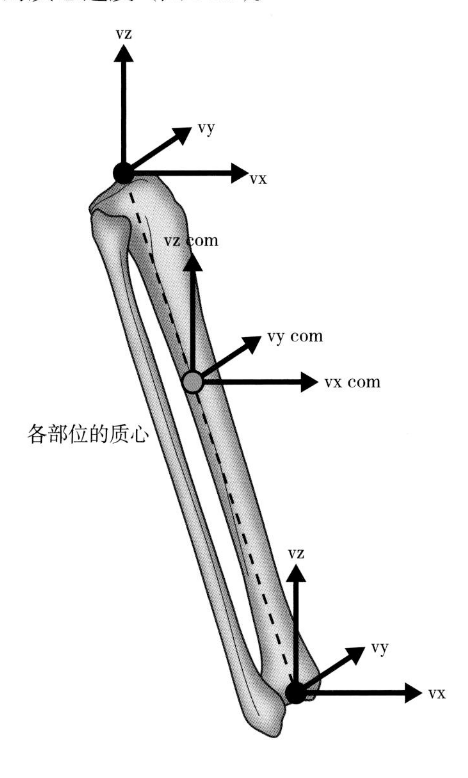

图 5.15　动能计算：动能 =1/2 m（$v_{x\,com}^2 + v_{y\,com}^2 + v_{z\,com}^2$）

5.7.3　转动能计算

如果我们认为一个物体以恒定的角速度（ω）旋转，任何旋转点旁边的位置都将同时具有线速度和角速度，其中某位置称为回转半径 k（见第 6.2.2 节）。

因此，回转半径处的线速度可通过以下公式得出：

$$线速度（v）= 角速度（\omega）\times 回转半径（k）$$

$$速度 = \omega k$$

线性动能由以下公式得出：

$$动能 =1/2\ mw^2$$

因此：

$$转动能 = m（\omega k）^2$$

$$转动能 = m\omega^2k^2$$

$$I_{com} = mk^2（见第 6 章节）$$

$$转动能 = I\omega^2$$

要计算转动能，需先计算 xy、xz 和 yz 平面上每个分段的角速度。如图 5.16 xy 和 xz 平面上的角速度，使用人体测量学可以找到各部位近端的惯量力矩，因此，根据这一信息，可使用以下公式（图 5.16A）计算转动能。

$$转动能 = I（\omega_{xy}^2 + \omega_{xz}^2 + \omega_{yz}^2）$$

5.7.4　势能的计算

通过找出特定线段在垂直方向上相对于基准面（例如地面）的质心位置，可以计算出势能（图 5.16B）。

5.7.5　总能量的计算

总能量可由各部位的动能、转动能和势能之和计算得出。

$$总能量 = PE + KE_{转动} + KE_{平移}$$

$$E_{total} = mgh_{com} + I（\omega_{xy}^2 + \omega_{xz}^2 + \omega_{yz}^2）+ m（v_x^2 + v_y^2 + v_z^2）$$

5.7.6　身体总能量的计算

身体的总能量可以简单地通过将所有总部位能量相加来计算，计算人体总能量的变化率，可以计算物体的瞬时功率。

5.7.7　正常行走时的身体各部位的能量模式

能量是身体各肢体运动所产生的机械能。卡瓦尼亚（Cavagna，1963）把所做的外部功称为“与身体重心位移相关的外部功”。英曼（Inman，1966）通过地面反作用力和物体质心的动能和势能，研究了人体运动所需的能量，他认为，物体通过其重心的上升和下降将能量从势能转换为动能，再转换为势能。

拉尔斯顿（Ralston，1969）将“总外部正功”定义为增加身体各部分总能量的功。他们对跑步机行走过程中人体各部位的能量进行了研究，并得出结论：同时测量主要部位的机械能和行走过程中能量的代谢，是分析人体各部位能量的有力的手段。

温特（Winter，1976）总结正常行走时身体各部分瞬时能量的进展，包括全身能量、躯干能量和双下肢的能量。他们测试了一批普通人，让

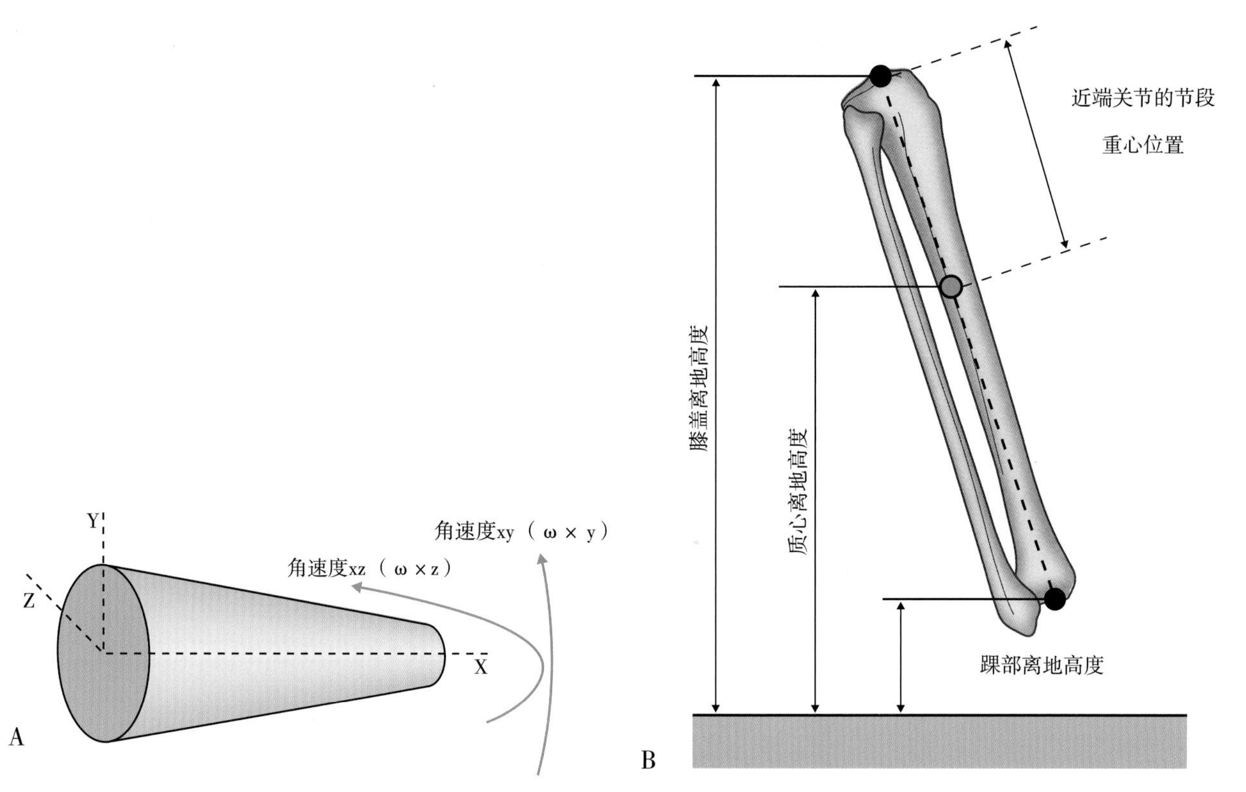

图 5.16 （A）xy 和 xz 平面上的角速度，（B）势能 = mgh_{com}

他们同时在试验室条件下自由行走来计算了每一个身体部分的转动能和动能，数据来自五名测试者在矢状面上的三个跨步，数据忽略了冠状面和水平面上的任何运动。皮尔里诺夫斯基（Pierrynowski，1980 年）也研究了受试对象在跑步机行走过程中机械能在人体内的转移和机械效率。他们在 1981 年利用相同的技术研究了不同装置的能量转移过程。

势能的计算在不同的研究中数值不一致，势能的计算需要一个高度或基准参考系，可以是以地面为基准的高度（Quanbury，1975；Winter，1976；Pierrynowski，1980），也可以是以其他事物为参照的高度，例如站立时身体的质心（Ralston & Lukin，1969）。无论使用哪种参考系，都可以得出相同的能量变化量，但这些值的大小不同。

温特（Winter，1978）证明了在病理步态评估中能量转移的情况。温特认为：这项技术可以精确识别能量消耗较高的具体身体部位，确定它们在步行周期中出现的时间段以及相关部位和所涉及的能量种类。

曼苏尔（Mansour，1982）研究了正常和病理步态各部位机械能的变化。其试验的测试者包括一组健康人和一组步态受损者。健康测试者与步态受损者测试者相比，其势能和动能之间的交换更大。作者还表示，病理性步态受损者的能量模式发生了变化，其变化模式会随着病理障碍的类型而异，表明身体的能量模式可以提供更多关于不同病理性患者的运动和功能信息（图 5.17A-D）。

奥尔尼（Olney，1986）研究了 10 名脑血管疾病的患者行走时的机械能。作者对温特（1978）有关精确识别能量消耗较高技术进行了验证，认为：有关精确度技术很重要，它能够识别获得节约能量所需的运动方式，虽然是一种复杂的分析方法，但具有不需要来自其他试验信息的优势。奥尔尼认为温特的方法在预测能量成本方面存在局限性，该方法没有考虑慢速行走的患者为维持静态姿势所消耗的能量，一个等长收缩的肌群产生能量的同时被另一个关节吸收能量，导致代谢能量成本没有出现在机械能分析中。尽管有这些局限性，作者仍得出结论：机械能有利于分析不同病理步态模式下高耗能原因，并可用于确定治疗方法。奥尔尼研究了脑瘫儿童的步态，并将同样的技术应用于慢速行走的正常老年人，以确定慢速行走与正常行走速度之间的差异（Olney，1989）。

有关测量身体各部位能量的方法还包括米勒（Miller，1996）进行的工作，他们使用身体分段能量方法来计算步态起始期间的总能量，并测量了净机械功为零的稳定步态模式。

总结：功、能量和功率

■ 功和功率取决于所施加的力和随时间移动的距离，力沿直线作用时，产生线性功和线性功率，力沿着弧线运动时就产生了角功和角功率。

■ 由于线性功率涉及直线运动，因此可以直接用数据来估算纵跳测试期间功率产生的有效值。

■ 特定关节的角功率可以通过力作用的力矩和关节的角速度来计算。并得出正负功率，正负功率取决于不同运动情况下肌的向心收缩和离心收缩。

■ 身体各部分能量可用于计算与特定运动相关的功，并能够评估身体单个部分所使用的能量，从而可以与总能量进行比较，并得到在不同运动模式下能量消耗和生理成本数据。

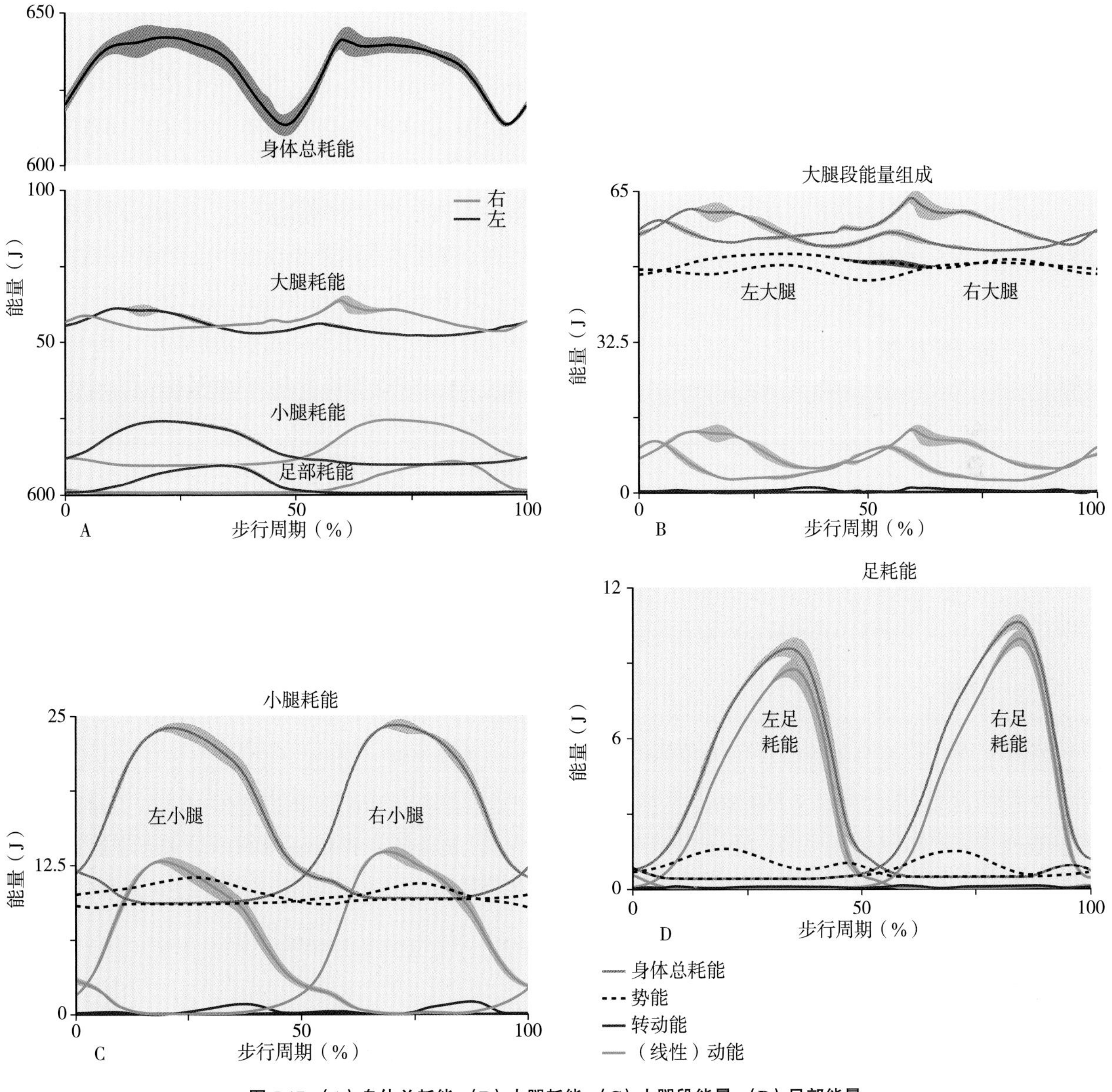

图 5.17 （A）身体总耗能，（B）大腿耗能，（C）小腿段能量，（D）足部能量

第6章 逆动力学理论

介绍逆动力学及相关的回转半径和转动惯量，列举分析计算动态关节力矩和力临床案例。

目的

掌握逆动力学概念及动态关节力矩和力的计算。

目标

- 车轮和车身转动惯量的差异。
- 逆动力学为什么需要惯性分量。
- 分析运动中的力及计算方法。
- 计算关节力矩和功率的简单算法和优化算法。

6.1 逆动力学

逆动力学结合了动力学和运动学的研究，用于计算关节力矩和关节的能量吸收（关于力矩计算，详见第 2 章），这些计算中都有一个假设，即身体各部分没有加速运动，如果身体有加速运动，那么在计算关节的转向力矩和功率时必须加入惯性的作用。

6.2 车轮

当汽车或自行车的车轮以特定的角速度旋转时，只要轴承处没有摩擦，它就会一直旋转下去。如果你试图将车轮减速或加速，就需要给车轮施加力让其产生力矩。到目前为止，我们用质心来表示一个物体的质量点，在这个点上所有的质量都被认为是集中的（图 6.1A）。如果是这种情况，则不需要旋转效果来加速或减速车轮，即不需要施加外力。

但显然这种情况不会发生，因为车轮的质量并不都集中在质心，因此，当你试图将车轮加速或减速时，会有一个转向力矩扭动你的手臂。车轮是否是改变角速度或减速，取决于围绕质心的质量分布和车轮本身的质量（m）。围绕车轮质心的质量分布可以给出一个称为回转半径：k 值。

图 6.1B 是围绕质心质量的虚拟分布图，假设所有物体都作用在一个地方进行直线运动，物体的距离与旋转运动的质心的距离（回转半径 k）已知，如何计算回转半径先不予考虑（见第 2 章）。

如果现在认为质量集中在回转半径处，那么该质量的任何加速度都需要克服惯性（牛顿第二定律），因为回转半径将具有切线加减速。图 6.1 显示了作用在垂直于车轮半径的回转半径处的惯性。

6.2.1 转动惯量

转动惯量（I）是用来描述物体转动惯性大小的物理量，物体的转动惯量取决于物体质量和质量在旋转点周围的分布情况（回转半径）。

$$I_{com} = mk^2$$

式中：I_{com} = 转动惯量，m= 物体质量，k= 回转半径。

案例（第 1 部分）

如果一个车轮的质量 m 为 5 kg，回转半径 k 为 0.2 m，那么我们将得到一个关于其重心的转动惯量：

$$I_{com} = mk^2$$

$$I_{com} = 5 \times 0.2^2$$

$$I_{com} = 0.2\text{kg/m}^2$$

与质量和长度一样，物体的转动惯量是固定的，除非物体的质量或形状发生变化，否则不能改变。

6.2.2　惯性力矩（转矩）

惯性力矩（转矩）与转动惯量不同。惯性力矩是产生物体旋转加速度所需的力矩（力 × 距离）。图 6.1B 显示加速车轮必须克服的惯性力，这个力作用在回转半径上，因此会产生惯性力矩。这仅仅是由于角速度或车轮角加速度的变化造成的。从早期的工作中，我们知道：

$$力矩 = 力 \times 距离$$

$$M = F \times d$$

式中：F 是惯性力（IF），它与质量 m 和切向线性加速度 a 有关，d 是回转半径（k）。

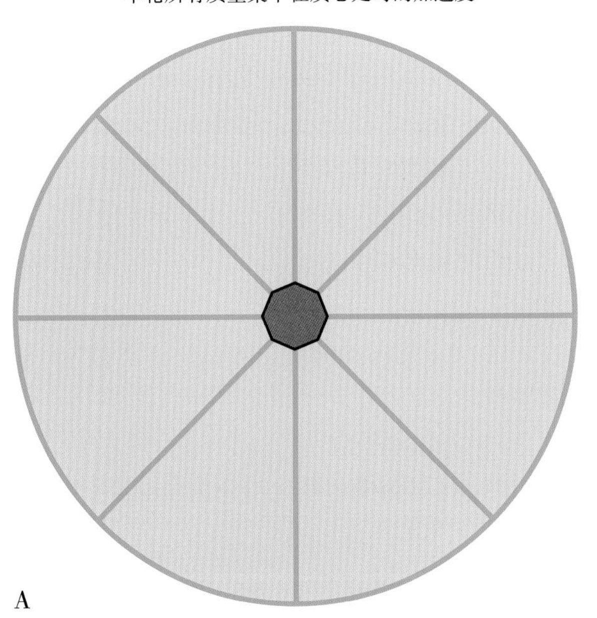

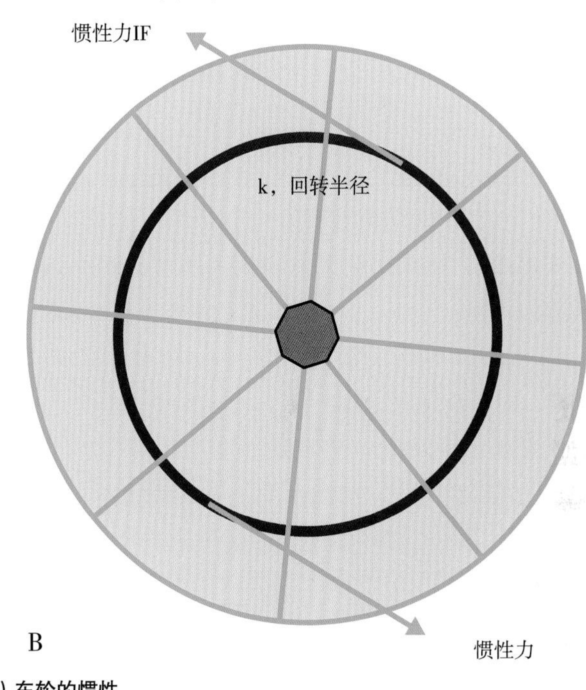

图 6.1（A 和 B）车轮的惯性

直线（切向）、角速度和加速度三者有关联性，如果我们计算旋转车轮在不同位置的速度，对于给定的恒定角速度，越靠近车轮中心，我们的线速度就越小，但随着我们向车轮外缘移动或者增加离旋转点的距离，我们的线速度就会增加；角加速度和线加速度之间的关系也是如此（图 6.2）。

切向线速度和加速度之间的关系取决于角速度和加速度的大小，以及被认为远离旋转点的垂直距离（r）。因此，可以使用以下等式找到点的线速度和加速度。

因此，一个点的线速度和加速度可以使用以下公式计算：

$$v = \omega r$$

$$a = \alpha r$$

需要注意的是，ω 和 α 必须分别用 rad/s 和 rad/s^2 表示（参见第 5.3.1 节）。

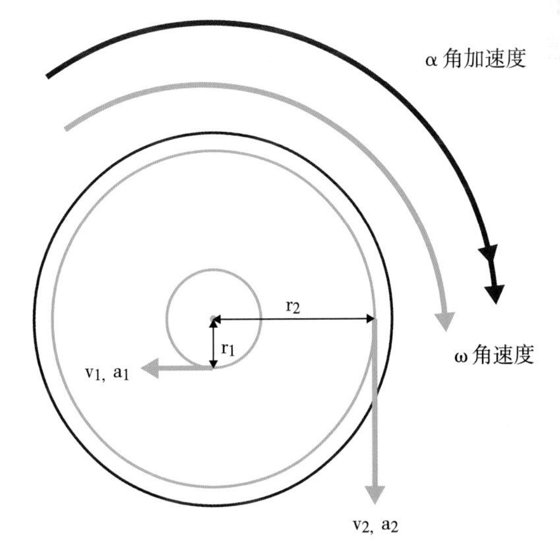

图 6.2　切向线速度、角速度和加速度

因此，惯性力的方程变成：

$$IF = 质量 \times a$$

$$IF = 质量 \times \alpha \times k$$

k 是回转半径，因为质量分布在质心周围，所以可以认为是作用的。

因此，惯性力矩为：

$$惯性力矩 = IF \times k$$

$$惯性力矩 = 质量 \times \alpha \times k \times k$$

或

$$惯性力矩 = 质量 \times \alpha \times k^2$$

或

$$惯性力矩 = 质量 \times k^2 \times \alpha$$

然而：

$$I_{com} = mk^2$$

因此，求惯性力矩的一个简单方法是：

$$惯性力矩 = I_{com}\alpha$$

因此，如果车轮以恒定的角速度旋转，然后减速，则会产生一个力矩，该力矩取决于：

1. 围绕质心的质量分布（k）和车轮的质量（m），即转动惯量（I）。

2. 车轮的角加速度或减速度（ α ）。

计算之前推导的惯性力矩（惯性转矩）大小是：

$$M = I_{com}\alpha$$

式中：M= 角速度变化引起的惯性力矩，I_{com} = 转动惯量，α = 角加速度。

案例（第 2 部分）

因此，如果一个车轮的质量（m）为 5 kg，回转半径（k）为 0.2 m，那么我们将得到一个关于其重心的转动惯量：

$$I_{com} = 0.2kg/m^2$$

如果车轮最初以 2 rads/s 的角速度旋转，并在 1s 内减速至 0 rads/s，则角加速度 - 减速度将为：

$$\alpha = 2\ rad/s^2$$

$$M = I_{com}\alpha$$

$$M = 0.2 \times 2$$

$$M = 0.4\ Nm$$

6.3 身体部位

6.3.1 围绕质心的旋转

轮子可以绕它的质心转动，而人体的腿并不转动。当一个物体的旋转点改变时，它的惯性特性也会改变（图 6.3）。

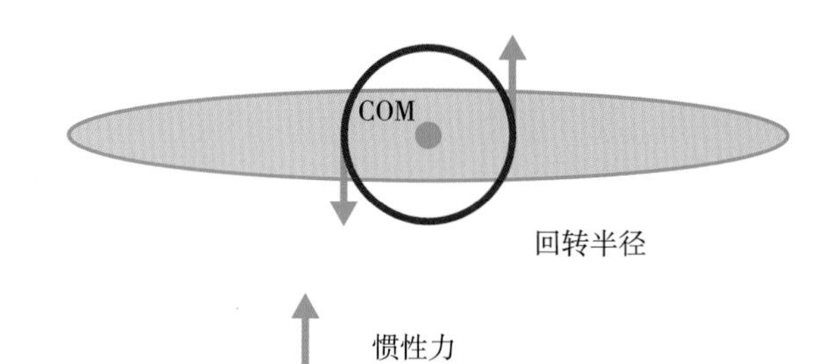

图 6.3 围绕质心的旋转

如果我们在 1 秒的时间内将质心附近的杆加速到 1 rads/s，它将产生（或者我们将不得不克服的）惯性力矩和不自主改变其角速度，其作用方向与角加速度的方向相反，取决于：

1. 质心周围的质量分布（k）。

2. 质量（m）本身。

3. 角加速度（减速度）。

$$I_{com} = mk^2$$

式中：I_{com} 是转动惯量，m 是物体质量，k 是回转半径。

$$M = I_{com}\alpha$$

式中：M 是角速度变化引起的转向力矩，I_{com} 是转动惯量，α 是角加速度。

6.3.2 绕一端旋转

如果我们现在绕点 P 转动杆，惯性特性就会改变。如果我们假设在一端拿着一个台球杆并试着旋转它，我们可以发现比围绕它的中心旋转它更难，因此，当我们在两个位置加速时，在相同的时间内使杆加速到相同的角速度，如果杆绕一端旋转，会受到更大的阻力，唯一改变的是旋转中心（你绕着它摆动杆的点）到质心的距离。

在第一种情况下，我们绕质心旋转杆，所以到质心的距离明显为零，因此，质心不会有切线加速度。

然而，现在我们将杆旋转到一个远离质心的点，所以不仅有质量围绕质心 I_{com} 分布所产生的惯性，而且还有由质心处的惯性力所引起的力矩。这种惯性力会产生质心处的切向线加速度，这是由质心线速度的变化引起的，比如当杆的质量试图抵抗速度变化时与质心处的杆垂直作用产生的惯性力（图 6.4）。

如果图 6.4 所示的主体部分以顺时针方向加

速，则必有一个逆时针方向的惯性力。当肢体减速时，“加速度”作用于相反（顺时针）方向，导致惯性力也作用于相反（逆时针）方向。在这两种情况下，惯性力会阻止角速度的所有变化。图 6.4 还显示了质心处的切向线性加速度，其作用方向始终与惯性力相反。

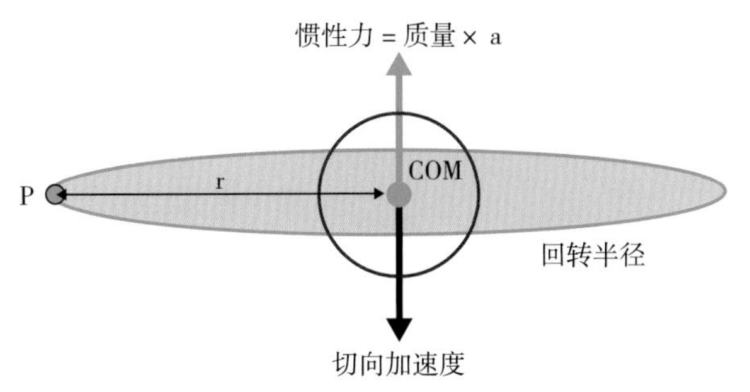

图 6.4　绕一端旋转时的惯性特性

惯性力 IF= 质量（m）× 线性加速度（a）

然而，直线（切向）与角速度和加速度相关。

$$v = \omega r$$

$$a = \alpha r$$

因此，惯性力的方程变成：

$$IF = m \times \alpha \times k$$

式中：r 是近端到质心的距离。

质心的这种内力会在肢体的近端产生一个力矩，这可以简单地通过力 × 距离找到。

$$M = IF \times r$$

或

$$M= m \times \alpha \times r^2$$

6.3.3　总惯性力矩

因此，总惯性力矩可由以下情况产生：

1. 围绕质心旋转，质量在回转半径处的加速度产生的力矩（第 6.3.1 节）。

2. 围绕近端旋转，质量在质心处的加速度产生的力矩（第 6.3.2 节）。

$$M = mk^2\alpha + mr^2\alpha$$

或

$$M = (mk^2 + mr^2)\alpha$$

可以表示为：

$$M = I_{total}\alpha$$

因此，当物体绕一端旋转时，总转动惯量（I 值）可以通过以下公式计算：

$$I_{total}= mk^2 + mr^2$$

为了找到肢体段的 I 值，我们根据之前的人体测量学研究，其中通过研究个体的质量和高度的比例或通过测量长度来找到回转半径（K）、质心距近侧关节的距离（r）和肢体段的质量。

因此，要找到内部力矩，我们需要做的就是从人体测量学中找到 I 值，并确保将其首先转换为 rads/s^2，然后将该值乘以肢体段的角加速度。

6.3.4　惯性力和惯性力矩

无论何时，我们移动肢体段都会产生线性加速度和角加速度。为了加速肢体段运动，我们必须克服惯性力，即与肢体段不自主（惯性）改变线速度和角速度有关的力。当这些惯性力抵抗物体运动时，它们的作用方向与加速度相反。惯性力会影响合力，并在近端关节产生惯性力矩。应在所有方向（x，y，z）计算惯性力，并且应在所有平面（xy，xz，yz）计算惯性力矩。

$$IF = ma$$

式中：IF 是惯性力，m 是肢体段质量，a 是质心的线加速度（x，y，z）。

$$IM = (mk^2 + mr^2)\,a$$

式中：IM 是惯性力矩，m 是肢体段质量，k 是回转半径，r 是质心位置，a 是肢体段角加速度（xy，xz，yz）。

6.3.5　肢体段重量

肢体每段都有质量（m），在重力作用下都有一个重量，重量会影响关节的力和力矩。身体各部位的重量总是垂直向下，因此，身体部位的位置会对关节力矩的大小和关节力产生影响。重量的旋转分向量将始终垂直于肢体段。这个力将在近端关节周围引起一个力矩（图 2.19）：

$$重量 =mg$$

$$旋转分向量 =mg\cos\theta$$

式中：m 是肢体段质量，g 是重力加速度，θ 是肢体段与水平面的倾角。

6.3.6　向心力

当一个物体在圆形路径上运动时，必须有一个力作用于它，否则它将以线性路径移动，这个力必须作用于旋转的中心，称为“向心力”。如果有一个力，物体有质量，那么根据牛顿第二定律，物体也必须有加速度，同样，向心力必须向旋转中心作用，这就是所谓的“向心加速度”。

$$向心加速度 =\omega^2 r$$

式中：ω 是瞬时角速度（(rad/s)，r 是半径（从旋转中心到肢体段质心的距离）。

如果知道向心加速度和物体的质量，我们就可以得出向心力。

$$F_{cen} = 质量 \times 向心加速度$$

$$F = m \times \omega^2 r$$

正常行走时，摆动相小腿的角速度可达 400°/s 或 7rad/s。如果质心距膝关节 0.2m，小腿的质量为 4 kg，则向心力为 39.2N，这个力作用于质心和肢体段，所以它不会直接产生力矩。

学生笔记

这些应该包括在逆动力学的合力计算中吗？如果对惯性系进行测量（例如使用运动分析系统），则计算作用在质心上的线性加速度和惯性力，包括向心加速度和向心力，逆动力学不应将它们包括在内。但是，如果仅根据旋转变量（例如，在角速度和加速度已知的等速测功机上计算运动时的肌合力）研究关节旋转，逆动力学则应包括向心力。

6.4 合力

6.4.1 概念

利用前面提到的所有力来计算合力，每个力都需要按照一个合理的参考系来进行计算，在这种情况下，我们来计算垂直分力和水平分力：

6.4.2 足和踝关节上的力（图 6.5）

$$Fy_{踝关节} = V_{GRF} - mg_{足} + IFy$$

$$Fx_{踝关节} = H_{GRF} + IFx$$

V_{GRF} = 垂直地面反作用力

H_{GRF} = 水平地面反作用力

其中 VGRF 是垂直地面反作用力，HGRF 是水平地面反作用力

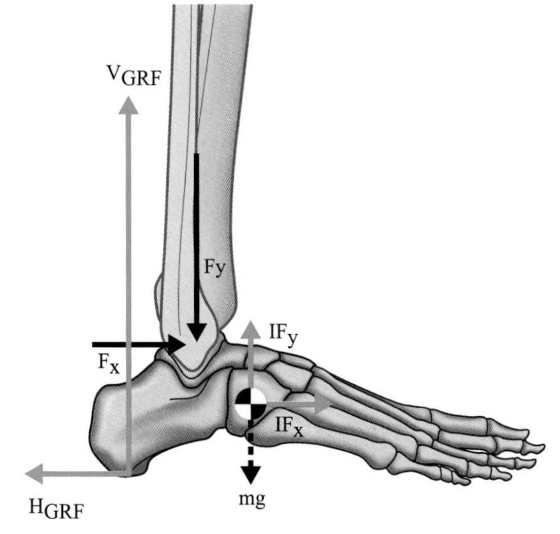

图 6.5 足和踝关节上的力

6.4.3 小腿和膝关节上的力（图 6.6）

$$Fy_{膝关节} = Fy_{踝关节} - mg_{小腿} + IF_y$$

$$Fx_{膝关节} = Frankie\ IF_x$$

6.4.4 大腿和髋关节上的力（图 6.7）

$$Fy_{髋关节} = Fy_{膝关节} - mg_{大腿} + IF_y$$

$$Fx_{髋关节} = Fx_{膝关节} + IF_x$$

6.5 合力矩

这需要计算第 6.4 节中提到的所有参数：合力即可推导出下列通式，总力矩的每个分向量可以是顺时针或逆时针，因此，需使用以下符号（±）：

M = 力矩

V_{GRF} = 垂直地面反作用力

H_{GRF} = 水平地面反作用力

$x_{踝关节}$ = 地面到踝关节中心的水平距离

$Y_{踝关节}$ = 地面到踝关节中心的垂直距离

weight = 垂直于节段的重量分向量

x_{com} = 从近端关节到 x 方向质心的距离

com = 从近端关节到质心的距离

I_{com} = 围绕质心的转动惯量

α = 肢体段的角加速度

m = 肢体段质量

IF = 与肢体段垂直作用的惯性力

段长度 = 肢体段线性长度

合力 = 水平合力和垂直合力的旋转分向量。

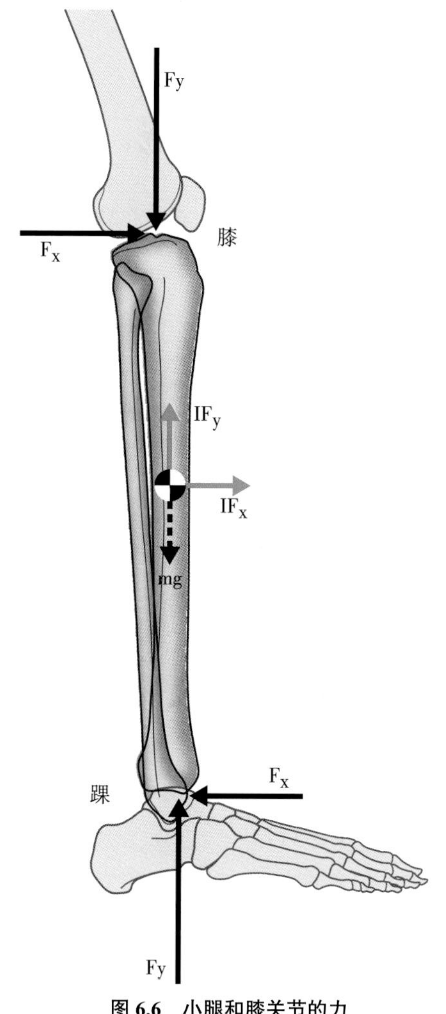

图 6.6　小腿和膝关节的力

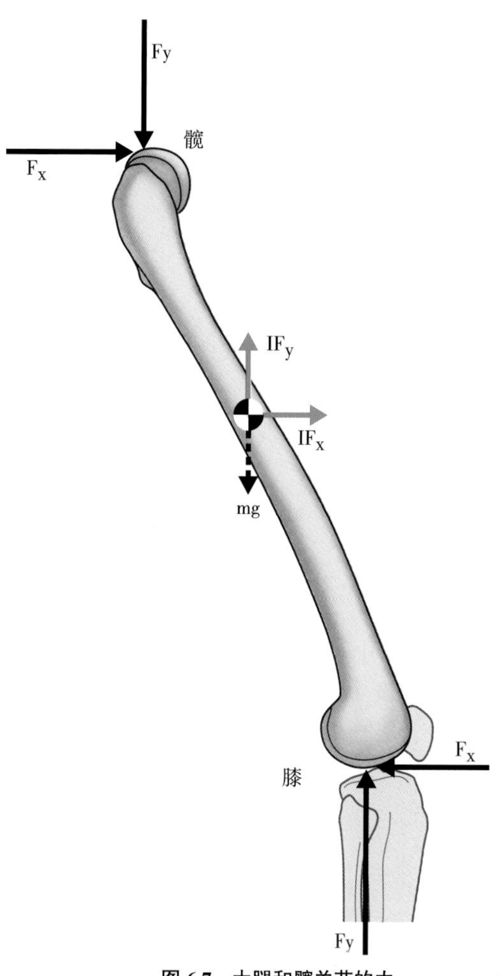

图 6.7　大腿和髋关节的力

6.5.1　踝关节力矩（图 6.5）

$M_{xy,\text{踝关节}} = \pm(V_{GRF} \times X_{\text{踝关节}}) \pm (H_{GRF} \times Y_{\text{踝关节}}) \pm (\text{足重量} \times X_{com}) \pm I_{com}\alpha_{\text{足}} \pm (IF \times com)_{\text{足}}$

6.5.2　膝关节力矩（图 6.6）

$M_{xy,\text{膝关节}} = \pm(\text{踝关节处的合力} \times \text{段长度}) \pm M_{\text{踝关节}} \pm (\text{小腿重量} \times X_{com}) \pm I_{com}\alpha_{\text{小腿}} \pm (IF \times com)_{\text{小腿}}$

6.5.3　髋关节力矩（图 6.7）

$M_{xy,\text{髋关节}} = \pm(\text{膝关节合力} \times \text{段长度}) \pm M_{\text{膝关节}} \pm (\text{大腿重量} \times X_{com}) \pm I_{com}\alpha_{\text{大腿}} \pm (IF \times com)_{\text{大腿}}$

6.6 简易模型与优化模型的比较

6.6.1　简易模型

如果知道地面反作用力（GRF）在测力台上的大小、方向和作用点，以及测力台相对于关节在矢状面、冠状面和水平面上的位置，那么我们就可以计算由这种力而引起关节的力矩（见第 2 章，图 6.8）。

如果 600N 的地面反作用力在与水平线的 80° 处起作用，并且力施加点和到关节中心的距离是已知的，则可以使用前面章节中介绍的简单方法来估计关节的力矩。

$M_{\text{踝关节}} = (600\sin 80 \times 0.02) + (600\cos 80 \times 0.05)$

$M_{\text{踝关节}} = 17\ \text{Nm}$

$M_{\text{膝关节}} = -(600\sin 80 \times 0.08) + (600\cos 80 \times 0.38)$

$M_{\text{膝关节}} = -7.7\ \text{Nm}$

$M_{\text{髋关节}} = -(600\sin 80 \times 0.3) + (600\cos 80 \times 0.82)$

$M_{\text{髋关节}} = -91.6\ \text{Nm}$

然而，前提是在活动过程中身体各部位没有加速和减速。

6.6.2　优化模型

在此之前，我们简化了计算力矩的方法，假

设地面反作用力是产生力矩的唯一力。虽然这是一种快速得到答案的有用方法，但它只会给出一个近似的答案，并且会低估真实值，这对于许多应用程序来说是不能接受的。

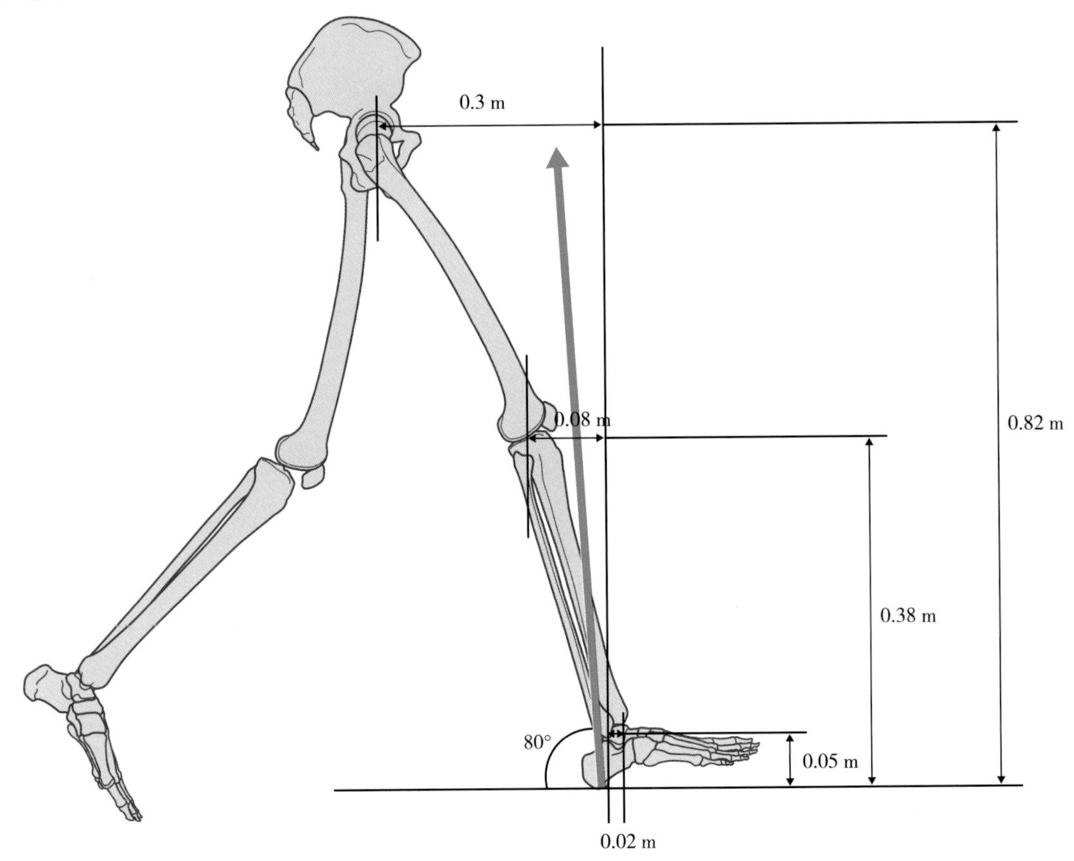

图 6.8 简易模型图

足部（图 6.9A）

com 在 x 方向的加速度，a_x =0 m/s^2

com 在 y 方向的加速度，a_y =0 m/s^2

角加速度，α = 2 rad/s^2

质量，m = 1 kg

距关节质心的距离，X_{com} =0.06 m

距关节质心的距离，Y_{com} =0.03 m

转动惯量 I_{com} = 0.007 kg/m^2

地面反作用力 =600 N（80°）

到踝关节中心的距离与之前相同。

从足到小腿的力（踝关节的力）

$F_{ay} = V_{GRF} - mg + ma_y$

E_{iy} =600 sin 80 − 9.8 + 0

F_{ay} = 581 N

$F_{ax} = -H_{GRF} + ma_x$

F_{ax} = −104 + 0

F_{ax} = −104N

从足到小腿的力矩（踝关节的力矩）

$Ma = -I\alpha + 600 \sin 80 \times 0.02 + 600 \cos 80 \times 0.05 + mg X_{com} + ma X_{com} + ma Y_{com}$

$Ma = -0.007 \times 2 + 600 \sin 80 \times 0.02 + 600 \cos 80 \times 0.05 + 10 \times 0.06 + 0 + 0$

$Ma = -0.014 + 11.8 + 5.2 + 0.6$

Ma = 17.6 Nm

小腿（图 6.9B）

小腿开始在踝关节上移动，因此，它的质心将有一个向上和向右移动的线性加速度，角加速度方向是顺时针方向。

com 在 x 方向的加速度，a_x =5 m/s^2

com 在 y 方向的加速度，a_y =2 m/s^2

角加速度，α = 4 rad/s^2

质量，m = 4 kg

距近端关节质心的距离，com=0.13 m

转动惯量 I_{com} = 0.07 kg/m^2

肢体段长度，L=0.345m

与垂直的倾斜角，θ =16.8°

$F_{ky} = -mg - ma_y + F_{ay}$

$F_{ky} = -39.2-8 + 581$

$F_{ky} = 533.8$ N

$F_{kx} = -ma_x - F_{ax}$

$F_{kx} = -20 - 104$

$F_{kx} = -124$ N

从小腿到大腿的力矩（膝关节力矩）。

$M_k = M_a - F_{ay} L \sin\theta + F_{ax} L \cos\theta - I\alpha + mg\, com \sin\theta + ma_y\, com \sin\theta + ma_x\, com \cos\theta$

$M_k = 17.6-581 \times 0.345 \sin 16.8 + 104 \times 0.345\cos16.8-0.07 \times 4 + 4 \times 9.81 \times 0.13 \sin 16.8 + 4 \times 2 \times 0.13 \sin 16.8 + 4 \times 5 \times 0.13 \cos 16.8$

$M_k = 17.6 - 57.9 + 34.3 - 0.28 + 1.5 + 0.3 + 2.5$

$M_k = -1.98$Nm

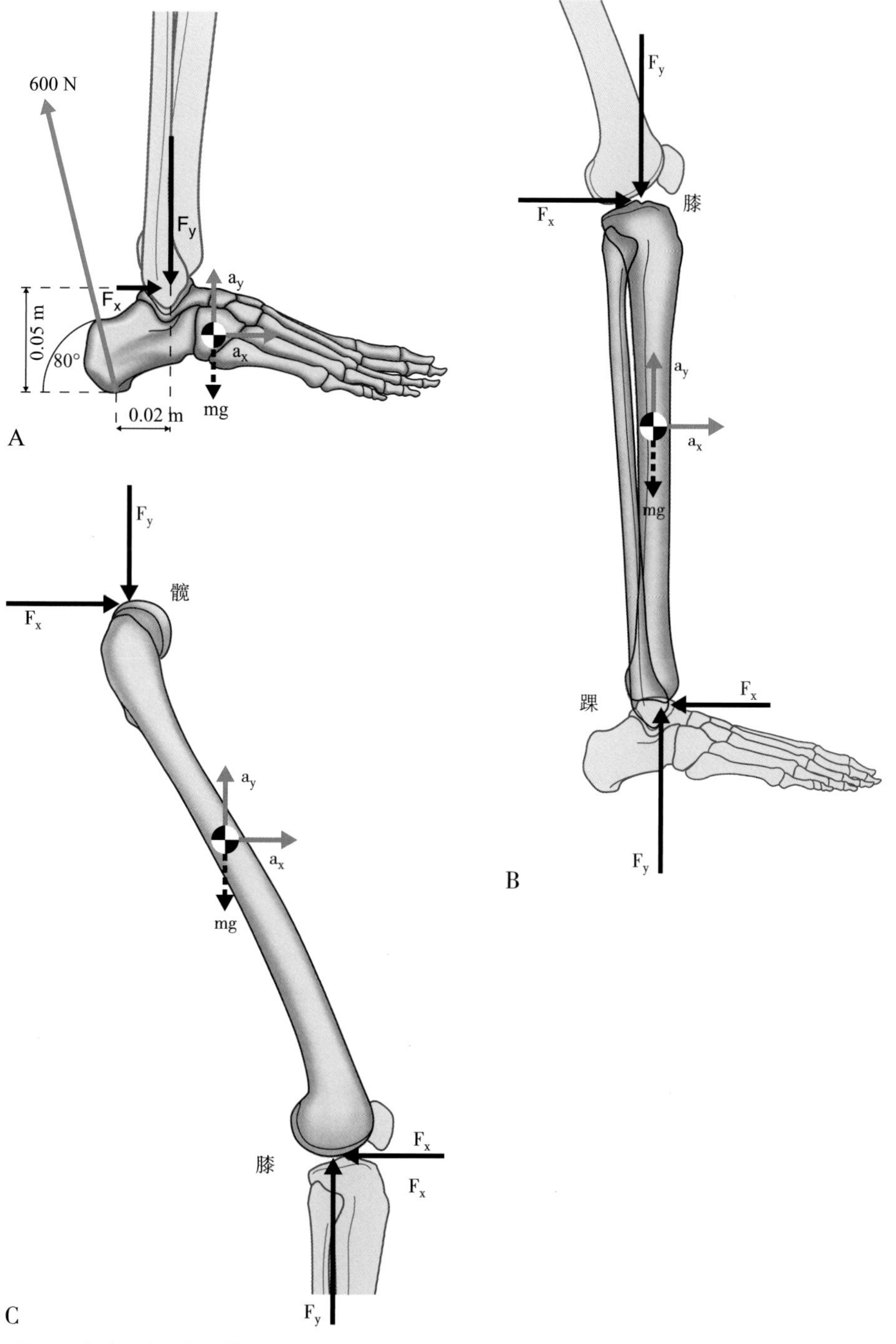

图 6.9 （A）足段，（B）从小腿到大腿的力（膝关节肌合力），（C）从大腿到骨盆或者在髋关节合力

大腿（图 6.9C）

大腿开始向前移动时膝关节也开始屈，导致质心有一个向下向右的线性加速度，角加速度为顺时针方向。

com 在 x 方向上的加速度，$a_x = 3\ m/s^2$

com 在 Y 方向上的加速度，$a_y = -2\ m/s^2$

角加速度，$a = 2.5\ rad/s^2$

质量，$m = 6\ kg$

从近端关节到质心的距离，$com = 0.22\ m$

肢体段长度，$L=0.46m$

转动惯量 $I_{com} = 0.18\ kg/m^2$

从垂直方向倾斜的角度，$\theta = 26.6°$。

$F_{hy} = -mg + m_{ay} + F_{ky}$

$F_{hy} = -6 \times 9.81 + 6 \times 2 + 533.8$

$F_{hy} = 486.9\ N$

$F_{hx} = -m_{ax} - F_{kx}$

$F_{hx} = -6 \times 3 - 124$

$F_{hx} = -142N$

从大腿到骨盆的力矩（在臀部的力矩）。

$M_h = M_k - F_{ky} L \sin\theta + F_{kx} L \cos\theta - I\alpha + mg\ com \sin\theta + ma_y\ com \sin\theta + ma_x\ com \cos\theta$

$M_h = -1.98 - 533.8 \times 0.46\sin 26.6 + 124 \times 0.46\cos 26.6 - 0.18 \times 2.5 + 6 \times 9.81 \times 0.22\sin 26.6 - 6 \times 2 \times 0.22\sin 26.6 + 6 \times 3 \times 0.22\cos 26.6 = 0$

$M_h = -1.98 - 109.9 + 51 - 0.45 + 5.8 - 1.18 + 3.54$

$M_h = -53.1\ Nm$

6.7 简单和优化算法对步态中力矩和功率计算有什么影响

6.7.1 简单和优化算法对力矩的影响

在图表 6.10 中显示由 GRF 以及惯性和重量分量引起的力矩，表明踝关节的力矩不受惯性力矩和远端部分足的重量的影响，这并不奇怪，因为质量、质心和回转半径相对较小，因此，计算方法对计算踝关节力矩影响不大。

对膝关节力矩的计算，随着惯性成分和重量成分的加入出现了一些变化，这些变化一般在足跟着地、早期承重和足趾刚刚离地之前时发生。

对髋关节则不同，惯性成分和重量成分对髋关节的影响非常显著，在足跟离地到足尖离地期间占 25% 的力矩，这种增加并不令人惊讶，因为我们越接近目标，关节远端的质量、质心和回转半径越大，因此惯性和重量力矩分量也越大（图 6.10A、B、C）。

6.7.2 简单和优化算法对功率计算的影响

在图表 6.11 中显示 GRF 与惯性分量和重量分量对功率计算的影响，这些都表明，踝关节力不受惯性和远端部位足重量的影响，这并不奇怪，因为质量、质心和旋转半径都比较小，因此算法对踝关节功率计算的影响最小。

和力矩 样，由于惯性和重量的引入，对膝关节功率计算也有一些影响，这些影响出现在足跟着地和早期承重和足尖刚刚离地之前。

和力矩一样，只计算 GRF 对髋关节功率的时候，算法对功率计算有一定的影响，此影响的原因是随着我们走得越近，目标关节远端的质量、质心和旋转半径越大，并且，惯性成分和重量力矩成分越大。

总结：逆动力理论

■ 在一个步行周期间，每当肢体段加速或者减速，都存在惯性力，对于慢速运动，惯性力最小，对于行走和跑步，惯性力相当大。

■ 惯性力直接影响合力、关节力矩和功率的计算。

■ 逆动力学是运动分析中最复杂的方法之一，但不包括惯性力，关节力矩和功率的分析，这些因素在逆动力学领域可能被低估。

■ 当分析关节力矩和功率时，尽可能增加惯性力和力矩的计算。

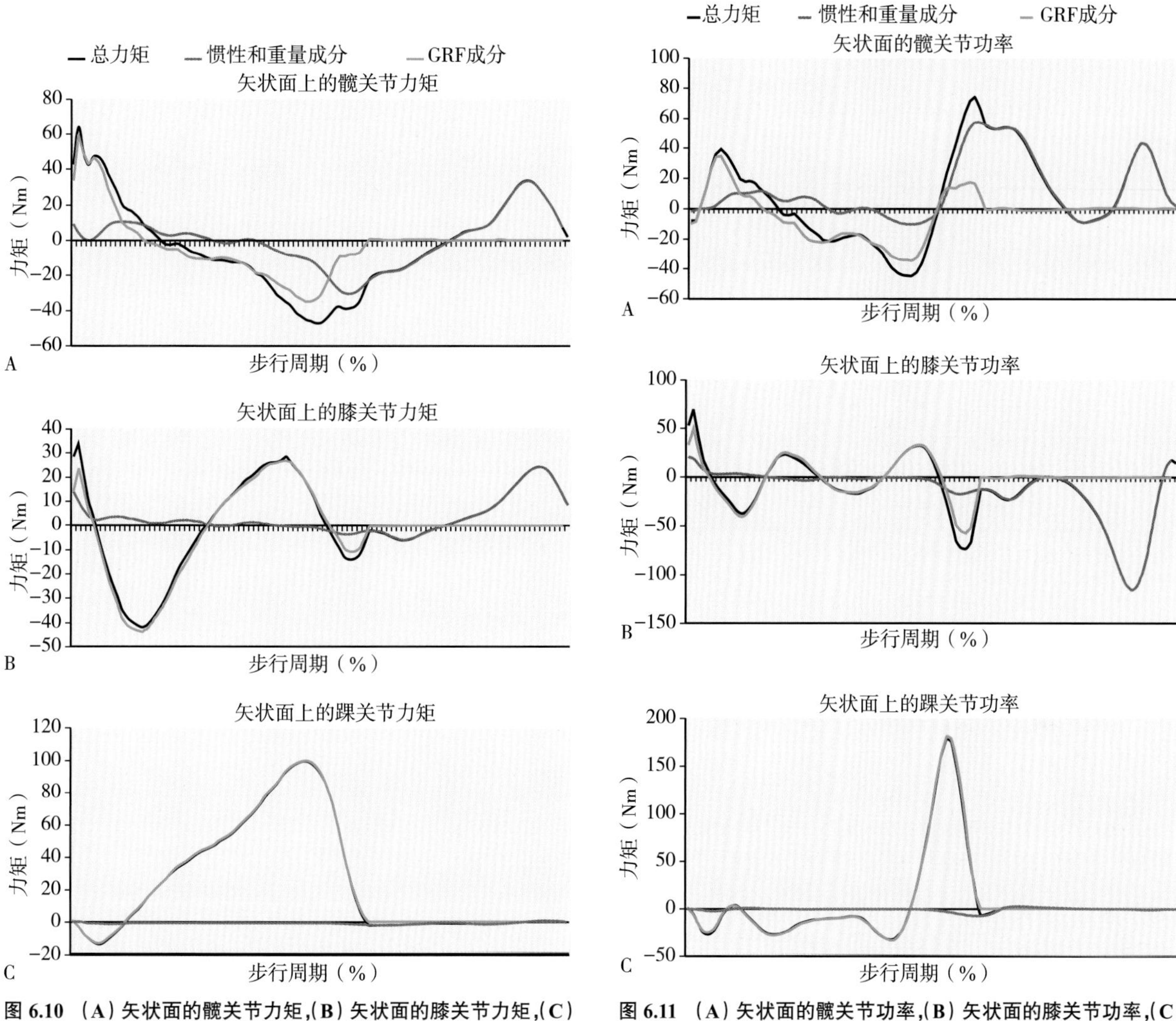

图 6.10　（A）矢状面的髋关节力矩，（B）矢状面的膝关节力矩，（C）矢状面的踝关节力矩

图 6.11　（A）矢状面的髋关节功率，（B）矢状面的膝关节功率，（C）矢状面的踝关节功率

第 2 部分

测量和建模

第7章 力和压力测量

7.1 力测量的方法

测力台是步态分析最基础、最重要的工具，首次力的测量可追溯到19世纪晚期，马雷（marey）在橡胶板上测量压力。埃尔夫特曼（Elftman，1939）使用了类似的方法在弹簧的平台测量。直到计算机和电子技术的进步，才能准确测量力的数值。1965年，彼得森（Peterson）及其同事研发了第一个应变计测力台。现在有大量关于此设备在临床和运动研究的出版物。

自1965年以来，测力台主要由三个公司研发生产：Kistler公司、AMTI公司和Bertec公司。科技进步已经为使测力台更精准（减少干扰）、更灵敏（增加固有频率）和便携。

测力台测量和记录地面反作用力（GFR）及他们的应用点（压力中心COP）。一个GRF由三个作用于压力中心的成分组成。从解剖角度可以分类为垂直分力（身体的重量以及它如何在支撑肢体上前进）、前后力（加速和断裂力）和内侧力（从一边到另一边）。

7.1.1 测力台类型

一般而言，测力台（图7.1A、B）分两类：应变式（AMTI、Bertec）和压电式（Kistler）。已经被验证：压电式测力台更敏感，可测量的范围大。可以测量高达1000Hz或更高频率及在所有三个方向的自然频率，而应变式平台虽然配备在垂直方向有高达1000Hz的频率，在水平方向有高达500Hz的频率，但通常只有400 ~ 500Hz的自然频率，压电式测力台通常较昂贵并且在临床研究中未提供更多有利之处。因此，对于一般临床应用，应变式测力台则绰绰有余，对于有测试更高频率的活动，推荐压电式平台。

图7.1 （A）Kistler测力台，（B）AMT测力台

7.1.2 测力台测量原理

应变式测力台基于以下原理：当一个力作用于一个结构时，此结构的长度改变，应变是原始尺寸与变形尺寸之间变化的比率，应变仪包含的材料在变形时会产生电阻。因此，通过测量电阻，我们可以测量应变量，为了使应变仪正常工作，它必须以所谓的惠斯通电桥形式进行连接，惠斯通电桥是由四个电阻组成的电桥电路。

应变式测力台需要电力供应，应变测试基于能感应形变量的电阻应变片，应变式测力台有三个测力传感器。由于电阻信号通常较小，因此其产生的信号需要放大，还需要单独的放大器。

压电式测力台使用诸如石英的压电晶体，晶体变形产生的信号基础与应变仪相同，当压电晶体变形时会产生所谓的电偶极矩，进而产生电流，由于压电晶体会产生电流，因此不需要电源。平台的协调系统需要每个桥塔的压电晶体校准，它们与平台的 x、y 和 z 轴对齐（图 7.2）。

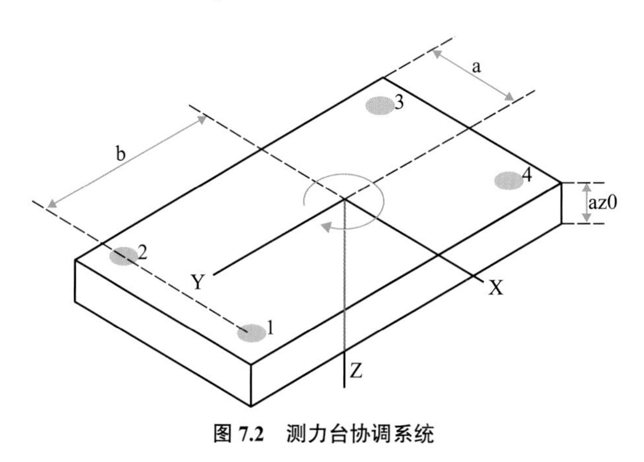

图 7.2 测力台协调系统

7.1.3 频率和力平台测试

每个力学测试系统有一个固有频率，当出现固有频率时将产生震动。例如，用手指绕着玻璃酒杯边缘转动而产生音调，歌手也可以用准确调音或采用玻璃酒杯的固有频率来震碎玻璃杯，物体的固有频率取决于质量和尺寸。测力台不例外，并且也有一个固有频率，应该在测试期间避免出现此固有频率，否则会让研究任务的数据出现误差，因此，力平台固有频率需要高于所测试的频率。

安东松（Antonsson）和曼（Mann）在 1985 研究了在步态期间的 GRF 的频率并发现：为了保持 99% 保真度的信号，频率必须维持在 15Hz 以上，要求最小的取样频率为 30Hz，尽管我们对足跟着地时的瞬间力学分析有兴趣，因这些动作有更高的频率，可能会让测力台的信号保真度。因此选择 100Hz 或者更高的取样频率来应对在跳高和跑步中的起跑和落地的干扰。

早期有关 GFR 频率的工作，为退行性病变导致的力学变化提供新的思路（Stergiou，2002），GFR 的频率为不同病症提供了鉴别诊断信息，这些病症诸如多发性硬化（Wurdeman，2011）和周围动脉疾病（McGrath，2012）。这些科研工作除了观察 GRF 的幅度和时间之外，它还提供了新的思路，可能有助于研发新的评估工具，来确定老年退行性疾病的损伤程度和治疗监测。

7.1.4 信号漂移

尽管压电式测力台具有敏感性、范围广和固有频率等优势，但有信号漂移的缺点，建议在每次试验之前关闭设备让所有的信号下降到零后重新设置测力台。

如果进行站立平衡评估或静态测量时出现信号漂移导致的误差，可让测试者站立在平台上过 30 秒后再重新开始测量，一般情况下，由于采用的方法不同，应变式测力台能更好地适于这类型的研究。

7.1.5 测力板缩放

压电式测力台和应变式测力台实质上测量同样的力和力矩，但它们完成任务的方式不同，应变式测力台可输出 6 个通道的模拟信号。这些是 x，y，z 方向上的力（Fx，Fy，Fz）以及 x，y，z 方向上的力矩（Mx，My，Mz）。力矩和力是由位于应变式测力台四角的 4 个感受器计算出来的。因此，应变式测力台的输出相对简单，一个通道表示一个力或力矩，然后简单地乘以一个比例，将所测得的电压数据转换为力和力矩，单位分别为牛顿（N）和牛顿米（Nm）。如图 7.3 A 和 B 为典型应变式测力台的电压数据和最终输出数据。

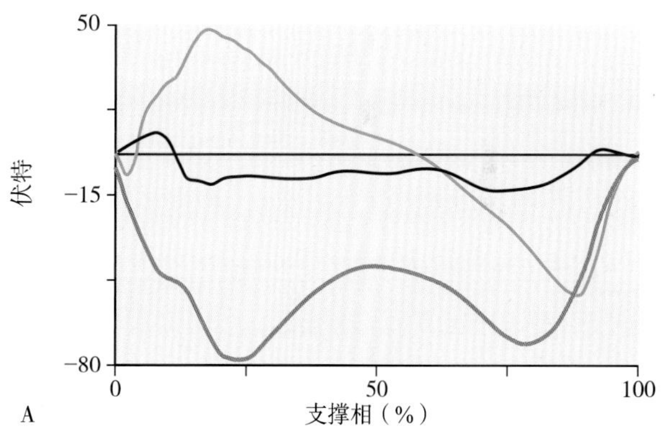

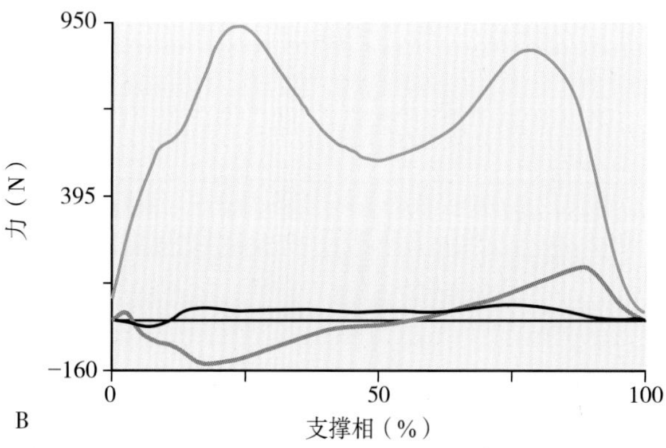

图 7.3 （A）原始电压数据，（B）来自应变式测力台的最终输出数据

压电式测力台产生的数据与应变式测力台基本相同，但产生数据的方式不同。压电式测力台有 8 个输出信号通道，它们都不包含任何力矩的信息（Mx、My、Mz），只用来计算力的数据，8 个通道产生的电压数据可以用来计算力数据，单位为牛顿。

Fx

Ch1：fxl2-- 在 x 方向上的力由塔 1 和塔 2 测量。

Ch2：fx34-- 在 x 方向上的力由塔 3 和塔 4 测量。

Fy

Ch3：fyl2-- 在 y 方向上的力由塔 1 和塔 2 测量。

Ch4：fy34-- 在 y 方向上的力由塔 3 和塔 4 测量。

Fz

Ch5~8：Fzl、fz2、fz3、fz4-- 由塔 1 到塔 4 测量的 z 方向的力。

通过 x 通道得到 x 数据，Y 通道得到 Y 数据，Z 通道得到 Z 数据来计算最终数据。图 7.4 显示初始电压数据和最终数据。

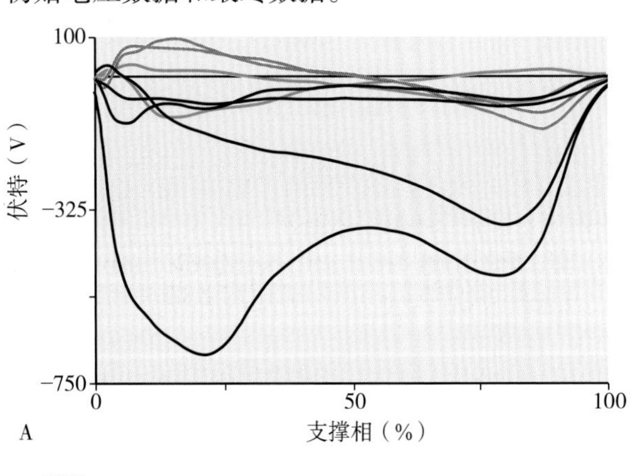

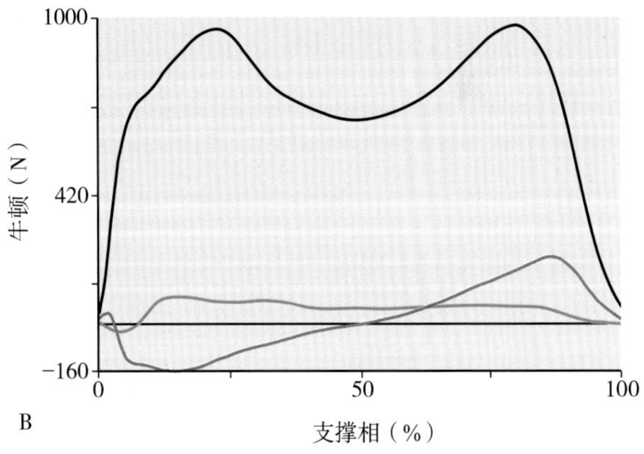

图 7.4 （A）初始电压，（B）来自压电平台的最终输出数据

7.1.6 用测力台计算力矩

压电式测力台不能测量力矩，但是如果我们知道内外侧和前后方向的平台中心位置（图 7.2），可以计算出力矩。

$$Mx = b(fzl + fz2 - fz3 - fz4)$$

$$My = a(-fzl + fz2 + fz3 - fz4)$$

$$Mz = b(-fxl2 + fx34) + a(fyl4 - fy23)$$

现在我们知道如何利用测力台计算力矩和力，数据处理的核心是利用压力来计算力矩；下列方程组可用于任一类型的力平台。第一阶段，我们计算平台周围的力矩（Mx' 和 My'）：我们需要知道关于平台周围的力矩，垂直位置之间的力和平台之间的力消耗。

矢状面的力矩（Mx'）$= Mx + Fy \times az0$

冠状面的力矩（My'）$= My + Fx \times az0$

我们现在知道力、方向和力的转动效应，由此可以通过力矩除以垂直分力得到压力中心。

$$COPy = \frac{Mx'}{FZ}$$

$$COPy = \frac{My'}{FZ}$$

最终，我们可计算平台的力矩或者垂直分力矩。在用逆动力学计算关节动力学时，这些数据和压力中心是重要的因素。

水平面的力矩（Mz'）$= Mz - Fy \times COP \times + Fx \times COPy$

采用压电式测力台计算力矩的案例

计算一个人已知 800N 垂直分力、200N 前后力和 50N 内外的案例。在矢状面力矩为 150Nm（x）、冠状面力矩为 110Nm（Y）和水平面的力矩为 20Nm（Z）。在此案例中，设定顺时针力矩是正的，而逆时针力矩是负的。

矢状面 Mx ' 力矩和 COP（图 7.5A）

矢状面力矩（Mx '）

$Mx + Fy \times az0 + Fz \times COPy=0$

$150-200 \times 0.04-800 \times COPy=0$

$142-800 \times COPy=0$

$142=800 \times COPy$

$$COPy = \frac{142}{800}$$

$COPy=0.1775m$

冠状面 My ' 力矩和 COP（图 7.5B）

冠状面力矩（My '）

$My + Fx \times az0 + Fz \times COPx=0$

$110-50 \times 0.04-800 \times COPx=0$

$108-800 \times COPx=0$

$108=800 \times COPx$

$COPx=\frac{108}{800}$

$COPx=0.135\ m$

因此，压力中心的坐标：

$COPy = 0.1775\ m$

$COPx = 0.135\ m$

水平面 Mz ' 力矩（图 7.5C）

最后，计算水平面中的力矩，有时也称为自由力矩（Mz'）。

$Mz' = 20 + (200 \times 0.1775) + (-50 \times 0.135)$

$Mz'=48.75\ Nm$

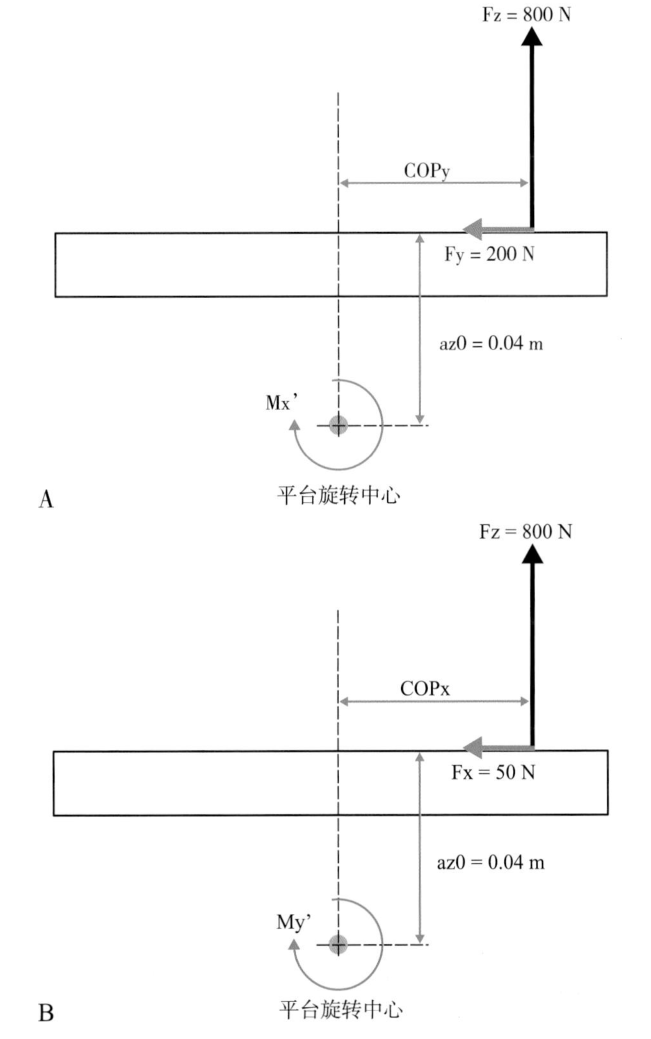

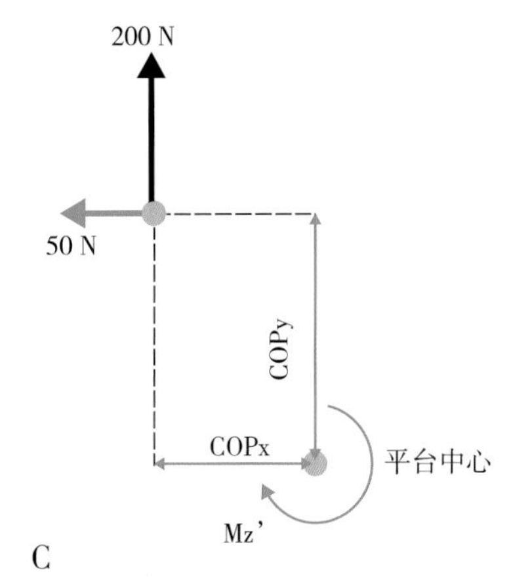

图 7.5 （A）矢状面力矩，（B）冠状面力矩，（C）水平面力矩

7.1.7　测力台的安装定位及注意事项

在设计运动分析试验室时，必须考虑到未来的发展；因此，设计两个测力台运动分析试验室，应该为额外的两个平台留下足够的空间，否则，安装额外的平台的代价可能非常昂贵。如图 7.6 为测力台通常的位置孔洞，可随着平台的抬起形成台阶；另一个解决方案是安装一个临时地板，这也是一个昂贵的解决方案；但是，只要安装了固定装置，就可以将平台移动到实验室的任何地方。

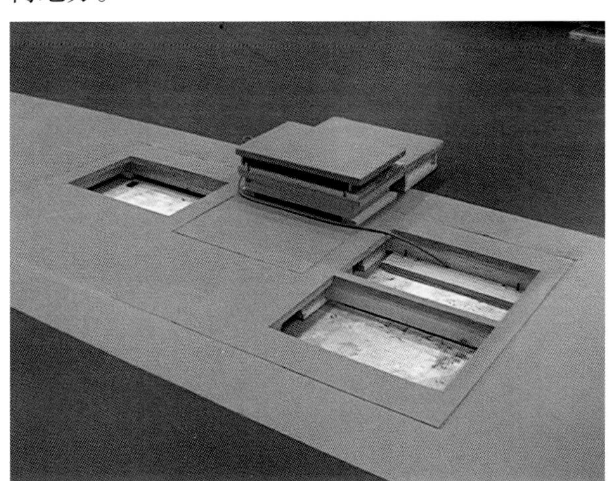

图 7.6　为降级任务设置的 AMTI 测力台（4 平台配置）

值得注意的是，所有的测力台（除了一些新的 USB 平台）都有相当多的电缆。该电缆必须从平台延伸到放大器（通常位于控制计算机），因此必须将这些电缆穿过地板或通过内径足够大的导管以允许电缆和端口连接。

7.1.8　测力台位置及配置

为了最大限度地利用试验室的空间，测力台

凹坑的位置至关重要，要使摄像机能够方便地在平台周围定位，并确保能够实现稳定的步态（步行或跑步）。曾有人建议，接近较小端的试验室应以对角线穿过试验室的方式建立测力台，这是通过创造一个更大的距离来实现稳态步态。但是，使用多摄像机系统时，可能会将摄像机置于可能不太理想的位置，从而降低摄像机的效率。因此，如果您的试验室规模较小，请集中精力获得最佳设置，而不影响最佳配置度量。

通常最好的配置方式是将测力台放置在试验室的中心，两边有足够的空间来放置摄像机，如果打算在试验室两端设置门，可以尝试将这些门与测力台对齐；这种摆放模式对研究跑步的步态非常有用，它可以让测试者在试验室外开始和结束，而不必因为跑到墙上而停下来。

一旦决定了测力台的位置，配置需要最大化以便收集足接触数量，或者通过设计所研究的运动任务，让试验室尽可能地适合所研究任务。多年来，人们提出了许多不同的配置方案，我们将讨论其中的4个配置案例，重点介绍如何充分利用这些配置。

测力台配置 1

图7.7（下）所示配置是中央兰开夏大学（the University of Central Lancashire）目前的配置，适用于研究步态、步态起始、姿势稳定性、儿童步态和跑步步态的试验室。其中两个平台相邻放置，测试者在姿态稳定和步态起始评估时两足分别踩在相邻的平台上，这样不仅可以获得每足的数据，还可以获得后续的足接触数据。此外，如果两个平台沿着x轴使用，适用于儿童步态或较短步长的测试者，其他两个平台定位于正常步态，总共收集3次足跟数据，如果只用两个平台，也可以使用类似的配置，包括嵌入的第2个平台（图7.7上），我们建议使用这种配置，因为它具有广泛适应性，并且涵盖了各种测试活动。

测力台配置 2

该配置将两个平台横置在两个纵向平台的两端。适用于儿童的步态分析，因为平板之间的相对距离很小，并增加足净接触的机会。同样，如果从该配置中删除两个平台，还能测试儿童步态（图7.8）。

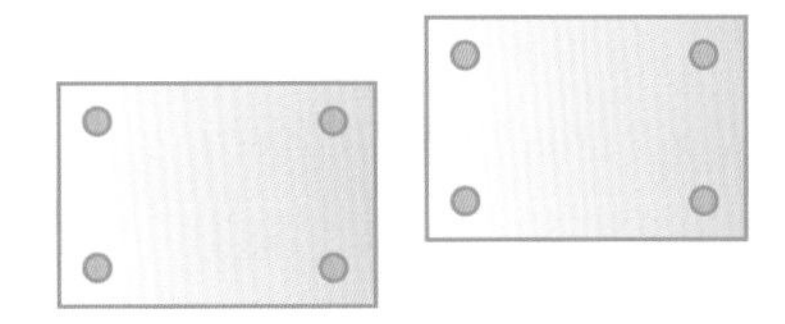

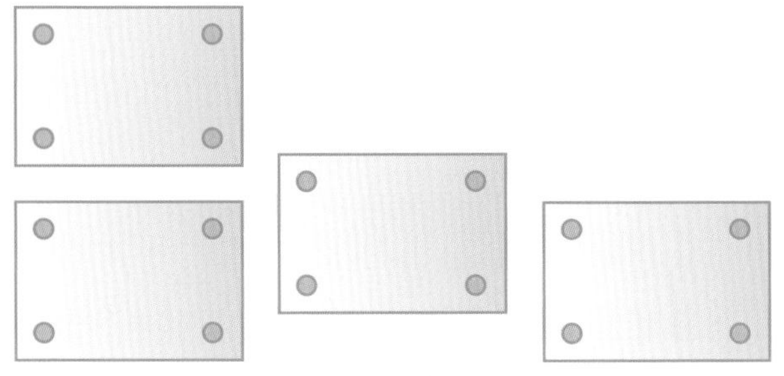

图 7.7　测力台配置 1

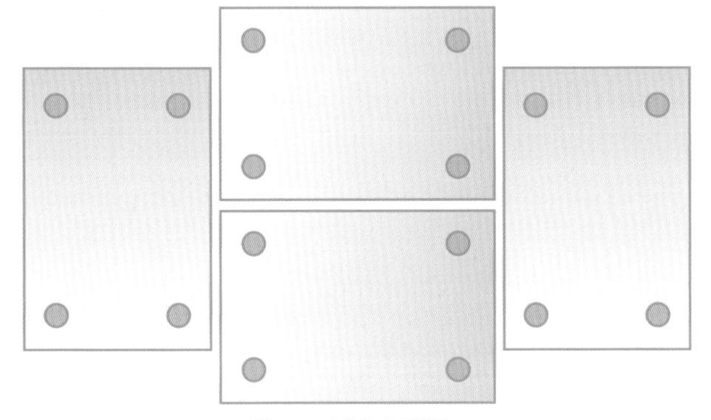

图 7.8　测力台配置 2

测力台配置 3

该配置至少有4个平台，通常在处理可能限制步长的儿童或患者时使用此配置，此配置增加了足接触的机会。此配置平台还能维持姿势稳定性和步态启动工作，但单个平台的数据对研究后续的足步态研究有局限性（图7.9）。

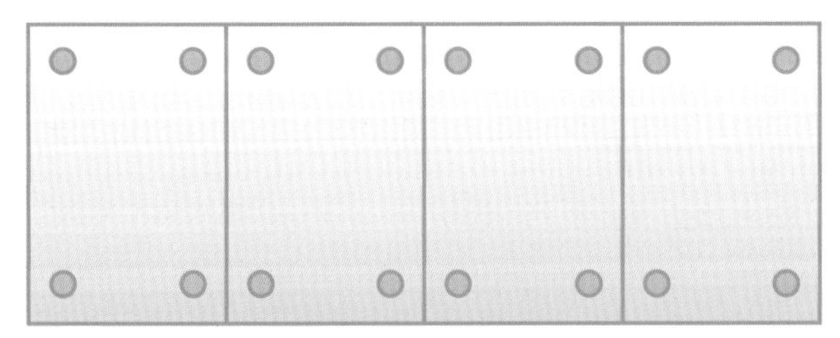

图 7.9　测力台配置 3

测力台配置 4

这种配置非常简单，通常用于收集步行和跑

步步态数据，我们不推荐这种配置，因为它会通过平台之间的相对间距来限制工作类型（图7.10）。

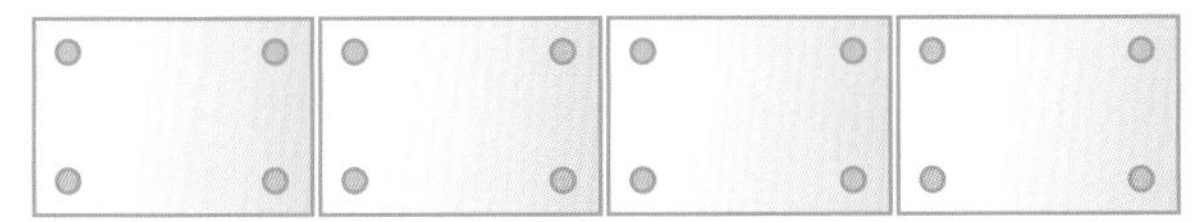

图7.10 测力台配置4

测力台是相对昂贵的装备，但有便宜的替代品，比如步行垫系统。如果正确地配置，该系统可能更通用（尽管它们不太精确），并可记录多种步法，对研究简单步态变量的研究非常有用，比如步长和步态速度，也容易记录步态周期中足跟着地和脚趾离地。

7.1.9 视频向量发生器

视频向量发生器是一种将测力台的数据与视频图像相结合的设备，测力台数据可以叠加在视频信息之上，显示GRF相对于下肢关节的运动情况（图7.11），该技术可用于识别生物力学病理学和监测治疗引起的变化。

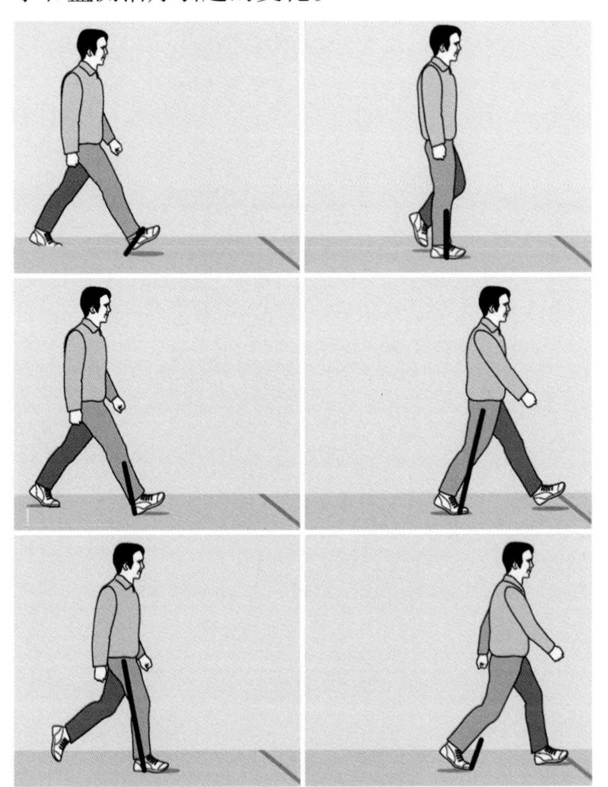

图7.11 力向量发生器

在使用这种技术研究病理步态之前，应该研究“正常”步态的模式并将其与功能相关联。使用该技术，可以识别远离预期步态模式的任何偏差并且与功能的改变相关。这该技术可用于识别生物力学病理学和监测治疗引起的变化，目前在临床使用的是使用视频向量生成器。视频向量生成器用于假肢的微调，其中可对假肢关节的矢状面和冠状面进行调整，也可用于对脑瘫患者的矫形管理进行微调。

该技术经过20年的发展，已经实现了可视化并记录相关数据，以便进行更客观的测量，最早能够做到这一点的系统是用于矫正研究和运动评估的ORLAU视频向量发生器，该系统使用的电子软件将矢量线投射到屏幕上。从那时起，研发出系列软件用于多个商业平台（Kistler，AMTI、Bertec）。例如ProVec（MIE，Leeds，UK）能够从多个平台收集数据。最近，TEMPLO的视频向量发生器已经上市，并用于临床矫形和假肢调试中。所有这些系统都允许叠加视频数据，以便实时显示和记录视频向量。虽然该技术是一个非常有用的评估工具，但不能对关节力矩进行任何精确的测量。

7.2 压力测量方法

7.2.1 测力台与压力平台的区别

尽管测力台提供GRF和重心的路径，但它们不提供关于作用在足的各个区域上应力的信息，压力测量系统提供有关静态和动态活动期间足与地面接触点之间压力的详细信息。

7.2.2 压力测量技术

各种测量足底压力的技术可以追溯到19世纪末，以下章节将提供一些早期压力测量系统的信息，并详细描述当前商用压力测量系统中使用的不同类型电子传感器。

7.2.3 压敏垫和薄膜

这些系统由一个薄膜或步行垫组成，患者可以在上面行走然后留下足迹，足迹的颜色深度或墨水量取决于患者行走时足的压力，目前市面有Fuji Prescale Film，Shutrak和Harris-Beath mat品牌，所有这些系统都显示出所施加的压力；这些系统能显示足的压力但不能给出压力值，这些足迹可用来识别足底的高压和异常区域。但不能显示不同阶段足底压力的动态变化。

7.2.4 足底压力计（光学）

足底压力计包括置于发光玻璃板上的弹性垫（图 7.12）。当测试者在步行垫上行走时，它会压缩并随着压力的增加逐渐变暗，玻璃板下通过设置为 45° 的镜面反射后由摄像机拍摄并对图像进行软件处理，来计算足底的压力值和压力的动态变化，通过图形识别足底的压力的动态变化，绘制出足底压力与时间曲线图（图 7.13）。

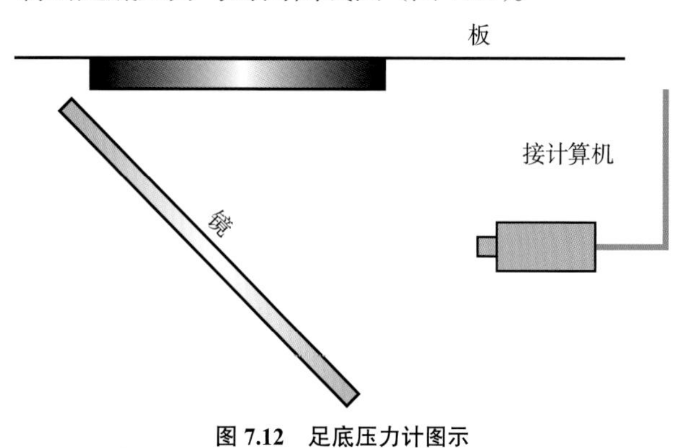

图 7.12 足底压力计图示

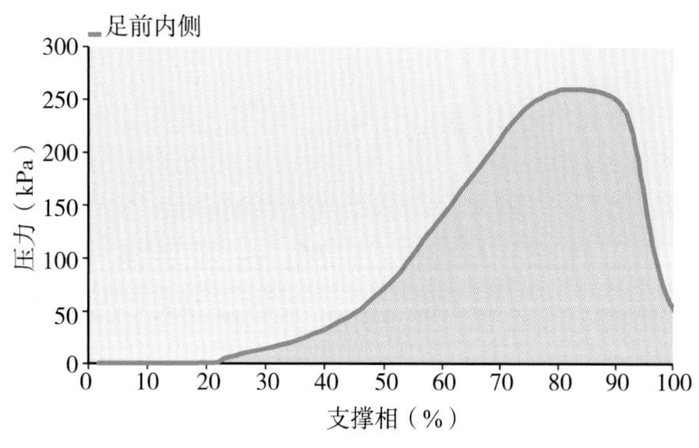

图 7.13 足掌内侧压力 - 时间曲线图

足底压力计的优点是依赖于摄像机的分辨率而不是足底压力传感器，因此，压力的分辨率要高得多。但多数足底压力计只能采用 25Hz 的频率来收集数据，这适合在步行中收集数据，不适合更快地运动，同时该设备不能携带，只能放置于地板下，导致目前市面上的足底压力测量装置大多是电子传感器。

7.2.5 电子传感器

当接受到足底压力时，电子传感器会将所承受的压力转换成电压、电导或电阻的比例变化。电子传感器不直接测量压力，他们只是将传感器所感知区域记录的力转换成压力。目前，电阻技术和电容技术是应用最广泛的传感器技术，两者都有其局限性，重要的是如何按照压力测量的要求，来确定使用哪种系统。

传感器技术规范

每种类型的传感器技术都有局限性，为了选择适合测量需求的系统，需要了解测量压力的传感器技术规范。

准确度：测量或计算的量与其实际（真实）值的接近程度。

蠕变：在固定压力下恒定承载一段时间后压力读数的变化参数；理想情况下，压力不会随时间变化，也就是说没有蠕变。

滞后效应：与比较传感器的承载和卸载时压力读数的最大差值有关，理想情况下，传感器应表现出较低的滞后。

线性：施加于传感器上的力与输出信号之间的关系；如果关系是成比例的（即直线），则认为传感器是线性。

压力范围：与系统能够测量的压力范围有关；该系统应该能够测量它记录活动的预期最大压力。

可靠性：是测量系统的一致性。

采样率 / 频率（时间分辨率）：是系统每秒能够测量的样本数，采样率的单位是 Hz。采样频率为 50 ~ 100Hz 的系统被认为是可以记录步行，较高速度的运动（例如，跑步）需要 200Hz 频率以上的设备。

灵敏度：描述由测量系统检测到的最小绝对变化量。

传感器串扰：压力作用于相邻的传感器时，不希望激活相邻的传感器，测试中需要低串扰的传感器。

空间分辨率：为传感器的尺寸，有些测试需要体积足够小，能够测量压力小的解剖结构，如跖骨头部等位置，空间分辨率在测量儿童足时尤其重要，在测量跖骨头和足趾也要选择传感器的大小。

校准

不同系统的压力传感器校准差异很大，不同

的制造商用各自的方法来校准，在传感器上输入人的体重（通常是错误的“kg”或磅），再通过加压气囊进行校准，然后将校准值与实际测量值进行对比。

第一种校准方法是假设所有传感器具有完全相同的特性，这个假设虽然不是进行科学研究的充分基础，但这种技术发展很快。如果目的是得到压力的近似值，比如预测可能的溃疡部位，那么这种校准方法被认为是快速和有用的，它显然比走在压敏垫上更好。然而，相反的论点是“压力何时变得过高”，在这种情况下，我们需要知道所采取的测量结果。

第二种校准方法使用加压气囊，在所有传感器上提供均匀的压力分布，通常在许多压力下重复，因此找到每个传感器的校准曲线。因此，传感器的任何变化都要计算在内，只有这样，才能认为系统是正确校准。一些制造商提供一种重新校准的服务，其中不仅记录压力的大小，而且记录压力的应用速度，这有时被称为斜坡加载，斜坡加载还具有检查传感器中的任何时间依赖性或时滞的优点。

电容

这种技术的原理是当两块中间有介电材料的电板被挤压在一起时电容的变化。当施加一个力时，两板之间的距离会发生变化，导致介电材料的性质发生变化，电容也会发生变化。诸如 Novel 和 AM Cube 等商业制造商在其压力测量系统中使用该技术。

电阻式薄膜压力传感器（FSRs）

电阻式薄膜压力传感器的两层膜之间为压力敏感的碳浆组成，类似电阻技术，当传感器受到按压，碳浆的电阻发生变化，系统测量传感器的电阻值得到压力值，当力传感器卸载时，其阻力非常高。当力施加到传感器时，该阻力减小，目前使用该技术有 Medilogic，RSScan 和 Tekscan 等公司提供的压力测量系统。

当鞋内压力测量系统中使用该技术时，优点是鞋垫可以很薄（2mm）；缺点是老化速度很快，并且重复使用后设备的敏感性会发生变化，需要经常更换。由于这些传感器很薄，它们很容易变形，需要小心使用，确保传感器不会在鞋内折叠，折叠可能会导致所计算峰值压力过高。

利用导电橡胶技术（例如 Inventables 和 Zoflex）的传感器主要用于工业应用，也可用于临床。

液压技术

将传感器置于液体来测试压力，包括所施加力的法向分量和切向分量。该技术被一家商业公司（德国 Paromed）使用。该系统的局限性在于鞋垫比其他制造商厚，并且传感器不覆盖鞋垫的整个表面。

7.2.6　传感器安置

本节介绍使用不同电子传感器原理的传感器设备（单个传感器、传感垫、鞋垫、跑步机）的信息。着重于足部压力传感器安置评估，还有各种各样的其他安置，有的可以用手握住，有的坐在 / 躺在椅子或床上时评估压力，并评估假肢的适合度（Cochrane 等，2008；Dumbleton 等，2009）。

单个传感器

小型单个传感器可以放置在所研究的特定区域，以显示该区域的压力（Branthwaite 等，2013）。其中包括柔性传感器（Tekscan，美国）（图 7.14A）和 WalkinSense 位移传感器（Kinematix，葡萄牙）（图 7.14B），它们可以记录 8 个单独的压力。目前的 WalkinSense 系统还包括一个佩带在脚踝的小型数据记录器；可以在连续监测整个白天的足压力和时空步态参数，以便整合数据。

与矩阵系统相比，这类传感器的优点是便宜，并且不需要繁杂的计算机处理能力；但它们不能提供矩阵系统那样多的细节数据。单个传感器也可以用来测量足部边缘或背侧表面的压力。如果因足部畸形而无法使用矩阵传感器测量感兴趣的区域，那么单个传感器是一个合适的选择。

这些系统要求研究人员 / 临床医师确定所研究区域并用胶带将传感器固定在该区域，确保在测试者动态活动（即步行，跑步等）期间传感器不会移出感研究区域，还要注意些传感器的尺寸和厚度，在确保鞋舒适性的前提下将传感器嵌入相似厚度的鞋垫内。

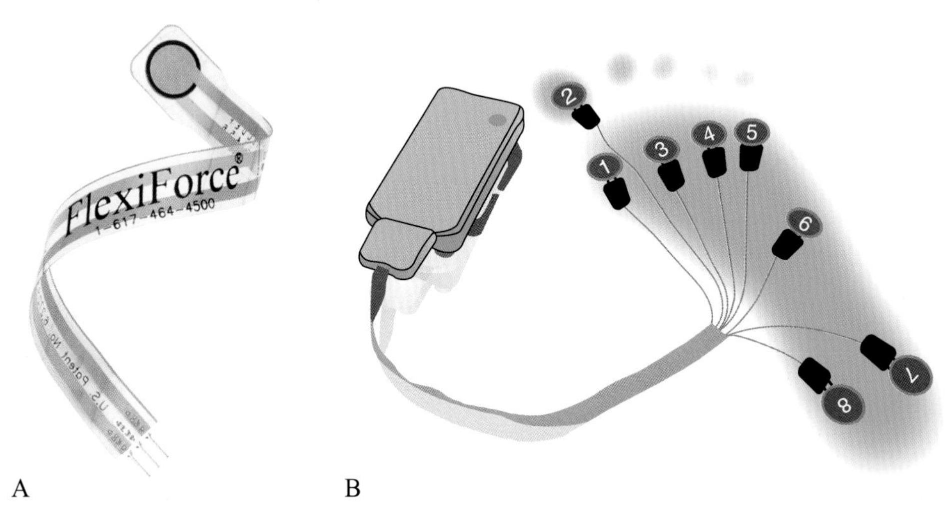

A　　　　B

图 7.14　单体压力传感器：(A) 柔性传感器（Tekscan Inc，Boston，MA，USA），(B) WalkinSense 位移传感器（Kinematix，Porto，Portugal）

矩阵传感器

矩阵传感器由单传感器组成，用来测量所研究的足（鞋）的整个接触区域上的足底压力。大多数矩阵传感器可与视频同步并参与到肌电图（EMG）和运动捕捉测试中。矩阵传感器所用的压力垫/平台，鞋内压力系统和压力跑步机将在下文讨论。

7.2.7　压力垫平台

压力垫平台用于测量赤足时足底的压力分布。早期的压力垫平台只能单次记录一英尺长的步态数据（图 7.15A 和 B）；后开发的压力垫可以做成一个长通道来使用，允许捕获多个步态数据（图 7.15C）。表 7.1 提供了一些商用压力垫平台的技术规格资料。这些压力垫每平方厘米通常

表 7.1　商用压力垫系统技术规范

制造商	传感器类型	离地板的高度（cm）	测量区域（cm）	传感器的数量	局部分辨率（每 cm^2 的传感器）	样本频率（Hz）	压力范围（kPa）
AM Cube[a]	电容	0.4 ~ 1.5	40 × 40 ~ 200 × 49	2704 ~ 16,384	2	100 ~ 200	10 ~ 1200
lorAn[b]	电阻/电容	不适用	48 × 48 ~ 1600 × 48	不适用	不适用	50 ~ 100	30 ~ 500
Medicapteurs[c]	电阻	0.4 ~ 1.0	40 × 40 ~ 150 × 50	1600 ~ 12,288	1–1.6	100 ~ 200	N/A ~ 1000
Medilogic[d]	电阻/电容	0.8	38.4 × 38.4 ~ 48 × 48	2048 ~ 4096	1.8–3.3	20 ~ 100	5 ~ 1280
Novel[e]	电容	1.55 ~ 2.1	38.9 × 22.6 ~ 144 × 44	1760 ~ 25,344	1–4	50 ~ 400	10 ~ 1270
Paromed[f]	水囊	1 ~ 4.5	40 × 40	1600 ~ 2304	11.4	100 ~ 150	7 ~ 343
RSscan[g]	电阻	1.2 ~ 1.8	48.8 × 32.5 ~ 195 × 32.5	4096 ~ 16,384	2.6	200 ~ 500	1 ~ 1270
Tekscan[h]	电阻	0.57 ~ 0.76	43.6 × 36.9 ~ 341.4 × 4.7	2288 ~ 59,136	1–4	25 ~ 440	N/A ~ 862
Zebris[i]	电容	2.5	149 × 54.2 ~ 298 × 54.2	11,264 ~ 22,528	1.4	100 ~ 300	10 ~ 1200

不适用：暂无信息。

[a] AMCube 法国，（三种型号：专业竞走、专业步行和步行）。

[b] 意大利，博洛尼亚，LorAn 工程研究所（三种型号：模块化压力平台、EPS/R1 和 EPS/C1）。

[c] 法国，巴尔马，cMedicapteurs（三种机型：Win-Track、Win-Pod、S-Plate）。

[d] 德国，舍内费尔德 dT&T medilogic Medizintechnik 股份有限公司（四种型号：基础、专业、无线和 NX）。

[e] 德国，慕尼黑 eNovel 股份有限公司（六种型号：emed-Xl、-X400、-q100、-n50、-c50 和 -a50）。

[f] 德国，新博伊恩 fParomed Vertriebs 股份有限公司（两种型号：Paragraph Pro 和 Paragraph S）。

[g] 比利时，加勒比 gRsscan 国际 NV（三种型号：高端足底压力测试系统、先进水平和入门水平）。

[h] 美国，马萨诸塞州波士顿 hTekscan 有限公司（六种型号：人行道 HRV、人行道 WE、人行道 WV、HR 垫、MatScan 和移动垫）。

[i] 德国，伊斯尼在阿尔卑斯，iZebris 医学有限公司（三种型号：FDM 3、2 和 1.5）。

布置 1 ~ 4 个压力传感器，并且有多种尺寸供选择，可以记录 20 ~ 500Hz 的频率。关于最佳压力垫系统存在很多争论，通常归结于传感器分辨率（每平方厘米传感器数量）、采样频率、校准的稳定性以及不同系统的成本（可能是临床使用的决定性因素），所有的系统都为研究和临床评估提供了有价值的数据。

A

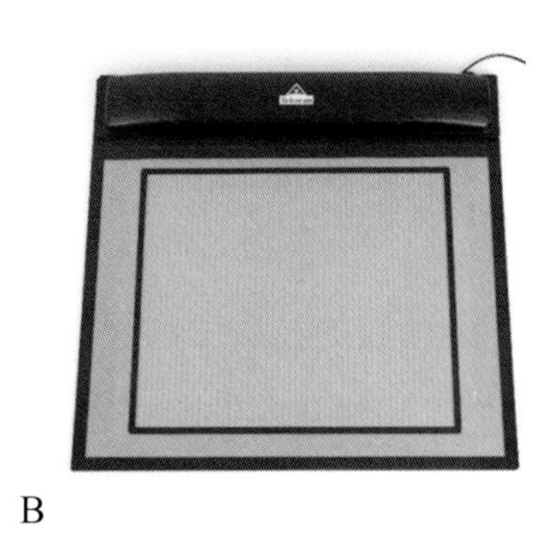
B

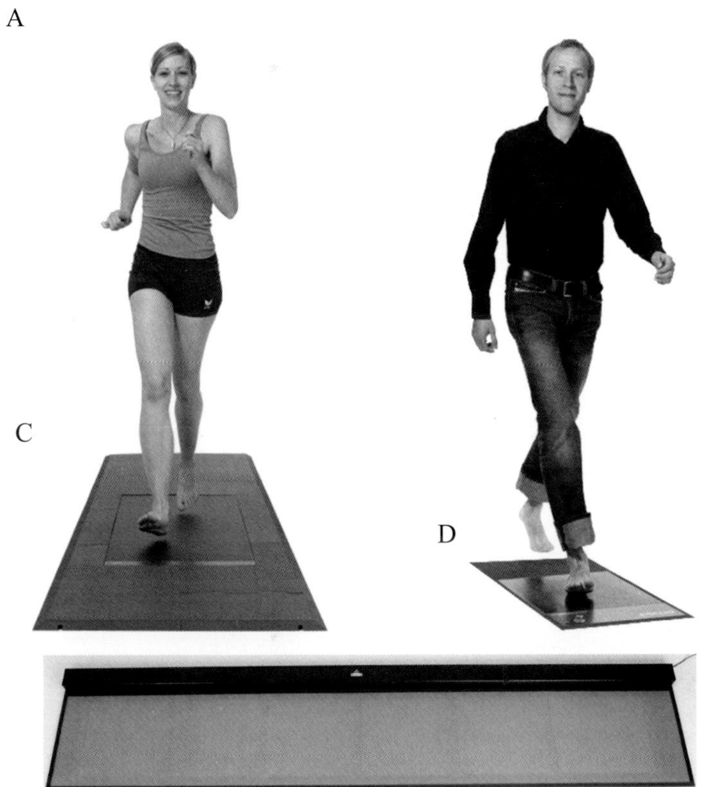
C

D

E

图 7.15 压力垫 / 平台品牌

（A）Platform Pro（德国 T&T medilogic, Medizintechnik GmbH, Schönefeld）；（B）MatScan（美国 Tekscan Inc. Boston, MA）；（C）emed®- ×1（德国 Novel GmbH, Munich）；（D）emed®-q100（德国 (Novel GmbH, Munich）；（E）Walkway（美国 Tekscan Inc. Boston, MA）

7.2.8 鞋内压力测试系统

到目前为止，我们研究了落地式压力传感器设备，这些设备要求测试者赤足行走，否则不能测量作用在足的压力，鞋内压力测试系统能够测量足部和鞋之间或足部和足部矫形器之间的界面压力，并提供了压力负荷和力分布的重要临床数据，鞋内压力测试系统目前面临的主要困难是足的曲率和足矫形器的形状以及放置传感器的空间不足。因此，要求传感器足够薄，可以镶嵌在鞋子中，而不会影响压力测试（图 7.16A–D）。

最早的鞋内压力测试系统是有线的，目前已经使用无线技术，利用 SD 卡，蓝牙技术或其他无线方式将数据存储传输到计算机。鞋内压力测试系统的便携式数据记录器通常佩戴在腰部，便

A

B

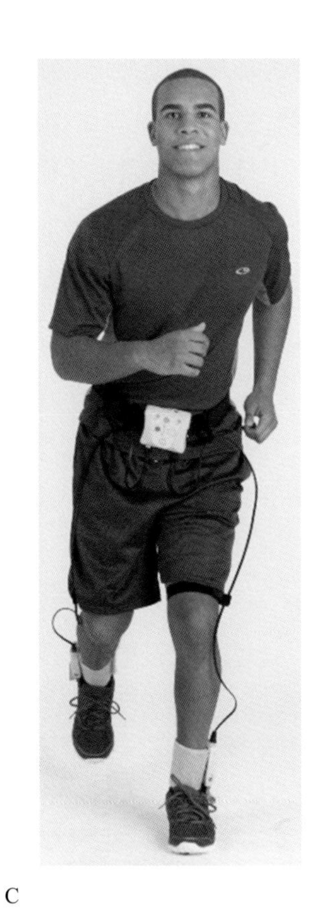

C

D

图 7.16　鞋内压力测量系统

（A）WLAN 鞋垫（德国 T&T medilogic Medizintechnik GmbH, Schönefeld）；（B）新版 WalkinSense 鞋垫(葡萄牙 Kinematix, Porto)；（C）无线 F- 扫描®（美国 Tekscan Inc., Boston, MA）；（D）pedar®- ×（德国 Novel GmbH, Munich）

携式装备可以在试验室（诊所）环境之外进行测量。鞋内系统可以记录大量连续的步长，仅限于可测量区域的大小，如果系统是有线的，还受电缆长度的限制。

表 7.2 提供了目前可用的鞋内压力系统的资料和标准鞋垫尺寸，有些公司还可以根据客户的需求定制超大（宽）鞋垫。有些鞋内压力测试系统的鞋垫由成排成列的传感器构成（F-Scan 和 pedar-x），而另一些系统则根据解剖结构将传感器排列在不同的位置，传感器之间有空隙，因此鞋垫的某些区域不能测量压力（Parotec）。大多数公司的测试系统使用标准鞋码的鞋垫，Tekscan F-Scan 公司的鞋垫是由用户定制。WalkinSense 测试系统的最新模式是将数据记录器连接到鞋子上，届时测试者可以选择使用压力鞋垫或单独的鞋传感器（图 7.13B）来测试足的压力。

表 7.2　商用压力垫（平台）系统的技术规范

制造商	传感器类型	有线 / 无线	鞋垫厚度（mm）	每个鞋垫的传感器数目	鞋垫型号（欧洲）	样本频率（Hz）	压力范围（kPa）
LorAn[a]	电阻	不适用	不适用	600 ~ 1024	36/39/42/45	50	不适用
Medilogic[b]	电阻	无线	1.7	35 ~ 240	19/20 ~ 49/50	100 ~ 400	16 ~ 640
Novel[c]	电容	有线 / 无线	1.9	84 ~ 99	22/23 ~ 48/49	100	15 ~ 600；可扩大至 1000kPa
Paromed[d]	水囊	无线	3.5	24 ~ 36	23/24 ~ 47/48	300	不适用
Tekscan[e]	电阻	有线 / 无线	0.15	最大 960	高达 48.5	100 ~ 750	N/A-862

不适用：暂无信息。

[a] 意大利，博洛尼亚，LorAn 工程研究所（三种型号）。

[b] 德国，舍内费尔德，bT&T medilogic Medizintechnik 股份有限公司（三种型号）。

[c] 德国，慕尼黑，cNovel 股份有限公司。

[d] 德国，新博伊恩，dParomed Vertriebs 股份有限公司。

[e] 美国，波士顿，eTekscan 有限公司（三种型号）。

7.2.9　压力跑步机

目前的跑步机增加了很多新功能，有些跑步机可以测量足底压力。这些跑步机的压力测试系统具有实验室压力垫类似的局部分辨率（每平方厘米的传感器），并解决了临床医师在医院评估患者的诸多限制因素。使用这些跑步机可以评估倾斜 / 下降对足底压力的影响，跑步机的压力测试系统可以与 EMG、惯性传感器等同步视频。一些跑步机的软件还可以进行步态训练，使用投影屏幕上的虚拟环境进行步态训练。这些系统在使用部分负重方案的康复过程中也可能有用。

7.2.10　收集数据的建议

在使用压力测试系统平台时，要考虑可能影响测量的所有因素，如目标、步长和行走速度等；测试目标会影响患者行走模式（例如缩短或延长步幅）并与平台接触有关。使用步行垫（垫的厚度与平台的高度相同）或将平台嵌入地板是用来预防患者的视觉和绊倒影响。测试中要求患者抬头朝前看，患者不了解什么时候接近站台了，就不会影响测试结果。

研究发现，测试者在触碰平台前采取的步伐数目可影响测量值（Naemi，2012），步伐方案（在患者触碰平台前，患者行进的步数）是一个影响测试结果的重要因素。常常采用位于步态中间数方案，将平台放置于 8 米或者 10 米通道的中间，由于各种因素的限制，该方案在很多场合不能执行，现在测量糖尿病性神经病变患者跖骨压力数据时，推荐二步方案，即患者所踩得第二步为测试板，记录患者 12 个步态中间每个足的鞋内压力数据（Bus & deLange，2005；Arts & Bus 2011）。虽然在数据捕获期间所穿的鞋袜也影响结果（应该注明），但可以在测试之间进行比较，在未来测试中应使用同样的鞋。

一般情况下，加快行走速度会导致成人（Taylor，2004；Chung & Wang、2012）和儿童（Rosenbaum，2013）足底压力的增加，在记录压力测量值时，也要注意监测行走速度。

罗森鲍姆（Rosenbaum，1994）证明：随着行走速度的加快，足跟、足掌、足弓和侧足掌下的压力显著增大，也就是说，身体在行走到跑步的加速将导致足部压力加大。

在采用压力测量时，不建议在不同压力测量系统之间或者在平台和鞋内测量值之间比较压力测量值（Larose Chevalier，2010）。对于测力台，压力系统测量垂直于感受器表面的力，可以认为是垂直分力。当测试者支撑位，鞋与地面水平时，鞋内测试系统的力只能被认为是垂直分力。因此不建议比较在不同鞋内测试的鞋内压力数据。

由于不建议跨越不同测量方法进行数据比较，因此要慎重选择设计方案、选择最佳研究 / 临床问题。但就同一方案可以让患者或患者之间的测试进行重复性测试比较。

7.2.11　展望

尽管多家公司研究测量剪切力的可行性方案，但目前通过压力测量设备只能测量垂直分力。

有些公司已经研发出跨不同测量系统的整合设备：在足部 3D 打印基础上叠加压力数据旨在改善矫形器的矫形过程（(OrthoModel，Delcam，Birmingham，UK）；整合动力学和压力测量系统来评价基于解剖识别所研究区域测量值之间的关系（Giacomozzi，2014）。

随着感受器技术的进展，在不远的未来，可研发出可穿戴的压力传感器（利用袜子来测量足底压力）。尽管目前有可持续监测压力的技术，临床工作中还在使用传统压力感知技术。未来的可穿戴技术将使高危患者受益（类风湿和糖尿病患者），可穿戴的压力传感器通过对压力的持续监测，可以预防压力导致的组织损伤。

总结：力和压力测量

■ 压力传感器不仅仅能测量垂直分力，还能够测量足压力分布或足底压力分布，足部高压力可能导致组织损伤，比如溃疡。

■ 压力传感器可以计算压力，提供与足形状有关的压力中心位置。

■ 测力台在评估运动的总体功能方面是有意义，压力传感器在确定作用于足部特定区域的负荷或压力的变化方面更有效。

第8章 运动分析方法

介绍不同运动分析方法的优点和缺点，从摄像技术的使用到惯性计量单位。包括采集和分析运动数据所需的过程和对错误数据的分析。

目的

掌握采集并分析运动数据的不同方法，及采取的不同措施。

目标

- 了解评价运动数据的不同方法。
- 掌握运动分析方法。
- 了解采用不同系统测量的参数。
- 掌握分析运动时需要的数据。
- 掌握错误数据的来源及如何纠正错误。

8.1 早期运动分析

19世纪晚期，人们开始用照相机记录人类和动物的动作模式。1877年，迈布里奇（Muybridge）采用每秒24帧的照相机拍摄一组马快速前行的照片，其中有马的4个蹄子瞬间全部离开地面的画面。此工作由利兰德斯坦福（Leland Stanford）出资，测试者是斯坦福大学的创办者，他想知道马的慢跑中是否存在一个暂停时期。迈布里奇（Muybridge）还采用相同的相机研究一位奔跑的男人的运动，并于1901年出版了《运动中的人体》图册。同一时间期，马累（Marey，法国生理学家）用摄影机拍摄动物的运动姿态，并且在1882和1885年记录人体步态的活动周期，制做跑步者的简笔画。

20世纪初，出现自动化和半自动化的计算机动作分析系统。首个商用系统是Ariel Performance分析系统，要求操作者人工识别每个标志物的位置。自此，标志自动识别问题一直处于计算机辅助运动分析发展的前沿。1974年，SELSPOT公司研发出自动跟踪有源发光二极管（LED）标志，Watsmart Optotrak和Codamotion公司也使用了类似的技术。一家摄像头生产企业VICON于1982年关注该领域，其他摄像头生产企业紧随其后研发一系列软件系统，包括Motion Analysis Corporation系统、Elite和ProRefl ex、Qualysis的Oqus系统。

20世纪后期，科学家研发了记录运动的其他方法。包括带仪表的步行垫、加速度计、电测角仪，以及最近使用微机电系统（microelectromechanical systems，MEMS）技术的惯性传感器，这些都有助于我们对正常和病理运动的认识。

8.2 对时间和空间参数的简单测量

空间参数可以通过多种简单的方法来测量，包括将带颜色的薄膜放置于测试者的鞋底并让测试者在纸面上行走（Rafferty，1995；Rennie，1997），采用附着在鞋子上的标志笔（Gerny，1983）。虽然测试费用不多，但分析数据笨拙且耗时。

时间参数可以通过计算一个人行走一段设定距离所需的时间，并计算走完该距离所用的步数来测量。充其量只会给出平均速度和节奏，并且这些参数不会有任何价值，这种技术极易受到人为错误的影响。

在20世纪后期，计算机技术推动了带仪表步行垫系统的研发。这些系统可快速收集并分析时间和空间的步态数据。主要的系统有：Al-

Majali（1993），Arenson（1983），Crouse（1987），Durie 和 Farley（1980），Hirokawa 和 Matsumura（1987）。

8.2.1　时间和空间参数的临床评价

许多学者研究正常步态（Grieve 和 Gear，1966；Murray，1966；Andriacchi，1977；Hirokawa，1989）和非正常步态（Gardner 和 Murray，1975；Wall 和 Ashburn，1979；Mizahi，1982；Wall，1987；Leiper 和 Craik，1991；Lough，1995；Isakov，1996）儿童和成人之间的步长、步频、摆动时间和行走速度之间的关系。

文献中，通过获得正常步态模式参数与非正常步态模式参数进行比较。1975 年，加德纳（Gardner）和墨里（Murray）研究多种病理步态患者的时间参数，包括：单侧髋痛的患者及帕金森疾病和轻度偏瘫患者，并将此结果与正常步行者的结果相比较。1982 年，沃尔（Wall）和亚希伯恩（Ashburn）采用时间和空间参数用于分析偏瘫患者。1987 年，沃尔（Wall）采用达尔豪西大学研发的步行垫系统检查数个病理步态模式。他们以一种精确且清楚的方式强调在应用正常步态概念来描述一些病理步态模式中遇到的主要困难。尽管如此，作者得出结论：步态的时间和空间参数研究是评价病理步态模式的一种快捷的方式。

当前，步行垫系统的用途包括：量化体弱和非体弱的老年测试者之间步态的时间和空间参数的差异，外周血管疾病患者随时间的变化、髋部骨折后患者的康复以及量化接受治疗的周围神经病变患者的运动表现。

8.2.2　步行垫系统

首个计算机控制的步行垫系统是由加拿大达尔豪西大学克劳斯（Crouse ）和沃尔（Wall）于 1984 年 5 月研发，并于 1987 年开始商用。此系统由 9 个活动步行垫和两个人体模型仿真垫组成，每个垫长 0.8 米，宽 0.76 米。将两个仿真垫放在步行垫的每端以允许有 0.8m 的距离，使测试者在到达活动垫之前开始行走，到达之后结束行走。活动垫采用垂直于行走方向，采用金属杆记录时间参数和空间参数，但是这些有时会干扰测试者的行走。

之后，通过采用分为左侧和右侧的印刷电路板进行了修改，每侧蚀刻 87 个铜轨道。通过 10W 电阻器连接轨道，步行垫的两端连接到 1mA 的恒定电源，为了记录行走，在测试者的足底贴了自粘铝带。当测试者沿着步行垫行走时，金属带产生分压器，通过电阻器的恒定电流产生与步行垫位置成正比的电压。该系统能够测量步数与步幅时间、步数与步幅长度、摆动阶段时间与双支撑和单支撑时间，但没有给出内侧 - 外侧或水平面足位置。

现在，不需要换鞋且误差较少的足部压力分析系统已经面世，而且这种系统采用压力传感器阵列感知足的位置（GAITRite 系统，图 8.1）。这些压力传感器提供 6 级压力评估，得到足的压力性质（即足跟着地或足趾行走）以及时间和空间参数，并给出简单的指导建议。该传感器还可以测量内侧 - 外侧和水平面足部压力。

图 8.1　GAITRite 系统传感器阵列

传感器阵列系统设计薄而轻，可以卷起并易于运输（图 8.2 A、B）。麦克多诺（McDonough，2001）测试了 GAITRite 系统的有效性和可靠性，他们认为：GAITRite 系统是一个合理且可信的工具。此后，该系统用于包括帕金森病、老年痴呆症和亨廷顿疾病、卒中、小脑和基底节相关的运动异常、运动失调和多发性硬化症在内的多种病理运动测试，并且已经发表近 300 篇相关论文。

足弓部的时间和空间参数为临床评估提供了非常有价值的信息，不同身体部位在时间和空间上的运动数据揭示了关于运动模式和运动障碍的本质。

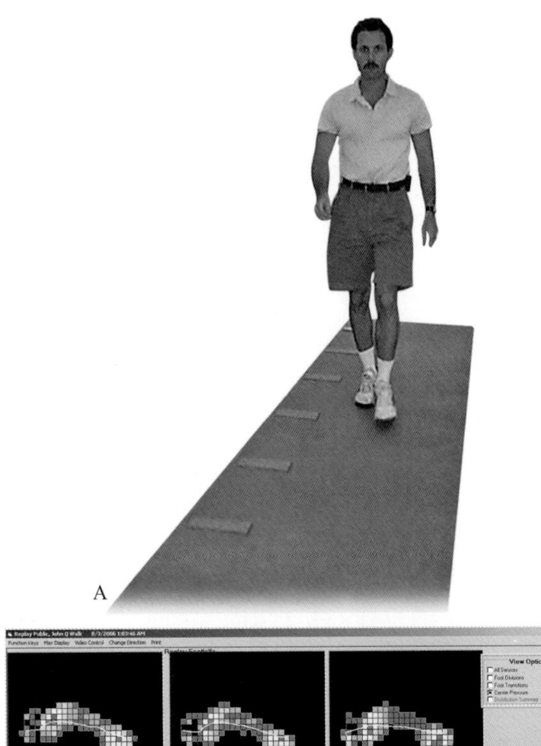

A

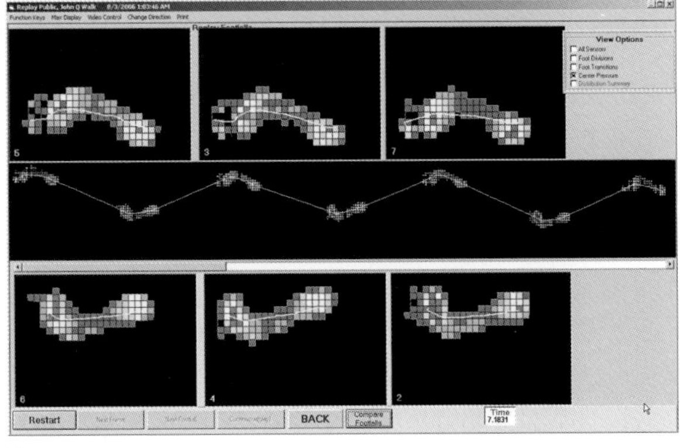

B

图 8.2 （A）GAITRite 系统，（B）GAITRite 的典型数据

8.3 电位器、测角仪、加速度计和惯性测量装置

8.3.1 测角仪、电位器和电子测角仪

什么是测角仪

测角仪是用于测量关节角度的手持式简单设备。测角仪实质上是量角器，有两个臂，一个臂保持固定，一个按照定位所需的测量角度。临床上有多种测角仪可满足简单但有用的角度和运动范围的测量。在临床上，这些测角仪可对静态角度进行快速和有用的评估。然而，在不同的运动任务期间，这些设备在动态测量角度方面几乎没有用处，有两种主要类型的测角器用于动态测量：铰链式“测角器”和充液式测角器，充液式测角器通常更灵活，但测量的是相对于重力的角度，如果使用不当，在测试时测试者移动就容易出现错误数据（图 8.3A，B）。（图 8.3A、B）。

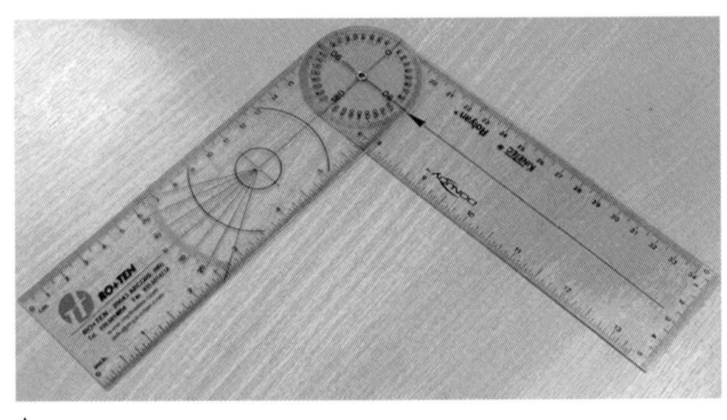

A

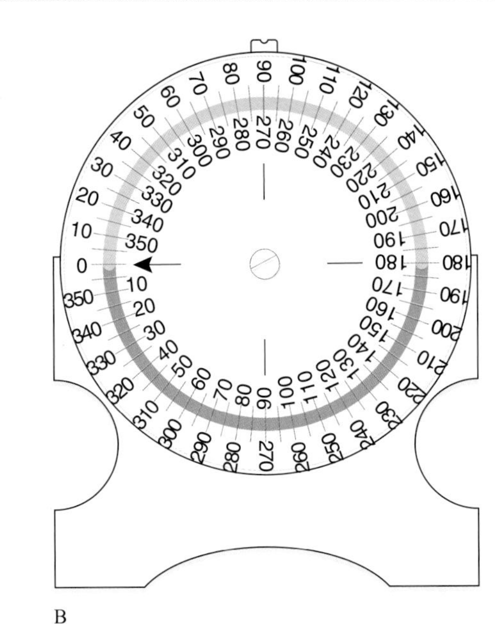

B

图 8.3 （A）划线板测角仪，（B）充液式测角仪（MIE、英国）

电位器和电子测角仪

电位器通过记录电压输出量来测量线性位移和角位移的变化。电位器通常放置于旋转关节的中心，沿着近端和远端节段的长轴定位于每个臂。关节角度的变化会使装置的电压输出与关节角度的变化成正比。角位移电位器可测量围绕一个平面的运动，是收集动态数据的低成本方法之一，常应用于测量矢状面运动，可以随时观察实时数据形成强大的“证据”。但仅适用于铰链关节，如果评估对象超过一个关节，可能轻度影响运动过程，并且所获得数据可能有误差（图 8.4A）。

电子测角仪的导线非常细，在屈伸状态下会改变输出电压形成误差，同时电子测角仪对三个平面内的角运动相对敏感。

双轴和单轴电子测角仪较常见（双轴指同时

测量一个关节的屈伸和内收外展)。电子测角仪的非侵入特性，相对廉价和数据相对精确，可以最大限度地减少步态修改（图 8.4B)。

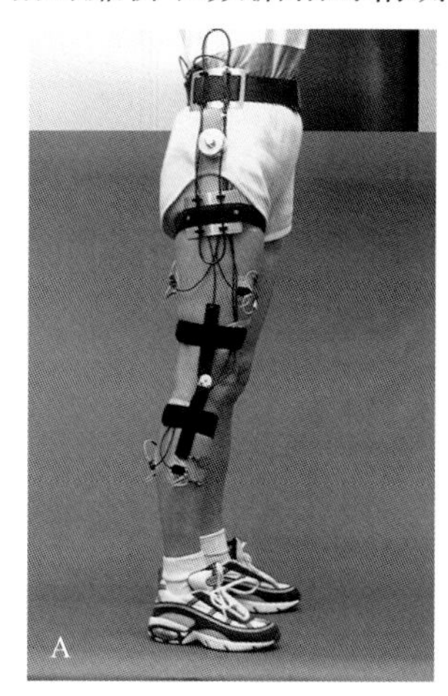

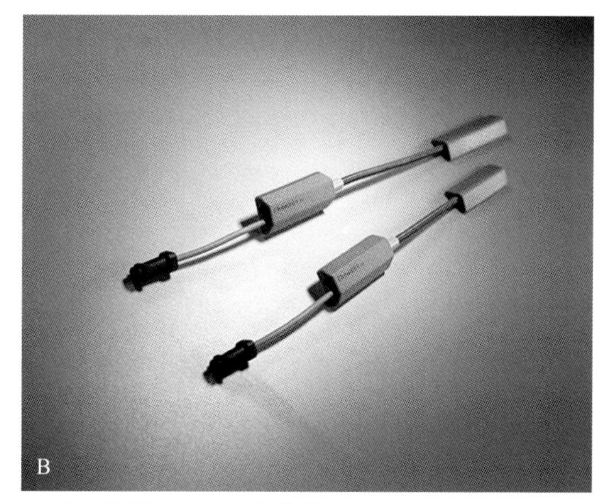

图 8.4 （A）电位器，（B）电子测角仪

8.3.2 电子测角仪的研发

20 世纪 70 年代，人们已经研发出电子测角仪（Marciniak，1973；Tata，1978)。

早期电位器设备笨重，有时被称为“电位测角仪”，采用钢条附着于肢体上，在正常测试者进行研究时，尤其是研究多个关节时因设备笨重难以穿戴，由于这些原因，此类设备在临床上没有使用。

尼科林（Nicol，1987）介绍了新型柔性电子测角仪，使用应变片替代了钢条的电子测角仪质量很轻，因测试费用廉价和设备非侵入性特点催生了大量学术成果，包括针对髋关节置换术前和术后，患者髋关节和膝关节运动的研究（Rowe，1989)，正常测试者和腕部疾病患者手腕环转的动态分析（Ojima，1991)，距下运动的评估（Ball & Johnson，1993）以及脑瘫儿童的踝关节和膝关节运动的主动和被动运动范围（Hazlewood，1994)。

8.3.3 电子测角仪和电位器的精确度

与电子测角技术相比，基于视频评估分析运动角移位的文献并不少见（Klein，1992；Growney，1994；Batavia & Garcia，1996)。为了使测试更加精确，需要探讨电子测角仪错误的根源，电子测角仪测试人体运动时出现的错误常见于:

■ 放置在关节周围软组织之上的电子测角仪容易发生移位。

■ 将电子测角仪放置在研究部位以消除在两个运动之间的干扰，比如内收和外展位或者矢状面的旋转运动。

■ 应变片导线的长度和力学性质给角位移测量带来误差。

研究视频分析系统的精确度，除了最后一种的错误，其他都可以通过位置设置来纠正。尼科林（Nicol，1987、1989）报告角位移测量的失误是由于应变片导线超过其力学要求的 1° 范围，因此，仔细放置电子测角仪可获得精确的关节角数据。

8.3.4 加速度计

加速度计是一种电子设备，可测量物体运动的加速度。常采有电容式、机械式、压电式或者压阻式等，在电容式加速度计，两块电容板把可测量物体连接在一起，从两块电容的差异值来测量加速度。机械式加速度计是将物体连接于弹簧上，通过弹簧偏转的数量可测量加速度的量，在压电式加速度计中，物体与压电晶体相连（典型的石英)。物体在加速过程中压电晶体变形产生电荷，产生的电荷与物体的加速成正比，压阻式加速度计采用压阻物取代压电晶体，物体的压缩会改变压阻物的电阻，从而改变电压输出，电压输出与加速度成正比。加速测量值可以使用 ms^{-2} 的国际单位，通过以 ms^{-2} 为单位的加速度除以 $9.81ms^{-2}$，转化为一个重力比值（g)。

加速度计可以是单轴（可在一个方向上对加

速度定量）或者三轴（可在正交立体轴内测量加速度）。在生物力学研究中所使用的加速度计非常轻，大多数设备的重量小于10g，加速度计在生物力学分析中通常有两种用途：测量身体部位的运动或者测量撞击瞬变。对于身体或者肢体的运动，加速度计需要用60 ~ 100Hz的频率来测量，测量范围为6 ~ 9g（由于重力，这是9倍的加速度）。对于测量撞击瞬变，现代设备能够测量1 ~ 5kHz的频率，并且高达1000g（重力可瞬间高达一千倍）的加速度。

加速度计可给出即刻的信号，能提供实时可视化和生物反馈，尽管如果需要多个肢体的数据，可为减震或者身体肢体的加速和减速提供重要临床信息，尽管未能给出肢体角度和关节位置的直接信息。但以追踪行走的运动模式广泛用于临床研究，也被用于临床实践。卡瓦纳（Kavanagh，2008）对数个研究进行综述，研究采用加速度计测量的运动模式，列出每个研究中所使用的方法、合理性与可靠性。

测量行走中的加速和减速，常常将一个加速度计固定于皮带或者腰部，或者用帽子或者肌贴将其固定于头部，不同的商品以不同方式提供加速度信号。通常包括：时间变量（诸如支撑时间、步伐时间和步幅时间）、加速度的峰值幅度和包含在信号内的频率。随着智能手机传感器技术的发展，人们开始使用手机接收加速度计信号，这些技术用于临床监测人体活动并由此推断日常功能和能量消耗。

加速度计也用于测量行走或者跑步活动中的垂直加速度，此加速度是由于足部着地导致（图8.5）。将设备固定于小腿的远端，当足部着地时，其速度瞬间减少到零，步行和跑步中足的速度变化率与足掌相关联的冲击力可表述为：速度变化率就是加速度。

测量小腿加速度的困难是：测试设备如何连在骨面来测试小腿的加速过程，一些研究者曾经将加速度计连接到骨针，在局部麻醉下将骨针固定到胫骨面（Lafortune，1991；Lafortune，1991）。许多非侵入方法用非弹力胶带将加速度计固定于小腿胫骨中部前面。在放置加速度计前，将皮肤拉伸以减少软组织移动，随后在胫骨和设备之间紧密接触。采用非侵入性方法可能过高估算峰值加速度，特别是在跑步期间，尽管信号的频率可能产生类似结果（Lafortune，1995）。

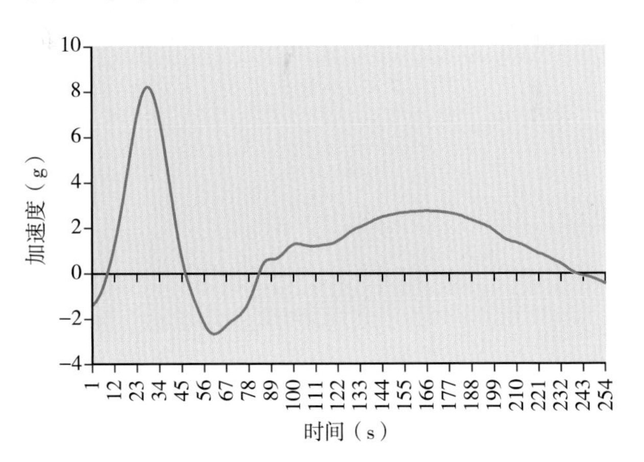

图8.5　在跑步期间测量的胫骨加速度

有学者采用加速度计测量冲击力来研究膝骨关节炎患者（Turcot，2008）、前十字韧带功能缺陷患者和ACL重建患者的康复前后变化（Bryant，2003），也有学者采用加速度计研究跑步者的慢性损伤的风险。

8.3.5　惯性计量单位

使用MEMS技术来确定身体相对方向随时间变化的传感器称为惯性传感器（inertial measurement units IMU）。IMU通常由陀螺仪和加速度计构成，还可能包括磁力计或总坐标系统（GPS）来提供全局定位。IMU中使用了三轴传感器，因此可以计算三维运动。

MEMS陀螺仪通常由音叉、摆轮、傅科摆或谐振器构成，并利用所谓的科里奥利效应（Bernstein，2003）。原则上，每个陀螺仪悬浮在支撑面上产生振动，当振动物旋转时，会产生一个力（科里奥利力），该力与物体的旋转速率成正比。因此，旋转量是通过对振动平面的角速度来计算的，可通过整合震动的角速度计算旋转的量，与第8.3.4节所述结构类似的MEMS加速度计连同该系统使用的传感器构成IMU在印刷电路板上的陀螺仪，加速度计被用于IMU来计算肢体相对于其他位置的变化，这是由加速度信息的双重积分决定的。

三个平面传感器的本地坐标系中为陀螺仪提供角速度测量值，也可以用来确定传感器相对于重力的倾角（图 8.6A、B），磁力仪测量磁场，而磁场可用于测量传感器相对于地球磁场的倾角。

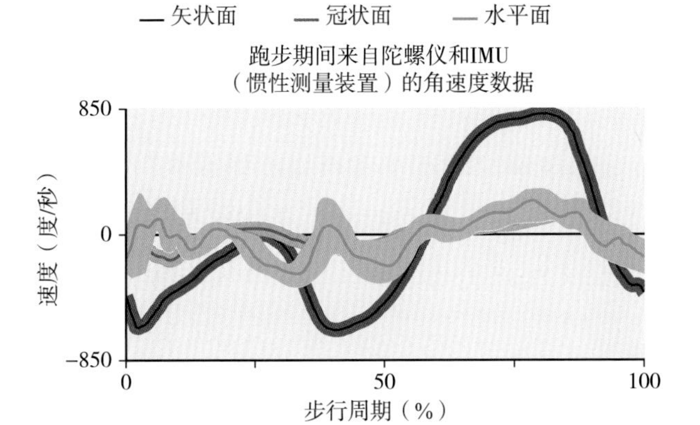

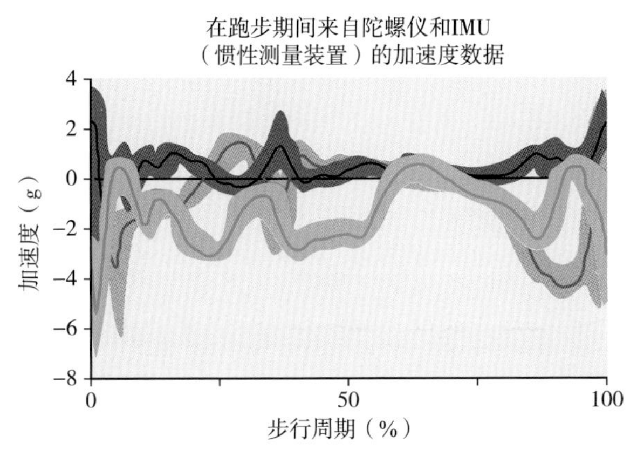

图 8.6　采用放在胫骨的 IMU 在 80 个运动周期期间测量三个平面内的角速度和加速度 / 方向

尽管 IMU 设备呈现小型化趋势，很多 IMU 具有无线采集数据的能力，使得用 IMU 测试生物力学数据极为方便，但 IMU 确实会出现内在的测量误差，为了定位并测量一个肢体，IMU 必须整合来自加速度计和陀螺仪的原始数据。肢体在空间的位置是由加速度计计算得到，一旦获知位置，陀螺仪就会精准定位，陀螺仪的精确度取决了加速度计确定位置的精确度。

加速度计对压力、温度和高度的变化很敏感，如果这些数据没有修正，就会出现偏差从而导致结果偏移。一些 IMU 通过采用纠正偏倚的温度传感器对温度误差进行纠偏，并且通过创造有固定压力的封闭环境而消除压力误差（Shaeffer, 2013），也可以采用磁力仪帮助纠正偏倚，由于提供了高度和行进方向的信息，这些信息可以作为一个纠正算法的一部分。另一个 IMU 的问题是加速度计会遇到噪声，噪声导致加速度测量值高估，需要在数据整合前通过滤过原始信号来纠正。最后，IMU 的捕捉频率是非常重要，由于传感器仅仅估计有关数据点之间的位置和定位，表示如果传感器仅捕获低频数据，一些真实的运动数据可能会丢失（参见第 9 章）。

一般情况下 IMU 可单独用，但在分析人体生物力学时，常和其他分析系统（XSENS MVM）合用，并采用两个或者更多传感器来测量特定的关节（Delsys）。临床医师经常使用 IMU 来表示每个身体部位来测量试验室之外的三维运动。IMU 的精确度取决于传感器的质量及用于计算身体部位的三维定位的分析数据。IMU 已经用于：滑雪、速度滑冰、骑马和垒球手投球等各种运动的评估，并且它已经被用于辅助起立等临床步态评价和临床研究中（Fong，2010；Roetenberg，2013）。

8.4 照相机运动分析系统

运动分析系统常用单个照相机或者多个照相机来重建二维或三维运动数据，量化不同运动任务的动力学研究。

为了精确而有效地完成此工作，要重视数据的采集和获得二维（三维）运动数据的处理方法和分析方法。开展运动分析，以下几方面需要考虑：

- 照相机定位
- 照相机速度、取样频率和快门速度
- 使照相机同步化
- 校准图像空间
- 数据捕获
- 数据同步转换
- 数据过滤
- 解剖模型和标志设置

8.4.1 照相机定位

数据采集由照相机拍摄一组活动组成。研究项目（二维还是三维）决定照相机的数目和位置。二维研究仅需要一个照相机，而且照相机必须放置在研究者所关注的平面内，比如矢状面分析中，照相机的位置相对于研究者感关注的运动应该呈直角（相距 90°）以获得最大精确度。

通常情况下，三维运动研究至少需要两台照相机，照相机必须设置在 60° 和 120° 之间的位置，尽管直角位置产生最佳的结果（Woltring，1980）。当采用两台照相机研究人体运动步态，身体上的标志或者关注点可超出两台相机视野范围。在此实例中，无法追踪这些点，由于必须看到每个标志点。为此，常用 4 台或更多相机用于三维运动分析，增加整个运动追踪标志物或者关注点的机会。

照相机数目和定位不仅用于标志物的识别和追踪，也影响标志物的坐标精确度，采用更多照相机工作以减少对研究数据所产生影响。沃尔特林（Woltring，1980）在三维步态研究中应用多个照相机来校准标志轨道发现：当照相机数目增加时，三维坐标计算错误差减少，从两台照相机增加到三台照相机时，误差明显减少，随后所增加照相机数目产生的误差更少。但应谨慎对待此结果，如果照相机测量系统仅仅由 3 台照相机组成，从照相机不一定看到所有的标志。所需的照相机数目取决于所分析的运动任务、解剖学模型和所采用的标志组（第 9 章），比如，一个简单的步态数据采集可能需要 4 台照相机。如果采集复杂一点的步态数据，数据质量将会较差，基于这些原因，用 10 个或者更多的照相机在研究试验室内更为常见（图 8.7A、B）。如果需要更复杂的解剖模型和标志组数据则考虑空间等因素，因此，在确定最恰当的照相机测量系统，必须考虑成本、空间和可能需要的模型的复杂性。

8.4.2 照相机速度、取样频率和快门速度

由于数码照相机具有价格、即时性和可获得性等优点，该类设备被广泛用于人体运动分析（Bartlett，1992）。标准照相机的每秒 25 ~ 30 帧的拍摄速度常常限制了其使用，由于国家电视标准委员会（NTSC）要求最大取样率为 60Hz，照相机技术的新发展包括易操作和更低的成本。

照相机系统可以记录快速的运动模式（比如短跑）。运动越快，取样频率必须快或者照相速度必须越快。目前已经有高达 10kHz 取样率的照相机，但学者们认为取样率 50Hz 足满足研究人体运动的需求。尼奎斯特定律的取样要求：取样率必须是信号最大频率至少两倍，尽管这仅仅给出最小可用取样频率（Antonsson，1985）。

如果要获得一个清晰的图像，快门速度极为重要，快门速度是照相机快门开放的时间量。如果快门开放时间过长，那么图像将变得模糊或者污迹斑斑，对于正常行走，要求快门速度是 1/250 秒或者更高。如果正在记录更快的活动，比如短跑，要求快门速度是 1/1000 秒或者更高。

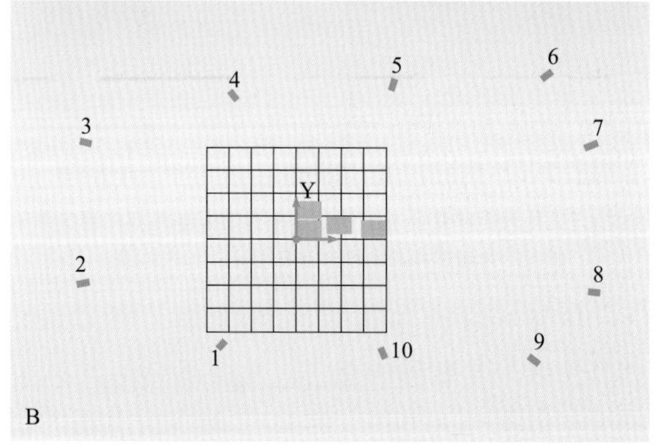

图 8.7 UCLan 健康学院的运动分析试验室（A）照相机位置,（B）测力台示意图

8.4.3 照相机同步化

用多个照相机拍摄一个运动任务，来自一个角度的数据可以和来自另一个角度的数据可以构建动作的三维图画。为了使照相机视图同时结合，必须满足：所有照相机必须对准一个单独的运动活动，被称为同步化事件。随着技术的发展和不同系统的整合，同步化闪光、同步化启动照相机记录已经实现。

除此之外，还有一些同步开启和关闭技术，以确保每台相机精确地捕捉到相同的图像，而不仅仅是同一帧的图像，通常通过相机上的带电耦合装置实现（图 8.8）。重建后的单个摄像机图像精度更高，特别是在处理快速运动时。除了照相机彼此同步外，还需要和外部设备诸如力、压力和肌电图（EMG）同步，通常是利用晶体管 - 晶体管逻辑（TTL）以一个 2 ~ 5 伏方波脉冲的信号形式实现的，大多数系统都能够发送或接收这个信号（即触发此过程或此过程被外源触发）。

系统之间通常有一个恒定的延迟（20ms）；这种延迟在软件分析过程中是正常的，从两个运行不同软件的计算机或者模拟数字系统板（A/D）带入照相机系统采集的数据并转化信号，或者是来自另一个数字化来源通过 USB 直接输入（图 8.9）。就使用 USB 的精确同步而言，对于运动分析系统和相关设备的生产商有很多技术挑战，我们不就此多谈。但不需要额外的 A/D 板的好处很多，包括软件和硬件的便携性和设置。

图 8.8　在 Qualisys 旁的 Oqus7 照相机

图 8.9　Qualisys 模拟变数字（A/D）和通过 USB 输入数据

8.4.4　校准图像空间

通过二维图像推断三维坐标，要求有两个来源的信息：照相机内和照相机外，通常被称为照相机的内在和外在属性，内在参数指诸如焦距、图像中心与透镜的关系，主要是透镜的畸变参数，外在参数是指相机和图像在测量坐标系统中的位置和方向等信息，一般为试验室坐标系统或全局坐标系统（也称总坐标系，GCS）。

通常采用校准技术获得内在和外在参数，每个参数采用的校准不同，这些校准主要指摄影机镜头线性化的校准和系统的校准。

静态校准

图像空间是要记录运动数据的区域，必须校准已知参考系的位置信息，为了校准图像空间，必须知道要记录运动的区域内固定点的位置，这些定点可以是放置在数据采集区域的校准框架，也可以是悬挂在天花板上的点，这些信息被记录后，删除框架，这样就可以从活动中收集数据。

运动分析系统数据在很大程度上取决于校准程序的准确性，其中，校准框架中每个摄像机在空间的位置很重要，校准框架坐标也必须非常精确；对于试验室的工作，± 0.1 毫米的误差在所有平面是可以看作正常情况，校准坐标位置内的任何错误将影响所追踪动作的精确度。

所需校准点的数量取决于它是二维系统还是三维系统，对于二维系统，必须知道至少 4 个共面点的位置才能定义一个平面中的测量值，校准二维系统时，必须仔细进行校准框架正确定位。二维系统存在透视误差，这种误差发生在标志点靠近或远离记录活动的摄像机时，由于透视误差，校准框架与要记录的活动保持在同一平面，即使有这种预防措施，身体近侧的部分似乎也比远侧的部分长。

对于三维运动分析系统的校准，需要至少 6 个非共平面的校准点（Woltring，1982，图 8.10），这意味着在所有三个平面中都必须有校准点。这类系统的许多校准都有 6 个以上的校准点，从而可以覆盖更大的数据采集区域，实现更高的精度，所有的摄像机必须清晰看到校准点。如果情况不是这样，校准程序的精确度大受影响，尤其可见点的数目在 6 个以下，由于校准量之外的测量值的精确度受影响（Woltring、1982），校准点覆盖的区域应该与所拍摄区域的大小大约相同。

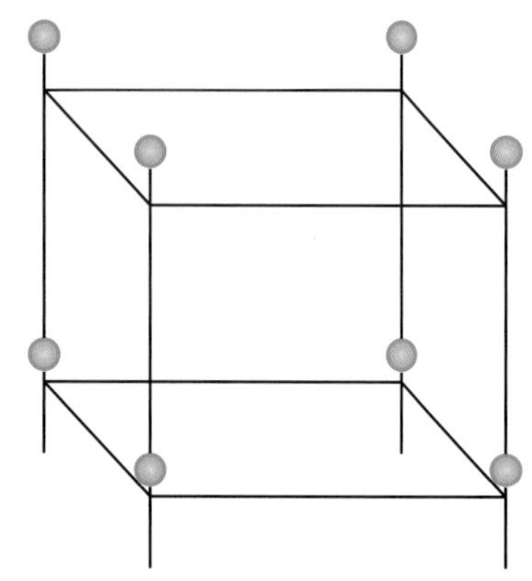

图 8.10　早期动作分析集合系统的校准框架

达布尼奇基（Dabnichki，1997）研究了随着校准设置变化的数据采集的精确性和可靠性。采用 Elite 动作分析系统进行一系列测试，Dabnichki 研究了其中的 5 个因素：物距、距校准区域的距离、校准区域的大小、在校准区域内的位置和观察部位的旋转速度。结果显示：前 4 个因素容易形成误差。

动态校准

为了精准照相机的外在参数、照相机的位置，必须设定总坐标系，动态校准可以采用多种组织形式，然而，最常见且可靠的方法是采用静态框架以设定原始或者零位置和正 x 和正 Y 轴的方向。

除了静态框架之外，还有动态框架，由于动态框架杆运动产生大量的二维坐标，为了找到照相机和杆的三维坐标的位置和定位，采用光束法平差（bundle adjustment）的程序（Brown、1966）。由此计算出照相机和杆的三维坐标的位置和定位（图 8.11A、B）。

残差规范

确定每个校准点坐标的误差近似值，误差可以称为“残差范数”（Nigg & Herzog，1994），它是误差的总和。

在校准报告中，残差范数让使用者判断是否有严重误差，为每个数字化试验的校准框架找到残差范数，这些残差范数告诉我们运动分析系统需要做什么样的修正；这些与数据收集中的误差不同。也可以报告杆长或校准框架的静态标志之间的标准偏差，以便了解在计算标志位置时可能出现的误差。

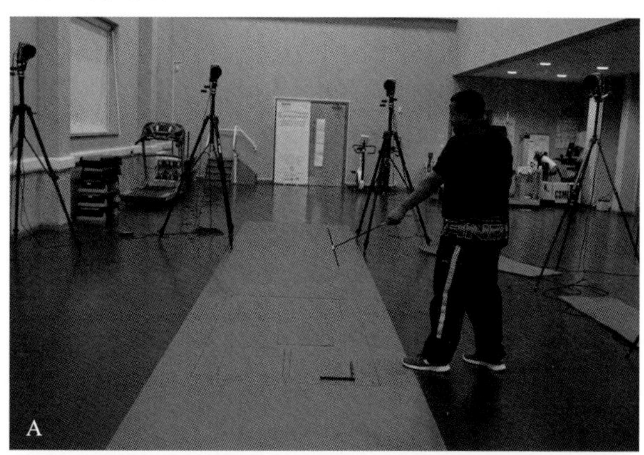

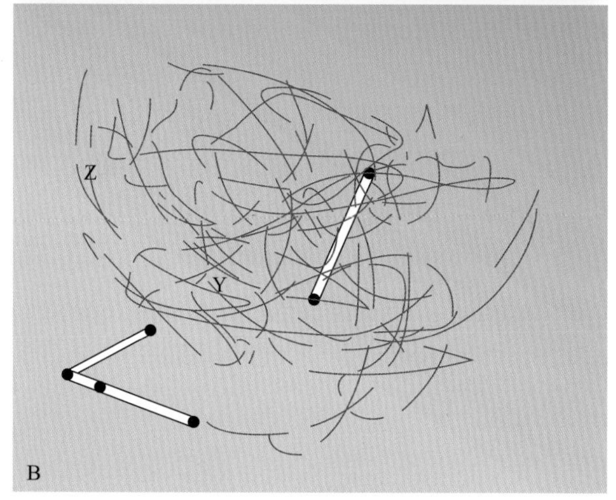

图 8.11　A 和 B 动态校准

镜头校正

所有相机的镜头都会在一定程度上受到扭曲的影响。这是由于在制造过程中产生的材料和缺陷造成的系统误差，如果不考虑系统误差，就会导致二维图像重建中出现较大的误差。如果可以测量透镜的误差，则可以在采集过程中或采集后计算误差，为了研究透镜的扭曲，将已知位置的点相对于另一个点的情况拍摄下来。塔西（Tasi，1986）研发了一种使用 60 个校准点的方法，安东森（Antonsson，1989）使用了超过 12000 个点来获得更详细的研究。

拉丁（Ladin，1990）等通过拍摄有一个等距点的已知位置的区域研究了透镜的二维扭曲，他们取来自拍摄的测量值并将其与已知数值相比较。这些数值之间的差异被标绘为向量，向量的幅度随着透镜的扭曲增加而增加，用这种方法，可以绘制镜头扭曲的地图。拉丁（Ladin）和同事们证明：当被拍摄的物体移动离开关注区域中心，由于镜头畸变而发生大量误差。为了防止此类错误，采用视野区域的中心，然而，这限制对于许多分析系统生产厂家检查照相机的镜头畸变，并且镜头轴被结合入软件，这使得镜头畸变的影响最小化。或者，尽管信息不被看作精确的，可以采用来自校准框架的信息以校正镜头畸变。

可以采用照相机线性化的动态方法，比如由 Qualisys 使用的方法，也可以在静态方法中采用同样的原则。在一个框架上安排标志或者一个棋盘格，由此得知每个标志之间的具体距离（图 8.12）。然后，当收集数据时，这被直接移动至照相机的前面，或者当框架被置于静态位置时，获得数据的数个框架。

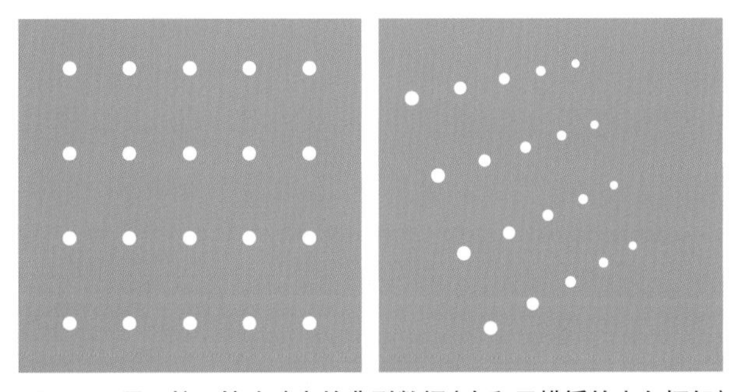

图 8.12　用于校正镜头畸变的典型数据（有和无横摇的定向框架）

当移动框架时，它提供二维空间或方面的深度特征的信息，然后采用最适合的方法解释来自这些数据的与照相机镜头有关的误差。

8.4.5　数据捕获

一旦照相机设置被校准，测试者已将标志组附在测试者身上，可以记录运动，在完成记录后，视频数据被转移到计算机硬盘上，此过程被称为捕获或者视频采集。许多运动分析系统：比如 VICON 系统（Jarrett，1974）、Elite 系统（Ferrigno & Pedotti，1985）和 Qualisys 系统直接将视频图像信息记录到硬盘，这些已知为照相机或者基于视频的系统。第二个类别被称为基于视频的系统，这些首先将视频信息收集到录像带上，然后将之转录到硬盘。由于图像被记录入模拟带并且被再次数字化，录像带的使用可能轻度降低系统的分辨度。尽管当数据由计算机处理时，需要改变形式，数字化视频的引入不再有此缺点。基于照相机的系统（比如 Qualisys 和 VICON）记录来自照相机的直接输出，因此维持分辨度。

视频测试系统的优势是保存了有价值的视频记录，但带标志的电子跟踪视频往往比相机测试系统更耗时，而且数据文件更大。一旦视频信息存储在计算机硬盘上，就无须再使用视频设备，并且可以多次从计算机硬盘上读取信息，还可以将其数字化。

群集和标志光点

对于许多运动分析系统，有必要将标志光点放置于不同解剖学标志上以代表身体位置，这些标志光点被描述为被动或者主动。但采用这些标志光点应该不能明显影响所测量的运动模式，否则采用标志光点的运动分析将不符合由布兰德（Brand）和克罗因谢尔德（Crowninshield）推荐的标准（1981）：测量不能明显改变所评价活动的性能。

标志光点可单一代表一个关节或者代表某个部位。已经开展了许多标志群集最佳配置的工作，现在广为接受的是：有 4 个标志光点群集的刚性外壳是一种良好的实用解决方案（Cappello & Cappozzo，1997；Manal，2000；图 8.13A）。

视频系统测试光一般使用背景从亮到暗或暗到亮的对比，而照相机系统的标志光点通常由一种被称为 Scotchlite 的反射材料制成，这种材料将照相机发出的光反射回照相机镜头。有些照相机系统使用一种频闪光，而另一些则使用安装在相机镜头周围同步红外 LED 灯，无论使用哪种技术，深色背景上标志光点显得效果更亮点（图 8.13B）。

与之对比，主动发光标志物会发出固定频率的光，因此这些测量系统不要求照明，并且，这些标志物更易于被发现和追踪（Chiari，2005）。最常用的主动发光标志是那些发出红外信号的，比如 LED（Woltring，1976）。LED 以与被动标志的方式连接于一个肢体，但是对于每个 LED 增加一个电源和一个控制单位。主动发光标志可以有其自身的特定频率，这允许它们被自动检测到。而且不易被误认为是相邻的标志，可以非常稳定地实施三维运动追踪，主动发光标志的好处是可以在室外应用（由于被动标志系统对白炽灯和自然光敏感，常受限于室内使用），主动式光学定位系统的一个案例是 CODA。

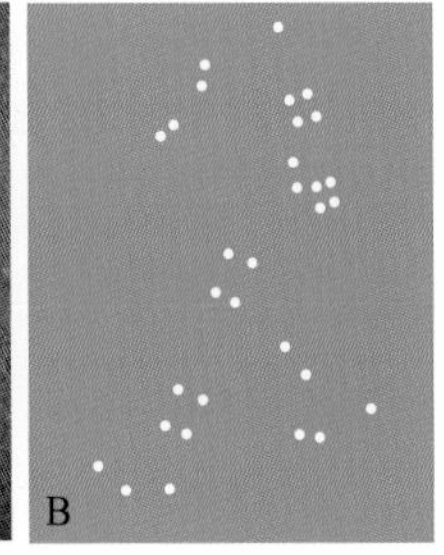

图 8.13 （A）被动标志的群集与一个 30cm 尺子，（B）对比计算机系统的捕获数据

由于标志放置导致的误差

由于标志位置导致的两种误差，被称为相对误差和绝对误差。相对误差被定义为两个或多个刚性部位的标志之间的相对运动导致。绝对误差被定义为一个标志相对于它所代表的骨骼标志运动而形成，相对误差和绝对误差常常被称为软组织伪影。

标志物常放置于特定解剖部位的皮肤上。但很多测试者不愿意这样做，尤其是在骨盆周围放置标志物。黑兹尔伍德（Hazlewood）和同事们（1997）比较了紧贴皮肤的标志和放在髂前上棘衣物上的标志对测试的影响。结论是：标志放置在皮肤上与标志放置衣物上相比较，位置挪移显著增加，可能导致对盆腔运动测量形成错误结论。作者认为：标志物放置在贴身衣服上比直接贴在皮肤上更好。

相对误差和绝对误差常常由放置标志部位的软组织运动导致（Lesh，1979；Ladin，1990；Cappozzo，1996）。采用固定于骨内的针和皮肤标志物来对比研究误差的范围，数据给出了相对于骨骼系统软组织运动的测量结果（Levens，1948；Cappozzo，1991；Reinschmidt，1996），量化误差并研发针对皮肤运动的校正算法，但采用骨针用于日常运动分析在伦理审核中没有通过。

有大量文献报道：来自皮肤标志的软组织伪影对人体下肢运动数据的影响，但报告的结果存在争议。数据之间的不一致可以通过标志位置和配置的差异、技术的差异、测试者之间的差异以及执行任务的差异来解释（Leardini，2005）。数项研究发现皮肤挪移是由于皮肤因关节旋转而滑动，或者由于撞击时的瞬态反应，或者由于肌肉收缩形成（Cappello，1997；Fuller，1997；Lucchetti，1998；Aleander& Andriacchi，2001；Leardini，2005）。

例如在测量着地前的股四头肌运动（Reinschmidt，1997），这些研究大多是下肢运动，特别是膝关节运动，并在很大程度上得出结论，测试运动过程中的误差主要是因为大腿段的软组织伪影。反之，使用非侵入性标志记录小腿上软组织伪影对三维运动和膝关节的力矩只有很小的影响（Holden，1997；Manal，2002）。学者们已经提出数个使软组织伪影最小化并抵消它们的方法，这些方法取决于用于分析的标志配置。学者们使用刚体（Cheze，1995）和非刚体（Ball&Pierrynowski，1998）理论对运动过程中的相对误差进行了建模，模拟运动期间的标志轨迹。然而，当群集标志被固定于一个刚性板，这些方法无法解决绝对误差。表面建模也包括一个点群集技术，在此采用标志阵列以估算质心的位置和一个部位的参考系统定位（Andriacchi，1998）。尽管此方法的一个报告了对在下面骨的位置（Aleander&Andriacchi，2001）进行了改进，仅仅可以对皮肤伪影建模，并且由于需要更多的标志，此方法在一些应用中受限。

最近介绍了一种纠正关节屈曲相关的软组织伪影的方法，该方法使用校准解剖系统技术（CAST，参见第 9 章）。其中介绍了具体测量两端运动的静态校准模式（Cappello，1997）。从这些校准模型中，在髋关节屈和伸时所标志相对位置，来间接获得股骨头定位和位置。

此方法有局限性：它必须专门针对被分析的运动任务而设计，可以通过使用更复杂的方法来描述整个关节运动范围内的皮肤变形和滑动。

另一个解决此问题的方法被称为全面优化。包括对多个相关部位模型的同时定位（Kepple，1994；Connor，2000）。这些方法通过所测试的关节受限使测量误差最小化。采用这些方法，由一个关节受限模型决定的被测量标志位置和标志位置之间距离的平方的加权总和被最小化。纠正错误识别和标志物挪移的类似方法也被应用到包括计算由于皮肤运动伪影引起的标志挪移（Cerveri，2005），但是仍旧需要更进一步的证据。尽管可以从全面优化获得收益，模型的受限和复杂度限制它们用于临床评估，特别对于有关节不稳定或者畸形的患者尤为如此（Leardini，2005）。

由于肌肉收缩可能降低相对和绝对误差，进一步的研究需要对惯性、接近关节和测试段畸形的皮肤挪移三个方面进行造模。另一种方法是从人群中大量收集测量数据，直接比较软组织运动和骨骼运动数据误差（Leardini，2005）。在有更好的测量技术之前，在比较所测试数据过程中必须谨慎。

8.4.6　数字化、转换和筛选

数字化或跟踪是使用标志或关节中心的视觉印象来识别身体的过程，数字化有两种方法：手工和自动。

手工数字化

使用计算机和标志物，选择测试者身体关节（如踝关节、膝关节、髋关节、肩关节和肘关节）测试并将其输入计算机并存储在硬盘（Ariel，1974），分析带有或不带有标志的运动，然后识别身体上另外的点来构建运动的简图，手工过程可能非常慢，特别是采用数个相机对三维运动进行数字化的情况下更为如此。

自动数字化

使用自动数字化需要在第一帧中识别一次，之后在剩余运动测量过程中会自动跟踪标志点（Mann & Antonsson，1983；Keemink，1991）。在所有实例中，需要为每个摄像机设置标志的点（图 8.14 A，B）。这种技术比手工数字化要快得多，但它依赖于某些运动模式的标志。

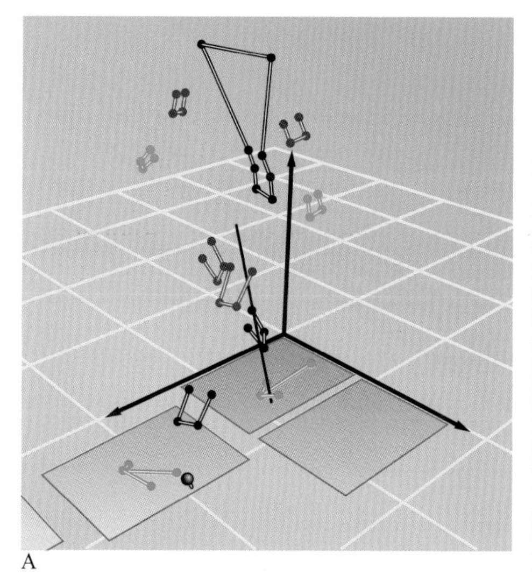
A

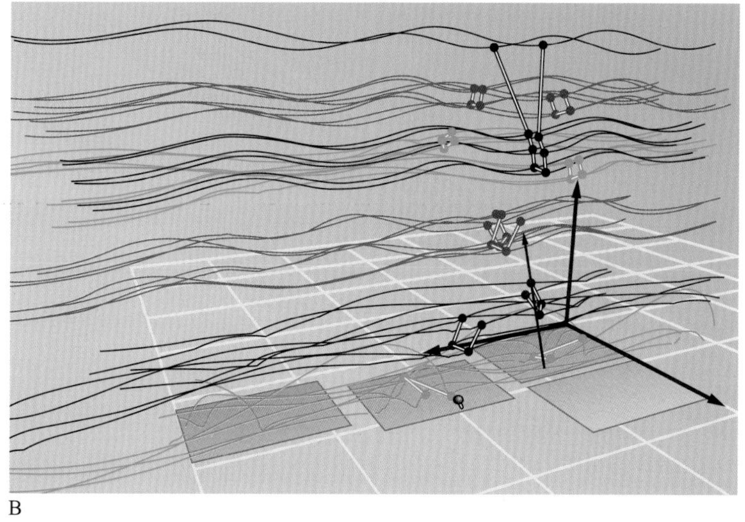
B

图 8.14　（A）采用质量控制管理（QTM）自动数字化；（B）采用 QTM 自动数字化

转换

转换是指身体上被标志点的二维或者三维坐标的计算。基于 Abdel-Aziz & Karara（1971）研发的一个直接线性转型（DLT）方法。DLT 提供了每个照相机及其在空间中三维位置和二维坐标之间的关系。DLT 的要求是：所有来自不同照相机视野所记录的所有数据被同步化（即：活动的同时照相）。可以采用转换来进行二维或者三维运动分析。通过来自校准的计算机执行坐标的计算（第 8.4.4 节）。校准点的确切位置被贮存于计算机内，可以采用此位置计算校准区域标志的确切位置。然后，每个标志的二维或者三维坐标可以从系统中抽选并作为一个刚体用于代表肢体。

数据过滤

对每个标志或位置坐标数据进行加工或者过滤以减少随机化误差，有很多计算方法和过滤设备，最常见的是数字化过滤器和优化方法。

样条优化技术被叙述为在数点上连接在

一起的分段多项式，(Wood & Jennings，1979；Woltring，1985)。这些常常基于三次或者五次方多项式，并且已知为三次或五次方多项式技术。三次方样条优化技术是分析最常见的优化技术，由于它平衡了计算量和适应性，一些动作分析系统软件允许操作者选择加工算法然而自动加工。

偏最小二乘法样条优化要求操作者输入一个加工参数，此参数控制数据过滤的顺利进行和适合性。由沃尔特林（Woltring，1985）研发的交叉认证优化技术，基于所有数据点和对最佳曲线的预测，对加工参数进行估算，不需要输入任何操作符，交叉认证是被许多动作分析系统软件所青睐的技术。

过滤器常常选用低通滤波器，典型的低通滤波器是二阶或者四阶的巴特沃斯滤波器，对于步行数据的界限频率被设置为 6 或 7 Hz。对于更快的活动，比如跑步需要更高的界限频率，典型的临界频率在 10 ~ 15Hz 的范围，低通滤波器允许低频率数据通过，但阻止高频率数据通过，实际的结果是出现随机数字化误差和一些软组织伪影误差被过滤掉，实际应用中需要格外谨慎，过滤数据时不能改变运动本身数据。

图 8.15A、B 和 C 显示趾头位移、速度和加速的案例（无过滤）、一个四阶 6Hz 巴特沃斯滤波器和一个 4Hz 巴特沃斯滤波器。非加工数据显示来自随机数字化误差的高频率“噪声”导致一个不成比例的误差，6Hz 四阶巴特沃斯滤波器删除位移图的最大值，但保留速度和加速度的可用信号，4Hz 四阶巴特沃斯滤波器显著影响位移数据并引起对速度和加速数据的低估。

因此，数据不过滤将导致非平稳的位移图并且使许多速度数据和所有的加速数据不可用。采用一个 4 Hz 临界频率过滤将扭曲数据并使数据失真，但在 6 ~ 7 Hz 的临界频率过滤为步行的位移、速度和加速产生可分析数据，着眼于标志速度和加速数据以检查数据未被高滤过或滤过不充分。

目前，已经研发出不同时间和频率的过滤技术以消除高频率误差成分，傅里叶级数滤波和数字滤波目前成为主流，但这些过滤器未考虑因撞击或者快速能量转移所产生的更高频率，学术界已经提出解决方案，并且效果令人满意（Chiari，2005），但无论采用何种处理技术，都必须尽量减少随机误差，因为数据处理过程会放大信噪比，会导致数据相当不准确。

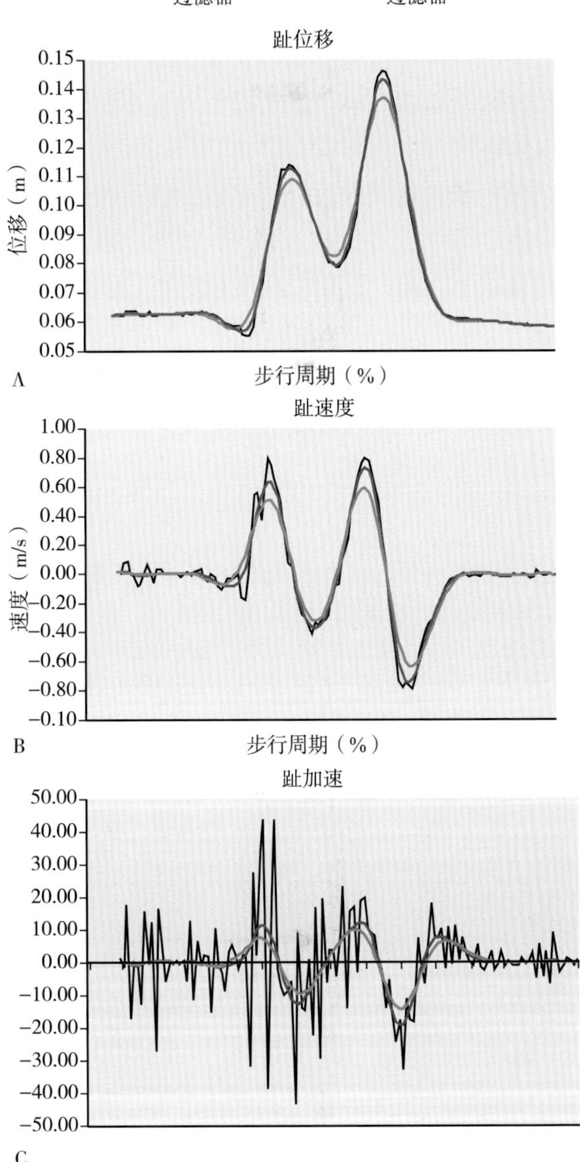

图 8.15 （A）趾头位移的过滤，（B）趾头速度的过滤，（C）趾头加速的过滤

8.4.7 数字化引起的误差

我们之前介绍了标志放置导致的误差，实际上还有很多误差，包括电子噪声、数字化误差、标志点闪烁或标志点失真等形式的随机误差

（Chiari，2005）。使用标准视频摄像机拍摄的二维视频图像通常会因高速运动而出现标志点失真。模式识别算法和更先进的数字化调控或熟练的手工数字化可以减少定位扭曲标志形成的误差。但是仍旧存在不可避免的显著误差。基于摄像机系统使用阈值检测算法检测被标志物覆盖的二维坐标。如果标志是圆形的，则可以使用二维相关模板匹配方法来增强检测（Chiari，2005），对纠正因标志导致的误差随着技术发展而不断进步，可以通过用最小二乘法优化整合来改进，标志大小可以影响质心的估计，因为较大的标志可以与邻近的标志合并，而较小的标志可能太小没有检测到，即使放置更多的照相机可能无法检测小标志导致追踪误差，优化的照相机设置和校准程序可能减少来自标志融合误差，但仍然需要研发最小化移动技术使数据的误差最小化。

8.5 摄像机的动作捕获配置

一般而言，在运动分析试验室中使用的动作捕捉一般可以分为二维和三维，所使用的系统类型取决于所需分析的需求，二维系统通常用简单的摄像机定位捕捉冠状面或矢状面运动，三维系统通常由许多摄像机组成（一般在 4 和 10 台之间）：这些三维系统可以对人体运动进行详细的分析，但三维系统比二维系统更为昂贵。

安装三维系统时，必须了解相关电缆布线情况，只要有可能，都应将电缆线嵌入设计试验室墙内和地板内，来保障研究参与者（患者）处于安全的工作环境。

8.5.1　二维运动分析系统的配置

二维分析系统配置由单个或者多个摄像机组成，可以提供单有价值的平面运动信息，一个标准摄像机通常足够了，但不能捕捉更复杂的多平面运动信息。二维系统相关的额外成本是数据数字化及处理数据的软件，软件由数个生产厂家所生产，包括 HU-M-AN 系统（HMA 技术有限公司）、APAS 系统（Ariel 性能分析系统）和 Silicon coach 系统。一些系统基于标志来进行手动数字化，并且使用颜色和形状识别来标志，当采用这种类型的系统时。会存在与数据质量有关的诸多风险，包括视差误差、视角误差、跨平面误差和数字化误差，二维系统依靠关节侧面上的标志物放置位置来识别关节。但事实上这不是关节的全部，标志之间的相对运动可以提供关节运动的一些信息。

8.5.2　摄像机配置

摄像机直接放置在关节的矢状面和冠状面会得到有用的数据，尤其用矢状面数据分析下肢关节中膝内翻（外翻）和髋关节运动，必须注意确保摄像机正好在运动平面上，并且不会错误识别内旋屈伸为外翻。此外，可以设置后部摄像头，这在查看矫形处方中的足跟运动时非常有用，同样注意不要误解单个平面中的跨平面运动（图 8.16）。

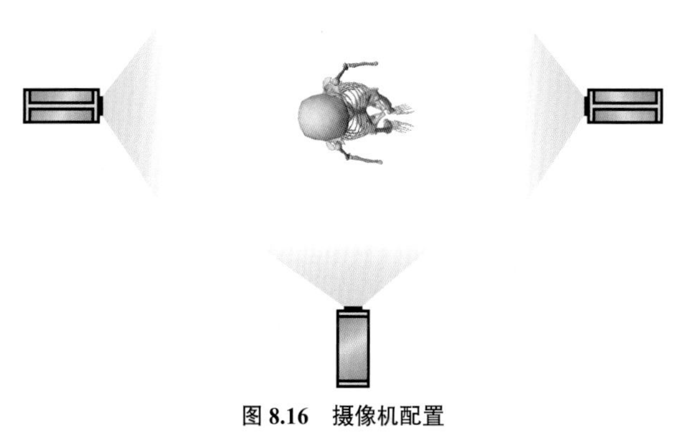

图 8.16　摄像机配置

8.5.3　三维动作分析系统

三维系统弥补了二维系统的不足，但增加了成本。一般来说，每台摄像机的售价在 8600 人民币到 103200 人民币之间，这导致硬件总成本远超过 860000 人民币。如果算上软件，可能每年要增加多达 17000 人民币的使用费，这种系统的成本通常与其性能相匹配，三维系统让用户使用更先进的配置，相对于二维系统，三维系统通常将自动识别标志并且不会被诸如视角和跨平面误差所影响。必须注意的是，三维系统有两种主要的配置类型：线形和伞形。线性配置是指以设定的距离放置的摄像机以两条水平线运行，仅适用于不需要所有摄像机跟踪校准的系统，伞形配置是指在前后使用一组摄像头的设置。

线形摄像机配置

线性摄像机配置允许更大的数据收集量，因

为并非所有摄像机都能“看到”参考框架。然而，由于摄像机可拍摄到对面摄像机，摄像机如何彼此识别增加了数据误差，并且由于特定区域的有限摄像机数量，标志遮挡的风险也在增加（图 8.17）。

伞形摄像机配置

这种类型的配置更适合更优化的标志组。以此方式放置数个摄像机以确保至少三个摄像机总是追踪每个标志物。此配置将导致一个更小的校准量（图 8.18）

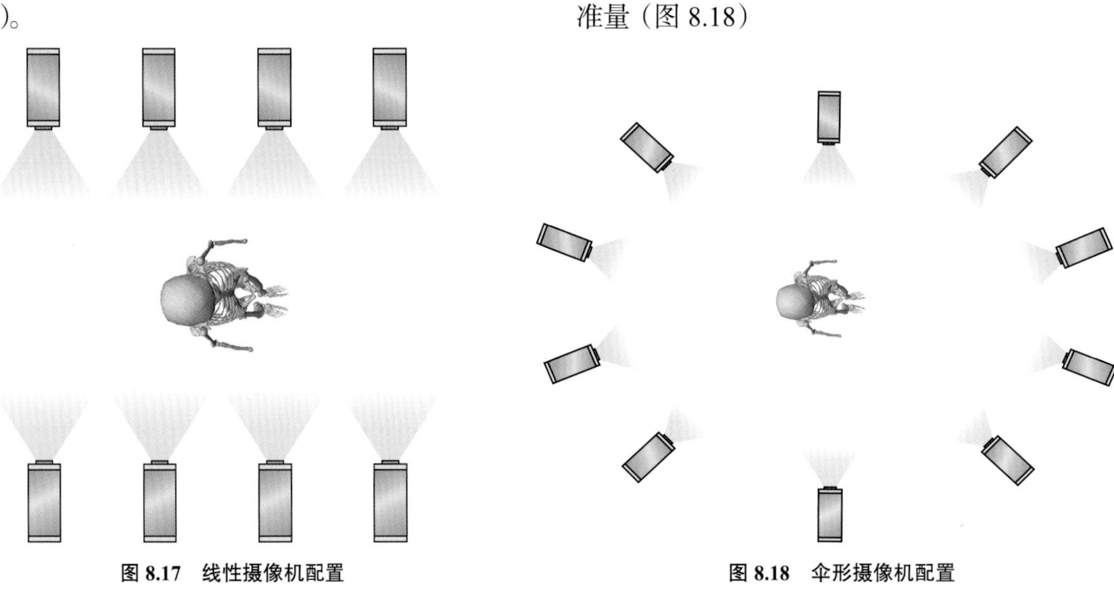

图 8.17　线性摄像机配置

图 8.18　伞形摄像机配置

总结：运动分析方法

■ 运动分析系统可以多样化，从采用印台垫的足部接触研究到先进的多摄像机三维运动分析。

■ 每种类型系统都可以提供有关康复和治疗变化非常有用的临床信息。

■ 随着复杂运动分析的需求，测量关节和身体部位的交互效果以及身体不同平面之间的交互能力的运动分析系统也在出现。

■ 随着运动分析系统复杂度的增加，要求使用者接受更多的培训，但实际上许多运动分析系统加大软件的改进，培训需求在减少。

■ 对用户来说，最重要的是了解运动分析系统，了解哪些措施会产生对临床有用的数据，否则，购买运动分析系统可能是一件错事。

第9章 解剖学模型和标志

介绍了运动分析过程中不同运动分析部位标志组的设置。包括足、下肢、脊柱和肩关节。讨论了6个自由度测量的原理以及在不同坐标系下所遇到的相关误差。

目的

本章介绍了运动分析部位的不同标志组设置。包括足、下肢、脊柱和肩关节。讨论了6个自由度测量的原理、对比了不同模型和坐标系统的相关误差。

目标

- 掌握下肢、上肢和脊柱运动分析标志放置方法。
- 掌握6个自由度分析方法。
- 分析不同解剖学标志对正常和病理步态数据的影响。
- 分析不同坐标系统对正常和病理步态数据的影响。

9.1 下肢标志组

9.1.1 简单标志组

最简单的标志组：直接将标志物固定在关节中心骨性解剖附近的皮肤上。肢体段的位置由两个标志点之间的直线确定。

该方法标志物比较少，对运动模式的干扰较少，但不适合肢体的轴转动分析。经常采用的解剖学标志是第5跖骨头外侧、股骨外侧髁和大转子、髂前上棘（ASIS）、肩峰、肱骨外侧髁和桡骨茎突（图9.1）。

9.1.2 Vaughan 标志组

Vaughan 标志组由下肢和盆骨的15个标志组成。通过胫骨粗隆冠状面的标志物，可得到关于膝关节中心位置的数据。通过足跟的标志物可得到足长轴的更多功能数据。骶骨标志可以得到矢状面的盆腔倾角和骨盆倾斜的测量数据及功能数据。

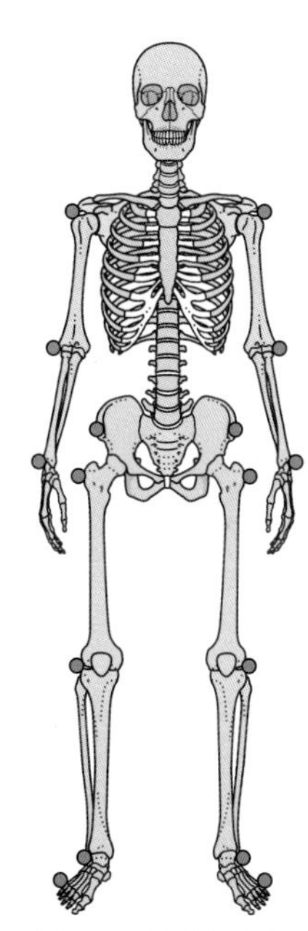

图9.1　简单标志组

所用的解剖标志是第5跖骨头、外侧踝、足跟、胫骨粗隆、股骨上髁、股骨大转子、髂前上棘和骶骨（图9.2）。

9.1.3 Helen Hayes 标志组

Helen Hayes 标志组和 Vaughan 标志组相似，也有足跟标志和骶骨标志。但 Helen Hayes 标志组增加了胫骨和股骨段标志物。这些标志贴在木片上并用胶带或肌贴固定在衣服上。木片本身和任何解剖标志位置无关，由于木片不同的长度和放置的位置（前向和侧向）。使股骨和胫骨的旋转数据首次得以量化。

所用的解剖学标志是第五跖骨头、外侧踝、足跟、胫骨粗隆、股骨外髁、股骨大转子、髂前上棘和骶骨（图 9.3）。

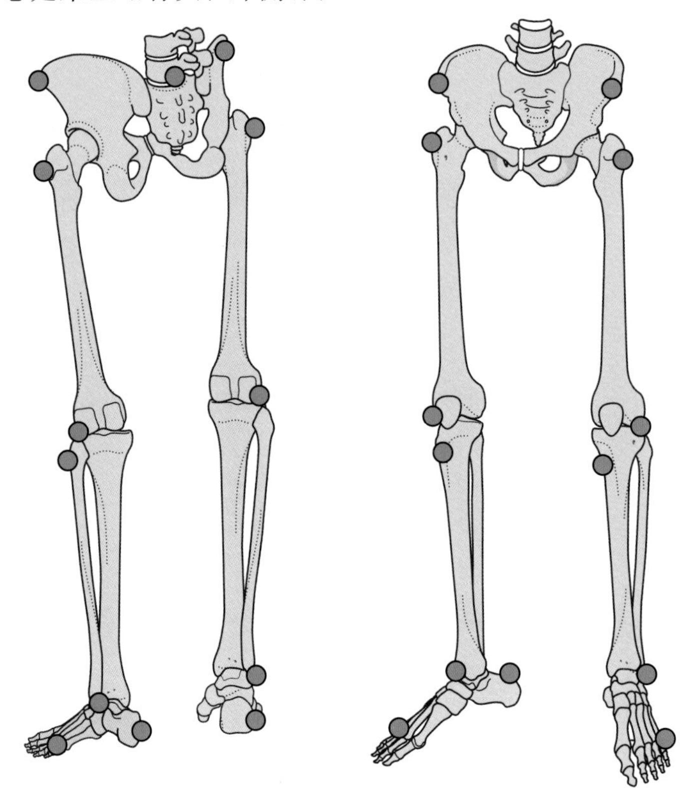

图 9.2 Vaughan 标志组

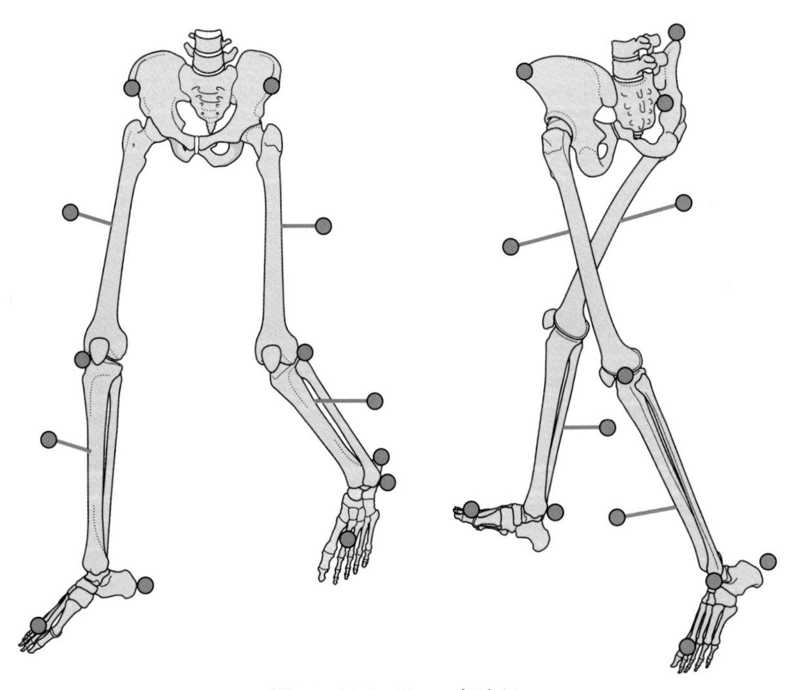

图 9.3 Helen Hayes 标志组

9.1.4 校准解剖系统技术标志组

校准解剖系统技术（calibrated anatomical system technique，CAST）由卡波佐（Cappozzo，1995）首次提出，为试验室和临床研究骨盆和下

肢节段的运动评估标准化做出了贡献。此方法包括通过识别解剖学标志和肢体追踪标志或者标志组来形成所研究肢体的解剖学框架。标志组可以直接粘在皮肤或者固定于刚性装置上，这取决于所研究部位的解剖结构、活动范围和性质。这些标志可以任意放置或放置在解剖标志位置，也可以放置单个或一组标志物，可以固定在皮肤上、木片上或者刚性结构上（Manal，2000）。

“解剖校准”标志

标志物放置于所研究肢体近端和远端关节的解剖学标志外侧面和内侧面上。

“解剖校准”与之前的标志组相似，但CAST系统测试时还需要一组额外标志组（图9.4)。“解剖校准”是通过识别所标志的肢体近端和远端来实现。通过使用三维运动学的技术，将试验室坐标或总坐标系通过坐标变换来转换为局部坐标系（local coordinate system，LCS）或肢体坐标系（segment coordinate system，SCS)。不同的解剖标志可用于定义肢体的近端和远端。例如，下肢可以分为。

- 足部：第1个和第5个跖骨头，内踝和外踝
- 胫骨：内踝和外踝，股骨髁
- 股骨头：股骨干与大转子
- 盆腔：髂后上棘（PSIS）和髂前上棘

动态追踪标志

标志组通常被放置在每个肢体之上。在静态解剖校准期间，标志组必须在适当的位置上。由于CAST采用静态解剖学标志的相对位置，标志组的确切放置并不重要。这些标志可以是解剖标志部位的或者是任意的、可以是单个标志或者标志组，可以固定在皮肤上、杆或者刚性板结构上（Manal，2000)。在放置期间，确保标志组的所有标志被定位，并能有效地对它们进行追踪。为了达到最有效地追踪，通常要求标志物被放置在冠状面和矢状面之间并有角度。

追踪肢体位置和定位至少需要3个非线性标志，标志不能在一个直线内，要达到6个自由度内刚性体从一个框架移动到另一个框架的总效果（Cappozzo，2005)。

动态追踪测试常常用9个标志物，实际上每个肢体有4个或者5个标志就可以完成测试任务，如果在运动任务期间的某些节段遗失一个或者两个标志，仍然可以收集到6个自由度内的数据（图9.5)。被称为标志冗余（模型在追踪期间遗失一个标志仍继续运行)。

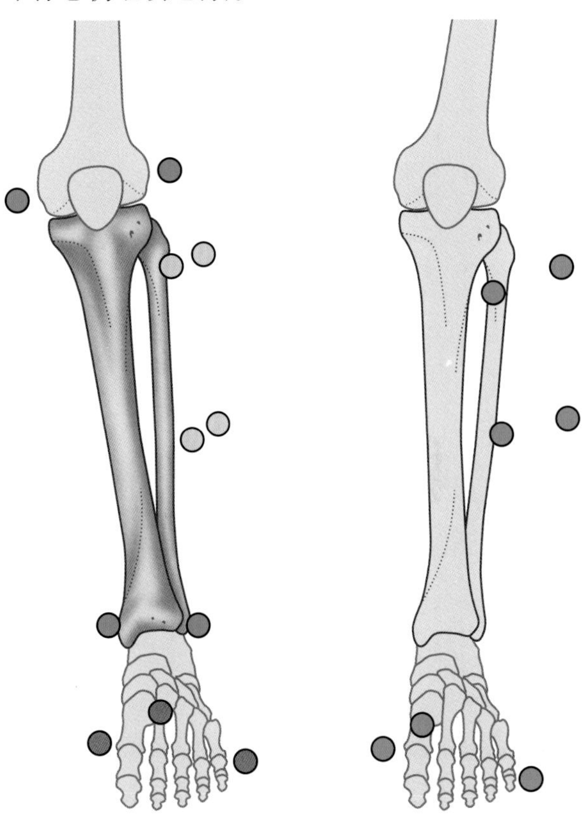

图9.4 解剖标志和肢体标志组　　图9.5 动态跟踪标志组

9.1.5 与其他标志组相比，采用CAST的好处是什么

CAST提供在6个自由度内每个肢体建模的条件，并允许身体各部分之间相互作用和运动，只要通过采用“静态”标志和一个组的“动态”追踪标志就可以得到一个肢体解剖框架。

9.1.6 “6个自由度”指什么

“6个自由度”是指身体的每个部分都能以6种方式运动，而且已经适应6种方式来完成某些功能，但分析并理解动作中的每一个功能非常具有挑战性。

“6个自由度”运动是3种直线运动包括：垂直运动，内外侧运动和前后运动，以及3种矢状面、冠状面和水平面旋转或角度运动。图9.6和

9.7 显示展示足的 6 个自由度运动，其他肢体也一样。

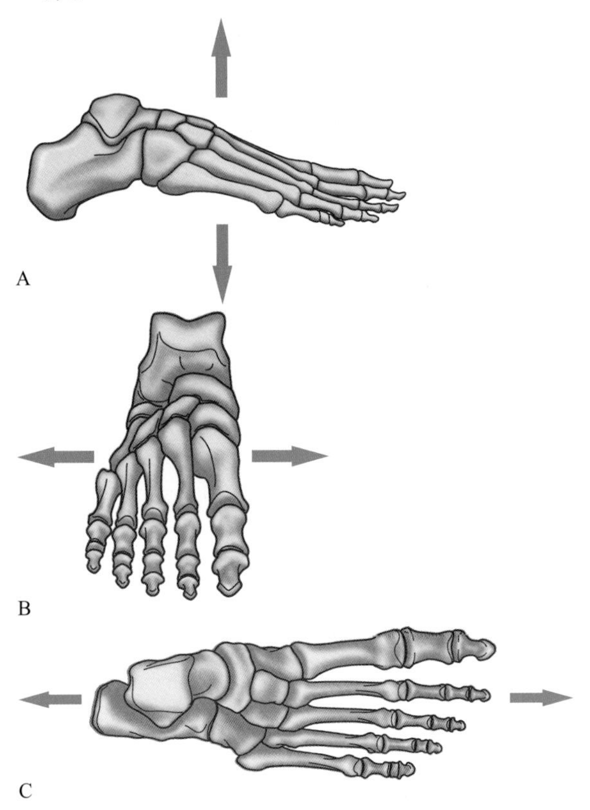

图 9.6 （A）垂直运动，（B）内外侧运动，（C）前后运动

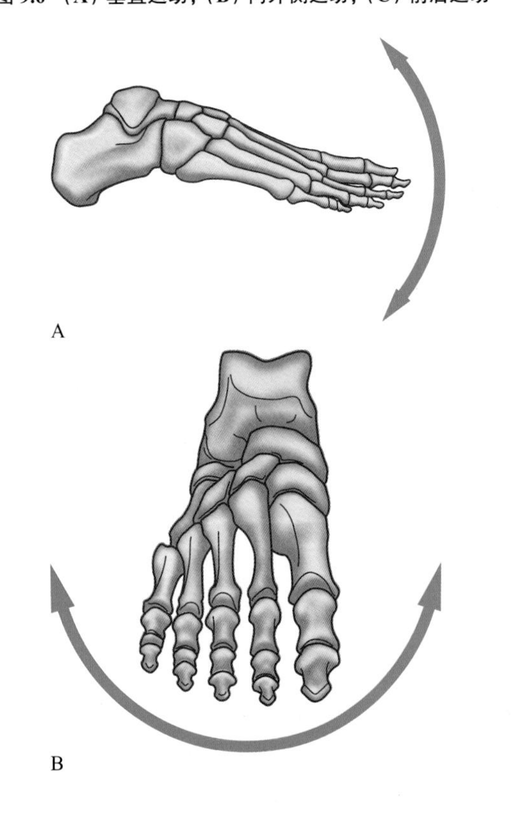

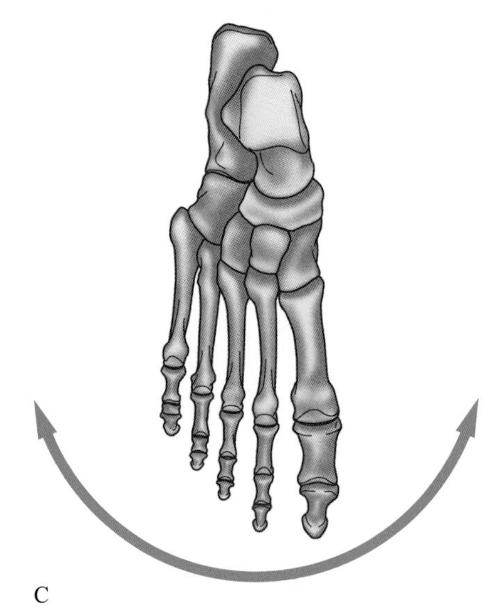

图 9.7 （A）足部矢状面角运动、足底背屈（工程师称为倾斜），（B）足部外翻（工程师称为翻滚），（C）足部水平面角运动、足部内外旋转（工程师称为偏航）

如果我们分析一个关节周围的两个肢体的相互作用，那么就有 12 个自由度，并且每个肢体都有 6 个自由度。我们讨论运动分析中有些非常复杂的情况，比如分析足的所有运动数据时，我们面对的就是非常复杂的情况，需要注意，不要将自己限制在不必要和不可理解的困境中，我们要从临床的角度来量化功能解剖学。

9.1.7 为什么要研究“6 个自由度”

对于许多关节来说，应用 6 个自由度分析对临床不是绝对必要的，简单解剖模型对于鉴别手术和保守治疗引起的功能变化非常有用（如理疗和矫形治疗）。然而，简单解剖模型无法全面了解身体关节的功能和相互作用，简单解剖模型有时会给出不准确的测量结果和误导性信息。

如果用简单的标志设置测量膝外翻患者的运动数据，所测的运动数据可能会是异常数据。患者在支撑相出现膝关节脱位和髋内旋，形成非常严重的膝外翻，远远超出正常解剖学的范围了。如果使用校准解剖系统技术和 6 个自由度来分析，那么我们就能够分离出三个旋转平面中独立的角运动，从而正确解释关节和节段的位置和运动。

有关矢状面运动的文献很多，但对冠状面、水平面和矢状面运动相互作用的文献却少得多。问题是冠状面和水平运动是否重要？答案很清楚，非常重要。

如果我们评估足部矫形治疗，临床医师都会从踝 - 足复合体的三平面运动的角度来讨论旋前 - 旋后、内翻 - 外翻和跖屈。因此，任何功能性足部矫形都可能改变足在 6 个自由度的力学状态。

临床上对髌股关节不稳定或疼痛的患者进行髌股支持和贴扎带治疗时，虽然这两种干预（即支持稳定和贴扎带保护）都试图改变关节的冠状面位置，但以前的大部分工作都集中在矢状面，实际上会改变冠状面和水平面的旋转运动，而在矢状面上仅起到次要作用。相关的临床医师非常关注他们拟达到的目标。如果以复杂的方式对人体肢体进行建模，那么，我们就可以使用数据来判断这些变化的性质。

9.2 识别解剖标志的方法

9.2.1　含 Davis 动态指针（或 Pointy Stick 方法）的校准解剖标志组

校准解剖系统技术需要内侧和外侧以及近端和远端参考数据。之前，我们讨论了使用解剖标志定位身体上的骨骼标志。这些解剖标志可通过两个重合标志杆指向目标解剖标志（Davis，1991）。如果已知这些标志之间的距离与杆（或棍）点的末端有关，则可以确定杆末端的位置。

这意味着不需要将解剖标志贴在待测个体上。目前，人们将该方法应用于运动分析软件中，如 C-motion 的视觉三维运动分析软件，使得这种解剖参考方法能够简单、快速地应用。并且还有很多益处，例如，一旦限定了解剖框架，在运动过程中群组发生移动或变得不舒服，就可以快速重新识别解剖框架，而无需重新施用标志。此外，可以重新识别单个解剖框架，例如小腿。因为指针端直接定位在固定位置上，所以该系统准确地限定解剖标志，这样就不需要考虑标志直径和所标志质心的计算了。

9.2.2　具有识别功能性关节中心的 CAST 标志组

要准确量化髋关节和膝关节的旋转，需要定位髋关节中心。功能和投影方法目前可用，然而，大腿的建模仍然很困难，特别是在其与骨盆的近端附着处。

国际生物力学学会（International Society of Biomechanics ISB）建议用功能法确认髋关节中心。该方法（Leardini，1999；Schwartz & Rozumalski，2005；Camomilla，2006）通过测试两个运动肢体之间的位置来计算功能性关节中心，并确定旋转节段的公共点。从本质上讲，该方法检查了使用群集限定的两个相邻肢体段的 6 个自由度运动，并计算出这两个肢体段旋转轴。根据这些信息，人们可以找到两节段所有轴性交叉点，从而得到关节中心的位置。这就要求测试者的每条腿都做一些动作，如屈伸、内旋外旋、内收和外展。也可采用其他运动，如做转呼啦圈的动作。这种方法可用于人体的所有关节；然而，由于肩带的复杂性，我们不建议将其用于肩关节。

某些患者做这些动作可能有困难。髋关节中心的位置可以用投影方法从静态标志物中投影得出，也可使用回归方程来估算髋关节中心相对骨盆 LCS 的位置，在冠状面，人们将骨盆的起点定义为左右髂前上棘和矢状面中间的点，其为髂前上棘和髂后上棘测量深度的比值（Bell，1989；Davis，1991；Harrington，2007）。基尔南 Kiernan，2015）得出以下结论：尽管不同模型给出不同的髋关节位置，但没有临床的差异，也不认为差异具有临床意义。

一旦确定了骨盆坐标和髋关节中心，也就确定大腿坐标。通常通过远端的股骨内外侧髁，以及近端骨盆确定髋关节中心，也可以使用大转子的附加解剖参考，从而给出三个解剖标志位置和一个从髋关节中心的虚拟标志（图 9.8）。

9.2.3　使用不同解剖标志对步态数据的影响

为了精确计算关节动力学，我们必须通过限定解剖框架，以可重复的方式确定旋转中心。德拉克罗斯（Della Croce，1999）强调了这一点，他认为：不正确的解剖框架比皮肤移动导致的错误更明显。临床上，通常通过可触摸的解剖标志来确认关节的内外侧髁，最终确认关节中心。根据这些解剖标志，旋转中心通常通过以下两种方式之一来计算：使用基于 x 线照相证据的回归方程，或基于某种解剖标志的偏移百分比计算（Bell，1990；Cappozzo，1995；Davis，1991；Kadaba，1989）。

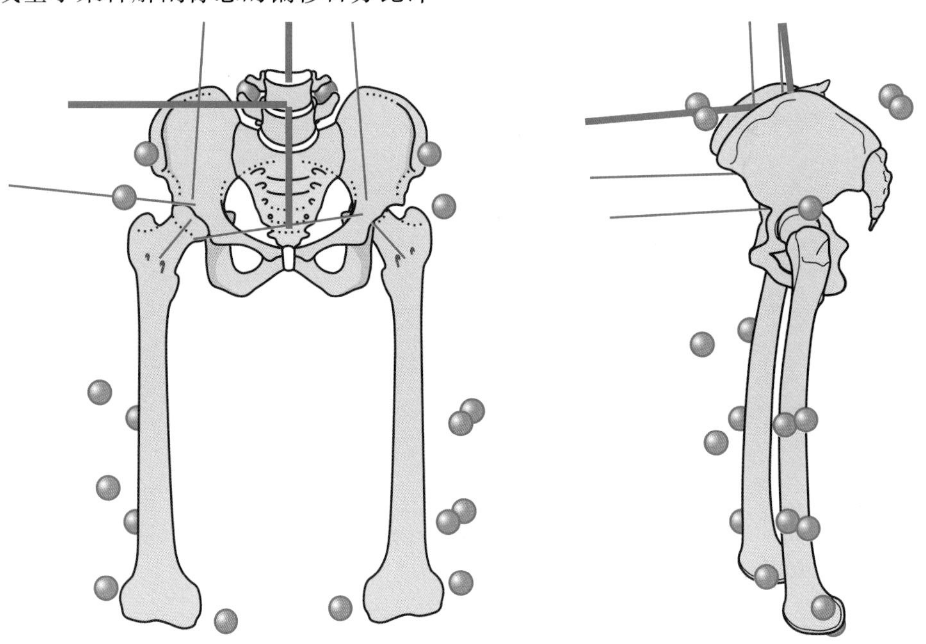

图 9.8　骨盆和大腿坐标系统确定了髋关节中心和髋关节角度

为确定下肢的解剖框架，计算机辅助康复运动分析协会（(computer-aided movement analysis in a rehabilitation context，CAMARC）提出了标准化可触摸解剖标志列表，这些列表基于卡波佐（Cappozzo，1995）的工作，目的是形成标准化的方法，并用此方法解决许多历史遗留的下肢节段建模问题。人们深入探讨过髋关节中心问题，虽然这个问题有许多争论，但人们却很少关注膝关节定位导致的错误问题。本来这是一个简单的选择，即基于 CAMARC 建议使用正确的标志。传统上，膝关节周围会使用许多标志物，但这些标志物可能不是膝关节旋转中心的真实代表。一些解剖标志可能对旋转中心的前后位置产生影响，而另一些则可能通过改变方向影响解剖框架的相对角度。

霍尔顿（Holden）和斯坦霍普（Stanhope，1998）研究了膝关节中心前后位置变化对矢状面膝关节力矩的影响。他们发现，10mm 的位移就会导致对力矩的功能解释发生变化。霍尔顿和斯坦霍普使用的方法是基于标准模型建立解剖框架，然后重新定位虚拟解剖标志来代表前后移动，而不是用错误的解剖标志。马纳尔（Manal，2002）研究了两个不同解剖框架对膝关节力矩的影响。在水平面，解剖框架带来大约 15° 的差别。值得注意的是，它们在矢状面和冠状面膝关节力矩上发现了很大的差异，对此，人们原来一直认为这只是解剖框架方向上的一个小变化。

休利斯（Thewlis，2008）研究了用不同解剖标志识别膝关节的方法。他们所用的不同标志位置包括股骨上髁、股骨髁和胫骨。他们采用这些方法限定解剖框架，因此，股骨远端和胫骨近端的节段终点代表了膝关节中心。然后使用校准解剖系统技术采集步态数据，并根据 3 个不同的解剖框架计算膝关节力矩。他们在矢状面、冠状面和水平面上分析力矩。在使用股骨髁框架时，他们发现股骨髁框架的最大偏差，平均偏差为前侧 30mm 和内侧 20mm。结果发现，在矢状面和冠状面上，这两种情况分别改变了峰值膝关节力矩的 25% 和 8%（图 9.9A、B、C）。

这项工作说明，解剖框架通过限定和准确地应用才能确保得到临床上可用的数据。霍尔顿（Holden）和斯坦霍普（Stanhope，1998）以及马纳尔（Manal，2002）的研究发现，分别改变肢体的位置和方向是造成差异的主要原因。由于膝关节周围解剖标志之间的距离相对较小，因此，很可能被误认。尽管就标志之间的距离而言，这些误差可能很小，但在所有计算中，这些误差都会持续存在，进而在力矩计算中造成更大的系统误差。因此，正确的标志位置对关节力矩数据的可靠性和重复性至关重要。

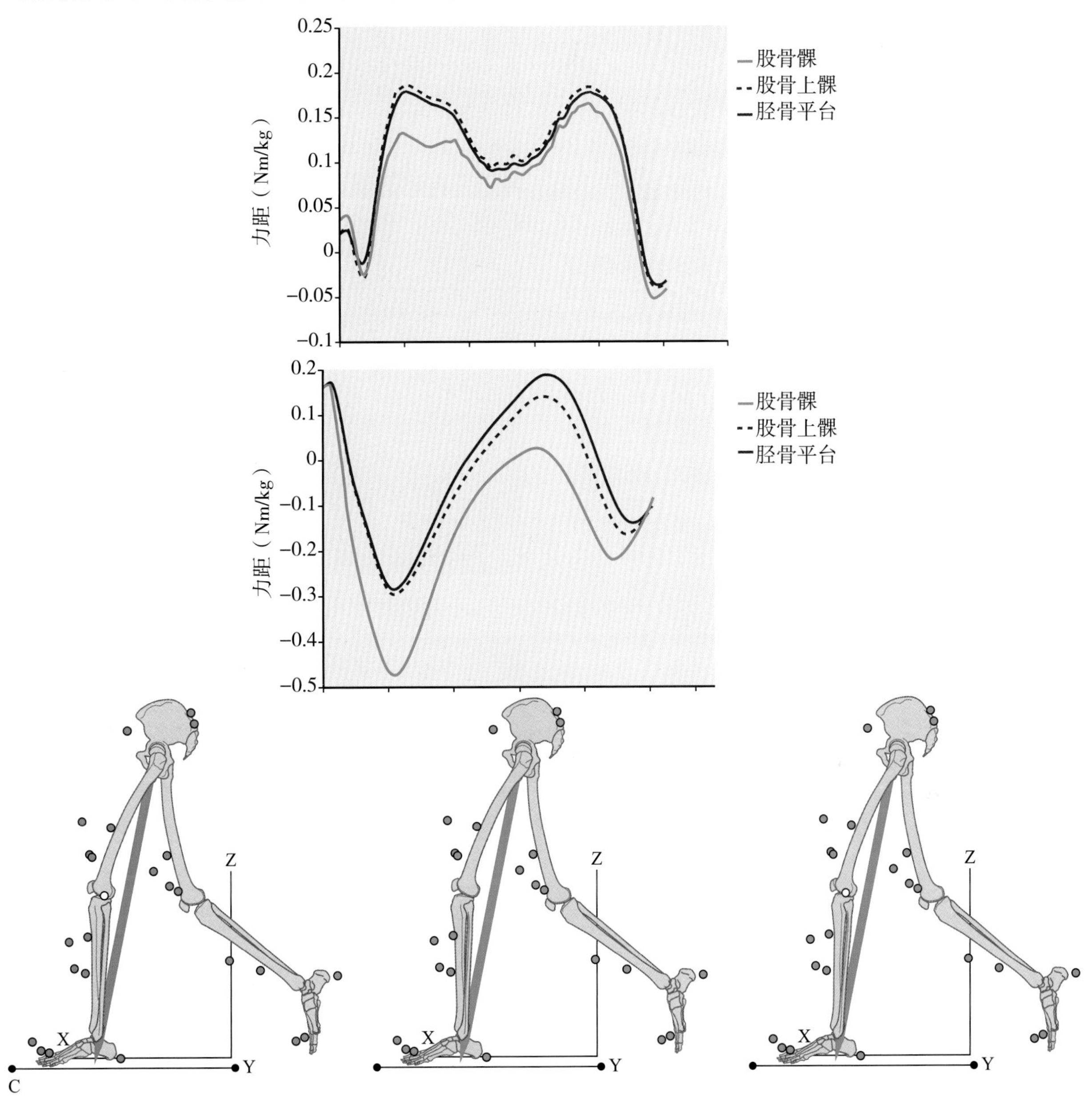

图 9.9 （A）膝关节冠状面力矩，（冠 B）膝关节矢状面力矩，（C）股骨上髁和胫骨关节位置的改变及标志物

9.3 足模型

9.3.1　单节段足模型

在早期步态分析中，学者们认为足部是单节段系统，将踝关节复合体当作简单的铰链。在一些模型中，人们将标志物放置在足跟、跖骨头和踝部，用于测量足底的背屈，但不能详细测量足到胫骨的内外翻或内外旋的数据。通过增加内侧和外侧跖骨头部的标志以及内踝和外踝的附加跟踪标志可以得出更精确的 6 自由度数据，这些自由度能够测量所有 3 个平面数据。然而，还不足以测量足的不同部位的相对运动数据。

9.3.2 多节段足模型

人们能够接受把足和踝关节复合体描述为足跟、足弓和足掌。有趣的是，这是足踝外科医师的经验，同样有趣的是，将足建模为多个可变形的部位，而不是一个刚性单部位，这对计算之间瞬时功率的准确性有着重要影响。

也有人认为，模拟跖趾关节将改善瞬时功率计算。单足模型是由于生物力学测量的限制，无法识别小的标志物而形成。现在，通过细小的标志位置和摄像机定位，以及包含 8 ~ 12 个镜头的摄像机系统，可以在 6 自由度的多个步态循环中，跟踪胫骨、足跟、足弓和足掌的移动轨迹。

现阶段的文献中有许多足部模型（Carson，2001；MacWilliams，2003），其足弓跟、足弓和足掌的各个部位建模为单独的段，最近还出现了牛津足模型（Stebbins，2006；图 9.10）。伍德伯恩（Woodburn，2004）研究了该技术在类风湿关节炎步态时多段足部运动的使用情况，并得出结论"这种技术可能有助于评估足部的功能变化，并有助于规划和评估符合逻辑的、基于结构的矫形干预措施。"自 2005 年以来，多节段足部模型已被广泛用于足部相关骨骼和神经系统疾病患者的评估。然而，到目前为止，几乎所有的研究都研究的是赤足行走，这是因为足部的标志位置导致对足部矫形器和鞋的影响的研究非常困难。

在鞋内做记号是一个有趣的问题。值得怀疑的是，这是否给我们提供了与足本身相同的数据；然而，这是目前我们可以看到鞋类和足部矫形器评估效果的唯一方式。

通过鞋帮开孔来观察足的标志，虽然涉及破坏鞋结构，但可以认为是足矫形器设计的一个组成部分。在加州大学洛杉矶分校普雷斯顿的试验室里的做法是用三段式足模型来研究矫形管理，但要注意的是，标志是放在鞋上而不是足部。图 9.11 和 9.12 中所示的模型是对 Carson 足模型的改编版，也适合于对鞋子进行研究；但在分析中需要小心，因为穿鞋时的运动可能由于足段之间的一些相对运动而产生大量的误差；这种模型可以在足的三个部分之间进行 6 个自由度的分析。

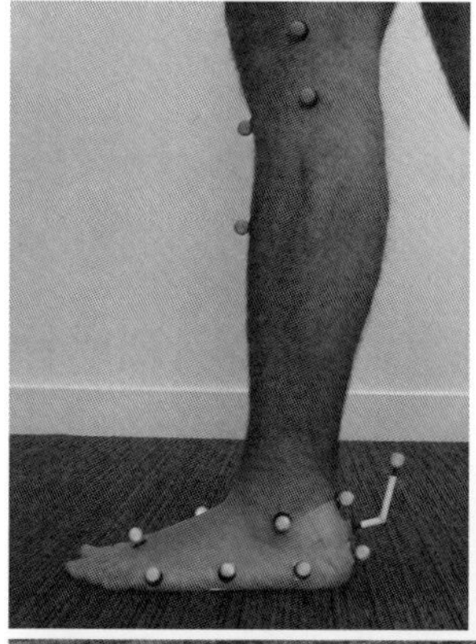
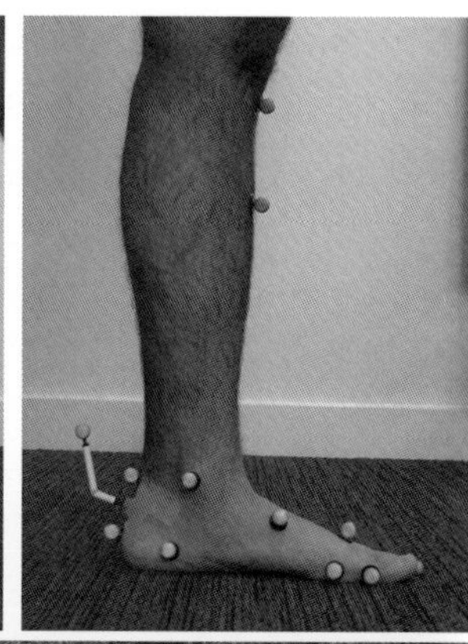
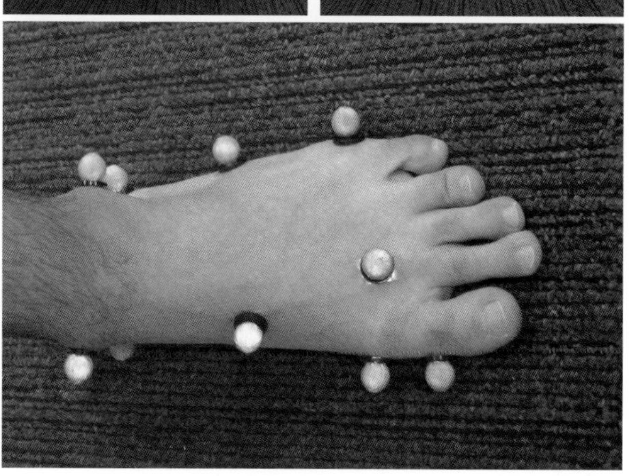

图 9.10 牛津足模型（Stebbins，2006）

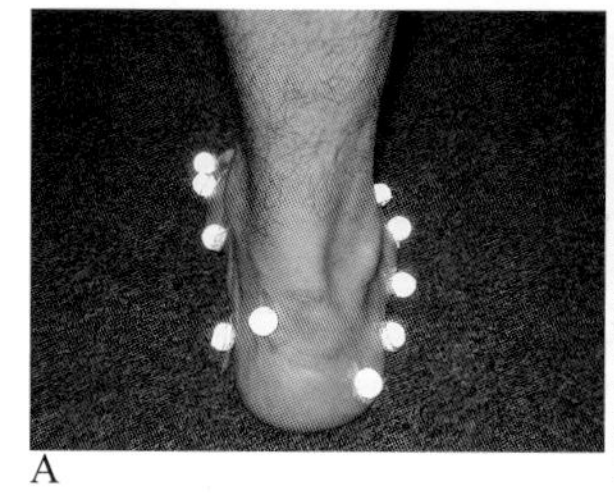
A
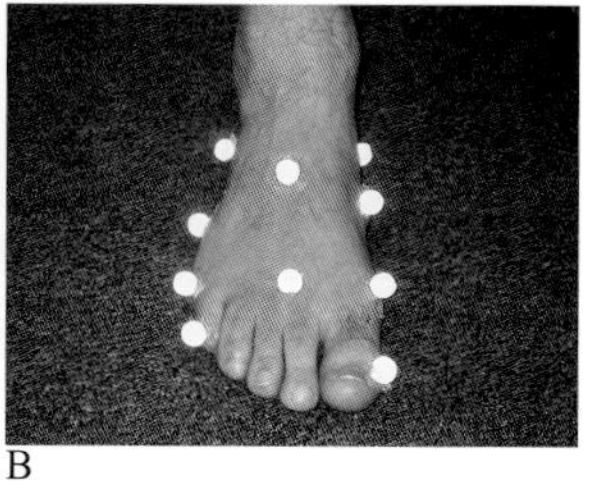
B

图 9.11 （A 和 B）6 自由度三段足模型的标志位置

我们虽然没有提到足跟、足弓和足掌，而是把这些称为跟骨、跖骨和指骨节段，是为了避免混淆足跟、足弓和足掌的定义。

跟骨可分为 4 个标志，其中两个标志位于跟骨后部或鞋后部，另外两个标志位于从内踝和外踝向下延伸的线上。然后由踝标志和两个向下投影的标志定义跟骨轴线。所有 4 个标志都用来追踪跟骨的运动轨迹。内踝和外踝上的标志界定跟骨近端，向下投射的标志界定远端。

这样，跟骨和胫骨的分段坐标系是相似的，并且允许以最小的水平面测量误差进行数据分析。跖骨也可以用 4 个标志来分区。为了减少从内踝和外踝向下投射的数量，两个标志定义为近端节段末端，第 5 跖骨的外侧上的标志和第 1 跖骨的内侧标志定义为远端。

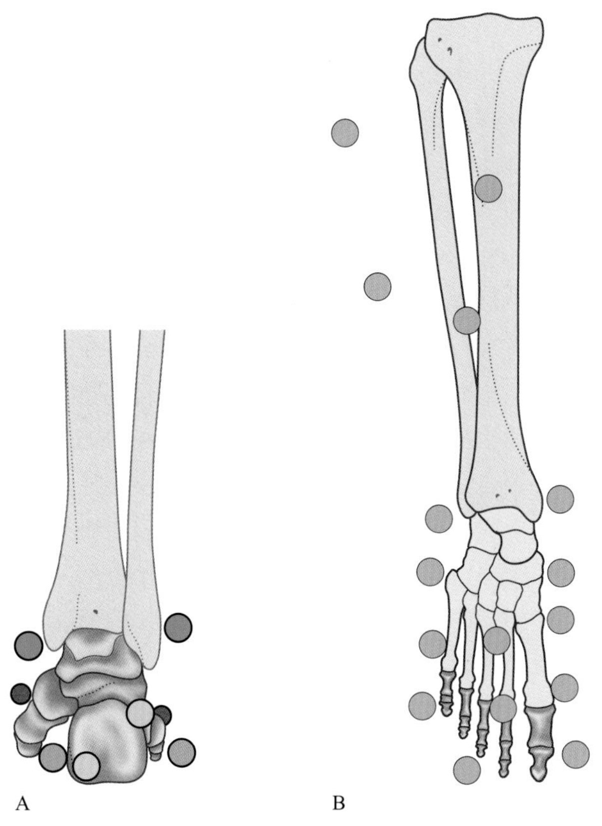

图 9.12 （A 和 B）6 自由度足的解剖校准和跟踪标志

在这些近端和远端解剖标志之间的背侧表面可添加一个额外的跟踪标志物。同样，这类似于足跟的分段坐标系。指骨可以由第 5 跖骨的外侧上的近端标志和第 1 跖骨的内侧上的近端标志，或者鞋的外侧趾骨或鞋的外侧远端部分以及拇趾或鞋的内侧远端部分上的远端标志来限定。另外一个跟踪标志也可以放置在背侧第 2 或第 3 跖骨前面（图 9.11A，B）。该模型能够以 6 个自由度分析足部的每个部分，因为每个部分由至少 4 个标志组成（图 9.12A，B）。

足标志的一个极端做法是在足的不同骨骼中放置骨钉，并连接三面体标志组，三面体是所有 3 个平面中标志的配置，并在一个点上交叉（Lundgren，2008）。这可以量化足的不同骨骼之间的相对运动。很可能会提供有关相对运动的非常有趣的数据；然而，值得怀疑的是：这个人是否会像固定在足骨上的大头针一样走路。虽然出于常规运动分析的目的，但使用骨钉来研究不符合医学伦理。

在选择使用哪种足模型时，应该注意所研究的区域和您希望采取的临床措施，这非常重要。对于研究 / 临床问题而言，所选的足部模型不能过于简单或不必要的复杂。

9.4 躯干和脊柱模型

通常情况下，可用各种类型的成像设备评估脊柱，得到脊柱的三维图像。其中一些技术具有侵入性或患者暴露在不必要的辐射下，将无助于躯干和脊柱的动态评估。

动态评估对于了解肢体的协调性、运动可变性以及患者为克服行动困难而采用的行动策略非常重要。这种评估必须是非侵入性的，并且应该能够测量脊柱和背部的功能。 鉴于躯干、头部和上肢通常占个体体重的三分之二，由于特定临床条件形成的步态模式变化都可能导致躯干的代偿性运动。

研究表明：脊柱、骨盆和下肢之间的相互作用对于保持平衡和实现平稳有效的步态至关重要（Macwilliams，2013；Cappozzo，1983；van Emmerik，2005）。在这种背景下，回顾和了解可用于背部非侵入性动态评估的模型是很重要的。

9.4.1　躯干的建模

躯干可分为胸部和腹部两部分。第 7 颈椎棘突（C7）和骶骨之间的一条线将躯干建模为刚性节段（Frigo，2003）。这种方法提供了对矢状面和冠状面上的躯干倾斜度的评估。左侧和右侧肩峰过程之间的线（勾勒肩带）和左侧和右侧骨盆之间的线在水平面上的投影可以定义躯干轴向旋转（Frigo，2003）。尽管上肢运动影响肩峰标志的使用，但肩带、C7 和胸骨上的标志可以用于三维躯干模型（Rab，2002）。可以将标志固定在第 2 胸椎棘突（T2）、颈切迹最深点（SJN）和耻骨中点作为躯干的中心线，可以表示三维运动的非线性标志配置（Baker，2013）。

9.4.2　胸腔的建模

躯干通常以胸部运动分析为特征，被认为是临床步态分析的常用方法（Armand，2014；

Leardini，2011）。例如，最近一项针对脑瘫（CP）步态研究的系统回顾，斯温宁（Swinnen，2016）认为：与一般正常发育儿童相比，脑瘫（CP）儿童在行走时表现出更大的胸部和骨盆运动范围。胸部到骨盆移位所形成机械功的增加被认为是双侧脑瘫（CP）儿童步态效率降低的主要原因（Van de Walle，2012）。对骨盆和躯干之间相互作用的了解也为健康个体和慢性腰痛（LBP）患者在肢体协调策略提供了宝贵的建议。例如，拉莫特（Lamoth，2002）认为，骨盆 - 躯干协调在较低的步行速度下通常是同相的，而在较高的速度下则过渡到反相。相反，患有慢性腰背痛的个体随着速度的增加，将骨盆 - 躯干协调从同相步行转变为反相行走的能力降低（Lamoth，2006；Selle，2001）。

尽管文献报道用于胸部的运动学建模的各种方法（Wu，2005；Thummerer，2012；Armand，2014；Leardini，2011），但使用哪种胸部模型获得最佳临床益处缺乏共识（Wu，2005；Thummerer，2012；Armand，2014；Leardini，2011）。根据ISB的建议（Wu，2005），使用C7和T8的胸骨和棘突上的解剖学标志来确定胸段（图 9.13B）。而Plug-in-Gait等常规步态模型（Vicon，OMG，UK），也有类似的方法，其中唯一的区别是使用T10而不是T8。

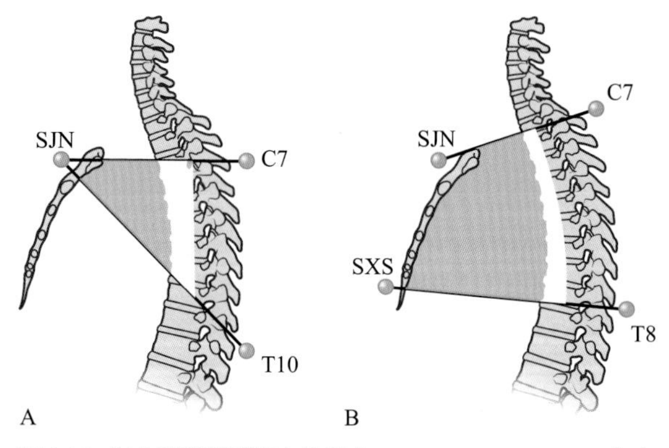

图 9.13 （A）胸部模型标志位置（Baker，2013；Wu，2005），（B）解剖学标志：SJN，颈静脉切迹最深点；SXS，剑突；C7，第 7 颈椎；T2，第 2 胸椎；T8，第 8 胸椎；T10，第 10 胸椎

应用C7测量胸部运动是有问题的，因为C7椎体不在胸廓区域，并且头颈部运动可以影响C7位置（Armand，2014）。也有学者建议使用T2替代C7（Armand，2014；Baker，2013；Leardini，2011）。

莱尔迪尼（Leardini，2011）建议测试时将胸段的下端与每个肩胛骨的下端对齐（MAI 标法）。这种方法是因为临床上识别单个胸椎时有困难。MAI位置大约处于T9水平，也可能介于T7和T10之间（Haneline，2008）。这一范围可能部分归因于个体之间肩胛骨位置和脊柱姿势的差异。

阿尔芒（Armand，2014）发现，用T8或T10作为评估胸部姿势一部分时，步态期间的胸部运动也有类似的结果，这表明MAI标法可能是一个合适的标志。Armand还注意到，当胸段由一个胸骨柄标志和两个脊柱标志（T2和T8或T10）时，所进行的运动与评估的运动范围一致。贝克（Baker，2013）主张使用T2、T10和胸骨柄作为三维胸段的最小标志配置（图 9.13A）。在胸骨的上侧放置一个标志物将消除在评估女性参与者的实际问题。

到目前为止，胸部模型无法评估T10以外的运动。阿尔芒（Armand，2014）报告，当T12被纳入标志组时，胸部轴向旋转和躯干所有运动的误差最高。而且第6至第8胸椎以外胸段的后远端标志位置是有争议的，因为在步行周期中，胸椎的位移程度和运动模式在T6（第6胸椎）水平以上和以下存在差异（Crosbie，1997；Needham，2015；Syczewska，1999）。这种差异可能部分归因于胸椎上部和下部区域（即关节突关节方向）脊柱解剖的变化。

如前所述，根据运动学模型指导原则，将反射标志附加在解剖标志之上，并用于确认线段的位置和方向以及各自的坐标系统。每个肢体的近端和远端通常定义为初级轴。例如，C7和SJN中点与T10和剑突（SXS）中点的连接是确认胸部近端和远端的一种方法（Plug-in-Gait，Vicon，OMG，UK）。ISB胸腔模型采用了类似的方法，尽管T8定义了后 - 远端（Wu，2005）。虚拟标志用于创建这些中点位置。胸段的近端和远端也可以通过附着在脊柱上的标志来确认（Armand，

2014；Leardini，2011a）。ISB 胸腔模型通过一条指向右侧的线定义次轴（内侧轴），该线垂直于 SJN、C7 以及 SXS 和 T8 之间的中点形成的平面。相反，Plug-in-Gait 胸腔模型通过将 C7 和 T10 之间的中点连接到 SJN 和 SXS 的中点来定义次轴（前后）。最终轴是基于主轴和次轴创建的。

使用前面描述的方法定义胸部的近端和远端将产生不同的运动学波形。这与各个坐标系统之间的矢状面偏移不同。

例如，图 9.14 表示在步态过程中，相对于骨盆在矢状面（A）、冠状面（B）和水平面（C）上的胸部运动。黑色和蓝色线条勾勒出插入式步态胸部模型的数据。黑线代表胸段的传统定义，其中蓝线勾勒出胸部数据，通过脊柱上的物理标志确定近端和远端。对于这两种建模方法，所有 4 个标志都用于跟踪运动。有人认为，个体之间矢状面姿势偏移的差异是动态任务期间报告的脊柱运动存在较大差异的原因（Leardini，2011）。

9.4.3 脊柱节段性和节段间运动

分析躯干或胸部相对于骨盆或试验室位置的运动取决于所研究的问题或临床应用。一种评估胸腰椎区域节段间运动方法可以帮助我们理解由于各种临床条件（例如脊柱侧凸、腰痛或腿部长度差异）导致的脊柱水平的代偿。

最简单的方法是在脊椎的几个棘突上附加单个标志物。已经有文献报道（Chockalingam，2002，2008；Frigo，2003；Syczewska，1999），分段角可通过两个标志之间直线投影到总框架的平面（即垂直面）来估算（图 9.15）。也可使用 3 到 4 个标志的平面投影可以提供相邻段之间的角度。这种方法可用于对脊柱姿势进行静态和动态评估：即矢状面中的后凸和前凸角度（Frigo，2003；Heyrman，2013，2014；图 9.15b，C）。

如前所述，除了胸骨之外，附着在脊柱上的标志提供了非线性配置，可以在三维中跟踪胸段的运动。由于难以找到相关的解剖学标志来有效地确定水平面中的轴向旋转，仅在棘突上放置标志限制了对脊柱在矢状面和额状面的运动的分析（Leardini，2011）。

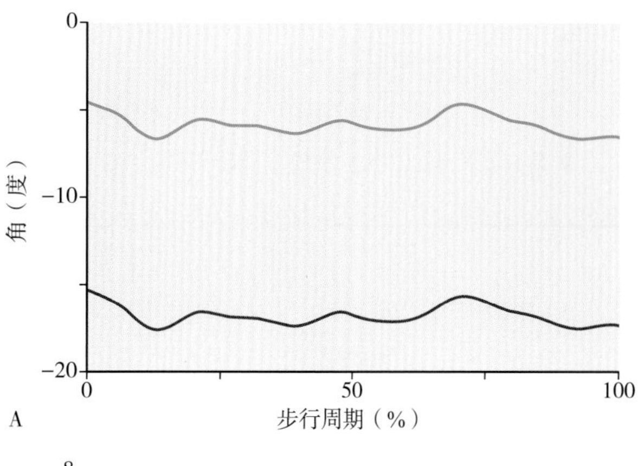

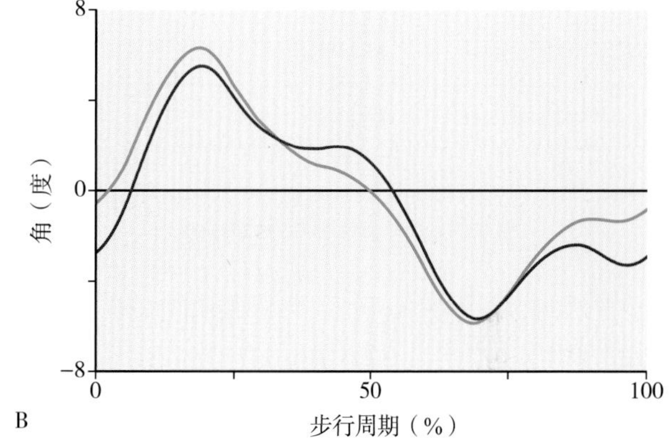

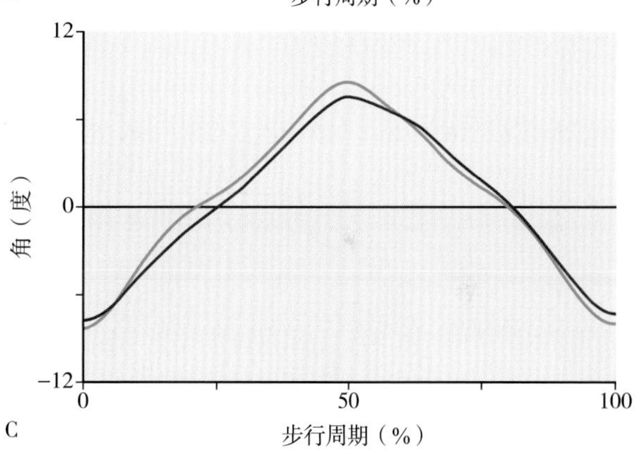

图 9.14 步态期间相对于骨盆的胸腔运动（A）矢状面，（B）冠状面，（C）水平面

为了分析胸腰段的轴向运动，可以在脊柱侧背部附加标志（Crosbie，1997；Seay，2008）。这些标志可以提供脊柱水平面信息，但皮肤弹性，软组织伪影和背面的形态可影响标志之间运动。目前的解决方案是将附加标志放置于缠绕腰部的 Elastikon 弹力带，以减少软组织人工制品（STA）的潜在影响（Seay，2008；Mason，2016）。

9.4.4 使用标志簇的脊柱间运动

目前分析脊柱间运动的方法是利用三维标志组，这些标志由至少 3 个标志簇组成，这些标志

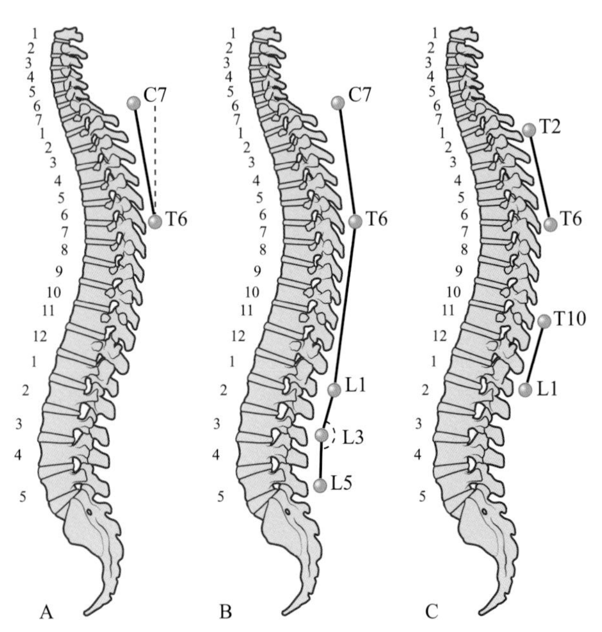

图 9.15 总坐标系参考的线段角度

（A）Frigo 法（2003），（B）Heyrman 法（2013），（C）C7，第 7 颈椎；T2，第 2 胸椎；T6，第 6 胸椎；T10，第 10 胸椎；L1，第一腰椎；L3，腰椎；L5，腰椎

位于固定的非线性配置中，并连接到可以放置在椎骨的棘突上的刚性或半刚性基部（图 9.16）。如前所述将适当数量的三维标志组放置在相关的棘突上，可以使用该技术评估静态和动态姿势。同时这种技术也可以用来测量轴向旋转，但有潜在局限性（Pearcy，1987）。作者提供的关于三维标志组设计和构建信息的缺乏，可能是影响该技术实际应用。然而，在采用三维标志组技术的同一步态试验室中，对步态过程中的腰椎运动进行了一致和可靠的测量（Schache，2002；Needham，2015；Taylor，1996；Thurston，1982）。

已证明，使用三维标志组的优化方法（Needham，2015，2016）在跟踪胸腔运动方面具有一定的应用价值（Mason，2016；Seay，2011）。

文献报告了在传统的胸部标记模型和 3D 打印集群之间运动模式和运动范围的比较（Needham，2016；图 9.16）。使用 3D 打印集群和标准化协议支持使用这种标志组，该模型跨越不同的步态分析试验室和临床中心，从而能够对这项技术进行外部验证。

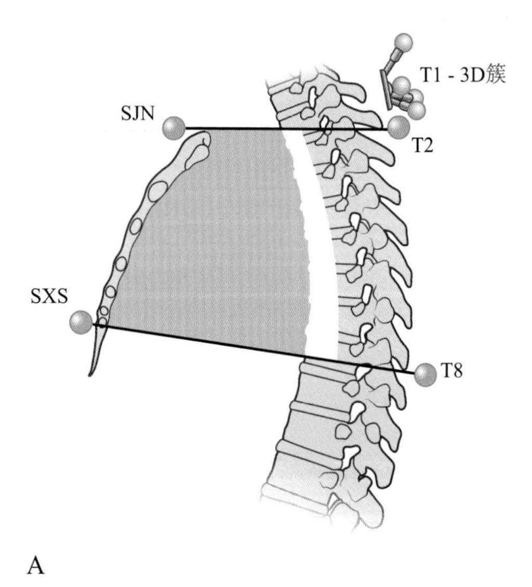

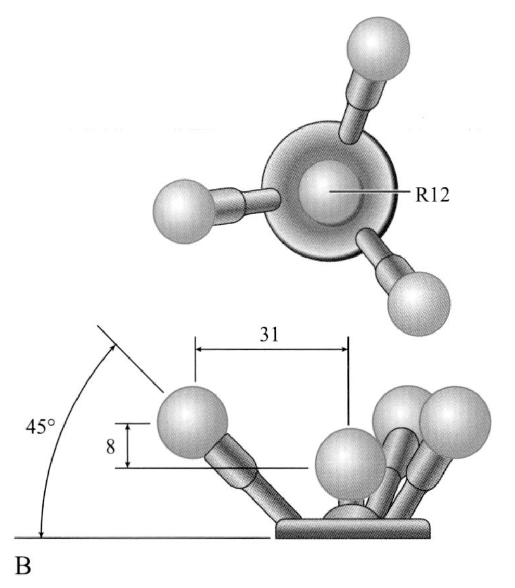

图 9.16 （A）IOR 胸腔模型中使用的解剖学标志（T2，第 2 胸椎；T8，第 8 胸椎；SJN 颈切迹最深的点；SXS，剑突）及 T1 上的 3D 集群（第 1 胸椎），（B）3D 集群结构尺寸

9.5 肩部建模

9.5.1 肩部三维模型

对研究肩部机制的学者来说，这是一个很大的挑战。肩带与肱部在上肢不同任务中的运动关系得到了广泛的研究。20 世纪初，科德曼（Codman，1934）首次提出肩肱节律的概念，认为肩带在手臂抬高过程中胸骨和肩带存在连续运动关系。

十年后，英曼（Inman，1944）将这种关系量化为臂仰角与盂肱仰角为 2∶1 比例。这个比率一直在发生变化，这些变化被证明因个体而异，取决于肱骨高度、手臂负荷大小等（Bagg & Forrest，1988；Hogfors，1991；de Groot，1999；Pascoal，2000）。

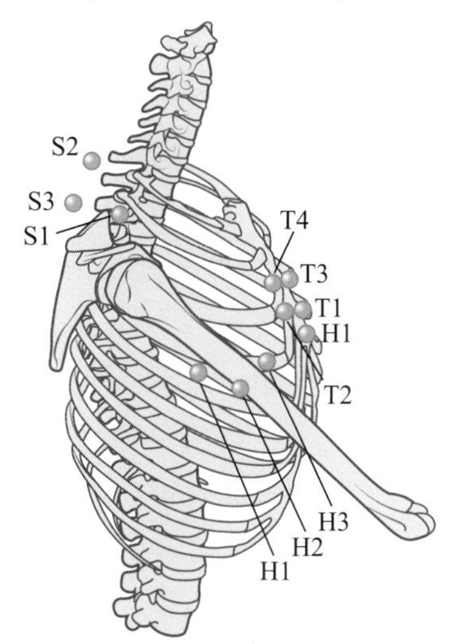

图 9.17　肩部屈曲活动的 3D 重建及胸骨、肩胛骨和肱骨上 3 个标志组。

数学模型进一步了解肩部的复杂机制，肩部二维模型测定盂肱关节力（DeLuca，1973；Poppen，1978）；肩部三维模型（Hogfors，1991；Karlsson，1992；van der Helm，1994；Maurel，1999；Charlton，2006；Dickerson，2007）以及完整的上肢模型（Garner，1999，2001；Holzbaur，2005）。

生物力学研究同临床研究一样，肩胸关节在上肢运动中占据重要位置，肩胸关节参与功能的重要性越来越明显。肩部功能障碍患者的肩胛胸运动学知识体系也在构建（Ozalci，1989；Warner，1992；Deutsch，1996；Paletta 等人，1997；Lukasiewicz，1999；Ludewig & Cook，2000；Endo，2001；Hebert，2002；Vermeulen，2002；Lin，2005 年，2006；von Eisenhart-Rothe，2005；Mell，2005；Illyés &Kiss，2006；Laudner，2006；Matias&Pascoal，2006；McClure，2006；Ogston&Ludewig，2007；Rundquist，2007；Fayad，2008）。

通过对肩功能障碍患者肩胛运动学的两篇综述（Ludewig & Reynolds，2009；Struyf，2011），可以得出这样的结论，与健康对照组相比，肩功能障碍患者肩胛侧旋转减少、前伸增加和后倾减少的模式是一致的。上述某些模型已经解决了肩带的问题。从解剖学的角度来看，肩胛胸廓并非由关节结构组成。但是，由于周围的软组织，通常认为肩胛骨被限制在胸腔表面滑行（van der Helm，1994；Maurel & Thalmann，1999；Garner & Pandy，2001；Dvir & Berme，1978）。该限制由一个或两个固定的肩胛骨点表示，这些点被限制在一个胸廓尺寸匹配的椭球体上滑动，分别形成 4 自由度和 5 自由度的肩带。一种较为简单的方法是根据肱骨仰角或仰角的回归方程确定肩胛骨和锁骨的方向（Karlsson & Peterson，1992；Holzbaur，2005；Charlton & Johnson，2006；Blana，2008）。

最近，布尔斯特利（ Bolsterlee，2011）证明了在 Delft 肩部和肘部模型（van der Helm，1994）中使用运动优化解决方案，如果肩带的活动受限（即肩胛骨三角区脊柱、肩胛骨下角点与胸腔表面的距离），尤其在肱骨高仰角的情况下，可能标记不切实际的位置并导致模型预测不准确。

无论是限制肩胛胸运动，还是回归解决方案，似乎都不能完全反映肩胛胸三维运动情况。最近，赛斯（Seth，2016）利用 OpenSim（Delp，2007）设计了新的三维生物机械力学肩部模型（图 9.18），包括胸椎、锁骨、肩胛骨、肱骨、桡骨、尺骨等关节之间的 11 个自由度活动。该模型通过表面标志创建肩胛骨的三维运动学，精度类似骨钉测量。经过 12 000 次试验的逆动力学分析表明，在描述肩胛骨欧拉角时，该模型能够减少标志组的试验误差和噪声的影响，达到直接从噪声标志计算的这些角度可变性的一半到 1/3。三维模型汇总见表 9.1。

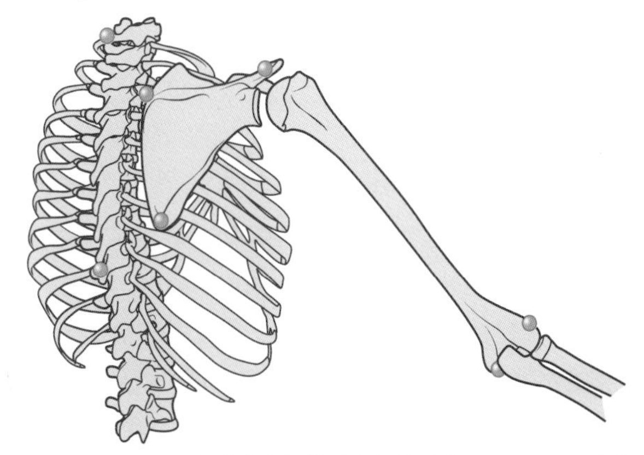

图 9.18　国际生物力学学会推荐的肩部模型（Seth，2016）及胸部、肩胛骨和肱骨解剖学标志（绿球），胸前部标志和盂肱转动中心未显示

表 9.1 三维肩部模型摘要（自由度，肩胛骨运动学建模方法及模型的可重复性）

型号	自由度	肩胛骨运动学	易获得
van der Helm（1994）	7	滑动面	否
Garner 和 Pandy（1999）	10	滑动面	否
Maurel 和 Thalman（2000）	10	滑动面	否
Holzbaur（2005）	15	回归	是
Dickerson（2007）	8	回归	否
Blana（2008）	9	滑动面	否
Chadwick（2014）	11	否	否
Saul（2015）	15	回归	是
Seth（2016）	11	滑动面	是

目前盂肱关节被建模为 3 自由度球窝关节（Garner & Pandy，1999），但对复杂的 6 自由度盂肱关节来说过于简单化，如果要在未来的研究中解决动态稳定问题，则需要在模型中考虑这些问题，因为这些问题对盂肱关节的稳定性和肌肉力量有重大意义。

9.5.2 肩关节运动重建

肩胛骨和盂肱关节运动很难客观测量，主要是由于皮肤、肌肉及肩胛骨的移动。骨针动力学（将皮针固定到解剖结构中）作为研究肩关节运动的金标准，尽管精确度高，却不被临床研究采用。而普遍使用的皮肤（标志，标志组或传感器）运动学是利用电磁或光电系统研究肩胛骨和肱骨运动。这项技术通过用标志组覆盖肩胛骨，或通过放置传感器和标志组应用于临床。前者（标志群）通过肩胛骨运动引起的软组织变形来推断位于软组织下的肩胛骨的位置，而后者的坐标（传感器和标志群）将其转换为数字化骨骼标志计算的解剖轴。如图 9.18 显示 3 个标志群:（a）胸骨体;（b）肩峰冈;（c）肱骨外侧。

由于标志组或传感器（所谓的软组织制品）采集的是下方肩胛骨的相对运动，尤其是在大范围手臂运动期间，皮肤变形和位移影响了皮肤标记技术收集数据的精确度。为了提高肩胛骨运动数据的准确性，学者们研发了不同的方法:（a）静止时单次校准（校准解剖系统技术，第 9.1.4 节）;（b）结合了不同手臂抬高校准的 2 次或多次校准。

ISB 标准化和技术委员会在 2005 年提出了人体关节的关节坐标系统（joint coordinate system，JCS，关节坐标系）标准（Wu，2005）。这些标准建议身体的局部坐标系统（LCS）应该来自数字化骨骼标志。胸部 LCS 使用以下骨骼标志来标志：第 7 颈脊椎棘突、第 8 胸椎棘突、胸骨上切迹最深点以及胸骨最尾端。对于肩胛骨标志最初提出的建议包括肩胛骨脊柱侧顶端（上角），肩锁关节和肩胛骨下角（下角）。最近的建议修改为：用后外侧肩峰（肩峰角）替代肩锁关节，理由是这样可以减少多向量（万向节锁）的可能性。使用这个标准后，相同肩胛骨运动情况下内旋和上旋数据减少，后倾数据增多（Ludewig，2010）。对于盂肱关节，与欧拉角 XZ’ Y” 序列相比，欧拉角 YX’ Y” 序列（仰角，水平内收 / 外展角度和轴向旋转角）似乎是更好的选择，这不仅是因为它获取的盂肱关节运动数据更具临床意义，还因为它对间断不那么敏感（Phadke，2011）。推荐的肱骨骨骼标志包括盂肱旋转中心（通过回归分析估量或通过计算瞬时螺旋轴的支点）、外髁最尾部以及内上髁。

惯性传感器（Inertial Measurement Units，IMU）在过去的十年得到了快速发展。当 IMU 与生物力学模型结合时，显示出美好的前景。IMU 现在是小型轻量级无线传感器，不受测量体积的限制，适合在临床和试验室等多个场合使用。

尽管 IMU 系统还存在着局限性，在肩关节运动分析中的初步研究结果令人满意（Cutti，2008），但在研究肩部功能障碍患者时，还需数据支持。

9.6 惯性测量生物模型

9.6.1 解剖校准和 IMU 关节角度

在过去的十年里，大力使用 IMU 并推动了学科的发展。IMU 通常是陀螺仪和加速度计的组合，也可能包括磁力仪，有时也有全球定位系统（GPS）。并可应用在多个场景，可用于试验室外步态的空间和时间参数估算以及三维关节角度评估。

使用 IMU 去评估人体运动时需要一个 LCS。即每个 IMU 需要一个全局定位数据，且这个定位不需要与任何生理轴一致（Seel，2014）。这个定位可以由四元数表示，也可以用旋转矩阵或欧拉角表示。学者们已经设计了传感器方向的定位方法，通常采用角速度集成来估计角定向，虽然数据信号可能“漂移”。虽然磁干扰会影响定向估算的精度，但在一定程度上可以通过加速度或磁力仪测量来减少误差。

通过融合及集成这些不同的测量值，惯性测量装置能够估测传感器在总坐标系中的方向（侧滚、纵倾和偏航）、位置和运动方向。由此，可找到两个或更多传感器相对位置。这些可被用来计算传感器之间的角度，计算不同平面上的关节角度，从而得出解剖框架（图 9.19）。

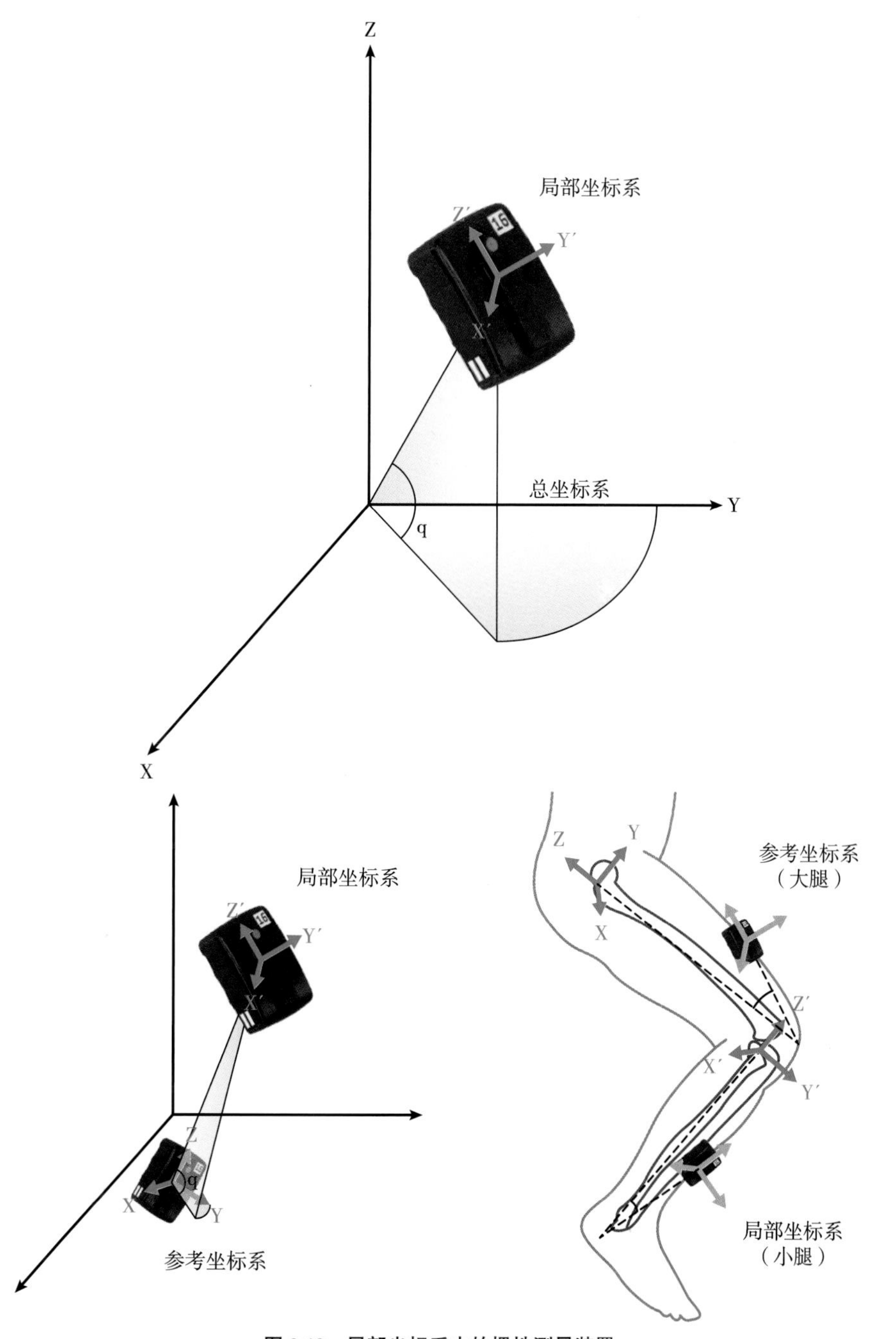

图 9.19　局部坐标系中的惯性测量装置

如果要测量关节角度，则所有惯性测量装置都需要进行某种静态解剖校准。需要一个静态姿势参考系来创建关节中立位置，将三维关节角度投射到特定的平面上。在这方面，使用惯性测量装置的生物力学模型仍面临巨大挑战，因为患者无法保持中立位置。在无真实位置信息下识别JCS绝非易事，这也是基于IMU的关节角度测量的一个主要挑战，尤其是在测量三个或以上自由度关节运动时。

与摄像系统的数据相比，IMU对矢状面关节角的估算具有较高的精度。观察研究冠状面和水平面的学者发现，由于生物力学模型的不同，这些模型可能存在相当大的相互干扰，这使得这些数据难以临床使用。也就是说，新的IMU硬件和软件的研发速度相当快，在不久的将来可能在所有三个平面中可靠地测量肢体和关节旋转角度。

9.7 坐标系统和关节角度

无论使用哪种系统，其中一个关键指标为关节角度。我们可以通过不同的方式识别关节和节段。不同于使用总坐标系的简单方法以及简单的三角函数到更优化的方法。我们将对概念含义及其对数据的影响进行研究，而不是钻研数学运算。最常见的方法用全局坐标系（也叫试验室坐标系统，GCS）、肢体坐标系（SCS）和关节坐标系（JCS）。

总坐标系是从试验室或整体框架坐标系的x、y、z轴来计算肢体角度的。局部坐标系利用肢体近端和远端端点来确定关节的x，y，z轴的方向。关节坐标系是用两个肢体轴（近端及远端）在肢体近端及远端创建第三个浮动轴，或适合的轴。局部坐标系和关节坐标系均用来识别关节的局部坐标，比总坐标系更具解剖学意义。涉及三维运动的第三种方法是螺旋分析。确实比局部坐标系或关节坐标系更具优势。然而，该方法并未考虑到解剖框架轴的旋转。

9.7.1 总坐标系统中关节角度的计算

通过了解一个平面内肢体近端和远端的坐标，利用简单的三角函数就可以计算肢体角度。如果假设两个肢体在我们关注的平面以外的任何平面均为刚性（例如，研究矢状面时，就不要在冠状面及水平面上移动），并假设它们与我们关注的平面完全对齐，则计算关节角度就是减去这两个角。这是所有二维运动分析采取的方法，但已证明其误差较大。

麦克雷（McClay，1998）和马纳尔（Manal）的研究表明，如果足部位置在正常范围内，二维数据足以显示最大的足外翻位移和速度。当足部在矢状面未对齐时，即足跟着地或足趾离地时，足底屈屈，二维和三维数据不一致。在水平面上也很明显。如果足着地角度过度外展，则二维和三维数据之间的差异会加大。阿雷布雷德（Areblad，1990）量化了该误差大小，通过成像轴上对比了足部从10°到30°屈曲时的数据，他们发现每改变2°，计算的角度误差为1°。

9.7.2 总坐标系和局部坐标系统之间的误差

在解释使用GCS的任何数据时，应注意潜在误差的性质。案例显示了正常行走所涉及的误差，然后是脑瘫患者股骨段明显内旋误差。在大腿内旋时，GCS给出了冠状面的巨大误差，表明膝关节达到22°外展或外翻畸形，而实际上这主要是由于膝关节屈曲角度的交叉平面导致的误差，真正的外展或外翻角度仅为8°，如此大的错误容易误导患者治疗方案的制订。

这些误差意味着，如果我们对矢状面外的运动感兴趣（即冠状面和水平面），就必须考虑我们所测量的物体是否采用错误的解剖框架内，而非真正意义的解剖框架（图9.20A-D）。

9.7.3 Cardan序列及其对步态数据的影响

吉拉莫·卡丹（Girolamo Cardan，1501—1576）在数学、医学、天文学、占星术、炼金术和物理学方面均有造诣。

卡丹的声誉源于他在数学方面的工作，尤其是在代数方面。1545年，他发表了《大数学》，这是第一部专门讨论代数的拉丁文专著，其中包含了三次方程的解。因此，在临床生物力学中命名“卡丹序列”来纪念他的贡献。

卡丹序列本身是一种计算方法，针对三个轴旋转，通过对每个坐标轴的计算，将关节定位于真实世界的运动。换而言之，它们描述了LCS或SCS相对于另一个LCS或SCS的情况。

卡丹序列的特征是围绕三个轴旋转：xyz、

xzy、yzx、yxz、zxy、zyx。1983 年，格罗德（Grood）和尚泰（Suntay）将其命名为关节坐标系（JCS）并赋予卡丹序列的解剖学意义，假设肢体坐标系（SCS）中 z 代表上，y 代表前面，x 代表侧面，xyz 序列就是关节坐标系（JCS）。但如果改变 x、y、z 方向，关节坐标系（JCS）的卡丹序列将有所改变。

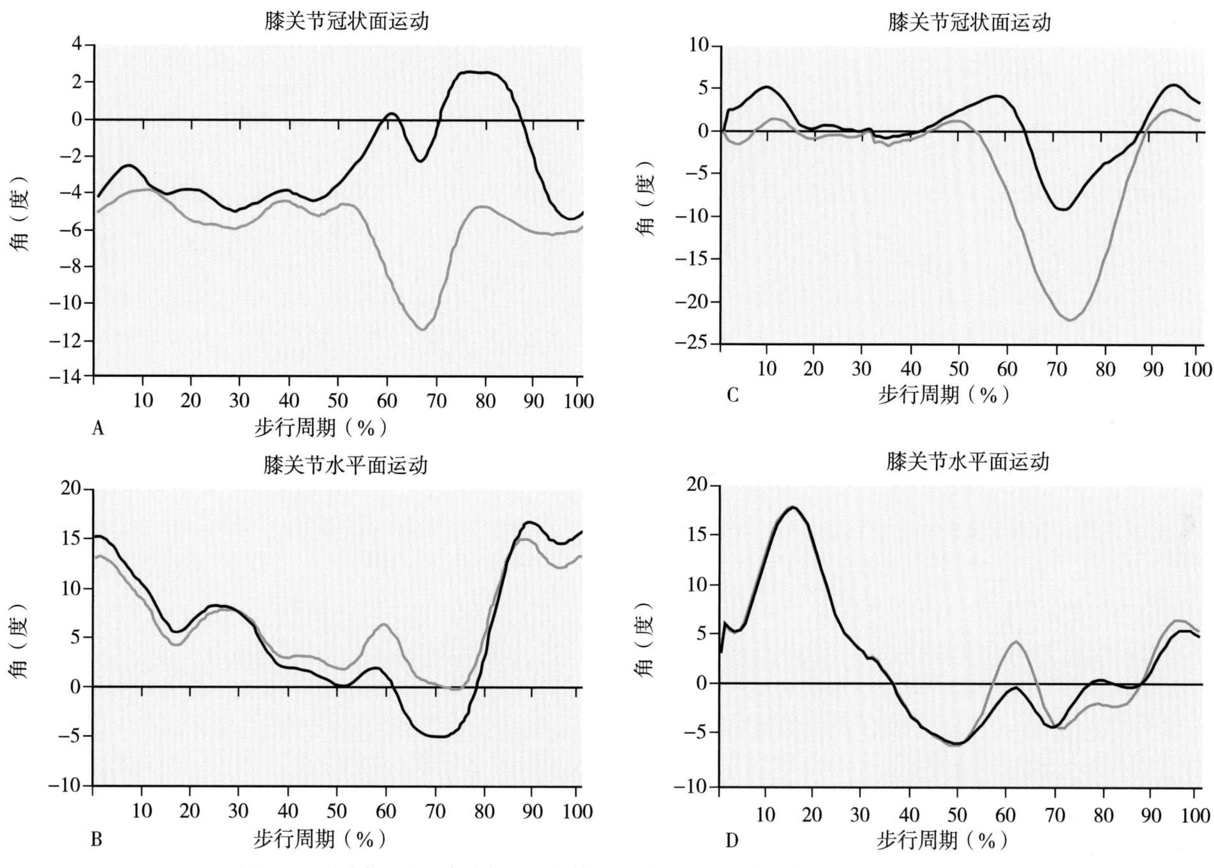

图 9.20　总坐标系和局部坐标系之间的误差：（A，B）正常行走，（C，D）脑瘫患者

如果我们将卡丹序列假设为：x 轴在内外侧方向，那么 y 轴在前后方向（行进方向），并且 z 轴在上下方向或者轴向。

因此，我们可以描述关节坐标系（JCS）的 x、y 和 z：

x = 屈曲伸展，

y = 外展内收，

z = 纵向内外旋转

比如，关节坐标系（JCS）常常与卡丹序列 xyz、或者屈伸、外展内收、轴旋转相关。关节坐标系（JCS）与下肢关节运动的临床概念有关相关。其缺点是，JCS 坐标系统不能保证不同节段的坐标系统正确对齐，这可能导致不同运动平面之间的相互干扰。

因此，选择不同卡丹序列对于研究关节动力学的作用有所不同。在矢状面内，选择不同序列几乎没有作用，并且最佳序列是 xyz，x 是参照节段的屈伸轴，并且对于大多数系统也是常规作法。这是由于发生在矢状面内发生的相对大量的运动。

图 9.21 显示脑瘫患者和非脑瘫患者的关节屈伸模式（图 9.21A 和 B）。

因为冠状面和水平面内运动比较少，许多研究并未声明采用的是那个卡丹序列。我们应该谨慎（图 9.22A-D）。我们必须假设已经采用“系统默认值”xyz。

所有图形的黑线显示卡丹序列 xyz（屈伸、外展内收、内外旋转）和 xzy（屈伸、内外旋转、外展内收）。非常有趣的是：请注意两个序列都产生非常相似的结果。也同样有趣的是：膝关节屈曲最大值意味着在平面之间产生相互干扰。当一个屈伸被放置在旋转 yxz 和 zxy 次序的第二个，产生两个非常不同的模式，这似乎增加在不同平面之间的串扰。当 x 以旋转次序（yzx、zyx）被放置于最后时，然后 x 或者屈伸有最小的作用，冠状面和水平面的运动模式和矢状面运动无关（即无平面串扰）并且显示近似相同的结果。差异的原因是序列次序内的依赖性，需要考虑的解剖平

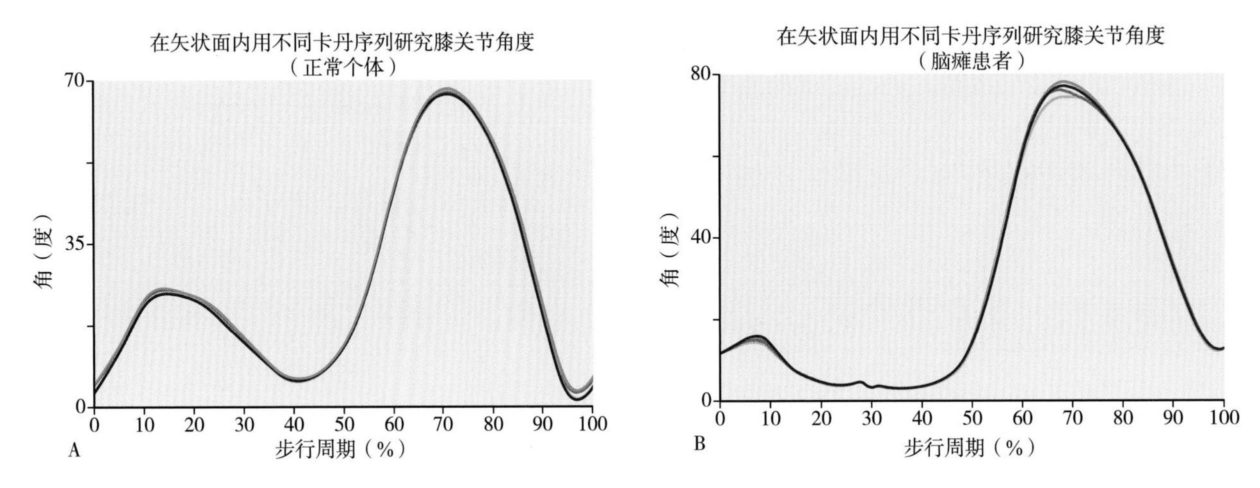

图 9.21 （A）正常行走步态试验用不同卡丹序列研究膝关节运动；（B）脑瘫患者相同步态试验用不同卡丹序列研究膝关节运动

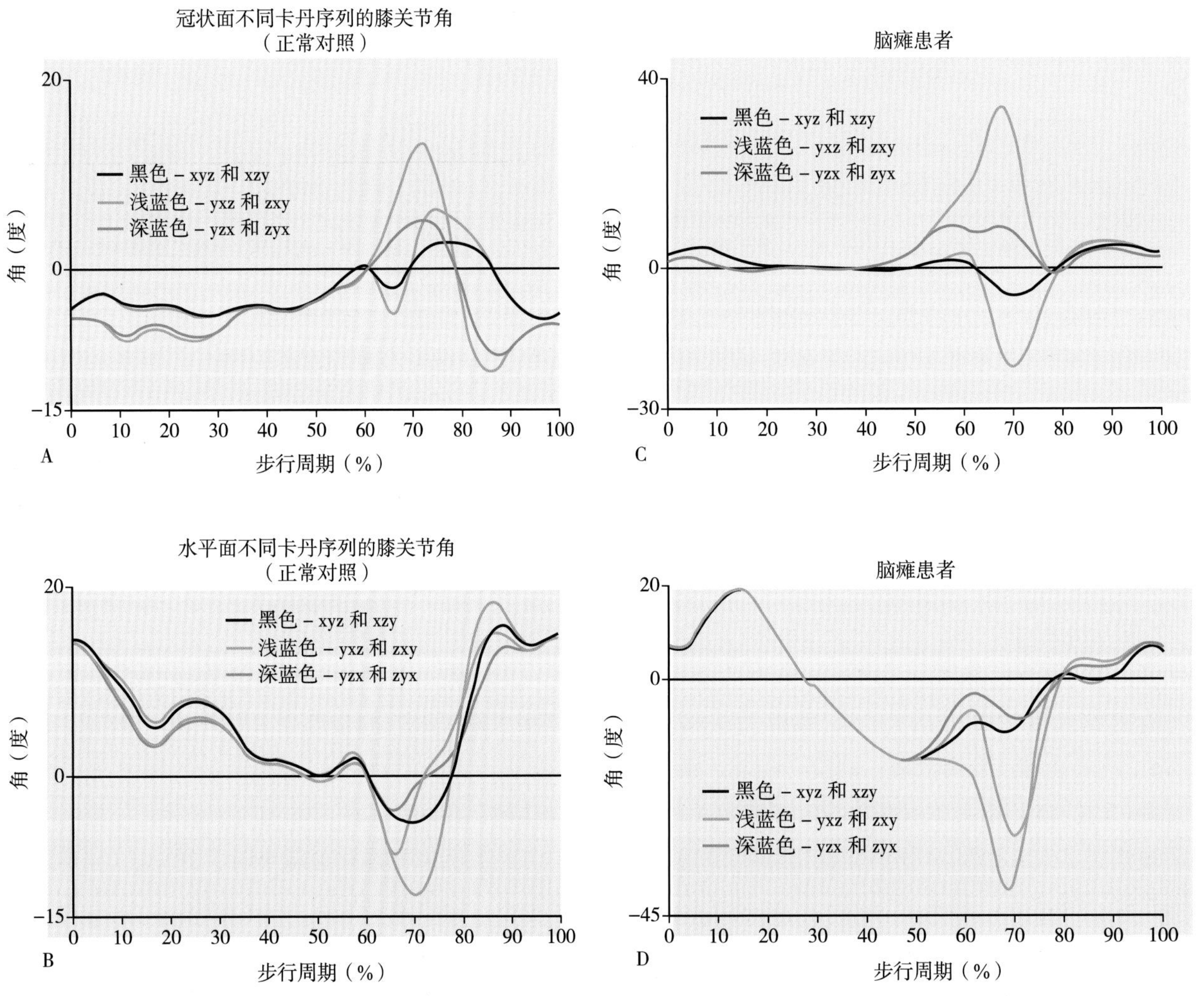

图 9.22 采用不同的卡丹序列研究膝关节冠状面和水平面的运动情况，健康对照者（A,B），脑瘫患者（C，D）

面内的运动。

这些内容对临床研究是有影响的。诸如谈及关于足部、踝关节和膝关节三维运动及矫形器的作用的内容。研究的大部分结果很可能是真实的效果。然而，当我们试图确定可能仍具有临床意义的冠状面和水平面的微小变化时，就需要在报告中明确说明，以便对数据分析进行适当的比较和复制。

沙赫拉（Schache，2001）研究了在跑步期间不同卡丹角度序列对三维腰部 - 骨盆角度动力学的作用，并得出结论：在跑步期间，不同卡丹角序列并没有实质性影响典型三维腰部 - 骨盆角动力学模式。但是阮（Nguyen）和贝克（Baker）在 2004 年发现，对于病理性胸廓运动的测试者，不同的旋转序列在临床上存在显著差异，并得出结论，传统序列（屈曲、侧弯、轴向旋转）更适合于测试病理性胸廓患者。

很显然，卡丹序列的顺序问题开始凸现。一种可行的方法是寻找“主轴”，根据主轴的平面选择卡丹序列；例如，分析水平面（z）的卡丹序列将是 zyx，分析冠状面（y）的序列将是 yzx。在这两种情况下，把矢状面（x）放在最后，以减少其权重，以避免可能的相互干扰，到目前为止，膝关节屈曲包含了步行周期中最重要的运动。然而，如果我们处理的是另一个关节，而不是这种情况，可能要不同的卡丹序列。

目前关于卡丹序列对研究影响的论文很少，而且对所研究的关节运动影响数据并没有得到公认，但选择不同的卡丹序列确实产生了不同的数据。

9.7.4　螺旋角

螺旋角经常出现在运动分析中。螺旋角、有限螺旋轴或螺旋轴可以描述为一个线段与另一个线段三维角度的旋转或平移，最初由沃尔特林（Woltring，1985）提出。因为综合了三个平面的数据，比肢体坐标系（SCS）和关节坐标系（JCS）有一些优势，因此，不受平面相互干扰。然而，螺旋角不包含解剖框架的旋转，因此对临床数据的解读是有限的。螺旋角的进一步的发展是可以投射到不同的解剖框架中。图 9.23A，B 是脑瘫患者与正常对照者的步态分析，将膝关节的螺旋角投射到冠状面（黑色）的效果，与关节坐标系（JCS）xyz（浅蓝色）和主轴 yzx（深蓝色）相比。

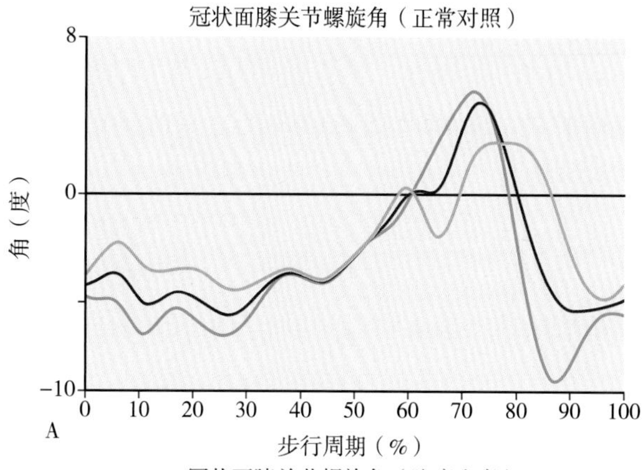

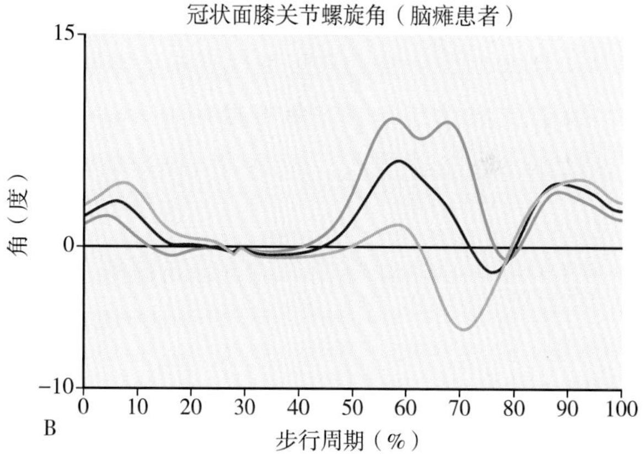

图 9.23　正常对照者（A）和脑瘫患者（B）在不同步态下膝关节螺旋角投射至冠状面（黑色）、关节坐标系（JCS）xyz（淡蓝色）、主轴 yzx（深蓝色）

9.7.5　建议

文献报道的许多技术中最值得注意的是原始关节坐标系（JCS，Grood，1983）和有限螺旋轴（Woltring，1985），最近卡波佐（Cappozzo，2005）比较了这两种不同技术的优劣。

尽管选择正确的数学方法来分析运动模式似乎是一项艰巨的任务，应该注意的是，大多数的工作（除非有所声明）采用的是关节坐标系（JCS），其相似卡丹序列（xyz），并且 ISB 推荐其用于下肢研究（Wu，2002）。因此，为了能够与文献的数据进行比较，应该尽量使用关节坐标系（JCS，xyz）。

无论使用哪种序列或方法，都要确保报告清晰，以便进行数据比较，因为没有数据比较，我们就无法了解其效果。

另一项建议来自国际肩关节协会，他们认为

肩角（上臂相对于躯干）应该采用欧拉序列（zyz，zxz，yxy，yzy）来分析描述。ISB关于分析人体关节运动中（第II部分：肩、肘、腕）的建议：对不同节段之间的不同运动使用不同的序列方法（Wu，2005）。因此，推荐使用yxy序列进行肱骨和肩胛骨之间以及肱骨和胸部之间的运动分析，这被认为比“传统的”卡丹序列更适合肩部的运动分析。然而，这似乎并不适用于不同任务中的所有动作，因此，必须非常小心，以确保各种序列方法所提供临床和解剖学上有意义的数据。

总结：解剖模型和标志组设置

■ 文献报道了许多解剖模型和标志组。可以看出，随着时间的推移，复杂性可能会增加。

■ 越来越多复杂性建模与越来越多的运动分析跟踪标志的要求有关，也与对人体运动建模要求有关。

■ 简单标志组或模型的优点是只需要几个摄像头，而更先进的模型往往需要8个以上的摄像头来跟踪标志。但简单模型无法观察关节和身体不同平面之间更复杂的运动。

■ 先进的模型帮助我们把足分解为多个节段来量化足部运动。这将导致出现更多的临床相关研究，从而解读各个部位之间相互作用的规律，方便足矫形管理。

■ 3D集群技术已被证明可用于跟踪脊柱的6个自由度节段，这将进一步加深我们对肩关节和脊柱多平面运动的理解。

■ 惯性传感器（IMU）的使用在生物力学研究中已是司空见惯，这类传感器在临床和运动实践中具有巨大的潜力，尤其是与肌电图数据相结合时。

■ 随着复杂性的增加，我们如何定义肢体和关节的方向也出现了问题。使用简单的关节几何形状可能会导致对数据的误解，特别是当关节运动发生在身体的多个平面上时。因此，在报告临床数据时必须非常小心。

第 10 章 肌电图

介绍肌电图（electromyographic，EMG）信号的本质及采用 EMG 测量肌活动的不同方法。包括 EMG 的设置和使用 EMG 标准数据处理技术，以及影响 EMG 信号质量的因素。此外，本章也介绍了 EMG 数据采集和处理技术的新进展，这些新进展使测量个体运动单位成为可能。

目的

学习 EMC 的基础：EMC 使用、记录和处理技巧；评价肌活动的方法及可以从其使用得出的结论。

目标

- 了解 EMG 信号的本质。
- 掌握检测 EMG 的不同方法。
- 了解影响 EMG 记录的因素。
- 掌握获取最佳 EMG 信号的方法。
- 掌握处理 EMG 信号的不同方法。
- 了解 EMG 信号的分解过程和可以获得的信息。

10.1 肌电图

10.1.1 电和肌肉活动

肌电图用来研究骨骼肌电活动信号。人们在 16 到 17 世纪认识到肌肉收缩和电之间有关联，并开展了研究工作，相信由大脑向下沿着神经到肌肉的“移动信号”引起肌肉收缩。

1664 年，生物学家简·施旺麦丹（Swammerdam，1637—1680）证明了，去掉青蛙大脑后，刺激支配蛙腓肠肌的神经，蛙腓肠肌会收缩。1666 年，弗朗切斯科·雷迪（Francesco Redi，1626—1697）的工作首次记录了肌和电之间关系。雷迪证明电鳐鱼的电击起源于肌肉，强调了在肌肉收缩和电信号之间的关系。1791 年，被誉为神经生理学之父的路易吉·加瓦尼（Luigi Galvani，1737—1798）证实了采用金属杆刺激蛙的前腿肌肉组织会产生收缩现象，并产生力。他研究推断：运动的起因可能是电。卡洛·马特乌奇（Carlo Matteucci，1811—1868）通过刺激兴奋生物组织产生直流电明确证实电流起源于肌肉，并且可以像电线一样串联。

1849 年，杜波依斯·雷蒙德（DuBois Reymond，1818—1896）首次报道，检测到人体肌自发产生的电信号。他设计一个试验，设计了一个表面电极（用一根电线连于盐水溶液内的吸水纸上），当浸入盐水的手指收缩时，会引起电流计出现小的偏转。他认为，皮肤的阻抗减少驱动电流计的电流，如果以开放伤口与盐水溶液直接接触可以产生一个更大的偏转。19 世纪后期，当电开始应用到临床工作中，检测人体肌电的方法有了进展。其中纪尧姆·杜兴（Guillaume Duchenne，1806—1875）用电刺激来研究骨骼肌功能。由于杜兴是首批研究用电来治疗疾病的学者之一，被誉为“电疗之父”。

1992 年，赫伯特·加斯（Herbert Gasser，1888—1963）和约瑟夫·埃尔兰格（Joseph Erlanger，1874—1965）采用阴极射线示波仪替代电流计来研究沿着神经轴突的传导并观察到动作电位。1929 年，埃德加·阿德里安（Edgard

Adrian, 1889—1977）和德特勒夫·布朗克（Detlev Bronk，1897—1975）引进首个应用针电极来记录在肌肉收缩期间产生的电信号。这是里程碑性的创新，推动了临床研究的热潮。自此，通过分析与肌肉收缩相关的电活动产生了一系列肌肉功能的研究成果。

那么，肌肉收缩是和电是怎样关联的？

10.1.2 肌、运动单位和 EMG

骨骼肌由数千条肌纤维组成，当它们被神经电信号激活时，骨骼肌就收缩。运动神经元的细胞体位于脊髓前角并产生电信号，神经电信号沿着运动神经元的神经轴突下行，并且在神经肌接头处与肌肉接触。每个运动神经支配数个肌纤维，当它们被一个神经冲动兴奋时，这些肌纤维几乎同时收缩。

因此，单个运动神经元以及被该运动神经元支配的肌纤维系统统称为运动单位（MU）。

肌纤维膜有一个大约 -70mv 的静息电位。一个神经冲动（即在神经肌接头处）瞬时改变其静息电位至 +40mV。膜电位的改变被称为去极化（产生动作电位）。从神经支配点沿着肌纤维向两个方向传播，通过在肌纤维附近或收缩纤维之上皮肤放置电极，可以检测到沿着肌纤维向下产生去极化电压。去极化电压的特征性形状被称为运动单位动作电位（motor unit action potential，MUAP）。

为了维持肌肉收缩，运动单位必须重复地被激活。MUAP 生成序列被称为运动单位动作电位序列（motor unit action potential trains，MUAPT）。

EMG 信号是与肌肉有关的电信号，可以采用在肌肉内部或者在肌肉上端皮肤定位的传感器检测到此信号。它代表来自数个 MUAPT 的电活动的集合，这些电活动在一次肌肉收缩期间被同时激活。EMG 信号范围在数个 μV 到数个 mV 之间，这取决于肌肉活动水平（图 10.1）。

运动单位的活动将神经信号转变为力和运动，因此，MUAP 的电子显示伴随被神经支配的肌纤维的收缩。由单个运动单位收缩产生的力被称为感触力（force touch）。对于持续的收缩，如果它们发生在很短的时间内，感触力聚集产生一个巨大的或者融合的力，该力由肌肉内所有运动单位产生的力组成。

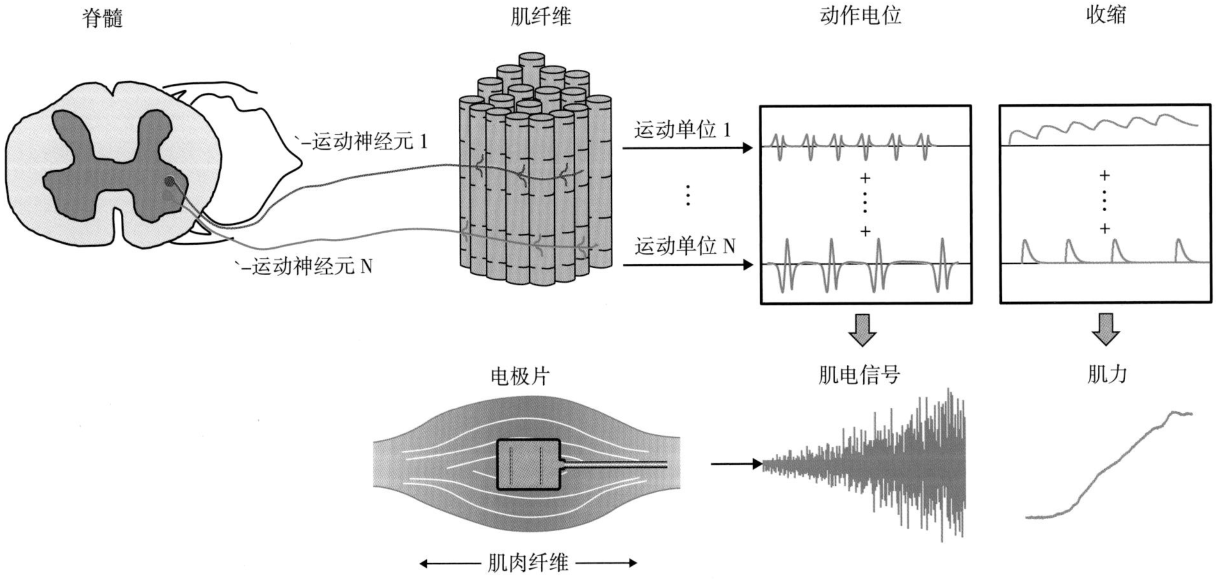

图 10.1 运动单位、肌电图（EMG）信号和肌力产生示意图，MUAPT、运动单位动作电位序列

10.1.3 肌和纤维类型

构成单个运动单位的纤维数量在肌肉内部和肌之间变化很大。一般来说，控制精细运动的较小肌肉，如眼睛周围的肌肉，是由包含少量肌纤维的较小运动单位组成。相反，用来产生强大力量并作用于身体的肌肉，如股四肢肌，是由较大的运动单位组成，其运动单位含有较多的肌纤维。

肌纤维类型以慢收缩（I 类）或者“慢收缩氧

化应激”和快收缩（II 类）为特征。I 类纤维比 II 类纤维产生更慢的力度为特征，并且产生更小波幅和更持续的收缩力。快速收缩力可以被进一步分为 IIA 类型和 IIB 类型纤维，这些也分别被称为“快收缩氧化”和“快收缩糖化”。IIB 类型纤维以更高的力和速度产生为特征，但是易于疲劳，而 IIA 类纤维对疲劳有耐力。

I 类肌纤维由于丰富的血管和血液供应外观呈红色，当氧气充足时这类型肌对疲劳更为耐受。IIA 型肌纤维直径较大，由于血液供应较少，肌纤维外观苍白，线粒体中储存的能量有限，IIA 型肌纤维易疲劳。

尽管肌纤维被分为不同组（I 类、IIA 类和 IIB 类），一般而言，每个人体肌包含不同大小和不同收缩性质的运动单位，这些运动单位在这些组群中形成了一个连续的整体。骨骼肌中的慢肌纤维和快肌纤维的比例因肌肉使用类型而不同。

10.1.4 运动单位募集、激活率和张力

在每块肌肉内，运动单位按照大小的序列被分层激活，被称为“大小原则”（Henneman，1957）。小的运动单位以小波幅和持续的力收缩为特征，张力小的时候募集这些运动单位，即它们的募集阈值较低。大的运动单位以大波幅和瞬时力收缩为特征，在高张力时募集这些运动单位，即它们的收缩阈值较高。

当一个运动单位在持续收缩期间被激活时，它会反复启动（收缩）。其激活时间可以用一系列随着时间变化的条形图来表示，称为激活序列，在此，每个条代表一次激活或者运动单位的 MUAP（图 10.2）。在一秒钟内发生的脉冲数是衡量运动单位平均激活率的指标。平均激活率是一个时变函数，通过单元区域来计算，一个运动单位连续激活的时间间隔称为运动单位脉冲间隔（inter-pulse interval，IPI）（图 10.2）

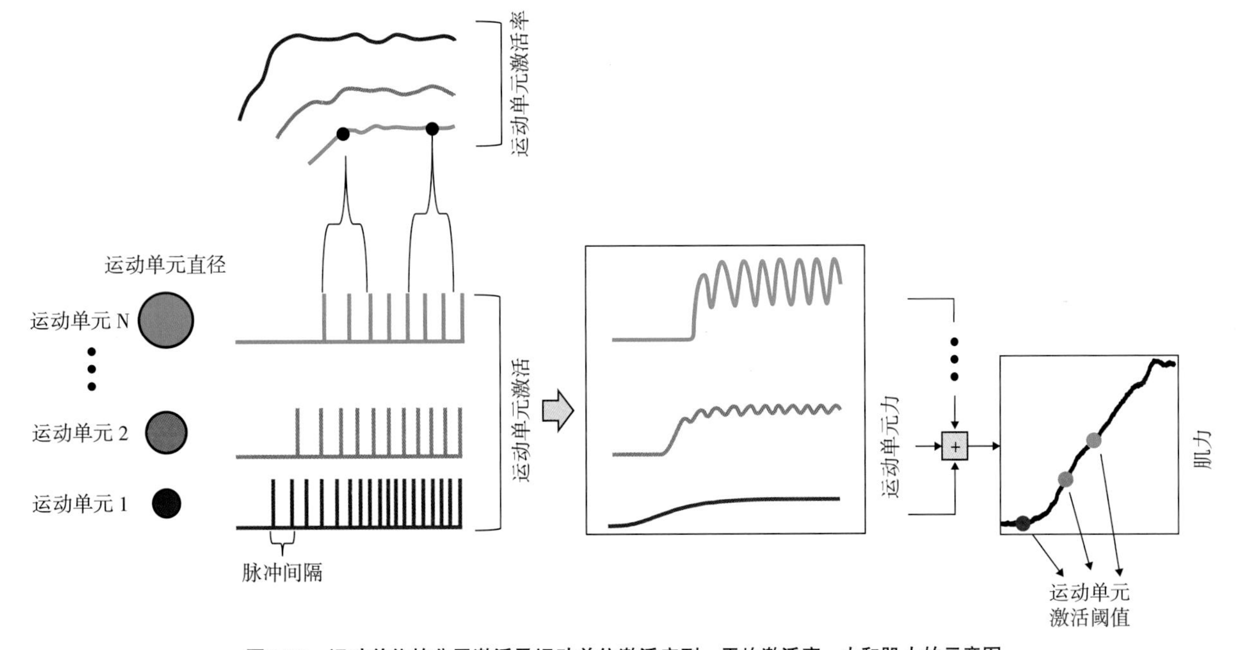

图 10.2 运动单位的分层激活及运动单位激活序列、平均激活率、力和肌力的示意图

每块肌肉产生的力有两个主要调节过程：①通过改变运动单位的数目，②通过改变它们的激活率。当需要更大的收缩力，就需要更多的运动单位被激活，这些运动单位逐渐增多（高阈值），就产生更大的力。主动运动单位的激活率也随着力量的增加而增加，因此，他们的平均运动单位的 IPI 下降。

在不断增强的力量收缩过程中，由于主动运动单位数量和激活率升高，所记录的肌电信号的波幅也在增加（图 10.1）。此外，需要注意的是，由于每个运动单位有更多的肌纤维，较高的阈值，较大的运动单位通常具有较大的 MUAP 波幅。

在过去的五年里，人们普遍接受这样一种观点，即高阈值运动神经元比低阈值运动神经元具

有更高的激活率（Eccles，1958；Kernell，2003）。此观点的证据来源于，采用电刺激麻醉后猫的神经时，直径大的（更高阈值）运动神经元比直径小的（更低阈值）的神经元出现快速除极化和更大的激活率。这种激活率与肌肉组织运动单位的收缩特性相匹配，低阈值的运动单位比高阈值的运动单位具有更宽和更小的波幅力度，并且通过较低的激活率来产生持续力。

我们现在知道，在人类肌肉进行自主收缩时，运动单位的激活率是以相反的方式组织的，低阈值运动单位的激活率比高阈值运动单位的激活率更高。这种激活率安排被称为“洋葱皮现象”（DeLuca & Erim，1994），表明当人类运动单位被主动激活时，其生理放电行为与在动物身上观察到的电刺激孤立运动神经元截然不同。洋葱皮现象的一个明显的缺点是：运动单位与运动单位的收缩特性不匹配，因此运动单位并不总是产生合力，也不全部利用其产生力的能力。这是为什么呢？原因之一是高阈值的运动单位容易快速疲劳，如果它们快速激活，将无法长时间维持。

因此，“洋葱皮现象”并非旨在“优化”肌力量。相反，它提供了最大耐力，并有能力在更长时间内维持它（DeLuca & Erim，1994；Contessa & DeLuca，2013）。

10.2 肌电信号检测方法

检测肌电信号有两种主要方法：表面导出法（将电极置于肌肉上方的皮肤上）和针电极法（将电极附着肌肉本身）。

这些两种方法可用于两种主要的记录配置：单极和双极（或者单个差别）配置（图 10.3A、B）。单极配置仅仅采用一个电极检测记录表面或者在此区域内的电位信号。此配置的缺点是它未能消除噪声或者来自肌肉之外的无用电子信号。临床很少用，除非具体情况要求时，比如一个特别点或区域需要电位。使用时必须格外小心且进行持续监测以确保信号质量。双极或者单个差别设备通过记录两个紧密放置的电极克服了此问题。微分（或减法）消除了两个电极获取的共有信号。这种配置的优点是可以消除或最小化来自肌肉以外的外部噪声或不需要的信号，因为这些干扰来自两者的共同信号。

需要注意的是，电极指的是检测电子信号的区域，记录对象为传感器。例如，双极配置的传感器由两个电极组成。

两种配置都需要一个标准电极。该电极的目的是提供周围电活动的参考信息，包括来自设备或机体内部的电活动（如心跳）。从历史上看，这个标准电极被放置在身体上的一个区域，这个区域要么是安静的（通常是在骨骼区域之上），要么包含与被检测无关的电信号。最近，在一些系统中使用的高质量的电子产品和设计允许标准电极放置在皮肤的任何地方。

第三种配置（双差动排列）提供 3 个记录电极，由 3 个电极检测到的电信号经过两个层次的筛选（图 10.3C）。此配置用于特定的应用程序，并且将在 10.3.7 节中对其描述。

10.2.1 针电极法记录技术

针电极法是以往最常用的检测技术。近年来，无创的表面导出法图技术已成为首选记录方法。然而，仍然需要针电极法研究那些不能从皮肤表面检测到的深层肌电信号。在针电极法记录中，可以使用针或细线式传感器。

针式传感器通过皮肤和脂肪（图 10.4 和 10.5）插入肌肉内。针比较细（通常 0.3 ~ 0.5mm），可以由多种材料制成，最常见的是特氟龙涂层的外科级不锈钢。针上的一个或两个探测区域分别接收获得单极和双极配置中的电信号。常用的向心针电极，与标准针的不同之处在于它们在套管的中心含有一根铂铱合金导线。在单极配置中，导线的尖端作为探测区，获取导线的尖端与套管之间的电信号。双极结构则是套管中的第二根导线提供了第二检测面。

细线传感器（图 10.6 和 10.7）在 20 世纪 60 年代初开始普及（Basmajian & DeLuca，1985）。细线传感器通过一个直径为 0.4 到 0.5mm 的注射针头穿过皮肤或脂肪层将它们植入到肌中。然后针头被拔出，传感器留置在肌内。细线传感器电

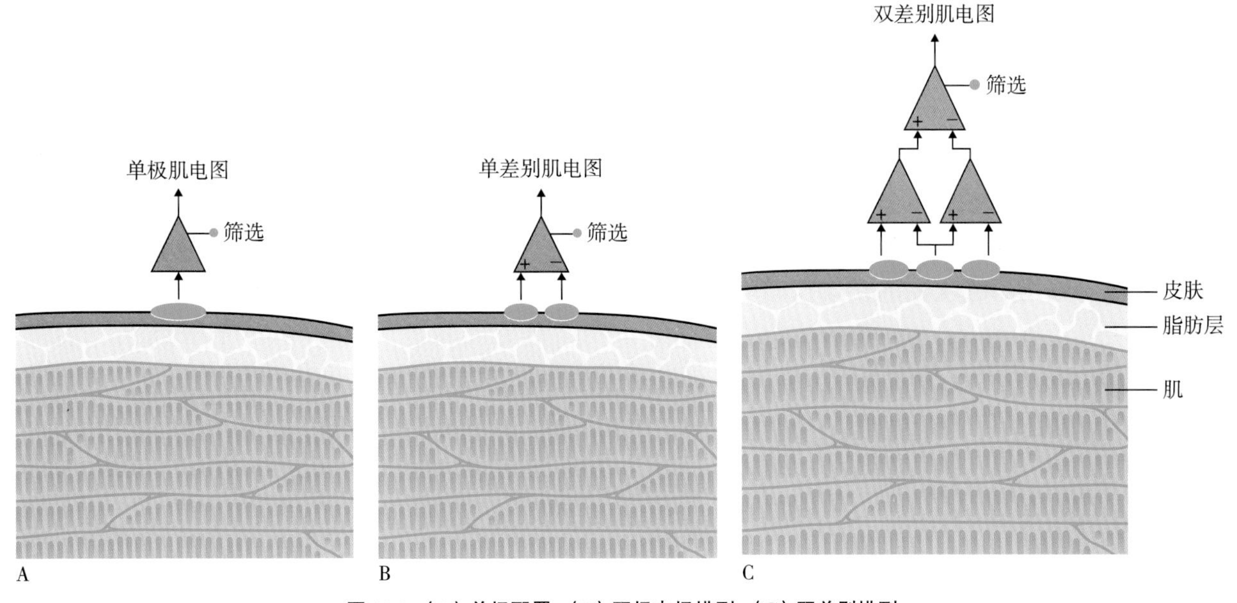

图 10.3 （A）单极配置，（B）双极电极排列，（C）双差别排列

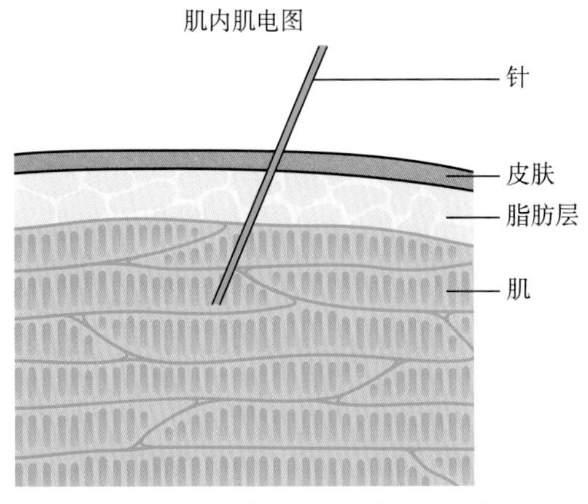

图 10.4 针式肌电图传感器的示意图

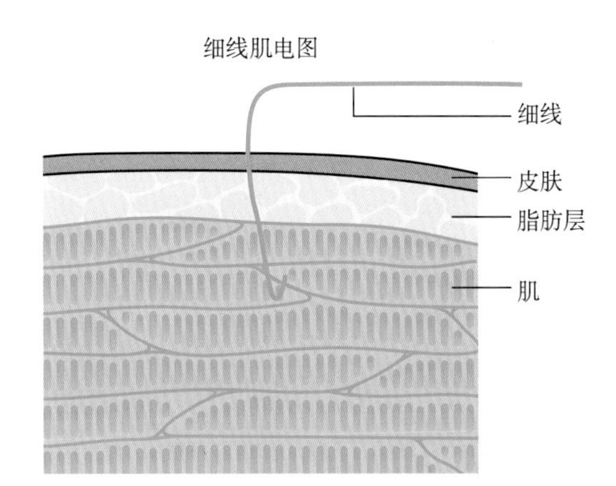

图 10.6 细线肌电图传感器的示意图

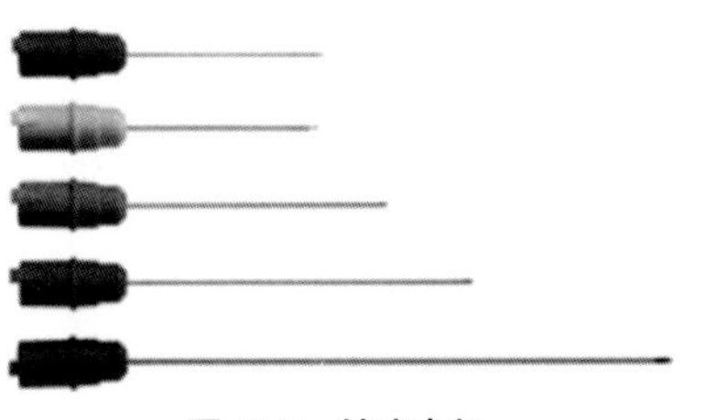

图 10.5 针式电极

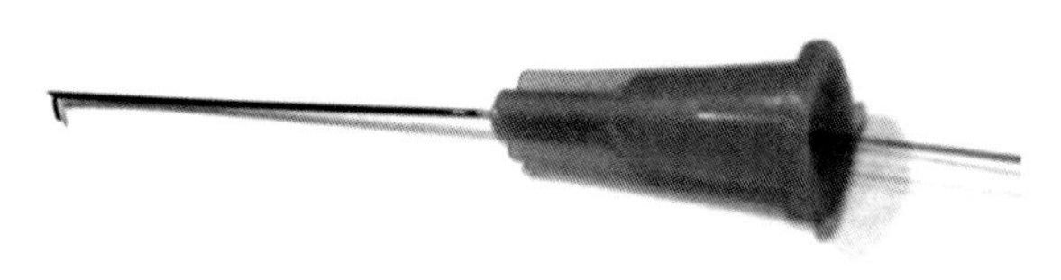

图 10.7 细线式肌电传感器

极材料包括双细丝特氟龙涂层的银线、镍铬合金、或者外科级不锈钢钢线。

细线传感器电极线通常有一定角度的倒刺，以确保在皮下注射针头取出后仍然固定在原位。分别以单极和双极形态将一根或两根导线插入肌肉。

细线传感器比针传感器产生的痛觉更少，这是由于一旦移除套管，则测试者几乎无法感知细线。因此，在研究在强收缩或者动态运动期间常常使用细线传感器。导线损坏的风险使得插入后重新调整其位置比针电极更困难。

针电极法传感器只能获取电极附近数个运动单位产生的肌电信号。由于它们非常接近肌纤维，在电信号来源（肌纤维）和检测区域（针 / 细线）之间的距离是 0.5mm 到 3mm。因此，所获取的信号频谱（包括更高频率）比表面导出法图更多，很多电信号从肌纤维传到表面电极时被低通过滤掉。

应该注意的是，肌内插入针的过程会损害肌肉纤维。因此，针电极法信号可能包含肌肉损害的信号。此外，当肌肉纤维收缩时，针和电线电极都会产生移位，导致电极和肌肉纤维之间的结构关系发生改变，MUAP 的形状会改变并导致信号波幅和频谱的改变。该信号的改变与肌肉内的生理因素无关，与电极和肌肉纤维之间空间结构改变有关。

10.2.2　表面导出法图的记录技巧

表面导出法信号可以通过放置在肌肉上方皮肤的各种形状和大小的电极来检测。单极排列（图 10.3A）是最常见的基本配置。通常将 1 个电极放置于肌上用于检测第 2 个标准电极的表面导出法信号。有时，将此排列用于临床肌电图生物反馈设置，以防受制于来自环境噪声和其他来源的混淆。双极或单个差异排列（图 10.3B）采用两个电极，一般将其放置于肌纤维所定位方向并使得两个电极之间有 1 到 2cm 的距离，并对第 3 个标准电极的肌电信号进行测量。

表面电极可以被动或主动配置。在被动配置中，经皮肤表面电极感知肌电信号，电信号通过放大器调节。在主动配置中，放大器和传感器并联，减少了检测区域和信号调节之间的路径长度。增强了电极的输入阻抗，减少噪声和人为因素，保证高质量信号的记录。

电极一般是可重复使用的固体结构（纯银条状电极，图 10.8A、B）或者是一次性银或氯化银电极（图 10.9A、B）。

电极的形状和大小以及电极间的距离决定了被检测的肌组织的面积，因此，检测区域内的运

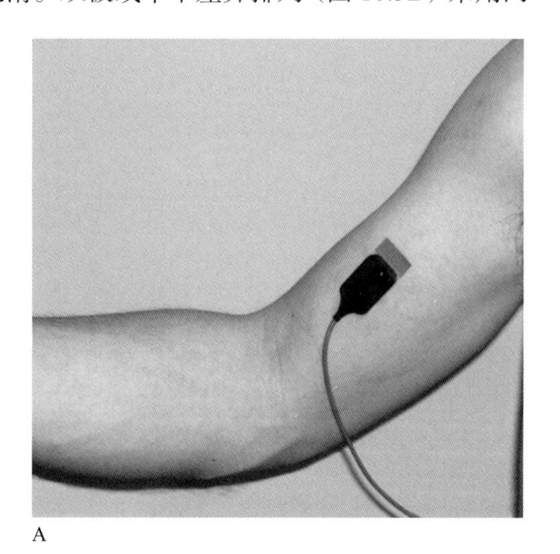

A

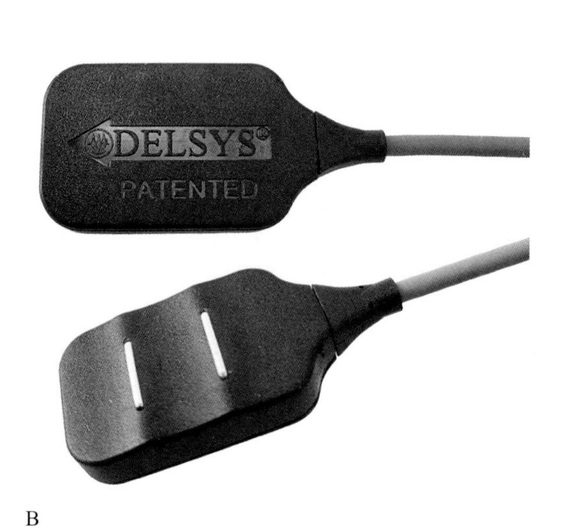

B

图 10.8（A 和 B）固定条形可重复使用单差别电极（Delsys 集团）

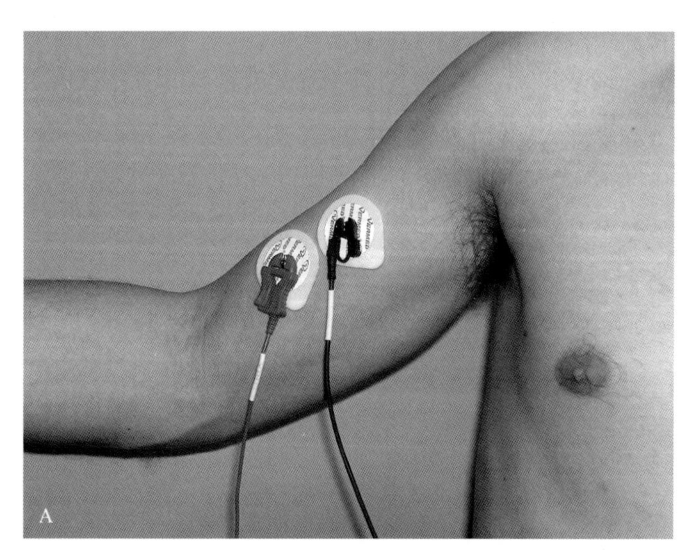

A

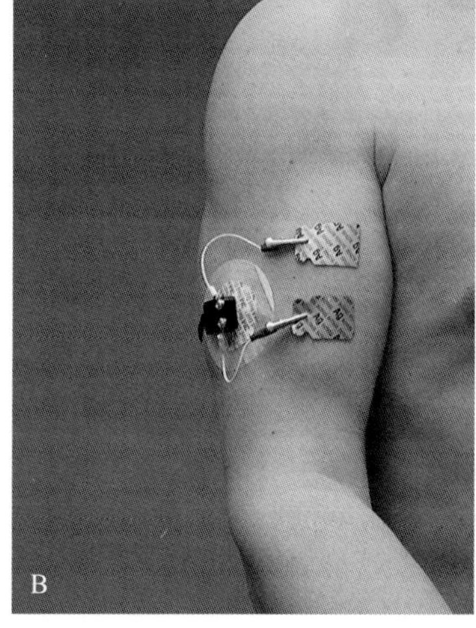

B

图 10.9　Ag/AgCl 一次性电极（A 和 B）

动单位面积和电极间距离越大，所电极数目越多。然而，如果电极过大或者它们之间的放置距离过远，除了靶肌之外，它们可能还获得周围肌电信号。对这种源自附近肌的电子信号的干扰称为串扰信号，并且可以误导对靶肌活动的识别。

表面导出法图电极被专门用于检测接近皮肤浅表肌的电子信号，无法可靠地记录来自深层肌的信号。即使对于浅表肌，在电极和肌肉之间的厚脂肪组织可作为一个绝缘体，影响所记录肌电信号的波幅和频率。在临床实例中，除了采用针电极法记录外，别无选择。

当研究肌肉的空间特性而非时间性能时，常采用表面电极网格。这些传感器常常被称为高密度肌电图传感器（图 10.10）。并且这些传感器通常包含放置距离达 4 到 10mm 的小电极。

电极阵列的概念于 20 世纪 70 年代首次使用（Nishizono，1979；Monster & Chan，1980；Hil fiker & Meyer，1984；Broman，1985；Blok，1999;），并在 20 世纪 90 年代普及。该类型传感器可以提供单极或者双极信号，并且包括一个肌的性能、空间排列和肌内 MUAP 方向的信息。这种空间信息可用于传导速度研究或者用于神经支配区域的定位。

图 10.10　高密度肌电图传感器（TMSi）

10.2.3　肌电图系统

肌电图系统可分为无线（图 10.11A、B 和 C）和有线（图 10.12）两大类。无线系统没有数据采集线及处理线，有些（图 10.1IB）要求佩戴一个小发送器，发送器将信号发送给接收器，每个传感器将肌电信号传递给一个独立的接收器，好处是测试者可以在很少受限或者基本无受限的情况下自由移动。无线肌电图系统传递需要可靠的设备，以避免丢失数据并排除收音机、蓝牙、微波等频率干扰。肌电图有线系统需要物理连接，通常需要电线将每个肌电图传感器分别连接到放大器单位。有线系统的缺点是限制测试者的活动范围，并且需要屏蔽电缆以防止在记录中产生电子噪声。

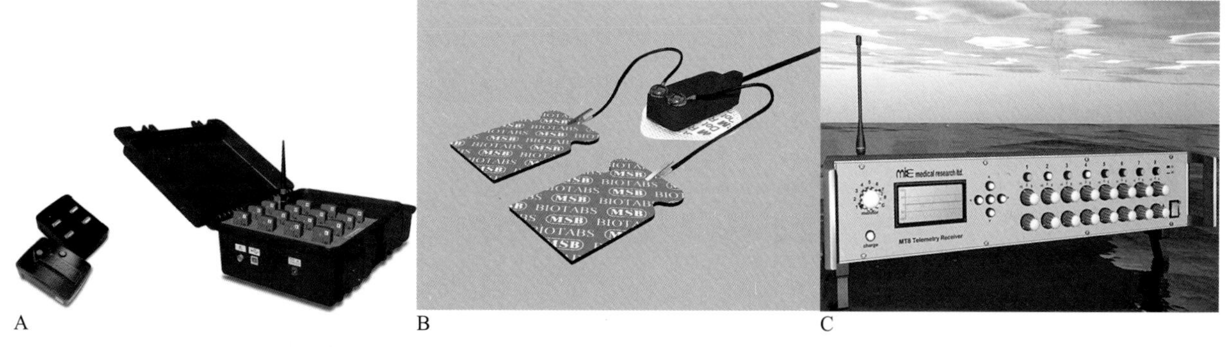

图 10.11（A）Trigno 系统无线肌电图（Delsys），（B 和 C）MIE 遥测技术肌电图系统：前置放大器、发射机和 MT8

正确采样肌电信号并分析其频率内容所需的最小采样频率，在 450 Hz 以上可忽略不计。对于频率较高的针电极法记录，建议采样频率为 2000 Hz。当研究个体运动单位动作电位时，通常需要高达 10 000Hz 或者 20 000Hz（10kHz 或者 20kHz）的频率。在生物力学或动态收缩的研究中，表面导出法系统所提供的理想频率应该是 20 ~ 450Hz 之间。已经证明，表面导出法信号在高于 450Hz 的频率失真。在低于 20hz 的频率下，噪声和人工的干扰普遍存在，使肌电数据的解释复杂化。生物力学中动态收缩研究与低频率特别相关，尤其是人体运动所形成的误差多在 20hz 的频率以下，相关文献请参阅 DeLuca 及其同事的科研成果。

图 10.12　Delsys Bagnoli 接电线的肌电图系统

10.3 影响肌电信号质量的因素

信噪比（signal-to-noise ratio SNR）是衡量肌电信号质量的最佳公认指标。它表示有用肌电信号与无信号时噪声信号（基线噪声、线噪声、运动误差）的比率（图 10.13）。

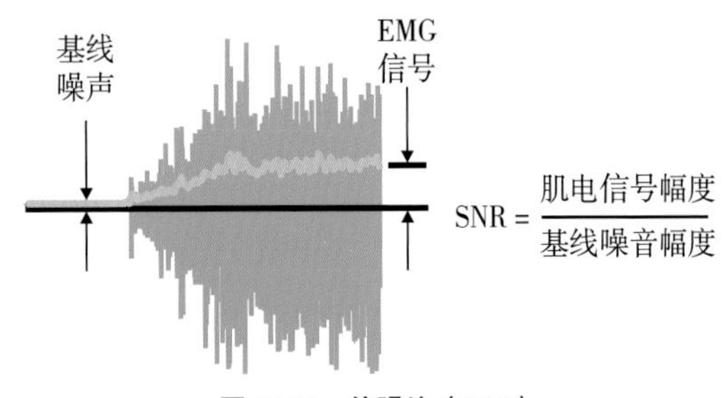

图 10.13　信噪比（SNR）

有用肌电信号的波幅取决于所研究肌肉收缩强度、传感器的位置、其肌纤维方向以及传感器特性，如电极的大小和电极间距离。无用噪声信号主要取决于电子传感器和皮肤接触的质量。为了达到最佳 SNR，必须将运动噪声、生理噪声、外在噪声和来自非研究肌的无用肌电信号的干扰最小化（串扰信号）。

10.3.1　电极位置

肌肉上的传感器是获得良好信噪比的一个最重要因素。1985 年，巴斯马坚（Basmajian）和德卢卡在他们的著作《活着的肌肉》（Muscle Alive）中首次提出了这个观点，此后得到了大量研究的证实。肌肉、脂肪和皮肤组织对电流具有内部阻抗作用，并对肌电信号起到低通滤波器的作用，这些组织的过滤特征是肌纤维和电极之间距离的函数关系。因此，传感器在肌肉上的位置呈现出显著不同的表面导出法信号特征。例如，将传感器定位在肌腱起止点或神经支配区附近（图 10.14）会产生较低的波幅信号。在肌腹中部，通常有比肌肉边缘或肌腱起止点更大的波幅信号。由于来自肌纤维的动作电位的波幅与纤维直径成比例，肌电信号的波幅将比肌中间的信号大。由于肌纤维动作电位的波幅与肌纤维的直径成正比，肌电信号的波幅在肌肉中间会更大。位于神经支配区的传感器将检测相反方向的动作电位的抵消，因此通常具有较低的波幅。传感器在肌肉上最好的位置是远离所有这些区域，朝向肌肉表面的中间。为了获得更好的信号质量，在可能的情况下，传感器的杆应垂直于肌肉纤维，或者对于其他电极类型，应沿着肌肉纤维的运动排列。

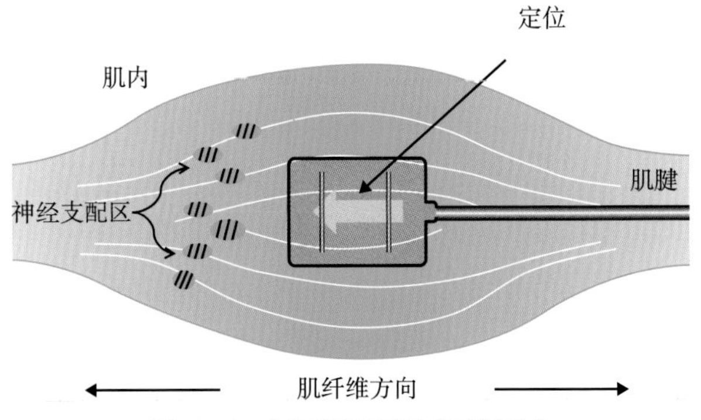

图 10.14　皮肤表面导出法传感器定位

10.3.2　传感器特征

在大多数情况下，双极配置是首选，以消除外部噪声干扰。电极的选择性取决于所检测的面积，在双极电极的情况下则取决于两个检测面之间的距离。面积和两个电极间距离越大，传感器获得的信息就越多（图 10.15）。因此，检测到的 EMG 信号的波幅就越大。但电极面积和电极间距离不能太大，以便最大限度地减少相邻肌肉（包括所研究肌肉深处的肌肉）产生的 EMG 信号的干扰。这种来自电极下方肌肉以外的肌肉的 EMG 信号干扰称为串扰。串扰可以歪曲靶肌信号并误导对激活时间和波幅的解释。对于单个差异记录，可以采用 1cm 的电极间距离获得最小化的串扰混淆（DeLuca，2011）。串扰细节内容参阅 10.3.7 节。

为了保证信号的一致性，推荐在电极之间使

用具有固定间距的肌电图传感器。当运动发生时，皮肤可以因运动而伸展，如果电极单独附着在皮肤上，电极之间的电极间距可能会发生变化。然而，在双极配置中，肌电信号的波幅和频率受电极间距离的影响，电极间距离可作为带通滤波器起作用（距离越大，频率越低）。因此，在肌电图记录期间的固定的电极间距离保证信号内的波幅和频率信息的一致性。

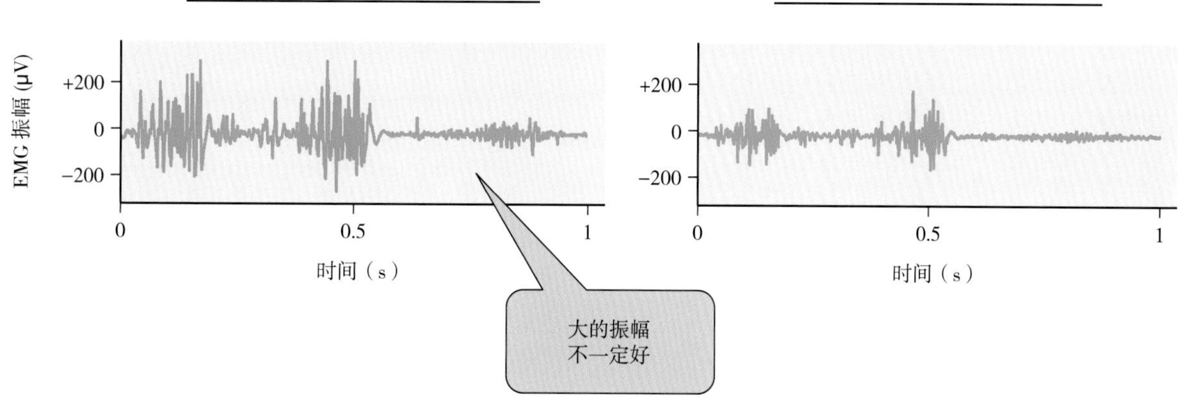

图 10.1 5　不同电极面积和间距的传感器记录的表面肌电信号波幅

10.3.3　基线噪声和皮肤电极

基线噪声源自放大器系统的热噪声和在皮肤电极的电化学噪声。当传感器被连接到皮肤上并且肌肉已经完全放松时可以观察到这些噪声。

热噪声是放大器产生并且由于半传导器的物理特性引起。除了采用先进技术之外，此噪声可能无法消除或者减少。电化学噪声是电极内金属和皮肤中电解质之间的离子交换产生的（也称为电解质 - 电极界面）。此噪声的波幅与电极表面的电阻平方根成正比。

通过清理皮肤和电极表面，增加电极面积，可能减少基线噪声，但不能完全消除噪声。

对市售的无线电极，可使用盐水凝胶或糊剂改善电极与皮肤的接触环境。活性表面电极通常不需要使用导电介质，通常被称为“干”电极。

操作中，皮肤的有效准备对于确保肌电图传感器与皮肤牢固连接十分关键。充分的准备包括去除皮肤表层的死亡细胞及油脂。如有必要，用酒精清洗贴电极部位皮肤是完成上述步骤的最佳方式。同时也必须剃除过多的毛发以降低电阻抗并确保传感器与皮肤的紧密接触。

另一个将基线噪声最小化的关键措施是使用过滤器。基线噪声的频谱从 0Hz 到数千 Hz），尤其在低频段更多，在 10 至 20Hz 时下降到近似恒定的水平。德卢卡（DeLuca，2011）的一项研究表明，频率 20 ~ 450Hz 的滤波器可以截断绝大多数噪声，同时将表面导出法信号低频分量的衰减降至最低。如图 10.16 所示，使用表面导出法记录股四头肌信号，采用 20 ~ 450Hz 之间的带通滤波器使基线噪声减少。

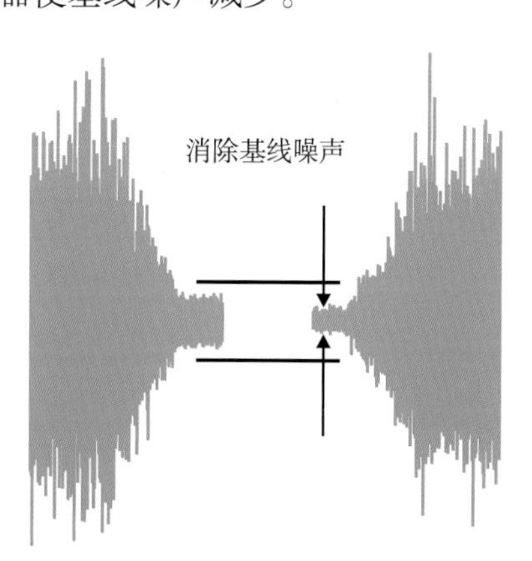

图 10.16　对 20 ~ 450 HZ 的表面肌电信号进行滤波后

10.3.4　运动噪声

运动噪声是由传感器与皮肤相对运动引起的。它通常在低频段干扰肌电信号，并导致对肌电图数据的错误解释。

来自运动噪声的信号混淆是生物力学研究的关注点，包括在动态收缩或剧烈活动期间记录 EMG 信号。运动噪声的一个来源是电极 - 皮肤界面。当皮肤 - 电极界面的化学平衡由于肌肉收缩

(肌肉的缩短和拉伸) 期间的体积变化而改变时，就产生了运动噪声。

另一个来源是通过肌肉和皮肤传递到电极的脉冲，例如挺举运动或行走时足跟着地。

在电极和皮肤之间使用的任何凝胶或电解质材料都会极大地影响这个问题。

现代肌电图技术使用传感器。当连接传感器和放大器的电缆在电磁场环境下会产生电位并被系统记录放大时，有线传感器通常会受到相关影响。如果传感器定位有错，电缆可以使肌电传感器发生位移，传感器或在电极位置的几毫米范围内，使电缆在产生运动噪声。此外，无线肌电图技术完全消除了电缆的运动噪声。

适当的滤波可以使运动噪声最小化（图10.17）。具体来说，对20Hz的肌电信号进行高通滤波，可以降低运动噪声的影响，而运动噪声的影响主要集中在低频，同时最大限度地减小肌电信号低频分量的衰减（DeLuca，2011）。

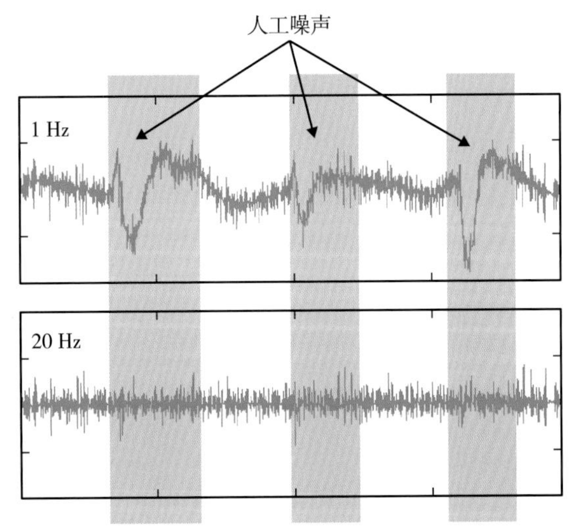

图 10.17 使用 1 Hz 和 20 Hz 的高通滤波之后的肌电信号（DeLuca，2010）

10.3.5 生理噪声

生理噪声是指所研究肌肉之外组织产生的电信号，比如心电图（EKG）（图 10.18）和眼电图（EOG）。通过将肌电图传感器适当放置远离噪声来源，可以降低此噪声。旋转传感器电极等电位平面排列（即两个电极与来源等距离）通常降低肌电信号内的生理噪声。

10.3.6 电线和电噪声

来自检测环境中的电线（50 或 60Hz）、荧光灯等电磁设备也产生电噪声。一般来说并不影响测试结果，可通过现代差分放大技术和应用标准电极消除这种电噪声。

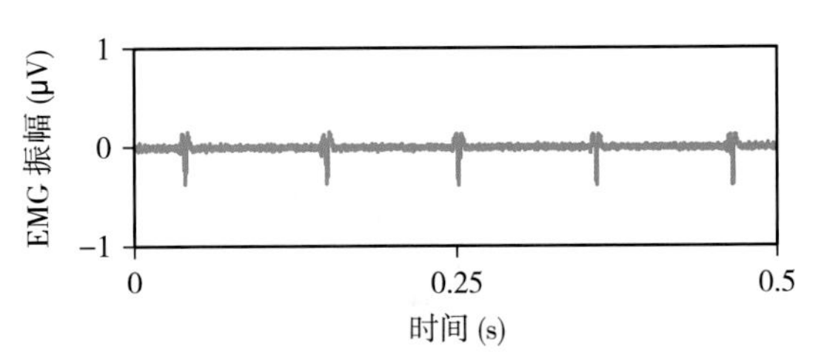

图 10.18 被心率影响的表面导出法基线

如果电线采用之前的布线模式，即没有合适的接地回路，电噪声可能会影响测试结果（图10.19）。在这些实例中，应该咨询当地电气技师。如果标准电极未被适当连接或者未和皮肤良好接触，线路干扰也会混淆肌电图信号。

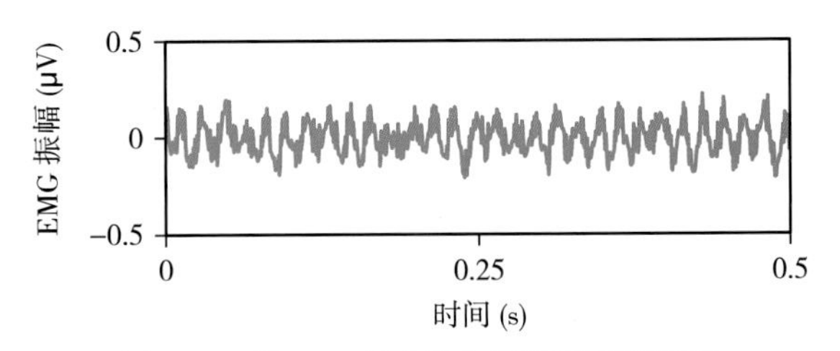

图 10.19 被 60Hz 噪声影响的表面导出法基线

在当今的肌电系统技术中，双极配置和放大器都是为了减少外部噪声影响而专门设计的。抑制常见噪声的能力（干扰）常常被称为共模抑制比（common mode rejection ratio，CMRR）。CMRR 常常接受的值是 90dB 以上。

10.3.7 串扰

串扰是指靶肌附近肌产生的电信号，由位于靶肌的 EMG 传感器获取并记录。EMG 串扰信号具有与靶肌相似的特征和频率，因此很难识别或完全消除。串扰信号混淆了对靶肌的波幅和激活时间的解释，在记录靶肌时应特别注意附近较大肌肉电信号。为了使串扰影响最小化，肌电传感器应该被定位于靶肌的腹部，并且尽量远离附近肌肉。传感器的特性和电极距离决定获取靶肌的电信号面积。

德卢卡（2011）研究了条形和圆盘形电极的

电极间距所形成串扰，在步行周期和恒力等长收缩期间，记录来自胫前肌（靶肌）表面导出法（EMG）信号。通过单差别表面导出法（EMG）信号（电极间距离范围从 5 到 40mm）评估了来自小腿腓肠肌（串扰肌）的串扰数据。结果显示，对于单差异记录，可以采用 1cm 的电极间距离获得最小化的串扰影响（DeLuca，2011）。当选择性记录来自个体肌时，此距离减少串扰并确保信号可靠性。

当电极和电极间距不足以减少干扰时，可采用电极的双差动接法。双差动接法（图 10.20）需要使用三个电极，通常固体在一起。电极以单差动接法相似的方式，来自三个电极的信号被分割成两阶段以便最大可能降低噪声。双差动接法还可以识别杂声，可以减少周围肌肉的串扰。

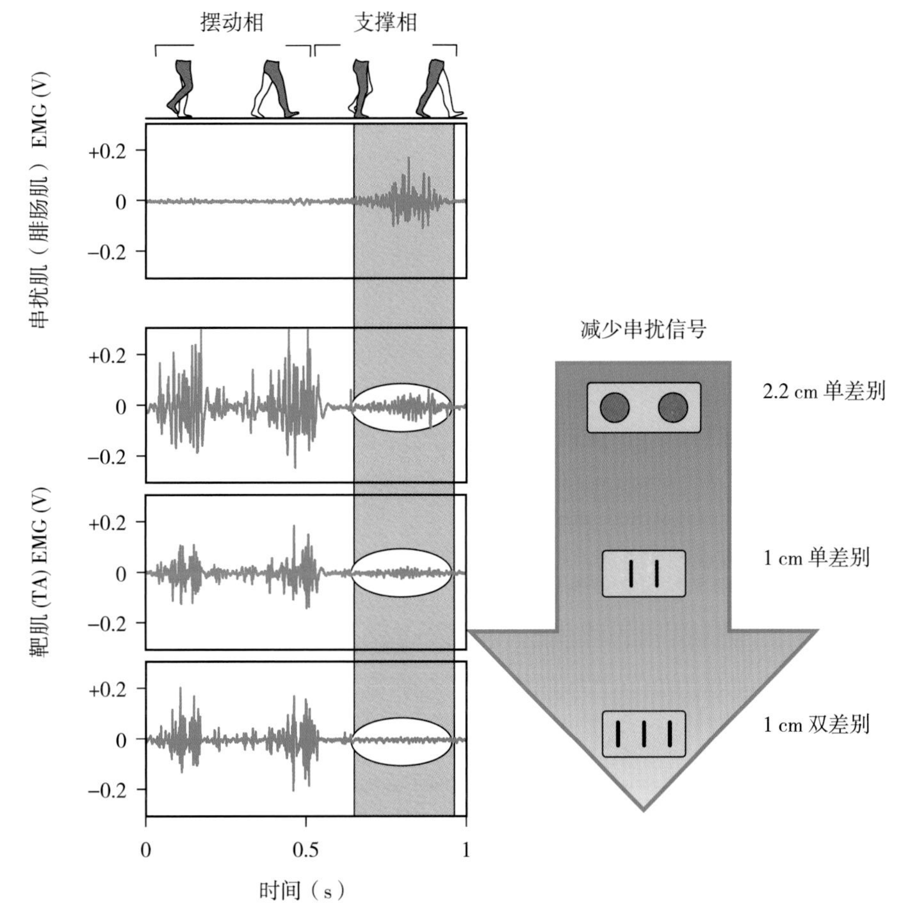

图 10.20　胫前肌传感器（单差别传感器和双差别传感器）采用 2.2cm 和 1cm 电极间距离检测来自腓肠肌的串扰信号

10.3.8　获取高质量信号的技巧

传感器技术：采用高质量的主动差分传感器技术保证在记录中无仪器或者电线干扰。

肌电图传感器：采用比较小的（1cm 或者更小）并能固定的传感器。

标准电极：确保标准电极（如果与肌电图传感器分离）连接到仪器和测试者的皮肤。

采样率：确保表面导出法图信号取样至少为 1000Hz。

输入信号增益调控：表面导出法信号通常是 1000 倍的增益。保证信号内不存在剪断，即：信号波幅不超过系统允许的最大值（饱和）。如果发生这种情况，检查肌电图传感器标准电极是否连接正常，或者减少肌电图传感器的增益或者将其重新定位以减少信号水平。

皮肤准备：剃除毛发，采用酒精清理皮肤以便传感器稳固粘贴，可清理皮肤死皮（采用低过敏胶布）。

传感器放置点：将肌电传感器放置于肌腹的中间，远离已知神经支配区域和腱起止点，并且电极与肌纤维水平对齐。传感器的位置应尽可能远离生理噪声来源，以确保在两个电极离单个差别传感器内的来源等距离。

传感器附件：保证电极和皮肤间的良好接触。当采用固体金属电极，避免采用凝胶电解质。

滤波器：记录表面导出法图时，推荐使用角频率 20 ~ 450 Hz 和斜率 12dB/oct 的巴特沃斯滤波器。

10.4 肌电信号处理

10.4.1 原始的肌电信号

原始肌电信号由沿着收缩肌纤维传播的动作电位叠加组成，可以采用在皮肤上、在一块肌肉上或者在一个肌内部的传感器记录这些动作电位，动作电位的单位是伏特（V）。

每个运动单位的动作电位波形取决于收缩纤维的传感器位置。如果电极的排列水平于肌纤维，其动作电位通常呈双相形状，并且时相取决于纤维去极化接近检测部位的方向（图 10.21A）。在人体肌肉组织内，动作电位的波幅取决于肌纤维的直径、肌肉纤维和检测部位之间的距离以及电极的滤波特性。

动作电位的持续期与肌纤维的传导速度呈反比例，范围在 3 ~ 6m/s 之间。高阈值的运动单位肌纤维常常有更快的传导速度，产生更大波幅的瞬时动作电位。

原始肌电信号有一个随时间变化的波幅，在零轴上下波动，代表肌活动数量。更高的波幅显示多数肌肉的激活，即存在大量高激活率的收缩运动单位（图 10.21B 和 10.22A）。

尽管肌活动数量与其产生的波幅有关，但肌电信号波幅并非与肌肉所产生的力成正比。

注意：肌电信号常常在不等于零的直流电一边振动，被称为直流偏离，这是由于记录仪器引起的。消除直流偏移只需要对肌直流电信号进行高通滤波即可。

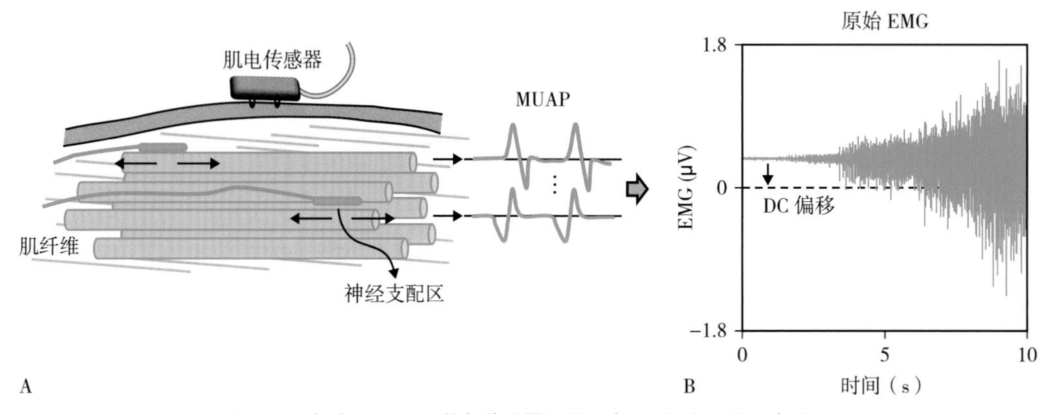

图 10.21 （A）MUAP 形状与传感器位置示意图，（B）原始肌电信号

10.4.2 肌电图波幅分析

在收缩期间，肌电信号的波幅随着时间和收缩力而异，过滤直流偏移后，肌电信号平均值为零。因此，肌电信号的平均值并未提供有用信息。正常情况下，通常采用其他方法对肌电信号进行波幅分析。

均方根

均方根（RMS）分析肌电信号波幅的首选方法。它由 3 个步骤：对信号内的每个数据先平方，再平均，然后开方（图 10.22B）。均方根数值提供肌电信号的物理性测量，证明是能量信号。因此与过去常用的数学函数（比如均值校正值或累计值）相比，用均方根来解读肌电图波幅更有意义。

校正

校正采用肌电信号的绝对值，将所有负数值转换为正值。通过数据开方并计算平方根，来校正是测试之前的一个常见操作。（图 10.22C）。

包络

原始肌电信号波幅的变异比较大。通过低通量滤波使波幅信号平滑，并且提供波幅随时间变化的真实意义。再通过包络计算维持肌电信号更低的频率，同时移除更高的频率，使 EMG 波动更少。

光滑的程度取决于低通量滤波器的截止频率，随着更低的截止频率出现更平滑的信号图。图 10.22D、E 显示经过低通滤波对肌电图校正后的效果，如图 10.22C 所示的分别在 6Hz 和 25Hz 的截止频率。低通滤波的低截止频率产生一个更平滑的模式，并促进平均值的视觉识别，尽管它过滤掉大多数频率成分肌电信号的并减少波幅，有助于平均值的视觉识别。

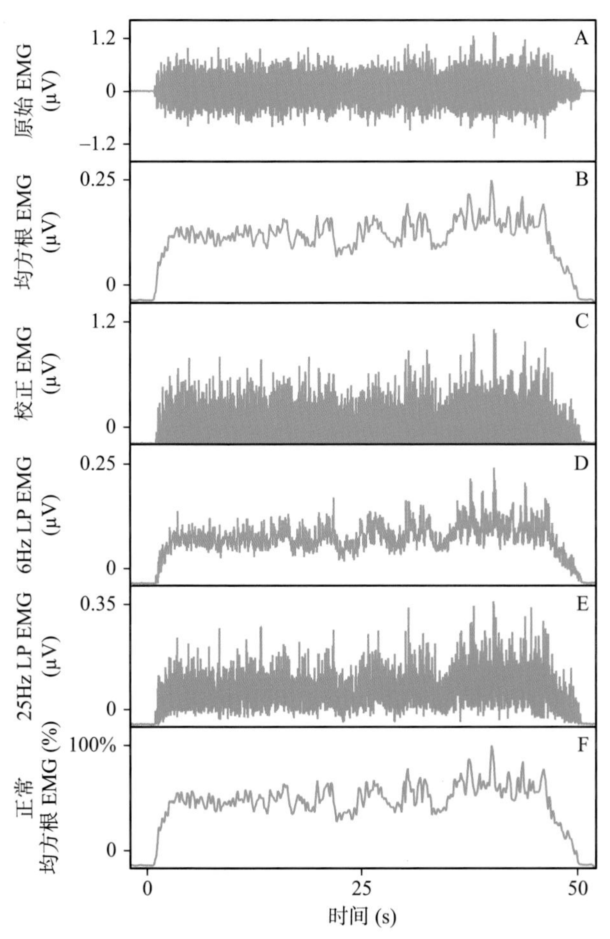

图 10.22 （A）原始肌电信号，（B）采用长度为 0.25ms 的时变均方根（RMS）图，（C）校正的肌电信号，（D）经过 6Hz 低通量（LP）滤波器图，（E）经过 25Hz 低通量（LP）滤波器图，（F）正常化的时变均方根肌电图

波幅标准化

对比不同个体之间某肌肉的肌电信号的波幅，甚至是同一个体在不同测试时间的肌电信号都非常困难。这是因为有很多混杂变量会影响肌电信号的波幅，比如传感器在肌肉上的位置。然而，在评估肌肉对运动功能的作用和影响时需要对波幅比较。实践中，有必要将肌电信号的波幅标准化并进行参考比对（图 10.22F），即通过比较同一肌肉和不同测试者在不同条件或干预下检测到的肌电信号的波幅。

最常见的标准化方法是采用最大随意收缩（maximum voluntary contraction，MVC）以确定标准化的参考值。包括记录在最大等长收缩期间得到的肌电信号，并使用该数据作为 MVC 期间获得最大数值的标准化百分比。此方法有许多缺点，比如，难以让测试者产生真实的最大收缩，尤其是测试者伴有神经或关节病理的情况。此外，肌电信号波幅在最大收缩期间不稳定，通常首选次于最大收缩水平来标准化，比如 80%MVC。另一个问题涉及在等长收缩（即向心）期间记录的标准肌电信号是等长收缩的最大值，因为等长和非等长收缩产生了不同 EMG 信号。

波幅标准化使用活动期间观察到的最大 EMG 信号作为参考值。该数据使用时注意，分析肌电图波幅变化百分比不能作为波幅数值绝对差异，并避免出现此标准化的问题。

肌电图波幅、等长肌力或关节力矩

许多学者对肌电信号波幅和肌力之间的关系有争议。众所周知，肌电信号波幅随着收缩力增加而增加，但是如何增加？

最佳研究时段是肌肉等长收缩期间，固定关节角度并维持肌肉长度不变，此时的等长收缩更好地反映肌电图波幅和肌力的关系，并且一些混淆因素被最小化，这些因素比如在非等长收缩期间的传感器和肌纤维发生相对位置变化而导致肌电图波幅的变化。

由劳伦斯（Lawrence）和德卢卡（1983）研究了测试者（钢琴家、长距离游泳者、举重者和正常对照者）EMG 的不同肌肉（肱二头肌、三角肌和拇背侧骨间肌）产生的力和收缩速度之间的关系。只有肌肉类型能影响肌电信号和肌力，肌力与较小肌（首个背侧骨间肌）呈线性关系，与较大的肌肉呈非线性关系（图 10.23）。

影响肌电图和力的肌肉因素包括：肌之间运动单位募集和激活率，慢缩肌纤维和快缩肌纤维的相对数量和位置，其他肌的串扰，肌黏弹性和来自拮抗肌与协同肌的力作用。最后一个因素也是最为重要的，因为单块肌肉不可能单独产生围绕关节的力矩。

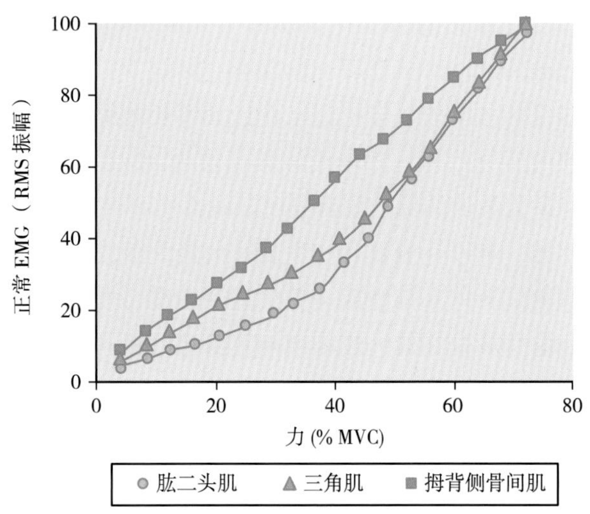

图 10.23　肱二头肌、三角肌和拇背侧骨间肌（FDI）的肌电信号波幅（均方根）与等长肌力（最大随意收缩或者 %MVC）

此外，测试者之间常常存在个体差异。此差异不仅发生在同一测试者的不同肌之间，而且在电信号如何转化为肌肉力量方面也存在差异。

对于不等长（动态）收缩，肌电图波幅与肌力之间呈非线性关系。当肌肉收缩时，肌肉长度缩短，关节角度减小，肌肉的力臂（从肌到关节旋转中心的距离）增大。如果我们施加一个恒力，随着力矩的增加，拉伸肌肉所产生的力必然减小，从而产生一个非线性的肌电图 - 力关系。此外，力与肌电信号波幅之间存在非线性关系还有两个因素。第一个因素是肌电信号源和传感器相对位置的变化，当肌在皮肤下方运动时，传感器仍然附着在皮肤上。第二个因素是肌肉产生的力与收缩肌纤维长度的变化之间的非线性关系。

在向心和离心（不等长拉伸）肌肉收缩期间的肌电图波幅

肌肉长度在等长收缩时或多或少保持不变，而在向心收缩时变短，在拉伸收缩时变长。对于特定负荷，向心收缩一般较弱，它比等长和不等长收缩需要更高的肌激活率。

如果在固定负荷下屈曲（向心）和伸展（离心）肘部手臂时，从肱二头肌记录一个表面导出法肌电信号，生成图 10.24 的原始肌电和均方根肌电图。肌肉活动在向心阶段最高，在拉伸运动阶段最低。

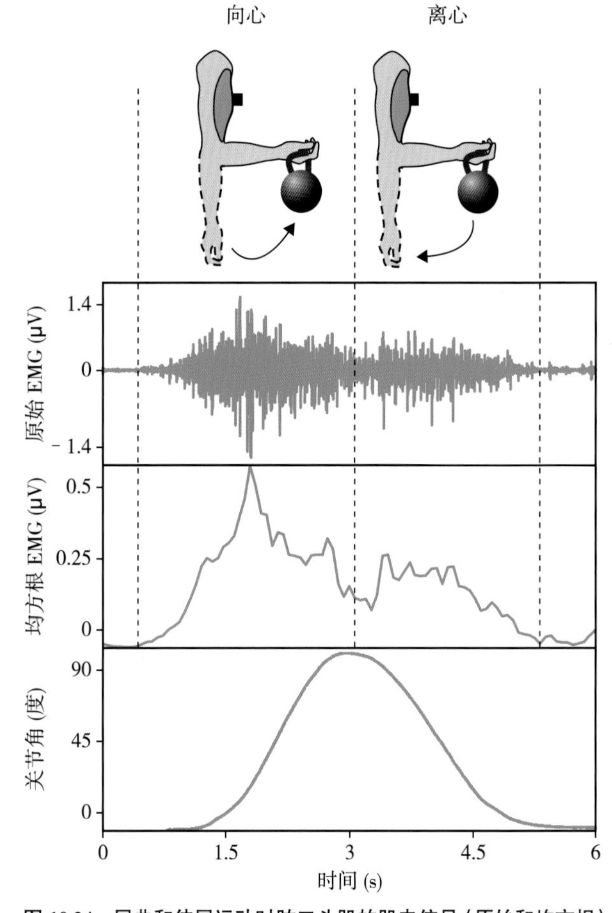

图 10.24　屈曲和伸展运动时肱二头肌的肌电信号（原始和均方根）

需要注意的是，在动态不等长收缩和向心收缩时肌电图波幅受到几个因素的影响，肌纤维长度的变化，皮肤表面传感器和皮下移动的肌纤维之间的相对运动均会引起肌电图波幅的变化。因此，应该谨慎考虑肌电图波幅作为不等长收缩期间肌肉活动的指标。

肌作用分析

表面导出法 EMG 波幅（通常被估算为肌电信号的均方根）常用来分析在特定活动（即站立、行走、跑步等）中不同肌肉的数量和时间的指标。

一个人在不同试验中其测试数据可能有相当大的变异，所以在分析和解释数据之前，可以在多个试验中平均肌电图波幅。对于步行周期内随时间重复的收缩，可以计算出肌电图波幅的平均值和标准差，用来表示为周期时间（活动持续时间）的百分比函数，而不是以秒为单位的时间函数。如图 10.25 所示为步行周期中不同肌肉作用的函数。

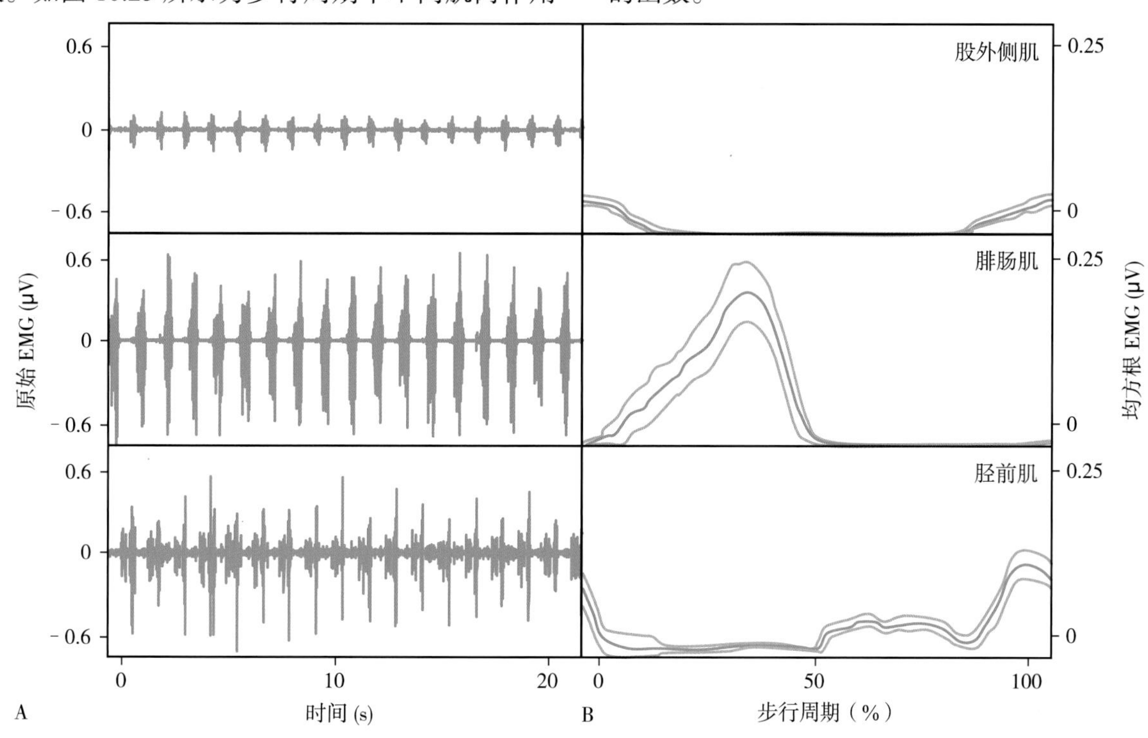

图 10.25 （A）步行周期的股外侧肌、腓肠肌和胫前肌的原始肌电信号，（B）三种肌的步行周期的均值和标准差

10.4.3　肌电图激活时间分析

我们常常采用表面导出法信号波幅以确定肌肉开始收缩和终止的时间，即：特定肌在哪个时刻参与到力的产生，或不同肌肉激动剂或拮抗剂作用的时刻。

激活时间分析通常是通过识别肌电图波幅高于（开始）或低于（结束）预先确定的阈值（表示基线水平）来判断激活时刻。通常使用校正后的肌电图或肌电图的均方根，而不是原始肌电信号（图 10.26 A、B）。该方法将肌电图波幅（均方根）的最小值确定为基线水平。波幅大于基线水平的任何事物都被识别为信号。另一种方法包括确定回归线在基线期间高于回归线的瞬间在较短的时间窗口内（小于 50 毫秒）超过肌电图均方根计算。

计算过程包括以下步骤：找到一个最小常数的信号段，计算窗口为 50ms 或更小的均方根值，计算该段的回归线，跟踪该信号直到开始增加，计算增加信号段的回归。回归线的交点为开启时间（图 10.26C），反过来计算就会找到关闭时间。这种方法的优点是，只要低于信号就与噪声的波幅无关（DeLuca，1997）。

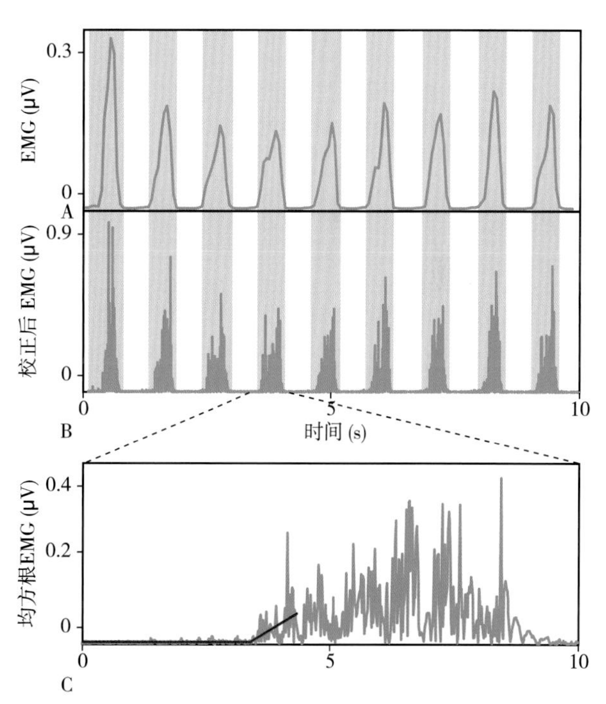

图 10.26 （A 和 B）步行周期的腓肠肌肌电图均方根信号和校正后的肌电信号，当信号增加到噪声的 3 倍标准差时可识别信号为激活时间，(C) 肌电图均方根和叠加回归线，两个线相交点表明肌肉收缩的瞬间

10.4.4　肌电图频率含量分析

大部分肌电信号的频率范围在 20 ~ 450 Hz（图 10.27A），通过计算信号的快速傅里叶变换

（fast Fourier transform FFT），可以研究肌电信号的频率分布，快速傅里叶变换可以在每个频率下识别信号的内容。

另一个常用的测量方法是功率谱密度，它表示功率（FFT大小的平方值）作为频率函数的分布。

肌电信号的频谱仅少部分取决于 MUAPT 的激活率。主要取决于它们的动作电位的形状，并与肌纤维的传导速度有关（Basmajian，DeLuca，1985）。传导速度降低，如肌疲劳时，去极化需要更多的时间，被检测到的 MUAP 将有更长的持续时间。因此，MUAP 和它们所组成的肌电信号的频谱在低频分量中会相对增加，而在高频分量中会相对减少。

由它们组成的肌电信号，低频分量相对增加，高频分量相对减少。换句话说，会发生向低频端偏移（图 10.27B）。

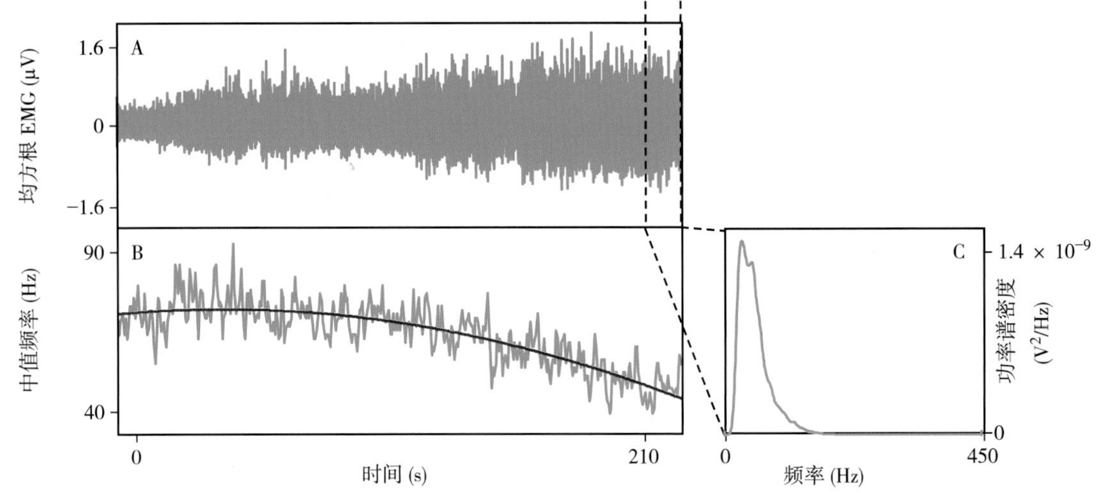

图 10.27 （A）负重 3 分钟以上时肱二头肌等距收缩产生的原始肌电信号，（B）中值频率随时间而减少，（C）原始肌电图在收缩开始后 10 分钟和结束前 10 分钟时的功率谱密度。

这就解释了为什么肌电信号的两个频谱参数经常被用于监测肌疲劳：中央（中值）频率和平均（平均）频率。

肌疲劳时的频率变化

在持续的肌肉收缩过程中，肌疲劳会发展并导致肌衰竭，也就是说，肌肉无法产生所需的张力。

当我们研究在恒力肌肉收缩持续一段时间，图 10.27A 肌电信号来自测试者的肱二头肌，让测试者接受外力超过 3 分钟，在整个收缩过程中肌疲劳不断累积，随着时间的推移，需要越来越强的力才能完成相同的动作（即保持相同的重量）。

从肌电图波幅信号的逐渐增大可以看出这种增加的力（图 10.27A），表明有更多的肌肉活动。肌电图波幅的增加主要是肌为了维持正常动作，肌肉运动单位的募集和激活率的上升，但肌肉产生的力随着疲劳而降低（Contessa，2013）。

在这种情况下，分析表面肌电信号的频率可提供有关肌肉疲劳的重要信息。所发生的频率位移和肌疲劳主要是由于肌肉主动运动单位的动作电位传导速度随疲劳下降的改变（钠和钾离子通道关闭），出现一个更长的持续期（Stulen，DeLuca，1981）。

疲劳程度可以通过肌电图平均频率或中值频率来量化。也就是说，肌电图中值频谱或平均频率的降低是肌疲劳的证据。

中值频率是幅值与频率图的中间频率，或功率与频率图的中间频率。这可以通过计算样本频率和并除以总频率之和来计算。它表示在某一特定频率的贡献占总量的百分比。例如，高达 80hz 频率的功率谱的百分比是 0 到 80hz 的所有功率幅值除以所有频率中的总功率。中位数频率是总和的 50%。由于频谱的偏态特性，中值频率通常优于平均频率。

10.5 分解肌电信号

肌电信号的分解是将原始肌电信号分成运动

单元动作电位序列的过程，图 10.28 中描述了这个概念。

肌电信号的分解是探索神经系统在结构和功能异常状态的一种工具。涉及的任务是识别肌电信号中存在的 MUAP，并将它们分配给同一收缩过程中活动的单个运动单位。

肌电图的分解提供了肌肉收缩过程中运动单位的形态、募集和激发行为的信息。这些可以用来探索中枢和外周神经系统控制运动单位并激活的运动过程，以及肌肉力量是如何被调控。

分解过程应确定构成 EMG 信号的最大数量的运动单元。识别出的运动单位的数量称为运动单位产量。此外，分解应该确定每个运动单元的最大动作电位数。正确识别的动作电位或触发的数量是衡量过程准确性的标准。

10.5.1　肌电图分解的挑战

当 EMG 信号中只有一个或两个具有清晰可识别动作电位形状的 MUAPT 时，分解任务相对简单。但随着肌电信号中活跃的运动单元数量的增加，这一任务变得复杂。肌电图分解的最大挑战是运动单元叠加，即在任何肌肉收缩过程中，许多运动单元同时活跃，它们的 MUAP 通常在同时间叠加。因此，其动作电位的形状和数量因为这种叠加出现混乱。同时活跃的，也可能是叠加的运动单位数量可能从几个到几百不等，这取决于具体的肌肉、收缩的力量水平和所研究的肌肉的比例。第二个挑战是低幅度 MUAP 的存在，它通常与 EMG 基线噪声几乎无法区分。第三个挑战是运动单元动作电位形状的变化，这可能是由于生理过程（例如肌肉疲劳）或检测电极相对于收缩的肌肉纤维的运动而发生的。最后一个挑战是属于不同运动单元的动作电位形状之间可能的相似性。这些因素如图 10.29 所示。

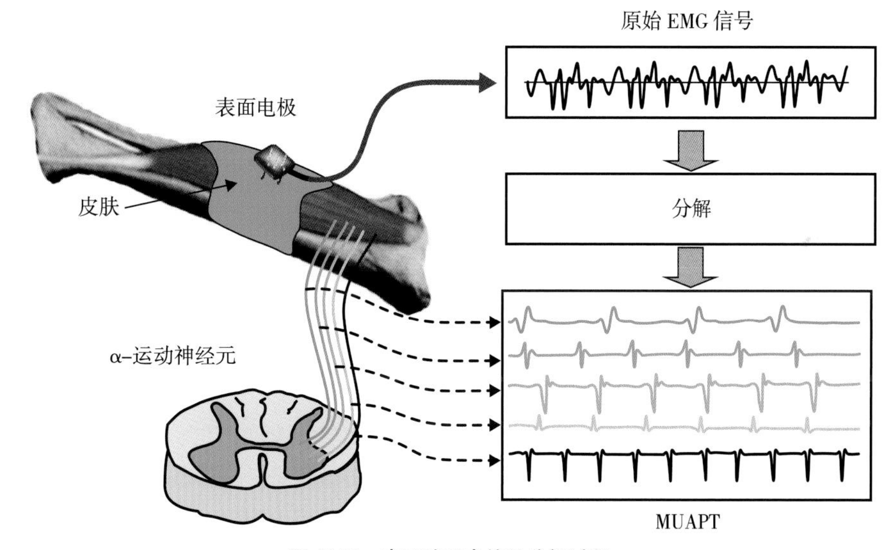

图 10.28　表面法肌电信号分解过程

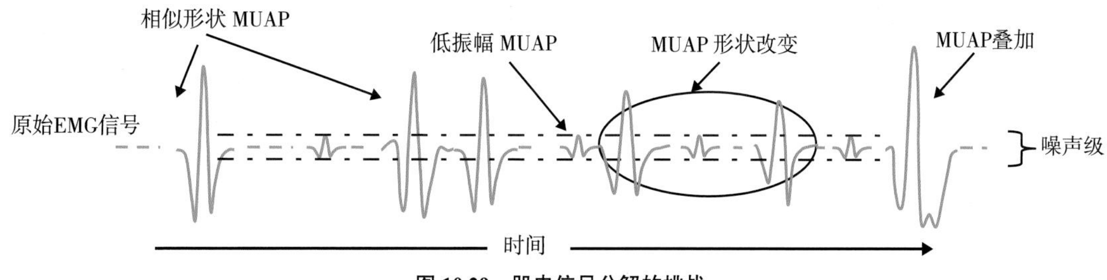

图 10.29　肌电信号分解的挑战

10.5.2　针电极法图和表面导出法图

早期对肌电信号的分析，一直局限于通过用针或细线电极记录从而对肌肉内肌电信号进行分解。阿德里安（Adrian，1929）研发了第一个向心针电极来识别 MUAP 的形状和激动率。从针电极法肌电图中识别单个 MUAP 的方法有两种：通过视觉方法（Claman，1970；DeLuca & Forrest，1972）或用识别运动单位的自动化软件（Andreassen，1977；Dill，1972），旨在提高识别的准确性和客观性，并减少处理时间。

1978 年，勒菲弗（LeFever）和德卢卡（DeLuca）首次设计了用于分解针电极法肌电图的 4 头肌电针。肌内电极针的针头有相距 200 μ m 的 4 个金属丝。该技术检测并记录了来自同一肌肉区域的同一收缩过程中 3 对不同肌内电极的 3 个单差分 EMG 信号。这种技术将运动单位识别率提高了 65%。通过手动编辑还可以提高精度。该技术性能后来得到改进，可提供多达 11 个同时活动的 MUAPT，该技术在从最小力量到最大力量的收缩范围内，达到超过 85% 的准确识别率。

然而，分解肌内肌电信号非常难以操作并且提供信息有限。这是一种侵入性技术，需要训练有素的操作人员，对测试者来说是不舒服的。只能用于低力量水平的收缩，因为用力太大会很痛苦。此外，插入肌肉的针或细线电极具有很高的选择性，可以记录少数运动单位的肌电活动。虽然提供了一个不那么复杂的肌电信号，可能更容易准确分解，但它限制了检测到的运动单元的数量。在收缩期间，这些侵入性电极也很容易受到噪声和肌肉内位移的影响。这种位移的结果是，在收缩期间检测同一组运动单位是几乎不可能的。

由于以上原因，最近的研究集中在对表面肌电信号的分解。表面肌电技术有以下优势：它是表面肌电技术非侵入性的，对测试者不构成风险；可以用于从最小到最大收缩力研究，使用非选择性的电极，并且因此提供更大量的信息；可以检测到更多运动单位并提供了对整块肌肉认识。表面肌电信号分解的缺点是增加了从表面肌电信号中区分 MUAP 形状的难度。

即便是低水平的检测，肌电图传感器可检测到较多的运动单位也增加了信号的叠加。此外，表面传感器位于远离信号源的位置（即收缩肌纤维），并且所检测到的肌电信号经历了筛选。作为信号结果，所检测到的 MUAP 的形状是更宽，彼此更相似，并且更难以区分。图 10.30 显示：对不同复杂度表面导出法图信号和针电极法图信号的比较。

近期，德卢卡以及纳瓦布（Nawab，2010）研发了新型表面导出法技术，此技术采用一种特殊表面传感器，传感器由 5 个小针电极组成，分别放置在 5mm × 5mm 的中间和 4 个边缘（图 10.31A）。在每次收缩期间，记录来自不同电极的 4 个双极表面导出法肌电信号（图 10.3 IB），利用复杂的人工智能算法和模板匹配算法，根据不同运动单元的形状相似性来识别动作电位，将动作单元分解成运动单元序列。

实际工作中需要 4 个不同的表面 EMG 通道来提高运动单元的检测能力：尽管针电极相对于肌纤维牵拉的方向不同，导致运动单元因电活动不同而具有不同的形状，同一运动单元产生的电活动（动作电位）将在 4 个通道中检测到。分解算法通过这种区别来识别单个 MUAP 的电活动并将它们分配给特定的运动单元。

图 10.31 B 显示 4 组不同的运动单位肌电图，根据 4 组动作电位的形状相似性来区分。有时候在分析简单的病例时，也需要多个导联，例如，导联 2 中的运动单元 1 和单元 2 的动作电位形状相似。因此，通过一个导联来区分是非常困难的。但在其他导联中，它们的形状是可区分的，并且这些额外的信息可以用来解决这些问题。还请注意，在这个肌电图区段中的个体 MUAP 是可以被视觉识别。然而，表面肌电信号通常更复杂，并且数个叠加使得识别过程并艰难。

目前的分解技术可以同时识别 250 个运动单位，几乎覆盖肌肉收缩力的募集阈值，可以研究大量不均一的运动单位组。还可以以非常高的精度研究从最小到最大肌力的收缩情况，平均精度为 95%（Nawab，2010），此数值表明平均 95% 的肌肉活动被正确识别，包括错误识别（在信号中的一个 MUAP 被错误识别）或者识别遗漏（在肌电信号中的一个 MUAP 未被检测）。

目前这种表面肌电信号分解技术只能用于精

确分解等距收缩期间记录的肌电信号。在等距收缩期间，肌肉长度保持近似恒定，就像电极相对于收缩肌纤维的相对位置一样。这一特性确保MUAP 的形状在收缩期间不会发生显著变化，除非电极移位。因此，分解算法可以更准确地跟踪运动单元的形状随时间的变化。

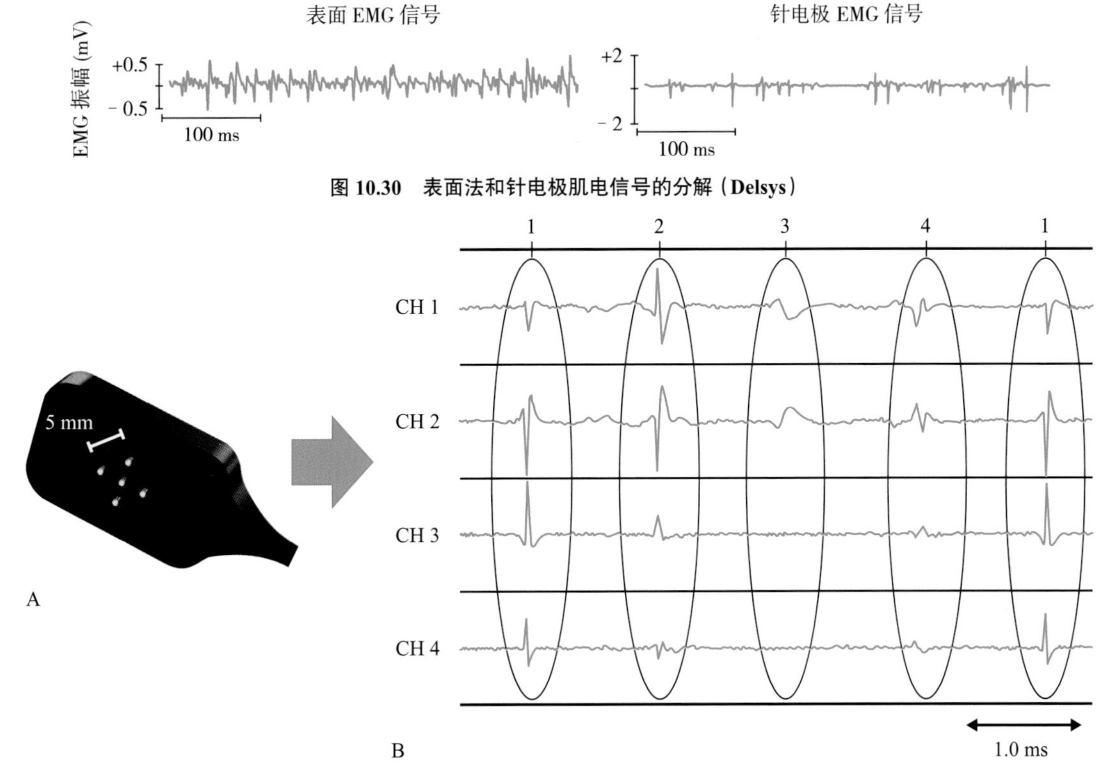

图 10.30　表面法和针电极肌电信号的分解（Delsys）

图 10.31 （A）用于分解表面肌电信号的 A5 针表面传感器，（B）4 通道肌电图

人们通常研究此类肌收缩，因为它们提供了在收缩力的斜坡上和斜坡下区域运动单元的激活和失活行为的信息。因此，分解算法可以随着时间更精确地追踪运动单位形状。此外，常常采用梯形的力收缩以提供精确结果，测试者逐渐增加收缩力直至一个理想水平，并且在力逐渐下降回到无力状态之前，在此水平维持此力数秒（见图 10.32 举例）。人们常常研究收缩的这些类型，由于它们提供在收缩力的上升和下降区域期间运动单位的激活和失活行为信息。相比之下，在动态收缩过程中分解任务更复杂，因为在收缩过程中，随着肌肉纤维的延长和缩短，电极的相对运动导致 MUAP 的形状发生变化。目前正在研究如何将分解功能扩展到动态的、功能更强的环境。最近有报道称，从动态收缩中收集到的表面肌电信号已被成功分解，用于循环运动，如肘关节屈伸或步态分析（DeLuca，2014）。这些重复的动态任务的分解精度约为 90%，运动单元可高达 25 个。

对肌肉等长收缩期间表面导出法图信号的分解让人们看到了希望。给未来发展和改进运动控制的研究开拓了新领域。不久，将有可能在动态活动期间研究运动单位的控制以解决关于运动的问题，而不仅仅限于力的分析。

10.5.3　分解肌电信号可以获得什么信息

运动单位动作电位序列

一个运动单位的激活，即：运动单位动作电位的时间可以通过肌电信号 MUAP 检索到，可以采用水平轴上的竖条来代表（代表 MUAP）。

图 10.32A 显示股外侧肌 50%MVC 在等长收缩期间的数据。黑线代表力传感器记录测试者的腿部伸展力，从测试者的 MVC 的 0 增加到 50%，保持在 50%MVC 力量水平大约 20 秒，然后下降到零。在此收缩中鉴定出 20 个 MUAPT。每个运动单元的激活序列显示为不同颜色的竖条。

一个运动单位连续激活的时间间隔称为运动单位脉冲间隔（IPI）。注意：即便在收缩的中间时期，此力保持不变，在连续激活之间的运动单位 IPI 变化轻微，即：激活序列的竖条并未被均匀间隔。IPI 的变化表明触控噪声是影响运动单位激活的因素之一。

募集和去募集阈值

一个运动单位的募集和去募集阈值表明运动单位一次收缩开始和停止收缩的力，即激活和失活的阈值，它们可以视为对应运动单位动作电位序列的首次和末次激活信号（图 10.32 首次和末次竖条）。

图 10.32A，显示按照募集阈值顺序排列检测到的运动单位，在收缩期间，1 号表明在最低力水平募集运动单位，20 号表明在最高力水平募集的运动单位。黑色竖条边的彩色圈显示了收缩期间肌肉的募集和去募集阈值。

注意：在肌等长收缩期间，运动单位募集和去募集在力的增加和减少过程中是相反的：在力上升时期所募集的首个运动单位成为力下降时期去募集的最后一个运动单位（即它有最低激活和失活阈值）。

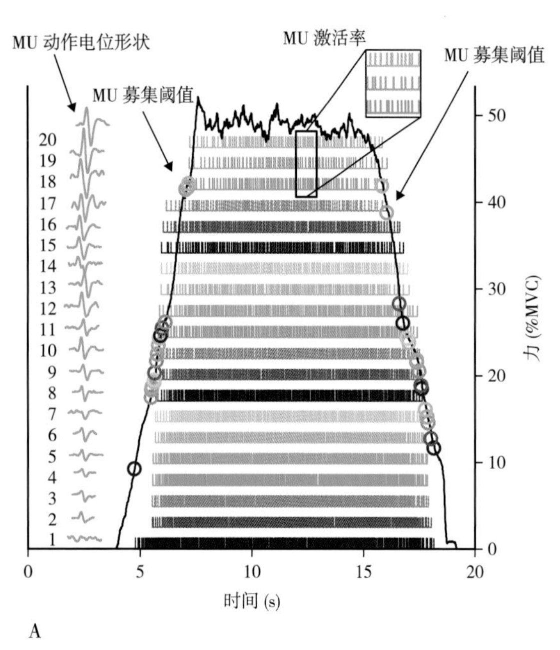

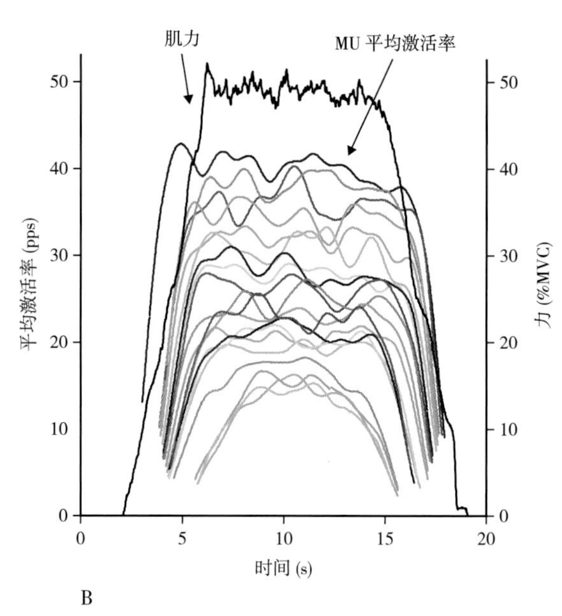

图 10.32 （A）从一次等长收缩的分解提取到运动单位被激活的参数：动作电位形状、募集和去募集阈值、动作电位序列，（B）运动单位平均激活率，收缩力显示为黑色

MUAP 形状

EMG 信号中运动单元所产生动作电位的形状提供了运动单元形态和肌纤维状态。动作电位的波幅、时程和相波是神经科医师在评估临床 EMG 检查结果的常规参数。

图 10.32A 显示：左侧是运动单位动作电位形状。可以看到：当测试者的肌纤维进行等长收缩时，其 MUAP 的波幅随着运动单位的增多而增高。这也是在第 10.1.4 章节介绍的“大小原则”的客观证据：在运动单位募集（Henneman、1957）过程中：与大的运动单位相比，小的运动单位（那些由更少的肌纤维组成并且产生更低波幅 MUAP 和收缩力）以更低的水平被募集。

运动单位平均激活率

从运动单位的激活序列，可计算单位时间内的脉冲次数：即运动单位激活率，以每秒脉冲（pulses per second，pps）为单位。可以通过计算运动单元在短时间内（通常是 0.4–2 秒）的激活率来计算出随时间变化的平均激活率（图 10.32B），通过用汉宁窗过滤掉 2 秒的激活序列，也可计算出运动单位随时间变化的平均激活率，并且用不同颜色显示。

注意：最早募集的运动单位（1 号运动单位）有最高的激活率；然而，在任何时间，在收缩期间，最晚募集的运动单位（20 号运动单位）有最低激活率。此运动单位激活行为被称为“洋葱皮现象”并且将在之后更具体地对其描述。

运动单位激活的其他参数

可以从肌电信号分解获得的其他测量参数，包括运动单位的平均激活率和同步水平（在它们之间激活）之间的相关性。

可采取数学方法来测量两个运动单位随时间变化的激活率关系（见 10.5.4）。高度相关性表示两个运动单元激活过程相似。也就是说，运动单元可相互调控它们的激活过程。虽然个别激活不一定同步的。这一特性被称为同步化，指的是运动单位在固定时间彼此之间相互激活。同步化和力的平稳有关，高度相关性的同步化引起力变化更大。但运动单位同步化的生理机制并不清楚（DeLuca，1993；DeLuca & Kline，2014）。

10.5.4　来自肌电图分解的进展

肌电图分解最新进展可以帮助我们认识肌力的产生和了解动作控制的策略。

运动单位激活的洋葱皮计划

六十年来，Eccles（1958）和 Kernell（1963）从被麻醉的猫的轴突上的研究开始，认为：向心后募集运动单位比早募集运动单位激活更快，因此每个运动单位以产生最佳力的速率激活。也就是说：后募集运动单位是快收缩纤维，需要比早募集的慢运动单位更大的激活率来产生强直力。

一些科学家（DeLuca，1982；Seyffarth，1940；Person，1972；Tanji，1973）证明，骨骼的肌随意收缩与激活率相反。在随意等长收缩期间，与高阈值晚募集的运动单位相比，低阈值早募集运动单位表现出更大激活率。此现象被称为洋葱皮现象，当运动单位的激活率作为时间的一个函数指标，它们形成类似洋葱皮结构的重叠层次（见图 10.32B）。但截至目前，支持洋葱皮激活率方案的证据较少，仅仅是肌内技术获得的一些运动单位的分析。而表面分解技术将获得更多数据证明（DeLuca&Hostage，2010；DeLuca&Contessa，2012）“洋葱皮现象”解释了在随意等长收缩期间的运动单位生理激活行为。

这种现象可以通过设定运动单位的平均激活率来计算，并且与运动单位募集阈值的一个函数进行绘图。可以观察到：运动单位激活率和募集阈值成反比关系，并且还可以采用回归线的斜率和截距对其进行定量（图 10.33）。

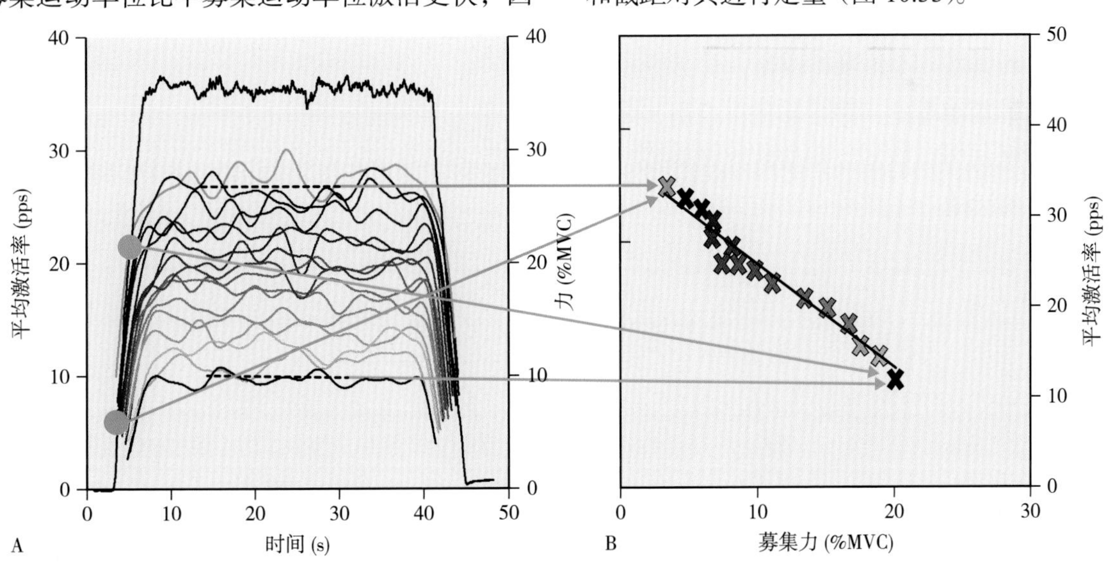

图 10.33　平均激活率和募集阈值之间的反比关系证明运动单位洋葱皮现象

如在“洋葱皮现象”内所示，晚募集的运动单位达不到产生最大力所需要的激活率，这一事实提示：控制肌肉未能使力产生最大化。应该让运动单位通过可匹配的激活率来产生相应的力，使张力最大化，这似乎是合理的。

应该注意的是：晚募集运动单位具有快速疲劳特性。如果肌肉激活过快，它们易于在非常短的时间内变得精疲力尽。“洋葱皮现象”通过对这些快速疲劳的运动单位维持低激活率，甚至维持长时期的收缩。甚至在极端情况，肌肉内部还储备一定的能力。

根据以上证据，德卢卡和埃里姆（Erim，1994）提出：对运动单位控制的目的不是力最大化，而是使力收缩和时程组合最大化，并维持储备能力。

联动装置

联动是运动单位激活的另一个属性，这得益于分解技术（DeLuca，1982；Miles，1987；Stashuk & deBruin，1988；）。此属性指运动单位的激活时的一致性，几乎无延迟（图 10.34）。

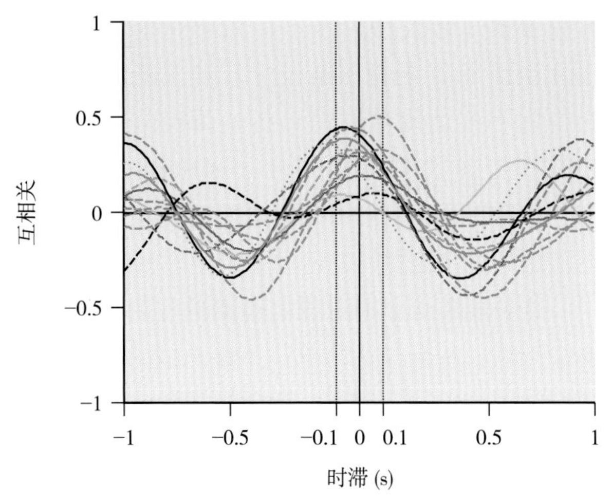

图 10.34　在运动单位平均激活率之间的互相关函数

联动属性表明，中枢神经系统已经进化出控制运动单位的简单策略：它并非独自控制每个运动单位的激活行为，而是以相似的方式调控整个运动单位群的活动。

通过联动方式，活跃的运动单位的强度可以被定量，这是通过计算同时活跃的运动单位的激活率之间的互相关函数而完成的（图 10.34）。

对于每对运动单位，联动被看成两个运动单位的平均激活率的互相关函数的峰值，时间滞后 ± 100ms 之间。注意：并非所有运动单位必须显示在指定窗口（即联动装置）内的一个互相关峰值，并且联动装置的强度在运动单位对之间变化。

肌疲劳期间的运动单位激活

有关膝关节周围肌肉等长收缩期间的肌疲劳系列研究中，有 3 个研究涉及股四头肌中股外侧肌运动单位激活行为（Adam & DeLuca，2003、2005；Contessa，2009）。

结果表明：所有运动单位的募集阈值下降，随着肌肉的重复收缩，更高阈值的运动单位逐渐募集，直到耐力极限。募集秩序在整个过程中都保持不变。此外，主动运动单元的激活率在收缩的第 1 时间下降，然后随着时间逐渐增加，直到耐力极限。激活率的变化与肌肉收缩幅度的变化互为补充，肌肉收缩幅度先增大后减小（图 10.35）。运动单元激活率与募集阈值（洋葱皮现象）之间的负相关在整个肌疲劳过程中保持不变。

观察到激活率和募集逐渐适应并代偿肌力（力抽搐）导致的力学改变，表明运动单位的激活率抵消了由肌纤维在收缩期间产生的力改变。随着疲劳的出现，运动单位群（即活跃运动单位的

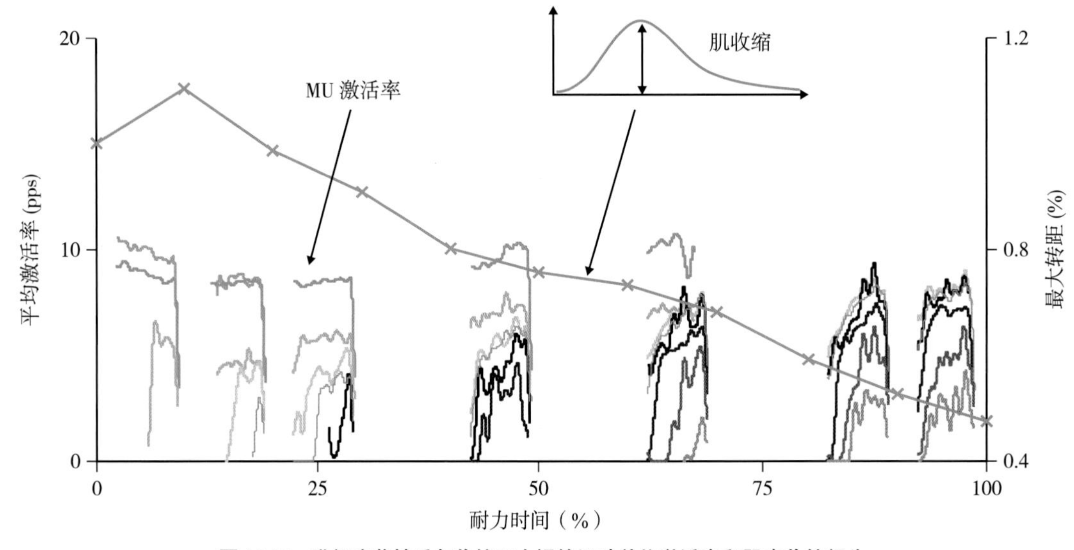

图 10.35　进行疲劳性重复收缩至力竭的运动单位激活率和肌肉收缩行为

数目和它们的激活率增加）增加活动，以代偿相关损失。

总结：肌电图与肌功能的测量

■ 肌电信号是与肌肉收缩有关的电信号，并且通过运动单位的去极化产生此信号，常常被称为运动单位动作电位（MUAP）。

■ 肌电图可以通过多种技术采集数据绘制。最常见的是表面导出法肌电图，这种方法不需要将电极插进皮肤（针电极法）。

■ 有多种方式处理肌电信号，这些肌电信号可以提供肌肉内的运动单位激活数量或者疲劳的信息。

第 3 部分

临床评估

第11章 生物力学临床评估

介绍评估下肢运动的生物力学知识。包括上、下台阶，从坐位到立位，起动步态，下蹲等。

目的

掌握下肢常见运动的生物力学评估方法。

目标

- 下肢运动链理论。
- 不同的临床生物力学评估理论。
- 不同运动模式的评估模式。
- 评估与关节运动和功能控制有关的运动模式。

11.1 运动链

1955年，斯坦德勒（Steindler）在其著作《人体动力学》引入机械工程中开式运动链的概念，开启了在人体的开链运动和闭链运动的研究（Ellenbecker & Davies，2001）。在机械工程中，链常指铰链接合。如果每个构件至少与两个其他构件以运动方式连接，那么此系统被认为是闭合的，并阻止向近端或远端移动，同时产生闭链运动，在闭链运动中一个关节的运动可以导致其他关节运动（Palmitier，1991）。

当该理论应用在人体运动研究时，不可能是真正封闭的闭链运动（closed kinetic chain，CKC）。比如，膝关节运动比任何一个机械铰链活动更复杂，当足在空间无障碍运动时是一个开链运动（open kinetic chain，OKC）。当足遇到一定的阻力时（比如来自地面）和下肢联合就成为闭链运动（Palmitier，1991）。2001年，艾伦贝克（Ellenbecker）和戴维斯（Davies）提出新观点，对如何认定“一定阻力”有争议，尤其将诸如自行车运动的分类为开链或者闭链运动时。在站立蹲坐和上下坡迈步时CKC运动比OKC运动更具有功能性，OKC运动还包括，直腿抬高（straight leg raises SLR）或者坐位腿部伸展运动（Doucette & Child，1996）。

膝关节多关节面的轴向运动为下肢提供了动态稳定和控制，同时为保持稳定还要求膝关节周围肌群协同活动（Ellenbecker & Davies，2001）。在股四头肌强收缩期间，腘绳肌限制了胫股关节的活动范围，如果没有腘绳肌的拮抗作用，前交叉韧带可能会处于高张力状态。OKC和CKC在运动控制方面的另一个重要区别是双关节的肌肉收缩。在CKC中，当从屈曲位置上抬时，髋关节和膝关节同时伸展，髋关节和膝关节同时伸展，导致股直肌在髋关节上方以离心收缩方式延长，但在膝关节上方以向心收缩方式缩短。相反，腘绳肌在髋关节后方缩短，但在膝关节后方延长。这种形式上的假等长肌肉收缩被称为“同步移位”（Palmitier，1991）。

11.2 坐位到站位

11.2.1 引言

从坐位站起来是一个复杂的力学过程，要求股四头肌有足够的力量，股四头肌需要对抗两种力。首先，股四头肌有足够向心力矩来伸展膝关节对抗重力和体重；其次，对抗腘绳肌的拮抗力。为了从椅子站立，必须完成髋关节屈曲在内的躯体屈曲过程，还要通过腘绳肌的收缩牵制髋关节过多的屈曲，但同时引发膝关节的屈曲，也就是必须通过股四头肌额外的收缩来克服这种“无用”膝关节屈曲（Ellis，1980）。

11.2.2　坐位到站位的生物力学

申克曼（Schenkman，1996）将从坐位到站位的过程分为 3 个阶段。

■ 起始阶段：上半身用力，质心（CoM）水平向前移动

■ 过渡时期：当质心由水平向垂直移动时，动量从上半身转移到全身

■ 伸展时期：身体垂直向上站立

在此研究中，研究者采用不同高度 4 把椅子来研究椅子高度对青年人（25 ~ 36 岁）和老年人（61 ~ 79 岁）从坐位到站立的影响。所有测试者将加快 50% 身体屈曲速度以克服椅子高度带来的困难。作者解释为，由于动量守恒定律，允许上身的动量被用来帮助髋关节和膝关节的伸展，以离开座位，称之为动量转移，如果椅子的高度降低，重心的起始位置也较低，离开座位的要求更高。年龄较大的测试者往往移动得更慢。因此，他们在第一阶段产生较少的上半身移动力，导致实际上从椅子起来更加困难。

在坐位到站位期间，可通过测量每个关节的角速度和时间来研究踝关节、膝关节和髋关节的运动模式。三个运动模式明显不同，并且这些关节联动为研究从坐位到站立的运动模式提供一个非常具体的方法。

坐位到站位的踝关节运动

踝关节起初有轻微背伸，足随着不同起始位置踝背伸略有不同。然后，踝背伸角度加大进入下一个位置。当离开椅子时，足踝从踝关节中立位向后移动。角速度图（图 11.1A、B）显示一个起始的背伸速度（正）接着一个跖屈速度（负）。

坐位到站位的膝关节运动

膝关节从最初的 90° 屈曲，在短暂的延迟后平稳地运动到接近完全伸展的状态。当直立时，角速度图显示伸展速度的一个平稳增加和下降（负），图 11.2A、B 显示进入伸展状态后被控制的运动。

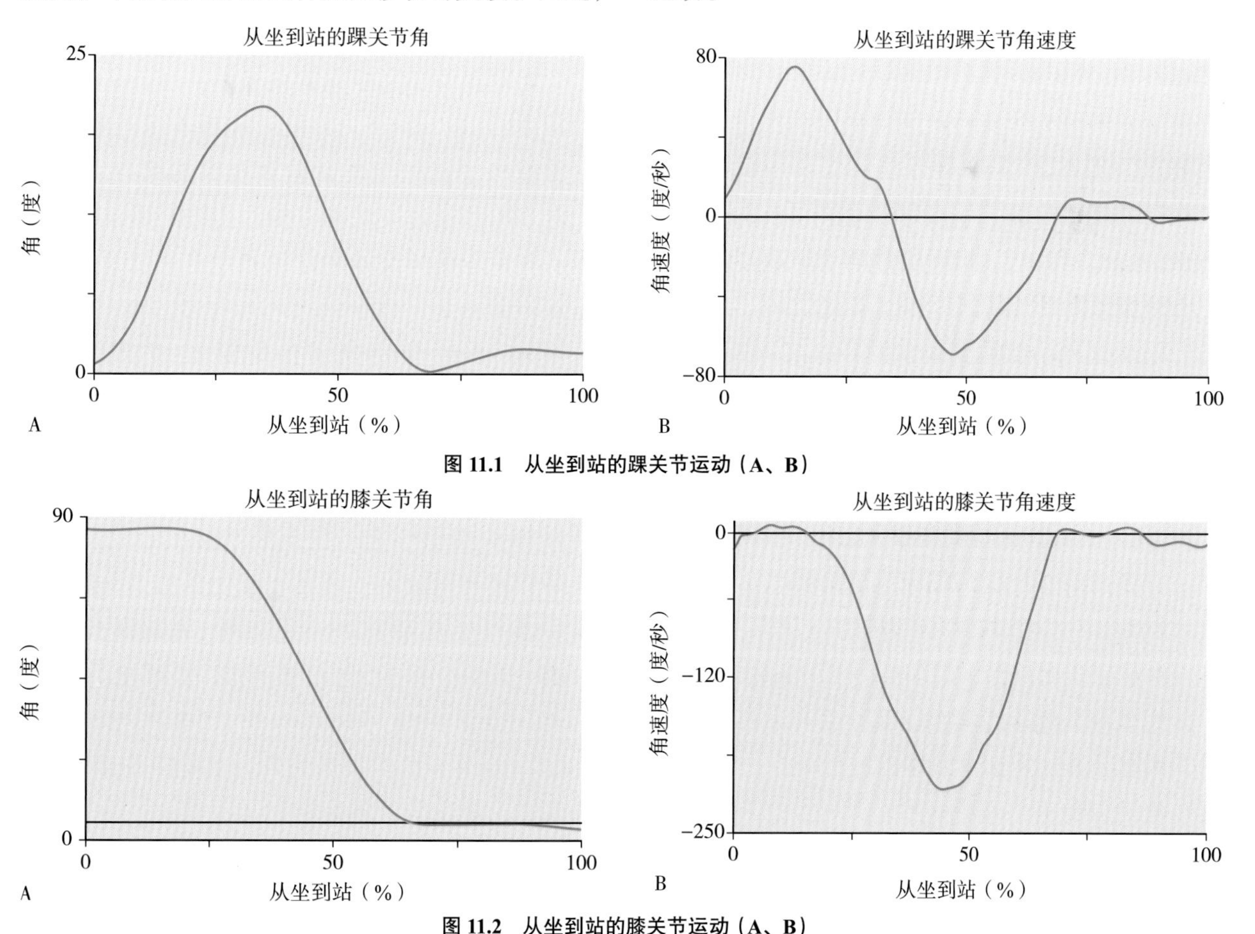

图 11.1　从坐到站的踝关节运动（A、B）

图 11.2　从坐到站的膝关节运动（A、B）

坐位到站位的髋关节运动

最初开始时，髋关节呈 90° 屈曲状态。当躯干前倾移向足尖时，会加大屈曲程度。随后在膝关节伸展的同时，髋关节开始伸展直到直立位置。图 11.3A、B 显示：当躯干前倾，一个屈曲角速度（正），紧随一个伸展速度（负）；直到达到直立位置。

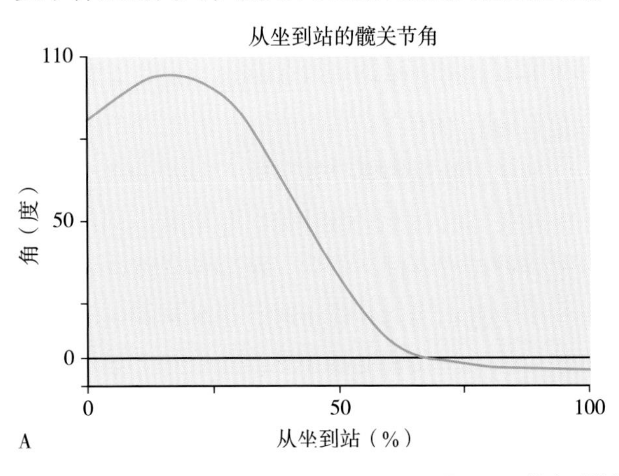

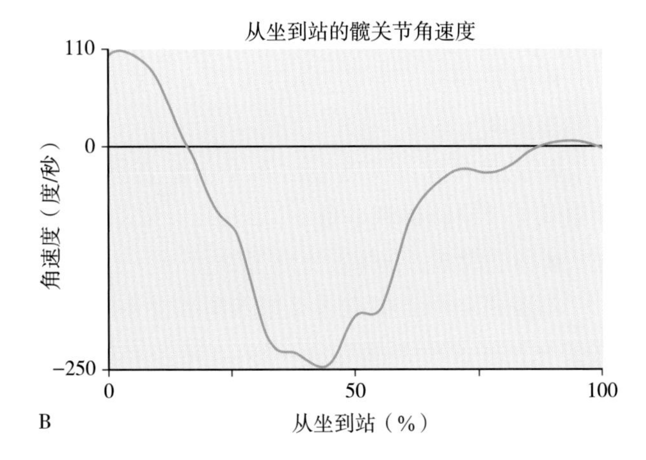

图 11.3　从坐到站的髋关节运动（A 和 B）

11.3 "起立 - 行走"计时测试

"起立 - 行走"计时测试（The timed up-and-go test，TUG）是一种快速评估老年人步行能力的方法。顾名思义，从椅子上站起来走 3 米，转身再回到椅子上坐下所花费的时间。已经证明，能够在 20 秒以内完成该测试的测试者具备独立日常生活的能力，其行走速度足以满足正常活动的要求。那些大于 30 秒才能完成该测试的测试者在日常活动中常常需要辅助器材（Podsiadlo & Richardson，1991）。此测试常用于筛选社区居民中有跌倒风险的成年人（Shumway Cook，2000）。

采用这种功能性测试有很多优点。比如，它有出色的表面效度，因为测试者可以与活动联系起来，容易看到测试与自己活动能力的相关性。对于临床医师来说，从测试可提取相关数据（时间）。此外，从临床角度来看，它是一项极好的测试工具，具有很广泛的临床应用价值。

同时还可以单独研究的活动：

- 从座位起立
- 获得平衡
- 起步并加快速离开座位
- 稳定步态
- 减速和准备转弯
- 180° 转弯
- 加速
- 停止步态
- 回到座位上

11.4 台阶和楼梯

无论我们在家里或者在社区，台阶和楼梯是日常生活的一部分。是否正常进入建筑物内部，通常取决于我们上下台阶和楼梯的能力。 世界上许多国家通过立法来方便人们进出建筑物。出台一些关于楼梯设计的建议和规定，例如，国际建筑规范规定：楼梯高度不超过 21 cm（国际建筑规范，2003 年），而英国则要求，包括移动性楼梯在内的楼梯高度不超过 17cm（英国交通部，2004）。

楼梯之所以受到关注，从力学角度讲是上、下楼梯不同于行走。在下肢功能的评估中，将台阶和楼梯活动纳入评估，证明了上、下楼梯比水平步行更复杂（Cowan，2000；Salsich，2002；Selfe，2001）并且他们被包含在康复方案之内（Cook，1992；McConnell，2002；McGinty，2000）。合并有肌肉损伤的患者在爬楼梯时可能更为困难，事实上，爬楼梯对某些群体是相当危险的事。1992 年，英国老年人有四分之一的非致命跌倒来自楼梯（Wright，1994）。从台阶或楼梯上跌倒致死的概率随年龄增长而增加。1994—1995年，65 岁及以上的老年人占英格兰和威尔士跌倒死亡总人数的 68%（Dowswell，1999）。然而，来自台阶或楼梯跌倒的原因有可能是多方面的。此节将重点回顾攀爬楼梯的生物力学。在本章的语境中攀爬楼梯指的是上、下楼梯。

11.4.1 上楼

上楼梯时，需要将身体的重心抬高并前倾，向前行进到下一步。该过程通过向心肌肉收缩，重心前移，形成势能。

1988 年，麦克法登（McFadyen）和温特（Winter）的研究认为，足趾离地是上楼梯过程中的最不稳定因素（表 11.1）。原因有两个：外力的作用和关节内部结构。在足趾离地身体上移时，身体重心转移到支撑侧肢体，髋关节、膝关节和踝关节都处于屈曲位。在此位置，所有下肢关节的力矩是屈曲力矩。因此，测试者要用相当的向心肌活动来克服这些外部力矩。随着身体上移，下肢关节的屈曲程度缩小，稳定性逐渐增加。

上楼梯的早期，膝关节处于相对不稳定的半屈曲位，韧带松懈，且股骨和胫骨的关节面之间不协调。身体向上的过程中，支撑侧膝关节逐渐伸展前移，膝关节接近伸直位（最稳定的关节姿势），韧带拉紧，并且膝关节表面结构更协调（Shinno，1971）。

11.4.2 下楼

从临床角度来说，下楼梯比上楼梯更复杂。新野洋（Shinno，1971）研究认为，身体在下楼期间的稳定性更依赖于股四头肌。因此，与上楼梯相比，股四头肌的任何差错都可能让下楼梯能力受损。麦克法登和温特（1988）支持此观点并且认为臀肌在下楼梯过程中的作用很小。下楼梯主要通过股四头肌的不等长收缩完成（表 11.1 和 11.2）。

下楼时，测试者必须主动将重心向前移动，在下降阶段通过肌肉离心收缩抵抗重力，通过吸收动能来控制下降的速度。如果不采用强离心收缩，在重力的作用下容易失去控制（Jevsevar，1993）。

从生物力学和解剖学观点来讲，下楼是上楼的相反过程。有趣的是，下楼比上楼更复杂。在下降时期，髋关节和膝关节从一个相对伸展的位置开始，然后屈曲，这导致外屈曲力矩逐渐增加。为了平稳下楼，这些外屈力矩必须与产生越来越高水平的离心肌肉收缩相匹配。通过对 10 名健康男性下肢主要关节的运动、力和力矩的分析，我们发现，上楼时膝关节的平均屈伸力矩为 57.1 Nm。对于下楼，平均屈曲 - 伸展力矩几乎是上述数值 3 倍为 146.6Nm（Andriacchi，1980）。在解剖学来讲，站立时膝关节从相对稳定的伸展位开始，随着下楼动作的开始，逐渐移动到一个更不稳定的屈曲位。这也导致了对增强肌肉控制的渐进需求。

表 11.1 攀爬楼梯期

上	下
重量接受	重量接受
上拉	向前持续
向前持续	受控制降低

McFadyen 和 Winter，1988

表 11.2 参与爬楼的关键肌

上	下
股外侧肌	股外侧肌和内侧肌
臀中肌和比目鱼肌	腓肠肌和比目鱼肌

McFadyen 和 Winter，1988

除了前面提到的原因之外，还有另一个因素有助于了解为什么向下迈步比向上迈步更具有挑战性，这与股四头肌伸展机制有关，特别是髌股关节（patellofemoral joint PFJ）的作用有关。在膝关节屈曲过程中，要了解髌骨在伸展过程中的作用，以及膝关节从伸展位进入屈曲位时和髌骨的接触面积。髌骨部分关节面与股骨关节面相接触的区域称为髌股接触面。图 11.4 显示，髌股接触面一般位于髌骨面的上三分之一。当膝关节从伸展位进入屈曲位时，髌股接触面向髌骨上极或者底部近端移动，由此产生的力和压力（力 / 接触面积）被称为髌股关节作用力和髌股关节压力，可以用方程和模型估算（Ward & Powers，2004）。

膝关节屈曲角、膝关节屈曲力矩、髌股关节

作用力和髌股关节压力等概念常用于解释患者和运动员群体中存在的髌股痛（Bonacci，2014）。当膝关节屈曲角增大时，膝关节屈曲力矩也增加，形成更大的髌股关节作用力或者髌股关节反作用力（patellofemoral joint reaction force PFJRF）。图11.5 显示测试者在下台阶的两个不同阶段：首先在全身重量刚转移到支撑肢的瞬间，其次在摆动肢足接触下一阶台阶之前的瞬间。最初屈曲角和屈曲力矩都很小，导致股四头肌、髌骨肌腱张力和 PFJRF 偏低。当进入膝关节大屈伸时，股四头肌张力、髌腱张力和 PFJRF 均增加。

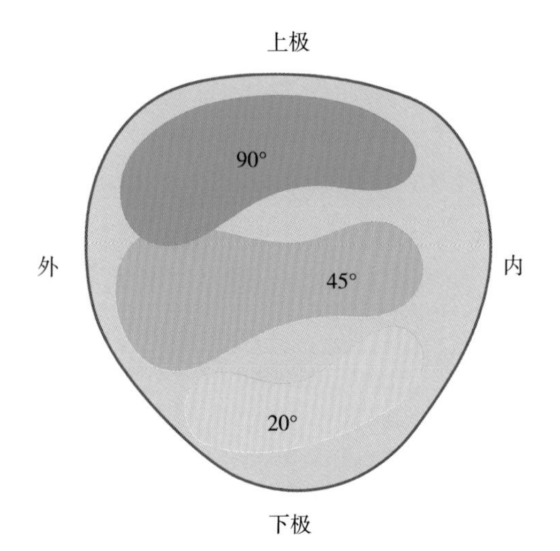

图 11.4　髌骨关节面显示：3 个膝关节屈曲角度对髌骨压力大小和方向（Fulkerson，1990）

髌股关节的压力增加并非只有下楼时才有。在更高危的一些运动项目，诸如跑步、跳高和着地时膝关节屈曲力矩明显增大，导致更高的髌股关节作用力和髌股关节压力。再加上平时活动导致的累积损伤，这些因素成为运动人群髌股关节疼痛的危险因素。髌骨股骨痛是休闲跑步者最常见的慢性损伤，其特征是疼痛，疼痛与髌骨表面和股骨接触有关（Besier，2005）。

学者们研究不同活动对髋关节面和膝关节面压力的影响，在行走时，膝关节承受的压力比髋关节高 33%，在爬楼梯时，膝关节承受的压力比髋关节高 116%（Taylor，2004）。对于临床上了解在不同环境下关节承受的压力是有必要的，通过研究关节面压力和解剖结构的稳定性之间的关系，可以帮助临床医师了解运动伤的原因和机制，有助于医师制订符合逻辑的康复方案，在不同活动中保障关节的结构稳定。

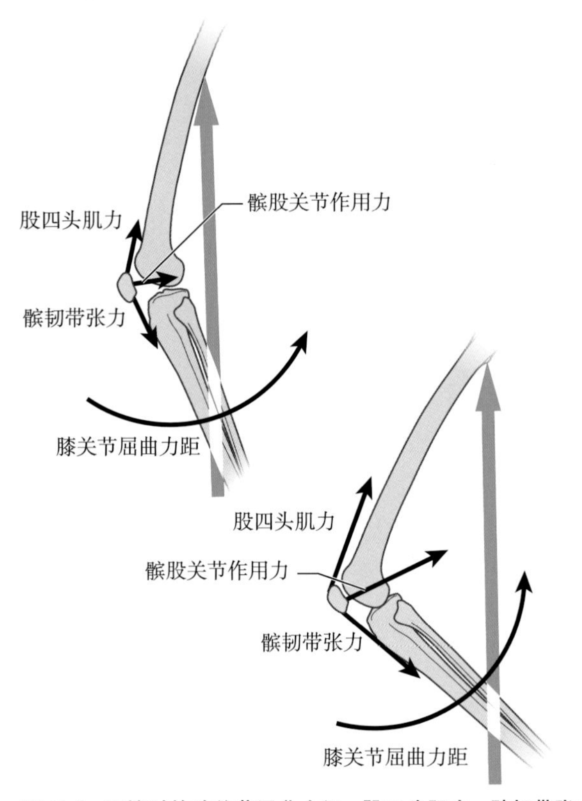

图 11.5　下楼时的膝关节屈曲力矩、股四头肌力、髌韧带张力、髌股关节作用力

以爬楼为例，让我们从生物力学角度理解控制体重对下肢关节承重的重要性，哪怕是非常小的体重增加都会对下肢关节造成很大的压力。1972 年，据赖利（Reilly）和马顿斯（Martens）报告，爬楼时，髌股关节的压力是体重的 3 倍。我们将这些数据应用于临床中：当一位体重超出他理想体重 2kg 的患者，攀爬有 10 个台阶的楼梯，我们可以看到超标的体重对髌股关节造成不成比例且潜在的伤害效应（表 11.2）。

关节承重与两组患者是极其相关的——肥胖者和高强度运动员。肥胖患者由于体重的原因导致关节承重明显加大。因此减重必须作为康复的一部分。由于减重是通过锻炼来实现。常常出现一个“循环往复的死结”情况，因为减重的关键是运动。然而，运动可能会加重关节承重。医师在处理此类问题需要慎重并认真制订康复计划，来保障患者不出现此类问题。

而针对高强度运动员的康复略有不同，通常

这些运动员进行大量运动，摄入高热量饮食是没有问题。当运动员受伤时，不能正常消耗那些高热量饮食，但运动员的食欲没有减弱，他们仍然保持摄入高热量饮食。这时运动员的体重会增加，导致康复过程出现问题。另一个导致体重增加的因素是由于运动员无法进行运动或“无事可做”导致的“安慰性饮食”。控制体重是一个非常敏感的话题，可能涉及潜在的情感问题，所以临床医师涉及减重问题要谨慎。

1985 年，尼塞尔（Nissel）和埃克霍姆（Ekholm）报告：髌股关节的承重和性别相关。他们证明：与男人相比，女人的髌韧带力臂更短，完成同样的动作需要髌韧带增加 20% 的张力。因此，同样体重的女性比男性承受更高的髌股关节压力。这也解释女性髌股关节疼痛发病率高的原因。

11.4.3　下楼运动分析

下楼期间踝关节和膝关节的运动可以通过功能性角度 - 时间图和角速度图来描述，帮助我们理解不同时期的关节运动的范围和关节运动控制。

踝关节运动

在支撑最初期，踝关节轻微背屈后开始离地。当身体向前移动迈出第一步时，踝关节缓慢移动进入背曲。然后，足趾抬离地面，踝关节开始背伸并确保足离开台阶，然后踝关节跖屈后迅速背伸，身体向前移动，小腿超过踝关节，踝关节跖屈，为下一步做准备。角速度图显示了踝关节跖屈（负）和背屈（正）的速率（图 11.6A、B）

膝关节活动

测试者迈步时，膝关节开始屈曲并离开台阶，然后小腿伸展向前和向下移动。在进行下一步时，膝屈曲以承受负荷并控制质心下降到较低的水平。然后，膝再次伸展，使小腿向前和向下移动。角速度图显示膝关节屈曲（正）和伸展（负）的速率（图 11.7A，B）。

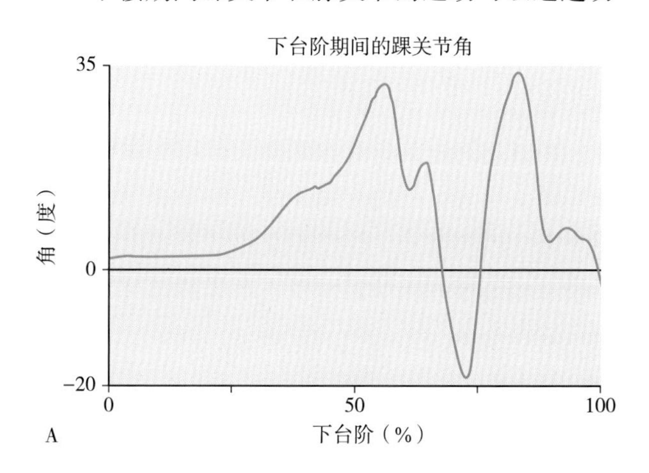

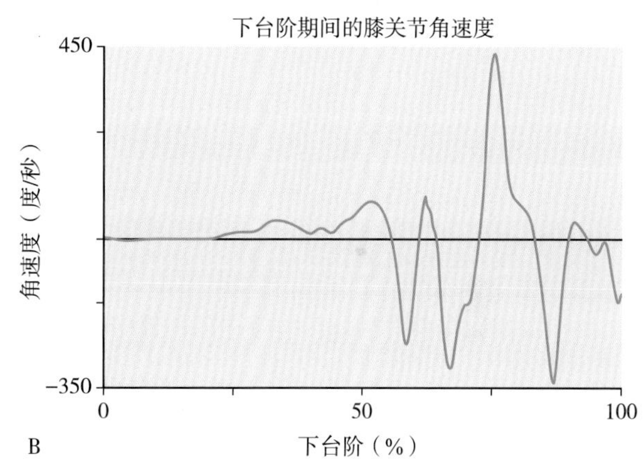

图 11.6 （A 和 B）下台阶期间的踝关节运动

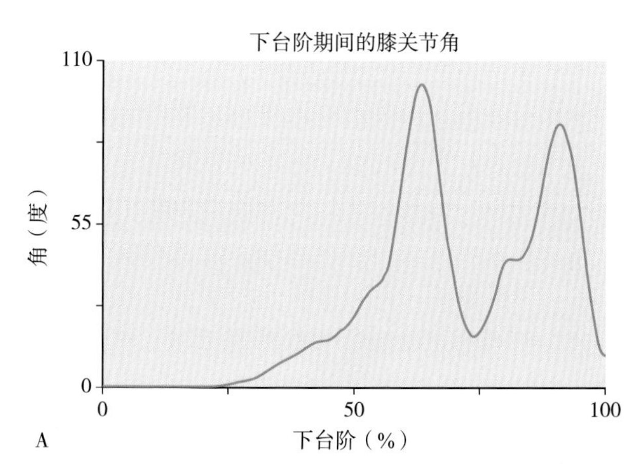

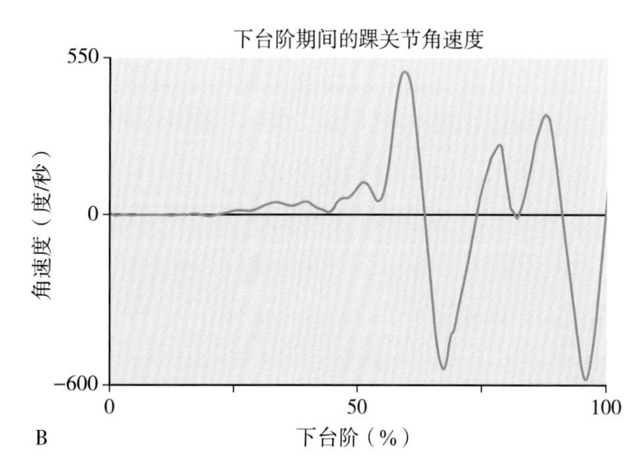

图 11.7 （A 和 B）下台阶期间的膝关节运动

11.5 蹲

蹲是一种人体运动和休息的基本姿势，也是许多体育活动的基本组成部分。因此，在许多训练和康复中以不同的形式存在。虽然在西方社会中很少有蹲的姿势，但蹲是全球数百万人经常采用的休息姿势。在蹲下时，会发生一些生物力学改变。

蹲姿的多种形式（表 11.3 和 11.4）。厄尔（Earl，2001）研究得出结论：在髋内收的情况下进行下蹲，这时股四头肌激活度增加了 25%。斯图尔特（Stuart，1996）比较了深蹲，前蹲和弓步。他们发现，在弓步过程中，股四头肌激活度明显增加，而肌腱活动明显减少。

表 11.3　下蹲时的膝肌合力

	平均体重（N）	平均负荷（N）	标准化胫股剪切峰值（BW+ 负荷）	标准化平均胫股压缩峰值 %（BW+ 负荷）	标准化平均髌股压缩峰值 %（BW+ 负荷）
Stuart，1996	798	223	29	54	
Ariel，1974	888	1982	56	276	
Escamilla，1998	912	1437	80	133	194
Escamilla，2001	917	1309	99	154	210
Wilk，1996	912	1442	76	261	
Toutoungi，2000	765	0	353		
Nissell，1985	932	2453		198	191
Hattin，1989	790	339		367	
Wretenberg，1996		650			324
Reilly，1972	834	0			765

N，牛顿；BW，体重。

表 11.4　下蹲时的肌活动

	肌	最大活动膝关节屈曲角度
Escamilla，1998	股四头肌	80°　~ 90°
	腘绳肌	10°　~ 60°　（上升）
	腓肠肌	60°　~ 90°
Stuart，1996	腘绳肌	30°

Escamilla，2001。

11.5.1　股四头肌腱束

股四头肌腱束（Quadriceps wrap，也叫肌腱股束效应）是用来描述股四头肌腱与股骨附着部位（承受部分负荷）的概念。股四头肌腱束被认为是一种保护髌骨的措施，用于缓解髌股关节的负重和应力。股四头肌最大承重在经过股四头肌腱束分解后，髌股关节承重能力趋于平稳（Gill & O’Connor，1996）。至于四头肌腱束角度的精确描述，目前尚无共识（表 11.5）。

表 11.5　股四头肌腱束的角度

Ellis，1980	80°　~ 105°
Nissell and Ekholm，1985	60°

到目前为止，没有查到有关股四头肌腱束的临床康复研究，可能与临床康复的功能范围只要求屈曲 30° 内有关。但许多专业运动要求膝关节活动度超过股四头肌腱束点，在患者康复时也会提出这种要求。

11.5.2　股四头肌中性

股四头肌中性角为“股四头肌肉收缩导致胫骨没有前后剪切的膝关节屈曲角度”（Singerman，1999）。在膝关节小屈曲角度时，由于髌腱的牵拉作用，股四头肌的作用是向前牵拉胫骨。在大屈曲角度时，由于髌腱的后向牵拉，股四头肌也向后牵拉胫骨。牵拉方向主要是股骨髁滑车的形状的改变导致。有趣的是，尽管股四头肌中性是一个相当重要的膝关节研究课题，但没有发现它对髌股关节的影响（表 11.6）。尽管股四头肌腱束和股四头肌中性对髌股关节有影响作用，但在主流康复文献中均未提及。未来的课题研究人员在相关研究时应考虑股四头肌腱束和（或）股四头肌中立的作用及影响。

表 11.6 股四头肌中性的角度	
Escamilla，2001	50° ~ 60°
Singerman，1999	50° ~ 55°

达尔奎斯特（Dahlkvist，1982）分析了深蹲过程中髌股关节和股四头肌张力，尤其是下降和上升过程的差异。在缓慢下降过程中，PFJRF（7.41 × 体重）和髌股肌合力（5.27 × 体重）比缓慢上升时更大，PFJRF 为 4.73 × 体重，股四头肌张力为 4.94 × 体重。作者将这种现象归因于下降时产生了更大的动量。

11.5.3 单腿下蹲时的关节力矩和肌电图活动

很多临床康复科研成果是拉伸运动治疗肌腱病（Cook & Khan，2001；Panni，2000；Roos，2004 年）。许多研究者提出：与水平蹲相比，25° 下蹲角度可以显著提升患者运动的能力并减少疼痛（Alfredson，1998；Jonsson & Alfredson，2005；Khan，1998；Purdam，2004）。但没有给出为何选择 25° 的科学依据。膝关节屈曲角度是基于下蹲角度在 50° 和 90° 之间（Alfredson，1998；Onishi，2000；Young，2005）。最初，普达姆（Purdam，2004）提出了下蹲角度为 50° 的建议，其基础是髌腱张力等于在这个特定方向的股四头肌腱张力。但随后普达姆（2004）提出了下蹲角度 90° 的建议，2005 年，琼森（Jonsson）和阿尔弗雷德森（Alfredson））使用了 70° 的下蹲角度进行研究。虽然基于文献中不同下蹲屈曲角度的研究尚未达成共识。但在临床上，在深蹲拉伸活动中，不同个体所能达到的膝关节屈曲角度可能存在相当大的差异。因此，下蹲膝关节屈曲角度的相关性是有争议的。

理查兹（Richards，2008）从 0°，8°，16° 和 24°4 个角度研究最佳下蹲角度，测试者被要求尽可能缓慢地进行下蹲动作，达到大约 90°。在下蹲运动的同时，收集股直肌和腓肠肌（EMG）的力和肌电图分析数据。采用逆动力学方法计算关节力矩，记录最大屈膝时的表面肌电波幅值（图 11.8 和 11.9），下蹲时的 iEMG（综合肌电图），以及最大屈膝时的踝关节和膝关节力矩（图 11.10 和 11.11）。将肌电图和综合肌电图（iEMG）标准化为最大动态收缩（Kellis & Baltzopoulos，1996）。

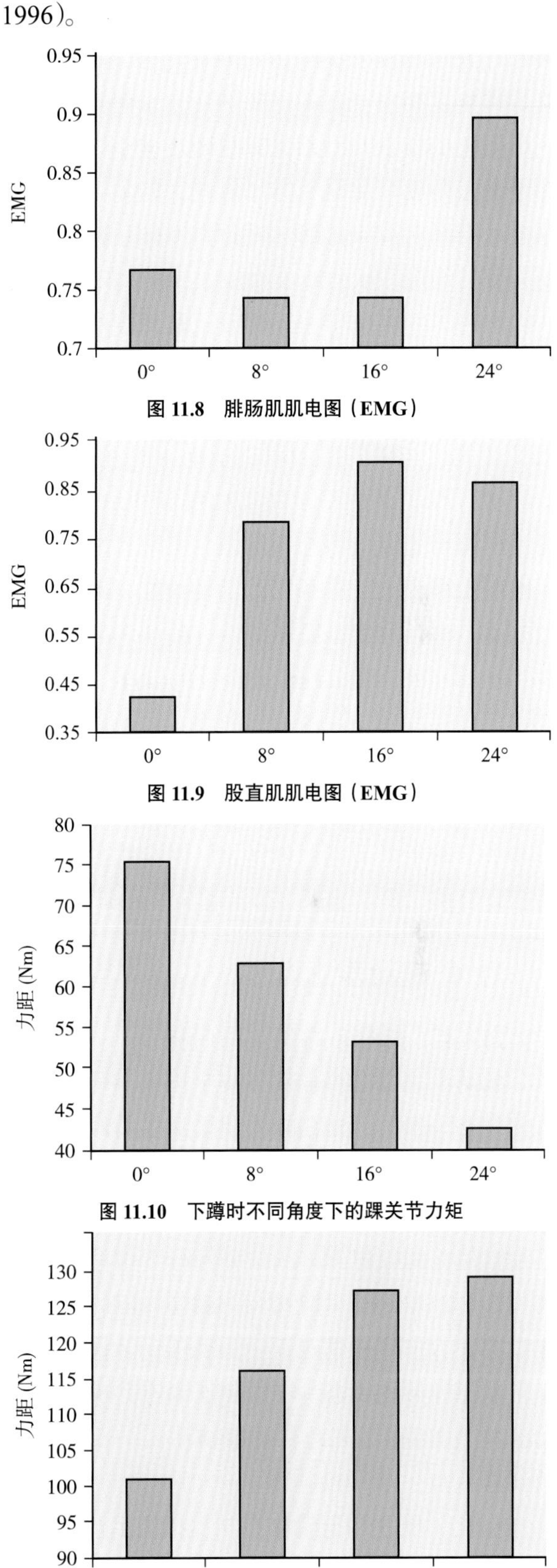

图 11.8 腓肠肌肌电图（EMG）

图 11.9 股直肌肌电图（EMG）

图 11.10 下蹲时不同角度下的踝关节力矩

图 11.11 下蹲时不同角度下的膝关节力矩

下蹲时的踝关节力矩随着增加下蹲角度而显著降低。值得注意的是，踝关节力矩在0°和8°之间没有显著差异，但对于随后的角度增加，在两两比较中可以看到显著的差异；这可以通过检查足踝角度相对于足部支撑的变化来解释，随着下蹲幅度的增大，基础支撑也随之减小，离水平面越远，角度变化对支撑的影响就越大。基础支撑减小导致减小地面反作用力（GRF）和关节之间力臂的作用，从而减小力矩。

下蹲时，膝关节力矩随着下蹲角度的增加而显著增加。除了在16°和24°外，膝关节力矩在所有角度都有显著的变化。虽然踝关节力矩明显减少，但这与腓肠肌的肌肉活动水平并不相符。实际上，踝关节的稳定性需要腓肠肌增加能力。另一种解释是肌肉收缩会导致与关节力矩相关的肌电图信号变大，腓肠肌的活动力在下蹲角度增加到24°时会加大，而不是像以前认为的那样减少（Jonsson & Alfredson，2005；Purdam，2004）。

下蹲过程中，膝关节伸肌在不同角度的有效性研究：16°主要依靠股四头肌的膝伸运动，对踝关节的影响最小。在下蹲24°之后，腓肠肌活动明显增加，表示随着角度的增加，对足踝的稳定性提出高要求。但需要进一步的临床实践研究检验。

11.6 起动步态

11.6.1 起动步态的正常时相

起动步态是在神经信号支配下人体质心离开压力中心（CoP），并在踝关节上身体前倾的机械过程（Halliday，1998；Henriksson & Hirschfeld，2005；Martin，2002；Viton，2000）。起动步态是一种自然、无须思索、从站姿到行走过渡的肌活动模式（Mann，1979；Mickelborough，2004）。在没有外力作用的情况下，需要活动才能从直立静止状态开始的步态，支撑侧必须有足够的地面反作用力（GRF）来起移动身体质心向前，为了做到这一点，活动最初将身体CoP移向摆动侧。简（Jian，1993）将起动步态从支撑侧足趾离开地面扩展到摆动侧变为支撑相并足趾离地的时间。因此，起动步态分为准备阶段、离地阶段和稳定期。易尔布尔（Elble，1994）将起动步态描述为从稳定状态到摆动侧足趾离开地面的时间点的运动。布伦特（Brunt，1999）将起动步态定义为从直立静止姿势到稳定步态的过渡。这些研究活动通常是根据测力台数据或肌电图数据来确定的。在起动步态的接触阶段，力分析根据预测的CoP确定了相关活动。因此，起动步态的过程普遍接受包括两个主要阶段：准备（姿势）阶段和步进（单峰）阶段（Fiolkowski，2002；Mickelborough，2004；Viton，2000），准备阶段和步进阶段具有相似的持续时间。

准备阶段是身体开始移动的时候，首先将CoP移向摆动侧，然后再移向支撑侧（Halliday，1998）。准备阶段从开始到足趾离开踏板，分为两个子阶段：释放阶段和卸载阶段（Archer，1994）。在释放阶段，CoP向摆动侧移动，增加了水平GRF分向量，使CoM向相反方向加速（Polcyn，1998）。这个释放阶段一直持续到后外侧CoP的最远点，此时CoP突然改变方向，标志着卸载阶段的开始。在卸载阶段，CoP快速移动到支撑侧足，卸载摆动侧的CoP以便足趾离地。

起动步态的第二个主要阶段是步进阶段，摆动侧不再和地板接触，并持续到摆动侧下一次接触为止。足趾离地标志着步进阶段的开始，步进阶段又分为单支撑和双支撑两个阶段。单支撑子阶段从足趾离开持续到足的初始接触，双支撑子阶段从足趾的初始接触一直持续到支撑侧的足趾离开。

图11.12显示了起动步态过程中CoP（黑线）和质心（蓝线）的运动。从左到右行走的方向，右足是最初的摆动侧。起跳点用蓝色实心圈标志，空心圆圈是主要的足着地点。

在释放阶段，CoP从起始点移动到后外侧方向的最远点，质心几乎没有移动。在卸载阶段，重心移向双足之间的中线到重心移向支撑侧。步进阶段看到CoP从足跟向足趾方向移动。与此同时，当摆动侧不再与地面接触身体向前移动时，重心也向前移动。CoM和CoP的分离产生了一个加速度向量，可以表示为CoP和CoM之间的一条线。

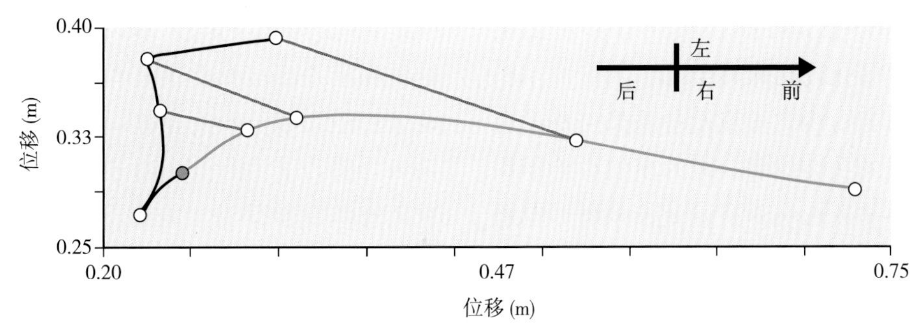

图 11.12 起动步态时 CoP（黑线）和质心（蓝线）位移的特征

11.6.2 起动步态，冻结步态与帕金森病

冻结步态（Freezing of gait，FOG）是帕金森病最常见的严重症状之一，是导致患者受伤和跌倒，生活质量降低的主要因素（Giladi & Nieuwboer，2008；Moore，2007）。冻结步态会导致短暂的运动阻滞，并产生一种足被粘在地板上的感觉（Giladi，1992），时常发生在人们转身（63%），开始步行（23%），穿过狭窄的空间（12%）到达目的地（9%）等状态（Schaafsma，2003）。

克服冻结步态的方法有很多种（Lebold & Almeida，2010），药物和手术干预通常无法改善症状（Griffin，2011）。《欧洲帕金森病指南》建议使用提示性语言提高步行速度来克服冻结步态，但他们认为该建议证据不足不能很好地解决冻结步态。地板横线（TLs）已被证明可以改善帕金森病患者的步态，包括步幅的增加和起动步态的改善（Lim，2006）。其他因素，如体感，视觉和听觉刺激也曾被使用，结果喜忧参半。然而，这些研究主要集中在步态稳态，而不是克服起动步态障碍（Frazzitta，2009）。

起动步态失败或“开始犹豫”是冻结步态的一个组成部分，在帕金森氏病综合评分量表（Unified Parkinson’s Disease Rating Scale，UPDRS）中被描述为步态起动困难。起动步态通常是一种从静止站姿到行走的无意识的运动转变。吉拉迪（Giladi，1992 年）对 990 名帕金森病患者进行研究，证明了运动阻滞的存在，其中 318 人有冻结步态，86% 的人在步态开始时有阻滞。

2006 年，吉拉迪江和诺曼（Jiang&Norman）研究了视觉和听觉对帕金森病患者起动步态的影响。他们发现，冻结步态和非冻结步态帕金森病患者在最大水平分力方面存在显著差异，听觉采用与参与者的平均步进时间相匹配的有节奏的声音，视觉则是根据参与者的身高和步幅长度在地板上调整的对比高度，尽管结果有益，但在试验室外的实用价值有限（Donovan，2011）。此外，本研究中的听觉在没有提示的情况下，两组对比没有显著性差异。更不幸的是，作者在研究不同条件对患者的影响时，将冻结步态和非冻结步态的个体分组在一起，因此稀释了研究结果的可信性和潜在的临床使用价值。

范维根（Van Wegen，2006）研究了帕金森病患者在步态开始时通过手腕上佩戴节律性躯体感觉提示装置改变患者冻结步态。作者认为，提示装置会引起人们对走路行为的注意。迪布尔（Dibble，2004）研究用不同感官提示装置对帕金森病患者起动步态的影响。提示方法是电子节拍器发出的单一重复的听觉信号和神经肌刺激器发出的电刺激。他们发现这两种感官提示方式对身体和摆动肢体的位移都有负面影响。库博（Cubo，2004 年）研究 12 名冻结步态患者使用节拍器后的效果，并得出类似结论：使用节拍器时，行走时间增加。

麦坎德利斯（McCandless）和同事评估了 20 位帕金森病患者，其中 12 位测试者在生物力学试验室测试期间有冻结步态。在这些患者中，记录到 100 次冻结步态和 91 次非冻结步态。研究明确了控制对于冻结步态患者和非冻结步态患者存在显著差异，以及商用便携式可视化提示设备的效果，可以改善步长和质心速度（图 11.13）。使用可视化提示设备可以明显减少帕金森病患者的冻结步态次数，为解决帕金森病患者冻结步态的起动提供重要信息（图 11.14）。可以将可视化提示设备的效果转化到临床帕金森患者管理，但需要进一步地研究可视化提示设备的机制及采用可视化提示设备的长期效果。因为拐杖对帕金森患者的身体产生不良影响，所以，临床医师不愿为帕金森患者提供拐杖，临床医师需要评估可视化提示设备对帕金森患者的利弊。

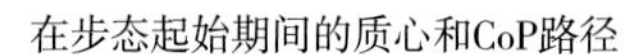

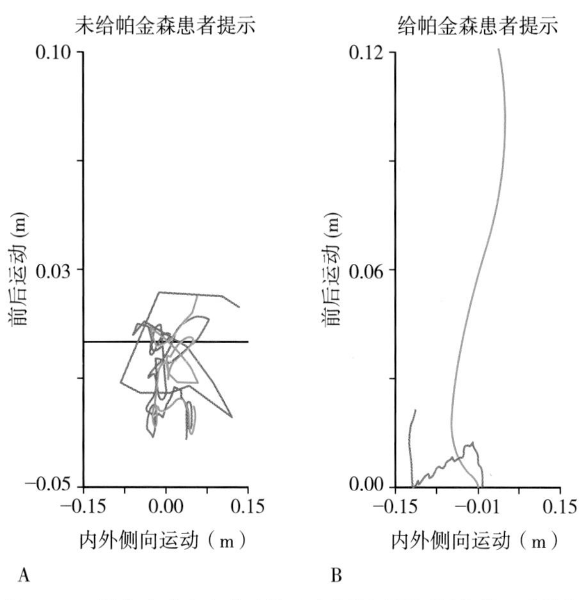

图 11.13　帕金森病患者在冻结步态期间采用可视化提示（激光手杖）的质心和压力中心路径（A）冻结步态期间，（B）使用视觉提示

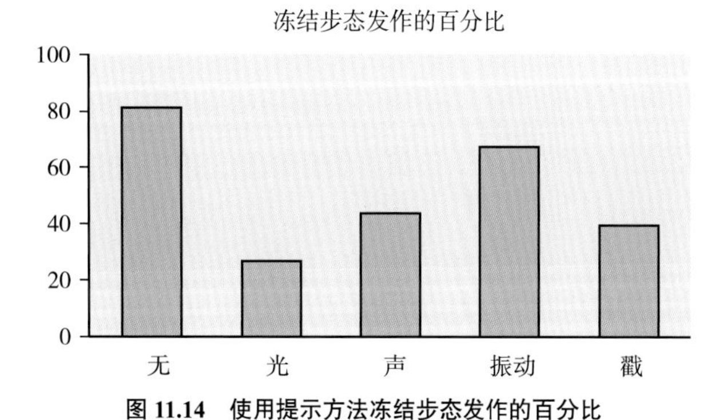

图 11.14　使用提示方法冻结步态发作的百分比

11.7 肌力评估

11.7.1　影响肌力评估的因素

我们经常谈及肌和关节的性能之一即肌力。但是，究竟什么是肌力？字典告诉我们，肌力是机体身体克服或对抗阻力的能力，或者抵抗外力的能力。评估肌力最好的方式将肌力量化为特定肌或者肌群产生力的大小。但评估肌力时，采取的措施不是直接测量肌或者肌群的实际强度。而是通过记录肌所产生的有效力矩来间接表示。这是因为肌力很难测量，测量肌力要求知道肌的位置、身体部位信息、肌附着点和牵拉肌的信息，所有这些数据都会在身体动态活动中不断变化。

临床环境中所采取的大部分措施都不能判断出实际的肌力。有很多间接评估的方法，但这些间接评估的方法评估肌力时会受到很多因素的干扰。下文将介绍这些影响因素的相互作用对肌力评估的影响。这些因素包括：

- 肢体倾角
- 承重位置和大小
- 肌附着点
- 肌牵拉角度
- 肌肉收缩类型
- 肌肉收缩速度

肢体倾角

人体肢体倾角可能对关节力矩有非常大的影响作用。如图 11.15A-C 所示：前臂在三个不同位置产生的作用不同。当前臂水平时，肘关节的力矩最大；当前臂向上或者向下倾斜时，力矩下降，当前臂垂直时，肘关节周围完全没有力矩，这因为肢体的全部重量通过关节起作用。注意沿着前臂作用的“稳定”分向量的方向也是重要的。当前臂向下倾斜时，作用于前臂的分向量会试图将前臂从上臂拉出，而随着前臂向上成角，前臂被拉入上臂，这分别减少和增加肌合力（图 11.15A，B，C）

承重位置和大小

负荷施加的位置和大小对于肘关节周围的力矩有着重要的作用，反过来，它将对肌和肌合力有显著作用。在评估肌力时，应该权衡并考虑这些因素。如果您在一个测试者的手臂末端放置一个负荷并观察他是否能支撑它，此力矩将取决于负荷的大小和测试者肢体长度（图 11.16A，B）。

当评估个体肌性能或者力度，需要计算负荷的大小和测试者肢体长度。比如，两个不同身高的人（不同胫骨长度），在相同负荷下进行相同的抬腿活动，假定肌附着点并无显著不同，两人中身高偏低者实际用肌力较小。

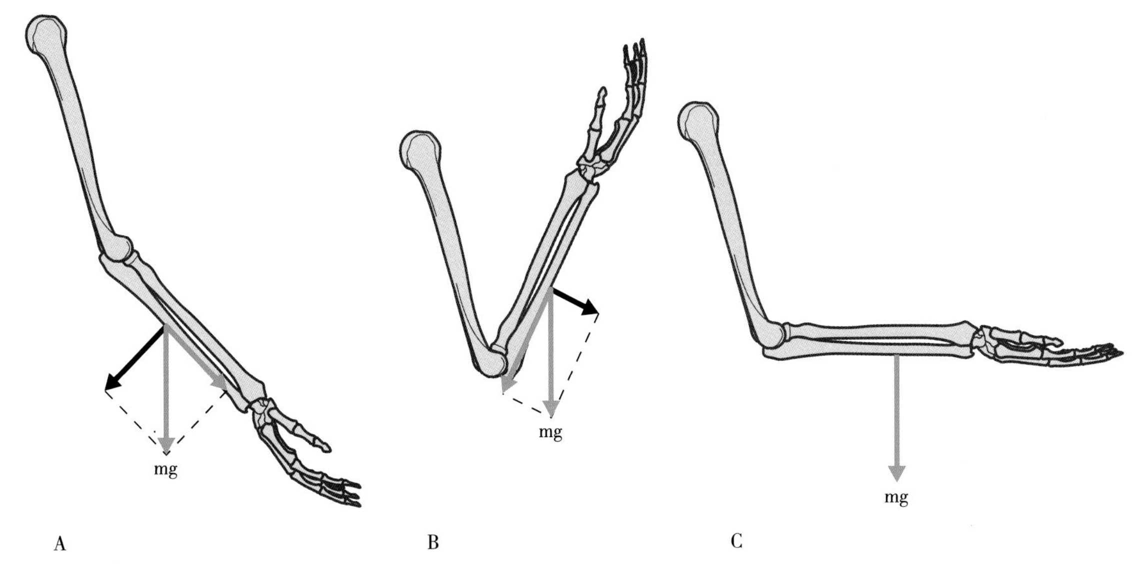

图 11.15　由肢体位置导致的有效力矩：(A) 向下成角的前臂，(B) 向上成角的前臂，(C) 水平的前臂

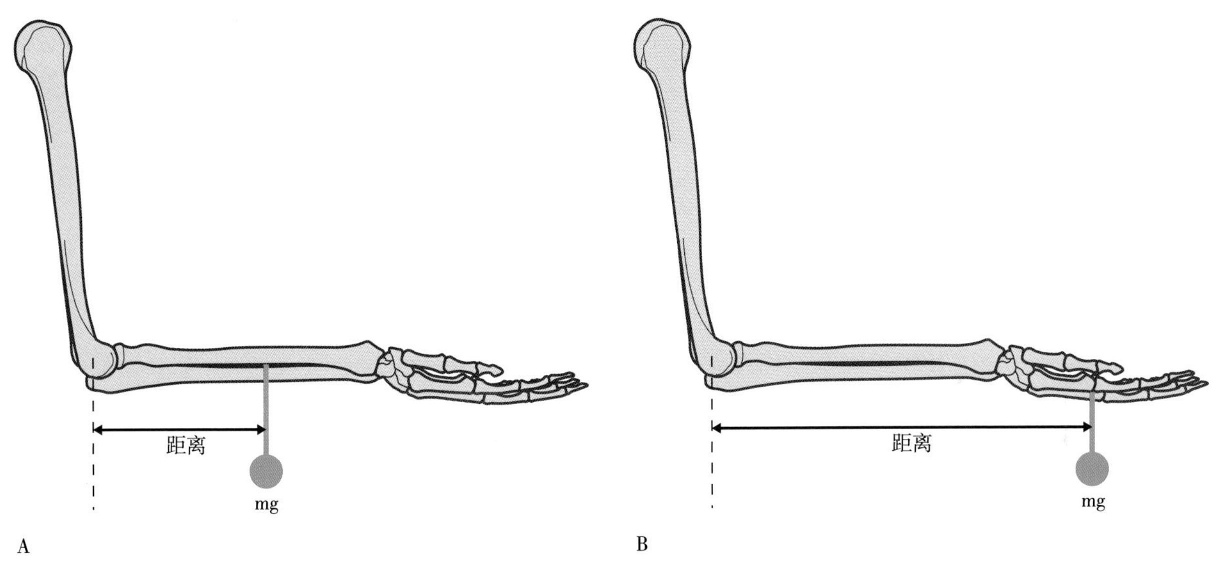

图 11.16 （A 和 B）施加负荷的位置和大小

肌肉起点（定点）

不同肌有不同起点。这些起点的位置对不同转向力矩所需的肌力量影响很大。图 11.17 展示：(A) 肌起点靠近肘关节，(B) 肌起点远离肘关节。

对于特定负荷，如果肌起点接近关节，则肌受到很大的力。相反，如果肌群能够支撑比较大的力，那么肌起点可以远离关节，并能承载更大的负荷。

对于举重运动员，有一个有趣的问题。举重运动员能够举起重物是因为肌力还是因为肌起点不同？如果是后者的话，我们实际训练中是否评估过与肌力（肌肉的力量）无关的东西吗？

肌牵拉角度

当肢体相对于地面运动时，相对于肢体。当肘关节呈 90° 时，肌肉能产生最大力矩，由于这在肌和肢体之间形成一个大约 90° 的角度，并且，产生来自肌力的最大的旋转分向量。当肘关节移动并偏离此位置时（或屈曲或者伸直)，肌能产生的力矩减少，由于肌力的旋转分向量与前臂成 90° 的方向上有所下降。当肘关节完全伸展时，前臂下垂，没有产生力矩，旋转分向量也是最小的。关注肘关节屈曲时肌力的“稳定”分向量的方向也是很有意义。这似乎牵拉前臂使其远离关节，并未提供关节的抗压稳定力量。然而，在此位置，旋转分向量提供了关节的抗压力。

肌肉收缩类型

肌肉收缩有 3 种类型：等长收缩、向心收缩和离心收缩，主要用于控制、保持或者克服阻力。等长收缩是稳定收缩，肌长度几乎保持恒定；向心收缩是指在运动过程中的肌肉收缩，是最弱的肌肉收缩，比等长收缩和离心收缩需要更多的运动单位募集；离心收缩是指在运动过程中肌肉被外力拉长的收缩方式，通常是最强烈的肌肉收缩；在活动期间，对于一个特定负荷，离心收缩比等长收缩和向心收缩需要更少的运动单位募集。

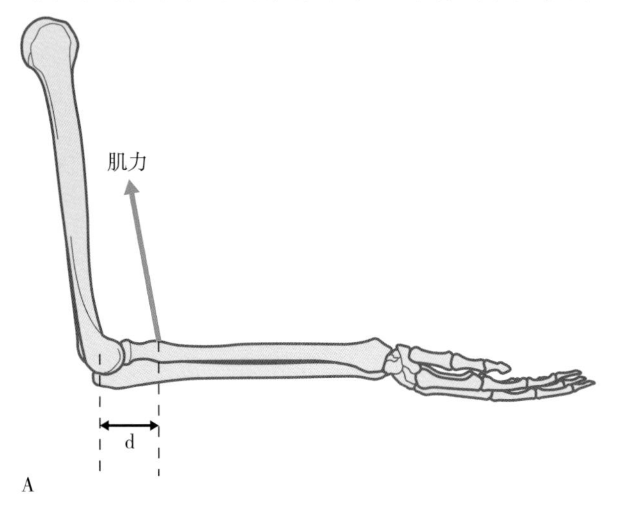

图 11.17 （A 和 B）肌起点的位置

收缩速度分类

肌肉收缩速度有 3 种测试方法：等张法、等速法和等距法。等张法是在恒定承重力下改变运动角速度测试的肌肉收缩速度，可允许肌肉收缩速率的有限变化。虽然这种最接近于现实生活中肌肉和关节的功能，但速度的变化会不断影响肌肉产生力的大小，很难评估精确的肌肉功能。等速法是运动速度或者角速度保持恒定，但是承重力可变化的情况下测试收缩速度。此设置帮助我们改善我们对肌性能的评估，但是在任何一个时间，关节的速度都被限制在一个设定的速度之内。等距法与力的变化有关，但是关节被维持在固定位置。肌肉长度保持不变，没有运动发生，告诉我们什么样的静力矩可能被支持。然而，这并不一定与动态产生或支持的力矩有关。

11.8 肌力的临床评估

11.8.1 牛津肌力分级量表

牛津肌力分级量表是临床最常用的肌力评估方法。牛津肌力分级量表采用以下标准对其进行分类。

0= 无收缩。

1= 肌肉轻微收缩。

2= 消除重力主动运动（床上水平移动）。

3= 抗重力主动运动（克服地心引力运动）。

4= 轻度抗阻力的主动运动。

5= 运动自如（抗强阻力的完全范围的运动）。

对于个体是否可抗重力，0 ~ 3 给出非常有用判断。但不同肌肉的临床评估必须不断地挪动肢体来确保“正确”的结果。4 和 5，由于临床医师对徒手的轻阻力和强阻力定义可能因人而异，存在可能的主观性。在测试过程，医师施加在患者肢体阻力的位置或肢体的长度导致力矩臂的变化，都将显著影响患者的肌力发挥作用。关节活动的速度也将影响测试效果。这些因素都导致徒手肌力检查在实际操作中或多或少地受检查者主观判断的影响。

尽管牛津量肌力分级表有局限性，但它确实为评估肌力提供了粗略的指南。改进的方法之一是在评估过程中引进测量工具。测量工具有简单的，比如测量放置负荷到关节的距离，尤其是所有个体的一个特定关节。或者引入一定形式的力测量工具用于评估产生的力。并且可通过康复项目提供一个更客观的方式来评价肌肉功能变化。

11.8.2　手持测力机

临床肌力评估中常用的一种改进方法是使用手持测力仪，它可以测量力，并可以用吊带固定在身体不同的部位。测力仪种类繁多且相对便宜和便携式。它们由各种力检测系统组成，包括液压、弹簧、测力元件和应变计。和牛津肌力分级量表一样，使用这些工具测量需要注意放置在肢体的位置，以确保可重复和有用的测量结果。博汉农（Bohannon，1990）建议，特别重要的是，手持测力仪应该被放置于与被测肢体垂直的位置上。还有一点也非常重要，在测试期间，肢体需要适当稳定，防止出现不必要的替换动作。要求对测试者清楚地解释测试程序，测试程序应该标准化。并且临床医生应该认识到，间歇试验可能会给患者带来更大的不适，并且应该使用告知测试者，哪种类型的试验适合对单个患者进行。临床报道（Selfe，2016），在确定髌股关节痛的过程中，手持测力仪可用于评估膝关节伸肌和髋关节外展肌的肌力等级（图 11.18A，B）。

11.8.3　弹簧秤测肌力

德洛姆（DeLorme）于 1945 年引入最大肌力（repetition maximum RM）的概念，RM 被定义为一次能举起的最大重量，10RM 就是 10 次能举起的最大重量。

临床上常采用弹簧秤来测量肌力，并且被纳入许多标准化功能评估方案。其中，最常见的是肩关节评分系统（Constant & Murley，1987）。

11.9　等速法和等距法肌力测定

等速法肌力测定是通过控制或预先设置角速度，来测量测试者产生的阻力进行标准化评估。在设置角速度和测量阻力过程中，可以得到间接的肌力数据。等速法肌力测定也可以得到向心力矩、离心力矩和等长力矩（常被称为收缩力矩）和向心及离心力。许多等速法肌力测定仪可以进行等张法肌力测定，等张法是指恒定的牵拉或力矩贯穿整个测试过程。等张法肌力测定仪模拟肢体在自然状态的重力，因此提供更接近正常状态下的肌肉的力矩和力（图 11.19）。

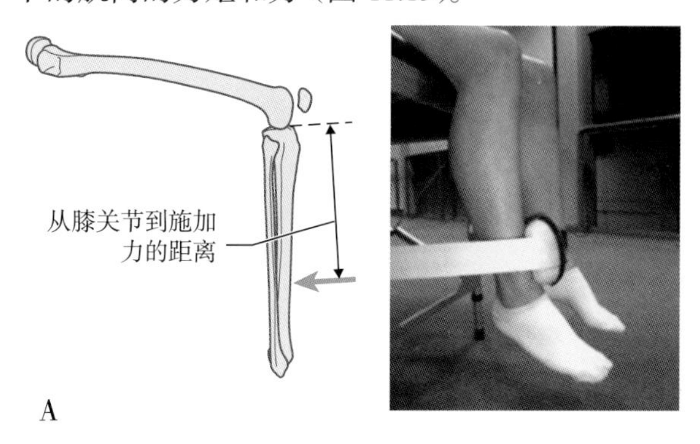

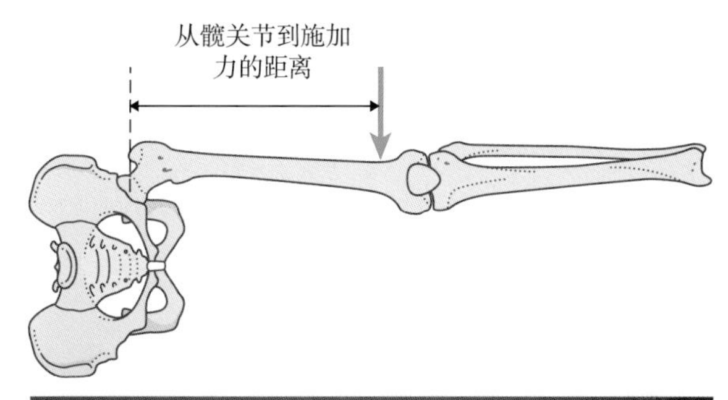

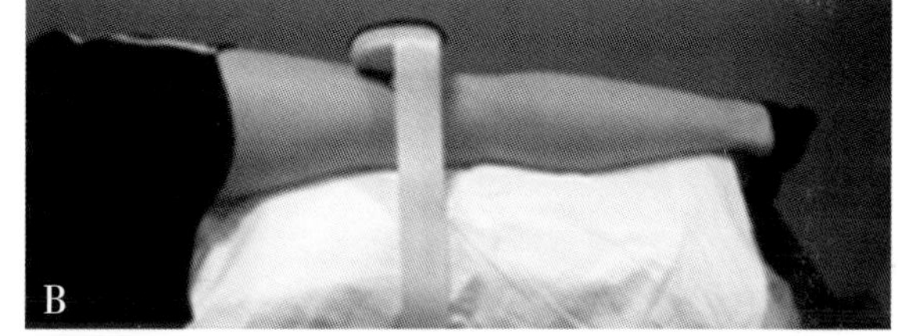

图 11.18 （A）对膝伸肌最大力矩的测量。（B）对髋关节伸肌最大力矩的测量

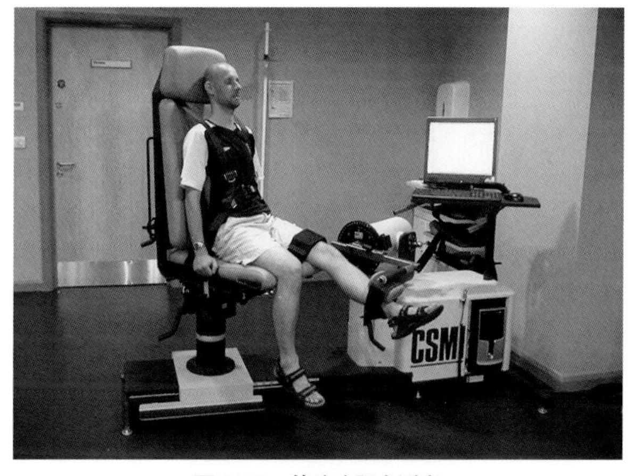

图 11.19　等速法肌力测定

11.9.1　等距法肌力测定

概念“等距”指的是在施加力之后无运动发生。因此，被测试的收缩类型总是等长收缩。研

究的变量包括：

- 收缩期最大力矩
- 不同关节角度最大力矩
- 拮抗肌最大力矩比
- 最大力矩体重比
- 脉冲力矩

肌肉收缩期力矩测量

在肌肉收缩期，可能记录一个最大力矩的单个数值，并未告诉我们力矩是如何随着时间产生的，仅仅是观察到的最大数值。不同时间点的最大力矩，提供了对耐力或者疲劳的分析，即：不仅产生且维持一个特定力的能力。这常常在一个可能产生的最大力或者力矩的点上进行测试。

也可以评估在不同关节角度的最大力矩，在不同关节角度下测得的最大力矩值，表明肢体和肌牵拉的角度作用的效果。两个因素都影响最大力矩。图 11.20 显示了膝关节伸展运动中，当膝关节从 90° 屈曲到 0° 时，最大力矩的变化情况。

图 11.21 显示最大力矩和关节角度之间的关系。从图中我们可以看到，当膝关节屈曲角度超过 60°，力矩图线开始变平坦，在膝关节屈曲角达到 90° 时，等长力矩在增加。

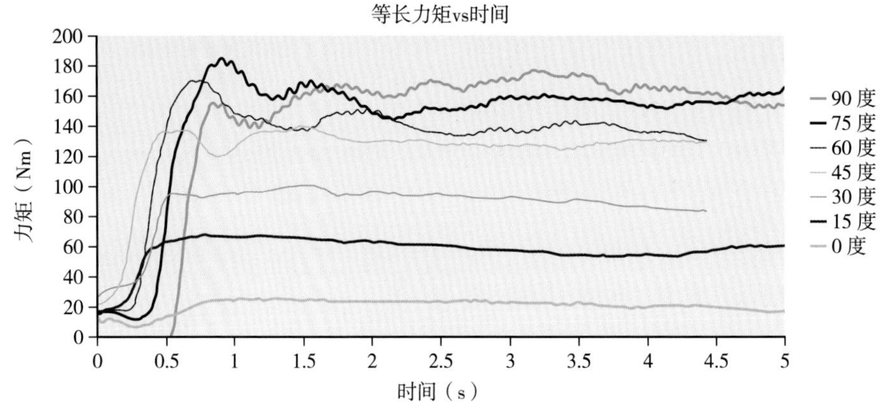

图 11.20　膝关节不同关节角度伸展活动的最大力矩

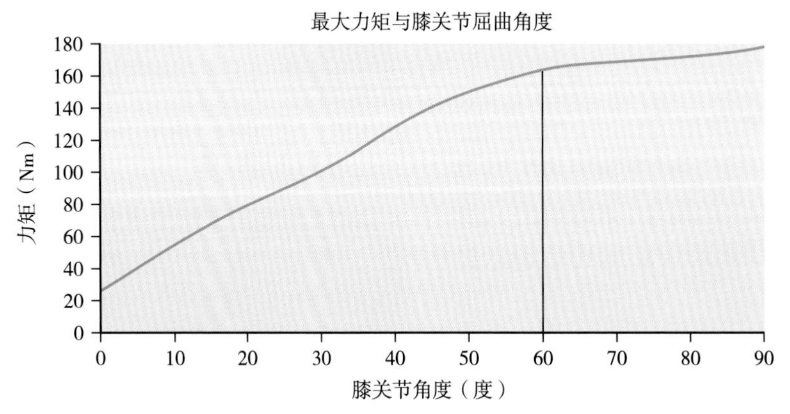

图 11.21　最大力矩和关节角度之间的关系

主动肌与拮抗肌最大力矩比

通过计算主动肌与拮抗肌的最大力矩来得到它们之间的比值。值得注意的是，由于在等距期间无运动，导致与工作量或者功率无关。但是，研究不同拮抗肌在不同关节角度产生的最大力矩数值是有意义的。

最大力矩体重比

通过最大力矩数值除以体重来比较来自不同个体的结果，这是有益的尝试。并且，通过标准化这种方式，比较不同的个体，让所研究的肌产生的最大力矩。尽管，这可能由于人体测量学变化会形成一些误差。

脉冲力矩

脉冲力矩是力矩 - 时间曲线图面积，与产生的最大力矩及其能维持多久有关。往往被错误地认为肌完成的功。由于没有产生运动，等距测试并未告诉我们肌做的功和功率的产生及吸收之间的平衡。但观察在等距疲劳测试期间的特定力矩是有意义的（图 11.22）。

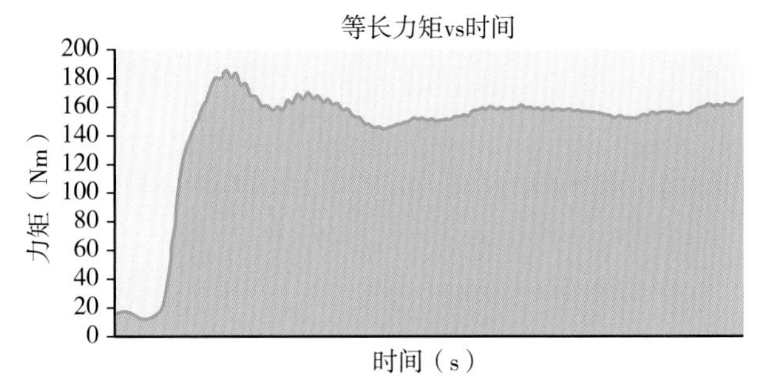

图 11.22　脉冲力矩：力矩面积与时间之比

11.9.2　等速肌力测定中的典型测量

等速指在恒定的角速度或者线性速度的运动。对于向心和离心收缩，在研究中采用的变量包括：

- 最大力矩和最大力矩角度
- 最大力矩 - 体重比的最高点
- 特定角度力矩
- 肌肉做功
- 最大功率
- 平均功率

最大力矩

在等速运动时，如果角速度保持不变，任何特定角速度的力矩与肌肉产生的最大功率成正比，最大力矩往往发生在 60 ~ 70°。超过这个角度，力矩开始下降，可能与闭链运动对关节控制的下降有关。比如，膝关节屈曲下蹲，当角度大于 60° 时，测试者不能保持 60° 的蹲姿而继续屈曲。60° 膝关节屈曲角度的重要性可能与股四头肌活动臂相关，此臂的机械优势为 60°。如果膝关节屈曲大于 60° 时，股四头肌失去优势位置（Gill & O'Connor，1996；Nissel &Ekholm，1985）。

通过观察股四头肌在膝关节角度大于 60° 时力矩的快速下降，说明了股四头肌的力学缺陷。因此，测试中记录角度或者时间 - 最大力矩显示股四头肌的力学或生理学优势（图 11.23A）。

最大力矩 - 体重比

在等距肌力测定中，需要比较不同个体间结果。因此，采用标准化模式用力矩数值除以体重，得到最大力矩 - 体重比，测量特定肌肉所产生的最大力矩。

特定角度的力矩

另一个评估方法是测量在特定角度的力矩，有时被称为“角度 - 特定力矩”（angle-specifi c torque AST）。

临床医师经常选择两个或者更多的角度，记录在这些角度下产生的力矩。关注这些关键点不仅仅是研究测试者达到最大力矩所用的时间。人们会认识到力矩 – 角度曲线是一个有用的技术，如果测试者由于损伤关节不稳定（这种不稳定是由于损伤影响动作一小部分），这种研究更有用。（图 11.23）

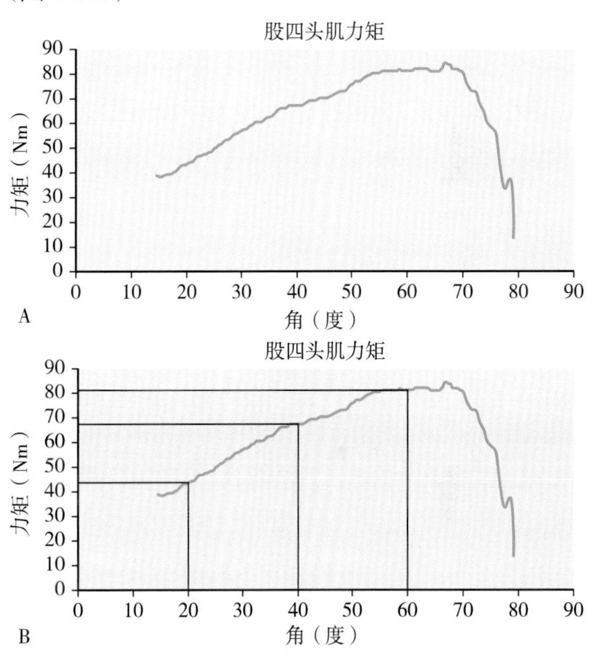

图 11.23　（A）股四头肌的力矩和角移位（最大力矩 =84Nm），（B）特定角度的股四头肌力矩测量值

肌肉做功

通过力让物体移动一段距离，可以认为在做功。然而，当我们考虑角做功，移动的距离是力作用后产生的弧距离，弧的长度是 r θ。因此：

$$做功 = 力 \times r \times \theta$$

或

$$做功 = 力矩 \times \theta$$

因此，可以通过力矩 - 角度曲线下的面积并使用在第 3 章显示的技术计算做功，应当注意的是，角度应该以弧度为单位来计算。为了更好交流，常常采用等速软件（图 11.24）。

正如采用最大力矩 - 体重比可以说明体重与做功相关。因此，应该给定范围内体重大的测试者产生更大的力矩并做更多功。瘦体重的值有时用于标准化数据，而不是通过实际体重来计算皮下脂肪量。

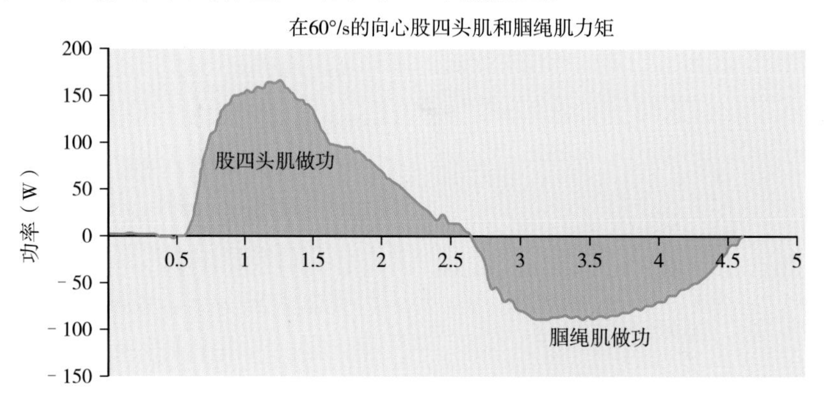

图 11.24　在 60°/s 的向心股四头肌和腘绳肌力矩

最大功率和平均功率

最大功率与最大力矩的计算方法基本相同。如果已知力矩和角速度，那么可以计算出功率（参见章节 5.3.2：角度功率）。图 11.25A，B 显示股四头肌群在 30°/s 的向心等速测试。这两个曲线显示相同的数据但是以不同方式显示，图 11.25A 显示功率 - 时间的关系，图 11.25B 显示功率 - 角度的关系。二者都提供有用数据，但人们认为功率 - 角度更为有用，因为它提供与功率产生有关的关节解剖位置。平均功率可以通过整个工作范围或时间范围内计算，但是否有用令人怀疑。

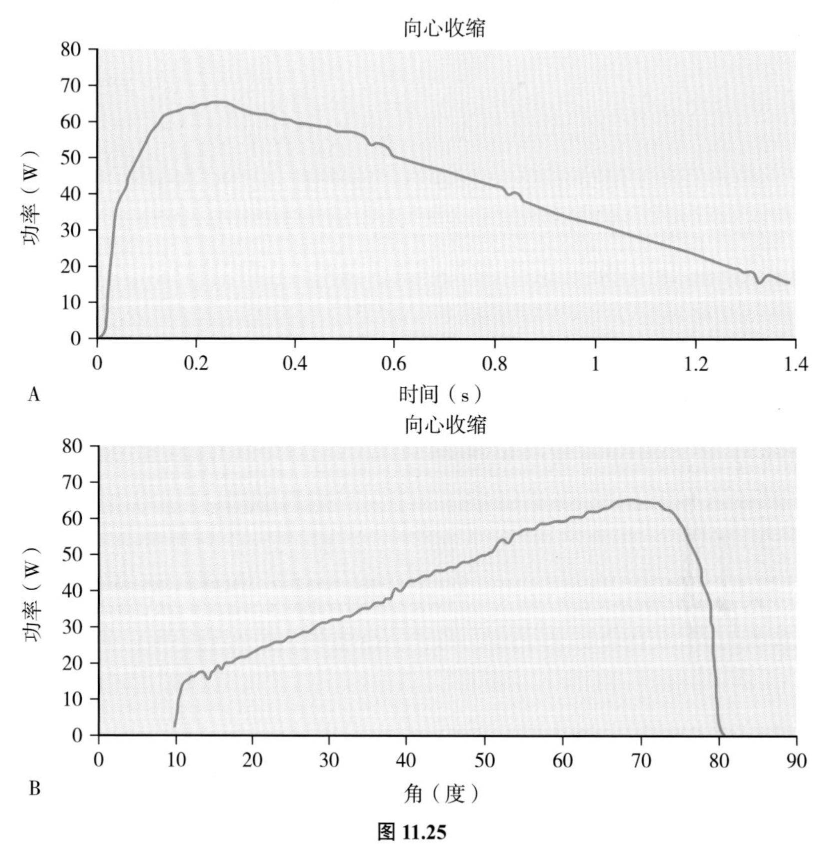

图 11.25

11.9.3　等速法测试肌力

拮抗肌的测试

测试拮抗肌是等速训练最常用的方法之一。图 11.26 显示在踝关节动作范围内的向心收缩中的跖屈、背屈力矩的测试。正力矩数值代表跖屈，而负力矩数值代表背屈。正角度数值表明踝关节是跖屈，当踝关节是背屈时，角度数值为负数（图 11.26）。

踝关节力矩vs踝关节角度

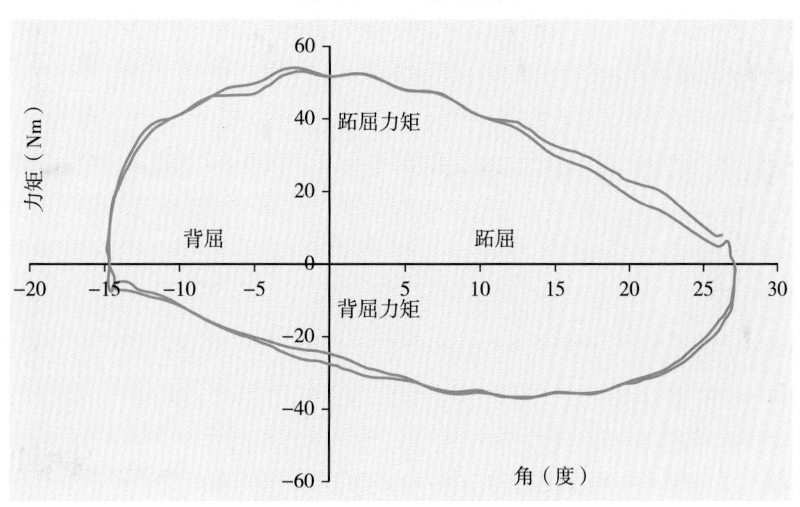

图 11.26　跖屈 / 背屈力矩 vs 角度

循证医学数据显示肌肉拮抗对的“相互作用”，但拮抗的数据并非以相互作用的形式出现，更常见的是将每块肌肉的数据绘制成曲线，并将数据用于等速运动测试（11.9.2）。

临床关注的是拮抗肌群之间的平衡评估。为了评估这种平衡，可以找到两个肌群的最大力矩或最大功率，并计算其比值。常见的比率是向心收缩中腘绳肌 / 股四头肌比率或者 HQ 比。文献数据表明 HQ 比是大约 0.67：1，正常测试者中，腘绳肌是股四头肌的三分之二。然而，在许多体育运动中，因肌群训练失误导致与拮抗肌之间产生不平衡。对失衡拮抗肌群进行测量过程中认识到，HQ 比是衡量拮抗肌不平衡的指标（图 11.27A，B）。

股四头肌最大力矩 =84Nm

腘绳肌最大力矩 =38Nm

HQ 比率 =0.45：1

A 和 B 显示股四头肌和腘绳肌出现肌失衡，相对于正常测试者，股四头肌的最大力矩比腘绳肌的最大力矩大。相对于股四头肌，腘绳肌的体量下降，这表示当股四肌力量超过腘绳肌时，胫骨可能有向前的剪切力。此剪切力向前的牵拉导致前交叉韧带的应力增加。有趣的是，专业足球运动员的股四头肌非常发达，但也经常有相对不发达的腘绳肌群，导致很低的 HQ 比例；因此，这种在股四头肌和腘绳肌群之间的失衡应该被视为前交叉韧带损伤和腘绳肌群撕裂的潜在影响因素。

向心力或者向心力矩是如何行使功能的，可用踢球作为案例，股四头肌向心作用是以加速小腿向前接近伸展的运动。并且，因此产生踢球的功率。但是要求腘绳肌离心作用使小腿减速以阻止膝关节进入过度伸展，将在此导致韧带和关节损坏。这不一定由于踢球引起，而是由于在球离开足部后，腘绳肌群引起小腿减速引起。因此，一个更具功能性的评估是通过向心力测试伸展肌和离心力测试屈曲肌是如何拮抗，或者，反之亦然。这取决于被测试的拮抗对或者被复制的活动。因此，向心力和力矩比较离心力和力矩是否更平衡？之前，我们认为向心肌力最弱，等长肌力次之，离心肌力是最强的。图 11.28 的数据表明与相同角速度的向心肌活动比较，特定肌群通过离心运动可以获得更大的做功。

向心 / 离心 =65 ：78

向心 / 离心 =0.83 ：1

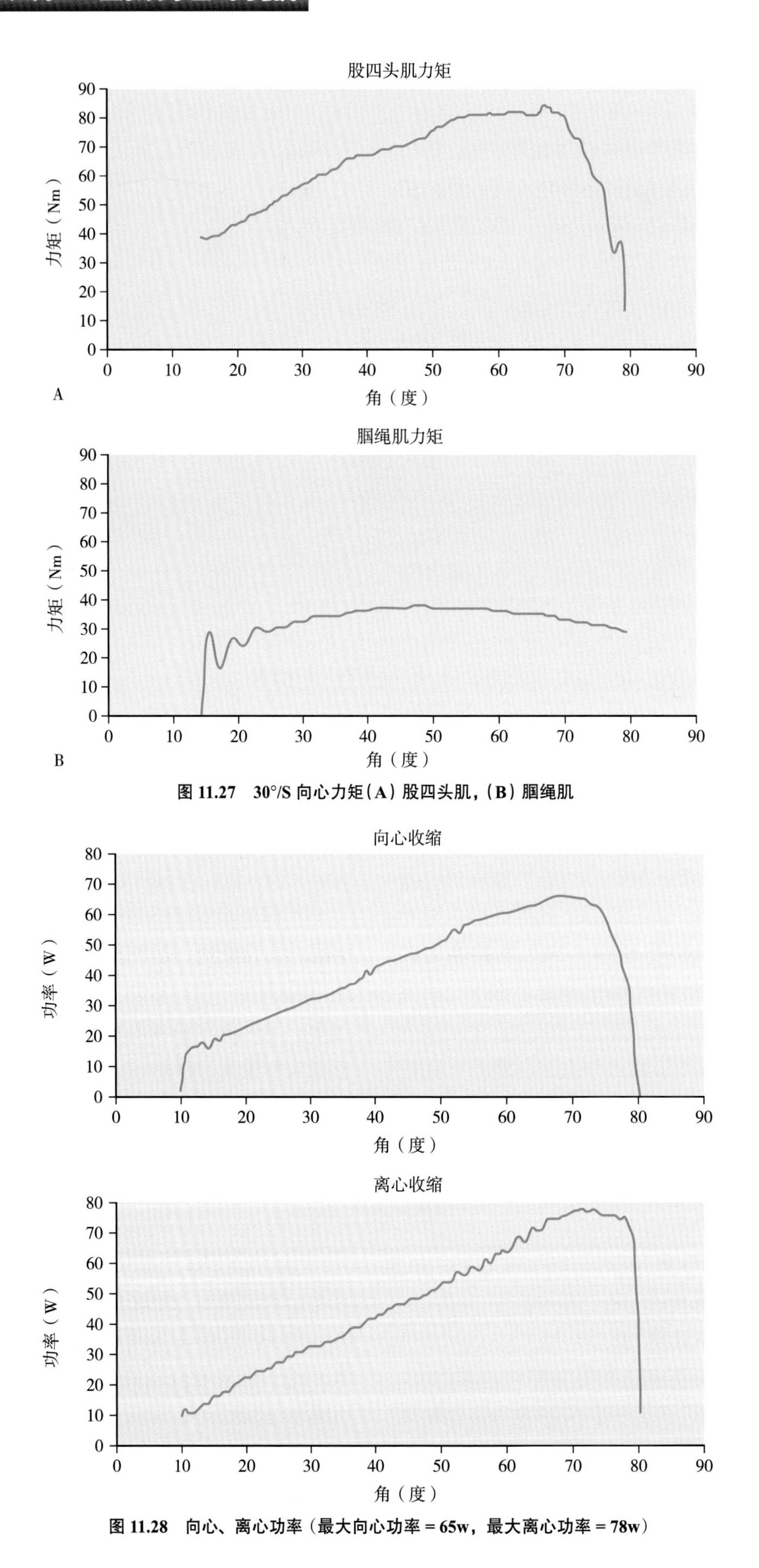

图 11.27　30°/S 向心力矩（A）股四头肌，（B）腘绳肌

图 11.28　向心、离心功率（最大向心功率 = 65w，最大离心功率 = 78w）

与向心肌力相比，离心肌力的强度和功率有所增加，这也由第 10 章图 10.24 的 EMG 数据所支持，表明离心收缩力比向心收缩力强大。因此，可以得出结论，离心屈肌 / 向心伸肌应该更平衡。但是，这种关系也取决于被测试的角速度（即随着速度的增加，我们是否得到在向心、离心和等速肌肉力矩和功率之间的更大的差异）。

阿加德（Aagaard，1995）研究发现，在 240°/s 角速度，离心 / 向心状态下腘绳肌 / 股四头肌的比率接近 1∶1。然而其他作者（Osternig，1996）发现：前交叉韧带重建后，在 60°/s 离心 / 向心状态下的腘绳肌 / 股四头肌比率接近 1∶1，二者都支持拮抗肌群在向心 / 向心、离心 / 向心之间平衡的差异，后者被认为是更加与功能相关的。

向心和离心角速度对力矩和功率的作用

当评估角速度对向心、离心力矩及功率的作用，我们必须清楚力矩和功率的具体内容。由于功率是力矩和角速度的乘积，如果不考虑在固定的角速度下测试；那么最大的问题则是在测试期间，屈曲和伸展速度是否相同，以及在不同的加速和减速阶段，我们是否需要力矩或功率来平衡。这在角速度可能超过 1000°/s 的测试活动中显得尤为重要。

在这方面，等速肌力测定可能并非最佳工具。由于当前，大多数测试设备不超过 400°/s 角速度，并且大多数研究在小于 300°/s 的角速度的情况下进行。然而，等速肌力测定允许我们控制并在不同角速度情况下获得关节角度、角速度、力矩和功率之间的关系数据，即使在相对低的角速度也是如此。当角速度增加时，向心和离心力矩和功率会发生什么变化？

图 11.29 显示踝外翻时，力矩和功率对角速度的数值，单位为度 / 秒。负角速度表明离心运动，正值表明向心运动。这些数据显示数种关系，最显著的变化是向心运动产生的力矩和离心产生的力矩之间的差异。在 60°/s 表明向心力矩是 70% 的离心数值，离心力矩从等长状态增加到 120°/ 秒，这与霍尔托巴吉（Hortobagyi）和卡奇（Katch，1990）的研究结果一致，并且向心力矩从等长状态下降。

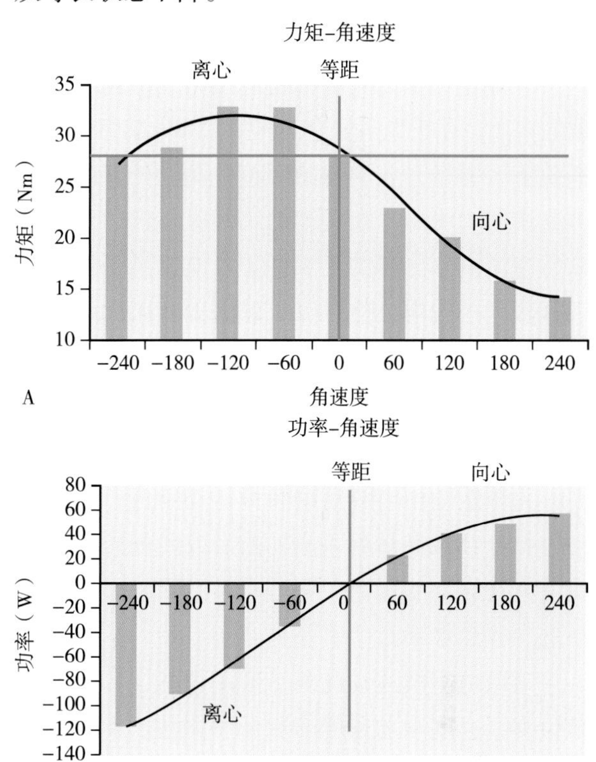

图 11.29 （A）踝外翻角速度的向心和离心力矩，（B）踝外翻角速度的向心和离心功率

当向心角速度增加时，力矩明显下降，同时，功率继续上升，这是由于功率是力矩与角速度的乘积：$P = M\omega$（见 5.3 章节：角做功、能量和功率）。在 240°/s，功率进入稳定期，这表明在大约 240°/s 时出现最大向心力。然而，在离心功率期间，观察到一个不同模式，在力矩更慢下降之前，力矩首先增加，这导致向心功率产生更高的数值。在此点，声称“肌围绕关节能产生的最大量的功率”时，我们必须非常谨慎。例如，在大多数业余短跑者中，围绕踝关节常常可以产生超过 1000W 的向心功率。对踝关节的等速测试不大可能达到此数值的一半。造成这种差异的原因有很多。首先，在短跑期间，在一个伸长的短周期或增强式作用产生功率。此时快速离心活动之后接着是快速向心活动，产生更多功率并且难以用等速对其进行有意义的复制。其次，在短跑期间，涉及的踝关节角速度的次序为，在支撑相为 500°/s 在摆动相为 1000°/s。在支撑相发生的能量吸收，通过等速测试可以达到相似的速度。然而，等速肌力测定和功能性运动任务之间的角速度差异可能会导致解释上的问题，并产生随后的质疑。

从等速法肌力测定和功能性测试中获得的数据的本质，存在很多争论，其中大部分集中在能量本质上。但是，在受控的环境中测量的能力，如等速法肌力测定，在运动训练和康复评估方面是非常有用的。更多的测试任务可能容易受到各种因素变化的影响，但可以更好地理解肌肉的功能和用途。毕竟，没有控制，就没有更准确的结论。

11.10 关节控制和运动质量评估

关节运动由直线运动和角运动组成，直线运动是指身体或肢体在垂直、前后或内侧外侧方向或三者组合上的运动。角运动与关节的屈曲外伸、外展内收和水平面运动有关。

对肢体直线运动和角运动的评估，可通过关节位移、速度和加速度的测量和评估。本节中主要介绍用于肢体直线运动和角运动位移、速度和加速度的测量和评估，主要用上肢伸展运动和行走期间膝关节的运动来举例说明。

11.10.1 线位移、线速度和线加速度

线位移

线位移（Linear Displacement），以符号（s）标志，指一个物体沿着特定方向在特定距离内的运动。通过平均速度乘以时间能计算位移。通过初始速度和最终速度相加并除以2得出平均速度。

$$\text{平均速度} = 1/2\,(u + v)$$

$$\text{位移} = 1/2\,(u + v)\,t$$

线速度

线速度（Linear velocity）是位移变化的速率。即：在一个特定时间内经过的距离。这是在任何特定方向或者解剖面内的运动速度。

$$\text{线速度} = \frac{\text{位移的变化}}{\text{时间}}$$

有时线速度写为 =ds/dt

线加速度

线加速度（Linear Acceleration）是速度变化率，即速度在给定时间内的变化。加速度告诉我们速度变化率。这是所有运动的一个特性，与肌肉克服惯性开始终止运动有关。这直接与牛顿第二定律有关，F = ma，也就是速度的变化率（加速度）与施加在身体上的力成正比，而在人体运动的情况下，力来自肌肉的运动。因此，肌力可以导致身体部分的加速或减速。

$$\text{加速度} = \frac{\text{速度的变化}}{\text{时间}}$$

有时加速度写为 =d v /dt

11.10.2 上肢伸展运动动力学

不同动作的运动质量可以用多种方法来评估，我们通过上肢伸展运动的评估数据来研究运动控制功能；比如：测试肩部不稳定且疼痛的患者（正常对照者为无痛无病理改变）伸手拿杯子的运动过程，通过研究两者之间的位移、速度和加速曲线图数据来评估上肢的运动功能；两组测试者在相同的位移数据基础上产生了显著不同的信息，可以帮助我们描述测试者上肢的功能状态。

上肢伸展运动的线位移图和肩功能

图 11.30 A、B 的曲线显示手在零位置开始伸手的动作前移过程。曲线倾斜度表明手在整个任务中的移动速度。图 11.30A 表明正常测试者，图 11.30B 为肩部不稳定且疼痛的测试者。两张图都显示了相似的模式，表明手的移动量相似；肩部不稳定且疼痛的测试者运动模式似乎不太流畅；但我们不能仅仅依靠线位移 - 时间图来判断。

上肢伸展运动的线速度图和肩功能

通过测量连续时间间隔内线位移的变化，可以得到线速度 - 时间图。图 11.31A 展示的是没有疼痛和病理改变的手线性速度图（钟形曲线），上肢伸展运动开始时手的速度为零；在达到运动中点时为最大速度。然后减速，在减速阶段需要比加速阶段稍长的时间以保证手定位的准确性。图 11.31B 显示的是肩部结构不稳定且伴有疼痛的测试者，经过连续变化的速度之后接着是一个下降，速度的变化表明该运动过程不稳定或运动过程中含有疼痛成分；并且所测量的最大速度表明肢体的运动能力，曲线的不平稳说明对运动的控制能力；然而，我们无法直接从线速度图来说明问题。

上肢伸展运动的加速度图和肩功能

通过测量连续时间间隔内线速度的变化得到加速度 - 时间图。正常测试者（图 11.32A）在运动初期的初始加速度最大，当手达到最大速度时，加速度为零。手在到达目标时进入减速阶段。峰值时减速低于加速阶段，但其持续时间较长，如速度曲线所示；这是为了确保手在目标上的定位精度。肩功能障碍且伴疼痛测试者（图 11.32B）的线性加速度图，是一个快速变化的曲线图，缺乏平滑的运动控制且没有明显的加减速周期。这种缺乏平滑性的曲线图告诉我们一些重要的信息，说明肩功能差并导致肩关节对手的控制差；关节的不稳定性常常用测量振荡的频率或加速度 - 时间图的过零点次数来表示。如果我们观察加速度 - 时间图中零交叉的数量，我们可以看到正常测试者只有一个零交叉，加速度 - 时间图分为加速和减速阶段。然而，肩不稳定且疼痛的测试者有超过 10 个零交叉，加速度 - 时间图客观地表达控制能力。

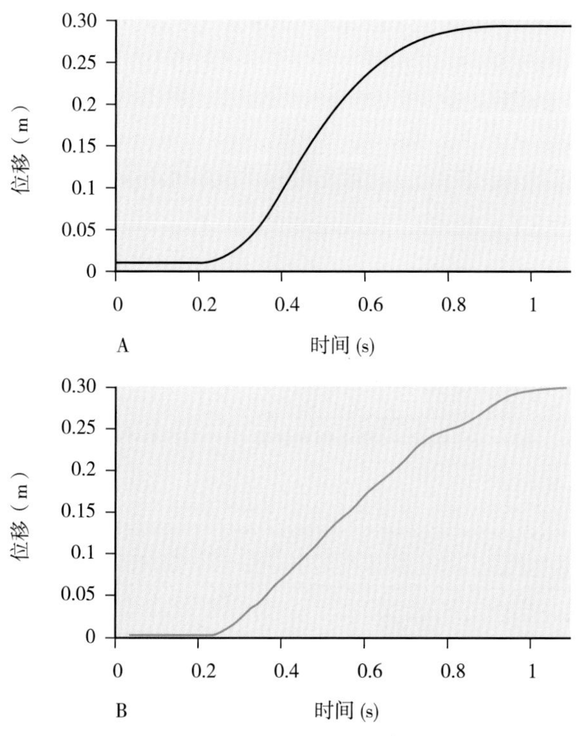

图 11.30　位移 - 时间图：（A）正常测试者，（B）有疼痛和肩功能障碍测试者

11.10.3　角位移、速度和加速度

角位移

由符号（θ）代表角位移，指一个物体穿过一个角度的运动。角位移可以用两种方式测量，度数或弧度。

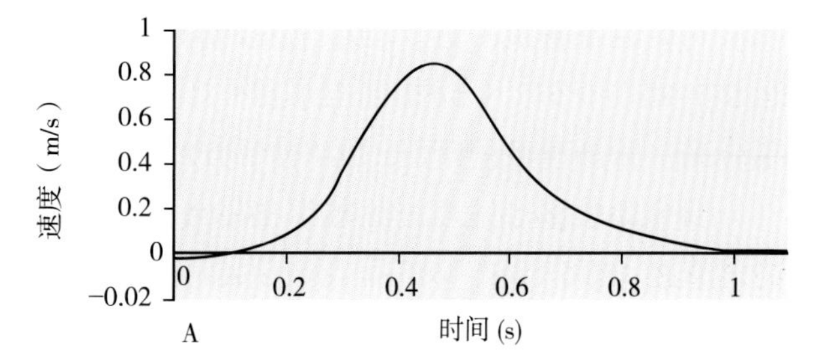

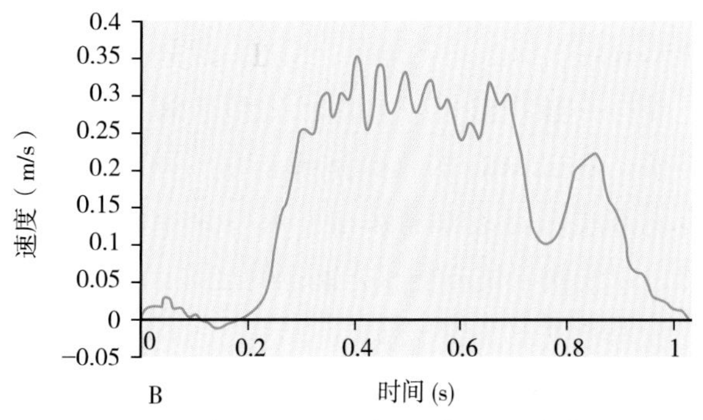

图 11.31　速度 - 时间图：（A）正常测试者，（B）有疼痛和肩功能障碍测试者

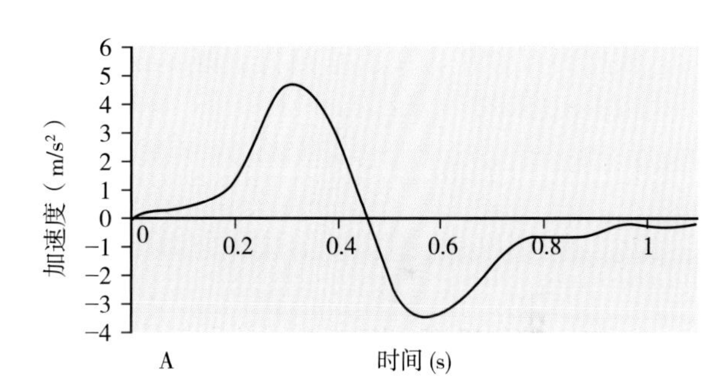

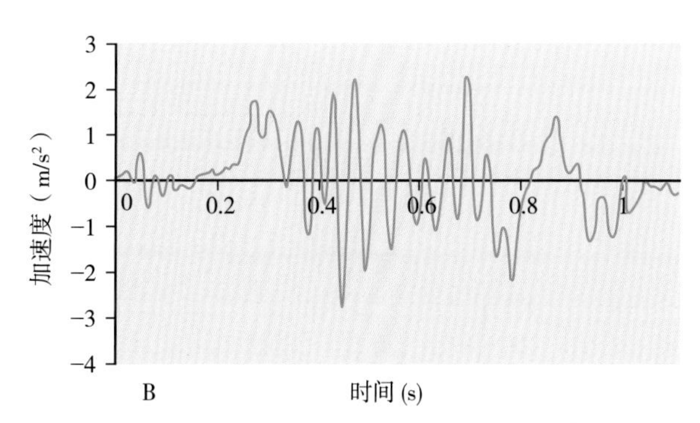

图 11.32　加速度 - 时间图：（A）正常测试者，（B）有疼痛和肩功能障碍测试者

角速度

角速度是角位移的变化率，或角度在特定时间内产生的速率，用符号（ω）表示。角速度的单位用：度 / 秒或 rad/s 表示。

角加速度

角加速度是角速度的变化率，用符号（a）表示。与线性加速度一样，与肌肉克服开始或停止运动的惯性有关，但角加速度本身并不常用作衡量标准。角加速度的单位：度 / 秒平方或 rad/s^2。

研究角位移和速度评估脑卒中患者运动能力的理查兹（Richards，2003）比较了脑卒中患者和年龄匹配健康志愿者的膝关节运动学特征。

脑卒中患者的 Rivermead 运动指数（Rivermead Mobility Index，MRI）评分在 8/13 以上者，一般功能恢复良好，残留残障影响非常轻微。测试 MRI 的目的是确定在不同脑卒中患者的膝关节运动学特征中，哪一个指标足够敏感，以便找出偏瘫侧和非偏瘫侧之间以及脑卒中患者和年龄匹配的健康志愿者之间的差异。在 Rivermead 运动评估中的 3 项任务：步行、坐立和上楼梯。仅在某些时间段内发现了患者和志愿者之间存在显著差异。但所有角速度都存在明显差异。在所有试验中，在偏瘫侧和非偏瘫侧的角速度有显著差异（图 11.33A、B、C），表明角速度是一种比角度 - 时间更精确显示的运动控制能力的工具。第 8 章中介绍的惯性传感器（IMU）的研发，提供了一种可用于临床的快速测量肢体角速度的方法，需要进一步探索作为临床人群中评估运动控制的工具。

11.11 生物反馈

1969 年，一些系统工程论的研究者提出生物反馈概念，他们后来创立了美国生物反馈协会（BioFeedback Society Of America）。他们将生物反馈定义为“使用适当的仪器将一个或多个人的生理过程转化为有意识的信息”（Wolf，1978）。

生物反馈可随时进行即时反馈，以确定运动训练是否正确。即时反馈在康复的早期阶段特别有用。使用生物反馈疗法，患者可以更快地得到某种肌肉的感觉，通过让患者感受这种感觉，并把这种感觉从诊所带回家。在家里进行治疗时，他们就能准确了解治疗目的。

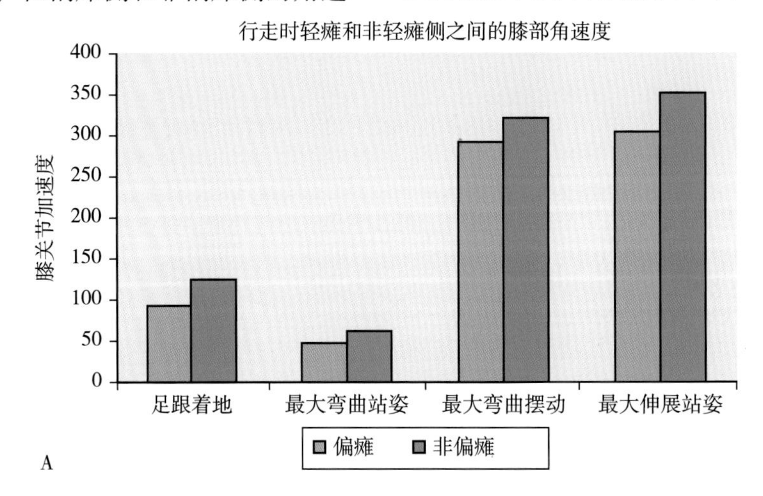

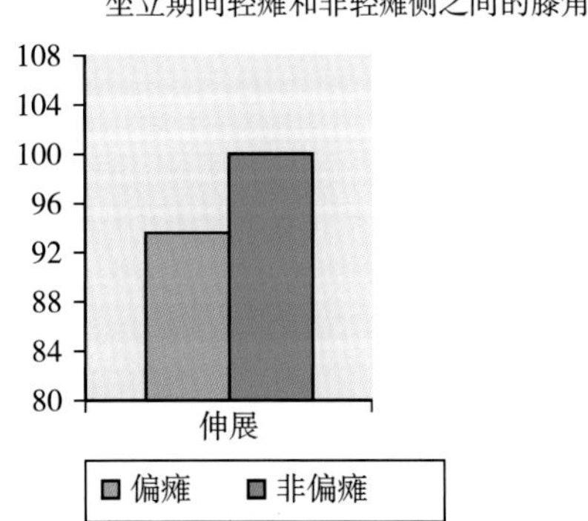

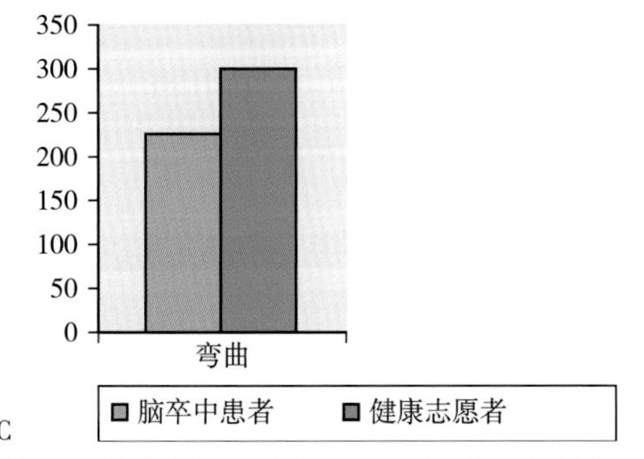

图 11.33　脑卒中患者在（A）行走，（B）坐立和（C）骑车期间，残障程度非常轻微的卒中患者的偏瘫和非偏瘫侧膝角速度

在神经或精神压力康复治疗中，我们要求患者放松肌肉。患者肌肉放松后，肌电信号的阈值降低了，因此增加了灵敏度，形成了所谓的负塑造（negative shaping）。在肌肉骨骼康复中更常用的是正塑造（positive shaping），即肌电信号随患者的进展而增加并引起肌肉更强烈的收缩，以达到治疗所需要的反馈水平，从而使患者达到良好的效果。

11.11.1　反馈类型

随着肌变化而不断变化的反馈称为模拟反馈，肌电反馈是临床中应用最广泛的一种类型。听觉反馈与视觉反馈的优劣主要体现在听觉反馈是患者不需要将注意力集中在视觉上，并且眼睛闭着也可以使用反馈，尤其是患者的注意力集中在内部的本体感觉上时。而视觉反馈不是特别适合步态训练或投掷活动。使用视觉反馈可以更敏感地看到活动中非常小的变化。肌骨系统使用生物反馈主要以表面肌为目标的3个领域：

- 脊柱
- 肩不稳定性
- 膝问题，特别是伸肌机制

即时反馈

生物反馈能及时反映运动训练是否正确。尤其在训练操作有难度时，通过使用生物反馈，可以让患者更快感受特定肌肉收缩的感觉，并让患者在医院之外也能够体验这种感觉。当他们在家里进行锻炼时，可以确切地知道这种感觉训练的效果。这种即时反馈在康复的早期阶段特别有用。

塑造

塑造是通过调控机器的阈值设置来实现的。在神经康复或减轻精神压力康复训练中，一般要求患者进行肌肉放松训练，当把机器的刺激量调低，可能让患者更加敏感。这样，对患者来说就形成所谓的负塑造。在肌骨骼运动中更常用的是正塑造，即随着患者肌肉敏感度的提高，增加机器的刺激量，这将有助于患者肌肉更强地收缩，以便达到所需的反馈水平。这个过程可以让患者竭力做功。

识别不良收缩

通过生物反馈使治疗师能够鉴别，在所选时间段内等长运动期间是否持续收缩，以及在等张运动的向心和离心阶段是否持续收缩。

客观测量

肌电生物反馈可以用来定量评估，主要用于两个方面。首先，治疗师能够评估患者在多个训练课程中的收获情况，并制订下一步有利于患者的训练计划。其次，了解患者其他训练或治疗的受益情况，以及在课程期间收到反馈信息，对患者的治疗很有意义。

肌训练中的EMG生物反馈信号

肌电生物反馈常用于提高特定肌的激活水平。临床上经常用肌电生物反馈训练股内侧肌和股外侧肌。通过也有选择性地反馈训练股内侧肌和股外侧肌，达到缓解髌股关节痛患者的疼痛问题。肌电生物反馈的使用表明，通过8周的肌电生物反馈治疗，可以看到股内侧肌和股外侧肌之间的比率发生了显著的变化（图11.34），肌电生物反馈可以促进股内侧肌的激活（Ng，2008）。

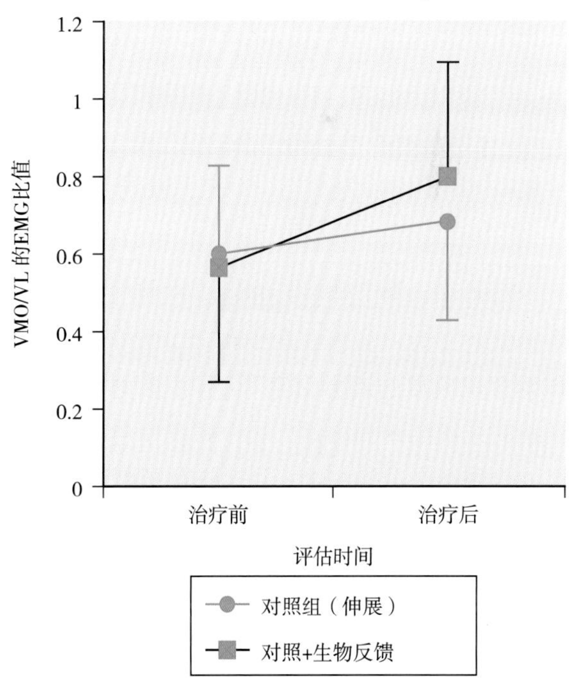

图11.34　生物反馈治疗股内侧肌/股外侧肌的效果对照

生物反馈在三维运动分析中的应用

使用三维运动分析和生物力学模型，可以测量和评估关节在矢状面、冠状面和水平面上的运动数据，并且生物反馈可以实时显示三维运动分析情况。但由于成本和复杂性，三维运动分析超出临床实践范围。

不久的将来，IMU 会出现在智能手机中，并且有可能传输运动数据获得准确的生物反馈信息。IMU 包含三轴加速度计、陀螺仪和磁强计，从中可以获得关节角的数据，并提供不同三个平面的角速度和加速度的直接测量数据。这些数据可用于显示小腿（胫骨段）或大腿（股骨段）的冠状面和横截面稳定性。这些数据除了作为本体感觉训练中潜在有用的生物反馈工具外，这也有助于评估运动控制和确定是否存在缺陷。

11.12 本体感受

11.12.1 什么是本体感觉

本体感觉是一个宽泛的概念，描述了一系列复杂的感觉运动或神经肌肉控制参数。它不是对任何感觉器官形态的描述（表 11.7）。

表 11.7 本体感觉组成

本体感觉组成
关节运动检测（关节位置感）
力感和收缩感
肢体定位感
全身定位感
运动觉是本体感觉的一个组成部分；它来自多种解剖结构的组合感觉

（Williams、Krishnan，2007；Lephart，1992）

2000 年，勒法特（Lephart）和傅（Fu）将本体感觉定义为“从感觉系统和运动系统中有意识和无意识获得的刺激信息”。本体感觉可以通过复杂的系统感知和测量，这个系统中包括许多被称为机械感受器的神经受体。这些机械感受器被认为是调控运动觉和关节位置觉（joint position sense JPS；表 11.8）。

传统认为皮肤感受器在关节稳定性中没有作用。但表 11.8 显示，8 种与本体感觉有关的感受器中有 5 种分布在皮肤中。因此，通过皮肤感受器的感觉反馈可能比先前设想得更为重要。许多研究，特别是对膝的研究，提供了支持这一观点的证据。普里姆卡（Prymka，1998 年）通过测试 43 名髌股关节疼痛（patellofemoral pain PFP）患者与 30 名健康对照者的膝关节 JPS，证明两者 JPS 存在显著差异。在使用简单的肌贴处理后，髌股关节疼痛患者的相关不良本体感觉性能得到改善。该发现认为，肌贴在关节运动时刺激皮肤表面感受器并快速适应，并增加对下层肌肉和关节囊的压力。本体感觉障碍常见于：

- 膝关节前交叉韧带缺失（Beynon，1999）
- 膝骨关节炎（Sharma，1997；Hewitt，2002）
- 慢性渗出性膝关节炎（Guido，1997）
- 髌股关节脱位（Jerosch &Prymka，1996）
- 髌股关节痛（Baker，2002；Callaghan，2007）

表 11.8 本体感觉之机械感受器

感受器类型	位置	刺激形式
鲁菲尼小体	被膜、韧带、半月板、皮肤	拉伸、应变
环层小体	被膜、韧带、半月板、脂肪垫、皮肤	加压
类高尔基腱器	被膜、韧带、半月板	应变
游离神经末梢	被膜、韧带、半月板、皮肤	伤害感受性
肌梭	整个肌	拉伸和弹性
高尔基腱器官	肌腱交叉点	应变
触觉小体	皮肤	轻触变形
梅克尔触盘	皮肤	持续性压力

（Williams、Krishnan，2007）

11.12.2 本体感觉的功能相关性

本体感觉在预防慢性损伤和退行性关节病的方面，其作用比疼痛的预警作用更为重要（Lephart & Henry，1995）。

11.12.3 本体感觉障碍评估

有许多测试本体感觉敏感度的方法，其中最常见是使用等速测力设备（表 11.9）。等速测力计经常用于临床进行单个关节的 JPS 测试，虽然这些设备提供关节数据很准确，但由于其非功能性而受到质疑。使用这种类型的设备是有益的，常见的本体感觉测试见表 11.10。

11.13 生理成本评估

英曼（Inman，1967）认为，学者们并不关心个人如何行走，而关心如何高效率行走。高效率行走是康复研究的一个重要方面，测试者在试图模仿正常步态模式过程中，就可能无法高效行走，虽然会因各种情况而异。但可以通过测量生理成本来研究相对效率，研究的一个方向是确定效率是增加还是减少。影响高效行走主要有，步行速度，残疾程度和残疾类型。通过研究耗氧量、心率和机械能来测量行走效率。

表 11.9　导致本体感觉敏感度下降的因素
遗传倾向
关节积液
关节酸痛
肌萎缩
皮肤敏感度降低
年龄偏大
(Williams、Krishnan，2007；Callaghan，2002)

表 11.10　常见本体感觉测试
被动运动检测阈值（TTDPM）
被动角度再现（PAR）
主动角度再现（AAR）

11.13.1　氧气消耗和能量消耗

1955 年，帕斯莫尔（Passmore）和都宁（Durnin）回顾了以往通过吸氧测定人体能量消耗的研究结果，包括睡眠、步行、攀爬和跑步等活动的能量消耗。他建立了一个方程来证明，在 3 ~ 6.5 千米 / 小时速度行走时能量消耗与行走速度呈线性关系。帕斯莫尔认为，年龄、性别和种族对做功或能量的代谢成本没有统计学上的显著差异。他认为：步行的地面情况可能会对身体的能量构成影响。不过，除非地面明显粗糙，否则这种影响可能不会超过 10%。

多年来，比较正常和病理步态模式主要依靠测量能量消耗的方法来表示。西蒙森（Simonson，1947）研究了两名脊髓灰质炎患者和两名健康对照者的能量和运动协调性。研究要求测试者在不同速度和等级的跑步机上行走，同时测量耗氧量。用高速摄像机记录测试者的运动，研究其运动协调性。这项研究包括使用支撑和徒手移动之间的比较。耗氧量是能量消耗水平的一个很好的指标，并且通过使用背带可以获得缓解。

1965 年，帕斯莫尔（Passmore）和德雷珀（Draper）建议从呼出气体的氧气百分比浓度来计算消耗的能量。

氧摄取和能量消耗

$$E=\frac{4.92\,V\,(20.93\ O_e)}{100}$$

式中，e 能量消耗（卡 / 分钟），v 代表每分钟呼出气体的体积，Oe 代表呼出气体的氧浓度百分比。

如果以焦耳 / 分钟为代表单位可使用以下方程：

$$E=\frac{20.59\,V\,(20.93\ O_e)}{100}$$

11.13.2　步行期间的能量消耗

拉尔斯顿（Ralston，1958）研究了行走时能量消耗与速度的关系。之后其他人也发现了类似的结果（Bobbert，1960；Corcoran & Brengelmann，1970；Cotes & Meade，1960）。1994 年，罗斯（Rose）和甘布勒（Gamble）在这些研究成果的基础上提出了一个能量消耗与步行速度的通用方程。这个方程表明，个体消耗的能量随着行走速度的平方而增加（图 11.35）。

行走过程中的能量消耗方程式中的单位以 cal/（kg・min）而不是 cal/min。体重可以比较不同个体之间每分钟每 kg 的能量消耗，而不是总能量消耗，这对个体来说是有意义的：

$$E_w = 32 + 0.005v^2$$

式中，E_w 代表能量消耗，

v 代表速度（m/min）。

或者如果用 J/（kg・min）表示，则采用下式：

$$E_w = 133.95 + 0.0209v^2$$

伊姆斯（Imms，1976）研究了正常测试者和腿部骨折石膏外固定康复患者的氧消耗。研究发现，在 1.5 m/s 的速度下，带石膏行走几乎使能量消耗翻了一番。在没有石膏的情况下，那些拄着拐杖行走的测试者也显示出较健康对照者能量消耗的增加。但随着行走速度的增加，氧消耗差距扩大了，但氧消耗水平并不像石膏外固定康复患者行走时那样高。

伊姆斯和其同事证明，持木棍走路比用拐走路需要更多的能量。也有报道称，疼痛、关节僵硬或肌无力引起的步幅不等（即步态空间参数对称性的改变）可能会增加步行的能量消耗。这是由于在物体的垂直和水平振动过程中，动能和势能的正常变化模式受到干扰。在康复结束时仍伴有轻微步态不对称的患者，如果不使用助行器也会持续增加能量消耗。这验证了机械能和生理能量消耗之间的联系，并表示任何的运动学变化将影响其运动生理成本。

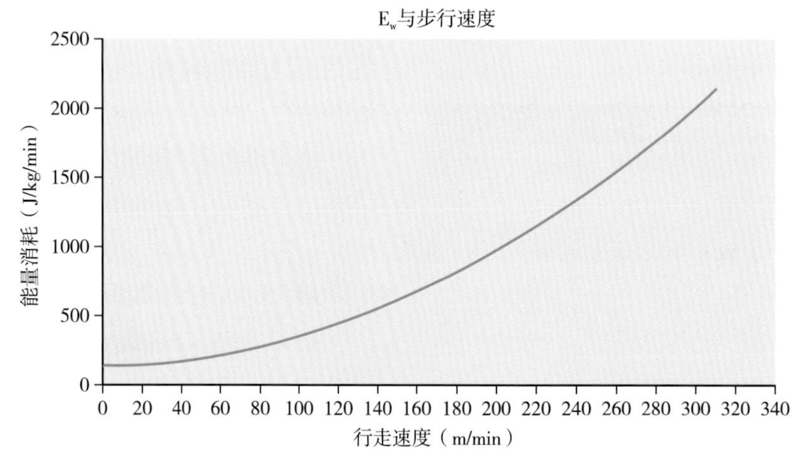

图 11.35　E_w 与步行速度

克劳斯（Crouse，1990）测量 1 名双侧膝上截肢后使用短腿和长腿假肢行走患者的氧气消耗和步行时的心脏反应，并与 3 名“健康对照者”进行了比较。在进行最大承重的跑步机运动中，截肢者和健康对照者的摄氧量（VO_2）、每分钟通气量（VE）和心率（HR）。要求“健康对照者”在跑步机上渐进式运动时控制身体达到最大能力。奥尔里（Olree，1996）研究了 11 名脑瘫儿童在跑步机行走时所需的能量。在不同的步行速度下直接测量氧摄取。作者得出结论，吸氧是评估脑瘫患儿训练努力程度的最佳方法，并指出，该评估是所有治疗效果的重要因素。

从这些研究中可以看出，摄氧量可作为生理成本的一种测量方法并得到了充分地证实，摄氧量在研究和临床实践中得到了应用。在所有这些研究中，要求测试者在跑步机上行走并通过口腔呼吸。

11.13.3　步行距离与能量消耗

测量患者的单位距离能量消耗可以提供了经济性的定量测量指标，与汽车的燃油经济性是一样的。

$$Em=\frac{Ew}{v}=\frac{32}{v}+0.005v$$

或者如果用 J/（kg · m）表示，则采用下式：

$$Em=\frac{Ew}{v}=\frac{133.95}{v}+0.0209v$$

式中，Em 代表每米能量消耗用 cal/（kg · m）或 J/（kg · m），Ew 代表能量消耗用 cal/（kg · m）或 J/（kg · m），v 代表步行速度用 m/min。

图 11.36 显示了测试者步行时每米消耗的能量，能量随步行速度而变化。当这个值最小时就是其最有效的行走速度。因此，根据这一关系，我们可以确定最有效的步行速度是 80 m/min 或 4.8km/h（3miles/h）。步行速度的增加或减少都会导致消耗能量和效率降低（Corcoran & Brengelmann，1970；Ralston，1958）。根据该结论，我们可以为特殊个体找到最有效的步行速度。这些工作已经在许多病理性步态模式包括截肢步态（Crouse，1990）中实施。

11.13.4　心率和生理成本

阿斯特兰德（Astrand，1954）研究了氧摄取与心率之间的关系，并随后研发了一个列线图，计算运动期间脉搏和摄氧之间的关系，包括脉搏、最大摄氧量、体重、摄氧量、运动水平和性别。可以根据在跑步机试验、循环试验或平板试验中达到的非最大运动速率试验期间的心率和氧摄入量（或运动水平）来绘制曲线图，最大可达到的氧摄入量代表有氧能力。其研究结论是：患者每分钟每 kg 体重摄氧能力可很好地评价其身体健康状况。

罗威尔（Rowell，1964）使用阿斯特兰德研发的列线图来预测在单次非最大运动承重下的心率和 VO_2（摄氧量）的最大值。他们研究用心率预测最大摄氧量的局限性。总结了心率和摄氧的关系。心率与摄氧无关，但与测试者的情绪或兴奋程度直接相关。还和以下相关：身体调节的程度，上次餐后时间，血液中的血红蛋白，测试者的水合作用程度，环境温度的变化，以及长期直立姿势引起的流体静力学变化。研究发现，环境温度可改变最大心率与 VO_2 的关系，从而导致在高温环境下对最大 VO_2 的估计存在严重的误差。结果表明，16.6°C 的环境温度为预测提供了最有利的条件。总之，影响心率的因素都可以作为氧摄取的预测工具，心率有可能作为生理成本的测量工具。然而，Rowell 及其同事（1964）报告，影响心率的因素应尽可能严格控制。

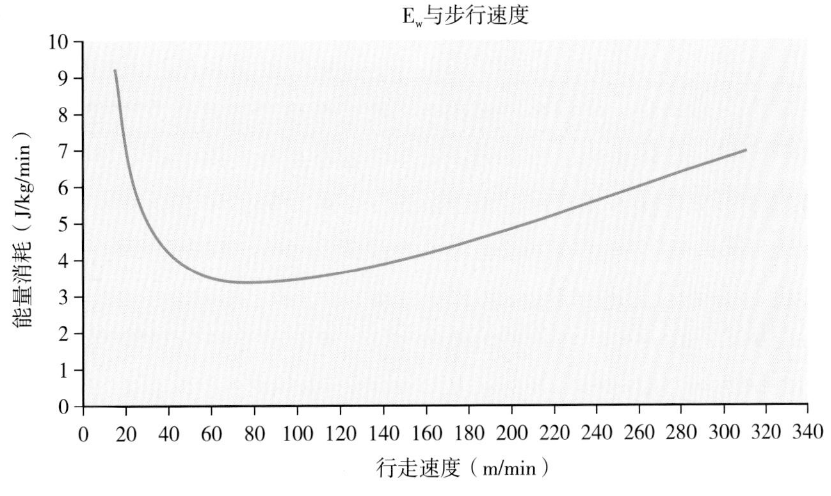

图 11.36 E_w 与步行速度

11.13.5 心率和步行速度

麦格雷戈（MacGregor，1979）用心率作为生理成本的指标，有两个缺点，即心率和生理成本的关系是非线性，心率与体质的变化有关。静息时的往复式心率间隔（Reciprocating heart beat interval RHI）显示出相当大的个体差异性，使得在规定运动速度下的 RHI 不具备可比性。麦格雷戈说，如果用步行速度除以这个函数，就会得到一个生理成本指数（physiological cost index PCI）。

经过大量测试后发现，患者在自行选择的步行速度下，PCI 往往最低，患者以最小的付出得到最佳的性能。这适用于正常的测试者以及各种各样的患者群体。通过在步行速度下找到 PCI 的置信区间，并将一些患者组与正常测试者的结果进行比较。

麦格雷戈（1979）还设计了一种改良磁带记录仪，用于监测一些生理学指标。该设备使用加速度计记录了 24 小时内的姿势变化模式以及心率。可以记录每个姿势所花费的时间，并可以研究患者 24 小时内相关生理成本。事实证明，这种长期动态生理监测设备（long-term ambulatory physiological surveillance equipment LAPSE）为生理和生物力学监测提供了一种非侵入性、相对隐蔽的测试工具。可以在没有伦理约束的情况下重复试验方案，并给出了在非试验室环境中身体障碍的客观测量指标。

1981 年，麦格雷戈利用 LAPSE 评估 1 名脊髓灰质炎患者，并在试验室将其与正常测试者进行了比较。该设备还测量了正常男性和女性 99%PCI 水平和步行速度的正常值。还通过 10 名类风湿关节炎患者研究出了安慰剂和非甾体类抗炎药物对患者 PCI 的影响。这项研究表明：有步态病理症状的患者其生理成本与步行性能之间存在潜在关系。

1989 年，内内（Nene）和帕特里克使用 PCI 来评估成人髋关节矫形器（ORLAU）。之前研究这些装置能量消耗的文献很少。ORLAU 过去曾用 PCI 作为残疾步态能量消耗的指标。但是，在外伤性截瘫伴高胸段损伤的病例中，交感神经的损伤或功能不全可导致不可预测的心率反应。因此，为了获得更高的精确度，可通过直接测量耗氧量来评估 Parawalker 步态的能量消耗。说明，PCI 不一定是最佳能量消耗测量方法，在使用 PCI 时应注意确保使用这种生理测量方法的正确性。

内内（Nene，1993）研究了青少年和成人步行的生理成本指数。测量测试者以 "8" 字形行走的速度和心率。结果发现，青少年的心率和步行速度均高于成人。应当注意的是，内内回顾之前用跑步机进行对比测试时，在跑步机上行走并不能完全代表正常行走的能量消耗，尽管没有提供任何参考可以支持这一说法。

古索尼（Gussoni，1990）将 PCI 作为全髋关节置换患者步行能量消耗的指标。这项研究报告了健康对照组的置信区间，绘制患者并与正常对照组测试结果进行比较。哈斯克尔（Haskell，1993）描述了一种基础概念和初步评估的方法，同时记录心率和两个运动传感器来提供精确的体力活动曲线。用心率作为体力活动的测量指标时，必须注意测试者的心率和摄氧量之间的斜率是不同的，这取决于他们的耐力或体能。特定测试者的心率和摄氧量之间的关系因活动水平的不同而不同。哈斯克尔认为：心率会受到测试者情绪状态和环境条件（如温度和湿度）的影响。

人们普遍认为，虽然心率可以作为一种指标，但单凭心率并不能准确地评估体力活动。

总结：临床评估生物力学

■ 当足遇到相当大的阻力时（比如地面），下肢会形成闭链运动。当足在空间中自由移动而阻力很小或没有阻力时，就会形成开链运动。

■ 大量的步态研究文献都是通过不同的运动模式来研究个体的参与过程和如何提升生活质量。

■ 有许多临床试验利用生物力学来研究。采用关键性评估工具在关节功能和控制方面进行临床评估分析。

■ 生物力学的研究有助于解释临床评估中不同运动理论。

第 12 章 矫形生物力学

介绍下肢矫形生物力学管理理论和方法，包括矫形管理的理论和设备使用案例研究。

目的

通过案例来学习矫形管理的不同理论方法。

目标

- 了解足部矫形器不同配置的理论和临床效应
- 了解足踝矫形器不同配置的理论和临床效应
- 了解膝部矫形器不同配置的理论和临床效应
- 了解关节的力矩如何改变
- 了解改变关节的剪切力和轴向力
- 了解地面反作用力如何改变关节

12.1 足矫形器

什么是足矫形器？足矫形器是放置在鞋内的鞋垫和鞋内托，其目的是使足固定在一定位置并改变足结构、或者改变整个足或者足不同部分之间的活动范围。足矫形器可以对足各部分产生直接作用，也可以间接地介导身体进一步向上对骨盆、腰部及对肩颈部产生显著的临床效应（后者是可论证的）。

足矫形器有多种形状和形式，最基本形态是乙基醋酸乙烯（ethyl vinyl acetate EVA）鞋内托，有些是现成的鞋内托，有些需要根据医生的处方进行修改。洛卡德（Lockard，1988）对鞋内托进行系统分类。根据鞋内托使用的材料特性（软、半硬性或硬性）到生产鞋内托程序的类型（即塑型和非塑型）。安东尼（Anthony，1991）将足矫形器定义为“旨在增加足部和下肢关节结构完整性的矫形设备；在步态支撑相期间，通过纠正异常骨骼的 GRF 动作而起作用”。罗特（Root，1977）则认为足矫形器是“帮助控制足的几何形状和力的方向，稳定关节和减少肌肉收缩”。

足是一个极其复杂的关节系统。因此，足和踝关节的运动不能完全用围绕 1 个平面的旋转来解释，而是用 3 个平面的组合运动来解释。结构的复杂性使足部和足矫形器的行动评估成为人体中最复杂的生物力学系统之一，限制了足运动分析技术的发展。直到最近新的理论认为，足可以看作为一个整体来研究。

有可能在接下来的数年内，会出现大量关于足功能和足矫形管理的科研成果。下文介绍了几种常用的足矫形器对足的作用，以及它们对下肢和骨盆的间接作用。这些内容来自一些重要文献和临床病例研究摘要。但我们建议读者要关注这一领域的最新进展，尤其是新的研究成果。

12.1.1 双下肢不等长的评估

临床上经常见到双下肢相差 2 cm 或者更少的患者，双下肢相差大于 1.5 cm 常常与腰痛、能量消耗增加、步态异常和早期疲劳相关。双下肢不等长常常导致慢性痛和下肢及骨盆的生物力学适应。

如果怀疑患者的双下肢有不等长情况，可以检查下肢真实长度和双下肢差异具体情况。通常让患者处于仰卧位，从骨盆上的一点（髂前上棘）到内踝或者从大转子到外踝对真实腿长进行测量。双下肢长度差异往往非常明显。有时候虽然测量的双下肢等长，但由于骨盆倾斜或者驼背等情况，双下肢功能明显不同的。可在患者仰卧情况下测量肚脐或者胸骨到内踝的距离，了解其双下肢有不等长情况。

双下肢不等长的患者往往有一些症状，包括腿短的一侧的臀纹低垂，头肩部倾斜或者对侧膝关节过度屈曲。也可能显示跳高步态或者其他步态不对称，比如不等步长。

12.1.2　双下肢不等长的矫形治疗

双下肢不等长的患者是否需要治疗？

临床有多种观点：有些临床医生不会处理小于 1 cm 的差距，而其他医生不会处理小于 2 cm 的差距。有些临床医师仅仅在下肢和骨盆有问题时，才对其进行治疗。有些临床医师只有患者臀纹高低不等，并且头肩部出现倾斜才开始治疗。但大多数临床医生建议出现腰痛时就开始治疗。

比如，一位 25 岁有慢性腰痛的患者，发现有双下肢不等长情况（左下肢比右下肢短 2 cm），患者被转诊进行步态分析；进行了下肢和骨盆的运动分析及 GRF 评估。给患者的鞋子加高 1 cm 鞋跟让患者适应双下肢不等长的差异，然后重新测试。

鞋跟与地面反作用力

无鞋跟的结果显示：与正常侧相比，腿短的一侧（患侧）的地面反作用力有显著下降。并影响身体运动、支撑相中期的支撑侧肢体和垂直推进力，并且患侧的低谷期较正常侧的低谷期发生更早。右侧显示一个不太平滑且下降的承重反应期，一个较浅的低谷期显示身体在支撑侧的前行较差及推进力更低（图 12.1 A、B）。增加足跟高度后，较短的肢体显示地面反作用力情况显著改善，身体沿着支撑侧肢体的运动由低谷期和垂直推进峰值也有所改善。显示右侧下肢随着左支撑侧的改善有所改善；此外，未被影响承重的平滑度和幅度也有所改善。随着鞋跟高度的增加，垂直分力的幅度显示左右之间有更好的平衡（图 12.2A、B）。

佩图宁（Perttunen，2004）对 25 位有双下肢不等长患者的步态不对称进行了研究，他们发现短侧下肢支撑相的持续时间有所降低，并且在推离阶段，正常侧下肢的垂直地面反作用力更大。短侧下肢的推离阶段也开始得更早。在此研究中，长肢体的承重比短肢体的承重大。这些结果解释了临床病例研究的问题。

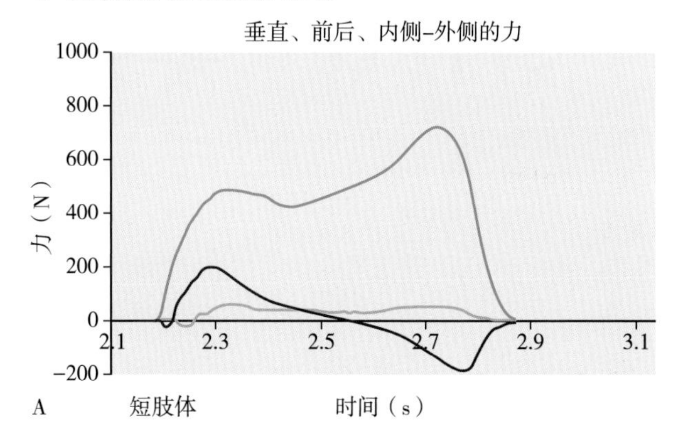

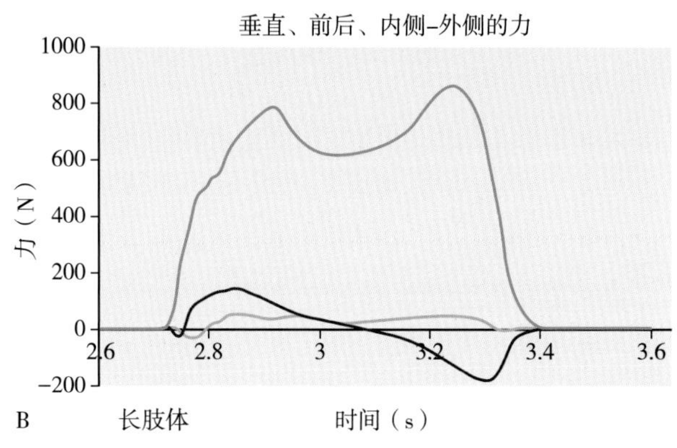

图 12.1　无鞋跟的地面反作用力：(A) 患侧下肢，(B) 正常侧下肢

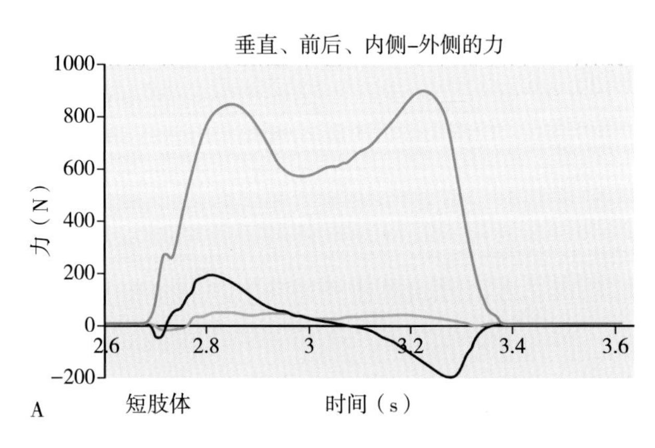

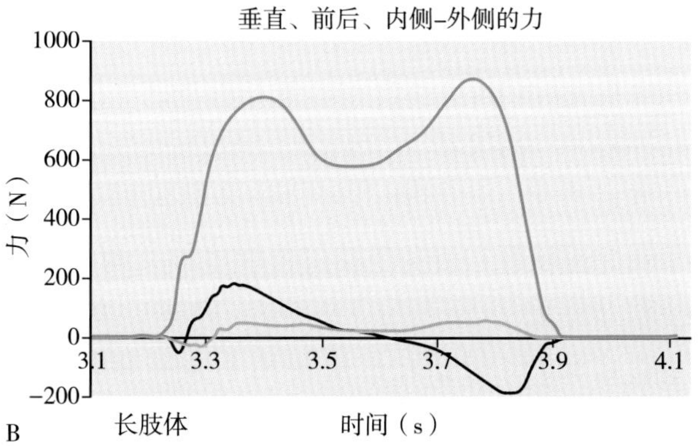

图 12.2　无鞋跟的地面反作用力：(A) 短肢体，(B) 长肢体

导致地面反作用力变化的原因是什么？如果我们以患者步入“踏入一个洞”的类似现象，我们认为足跟着地时短侧下肢的 GRF 比长侧下肢 GRF 更大，但显然没有发生。在此点，我们需要考虑骨盆的作用，尽管短侧正在下降并且下降持续更长时间，骨盆的反应是试图适应此差异，直到肢体收缩。在足接触地面前，通过缓慢降低腿部来使短侧下肢减速。因此短侧足比正常状态下更小的速度撞击地面。如果这位患者因腰痛而就诊，我们要重点分析骨盆在疼痛中的作用。

鞋跟和骨盆运动

如前所述，一些临床医生会通过评估一个人在冠状面的走路步态，并检查盆腔、肩或头倾斜情况，作为双下肢不等长患者的功能不对称的指标。现在我们将通过运动分析来认识鞋跟增加 1 cm 时骨盆运动的差异。

图 12.3A、B 显示了有和没有鞋跟的骨盆运动。在没有鞋跟的情况下，我们看到一个非对称性运动模式，并且所有的运动都在一侧。这与短侧骨盆的向下垂的状态有关，而对侧骨盆没有向下垂。随着足跟的抬高，骨盆运动在步行周期中呈现出良好的盆腔下降交替平衡和更加正常的模式。

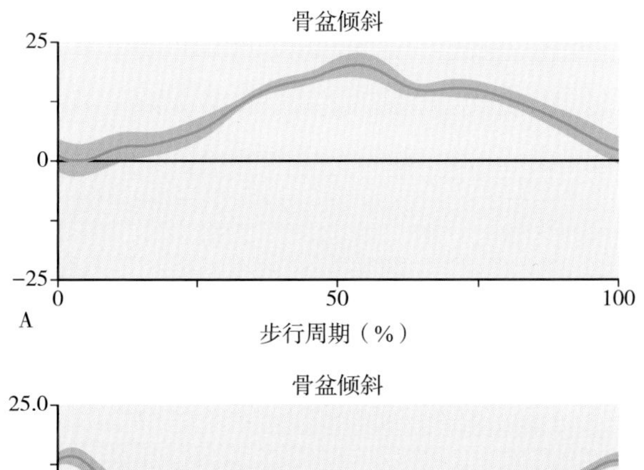

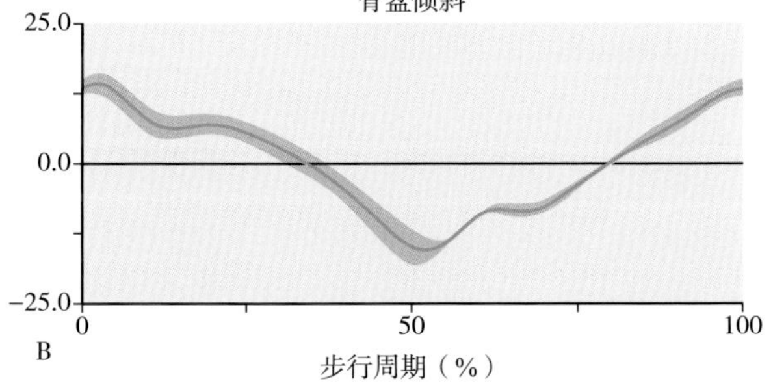

图 12.3　冠状面内的骨盆运动（骨盆倾斜度）:（A）无鞋跟，（B）有鞋跟

通过下肢微小的改变，可以让骨盆运动中的各方力量平衡中有所改善，并降低骨盆和腰部的张力。该病例中的患者穿上增高鞋后，患者的腰痛明显缓解，这个做法听起来非常不错。但长期穿这种增高鞋是否产生自身补偿和负效应，我们在采用骨盆倾斜度作为衡量鞋跟有效性的评价时必须谨慎。瓦格纳（Wagner，1990）也提出相似观点，他认为骨盆倾斜（倾斜度）常常是双下肢不等长的后果，并且可以通过矫形设备或者进行手术操作纠正双下肢不等长。然而，骨盆倾斜（倾斜）也可以独立于腿的长度，在骨盆不对称的情况下，髋关节位置不正常或脊柱侧凸的收缩偏移。在这种复杂畸形的病例中，骨盆矫正的目标应该是身体姿势的平衡，而不是髂嵴的水平对称。

12.1.3　足跟下内托物的楔入或者置入

在临床治疗足病实践中，经常在足跟下放置内托物来控制足跟异常运动（图 12.4 和 12.5）。足跟异常运动也是足踝不稳定和近端关节异常力矩的原因。结果显示足矫形器能纠正足内翻。内斯特（Nester，2003）认为：尽管足矫形器的临床应用广泛且颇有成效，但我们对足矫形器生物力学效应的认识还很欠缺。

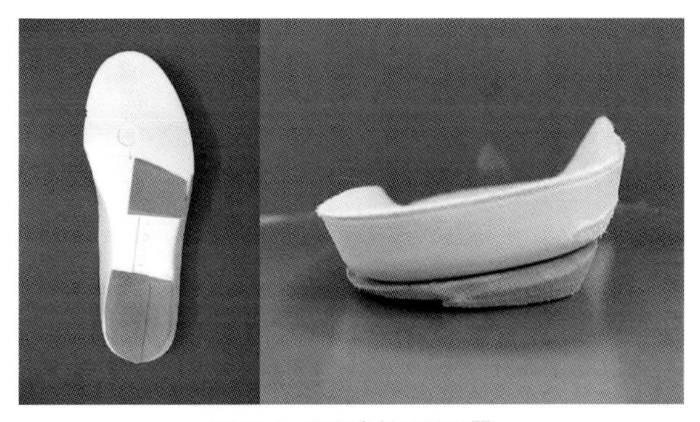

图 12.4　预制全长足矫形器

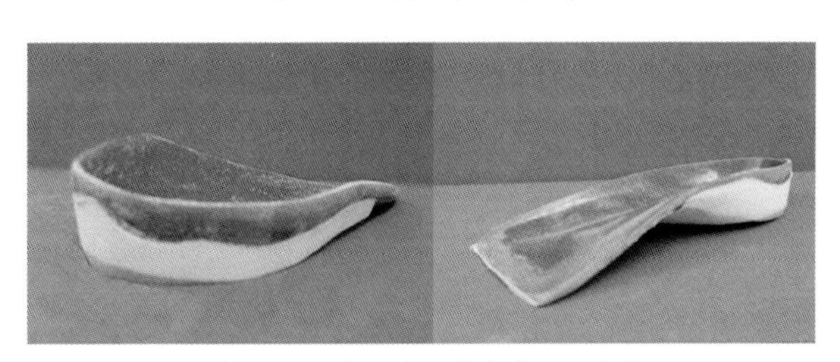

图 12.5　定做有内置的塑型足矫形器

已经有很多文献报道，通过足后跟的内侧和外侧置入矫形器来控制或改变足跟运动。内斯特研究采用足矫形器后对正常步态的运动学和动力学的效应，在足内侧和外侧楔入足矫形器不仅对足踝有作用，也对膝关节有作用。布兰斯韦特（Branthwaite，2004）研究了简单鞋垫在正常行走期间对足部运动的三维作用。他们发现穿戴矫形器的最大外翻角度比无矫形器的最大外翻角度显著下降。

所有文献都是基于没有足矫形器的正常个体开展的研究，可以认为是真实有用。但如果一个人在前旋或后旋方面控制能力弱，或者是足的类型不同，或者是现在或以前有过过度使用的跑步损伤，他们的反应会不会一样呢？这些装置有多大程度可以控制旋前或旋后不稳定？它们在临床上使用的限制因素是什么？我们还必须考虑足模型，模型是单一的肢体建模，而足踝外科医师要求矫形器对足部至少具备三个部位的作用。在研究楔入矫形器对足部的实际临床作用时，仍然缺乏可靠的文献证据。

12.1.4 地面反作用力的调控

鞋内楔入技术被足踝外科医师称为置入或者楔入。楔入的主要作用是改变跟骨的力方向，从而改变距下关节的力方向，正常情况下，足底表面与地面上是水平关系，如果足底有一些结构畸形导致跟骨不垂直于地面，那么就应该使用楔入技术。临床上足蹬地引起了旋前或旋后力矩，因此会限制足的旋前量。

在支撑相的各个阶段，矫形器改变旋前或旋后力矩的作用取决于 GRF 的作用点和方向。并改变了距下关节的冠状面力矩，但也可能改变膝关节和髋关节的力矩，图 12.6A-C 显示了足跟内侧和外侧贴地对距下关节力矩的理论效应。

12.1.5 正常行走期间，足跟的楔入效应

足跟运动

图 12.7 中的图表显示了足跟运动是如何随着足跟内侧和外侧楔入而改变。此图表明，足跟内侧楔入在接触阶段减少旋前，而足跟外侧楔入在接触阶段增加旋前。

内侧力和外侧力

客观评估楔入功能的方法是研究地面反作用力，尤其是足跟内侧力 - 外侧力。由于临床足踝外科医师和开展对力量分析的研究者依赖压力板系统，而压力板系统只能测量垂直分力不能测量其他方向的力，因此，此系统不适于评估楔入的效应。

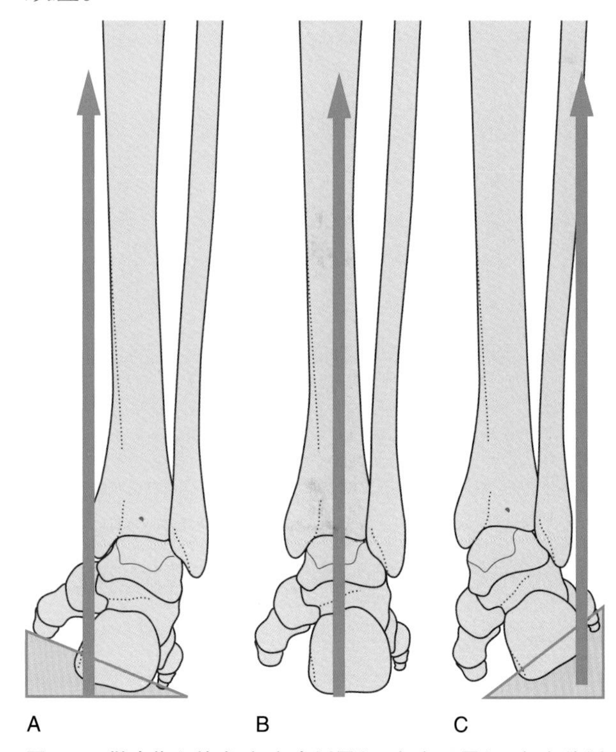

图 12.6 鞋内楔入技术：(A) 内侧置入，(B) 无置入，(C) 外侧置入

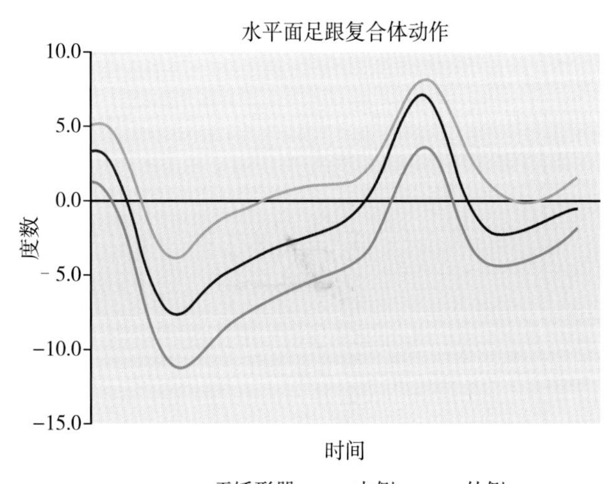

图 12.7 足跟运动轨迹（Nester，2003）

从图 12.8 可以看出，足跟内侧楔入增加了承重时的侧向推力，而足跟外侧楔入则降低了承重时的侧向推力。在支撑相后期，足跟内侧力也受到轻微影响，足跟内侧减少内侧力，足跟外侧增加内侧力。

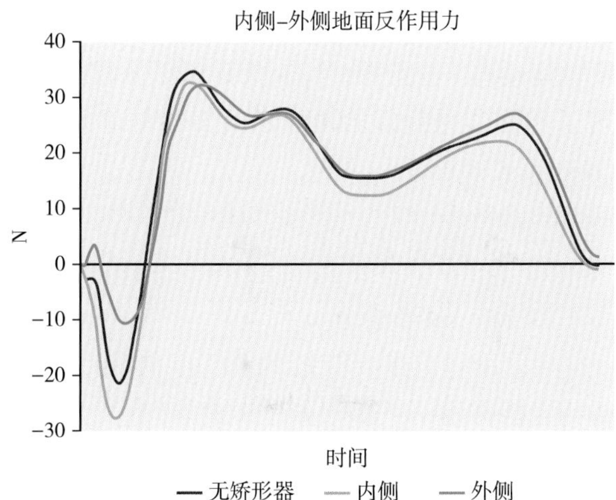

图 12.8 内侧和外侧力对比（Nester，2003）

内斯特（Nester，2003）研究发现，内侧楔入矫形器减少足内翻程度，并且增加在接触期期间外侧定向的地面反作用力，提示足减震能力的下降，产生更大的冲击力，而足跟外侧楔入矫形器增加足内翻程度并在接触期减少足跟外侧定向地面反作用力，证明了冲击力在减少。

12.1.6 足压力评估

体重

虽然看起来有悖常理，但研究表明，体重并不是足底压力的有力预测指标（Cavanagh，1991）；表示体重的增加不会自动转化为足底的压力。然而，研究已经表明：在支撑相和摆动相，与非肥胖个体相比，肥胖个体显示出更高的足底压力（Hills，2001；Birtane & Tuna，2004）。最近对儿童的研究已经发现，与非超重儿童相比，超重儿童的足底压力显著提高，且其接触面积更大（Gatt，2014）。

性别

众所周知，不论高度如何，男性比女性的足更长更宽（Wunderlich & Cavanagh，2001）。然而研究显示，男性在行走时足的压力更大，但增加的接触面积与性别之间的压力峰值似乎没有差异（Putti，2010）。

年龄

6 岁儿童的足部结构已经接近成人，虽然儿童的纵弓发育不全，但与成人相比，足弓相对承重更高（Hennig & Rosenbaum，1991）。随着儿童年龄的增加，足弓承重降低，并且跖骨内的承重有所增加。

高危足

糖尿病患者和类风湿关节炎患者被认为是发生足部溃疡的高危人群。这些患者的神经病变和骨畸形是足发生软组织损伤的敏感因素。预防和治疗足溃疡的干预措施是步行时减少足底压力。步态足弓底压力峰值数据被认为是评估这些患者最重要的参数。据报道，该患者组的峰值压力经常超过 1000kpa。很遗憾，没有形成溃疡的阈值压力数据。但人们认为，峰值压力越大，发生溃疡的风险越高（Armstrong，1998）。评估压力时间也很重要，这些数据提供了步态中压力持续时间的信息。

病例研究：摇椅鞋底减轻糖尿病患者足掌压力的有效性（Healy，2013）

摇椅鞋底前部屈曲，人行走时能产生摇摆的作用。摇椅鞋的坚硬鞋底可以减少支撑相足关节运动，摇椅鞋底通过足掌快速前移形成足翻转并因此减少足底组织的运动压力。患者：男性，51 岁，身高 171 cm，体重 116.3kg 的 2 型糖尿病患者，穿自己的鞋子（semi-brogue shoe）采用 pedar-x 系统（Novel GmbH）记录鞋底压力数据，患者选择随意的速度行走时（5.22 km/h ± 10%），在患者的鞋中记录到患者的拇趾、第 1 和第 2 跖骨区域的最高压力分别为 480、440 和 360 kPa（图 12.9A）。当患者穿摇椅鞋底的鞋行走时，这些峰值压力下降大约 40%。患者的拇趾和第 1 和第 2 跖骨区域的最高压力分别是 370、250 和 210 kPa（图 12.9B）。

鞋 / 矫形器

足底压力测量可用于高危足的干预和矫形器的评估工具。尤其对于临床医生来说，测量足底压力非常有用，通过评估足底峰值压力和压力中心（CoP）的路径和速度，可帮助临床医生评估所定制的矫形器或鞋是否达到了预期的目标。临床医生还可以选用各种材料，通过测量足底压力来帮助患者选择最合适的材料用于定制矫形设备。

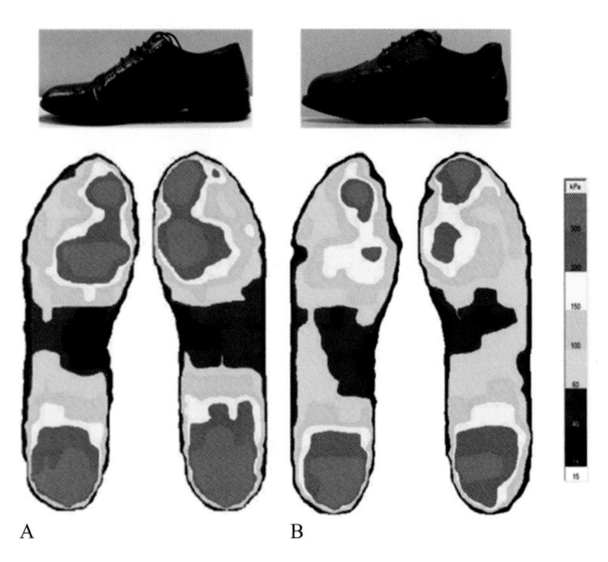

图 12.9 足底压力比较：(A) 患者穿自己鞋的足底最大压力，(B) 患者穿摇椅鞋底的足底最大压力 (Healy，2013。)

图 12.10 显示了不同鞋垫材料所产生的足底压力最大值数据。参与者穿着平底鞋行走时，测量了鞋内足底压力，然后重复这一过程两次：①在橡皮底帆布鞋内加入含中等密度聚氨酯（PU）3mm 扁平鞋垫，②加入一个 3mmEVA 扁平鞋垫对比。和鞋内没有鞋垫情况对比，两种材料都出现足底压力最大压力值下降，在拇趾和第一跖骨区域各下降 40% 和 50%。其中在拇趾上的最大压力值从 290 kPa 下降到 150 kPa，在第一跖骨区最大压力值从 180kPa 下降到 90 kPa。此外，使用 PU 材料使足跟的最大压力值下降大约 20%，从 300kPa 下降到 250kPa。

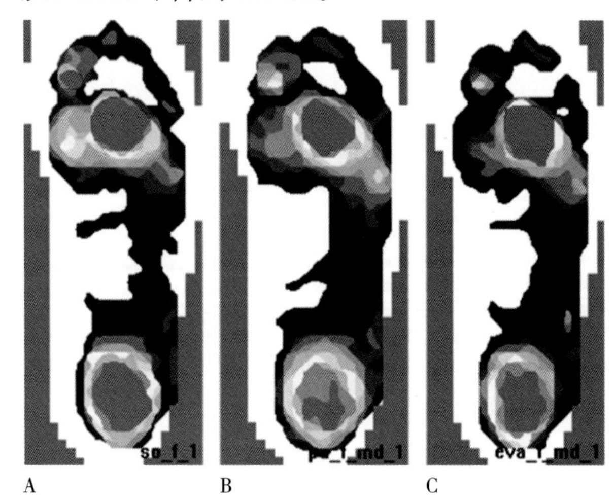

图 12.10 各种鞋的最大压力位置：(A) 橡皮底帆布鞋，(B) 含 PU 鞋垫的橡皮底帆布鞋，(C) 加上 EVA 鞋垫的橡皮底帆布鞋 (Healy，2012)

也可以采用此方法帮助运动员选择最适合自己的运动鞋。先前的研究利用足底压力测量，发现了不同型号跑鞋的最大压力值存在显著差异（Hennig & Milani，1995）。

12.2 踝关节矫形器管理

12.2.1 矫形原理

矫形通过直接改变关节的力矩、剪切力和轴力而发挥作用，一般将外力设备放置在关节周围来矫正关节或肢体。但许多矫形器也对其他关节或部位产生不良作用，并且矫形器和这些部位没有任何直接接触。我们将介绍矫形原理对定向关节的直接作用，及对非定向关节的不良作用。

12.2.2 矫形器对关节力矩的改变

改变关节力矩是矫形设备最常见的作用方式，各式各样的设备通过纠正关节运动而发挥作用。我们通过踝关节和膝关节矫正设备来了解改变关节力矩的临床应用。

12.2.3 踝足矫形器的生物力学

临床经常采用塑料踝足矫形器（ankle foot orthoses AFO）来保护踝关节。40 年来，AFO 的基本设计没有明显改变，主要由硬性支条、后侧弹性板和踝铰链组成。曾经出现过其他类型，包括热塑板螺旋式踝足矫形器和碳纤维后片弹性踝足矫形器。

硬性踝足矫形器

硬性踝足矫形器，和其名字一样完全由硬性材料组成，目的在限制足踝关节在所有平面内的运动。通常是由模压塑料制成，模压塑料向上延伸到小腿后部和足底跖骨 - 趾骨关节，有时会延伸到整个足部（图 12.11）。

硬性踝足矫形器通过限制胫骨前肌向后的力来支持由地面反作用力产生的踝关节背屈力矩，从而限制或控制足部的胫骨运动。通过这种方式，硬性踝足矫形器产生了一个足底屈曲力矩，该力矩与地面反作用力中关于踝关节的力矩相反（图 12.12）。硬性踝足矫形器也可以通过轻度跖屈来限制膝关节屈曲。但如果控制过度的膝关节屈曲，最好采用膝踝足矫形器（KAFO）或膝矫形器。

两者可限制膝关节屈曲（第 12.3 章节）。

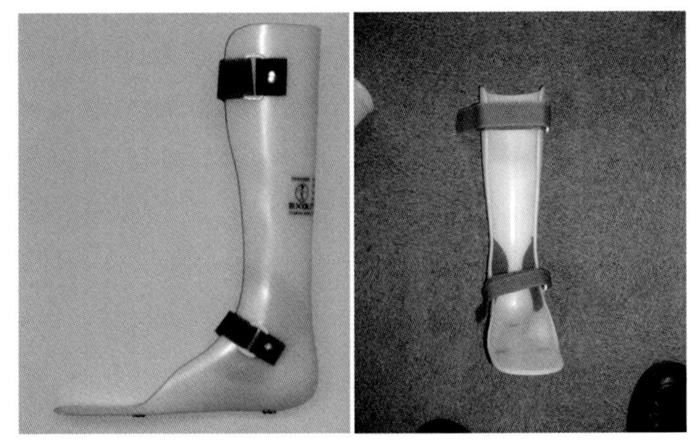

图 12.11　硬性踝足矫形器

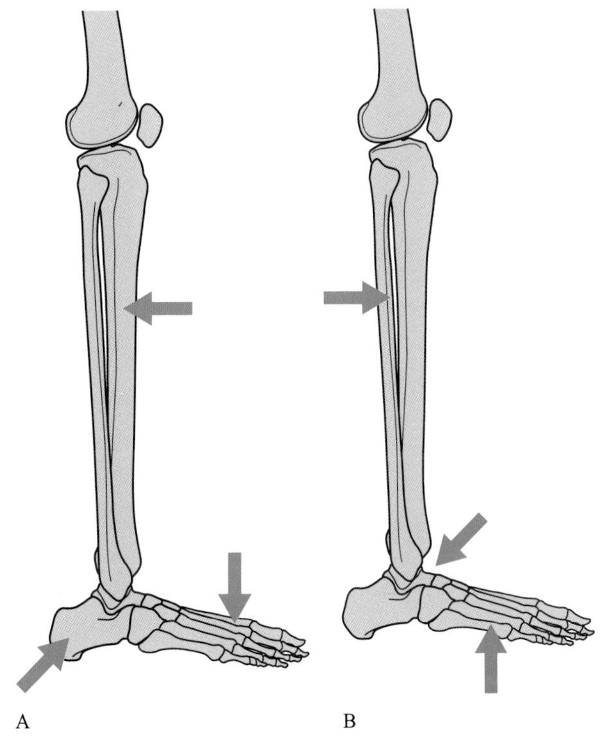

图 12.12　硬性踝足矫形器的力学分析：(A) 支撑相，(B) 摆动相

临床指南中硬性踝足矫形器的适应证包括，踝关节背屈和跖屈无力或者缺如，在摆动相和支撑相因严重痉挛导致的马蹄内翻足、膝关节伸展无力和本体感觉缺失。

如果跖肌弱，踝关节背屈太快会导致小腿快速向前移动，导致膝关节过度屈曲，随后形成蹲伏步态；背屈肌力弱导致在摆动相出现足下垂，足着地时拍打地面限制踝关节的跖屈 / 背屈运动；影响跖骨、骰骨、跟骨和胫骨之间的内转 / 旋后和内翻 / 外翻运动，虽然足掌下有硬性设备，但跖 - 趾骨关节仍然运动；足踝运动的这种阻滞效应会给患者带来问题，迫使他们提早抬足跟，间接影响膝关节伸展；膝关节的过度伸展是安装硬性踝足矫形器的关键原因之一，可在脑瘫患者中可减少蹲姿步态。然而，阻挡踝关节也阻挡小腿向前行进，实质上阻止了踝关节轴运动。

硬性踝足矫形器有多种材质和配置，踝足矫形器可设置在中立位、跖屈位和背屈位。如果踝足矫形器被设置为跖屈，然后在踝关节轴运动期间，小腿向后倾斜并减少膝关节屈曲力矩，形成蹲伏步态的效果。然而，过多的跖屈外展将限制身体在支撑相前行，并可能迫使膝过伸。设置成跖屈也会有减少离地距离的效果，在摆动相足也会处于跖屈的位置。如果踝关节处于背伸状态，那么这将增加踝轴运动时的膝力矩并导致摆动相有更大的离地净高。因此，应该根据患者对膝关节的控制程度来决定矫形器所提供的跖屈或者背屈的程度。

硬性踝足矫形器的作用

如果将硬性踝足矫形器设置为背屈位时，小腿会位于踝关节前面导致足跟着地足跟踝向前移动出现问题。足踝向前是通过背屈肌完成，尤其是走下坡路会出现问题。我们可以通过穿戴硬性踝足矫形器的健康对照者，了解其在负重过程中跖屈外展和在支撑相背屈外展的限制程度来证明这种情况。

图 12.13A 和 b 显示：健康对照者穿上硬性踝足矫形器时，进入跖屈后运动范围有所减少，进入背屈后尽管可以达到近 10°，但进入背屈的动作被延迟，健康对照者在没有穿戴硬性踝足矫形器时不能达到该值。该研究的争论点是运动发生的地方，包括该研究在内，其研究数据和大多数科研一样都是将足部看作一个整体，包括跟骨、骰骨和跖骨视为单个肢体。这并不能展示踝关节的真实运动情况。当一个人穿着一个坚硬的硬性踝足矫形器时，其足踝和胫骨之间可以发生运动。这一事实很有趣，也提出了 1 个问题，到底硬性踝足矫形器有多硬才算硬？

实际生活中，穿着硬性踝足矫形器的个体在走路时移动小腿或前行确实有困难。为解决这个问题，通常会在鞋底增加一个弧度。这样可以使小腿向前移动时不需要踝关节本身运动，即减少踝关节跖趾矫形器所做的偏心工作，这也是矫形器的目的。

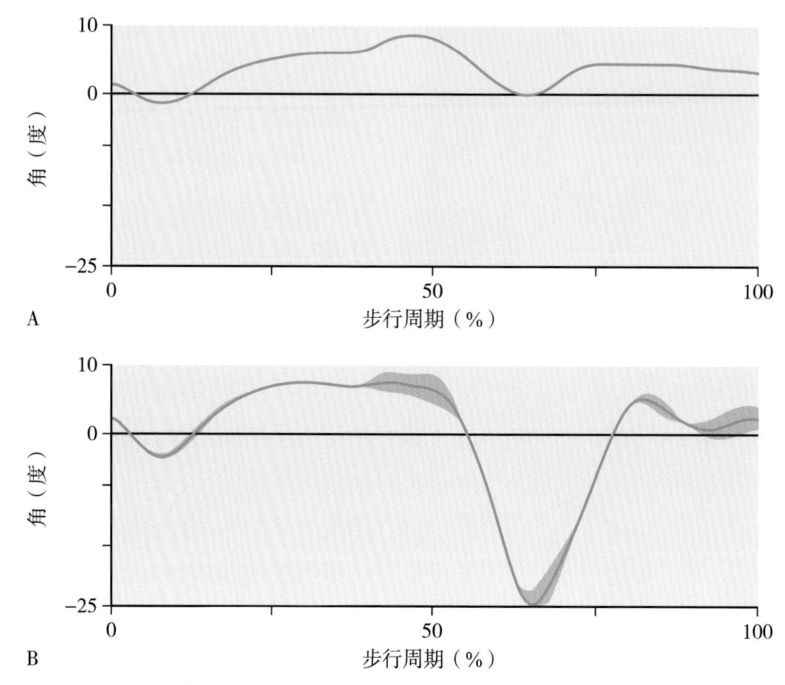

图 12.13　踝足运动角度：(A) 穿硬性踝足矫形器的健康对照者，(B) 没有穿硬性踝足矫形器的健康对照者

踝足矫形器与鞋组合

理查森（Richardson，1991）采用弧形底鞋矫治下肢间歇性跛行患者。研究认为，弧形底鞋能减少足跟和足趾抬离地面所需要的力，可以间接减少由腓肠肌和比目鱼肌的做功。理查森发现，患者行走及出现疼痛时的距离（被打扰距离）显著延长，研究的结语认为本研究有价值。

理查森在研究论文中提到，这种鞋在进入临床使用前，应该研究该鞋的安全性并设计最佳鞋型。患者穿弧形底鞋通过对足压力中心的控制，可以随意抬离足跟，也就是说，在踝关节不用背屈的情况下，小腿可以前移。尽管有许多国家已经将弧形底鞋用于临床实践。但没有研究弧形底鞋和踝足矫形器联合使用后的相互作用情况。

胡林（Hullin，1992）研究在脊柱裂患者中采用弧形底鞋和高跟鞋行走期间的运动学和动力学，观察到，高跟鞋可以改变胫骨地面角度，但是不允许胫骨前行或者足跟抬离。最近，欧文（Owen，2010）回顾并总结了关于小腿和大腿动力学对站立和步态的意义的重要观察证据。这关系到肢体运动学、关节动力学之间的相互关系及它们与矫形设计、矫形调试之间的相互关系。

欧文提出设计、对齐和调试踝足矫形器 - 鞋组合的评价方案和踝足矫形器内踝关节的矢状角的算法（图 12.14）。通过提供踝足矫形器和鞋的正确组合，来改善患者的肢体动力学、站立平衡和步态。同时可以预防关节畸形，恢复骨骼和肌肉功能。最近一篇针对脑瘫儿童的综述强调，在踝足矫形器鞋的运动学、动力学和能量方面缺乏定量研究数据，也没有比较踝足矫形器 - 鞋组合的协调研究数据（Eddison，2013）。

踝关节运动初期的动力产生阶段限制了跖屈。踝足矫形器 - 鞋组合能制止踝关节痉挛。人们开始认识这可能是一件好事。许多诊所用后片弹性踝足矫形器和铰链踝足矫形器治疗脑瘫和卒中导致的踝关节痉挛。

后片弹性踝足矫形器

后片弹性踝足矫形器有时称为柔性塑料矫形器，可以助力在摆动期的踝关节背屈，同时保障踝关节内翻 - 外翻的稳定性。后片弹性踝足矫形器的适应证包括踝关节背屈无力或者缺如。中度以下的踝关节痉挛，良好内旋—外旋稳定性，没有足内翻或者外翻畸形，良好膝稳定性。

后片弹性踝足矫形器结构灵活以致无法固定胫骨水平面的内旋和外旋运动（Nester，2003），主要原因是踝足矫形器“修剪线”结构，即后片弹性材料的宽度和厚度。后片弹性踝足矫形器“修剪线”结构对于矫形器限制哪些功能很关键。

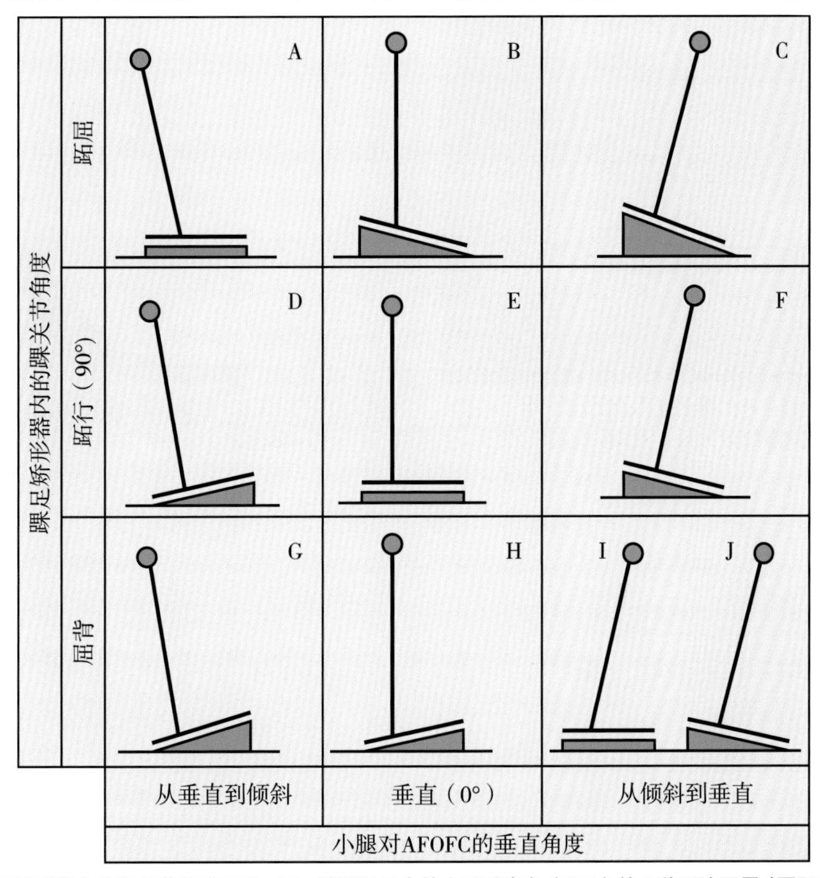

图 12.14 踝足矫形器内的踝关节角度和踝 - 足 - 鞋矫形组合的小腿垂直角（SVA）的 9 种理论配置（国际假肢学会授权）

传统踝足矫形器主要干预摆动相的足下垂，基于这种认识，要求材料能限制跖屈，并承担足部重量，甚至能阻止跖屈肌痉挛活动。但在临床实践中，可以采用后片弹性踝足矫形器协助支撑相跖屈肌的离心活动。通过更宽的“修剪线”来阻止背屈运动，理论上可改善支撑相肢体的运动控制。这听起来非常不错。然而，所用的材料和患者的体重以及对跖屈功能的要素等，都需要平衡或者调试矫形器到最佳状态，而调试工作在临床上可能难以评估。但这个工作对患者很有意义，因为与硬性设计相比，能减少肌萎缩，帮助肌肉活动。目前，后片弹性踝足矫形器有模压塑料（图 12.15）、碳纤维（图 12.16）等不同设计。

后片弹性踝足矫形器的作用

采用后片弹性踝足矫形器的临床病例报告：患者 60 岁，有行走障碍数年，严重时不能自行走到商店。当患者行走时（没穿戴矫形器），左踝关节从背伸位开始运动，然后进一步向背伸位移动。这说明足结构不佳，小腿腓肠肌群的功能差。左侧和右侧的推进力都很弱，表明小腿腓肠肌群功能存在缺陷。摆动相的膝关节运动显示正常。在支撑相，双侧膝关节屈曲，左侧从未下降至屈曲 40° 以下。当大腿移动时双侧膝关节屈曲度有所减少。左侧支撑相早期的屈曲不良，肢体并未向前行进，因此，步幅有所缩短减少（图 12.17）。

图 12.18A 和 B 图显示，双侧第一峰和第二峰以及谷底存在类似的情况，表明负重和推离力差，双下肢移动不良，尤其是在左侧。

左下肢穿戴后片弹性踝足矫形器，矫形器的目的是改善踝、膝关节功能以及身体的行进。在理论上，踝足矫形器保障踝关节在足跟落地时保持在中立位置，同时也为阻止踝关节背屈运动，

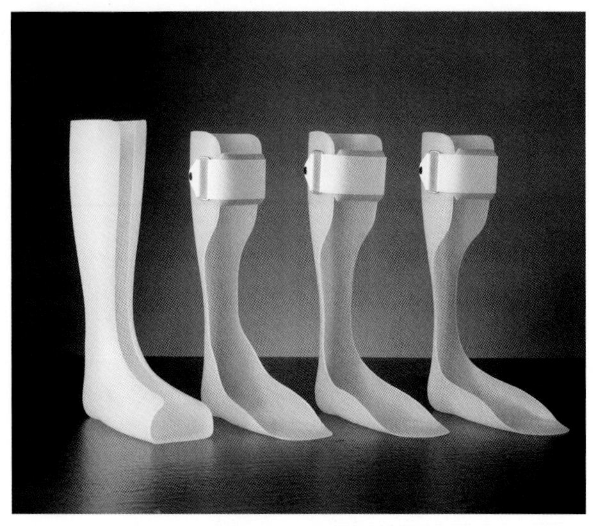

图 12.15　模压塑料踝足矫形器。最左侧：刚性支承；中：矫形器“修剪线”；最右侧：后片弹性（Otto Bock）

图 12.16　对跖屈 / 背屈辅助的碳纤维后片弹性踝足矫形器（Otto Bock）

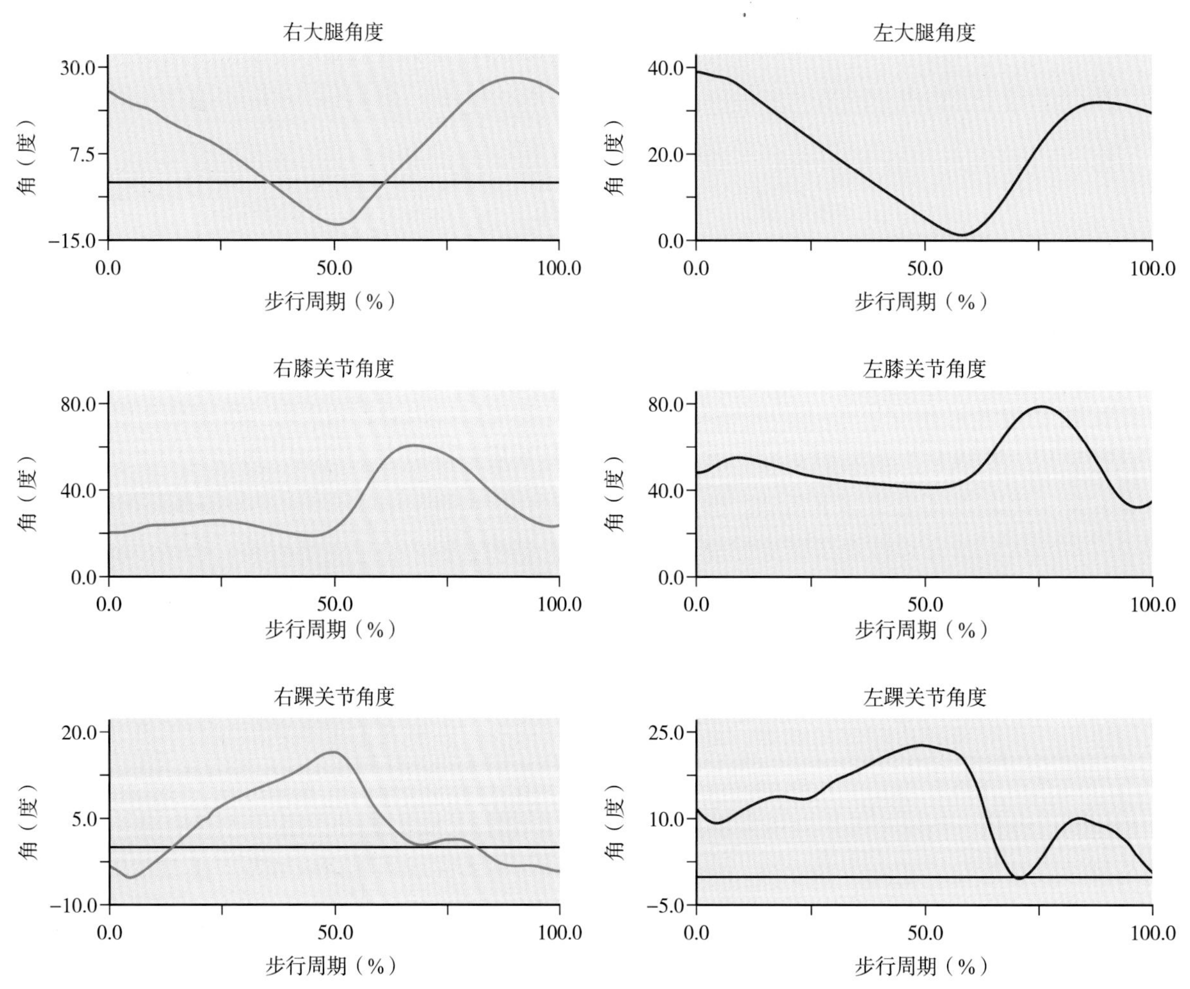

图 12.17　无踝足矫形器的运动模式

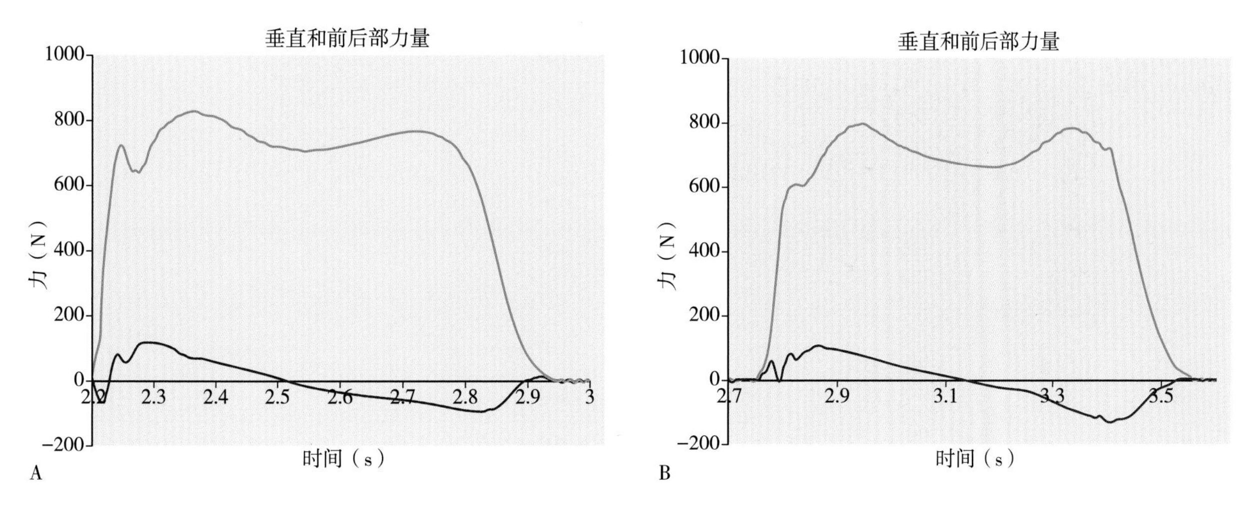

图 12.18　无踝足矫形器的力量模式：（A）右侧，（B）左侧

助力小腿对足踝的控制力，并间接减少膝关节屈曲效应。

穿戴踝足矫形器后，患者的双侧下肢在足跟落地时有明显改善，踝关节也快速移动进入跖屈状态。患者穿戴矫形器后对小腿及足踝的控制能力明显提升，支撑相的膝关节屈曲度有所下降。双侧大腿的运动模式对称，功能有所改善（图 12.19）。

图 12.20A 和 B 显示，双侧下肢的承重和推进力显著改善，低谷期的改善更为明显，数据支

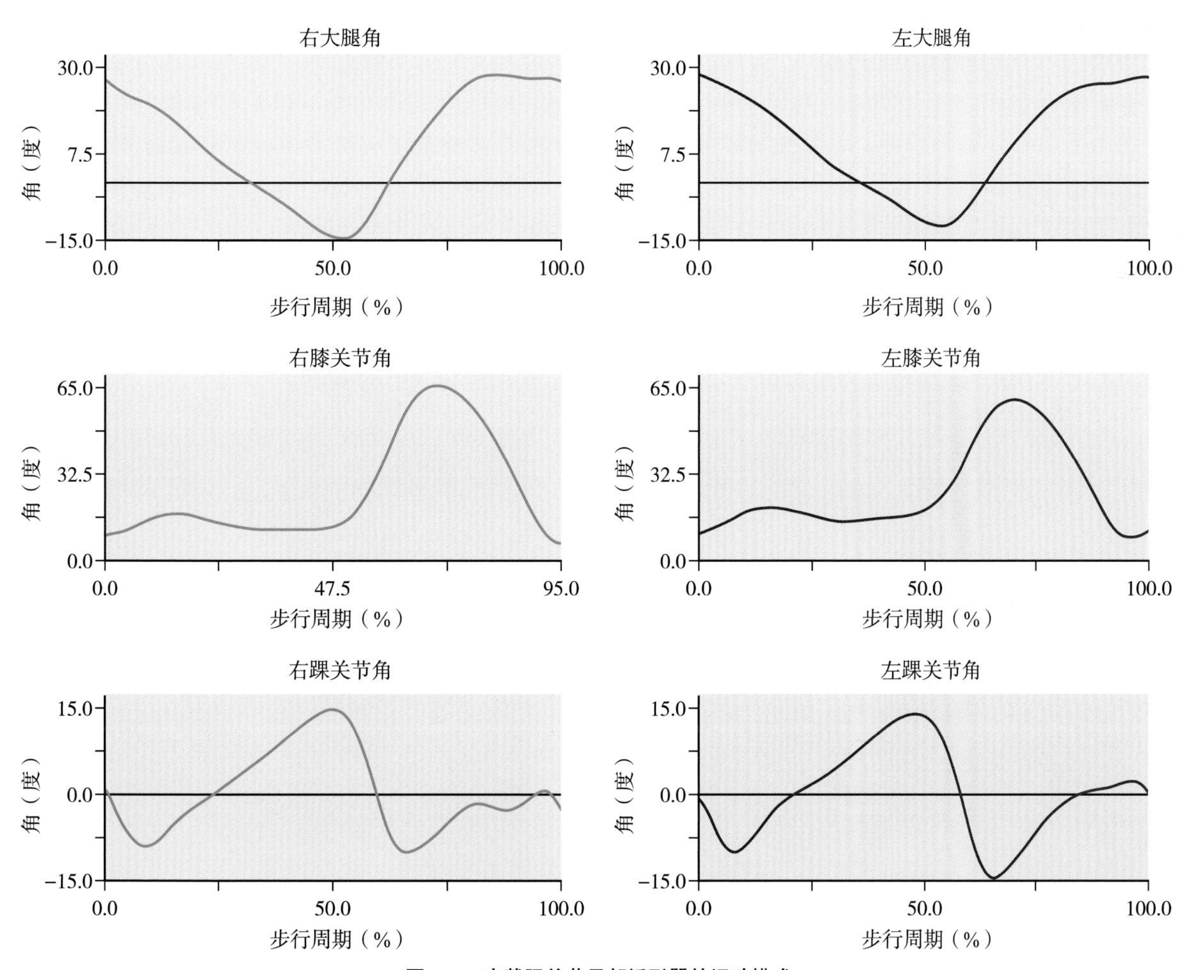

图 12.19 穿戴踝关节足部矫形器的运动模式

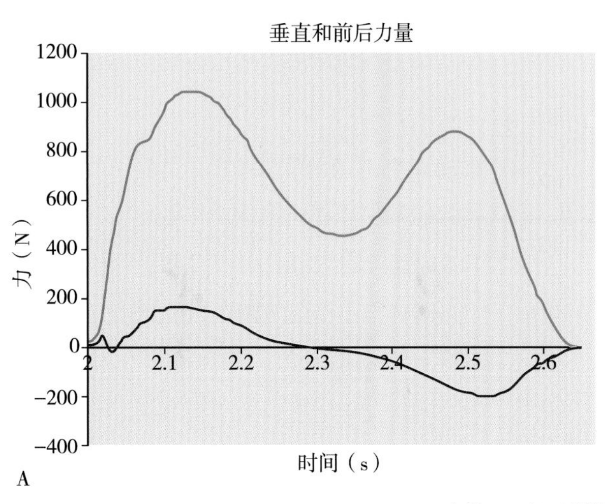

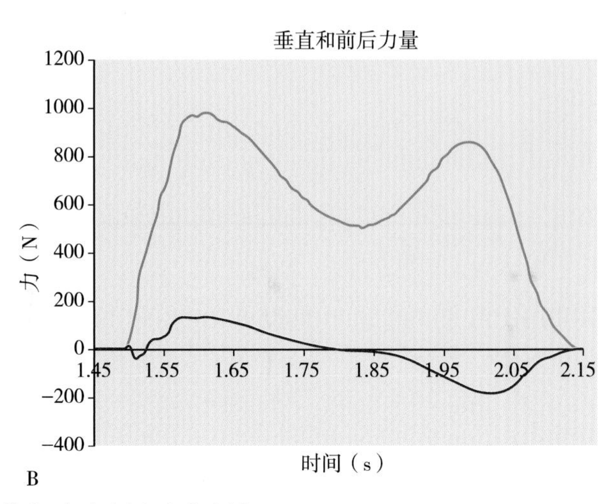

图 12.20 穿戴踝足矫形器的力模式。(A) 右侧，(B) 左侧

持了临床上穿戴踝足矫形器运动结论。

该患者穿戴踝足矫形器后，能很好地控制足跟落地的位置，虽然穿戴矫形器但他能够更快地前行。踝足矫形器不仅改善踝关节背屈状态，而且助力大腿和小腿向前的运动模式，使膝关节更容易伸展。尽管坚硬的踝足矫形器控制了踝关节的运动范围，小腿的前行变得艰难。但最重要的是，患者能行走相当长的距离，其生活质量有了明显的改善，并且经常拿踝足矫形器开玩笑。

链式踝足矫形器

链式踝足矫形器不限制踝足关节的跖屈和背屈，只是限制踝关节在冠状面和水平面、旋前 - 旋后和内翻 - 外翻。虽然踝关节可以在矢状面内正常运动，但受到跖屈和（或）背屈的影响只能在有限的范围内运动。跖屈和背屈的范围设置，取决于患者所特定要求，可以设置一个背屈范围，既不能让小腿过度前倾，又要保证小腿有一定的活动度，尤其是患者需要一定程度的离心控制，可以采用，但要预防过多运动。设置跖屈的目的是防止在摆动相的足下垂或者在足跟落地时出现足掌着地（足掌不受控制）。通过设置特定的活动限制，来提供与硬性踝足矫形器类似的功能，但链式踝足矫形器也为患者提供一些有益的控制功能。

两种常见链式踝足矫形器是金属铰链式（图 12.21）和塑料铰链式（图 12.22）。金属铰链提供良好的刚性，塑料铰提供一些支撑，但是支撑性不如金属金属铰链。塑料铰链在矢状面内的跖屈和背屈也有一定的限制。

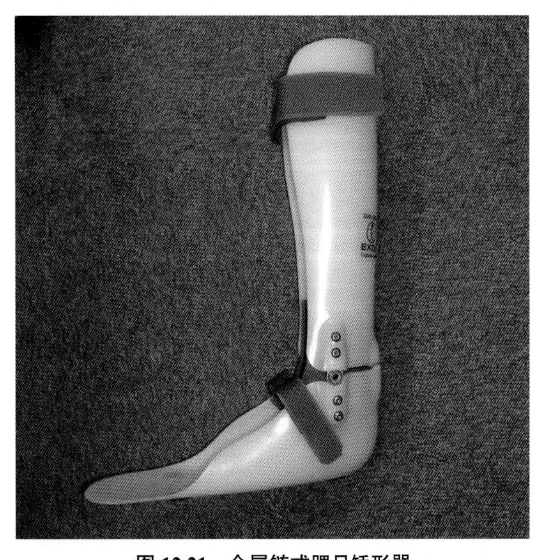

图 12.21　金属链式踝足矫形器

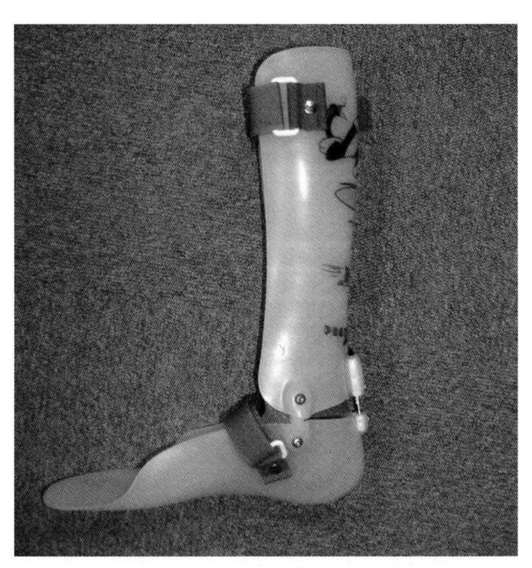

图 12.22　塑料链式踝足矫形器

踝足矫形器的最新进展体现在动力装置方面（图 12.23），费里斯（Ferris，2005，2006）设计了由肌电（低通滤过 EMG）控制的充气动力装置踝足矫形器，理论上可以通过残余的肌电活动来控制人造肌肉，外骨骼智能化和有动力装置的矫形器是未来发展的方向。同时，踝足矫形器仍需要改进便携式电源、人工肌肉控制系统和外形美学，使其更加适用于临床需求。

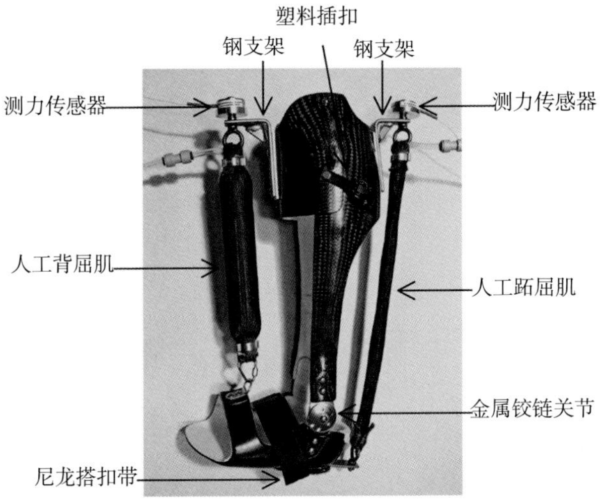

图 12.23 气动踝足矫形器

链式踝足矫形器的作用

采用链式踝足矫形器的临床病例报告，患者是脑瘫成年人，穿戴金属链式踝足矫形器来帮助行走，链式踝足矫形器背屈角度设置为 20°。

患者未穿戴链式踝足矫形器之前，步行时踝关节背屈后快速内旋，小腿向前移动再加上足内旋迫使膝关节屈曲且外翻（图 12.24A，B），膝关节也随着身体的前移而伸展。穿戴链式踝足矫形器之后，步行时足轻度跖屈，然后小腿前移以可控的方式开始踝关节背屈。从而，使膝关节保持在正常的位置，尽管膝关节会出现稍微过伸的情况。

患者的运动是如何改善的？当穿戴链式踝足矫形器开始步行，矢状面上，矫形器背屈设置为 20°，在小腿前移受限的同时也防止踝关节过度背屈。同时，通过限制冠状面的运动，预防胫骨和股骨内旋，矫形器提供更稳定的膝关节（图 12.25A，B）。

微调踝足矫形器

辛格曼（Singerman，1999）研究了 4 种不同设计的踝足矫形器的效果，注意到承重与偏转量相关的跖屈和背屈力矩。尽管不认为力矩对患者有作用，但是它为患者的精细调试踝足矫形器及设计理念提供了证据。

硬性踝足矫形器的设计中，当踝关节 5° 背屈时，对跖屈和背伸产生大约 35 Nm 的阻力力矩。如果在正常成年人 10° 踝关节背屈的生理力矩情况下，预计会产生大约 80 Nm 的阻力力矩。因此，硬性踝足矫形器实际产生一个类似的生理学力矩，也就是穿戴硬性踝足矫形器的正常测试者所获得的最大背屈是大约 10°，而且在此点的力矩是 85Nm。

通过力学和生物力学的测试表明由跖屈肌的离心收缩所做功将被显著降低，主要是硬性踝足矫形器的控制作用而形成。

辛格曼（1999）发现，后片弹性踝足矫形器在跖屈和背屈产生 15 Nm 的力矩，并且偏转 10°。在踝关节运动期间的最大生理力矩的大约 20%。说明：穿戴后片弹性踝足矫形器后可以助力踝关节的功能。塑料铰链设计也在 12° 的偏转上提供一个 10 Nm 的阻力，是正常生理力矩的 10%。

这些研究成果有许多值得注意的地方。之前科研成果都是正常成人的对比数据。而临床上，患者病理状态与矫形器和力矩之间的平衡不同。比如，我们给患儿使用踝足矫形器，患儿踝关节的背屈力矩不同于正常成人，患儿的体重、足长度和其他人体测量学都和成人不同。必须重视临床评估，通过调试矫形器来达到平衡，以最小风险取得最大临床效益，比如：痉挛是由关节运动引起的，还是由肌肉的力矩和承重引起的，以及关节挛缩对关节位置的影响。研究矫形器力学和生物体之间的平衡，以及这与临床评估之间的联系，需要进一步的跨学科研究。

12.3 膝踝足矫形器

12.3.1 膝踝足矫形器的应用

膝踝足矫形器（Knee Ankle Foot Orthoses，KAFO）结合了踝足矫形器和膝矫形器的特色。当需要更大的力矩来控制膝关节，或者当踝关节和膝关节的控制和稳定性差，通常采用膝踝足矫

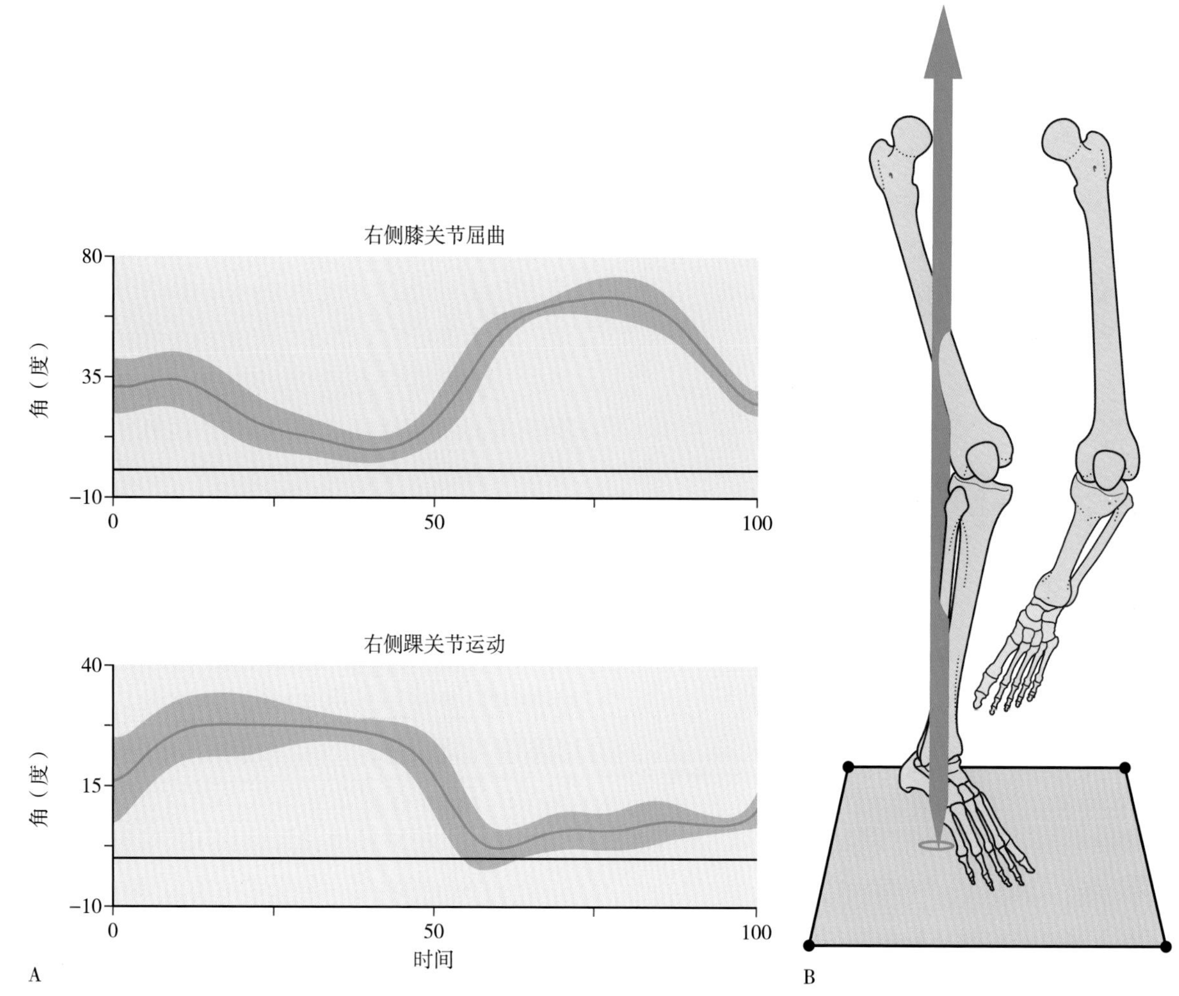

图 12.24　无踝足矫形器的运动：（A）踝关节和膝关节矢状面运动，（B）踝关节和膝关节冠状面位置

形器。膝踝足矫形器的设计可以被分为两类，传统型和美观型，传统膝踝足矫形器采用皮革和金属制作，皮革主要用作皮带和垫，金属做侧板，工艺与塑料踝足矫形器相似方式制作。美观型、现代型或者塑料膝踝足矫形器均以金属铰链连接不同部分（图 12.26A、B）。

12.3.2　膝踝足矫形器的力学系统

膝踝足矫形器采用三点式力学系统，以膝关节屈曲力矩或者伸展力矩提供任阻力（图 12.27A、B、C）。但在步行周期不同节段，地面反作用力相对于关节的位置不同，阻力性质将随着外部力矩而异。

膝踝足矫形器可以有许多配置，有金属支条，自由移动铰链等足踝组件。通过屈曲和伸展止动器的配置防止过度运动，在步行周期的不同阶段保持不同的控制能力。类似的效果可以通过锁定膝来实现，但不能限制任何功能性运动。

12.3.3　膝踝足矫形器临床病例

采用膝踝足矫形器矫治的临床病例：一位脊柱裂患儿穿戴双侧下肢矫形器矫治，左下肢穿戴有补偿性抬高的普通膝踝足矫形器，右侧是高侧壁的硬性踝足矫形器。矫正后的膝关节可以在矢状面上自由活动，通过增加大腿顶部的束带来保障膝关节侧向稳定性。

如果没有穿戴膝踝足矫形器，患儿走路时的踝关节出现较大角度的背屈，大幅拉伸小腿后肌群，拉长的后肌群让患儿非常不舒适也不安全，患儿膝关节也不稳定。穿戴矫形器之后，限制了踝关节背屈，限制了下肢更多的运动。踝足矫形器保证了患儿正常背屈（图 12.28）。

患者是否穿戴矫形器对膝关节运动模式存在巨大差异（图 12.29）。在无矫形器时，患者足跟

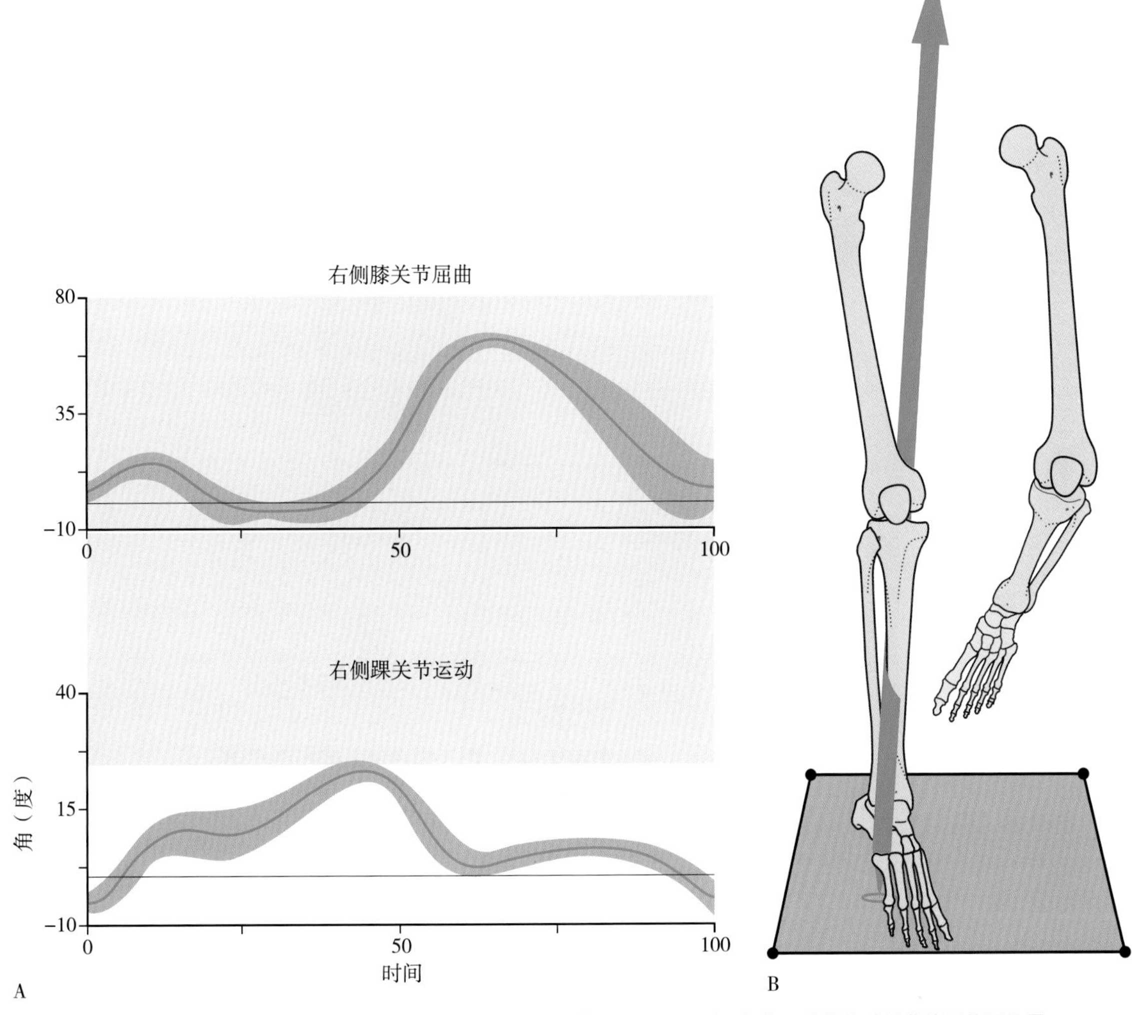

图 12.25 链式踝足矫形器的运动：（A）踝关节和膝关节的矢状面运动，（B）踝关节和膝关节的冠状面位置

着地时膝关节屈曲 28°，导致步幅明显缩短，并且踝关节出现过度背屈。步行周期开始时，负荷从支撑侧足掌向前移动，膝关节伸展。但患者膝关节继续屈曲且几乎无复原，表明股四头肌肌力差。穿戴矫形器后，膝关节的最初屈曲 3°，步幅明显延长。虽然膝关节屈曲，但程度不同，与无矫形的患者相比，有矫形器的患者在支撑相的运动控制更好。

在步行摆动相，无矫形器的患者膝关节屈曲程度比正常大，而有矫形器的患者膝关节屈曲程度比预期的轻度降低，在摆动相矫形器限制膝关节的一些运动。显然，矫形器提供了支持。并且步幅的增加也为患者带来好处。然而，膝关节的运动仍旧是一个值得关注的领域。

如何进一步改善膝关节的屈曲模式？坚硬的踝足矫形器可减少小腿向前并带动大腿进一步向前，因此减少了膝关节在支撑相的屈曲度。或者踝足矫形器使踝关节轻度跖屈，限制膝关节屈曲，可能对步行摆动相的足底空间产生影响。

关注膝关节运动模式，主要是冠状面的运动，无矫形器步行时容易出现下肢内旋。在膝关节屈曲、内旋并下肢外展作用下形成膝外翻，膝外翻角度为 30°，但穿戴膝踝足矫形器后，该角度减少到 18°（图 12.30）。

尽管膝外翻角度有所改善，但该运动模式对患者极为不利。为防止膝关节进一步畸形，需要减少这种活动，可通过加强铰链和侧钢以及在膝内侧施加一定矫正力来实现，但仍需要膝关节在矢状面内的自由活动。

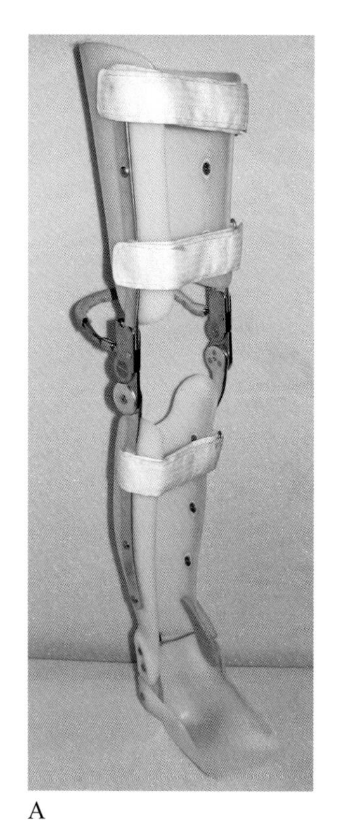

A　　B

图 12.26　膝踝足矫形器：(A) 美观型膝踝足矫形器，(B) 传统型膝踝足矫形器

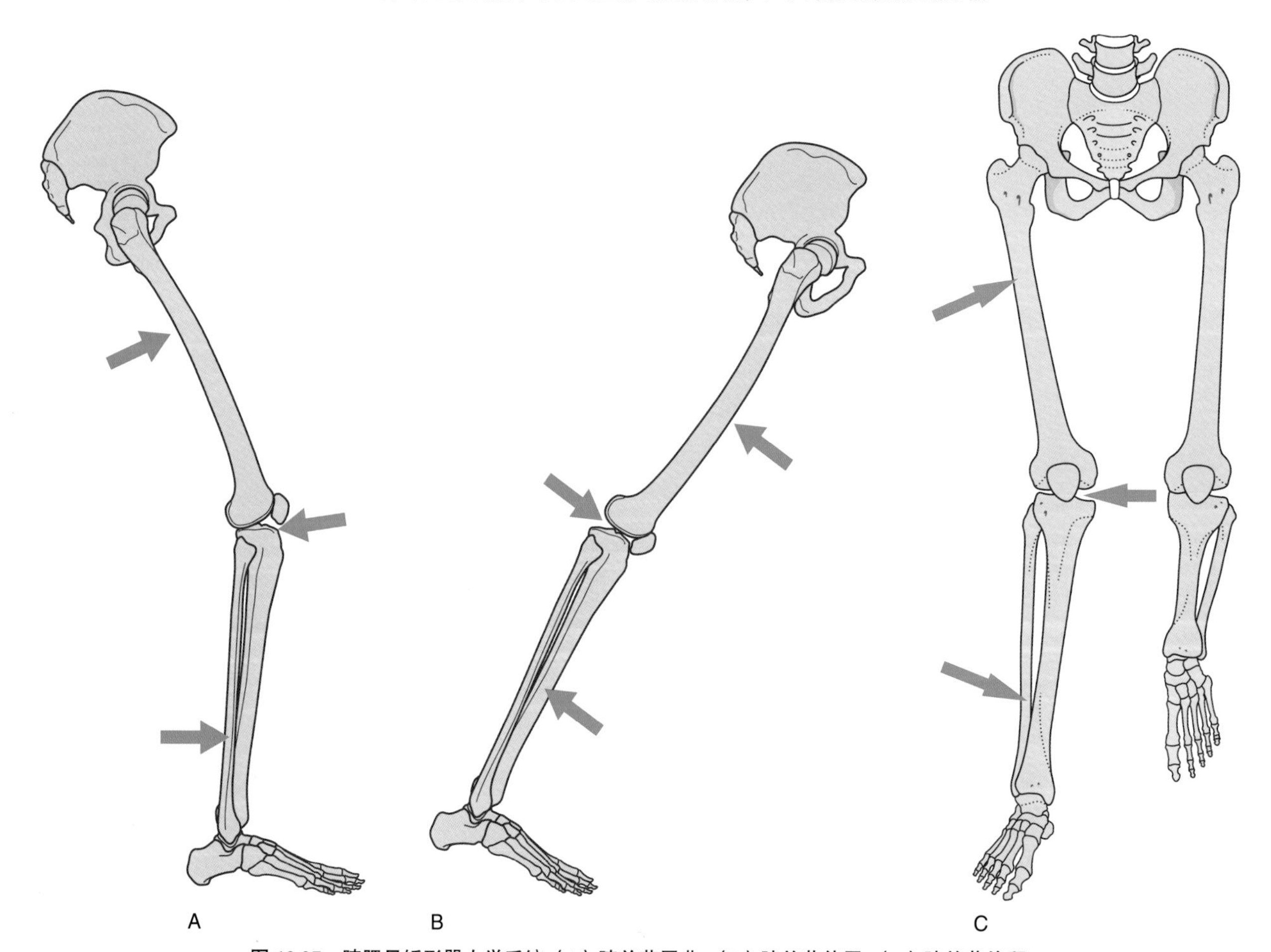

图 12.27　膝踝足矫形器力学系统：(A) 膝关节屈曲，(B) 膝关节伸展，(C) 膝关节外翻

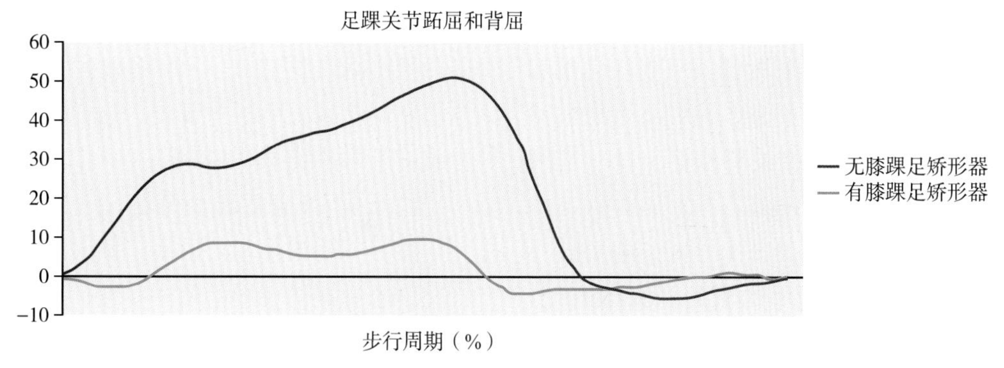

图 12.28　有膝踝足矫形器和无膝踝足矫形器情形下的踝关节跖屈（–）和背屈（+）

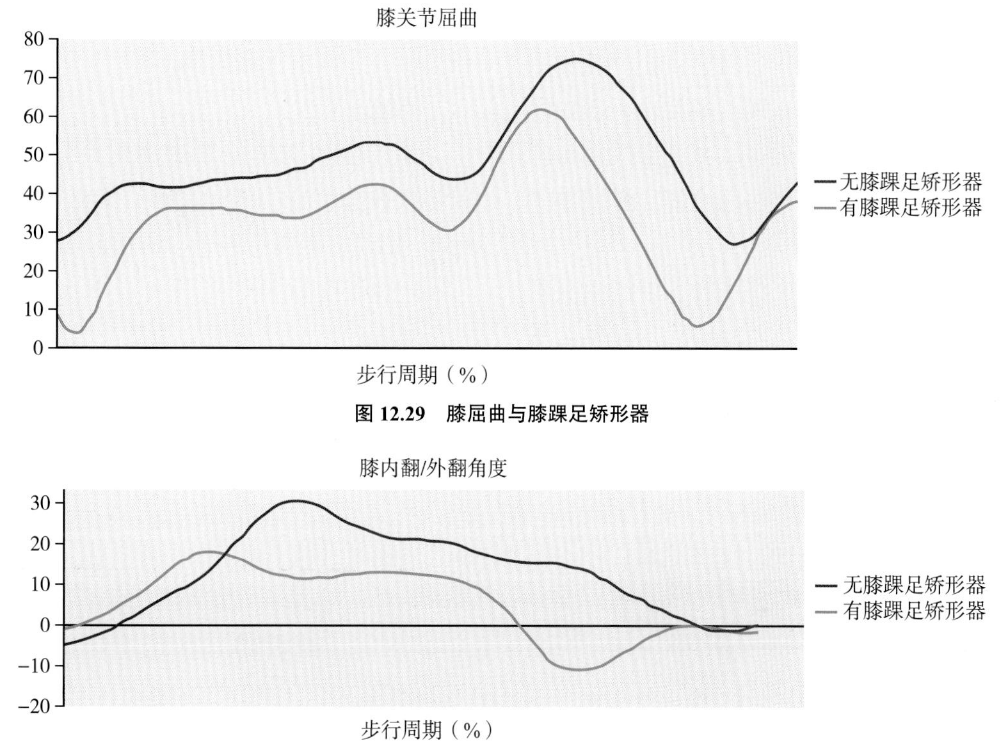

图 12.29　膝屈曲与膝踝足矫形器

图 12.30　膝踝足矫形器与膝内翻（+）和外翻（–）

12.4 膝关节矫形器 / 支具管理

12.4.1　膝矫形器生物力学

膝矫形器通过改变膝关节矢状面、冠状面和水平面的力学结构而发挥作用。通过检查记录膝关节内翻力矩、膝关节剪切力和膝关节稳定性后，采用膝矫形器来纠正膝关节的生物力学模式。

12.4.2　纠正力矩的膝矫形器

临床上常用膝矫形器来改变和加强关节力矩。我们所涉及的理论可以应用于许多不同类型的矫形治疗，包括预防膝关节屈曲、预防膝过伸、膝内翻、膝外翻和膝畸形。采用多种不同类型的铰链、支条和膝罩，而且需要很多条件。但我们尤其关注如何用弹性肌贴用于矫治内侧间室性膝骨关节炎导致的膝内翻。

使用肌贴的目的是通过对膝关节近端和远端的屈曲力矩施加外力并减少内翻畸形程度（Polio，1998），并为疼痛的内侧间室性卸载负荷。采用肌贴矫治内侧间室性骨关节炎已经有多个研究，并且报告患者经历疼痛显著缓解及身体机能的改善（Hewett，1998；Kirkley，1999；Lindenfeld，1997；Matsumo，1997；Richards，2005）及内侧间室性承重的下降（Polio，2002；Jones，2013）。但是肌贴是如何降低膝关节内侧间室的承重？是一个非常难以直接测量的科研课题；但是，内侧间室性承重的减少可间接采用膝关节内收力矩和外翻角度的下降来展示。现在，我们将考虑如何使用膝关节肌贴理论改变膝关节力矩。

12.4.3 单肢体力学分析

在采用肌贴来减少膝关节力矩时，要关注小腿和大腿对膝关节力矩的影响。首先要求大腿的股骨近端有向外的作用力，同时股骨远端有一个向内的作用力，并尽可能接近膝关节起作用，帮助减少膝关节力矩。股骨近端向外的力不产生膝关节力矩，但帮助肌贴产生一个相等且相反的作用力（图 12.31）。同样，小腿远端也需要一个由内向外的力，小腿近端需要一个尽可能接近膝关节由外向内的作用力，以形成一个最佳力矩（图 12.32）。

12.4.4 下肢力学分析

把下肢作为一个整体来分析时，就必须分析大腿和小腿两个部位的力，尤其是作用在膝关节的两个外侧力。两个外侧力都作用在膝关节中心，因此不产生力矩，内侧力在理论上需要离膝关节尽可能地远（图 12.33）。小腿和大腿的两个外侧力都作用于膝关节一个部位，这样，下肢通常被看成三点力系统（图 12.34）。

12.4.5 外翻支具力分析

膝关节矫正量主要取决于膝关节的骨和软骨状况。通过评估矫形器的力学特性及其与身体各部位的相互作用情况，我们来确定所纠正的角度。如果要求膝关节力学矫正系统纠正膝关节内翻角5°，无内部结构和组织的参与，我们就要从小腿和大腿入手纠正下肢内翻。

小腿

如果需要纠正的总内翻角度是 5°，我们可以将度数分解给小腿和大腿，需要小腿纠正内翻 2.5°，即对齐距离下肢垂直方向的 2.5° 的位置。

小腿长度为 0.45m。

小腿的质量及其质心离膝关节的距离分别为 4.05kg 和 0.25m。

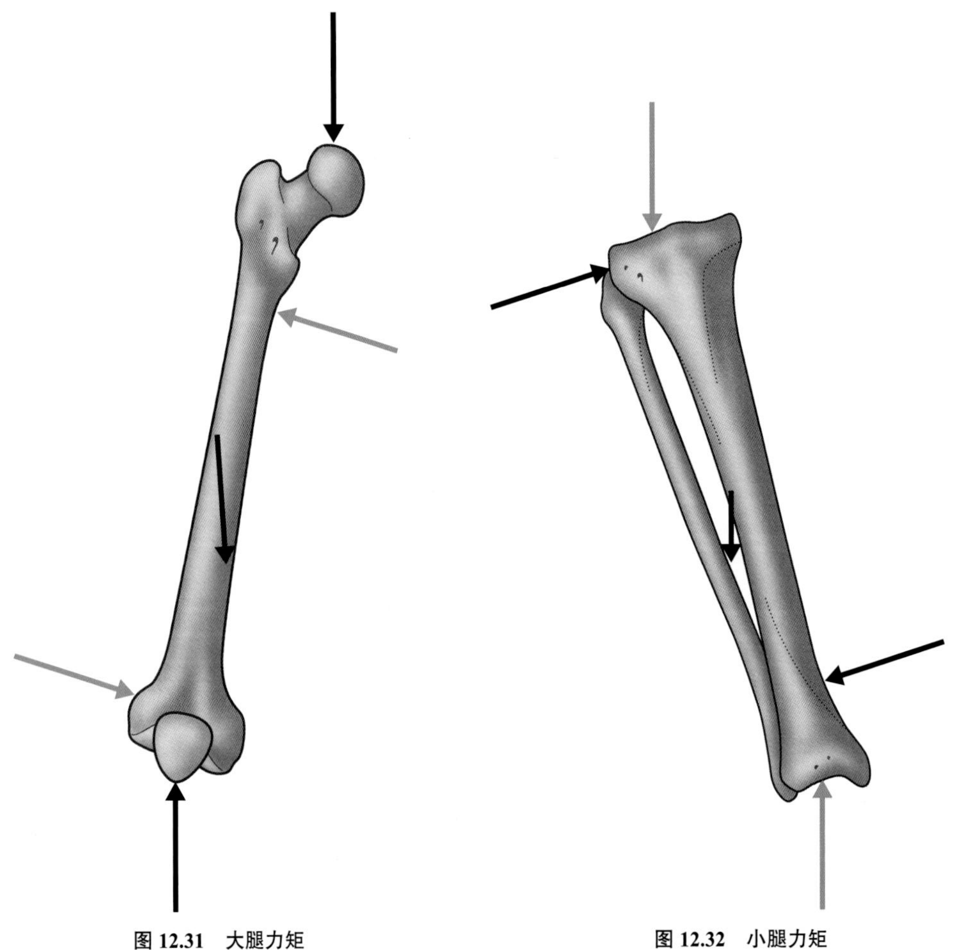

图 12.31 大腿力矩　　图 12.32 小腿力矩

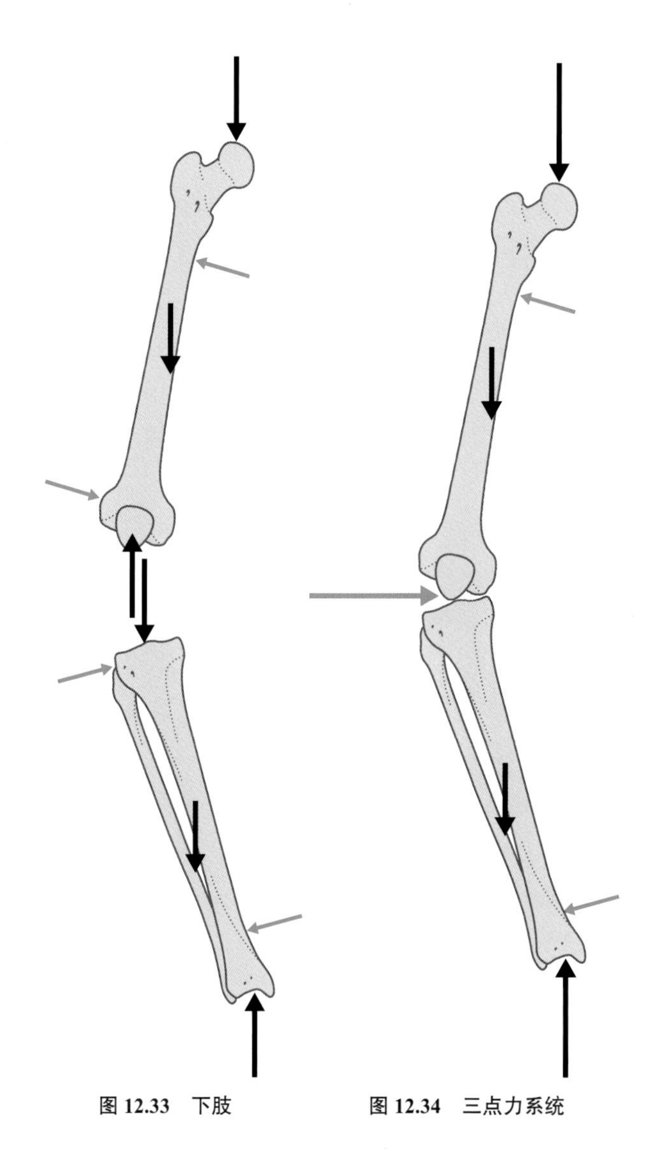

图 12.33 下肢　　图 12.34 三点力系统

矫形器被放置于距离膝关节 0.25m 的位置。

倾斜角度距离垂直线 2.5°。

踝关节上的力取决于地面反作用力和足质量。如果测试者体重是 90 kg 并且足的质量是 1.26kg，来自胫骨上的踝关节的力将是 870.54 N：

$(F_{踝关节}\sin 2.5\times 小腿长度)+(小腿质量\times \sin 2.5\times 质心)+(F_{矫形器内侧}\times 矫形器作用点)=0$

$(870.54\times \sin 2.5\times 0.45)+(4.05\times 9.81\times \sin 2.5\times 0.25)+(F_{矫形器内侧}\times 0.25)=0$

$17.09+0.43+(F_{矫形器内侧}\times 0.25)=0$

$F_{矫形器内侧}\times 0.25=16.66$

$$F_{矫形器内侧}=\frac{16.66}{0.25}$$

$F_{矫形器内侧}=66.64N$

因此，外侧矫形器的作用力必须是 66.64 N，并作用于膝关节中心（图 12.35）。

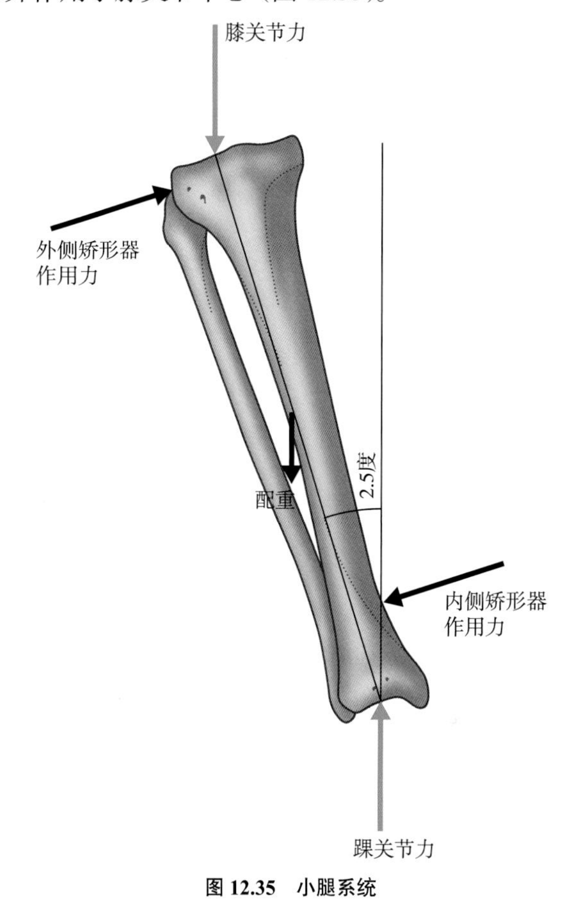

图 12.35 小腿系统

大腿

膝关节总的纠正角度为 5°，小腿段与垂直面成 2.5°，同样，大腿段也将形成与垂直面成 2.5° 的纠正角度。

如果我们计算膝关节周围的力矩，那么髋关节的垂直分力和大腿的质量将提供内收力矩，而矫形器在大腿内侧的力将提供外展力矩。因此，如果我们知道以下信息，那么我们可以得到矫形器的作用力。

大腿长度为 0.5m。

大腿的质量及其质心离膝关节的距离分别为 8.64kg 和 0.26m。

矫形器内侧被放置于距离膝关节 0.3m 的位置。

倾斜角度距离垂直线 2.5°。

髋关节上的力取决于地面反作用力和足、小腿和大腿质量。如果测试者为 90kg，足质量为 1.26kg，小腿质量为 4.05kg，大腿质量为 8.64kg，则髋关节对股骨头的作用力为746.05N。外侧矫形器作用于膝关节中心（图12.36）。

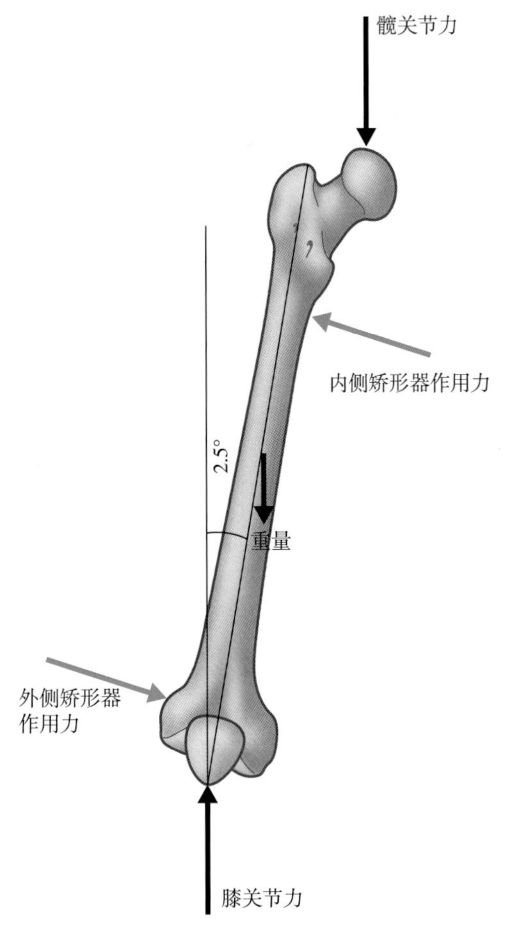

图12.36　大腿系统

因此，如果用矫形器纠正大腿角度，则：

（$F_{髋关节}$ sin2.5× 大腿长度）+（大腿质量 ×sin 2.5× 质心）+（$F_{矫形器内侧}$ × 矫形器作用点）=0

（746.05 × sin 2.5 × 0.5）+（8.64 × 9.81 × sin 2.5 × 0.26）–（$F_{矫形器}$ × 0.3）= 016.27 + 0.96–（$F_{矫形器}$ × 0.3）=0

17.23= $F_{矫形器}$ × 0.3

$$\frac{17.23}{0.3} = F_{矫形器}$$

57.43N= $F_{矫形器}$

为了纠正大腿2.5°的角度，需要矫形器外侧施加57.4N的力。也表示，为了维持膝关节的平衡力量，需要矫形器提供一个外侧支持力。

由于最大的力实际作用于膝关节，因为可以由大腿和小腿的水力的水平分向量组成，因为这两个力都作用在膝关节。因此，膝关节总的侧向力可以计算得出：

膝关节外侧力 =$F_{矫形器外侧（股骨）}$ × COS2.5 + $F_{矫形器外侧（胫骨）}$ × COS2.5

膝关节外侧力 =57.4 × COS2.5 + 66.64 × COS2.5

膝关节外侧力 =123.92 N

力的大小和接触面积产生一个接触压力，这个压力取决于矫形器支撑的角度等限制因素。

12.4.6　外翻支具是否有最大可支撑角度?

为了得到外翻支具所支撑的最大理论角度，我们首先需要计算膝关节所能承受的最大接触压力。

我们需要研究施加到膝关节上的最大尺寸，以便找到可以施加的最大力。研究证明：大于32mmHg或4.3kPa的压力会导致动脉毛细血管血流中断（Berjian，1983）。虽然该结论基于长时间压力情况下，而不是发生在步行情况下的间歇性的压力。例如，已经有研究证明足部的压力通常超过250kPa，下肢假肢的套筒最大压力在站立为34 kPa，在步行时为95 kPa（Lee，1997）。

因此，如果我们计算外翻支具的近端和远端垫的95 kPa的压力，以及2cm × 5cm的接触面积，那么可以估计可以施加到膝的最大力：

$$压力 = \frac{力}{面积}$$

$$压力 \times 面积 = 力$$

$$95\ 000 \times 0.001\ m^2 = 力$$

$$95\ N = 最大力$$

如果我们认为这是近端和远侧的最大力，则可以找到最大可支撑关节角。

小腿

（$F_{踝关节}$ sinθ × 小腿长度 ）+（ 小腿质量 × sinθ × 质心 ）+（ $F_{矫形器内侧}$ × 矫形器作用点 ）= 0

（ 888.29 × sinθ × 0.45 ）+（ 4 × 9.81 × sinθ × 0.25 ）+（ 95 × 0.25 ）= 0

399.73 × sinθ + 9.8lsinθ + 23.75 = 0

389.92 × sinθ=23.75

$$Sin\theta = \frac{23.75}{389.92}$$

$$\theta=\sin^{-1}0.0609$$

$$\theta=3.49$$

大腿

$$(F_{髋关节}\sin\theta\times 大腿长度)+(大腿质量\times\sin\theta\times 质心)-(F_{矫形器内侧}\times 矫形器作用点)=0$$

$$(800\times\sin\theta\times 0.5)+(5\times 9.81\times\sin\theta\times 0.26)-(95\times 0.3)=0$$

$$400\sin\theta+12.75\sin\theta-28.5=0$$

$$412.75\sin\theta=28.5$$

$$\sin\theta=\frac{28.5}{412.75}$$

$$\theta=\sin^{-1}0.06090$$

$$\theta=3.96$$

像之前的分析一样，作用在膝关节处的最大力由大腿和小腿段的水平分向量组成，因为这两个力都作用在膝关节，因此，膝关节总侧向力：

$$膝关节外侧力=F_{矫形器外侧（股骨）}\times COS3.96+F_{矫形器外侧（胫骨）}\times COS3.49$$

$$膝关节外侧力=95\times\cos3.96+95\times\cos3.49$$

$$膝关节外侧力=189.6\ N$$

如果最大持续压力为95 kPa，则可以计算外侧膝垫尺寸：

$$压力=\frac{力}{面积}$$

$$面积=\frac{力}{压力}$$

$$面积=\frac{189.6}{95000}$$

$$面积=0.001996m^2$$

相当于半径为0.0252 m或直径为5.04 cm的圆形垫。

因此，直径为5.04cm大小的矫形支具最大外翻角度为7.45°。在临床工作中，纠正外翻角度对较大角度的膝内翻患者是有临床意义，虽然不太可能纠正全部。但经过纠正内翻角度可以减轻疼痛并改善功能。临床常用于膝内侧间室骨关节炎患者。

在下一节中，我们将认识纠正外翻角度对内侧间室骨关节炎患者的生物力学作用。所纠正的角度是和支具的长度相关。支具长度的增加或减小都会增加和减小有效支撑的最大角度。但随着支具长度的增加，患者对支具的依从性很可能降低。

12.4.7 外翻支具用于膝内侧间室骨关节炎患者

众所周知，膝骨关节炎多发生在膝内侧间室。在正常步态中，大约60% ~ 80%的膝关节负荷传递到内侧间室（Prodromos，1985）。步行时，人们除了在起始动作出现小外展力矩（Johnson，1980；Matsumo，1997）外，在之后整个阶段几乎都是持续内收力矩，有人认为，内收力矩和负荷的增加是导致内侧间室骨关节炎发生的一个诱因（Goh，1993）。增加的负荷导致内侧间室的软骨退化，并导致股骨和胫骨内侧间室的关节空间缩小。随机对照数据证明，与对照组比较，观察组的内收力矩明显增加（Wang，1990）。增加的内收力矩导致残疾，疼痛和功能障碍是膝骨性关节炎患者的主要问题（Kim，2004），最终导致生活质量下降（图12.37 A，B）。

治疗该类患者的目的在于最大限度地减少膝内侧间室的压力（Pollo，1998），手术可以选择胫骨高位截骨术和单髁置换术，试图通过移除胫骨的一部分（楔子）来卸载内侧间室压力，并通过将负荷传递到受影响较小的外内侧间室来减少内侧间室的压力（Maly，2002；Noyes，1992）。但这类型手术可能不适合年轻人，临床上可以采用非手术治疗模式来减少内侧间室的压力，并保证膝关节功能的正常。

外翻支具常用于治疗膝内侧间室骨性关节炎，外翻支具不仅仅具有支撑能力，还可以减轻疼痛，纠正膝内翻状态，提高生活质量。多个研究已经证明了使用这种装置后缓解疼痛的生物力学效果。本节将介绍膝骨性关节炎患者应用外翻支具病例的研究数据。

膝内翻

外翻支具是否对膝内翻患者治疗有作用是临床争论的焦点之一。最近的研究（Pollo，2002；Jones，2013年）表明，外翻支具可以纠正患者膝关节冠状面的内翻角度。

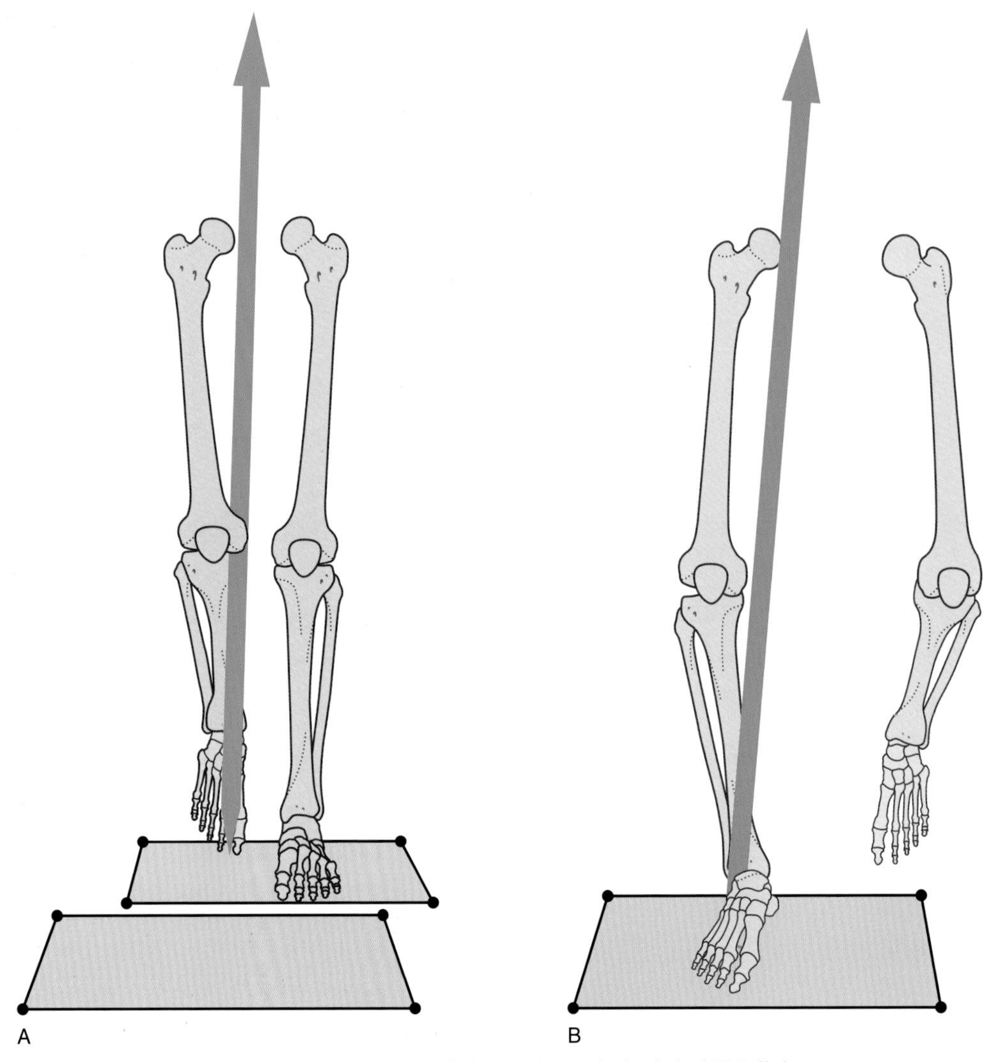

图 12.37　地面反作用力和内收力矩：(a) 正常膝，(b) 膝骨关节炎

下文的病例数据显示了患者穿戴外翻支具前后的步行即时效果，患者安装的支具是 OA 调节器（DJO 公司），允许临床医师通过“校正器”手动调控支具。先调整支具贴近膝关节侧面，然后再调 5°（图 12.38）。把支具的松弛部分拉紧，最后尝试再矫形 5°。对内翻角度影响最大的是在步行周期的 0 到 20% 的承重期间（图 12.39），最大承重点大概在步行周期的 10% 处，穿戴支具和未穿戴支具的情况相差 3°，表明实际修正结果达到手动调控的目的，并减少地面反作用力在冠状面上的力臂。

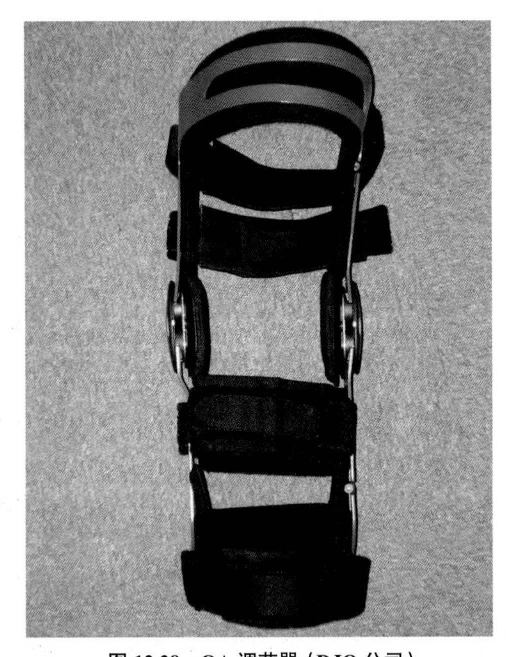

图 12.38　OA 调节器（DJO 公司）

膝内收力矩

膝内收力矩（M=F × d)）迫使膝关节向外（内翻）并在膝关节内侧产生压力。通常采取三种措施，承重时膝关节最大内收力矩（第一个峰值）、

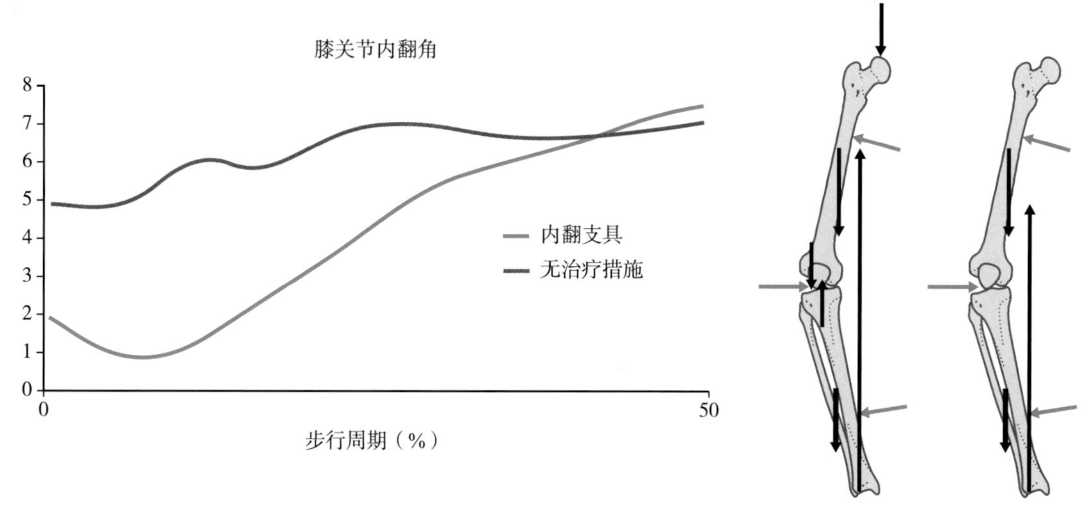

图 12.39　步行周期从 0 到 50% 位置的内翻角度

推离时膝关节最大内收力矩（第二个峰值）和冲击力矩（图 12.40）。

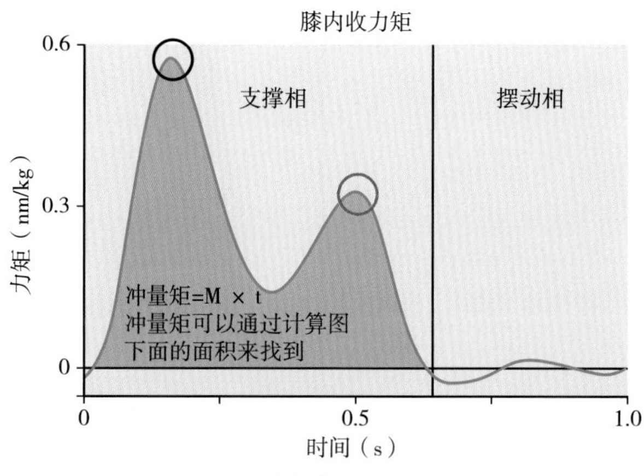

图 12.40　膝内收力矩和冲击力矩

冲击力矩增加了时间维度，所以它不仅仅是力矩变化，它还关系到该力矩的作用时间变化。如果这个人走得慢，最大力矩可能越低，但随着时间的延长，冲击力矩可能变高，从而使承重作用在膝内侧的时间越长。

基姆和他的同事（Kim，2004）研究了健康对照者和膝骨关节炎患者的内收力矩。他们发现相同年龄和性别匹配的骨关节炎组与正常组的内收力矩有显著差异，骨关节炎组的内收力矩平均增加了 50%。Kim 还发现膝内收力矩与（安大略省西部和麦克马斯特大学）关节炎指数（WoMAC）之间存在相关性。该结果支持了哥赫及其同事（Goh，1993）的结论，他们认为：内收力矩和负荷的增加是导致内侧间室骨关节炎发生的因素。

由于负重时膝内翻角度变小导致的膝关节力臂的减少反过来导致膝关节内收力矩的变小。在下一节中，我们看到在这种情况下，支具使内收力矩减少 7%（Jones，2013）。

12.4.8　应用鞋和足矫形器改变膝关节力矩

患者在穿戴不同的鞋和足矫形器后，改变了足跟与胫骨的排列位置以及内外侧力，也影响了膝关节冠状面上的力矩。图 12.41 显示在膝关节冠状面，内侧楔块增加了膝力矩。但外侧楔对膝力矩没有产生变化。

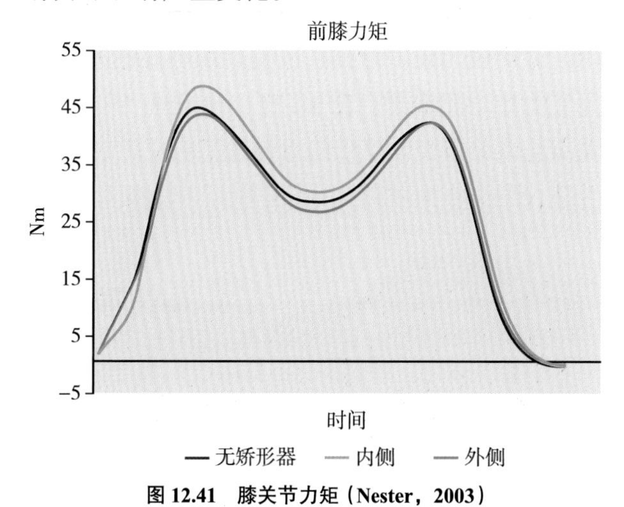

图 12.41　膝关节力矩（Nester，2003）

外侧楔入治疗膝内侧间室骨关节炎

纠正膝内翻和减少内收力矩是治疗膝内侧间室骨关节炎的重要措施，之前曾使用外翻支具来纠正膝内翻畸形并减少内收力矩。现在提出的另一种治疗方法是在鞋跟外侧侧向楔入硬材料。在前面的内容中，我们介绍了地面反作用力是如何改变压力中心，但在临床上是否真的能减少膝关节内收力矩？而通过楔跟（硬材料置于鞋跟外侧）形成外翻力矩，客观上人为地改变为外翻位置。有理论认为，楔跟在负重时可改变踝关节和距下关节的位置（Pollo，1998），在膝和足跟形成一个外翻力矩。

临床试验已被证明，使用楔跟鞋可以显著减少膝内侧间室骨性关节炎患者的内收力矩（Jones，2013）。穿楔跟鞋可降低膝关节的内收力矩，反过来又减少了内侧间室的压力。进一步改善患者的步态功能。在这种间接的膝关节治疗中，许多生物力学因素都发挥了作用，包括压力中心位置的改变、足内侧的地面反作用力，足形和足接触面积。

外侧楔入治疗膝内侧间室骨关节炎的疗效

相对于普通鞋，患者在使用“运动鞋”后（Skooor，2013），患者的膝内收力矩和自我感觉得到了明显改善。通过对膝关节骨性关节炎患者赤足、穿普通鞋和穿“运动鞋”进行步态对比分析后，发现，在24周内，与穿普通鞋相比，穿“运动鞋”患者的膝关节内收力矩减少了18%。此外，疼痛程度降低36%。这款“运动鞋”是通过改良鞋底来使地面反作用力更偏向足外侧面，因此减少了膝内收力矩。此外，改良后的鞋底也改变了足压力中心的位置（图12.42）。本研究为鞋在膝关节骨性关节炎治疗中的重要性提供了理论支持，并建议鞋类作为矫正工具长期使用来改变步态。

图 12.42　膝骨关节炎治疗鞋

12.5 使用支具改变膝关节的平移力

12.5.1　矫形器纠正膝关节平移

临床上常常用前抽屉试验来检测前交叉韧带（anterior cruciate ligament ACL）是否损伤，已有文献报道，这个方法还可用来检测胫骨和股骨之间的平移运动。

临床上采用ACL支具来恢复膝关节的稳定性，ACL支具易与其他类型的支具（骨关节炎外翻支具）相混淆，后者主要是改变冠状面上的力矩。但ACL支具的理论机制与其完全不同，骨关节炎外翻支具的力可以简化为三点力系统，ACL支具的情况并非如此。人们在行走时有垂直和前后两种力，前后力在踝关节和膝关节处产生剪切力，前交叉韧带在一定程度上改变剪切力。当前交叉韧带受损时，就失去保护膝关节的作用（图12.43）。

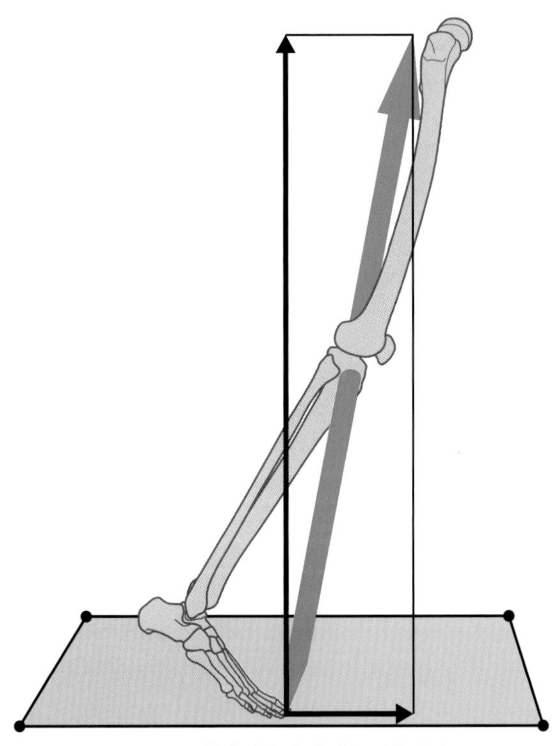

图 12.43　推离过程中的地面反作用力

为了理解ACL支具的理论，我们需要分析踝关节、膝关节和髋关节的力情况。当我们分析支撑相后期作用于胫骨和股骨段的力，在踝关节处会有一个从足到胫骨的垂直分力和前向力，膝关节也受到相等和相反的后向力的作用。膝关节的这种后向力随后会传递到股骨段，其中一部分是通过前交叉韧带的来传递。这个力将在髋关节受到相等和相反的后向力（图12.44）。

因此，作用在股骨上的前向力以及作用在胫

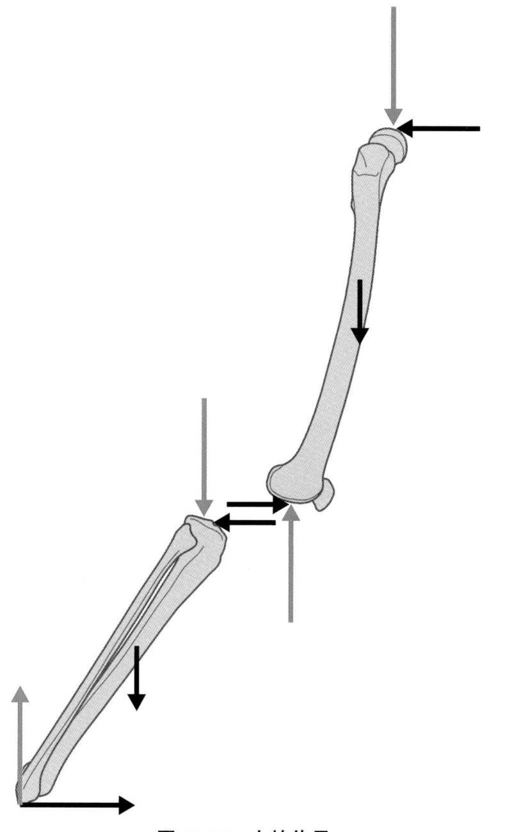

图 12.44　力的传导

骨上的相等和相反的后向力，都来自于前交叉韧带中的张力。那么，当前交叉韧带受损时会发生什么呢？为了认识到这一点，我们假设膝关节完全没有前交叉韧带和其他结构，膝关节的剪切力将不能传导，踝关节的前向力就没有阻挡，胫骨段会向前移动，但同时来自髋关节的后向力将产生后向运动。因此，间接证明了，前抽屉试验的性质以及它与前交叉韧带功能障碍的关系（图 12.45A，B）。

前交叉韧带的手术重建主要采用聚四氟乙烯人造韧带，或取自髌腱或腘绳肌腱来替代。虽然平衡了膝关节内前后力，并恢复膝关节的平移稳定性，但 ACL 支具具有相似的功能目标。ACL 支具通过外部力系统替代来自前交叉韧带的力，恢复膝关节的平移稳定性。

为了恢复膝关节的平移稳定性，支具需要提供在胫骨的前近侧面上后向力和作用于股骨的后远侧方面的前向力，并阻止其向后平移（图

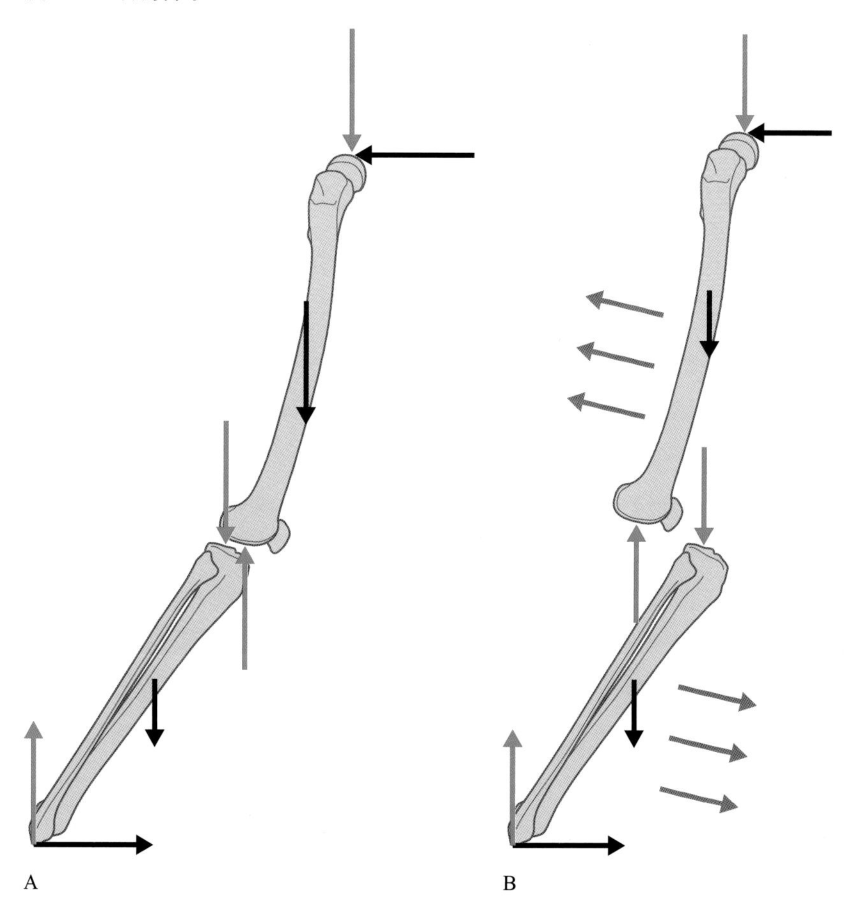

图 12.45 （A 和 B）膝关节前交叉韧带缺失的力分析

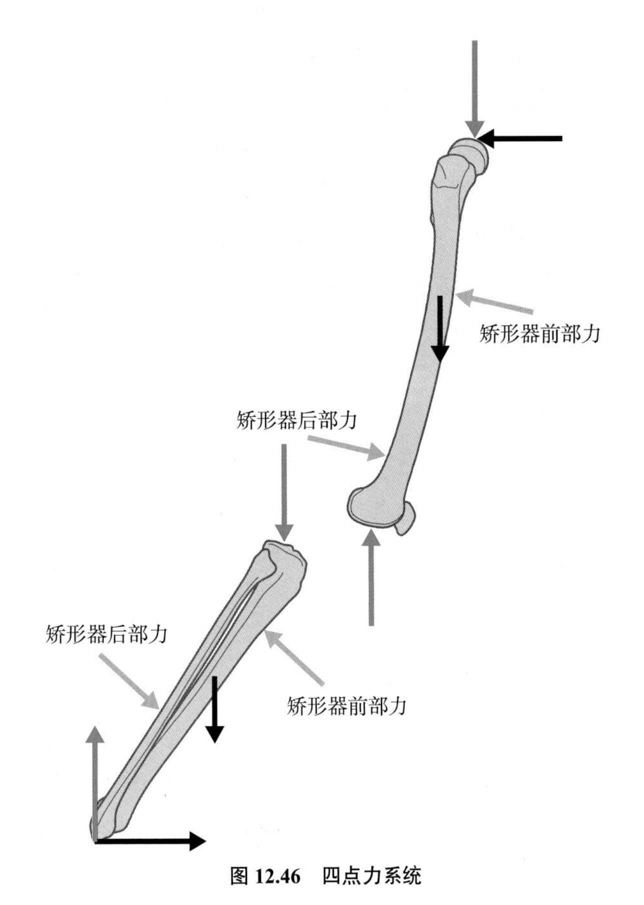

图 12.46　四点力系统

12.46)。此外还需要额外的力来保证支具的稳定性。胫骨远端还需要一个前向力，而股骨近端前侧也需要一个后向力。为了减少扭转效应，膝关节两侧的力应尽可能靠近膝关节中心，从而使所需的力矩最小化。之前我们用三点力系统支具控制关节周围的力矩，但平移稳定性所需的力的方向是不同的，三点力系统不能提供膝关节所需要的平移稳定性。因此，需要不同的承重系统和不同的支具设计来控制剪切力，现在需要四个力来防止大腿和小腿之间的平移运动。被称为四点固定支具或四点力系统。如果支具铰链允许矢状面上的屈曲，则这种支具可以运动。四点杠杆系统膝关节支具是目前使用的一种铰链式前交叉韧带支具（图 12.47）。

12.5.2　膝软支具“力学”

很多研究髌股关节疼痛的学者关注于负重侧下肢，虽然临床上最常见的是非负重侧下肢膝关节疼痛。治疗的目的是改善膝关节的力平衡，髌股支具和肌贴都是通过调整髌骨位置来改善肌合力。髌骨位置的改变对膝关节的冠状面和水平面会有更大的作用。但迄今为止的研究主要集中在矢状面上，对扭转面和冠状面的力学研究很少。

自 1986 麦康奈尔（McConnell）发表的里程碑论文以来，在髌股关节领域，出现很多有关贴布的临床科研成果。肌贴技术现在是髌股关节临床治疗方式之一。尽管文献认为肌贴能有效缓解疼痛，但关于肌贴的作用机制仍存在争论。最近的研究工作强调了肌贴对本体感觉的作用（Baker，2002；Callaghan，2002）。

图 12.47　四点式杠杆系统膝关节支具（DJO 公司）

与肌贴相比，关于支具用于髌股关节的研究较少，只有近 7% 的研究文献研究支具和髌股关节痛（Selfe，2004）。据文献报道，支具通过增加关节的稳定性而缓解疼痛，但支具会降低肌肉收缩力（Nadler & Nadler，2001）。特别是髌股关节支具的设计是为了“减少对髌骨的压力以及防止过度侧向移位”（Nadler & Nadle r 2001）。虽然结论有意义，但研究例数太少，仍然存在争议。根据定义，软支具没有刚性结构，这一事实引发人们对其功能的争论。在一些欧洲国家，软支具不被认为是治疗性的，因此不能开处方。而软支具中的铰链式支具可以开处方。那么，软髌股支具背后的“力学”是什么，这些对关节的承重和稳定性有什么影响？

髌股支具力系统

髌股支具能满足膝关节屈曲运动的生活需求，需要通过调整髌骨向膝关节提供内侧的侧向稳定性和旋转稳定性。为了实现这一点，设计了软支具，并允许支具的中间部分向近端和远端移动。因此，根据髌骨矫正的需要，可以通过向内侧或外侧拉紧来产生扭转“矫正”。在某些支架设计中，支架上装有半圆形支撑件，以确保将力引导到髌骨（图 12.48）。

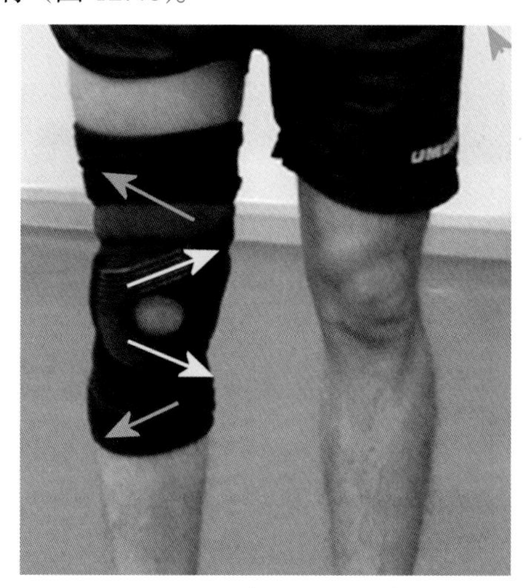

图 12.48　髌股支具力系统

髌股支具对关节稳定性的影响

绝大多数的膝关节爬楼梯研究都集中在矢状面上。但考尔克（Koalk，1996）的研究说明，虽然膝关节外展 - 内收力矩不是重点，但在研究爬楼梯期间膝关节的稳定性和功能时，不应忽视膝关节外展 - 内收力矩。鲍尔斯（Powers，2003）补充说，膝关节通过其水平面运动消除旋转力。鲍尔斯还指出，胫骨和股骨在矢状面和水平面的运动可以影响髌股力学。在髌股关节的功能性治疗中，有关髌骨支具和肌贴的疗效引发人们的关注，通过调整髌骨的位置来影响膝关节的冠状面和水平面运动，达到治疗目的。

一项健康对照者和髌股关节疼痛患者随机对照研究来测试髌股支具对关节稳定性的影响（Selfe，2008，2011），通过研究测试者缓慢下台阶来评估膝关节的控制能力。测试者随机分三组：（a）不干预，（b）中性髌骨肌贴，（c）髌股支具。课题组设计了一个平台并安置在地板中央，并形成了 20 cm 高的标准台阶。该平台可以测量下肢矢状面、冠状面和水平面的力学数据。使用校准解剖系统技术（CAST）在足部、小腿和大腿上放置反射性标志物（第 9 章）。研究目的是评估身体从台阶上缓慢下降时膝关节的控制能力，然后对膝关节的运动学和动力学数据进行量化。

研究结果表明：髌股支具对膝关节有良好的控制能力，髌骨支具在身体从台阶上缓慢下降时所获得的膝关节冠状面和水平面的运动数据支持这个结论。结果表明，肌贴和支具影响了膝关节的冠状面力矩，当身体从台阶上缓慢下降时对膝关节产生了相当大的控制力，其中支具的影响最大（图 12.49A，B）同时结果显示，矢状面在两种干预行为中没有任何变化。

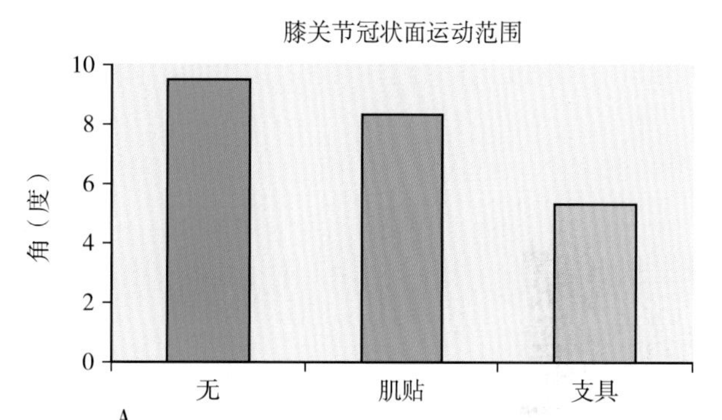

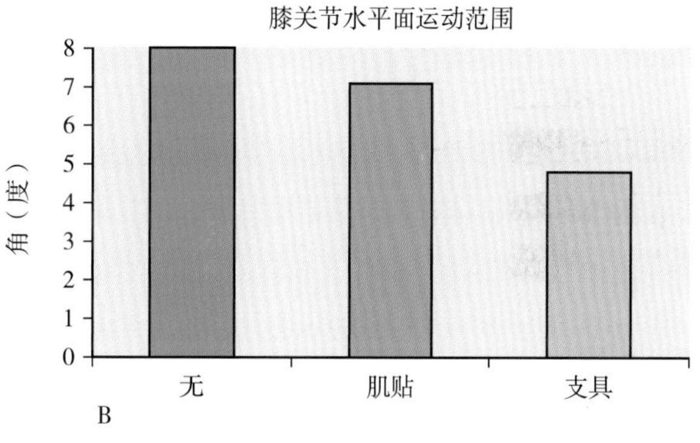

图 12.49　身体从台阶上缓慢下降时：(A) 冠状面的运动范围，(B) 水平面的运动范围（Selfe，2011）

这些研究结果也提出了一个新的问题：“软”性支具到底是如何做功的？是通过力学产生的，还是通过改善本体感觉来助力关节提升控制能力？进一步的研究表明，在动态运动测试中，“软”性支具在改善运动功能、提升关节控制力和关节稳定性方面也有类似的效果（Hanzlikova，2016 年）。此外，“软”性髌股支具还可以在特定运动任务中显著减少疼痛和髌股关节的负重，包括患有髌股关节疼痛的运动员慢跑和单腿跳（Sinclair，2016）。在这种情况下，通过三维力学分析而不是单个平面运动测试来评价“软”性髌股支具的效果是非常重要的。

总结：矫形生物力学

■ 足矫形器可直接影响足和踝的运动以及地面反作用力。足矫形器可以对膝关节、髋关节和骨盆的功能产生显著的作用。

■ 不同的踝足矫形器可以保护踝关节，协助肌肉完成某个动作，或者在安全的范围内自由运动。使用踝足矫形器有助于踝关节、膝关节、髋关节和骨盆产生治疗效果。

■ 需要不同配置的膝关节矫形器或支具维持膝关节正常的力矩、剪切力和轴向力。合适的配置可以有效改善膝关节功能、提升膝关节稳定性和生活质量。

■ 矫形器的配置具有体特异性，发挥矫形器的最大效果取决于患者的肌肉和关节功能。

第13章 下肢截肢者日常活动生物力学应用

目的

掌握分析下肢截肢者和健全个体行走和上楼梯的力学数据的方法，并根据截肢平面和假肢类型进行比较分析。

目标

- 了解下肢截肢侧肢体和完整侧肢体之间的对称性。
- 了解胫骨和股骨截肢者所用假肢的差异。
- 分析下肢截肢者在行走、上下楼梯的步态特征及代偿的动力学策略。

13.1 引言

下肢截肢的主要类型有：踝关节（Symes 截肢术）、膝关节以下（经胫骨）、膝关节（Gritti-Stokes 截肢术）、膝关节以上（经股骨）或者髋（髋离断术）。大多数下肢截肢者学会使用假肢行走，并能相对轻松地完成许多日常任务，本章将介绍下肢截肢者的运动学和动力学特征。

13.1.1 人口学特征

患者因创伤、外周动脉病、糖尿病、恶性肿瘤或感染而截肢。也有一些先天骨骼畸形或者缺少肢体，美国每年大约有 185 000 例上肢或下肢截肢术（Owings & Kozak，1998），而英国要少得多，每年大约5000 ~ 6000例下肢截肢术（National Amputee Statistical Database，2009）；据预测，到 2050 年，截肢患者的数量将增加一倍（Ziegler Graham，2008）。

临床上因病而截肢的患者大多是 50 岁以上成年人，这些截肢者往往合并有肌肉骨骼相关问题。下肢截肢者可通过装配假肢重新学习走路，并形成与截肢水平相配套的步态模式。

13.1.2 对称性

大多数下肢截肢者都是单侧截肢，容易造成双下肢不对称；患者失去了膝以下或膝以上的骨骼、肌肉、神经和结缔组织，并被具有系列功能的假肢组件所取代；医疗专家往往需要解决下肢截肢者在步态模式的不对称问题（ Lloyd,2010 ）。

双侧肢体严重不对称性会引发系列风险，包括健侧超负荷导致的骨关节炎（Lloyd ，2010），残肢长期去负荷引发的骨质疏松症（Sherk，2008），特别是大腿截肢者的骨质疏松和腰痛（Hammarlund ，2011）。但有学者认为，下肢截肢者双侧肢体不对称是可以接受的，温特和西恩科（1988）甚至提出："当步态对称时身体任何肌肉骨骼系统的主要结构并不对称；人类不可能达到结构对称的最佳状态。"即在残肢系统和假肢的力学状态下，截肢者可形成一种新的非对称优化方案。（Winter and Sienko，1988）。该结论也得到了一项研究的支持，当假肢的特性与健侧肢完全匹配时，步态的对称性（通过站立时间和步长来衡量）会改变（Mattes，2000）。此外，当两肢之间的特性匹配紧密时，行走的能量消耗会增加。因此，应谨慎考量两侧肢体之间的完美对称。

13.2 假肢的类型

假肢通常由数个组件组成：1 个接受腔（残肢和假肢之间衔接的部位）、1 个连接管件（提供外骨骼支持）、1 个假肢踝关节和（或）膝关节及足板（使假肢看起来更逼真）。装配假肢的目的是，为患者在支撑相和摆动相期间提供稳定性和功能性，特别是假肢应舒适耐用，以确保最大限度的安全。技术上最先进的假肢组件可能不适合每个人，并且应该对此关注以确保下肢截肢者所安装的假肢组件适应他们的活动水平和生活方式。

13.2.1 小腿截肢者

目前，可供小腿截肢者选择的几种假肢因性能和成本而异。最简单的标准假肢足没有踝“关节”（即非关节），也不能运动，并且在膝关节保持伸直状态时，没有做功能力。

在第二次世界大战之后，采用软橡胶鞋后跟设计出 SACH 足（solid ankle-cushioned heel，定踝软跟足）。在足跟着地时，软跟在压力作用下变形，然足跟着地，类似于足的跖屈，在假足继续前行的过程中，足掌部分的活动近似于趾背伸。在承重期间 SACH 足的设计保障了膝关节可以屈曲。由于 SACH 足维护成本低，目前仍在使用。但 SACH 足没有踝关节的功能，有些日常活动难以完成，不能满足活动比较多患者的要求。

其他假足，由于有单关节轴或多关节轴的存在，假足围绕轴可以作背屈、跖屈运动；假足的结构也决定了其所在平面内运动范围，具有可变的翻转特性；多轴假足可适应不同的地面，并在具有挑战性的环境中提供更流畅的运动，例如在不平坦的地形上承重行走和越过障碍物。动力反馈式足部假肢（Dynamic response feet）具有能量贮存和释放功能，当足部推离地面时释放势能；除了自然的步态模式之外，还特别增加了推离力（Segal，2012）。这些假肢通过复杂设计来减少残肢上的承重，让使用者更舒适地进行跑跳运动。

动力或者仿生智能假足使用了主动阻尼或者弹簧离合器装置来调控假足踝关节适应地面的能力（Au 和 Herr，2008）。目前该领域的技术正在迅速发展，工程师和生物力学研究人员研发一种假肢，这种假肢可以模仿人体足部及其力学性质且不增加质量。

13.2.2 大腿截肢者

大腿假肢可分为机械假肢和微处理器控制假肢。机械膝关节假肢与踝关节假肢类似，可以围绕一个单轴或者多轴移动。一般认为，膝关节假肢的稳定性越高，使用的功能就越少。随着膝关节假肢功能的增加及其关节稳定性的下降，给使用者带来安全风险。因此，假肢装配后需要长时间调整，以确保使用者日常活动和生活方式达到最佳效果。

姿态激活控制系统稳定性

锁定系统增加了膝关节假肢的稳定性，手动锁定系统可由使用者自由锁定和解锁。承重自锁智能系统是使用者处于站立时膝关节假肢激活该系统（姿态激活控制），系统被锁住后能阻止膝关节屈曲或者“打软腿”。尽管这样做可能形成不自然的步态，同时增加了用户的体力消耗和能量代谢（Dupes，2005）。但该系统对身体某方面欠缺或者处于不稳定环境的使用者而言，承重自锁智能系统对使用者更有利；姿态激活控制系统可替代手动锁定系统，承重自锁智能系统膝关节假肢适合活动少的使用者。在承重情况下，膝关节假肢就会被锁定。一旦负重转移，比如在坐位时，膝关节假肢就可以自由屈曲。

摆动相的动作控制

为了改善下肢摆动相的运动控制能力，膝关节假肢可以采用恒定摩擦阻尼或可变摩擦阻尼装置来提升运动控制能力，也可以采用气动或液压机构的液压驱动系统。通过旋转轴的机械摩擦阻尼装置来调控膝关节假肢运动，膝关节恒定摩擦阻尼装置通常具有重量轻且耐用的优点，缺点是恒定摩擦阻尼装置是针对步行速度来进行调整的，因此使用者的灵活性较低。膝关节假肢的可变摩擦阻尼装置设计理念是：膝屈曲时摩擦阻尼就会增加，使用者可自由改变步行速度。这种类型的膝关节假肢需要频繁调整。

液压驱动系统使用流体动力学来提供可变阻力，以便在摆动相对下肢运动进行更好地控制。液压驱动系统实质上是活塞式液压传动装置，活塞的一头连接到膝关节假肢后面的螺栓，活塞的另一头连接到假肢的支点（Muilenburg & Wilson、1996）。当膝关节假肢屈曲时，液压驱动系统被压缩，当膝关节再次伸展时，它就会将贮存的能量释放。液压系统使用黏性流体（即油）而非空气。液压控制系统的好处是使用者的步态更自然，但是它的重量比气压系统更重，并且也更昂贵。

机械膝关节

单轴膝关节假肢使用简单的铰链设计，这种类型的膝关节假肢在站立时因为可自由摆动而缺乏稳定性。因此，使用者需要采用一些措施来保障膝关节在摆动相的稳定性。在本章下肢截肢者的膝关节运动学和动力学策略部分，将进行更详细的讨论。机械膝关节通过恒定的摩擦阻尼来控制假肢的步行速度。这种假肢优点包括：寿命长、低成本、低维护和重量轻。

多轴膝关节，也称为多中心膝关节，与单轴膝关节相比具有更多的通用性，可以围绕多个轴旋转。多轴膝关节保障了足跟着地时稳定性，但进行某些运动时易于屈曲，比如从椅子上站起立或者进出汽车。常常通过液压或者气压机制提供摆动相的运动控制能力。多轴膝关节假肢设计的一个独特的优点是，在摆动相假肢长度有所缩短，可防止绊倒和跌倒（Dupes，2005）。多轴假肢膝关节的缺点是，它们比单轴膝关节假肢的重量更重，并且需要长期维护。

微处理器控制的膝关节

自20世纪90年代以来，微处理器控制的膝关节假肢得益于技术的进步而快速发展；虽然付出费用多，这些技术仍然在许多国家广泛使用。

微处理器控制的假肢信息主要依靠传感器。这些传感器可检测膝关节在支撑相和摆动相的位置，并将信息反馈给计算机，通过微处理器来控制膝关节，以便使用者得以采取合适的动作。这些假肢组件，不论其是液压式、气压式或者磁动式，都具有高度敏感，可随时调整支撑相的稳定性和摆动相的动作。使用者穿戴有微处理器控制的膝关节假肢可以随意行走，并能进行有挑战性的任务，比如跨越障碍，上下楼梯，斜坡和不平坦路面行走，这些不平坦的路面包括草地、岩石和湿滑的路面。目前最受欢迎的微处理器控制的膝关节假肢是Otto Bock公司的智能仿生腿（C-Leg），已被证明在日常活动中实现了功能性和安全性之间的良好平衡，虽然微处理器控制的膝关节假肢容易绊倒和跌倒，但使用者的满意度也在不断改善（Berry，2009）。

最新的假肢热点是仿生学假肢，比如ottobock的膝关节假肢。先前的研究表明，由于改善了膝关节的生理负荷，使得仿生膝关节假肢更加“合拍”，并促进了一种更类似于健康对照者的步态模式（bellmann，2012）。这种特性帮助使用者以交互抑制的方式上下楼梯和走坡道。虽然也有人认为这种步态的机制是通过“无意识地控制他们的假肢”（kahleet，2008），目前的仿生技术也保障了使用者将假肢整合于身体形象中。

13.3 早期的步态训练

患者下肢截肢后的康复过程通常包括残肢的早期负重训练和行走训练。这个过程大多通过助行器或假肢来进行。对于大多数下肢截肢患者，早期的行走辅助训练可以在术后7～10天内开始（Redhead. 1978）。早期训练的助行器由一个气囊组成，装在残肢周围，放置在一个坚固的接受腔内；气囊可以帮助患侧肢体减轻水肿，预防术后并发症并缩短安装假肢的时间（Redhead，1978；Pollack & Kerstein，1985）。患者的残肢早期负重训练可以在装配接受腔和假肢之前进行，患者的残肢早期负重训练可以在装配接受腔和假肢之前进行，可通过双杠练习部分负重和行走；在这个过程中，通过接受腔的注塑和装配来调试假肢的适应性。根据医疗康复方案，早期助行器的替代方案是预备假肢；预备假肢的接受腔由石膏或者塑料材料制作，然后将之连接于在远端悬吊装置（Muilenburg& Wilson，1996）。上述两种情况都采用围绕肩部带子来固定假肢。

在早期的步态训练过程中，有学者比较了使用刚性助行器（保持膝关节锁定在伸展位置）和铰链式（即屈曲）助行器对小腿截肢者步态模式的影响（Barnett，2009）（图13.1）。作者假设：患者的早期的步态训练能够改善长期步态。然而，试验结果证明：无论是铰链式早期助行器还是刚

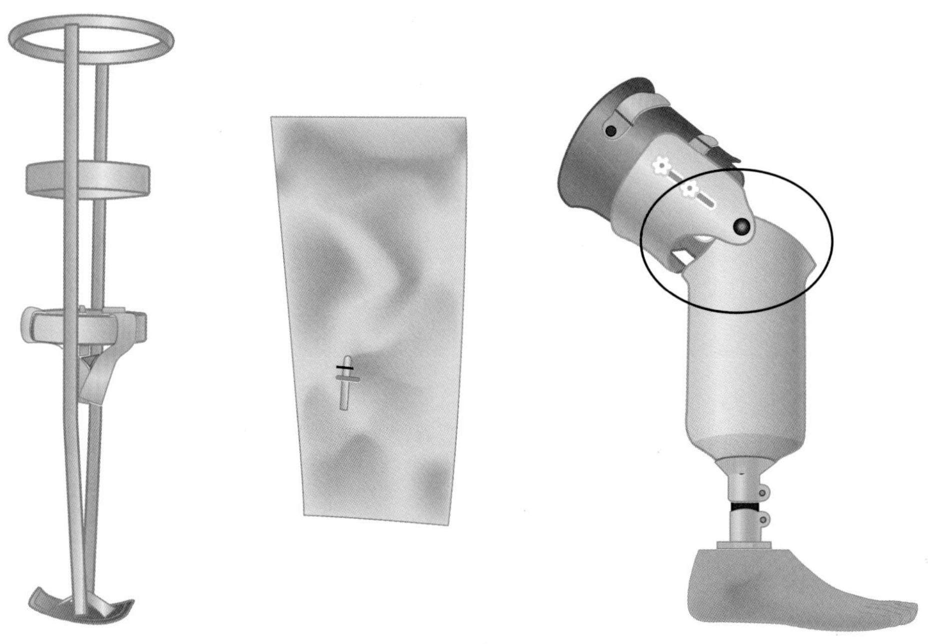

图 13.1 助行器

性早期助行器，对患者的益处都不大于；而且一旦患者的步态相对稳定，步行速度达到一定程度，就可以从假体康复中心出院。

13.4 行走

13.4.1 时间 - 空间参数

一般而言，下肢截肢者的行走速度比同龄健康对照者要慢；行走速度因截肢程度和截肢原因而异，近端截肢者（即经股骨截肢者）的行走速度比远端截肢者慢。年龄较大的血管性截肢者，由于身体能力整体水平较差，走路速度也会明显变慢。

刚性早期助行器（截肢后助行类可充气式辅具，左侧）和铰链式早期助行器（截肢者助行类铰链式辅具，右侧）。两种早期助行器用于假肢注塑和安装之前，小腿截肢者用于早期固定和部分负重练习，大腿截肢者采用截肢后助行类气动型辅具或简单可替代膝关节假肢的通用假肢设备练习（Barnett，2009）。

20 ~ 60 岁健全成年人的平均行走速度约为 1.40 m/s 或每小时 5km（bohannon，1997）。单侧小腿截肢者的正常行走速度为 1.0 ~ 1.2m/s（De Asha & Buckley，2015；Vanicek，2009；Wong，2015）。尽管大腿截肢者的行走速度接近小腿截肢者（Starholm，2016），然而他们的正常行走速度更慢，平均速度接近 0.85m/s（Schaarschmidt，2012）。下肢近端截肢者在训练时要适应变化，最初行走很慢，在康复期间的行走速度为 0.49 ~ 0.72m/s（Barnett，2009），但是在从假肢康复中心出院的最初 6 个月内，他们的行走速度可以增加到 0.15 ~ 0.20m/s（Barnett，2014）。

13.4.2 支撑相和摆动相时间

从生物力学角度通过步态分析，健全个体与下肢截肢者之间的差异之一是支撑相时间和摆动相时间。虽然健全个体在步行周期的支撑相到摆动相比率始终为 3：2，而下肢截肢者中的这些数值往往呈现显著差异，他们的健侧和患侧肢体也显示了显著的不对称性。下肢截肢者的健侧肢体承重时间比患侧肢体时间更长，因此，完整肢体上的支撑相比患侧更长。相反，患侧的摆动相更长。截肢者也倾向于有更长的双支持时期（最初和终末），因为双足同时站在地面上可以增强动态稳定性。

患侧肢体支撑相时间减少的原因包括：残留肢体的不适感、对假肢的不自信及对膝关节屈曲“打软腿”的恐惧感。下肢截肢者的步行周期支撑相时间：健侧肢体大约 66%，患侧肢体为 62%（Vanicek，2009；Eshraghi，2014），其他研究发现健侧支撑相的比例高达 71%（Wentink，2013）。双支撑从健全者步行周期的比例由 20% 增加到截肢者步行周期的 30%（Vanicek，2009）。支撑相与行走速度呈负相关，与健全者相比，截肢者健侧肢体会表现出更长的支撑相，这也解释了为什么刚被截肢的人健侧的支撑持续期长达 75% ~ 80%，患侧长达 72% ~ 73%。这是由于当他们在双杠再次学习用假肢行走时，大部分时间几乎都站着不动（Barnett，2009）。

早期的步态再训练对截肢者的影响之一是步长，下肢截肢者患侧步长总是比健侧长。但是，一些研究指出，步长不对称可能有利于患者，可能有助于增强动态稳定性。霍迪克（Houdijk，2014）发现，步长不对称，尤其是健侧肢体的步长较短，与患侧相比，引起向后的稳定性更大；可能与健侧步长末端的质心速度（vCoM）降低有关。与受影响的假足下的推动力和推进力降低有关；这些作者认为，这种步态代偿可能有助于预防步态过程中向后跌倒（Houdijk，2014）。

13.4.3　关节角运动学

与身体健全者相比，下肢截肢者在行走过程中，下肢三个关节都出现显著的运动学差异。行走中的假肢远端踝关节会保持背伸位来保障摆动过程足弓底的空间。当足离地后，足趾不会像健全者那样主动跖屈，并且在支撑中期至终末期不会像健全踝关节那样出现背屈（Sanderson & Martin，1997）。但截肢者健侧在行走中会出现了运动代偿，其踝关节跖屈程度也比健全者的踝关节小（Sanderson & Martin，1997）。虽然下肢截肢者中健侧肢体没有失去足底屈肌并能产生足够的蹬离力（同时在足踝处产生了较小的力），但观察到健侧足底肌肉组织在减少。这可能是由于健侧肌肉无力，也可能是假肢在患侧单支撑阶段提高动态稳定性的一种补偿策略（Vanicek，2009）。

除了踝关节假肢外，截肢者患侧的膝关节，无论是大腿截肢者的假肢膝关节，还是小腿截肢者的正常膝关节，与健侧以及与正常步态相比，都表现出明显的差异。从患侧支撑时间缩短可以看出，与健侧肢体相比，下肢截肢者一般将身体重心放在患侧的次数少于健侧。在正常稳健的步态中，健全者在负重状态下行走中，当足跟着地后膝关节就开始屈曲。这种减震机制增加膝关节伸肌的离心收缩需求。在小腿截肢者中，患侧的膝关节伸肌肌力常被削弱，而在大腿截肢者中，膝关节伸肌大多缺失。因此，为了弥补这些不足，截肢者需要减少负荷，尤其在大腿截肢情况下，患者表现出膝关节伸展甚至过度伸展（图 13.2）。尽管承重的多少会根据假肢使用者和他们的假肢部件而有所不同，同时还要考虑到膝关节伸展时被锁定的姿态控制稳定性机制。如果肢体保持接近垂直，则膝关节的伸展位还表现出另一个明显的特征，即垂直地面反作用力向量（vGRF）保持在膝关节中心附近。因此，在短力臂的情况下，围绕膝关节的外部力矩减小，非常接近于零（Winter & Sienko，1988）。减少膝关节伸屈次数，对于膝关节伸屈肌受损的截肢者来说比较有利的，但膝关节伸屈肌长期不用可能导致肌萎缩。建议小腿截肢者适当的加强锻炼，预防肌力下降。

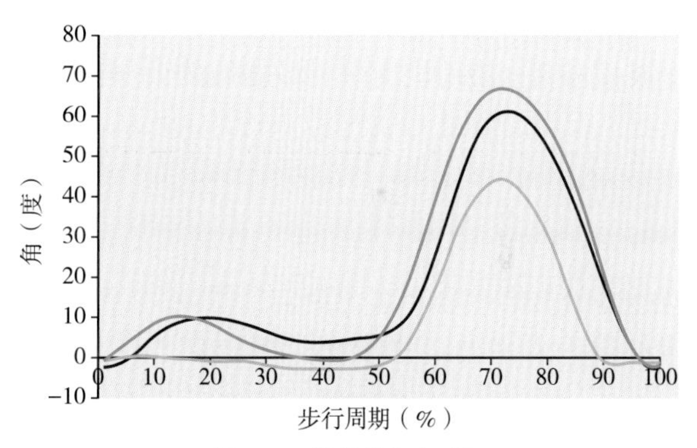

图 13.2　膝关节角度对比

小腿截肢者（黑线）、大腿截肢者（浅绿线）和健全者（深绿线）行走时膝关节角度（屈曲为阳性）对比，小腿截肢者与大腿截肢者膝关节角度出现显著差异，例如大腿截肢者膝关节在支撑相的伸展和摆动相屈曲角度减小

13.4.4　大腿截肢者使用膝关节假肢的运动学和动力学分析

考夫曼（Kaufman，2007）比较了大腿截肢者使用机械与微处理器控制膝关节假肢行走时的运动学和动力学表现。报告表明，使用机械膝关节假肢（Mauch SNS，Ossur）比使用微处理器控制膝关节假肢（C-Leg, Otto Bock）行走的截肢者，其膝关节过度伸直和膝屈曲力矩明显增加（图

13.3)。他们还发现，在静态和动态平衡条件下，截肢者穿戴微处理器控制的 C-Leg 与机械膝关节假肢相比，姿势控制得到显著改善（Kaufman，2007)。在另一篇文章中，考夫曼还报告：与机械膝关节假肢相比，使用微处理器控制的 C-Leg 行走的截肢者，其在试验室之外参与体育活动时姿势控制更好（Kaufman，2008)。这种改善与提高患者满意度与运动相关。

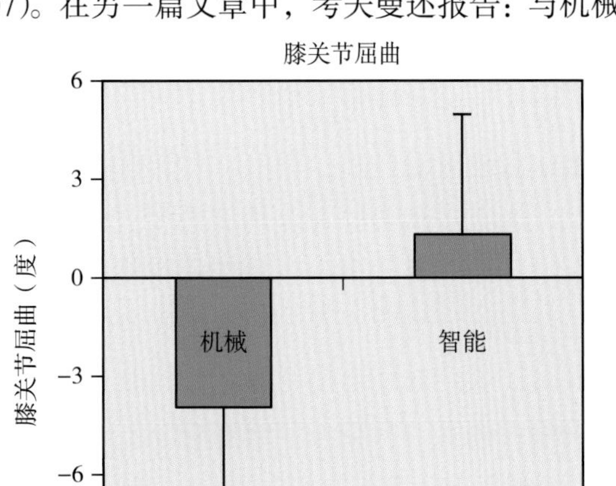

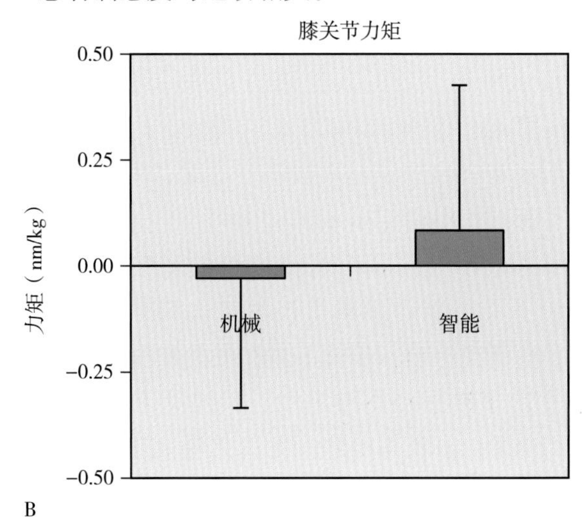

图 13.3 在步行承重反应期的膝关节屈肌和伸肌力矩

(A) 在步行承重反应期间，穿戴机械 SNA 膝关节假肢的伸展角度（以度为单位，负数值）与穿戴微处理器控制的 C–Leg 的膝关节屈曲角度(以度为单位，正数值)相比。(B)在相同步行周期,SNS 膝关节假肢膝关节力矩(几乎无)与微处理器控制的膝内伸肌力矩(正数值)相比。(Kaufman，2007)

尽管患侧没有或只有较小的承重反应，许多下肢截肢者（使用机械膝关节假肢的大腿截肢者除外）在中间摆动相仍表现出大约 60° 的最大膝关节屈曲度（Powers，1998；Sanderson，Martin，1997)。适当的膝关节屈曲角度能使假肢足离地，提高足离地间隙，避免可能的绊倒或跌倒（也由假足踝关节辅助，朝向背外侧)。此外，它还减少了可观察到的步态补偿，也就是在患侧摆动相增加了髋关节外翻程度或抬高骨盆。贝尔曼（Bellmann，2012）比较研究了在不同的行走速度下，小腿截肢者使用微处理器控制的 C-Leg 和更优化的仿生 Genium 膝关节假肢的运动学特征。膝关节假肢角度差异如图 13.4 所示，同时展示与 C-Leg 相比，Genium 膝关节假肢有更好的生理学负荷；图 13.4 也强调：在摆动相间，当慢速行走时，Genium 膝关节假肢膝关节屈曲变大，这对于足离地间隙非常重要。

13.4.5 截肢者髋关节和骨盆在步行周期的代偿机制

下肢远端截肢患者的力学代偿往往发生在髋关节和骨盆。有学者发现：在支撑相患侧假肢髋关节屈曲角度不大；但在摆动相的中期到末期，髋关节屈曲角度有所增加。作者认为这是假肢足踝关节无背屈的情况下的足底空间策略（Sanderson，1997)。也有学者发现，健侧在整个步行周期内的髋关节屈曲比患侧的更大（Segal，2006)。健侧和患侧的髋关节通常显示伸展角度比正常情况小。分析认为，可能与下肢截肢者的行走速度慢有关，一般情况下，行走快会增加髋关节伸展角度。

下肢截肢者与健全者相比，通常情况下都会出现骨盆前倾角偏移和活动范围加大（Goujon-Pillet，2008；图 13.5)。下肢截肢者往往采用助行器来改善动态稳定性，但容易出现躯干前倾和更大的骨盆前倾角度，尤其是膝关节屈曲活动受限的截肢者，要保证其在行走过程中保持一定程度的离地空间。假肢装配过程中，会调节其高度比健侧肢体稍低，适当的膝关节屈曲可以帮助患者假足抬离地面并避免跌撞。在摆动相期间，大腿截肢者往往通过骨盆来带动髋关节，作为补偿机

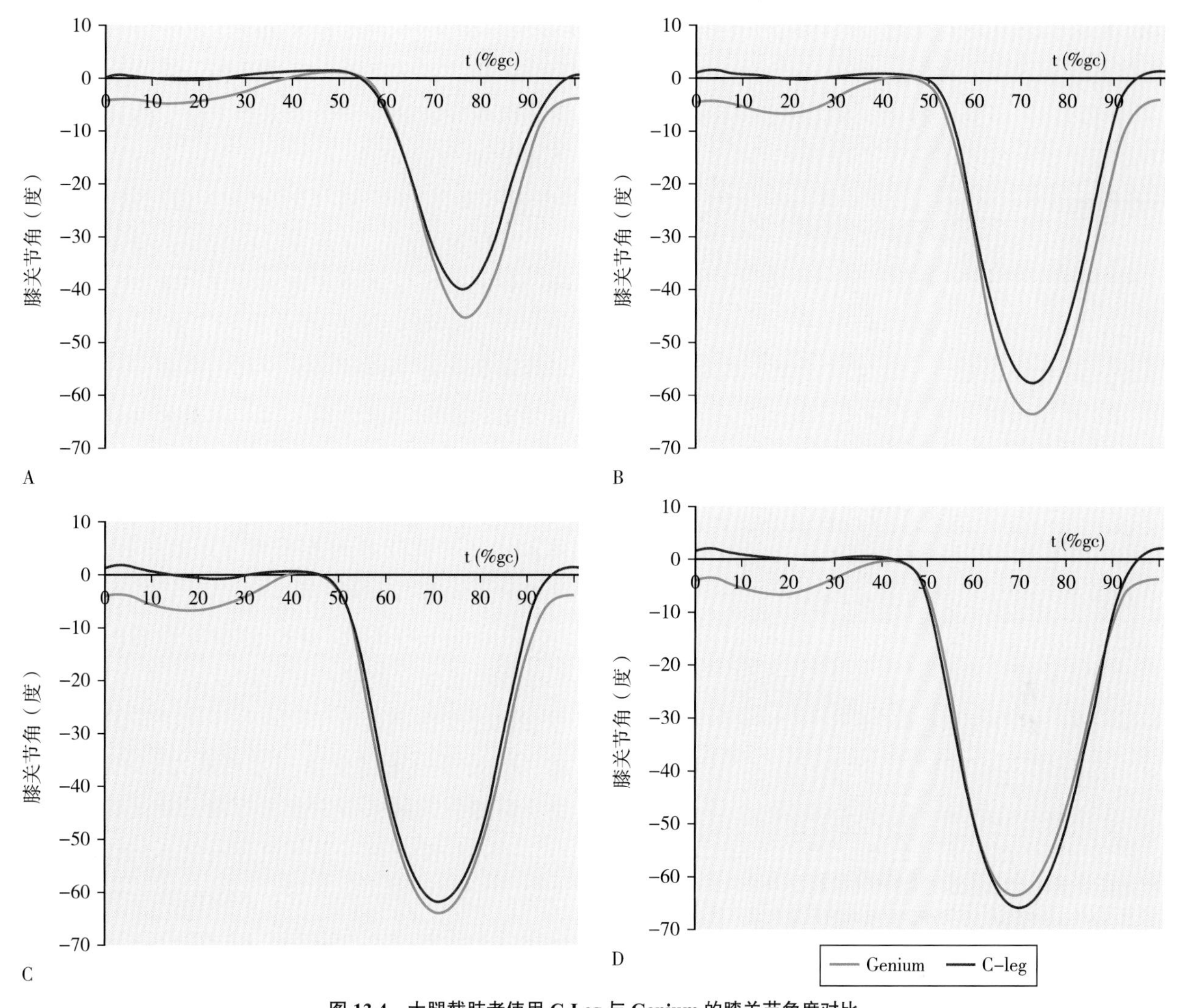

图 13.4　大腿截肢者使用 C-Leg 与 Genium 的膝关节角度对比

在行走期间，膝关节动力学的4个不同速度比较:(A)小步走,(B)慢速,(C)中速,(D)快速。负数值(度为单位)表明膝关节屈曲(Bellmann, 2012)

制，在冠状面内身体同侧的骨盆运动加大，但在水平面未发现截肢者和健全者骨盆动力学的显著差异（Goujon-Pillet，2008）。

13.4.6　截肢者的步态适应

地面反作用力

步态曲线反映了下肢截肢者的步态适应，通过放大关节力矩和功率曲线等细微动力学差异而了解患者的步态适应能力。下肢截肢者在支撑相中末期表现为向前推进力降低，由于下肢截肢者患肢没有跖屈肌，也不会有能量储存和释放的过程，所以患肢的垂直地面反作用力也被改变。值得注意的是，截肢者患侧的垂直分力（也称为 Fz1）会降低，假肢的速度也会变慢，从而导致承重能力降低（Vanicek，2009）。作者建议，避免双下肢负荷同时卸载，最好在单次支撑相中间卸载负荷，有时被称为站姿中间谷或 Fz2（图 13.6），Fz2 是一个步行周期最艰难的时间段，特别是在患侧肢体支撑相，当假足支撑整个体重时，患侧假肢上的负荷卸载包括更快地摆动健侧肢体，使假肢足的中心抬高。所以要在下肢截肢者中采用相应策略避免出现这种情况。

关节力矩和力

由于关节力矩和功率曲线可以间接显示活动肌群功能和肌肉收缩类型，工程师、修复师、物理治疗师及生物力学研究者通常会对这些变量感兴趣。他们会根据关节动力学曲线制订基于证据的个性化锻炼建议。在此处所讨论的所有关节力矩将被称为内关节力矩。

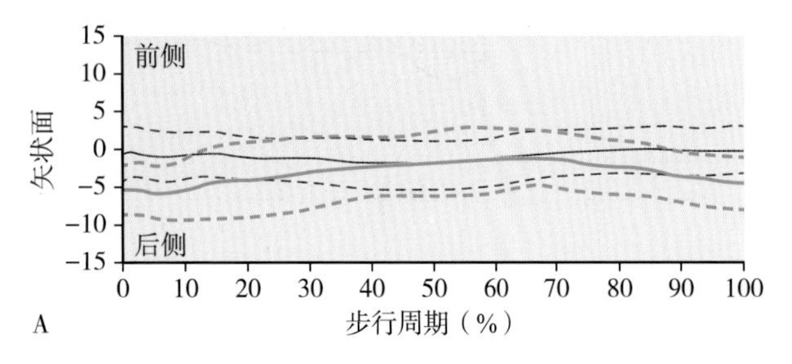

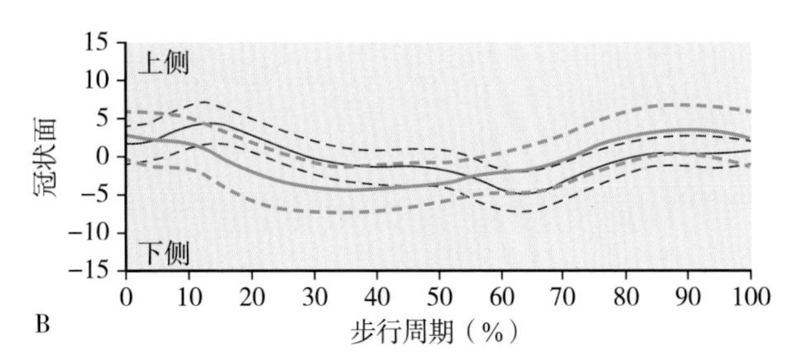

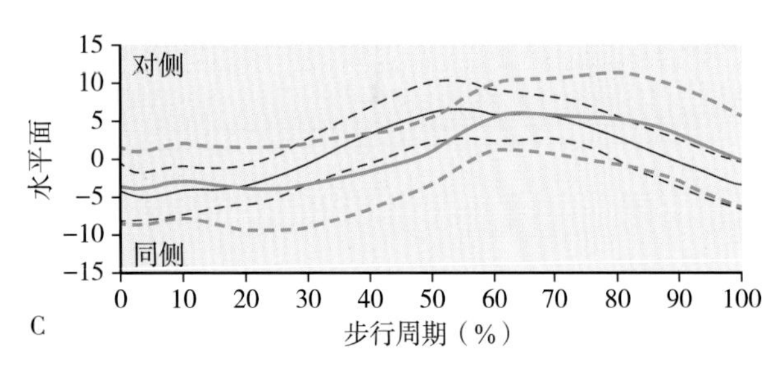

图 13.5 下肢截肢者与健全对照者的骨盆前倾和活动范围

在行走期间，大腿截肢者（绿线）和健全对照者（灰线）的：（A）骨盆前倾、（B）骨盆倾斜、（C）骨盆旋转（C）和平均值（±SD）。（Goujon-Pillet，2008）

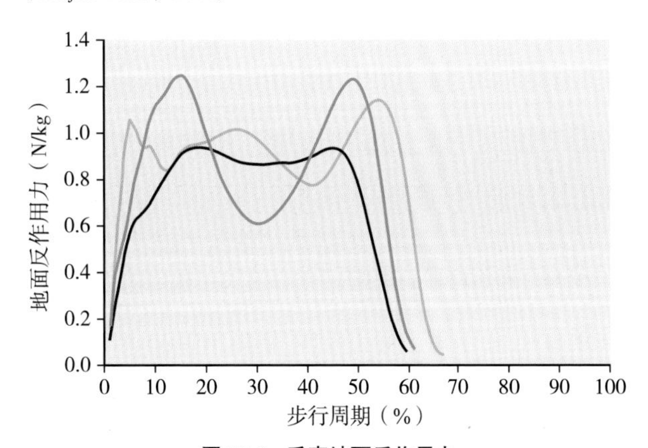

图 13.6 垂直地面反作用力

健全者（深绿线；行走速度 1.54 m/s）和大腿截肢者（行走速度 1.04m/s）的健侧（浅绿线）及假肢（黑线）对照。注意三个肢体的支撑相持续期的差异

在摆动前期，假肢侧由于地面反作用力变小和缺失的踝关节跖曲，共同导致假肢侧的最大值跖屈力矩变小，踝关节功率（A2）几乎可以忽略（Segal，2006；Winter & Sienko，1988）。由于膝关节假肢缺少动力（图 13.2 和 13.7）髋关节必须补偿下肢截肢者缺少动力带来的不适。因此，髋关节要增加力量（H2），在摆动相初期髋关节屈肌“完成”爆发力（H3）为摆动期的假肢增加能量。

可以观察到，在承重反应期间的膝关节有多种代偿机制，这取决于截肢水平、膝关节屈曲存在与否以及使用者的假肢类型。图 13.8 显示了小腿截肢者和大腿截肢者以他们熟悉速度行走的膝关节力矩和功率曲线。这与在其他文献中所报告截肢水平的行走速度类似。在这个案例中，小腿截肢者在患侧膝关节上显示一个承重反应（图 13.2），小腿截肢者的膝关节力矩曲线相对定型，与健全者无太大差异（图 13.8）。

在行走过程的支撑相，大腿截肢者的膝关节机械假肢自始至终维持在伸展状态（图 13.2），而垂直地面反作用力的作用点位于膝关节前方。因此，膝关节力矩在支撑相是屈曲力矩（图 13.8），足部着地后的膝关节屈曲力矩稍长就证明了这一点，但缺少 K1（膝关节伸肌吸收功率）和 K2（膝伸肌产生的功率）的参与。大腿截肢者不能在支撑相产生任何膝关节功率。

13.5 上下楼梯

上下楼梯是在垂直和水平方向上安全地移动头部、手臂和躯干（the head，arms and Trunk；HAT 段）。在“上升”阶段，动能转化为重力势能，而在“下降”阶段的运动中，势能转化为动能。上楼梯是肌肉的向心收缩，下楼梯是通过肌肉离心收缩实现的。

与水水平进相比，上下楼梯更具有挑战性；上下楼梯要求关节具有大的动作范围和力矩。上楼梯和下楼梯都有赖于肌肉的做功，特别是来自踝关节跖屈肌和膝关节伸肌的功率。在小腿截肢者中，踝关节跖屈肌缺如，患侧的膝关节肌肉，特别是伸肌群的力量减弱；在大腿截肢者中，这两个肌群都缺失。因此，下肢截肢者需要更多的代偿性策略来协调身体运动。

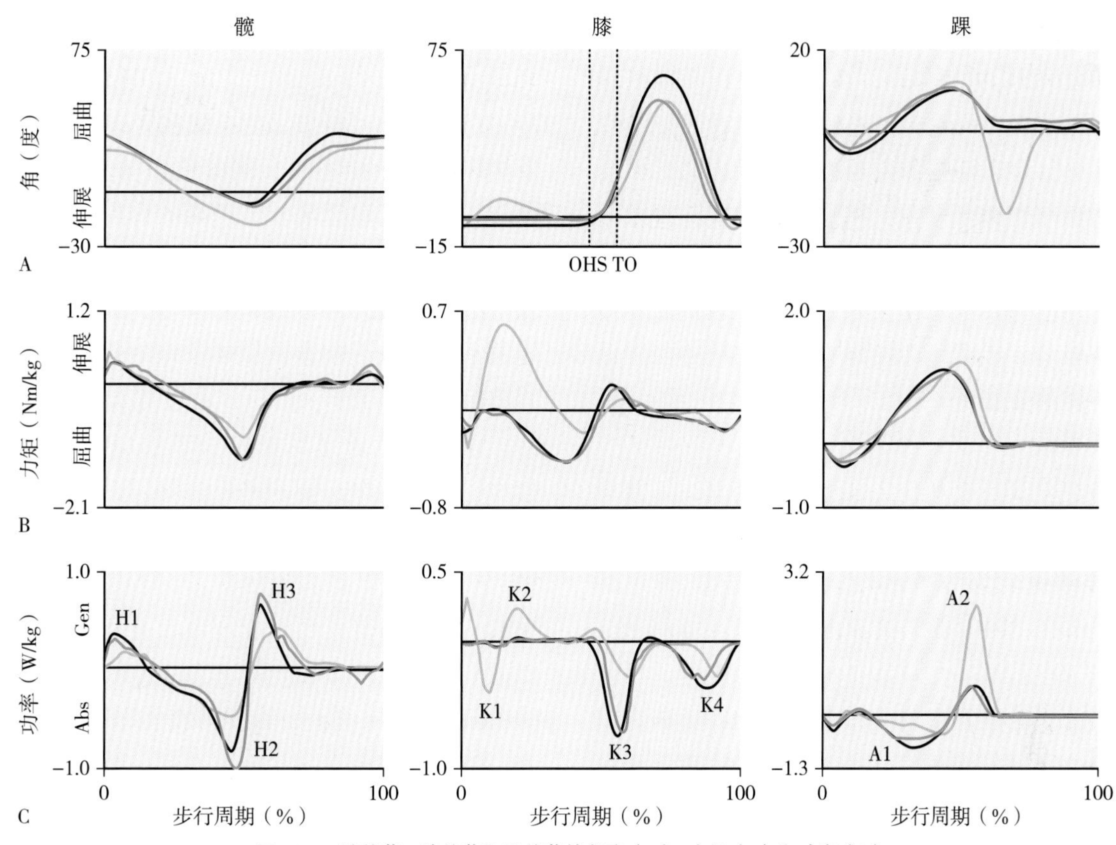

图 13.7 髋关节、膝关节和踝关节的角度（A）、力矩（B）和功率（C）

大腿截肢者穿戴机械假肢（黑绿线），穿戴微处理器控制的 C-Leg 假肢（黑线），健全者（浅绿线）。（Segal，2006）

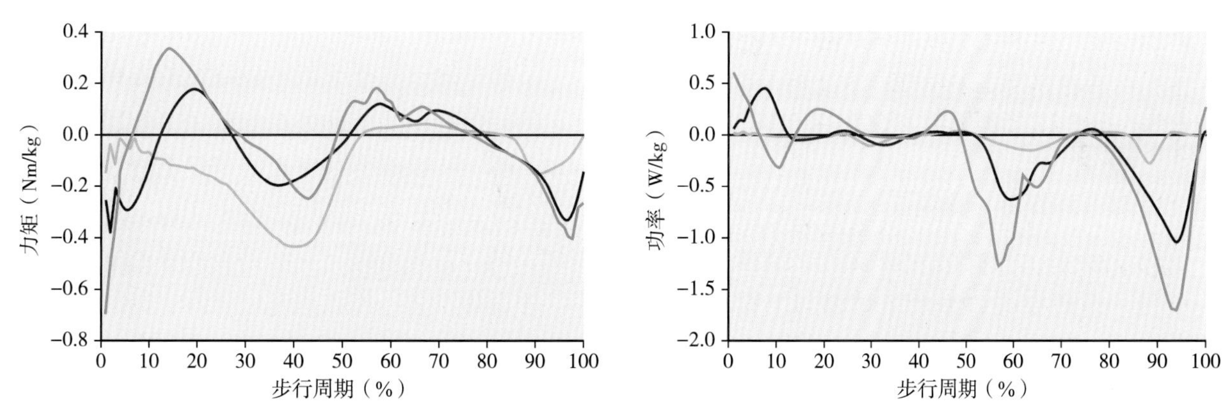

图 13.8 穿戴膝关节机械假肢与健全者的力矩（伸肌为正）和功率

小腿截肢者（黑线）、大腿截肢者（浅绿线）和健全者（深绿色线）

13.5.1 上下楼梯的步行周期

麦克法登和温特（McFadyen & Winter，1988）描述了上下楼梯过程支撑相和摆动相的几个子阶段。在爬楼梯的过程中，步行周期从足部接受重量开始，然后是上升阶段（即对侧足趾蹬离），接着是继续向前阶段，此时身体已升高，在足底空间升高期间，足尖离开开始进入摆动相。在下楼梯中，步行周期也从足部接受重量开始，随后是继续向前，并控制身体继续其下降路径。这对于下肢截肢者是一个尤其困难的任务，这是由于假肢或者患侧膝关节会屈曲，摆动相以移动腿开始，随后放置足部。事实上，一些下肢截肢者采取非常不同的上下楼梯协调策略，我们将对其进行讨论。（McFadyen & Winter，1988）。

时间 - 空间参数

与行走相比，上下楼梯对假肢的功能提出了

更高的要求（Schmalz，2007），并且下肢关节的动作移动范围更大（Lin，2005）。假肢可提供结构，但不能主动跖屈；作为假肢使用者康复教育的一部分，要求截肢者在上楼梯期间以健肢为主，健肢付出了更多的代价；在下楼梯期间，要求以患肢和假肢为主导，是因为患肢膝关节不能产生足够的离心力以安全地完成下降。下肢缺乏离心力的截肢者，或者不能使膝关节假肢屈曲而降低整个身体的截肢者，只能采取缓慢地“一步一步”下楼梯策略。

与健全者行走相比，在上楼梯期间，下肢截肢者的速度更慢。鲍尔斯（Powers，1997）报告了上楼梯速度为 29.6 m/min（0.49 m/s），万尼塞克（Vanicek,2010）报告的速度为 0.46 ~ 0.81 m/s，上楼梯速度取决于主动肢体或者被动肢体。尽管没有关于大小腿截肢者上楼梯速度的对比研究报告，但大腿截肢者确实比小腿截肢者的速度更缓慢，下肢截肢者往往采用“阶梯式”策略，一次上升一个垂直台阶，以 0.30 m/s 的速度走得更慢（Vanicek，2010）；由于楼梯尺寸的限制，有关上下楼梯的步长研究非常少。支撑相持续时间与行走类似，健侧肢体上下楼梯的支撑相占步行周期的 60% ~ 66%，患侧肢体为 56% ~ 58%（Vanicek，2010，2015）。

由于下楼梯比上楼梯对运动生物力学提出了更高的要求，一般认为截肢者下楼梯的速度会更慢。但研究报告显示下楼梯与上楼梯的速度相似；鲍尔斯和同事们（1997）发现：下楼梯为 0.49 m/s 的平均速度，这与拉姆斯特朗和兰尼尔森（Ramstrand & Nilssons，2009）研究下楼梯的平均速度 0.48 m/s 相似。万尼塞克和同事们（2015）报告：小腿截肢者采用反向策略下楼梯的速度为 0.50 ~ 0.72 m/s，使用“一步一步”策略下楼梯的截肢者为 0.24 ~ 0.34 m/s。沃尔夫（Wolf，2012）发现，大腿截肢者采用动力膝关节假肢和采用 C-Leg 假肢的下楼梯速度分别为 0.42 m/s 和 0.45m/s。

关节运动学

目前有多个有关下肢截肢者上下楼梯时的生物力学研究（Powers，1997；Schmalz，2007；Yack，1999；Vanicek，2010、2015；AlIMUaj，2009；Hobara，2011）。对于截肢者来讲，他们的上楼梯模式被描述为，用健侧肢体上一个台阶，然后向上拉动假肢足上到更高的台阶，或者将假肢足拉到和健侧足部同样的台阶（即“踩到”模式）。由于假肢足踝不能产生跖屈，会影响对侧肢体的上拉，也影响患侧肢体前向的推离能力（即假肢足趾准备蹬离地面）；通过截肢段关节近端的代偿，或者通过对侧膝关节伸肌活动和（或）骨盆的夸张动作，特别是骨盆倾斜，来抬起患侧腿至上面台阶。膝关节活动受限的截肢者可能采用“一步一步”的步态模式，而不是反向爬楼梯模式。以前的研究已经发现截肢者和健全者在矢状面上的髋关节角度剖面相似（AlIMUaj，2009；Hobara，2011），但由于患侧髋关节外展肌的无力，造成截肢者在冠状面内有髋关节和骨盆有更大的活动范围，并且在摆动相产生更多的髋关节内收（Bae，2009）。也有学者认为，在上台阶期间，患侧更有赖于髋关节伸肌肌群的作用（Yack，1999）。

下楼梯的过程是，以一种可控的方式降低身体，同时伴有踝关节跖屈肌和膝关节伸肌的离心活动；而下肢截肢者则表现出与健全者不同的关节运动学特征：在下楼梯过程中，假足足趾会先着地，随后足跟着地，并帮助腿的重心下降，为下一步骤做准备。所以假足放置在下面的台阶上的位置很重要。

一些截肢者能够将足恰好安置在台阶上，并在下降时期采用足踝翻转技术。有些膝关节假肢可以完成这个动作，比如 C-Leg 微处理器控制的膝关节（Schmalz，2007）。翻转技术是一个更复杂的动作，也是一个附加动作，通常需要扶手的帮助（Vanicek，2015）。足踝翻转技术需要通过髋关节和骨盆的冠状面运动保持踝关节背屈。研究证明：近端代偿并非仅仅由于假肢足踝关节机能不全导致（Vanicek，2015；AlIMUaj，2009），也由于髋关节周围肌的无力所致（Mian，2007）。

截肢者下楼梯过程中控制最差的时期是身体

下降阶段，其特点是膝关节单支撑相的离心屈曲。由于受累侧膝关节活动范围有限，对截肢者来说是一项具有挑战性的任务，截肢者常常将身体前倾保持患侧膝关节伸展位（Powers，1997；AlIMUaj，2009）。由于截肢者的膝关节功能性和力量的受限，患者往往采取"一步一步"的步态模式，这种模式减少了对患肢单一支撑相的时间，并保持膝关节几乎完全伸展，减少屈曲的可能性。健侧肢体控制下降时间明显较短并且患侧几乎没变化（Vanicek，2015）。

地面反作用力和关节动力学

研究发现：与小腿截肢者相比，大腿截肢者假肢的垂直和水平地面反作用力变小，有更显著的差异（Schmalz，2007）。然而，在研究下楼梯期间身体运动过程时，施马尔兹（Schmalz，2007）发现，与健全者所受地面反作用力相比，小腿和大腿截肢者的健侧肢体表现出最大的垂直地面反作用力。该研究结果仅在下楼梯中出现，而上楼梯没有观察到，研究认为是截肢者将力量"下降"到健侧肢体所致，表现为健侧肢体承重的增加。

在上楼梯过程中，踝关节的活动范围较小，假足的力减少，患侧踝关节的合力和力矩变小；在身体移动过程中，膝关节伸肌运动范围变小，说明该肌群缺乏能量，只能通过增加髋关节伸肌力矩和能量来补偿（图 13.9）；研究者据此认为，下肢截肢者上楼梯期间主动使用健侧膝关节伸肌（Yack，1999）和患侧的髋关节伸肌（AlIMUaj，2009），即，在上楼梯过程中，髋关节伸肌是动作产生的主要肌群。当小腿截肢者穿戴微处理器控制的踝关节假肢（Proprio-Foot，Ossur）上楼梯，需要在背屈模式和"中立"模式下进行髋关节调整策略（AlIMUaj，2009）。作者认为，背屈后的假踝让小腿截肢者的膝关节承受更多的负荷。

如前所述，截肢者在下楼梯时先用足跟着地（AlIMUaj，2009；Schmalz，2007；Vanicek，2015），与健全者的"双驼峰"轮廓相比，截肢者在下楼梯时因假肢足背屈肌力矩导致的踝关节轮廓与健全者不同（图 13.10）。因此，截肢者踝关节假肢不能做功，只有在控制下降过程中产生一个小的功率。在支撑相膝关节伸展位导致力矩非常小。截肢者企图通过将重心移动到肢体上方，来减少 GRF 向量力臂，并最大限度地减少膝关节伸肌做功。

截肢者通过将重心上移位于肢体之上，由此来降低地面反作用力的力臂，从而减少膝关节伸肌做功（Jones，2016）。在下楼梯过程中功能要求最高的时期即受控下降期，通常表现在单支撑相出现较大的膝关节伸肌离心功率（也被标志为 K3 功率）（McFadyen、Winter，1988），并通过髋关节策略补偿较大的髋关节伸肌力矩和髋关节能量吸收（图 13.10）。

总结：下肢截肢者身体活动生物力学分析

■ 下肢截肢者因下肢力学改变而出现代偿步态及适应性动作，可以穿戴不同假肢来适应各种各样的环境。一般来说，稳定性好的假肢提供的功能较少，而性能多的假肢本质上更灵活。

■ 与健全个体相比，下肢截肢者行走缓慢，并且对能量要求更高。越靠近近端截肢的截肢者其行走速度越慢，且能量需求更大（即大腿截肢者）。

■ 因踝关节假肢活动范围有限，患侧膝关节需要经常保持伸展位来防止膝关节屈曲。这种姿势可减少膝关节周围肌的做功。该动作在小腿截肢者中少见，而在大多数大腿截肢者中几乎没有。患侧膝关节伸展位的代偿发生在髋关节和骨盆，通常在矢状面和额状面上出现夸张的动作，这些动作包括骨盆的上升和髋关节的内收。

■ 随着残端免荷能力的下降，患侧垂直和水平地面反作用力有所减少，膝关节力矩接近零，并且在支撑相表现为最小的功率。因此，髋关节力矩和功率的增加，有助于屈髋肌群在行走期间发挥作用，有利于伸髋肌群在上楼梯时用力。

■ 一些体力不支或受限于假肢的截肢者，往往采用"阶梯式"上、下楼梯的策略来增强动态稳定性。

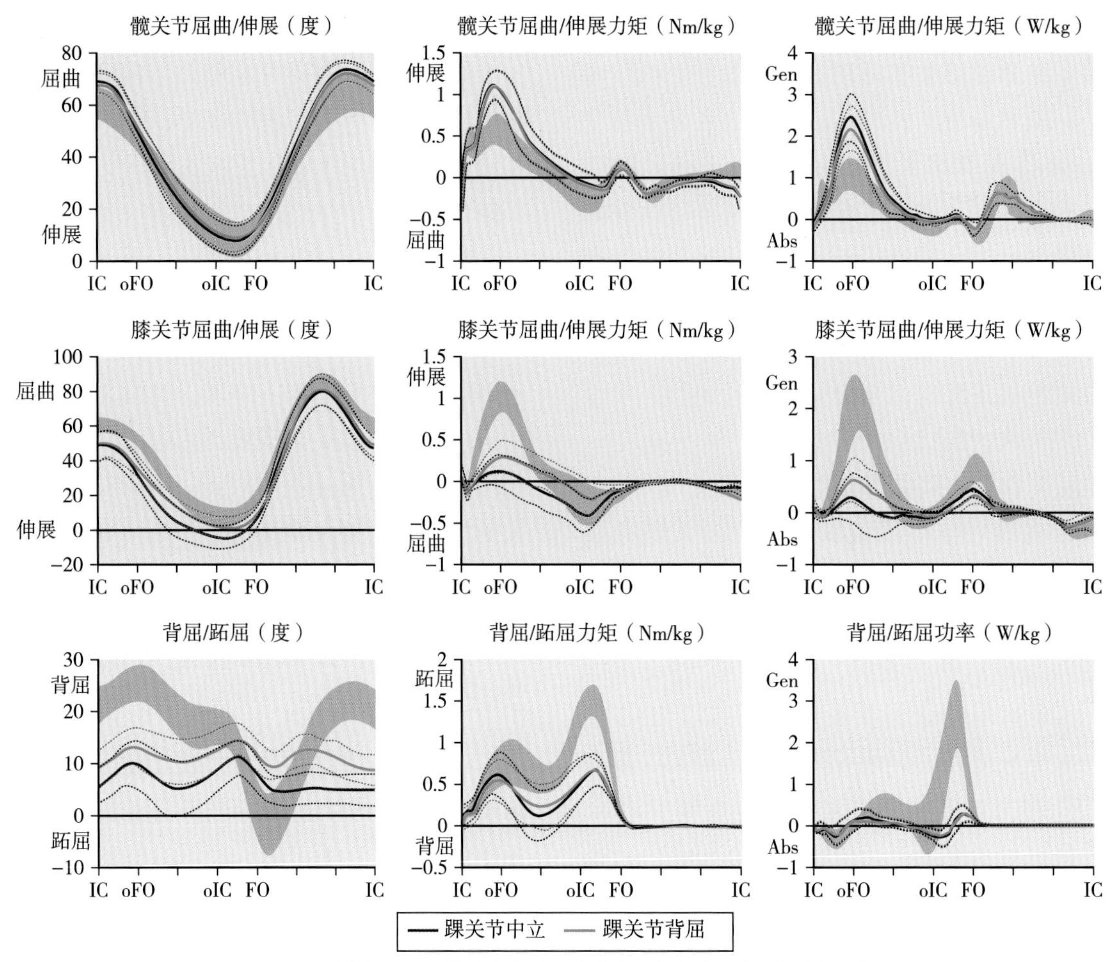

图 13.9　上楼梯期间小腿截肢者患侧下肢关节屈伸角度、力矩和功率矢状图

穿戴微处理器假肢的患者其假踝（Ossur）调整为背屈模式及中立模式并与健全者对照；上楼梯周期以接触点（initial contact，IC）开始及结束。步态是 oFO（opposite foot off，对侧足部离地）和 oIC（opposite initial contact，对侧初步接触）。阴影区域代表健全者对照数据的均值（± SD）(AlIMUaj，2009)

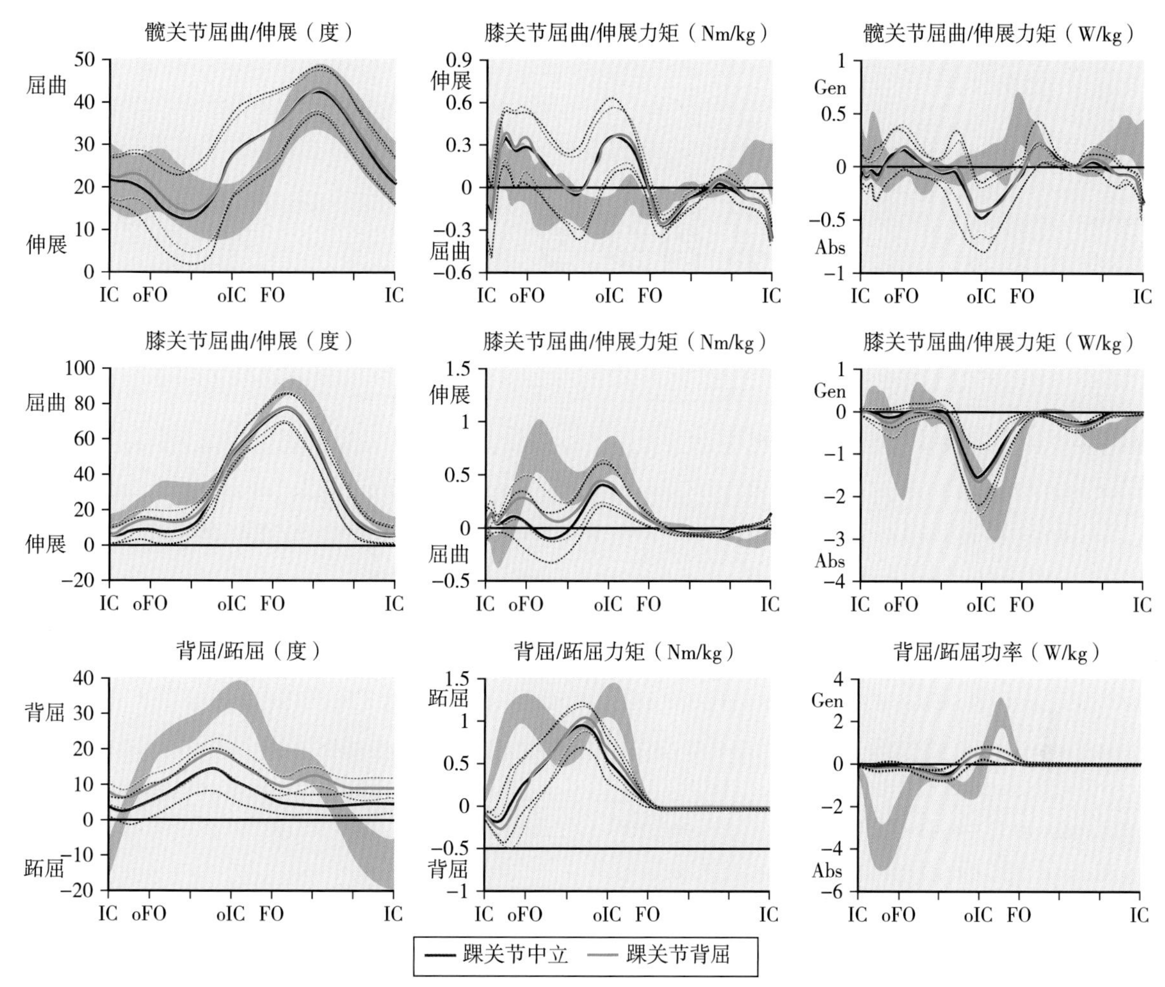

图 13.10　下楼梯期间小腿截肢者患侧下肢关节屈伸角度、力矩和功率矢状图

穿戴微处理器假肢的患者其假踝（Ossur）调整为背屈模式及中立模式并与健全者对照；上楼梯周期以接触点（initial contact，IC）开始及结束。步态是 oFO（opposite foot off，对侧足部离地）和 oIC（opposite initial contact，对侧初步接触）。阴影区域代表健全者对照数据的均值（± SD）（AlIMUaj，2009）

原书参考文献

Aagaard, P, Simonsen, E.B, Trolle, M, et al, 1995. Isokinetic hamstring/quadriceps strength ratio: influence from joint angular velocity, gravity correction and contraction mode. Acta Physiol. Scand. 154 (4), 421–427.

Abdel-Aziz, Y.I, Karara, H.M, 1971. Direct linear transformation from comparator coordinates into object space coordinates in close range photogrammetry. In: ASP symposium on close range photogrammetry. American Society of Photogrammetry, Urbana, IL, pp. 1–18.

Alexander, E.J, Andriacchi, T.P, 2001. Correcting for deformation in skin-based marker systems. J. Biomech. 34, 355–361.

Alfredson, H, Pietila, T, Jonsson, P, et al, 1998. Heavy-load eccentric calf muscle training for the treatment of chronic achilles tendinosis. Am. J. Sports Med. 26 (3), 360–366.

Alimusaj, M, Fradet, L, Braatz, F, et al, 2009. Kinematics and kinetics with an adaptive ankle foot system during stair ambulation of transtibial amputees. Gait Posture 30, 356–363.

Al-Majali, M, Solomonidis, S.E, Spence, W, et al, 1993. Design specification of a walk mat system for the measurement of temporal and distance parameters of gait. Gait Posture 1, 119–120.

Andriacchi, T.P, Alexander, E.J, Toney, M.K, et al, 1998. A point cluster method for in vivo motion analysis: applied to a study of knee kinematics. J. Biomech. Eng. 120 (6), 743–749.

Andriacchi, T.P, Anderson, G, Fermier, R.W, et al, 1980. A study of lower limb mechanics during stair climbing. J. Bone Joint Surg. Am. 62, 5–749.

Andriacchi, T.P, Koo, S, Dyrby, C, et al. Rotational changes at the kenn during walking are associated with cartilage thinning following ACL injury. In: 9th International Conference on Orthopaedics, Biomechanics, Sports Rehabilitation. Assisi 2005(Nov 11–13); pp. 99–100.

Andriacchi, T.P, Ogle, J.A, Galante, J.O, 1977. Walking speed as a basis for normal and abnormal gait measurements. J. Biomech. 10, 261–268.

Anthony, R.J, 1991. The manufacture and use of functional foot orthosis. Karger, Basal, Switzerland.

Antonsson, E.K, Mann, R.W, 1989. Automatic 6 DOF kinematic trajectory acquisition and analysis. J. Dyn. Syst. Meas. Control 111, 34–35.

Antonsson, E.K, Mann, R.W, 1985. The frequency of gait. J. Biomech. 18 (1), 39–47.

Archer, S.E, Winter, D.A, Prince, F, 1994. Initiation of gait: a comparison between young, elderly and Parkinson's disease subjects (abstract). Gait Posture 2.

Areblad, M, Nigg, B.M, Ekstrand, J, et al, 1990. Three-dimensional measurement of rearfoot motion during running. J. Biomech. 23 (9), 933–940.

Arenson, J.S, Ishai, G, Bar, A, 1983. A system for monitoring the position and time of feet contact during walking. J. Med. Eng. Technol. 7 (6), 280–284.

Ariel, G, 1974. Method for biomechanical analysis of human performance. Res. Q. 45 (1), 72–79.

Armand, S, Sangeux, M, Baker, R, 2014. Optimal markers' placement on the thorax for clinical gait analysis. Gait Posture 39 (1), 147–153. at http://www.sciencedirect.com/science/article/pii/S0966636213002993. (Accessed 2014).

Armstrong, D.G, Peters, E.J, Athanasiou, K.A, et al,

1998. Is there a critical level of plantar foot pressure to identify patients at risk for neuropathic foot ulceration? J. Foot Ankle Surg. 37 (4), 303–307.

Arts, M.L.J, Bus, S.A, 2011. Twelve steps per foot are recommended for valid and reliable in-shoe plantar pressure data in neuropathic diabetic patients wearing custom made footwear. Clin. Biomech. (Bristol, Avon) 26 (8), 880–884.

Astrand, P, Ryhming, I, 1954. A nomogram for calculation of aerobic capacity (physical fitness) from pulse rate during submaximal work. J. Appl. Physiol. 7, 218–221.

Au, S.K, Herr, H.M, 2008. Powered ankle-foot prosthesis – The importance of series and parallel motor elasticity. IEEE Robot. Autom. Mag. 15, 52–59.

Bae, T.S, Choi, K, Mun, M, 2009. Level walking and stair climbing gait in above-knee amputees. J. Med. Eng. Technol. 33, 130–135.

Bagg, S.D, Forrest, W.J, 1988. A biomechanical analysis of scapular rotation during arm abduction in the scapular plane. Am. J. Phys. Med. Rehabil. 67, 238–245.

Baker, R, 2013. Measuring Walking: A Handbook of Clinical Gait Analysis. MacKeith Press, London.

Baker, V, Bennell, K, Stillman, B, et al, 2002. Abnormal knee joint position sense in individuals with patellofemoral pain syndrome. J. Orthop. Res. 20 (2), 208–214.

Ball, K.A, Pierrynowski, M.R, 1998. Modelling of the pliant surfaces of the thigh and leg during gait. Proc. SPIE-Int. Bio. Opt. Symp. 3254, 435–446.

Ball, K.A, Pierrynowski, M.R. Modelling of the pliant surfaces of the thigh and leg during gait. In: Proc. SPIE-Int. Soc. Opt. Eng, BIOS 1998.

Ball, P, Johnson, G.R, 1993. Reliability of hindfoot goniometry when using a flexible electrogoniometer. Clin. Biomech. (Bristol, Avon) 8, 13–19.

Barnett, C, Vanicek, N, Polman, R, et al, 2009. Kinematic gait adaptations in unilateral transtibial amputees during rehabilitation. Prosthet. Orthot. Int. 33, 135–147.

Barnett, C.T, Polman, R.C.J, Vanicek, N, 2014a. Longitudinal changes in transtibial amputee gait characteristics when negotiating a change in surface height during continuous gait. Clin. Biomech. (Bristol, Avon) 29, 787–793.

Barnett, C.T, Polman, R.C.J, Vanicek, N, 2014b. Longitudinal kinematic and kinetic adaptations to obstacle crossing in recent lower limb amputees. Prosthet. Orthot. Int. 38, 437–446.

Bartlett, R.M, Challis, J.H, Yeadon, M.R, 1992. Cine/video analysis. In: Bartlett, R.M. (Ed.), Biomechanical Analysis of Performance in Sport. British Association of Sports Sciences, Leeds, pp. 8–23.

Batavia, M, Garcia, R.K, 1996. The concurrent validity of a dynamic movement measured by the Ariel Performance Analysis System, the Qualysis MacReflex motion analysis system, and an electrogoniometer (abstract). Phys. Ther. 76, S75.

Batschelet, E, 1981. Circular Statistics in Biology. Academic Press, NewYork.

Bell, A, Pederson, D, Brand, R, 1990. A comparison of the accuracy of several hip centre location predication methods. J. Biomech. 23 (6), 617–621.

Bell, A.L, Brand, R.A, Pedersen, D.R, 1989. Prediction of hip joint centre location from external landmarks. Hum. Mov. Sci. 8 (1), 3–16.

Bell, F, Ghasemi, M, Rafferty, D, et al, 1995. An holistic approach to gait analysis: Glasgow Caledonian University's CRC. Gait Posture 3, 185.

Bell, F, Shaw, L, Rafferty, D, et al, 1996. Movement analysis technology in clinical practice. Phys. Ther. Rev. 1, 13–22.

Bellmann, M, Schmalz, T, Ludwigs, E, et al, 2012. Immediate effects of a new microprocessor-controlled prosthetic knee joint: a comparative biomechanical evaluation. Arch. Phys. Med. Rehabil. 93, 541–549.

Berjian, R.A, Douglass, H.O, Jr, Holyoke, E.D, et al, 1983. Skin pressure measurements on various mattress surfaces in cancer patients. Am. J. Phys. Med. 62 (5), 217–226.

Bernstein, J, 2003. An overview of MEMS inertial sensing technology. Sensors Weekly 2003, Accessed online at: http://www.sensorsmag.com/sensors/acceleration-vibration/an-overview-mems-inertialsensing-technology-970.

Berry, D, Olson, M.D, Larntz, K, 2009. Perceived stability, function, and satisfaction among transfemoral amputees using microprocessor and non-microprocessor controlled prosthetic knees: a multicenter survey. J. Prosthet. Orthot. 21, 32–42.

Beynnon, B.D, Ryder, S.H, Konradsen, L, et al, 1999. The effect of anterior cruciate ligament trauma and bracing on knee proprioception. Am. J. Sports Med. 27 (2), 150–155.

Birtane, M, Tuna, H, 2004. The evaluation of plantar pressure distribution in obese and non-obese adults. Clin. Biomech. (Bristol, Avon) 19 (10), 1055–1059.

Blana, D, Hincapie, J.G, Chadwick, E.K, et al, 2008. A musculoskeletal model of the upper extremity for use in the development of neuroprosthetic systems. J. Biomech. 41 (8), 1714–1721.

Bobbert, A.C, 1960. Energy expenditure in level and grade walking. J. Appl. Physiol. 15, 1015–1021.

Bohannon, R.W, 1990. Hand-held compared with isokinetic dynamometry for measurement of static knee extension torque (parallel reliability of dynamometers). Clin. Phys. Physiol. Meas. 11 (3), 217–222.

Bohannon, R.W, 1997. Comfortable and maximum walking speed of adults aged 20–79 years: Reference values and determinants. Age. Ageing 26, 15–19.

Bolsterlee, B, Veeger, D.H.E.J, Chadwick, E.K, 2013. Clinical applications of musculoskeletal modelling for the shoulder and upper limb. Med. Biol. Eng. Comput. 51, 953–963.

Bonacci, J, Vicenzino, B, Spratford, W, et al, 2014. Take your shoes off to reduce patellofemoral joint stress during running. Br. J. Sports Med. 48, 425.

Brand, R.A, Crowninshield, R.D, 1981. Locomotion studies–caves to computers (abstract). J. Biomech. 14 (7), 497.

Branthwaite, H, Chockalingam, N, Greenhalgh, A, 2013. The effect of shoe toe box shape and volume on forefoot interdigital and plantar pressures in healthy females. J. Foot Ankle Res. 6, 28.

Branthwaite, H.R, Payton, C.J, Chockalingam, N, 2004. The effect of simple insoles on three-dimensional foot motion during normal walking. Clin. Biomech. (Bristol, Avon) 19 (9), 972–977.

Braune, W, Fischer, O, 1889. Uber den Schwerpunkt des menschlichen Korpers, mit Rucksicht auf die Ausrustung des deutschen Infanteristen. Abh. Math. Phys. KI. Saechs. Ges. Wiss. 26, 561–672.

Bresler, B, Frankel, J, 1950. The forces and moments in the leg during level walking. Trans. SME 27–36.

Brown, D.C, 1966. Decentering distortion of lenses. Photometric Eng. 32 (3), 444–462.

Bruckner, J. The gait workbook: a practical guide to clinical gait analysis. SLACK Incorporated, 1998.

Brunt, D, Liu, S.M, Trimble, M, et al, 1999. Principles underlying the organization of movement initiation from quiet stance. Gait Posture 10 (2), 121–128.

Bryant, A, Newton, R, Steele, J, 2003. Is tibial acceleration related to knee functionality of ACL deficient and ACL reconstructed patients? J. Sci. Med. Sport 6 (4 Suppl. 1), 31.

Burgess-Limerick, R, Abernethy, B, Neal, J, 1993. Relative phase quantifies interjoint co-ordination. J. Biomech. 26 (1), 91–94.

Bus, S.A, de Lange, A, 2005. A comparison of the 1-step, 2-step, and 3-step protocols for obtaining barefoot plantar pressure data in the diabetic neuropathic foot. Clin. Biomech. (Bristol, Avon) 20 (9), 892–899.

Callaghan, M.J, Selfe, J, 2012. Patellar taping for patellofemoral pain syndrome in adults. Cochrane Library (4), 1–41.

Callaghan, M, Selfe, J, Bagley, P, et al, 2002. Effect of patellar taping on knee joint proprioception. J. Athl. Train. 37 (1), 19–24.

Camomilla, V, Cereatti, A, Vannozzi, G, et al, 2006. An optimized protocol for hip joint centre determination using the functional method. J. Biomech. 39 (6), 1096–1106.

Cappello, A, Cappozzo, A, La Palombara, P.F, et al, 1997. Multiple anatomical landmark calibration for optimal bone pose estimation. Hum. Mov. Sci. 16, 259–274.

Cappozzo, A, Cappello, A, 1997. Surface-marker cluster design criteria for 3-d bone movement reconstruction. IEEE Trans. Biomed. Eng. 40 (12), 1165–1174.

Cappozzo, A, Catani, F, Croce, U.D, et al, 1995. Position and orientation in space of bones during movement: anatomical frame definition and determination. Clin. Biomech. (Bristol, Avon) 10 (4), 171–178.

Cappozzo, A, Catani, F, Leardini, A, et al, 1996. Position and orientation in space of bones during movement: experimental artefacts. Clin. Biomech. (Bristol, Avon) 11 (2), 90–100.

Cappozzo, A, Della Croce, U, Leardini, A, et al, 2005. Human movement analysis using photogrammetry. Part 1: theoretical background. Gait Posture 21, 186–196.

Cappozzo, A, 1983. The forces and couples in the human trunk during level walking. J. Biomech. 16 (4), 265–277. at: http://www.ncbi.nlm.nih.gov/pubmed/6863342. (Accessed 2016).

Cappozzo, A, 1991. Three dimensional analysis of human walking: experimental methods and associated artefacts. Hum. Mov. Sci. 10, 589–602.

Carson, M.C, Harrington, M.E, Thompson, N, et al. Kinematic analysis of a multi-segment foot model for research and clinical applications: a repeatability analysis. 2001.

Cavagna, G.A, Saibene, F.P, Margaria, R, 1963. External work in walking. J. Appl. Physiol. 18, 1–9.

Cavanagh, P.R, Sims, D.S, Sanders, L.J, 1991. Body mass is a poor predictor of peak pressure in diabetic men. Diabetes Care 14 (8), 750–755.

Cerveri, P, Pedotti, A, Ferrigno, G, 2005. Kinematical models to reduce the effect of skin artifacts on marker-based human motion estimation. J. Biomech. 38 (11), 2228–2236.

Chadwick, E.K, Blana, D, Kirsch, R.F, et al, 2014. Real-time simulation of three-dimensional shoulder girdle and arm dynamics. IEEE Trans. Biomed. Eng. 61 (7), 1947–1956. doi:10.1109/TBME.2014.2309727.

Chandler, R.F, et al. Tech. Report AMRL-TR-74-137. Wright-Patterson Air Force Base, Aerospace Medical Research Laboratories, 1975.

Charlton, I.W, Johnson, G, 2006. A model for the prediction of the forces at the glenohumeral joint. Proc. Inst. Mech. Eng. H 220, 801–812.

Charteris, J, Taves, C, 1978. The process of habituation to treadmill walking: a kinematic analysis. Percept. Mot. Skills 47, 659–666.

Chèze, L, Fregly, B.J, Dimnet, J, 1995. A solidification procedure to facilitate kinematic analyses based on video system data. J. Biomech. 28, 879–884.

Chiari, L, Della Croce, U, Leardini, A, et al, 2005. Human movement analysis using stereophotogrammetry. Part 2: instrumental errors. Gait Posture 21, 197–211.

Chockalingam, N, et al, 2008. Marker placement for movement analysis in scoliotic patients: a critical analysis of existing systems. Stud. Health Technol. Inform. 140, 166–169. at: http://www.ncbi.nlm.nih.gov/pubmed/18810021. (Accessed 2014).

Chockalingam, N, et al, 2002. Study of marker placements in the back for opto-electronic motion analysis. Stud. Health Technol. Inform. 88, 105–109. at: http://www.ncbi.nlm.nih.gov/pubmed/15456012. (Accessed 2014).

Chou, L.S, Draganich, L.F, 1998. Placing the trailing foot closer to an obstacle reduces flexion of the hip, knee, and ankle to increase the risk of tripping. J. Biomech. 31 (8), 685–691.

Chou, R, et al, 2007. Diagnosis and treatment of low back pain: a joint clinical practice guideline from the American College of Physicians and the American Pain Society. Ann. Intern. Med. 147 (7), 478–491. at: http://www.ncbi.nlm.nih.gov/pubmed/17909209. (Accessed 2016).

Chung, M.-J, Wang, M.-J, 2012. Gender and walking speed effects on plantar pressure distribution for adults aged 20–60 years. Ergonomics 55 (2), 194–200.

Clauser, C.E, McConville, J.T, Young, J.W, 1969. Weight, volume, and centre of mass of segments of the human body. AMRL technical report. Wright-Patterson Air Force Base, Ohio.

Cochrane, L, Fergus, K, Arnold, G.P, et al, 2008. A comparative study between two pressure mapping systems: FSA versus Novel Pliance. Clin. Biomech. (Bristol, Avon) 23 (5), 669–670.

Codman, E.A, 1934. Tendinitis of the Short Rotators in the Shoulder: Rupture of the Supraspinatus Tendon and

Other Lesions in or About the Subacromial Bursa. Thomas Todd and Co, Boston, MA.

Consant, C.R, Murley, A.H.G, 1987. A clinical method of functional assessment of the shoulder. Clin. Orthop. Relat. Res. 214, 160–164.

Cook, J, Khan, K, 2001. What is the most appropriate treatment for patellar tendinopathy. Br. J. Sports Med. 35 (5), 291–294.

Cook, T.M, Zimmermann, C.L, Lux, K.M, et al, 1992. EMG comparison of lateral step up and stepping machine exercise. J. Orthop. Sports Phys. Ther. 16 (3), 108–113.

Corcoran, P.J, Brengelmann, G.L, 1970. Oxygen uptake in normal and handicapped subjects, in relation to speed of walking beside velocity controlled cart. Arch. Phys. Med. Rehabil. 51, 78–87.

Cotes, J.E, Meade, F, 1960. The energy expenditure and mechanical energy demand in walking. Ergonomics 3, 97–119.

Cowan, S.M, Bennell, K, Hodges, P.W, 2000. The test-retest reliability of the onset of concentric and eccentric vastus medialis obliquus and vastus lateralis electromyographic activity in a stair stepping task. Phys. Ther. Sport 1, 129–136.

Craik, R.L, Oatis, C.A, 1995. Gait analysis theory and action, 1 ed. Mosby, St Louis.

Crosbie, J, Vachalathiti, R, Smith, R, 1997. Age, gender and speed effects on spinal kinematics during walking. Gait Posture 5 (1), 13–20. at: http://www.gaitposture.com/article/S0966636296010685/fulltext. (Accessed 2014).

Crouse, J, Wall, J.C, Marble, A.E, 1987. Measurement of temporal and spatial parameters of gait using a microcomputer based system. J. Biomed. Eng. 9 (1), 64–68.

Crouse, S, Lessard, C, Rhodes, J, et al, 1990. Oxygen consumption and cardiac response of short-leg and long-leg prosthetic ambulation in a patient with bilateral above knee amputation: comparisons with able-bodied men. Arch. Phys. Med. Rehabil. 71, 313–317.

Cubo, E, Leurgans, S, Goetz, C.G, 2004. Short-term and practice effects of metronome pacing in Parkinson's disease patients with gait freezing while in the ‘on’ state: randomized single blind evaluation. Parkinsonism Relat. Disord. 10 (8), 507–510.

Cutti, A.G, Giovanardi, A, Rocchi, L, et al, 2008. Ambulatory measurement of shoulder and elbow kinematics through inertial and magnetic sensors. Med. Biol. Eng. Comput. 46, 169–178.

Dabnichki, P, Lauder, M, Aritan, S, et al, 1997. Accuracy evaluation of an on-line kinematic system via dynamic tests. J. Med. Eng. Technol. 53–66.

Dahlkvist, N.J, Mayo, P, Seedhom, B.B, 1982. Forces during squatting and rising from a deep squat. Eng. Med. 11 (68), 76.

Davids, J.R, Holland, W.C, Sutherland, D.H, 1993. Significance of the confusion test in cerebral palsy. J. Pediatr. Orthop. 13 (6), 717–721.

Davis, R, Ounpuu, S, Tyburski, D, et al, 1991. A gait data collection and reduction technique. Hum. Movement Sci. 10, 575–587.

De Asha, A.R, Buckley, J.G, 2015. The effects of walking speed on minimum toe clearance and on the temporal relationship between minimum clearance and peak swing-foot velocity in unilateral trans-tibial amputees. Prosthet. Orthot. Int. 39, 120–125.

De Bruin, H, Russell, D.J, Latter, J.E, et al, 1982. Angle-angle diagrams in monitoring and quantification of gait patterns for children with cerebral palsy. Am. J. Phys. Med. 61 (4), 176–192.

de Leva, P, 1996. Adjustments to Zatsiorsky-Seluyanov's segment inertia parameters. J. Biomech. 29 (9), 1223–1230.

della Croce, U, Camomilla, V, Leardini, A, et al, 2003. Femoral anatomical frame: assessment of various definitions. Med. Eng. Phys. 25 (5), 425–431.

della Croce, U, Cappozzo, A, Kerrigan, D.C, 1999. Pelvis and lower limb anatomical landmark calibration precision and its propagation to bone geometry and joint angles. Med. Biol. Eng. Comput. 37 (2), 155–161.

Delp, S.L, Anderson, F.C, Arnold, A.S, et al, 2007. OpenSim: open-source software to create and analyze dynamic simulations of movement. IEEE Trans. Biomed. Eng. 54, 1940–1950.

DeLuca, C.J, Forrest, W.J, 1973. Force Analysis of

Individual Muscles Acting Simultaneously on the Shoulder Joint during Isometric Abduction. J. Biomech. 6, 385–393.

Dempster, W.T, Gabel, W.C, Felts, W.J.L, 1959. The anthropometry of manual work space for the seated subject. Am. J. Phys. Anthropol. 17, 289–317.

Dempster, W.T, 1955. Space requirements of the seated operator. WADC Technical Report 55–159. Wright-Patterson Air Force Base, Ohio.

Department of Transport (2004). Inclusive mobility. http://www.ukroads.org/webfiles/inclusivemobility.pdf.

Deutsch, A, Altchek, D, Schwartz, E, et al, 1996. Radiologic measurement of superior displacement of the humeral head in impingement syndrome. J. Shoulder Elbow Surg. 5 (3), 186–193.

Dibble, L, Nicholson, D, Shultz, B, et al, 2004. Sensory cueing effects on maximal speed gait initiation in persons with Parkinson's disease and healthy elders. Gait Posture 19 (3), 215–225.

Dickerson, C.R, Chaffin, D.B, Hughes, R.E, 2007. A mathematical musculoskeletal shoulder model for proactive ergonomic analysis. Comput. Meth. Biomech. Biomed. Eng. 10, 389–400.

Donovan, S, Lim, C, Diaz, N, et al, 2011. Laser-light cues for gait freezing in Parkinson's disease: an open label study. Parkinsonism Relat. Disord. 17, 240–245.

Doucette, S.A, Child, D.D, 1996. The effect of open and closed chain exercise and knee joint position on patellar tracking in lateral patellar compression syndrome. J. Orthop. Sports Phys. Ther. 23 (2), 104–110.

Dowswell, T, Towner, E, Cryer, C, et al, 1999. Accidental falls: fatalities and injuries ad examination of the data sources and review of the literature on preventive strategies. Department of Trade and Industry, London, p. URN 99/805.

Drezner, J, Staudt, L, Fowler, E, 1994. Examination of intersegmental coordination in spastic cerebral palsy patients before and after selective posterior rhizotomy. Gait Posture 2, 61.

Drillis, R, Contini, R, 1966. Body segment parameters. Report no.1163– 03. Office of Vocational Rehabilitation. Department of health, Education and Welfare, New York.

Dumbleton, T, Buis, A.W, McFayden, A, et al, 2009. Dynamic interface pressure distributions of two transtibial prosthetic socket concepts. J. Rehabil. Res. Dev. 46 (3), 401–415.

Dupes, B. Prosthetic Knee Systems [Online]. Amputee Coalition of America. 2005. Available: http://www.amputee-coalition.org/military-instep/knees.html [Accessed 22 August 2016].

Durie, N.D, Farley, R.L, 1980. An apparatus for step length measurement. J. Biomed. Eng. 2 (1), 38–40.

Dvir, Z, Berme, N, 1978. The shoulder complex in elevation of the arm: a mechanism approach. J. Biomech. 11, 219–225.

Earl, J.E, Schmitz, R.J, Arnold, B.L, 2001. Activation of the VMO and VL during dynamic mini-squat exercises with and without isometic hip adduction. J. Electromyogr. Kinesiol. 11, 381–386.

Eddison, N, Chockalingam, N, 2013. The effect of tuning ankle foot orthoses-footwear combination on the gait parameters of children with cerebral palsy. Prosthet. Orthot. Int. 37 (2), 95–107.

Elble, R.J, Moody, C, Leffler, K, et al, 1994. The initiation of normal walking. Mov. Disord. 9, 139–146.

Elftman, H, 1939. Forces and energy changes in the leg during walking. Am. J. Physiol. 125, 339–356.

Elftman, H.O, 1939. The force exerted by the ground in walking. Arbeitsphysiologie 10, 485–491.

Ellenbecker, S, Davies, G.J, 2001. Closed Kinetic Chain Exercise. Human Kinetics, IL, USA.

Ellis, M, Seedhom, B.B, Wright, V, et al, 1980. An evaluation of the ratio between the tension along the quadriceps tendon and the patellar ligament. Eng. Med. 9 (4), 189–194.

Endo, K, Ikata, T, Katoh, S, et al, 2001. Radiographic assessment of scapular rotational tilt in chronic shoulder impingement syndrome. J. Orthop. Sci. 6 (1), 3–10.

Escamilla, R.F, Fleisig, G.S, Zheng, N, et al, 1998. Biomechanics of the knee during closed kinetic chain and open kinetic chain exercises. Med. Sci. Sports Exerc. 30 (4), 556–569.

Escamilla, R.F, Fleisig, G.S, Zheng, N, et al, 2001. Effects of technique variations on knee biomechanics during the squat and leg press. Med. Sci. Sports Exerc. 33 (9), 1552–1566.

Escamilla, R.F, 2001. Knee biomechanics of the dynamic squat. Med. Sci. Sports Exerc. 33 (1), 127–141.

Eshraghi, A, Abu Osman, N.A, Karimi, M, et al, 2014. Gait biomechanics of individuals with transtibial amputation: effect of suspension system. PLoS ONE 9, 12.

Fayad, F, Roby-Brami, A, Yazbeck, C, et al, 2008. Three-dimensional scapular kinematics and scapulohumeral rhythm in patients with glenohumeral osteoarthritis or frozen shoulder. J. Biomech. 41 (2), 326–332.

Ferrigno, G, Pedotti, A, 1985. ELITE: a digital dedicated hardware system for movement analysis via real-time TV signal processing. IEEE Trans. Biomed. Eng. 32 (11), 943–950.

Ferris, D.P, Czerniecki, J.M, Hannaford, B, 2005. An ankle-foot orthosis powered by artificial pneumatic muscles. J. Appl. Biomech. 21 (2), 189–197.

Ferris, D.P, Gordon, K.E, Sawicki, G.S, et al, 2006. An improved powered ankle-foot orthosis using proportional myoelectric control. Gait Posture 23 (4), 425–428.

Fiolkowski, P, Brunt, D, Bishop, M, et al, 2002. Does postural instability affect the initiation of human gait? Neurosci. Lett. 323 (3), 167–170.

Fong, D.T.-P, Chan, Y.-Y, 2010. The use of wearable inertial motion sensors in human lower limb biomechanics studies: a systematic review. Sensors (Basel) 10, 11556–11565.

Forte, F.C, de Castro, M.P, de Toledo, J.M, et al, 2009. Scapular kinematics and scapulohumeral rhythm during resisted shoulder abduction – Implications for clinical practice. Phys. Ther. Sport 10 (3), 105–111.

Frazzitta, G, Maestri, R, Uccelini, D, et al, 2009. Rehabilitation treatment of gait in patients with Parkinson's disease with freezing: a comparison between two physical therapy protocols using visual and auditory cues with or without treadmill training. Mov. Disord. 24 (8), 1139–1143.

Frigo, C, et al, 2003. The upper body segmental movements during walking by young females. Clin. Biomech. (Bristol, Avon) 18 (5), 419–425. at: http://www.ncbi.nlm.nih.gov/pubmed/12763438. (Accessed 2014).

Fulkerson, J.P, Hungerford, D.S, 1990. Disorders of the Patellofemoral Joint, 2 ed. Williams and Wilkins, Baltimore.

Fuller, J, Liu, L.-J, Murphy, M.C, et al, 1997. A comparison of lower-extremity skeletal kinematics measured using skin- and pin-mounted markers. Hum. Mov. Sci. 16, 219–242.

Gage, J.R, 1994. The clinical use of kinetics for evaluation of pathological gait in cerebral palsy. J. Bone Joint Surg. Am. 76 (4), 622–631.

Gage, J.R, 1994. The role of gait analysis in the treatment of cerebral palsy. J. Pediatr. Orthop. 4 (6), 701–702.

Gardner, G.M, Murray, M.P, 1975. A method of measuring the duration of foot–floor contact during walking. Phys. Ther. 55 (7), 751–756.

Garner, B, Pandy, M, 1999. A kinematic model of the upper limb based on the visible human project (VHP) image dataset. Comput. Methods Biomech. Biomed. Engin. 2 (2), 107–124.

Gatt, A, Spiteri, M, Formosa, C, et al, 2014. Investigation of plantar pressures in overweight and non-overweight children with a neutral foot posture. OA Musculoskeletal Med. 2 (1), 8.

Gerny, K, 1983. A clinical method of quantitative gait analysis. Phys. Ther. 63, 1125–1126.

Giacomozzi, C, Leardini, A, Caravaggi, P, 2014. Correlates between kinematics and baropodometric measurements for an integrated in-vivo assessment of the segmental foot function in gait. J. Biomech. 47 (11), 2654–2659.

Giladi, N, McMahon, D, Przedborski, S, et al, 1992. Motor blocks in Parkinson's disease. Neurology 42, 333–339.

Giladi, N, Nieuwboer, A, 2008. Understanding and treating freezing of gait in Parkinsonism, proposed working definition, and setting the stage. Mov. Disord. 23, 423–425.

Gill, H.S, O'Connor, J.J, 1996. Biarticulating two-dimensional computer model of the human patellofemoral joint. Clin. Biomech. (Bristol, Avon) 11 (2), 81–89.

Goh, J.C, Bose, K, Khoo, B.C, 1993. Gait analysis study on patients with varus osteoarthrosis of the knee. Clin. Orthop. Relat. Res. 294, 223–231.

Goujon-Pillet, H, Sapin, E, Fode, P, et al, 2008. Three-dimensional motions of trunk and pelvis during transfemoral amputee gait. Arch. Phys. Med. Rehabil. 89, 87–94.

Grabiner, M, Owings, T, 2002. EMG differences between concentric and eccentric maximum voluntary contractions are evident prior to movement onset. Exp. Brain Res. 145 (4), 505–511.

Grieve, D.W, 1968. Gait patterns and the speed of walking. Biomed. Eng. 3, 119–122.

Grieve, D, Gear, J, 1966. The relationship between length of stride, step frequency, time of swing and speed of walking for children and adults. Ergonomics 5 (9), 379–399.

Griffin, H.J, Greenlaw, R, Limousin, P, et al, 2011. The effect of real and virtual visual cues on walking in Parkinson's disease. J. Neurol. 258, 991–1000.

Grood, E.S, Suntay, W.J, 1983. A joint coordinate system for the clinical description of three-dimensional motions: application to the knee. J. Biomech. Eng. 105, 136–144.

Growney, E, Cahalan, T, Meglan, D, 1994. Comparison of goniometry and video motion analysis for gait analysis. J. Biomech. 27, 624.

Guido, J, Jr, Voight, M.L, Blackburn, T.A, et al, 1997. The effects of chronic effusion on knee joint proprioception: a case study. J. Orthop. Sports Phys. Ther. 25 (3), 208–212.

Gussoni, M, Margonato, V, Ventura, R, et al, 1990. Energy cost of walking with hip joint imparement. Phys. Ther. 70, 195–301.

Hallen, L.G, Lindahl, O, 1966. The 'screw-home' movement in the knee- joint. Acta Orthop. Scand. 37 (1), 97–106.

Halliday, S.E, Winter, D.A, Frank, J.S, et al, 1998. The initiation of gait in young, elderly, and Parkinson's disease subjects. Gait Posture 8 (1), 8–14.

Hamill, J, Haddad, J.M, McDermott, W.J, 2000. Issues in quantifying variability from a dynamical systems perspective. J. Appl. Biomech. 16, 407–418.

Hammarlund, C.S, Carlstrom, M, Melchior, R, et al, 2011. Prevalence of back pain, its effect on functional ability and health-related quality of life in lower limb amputees secondary to trauma or tumour: a comparison across three levels of amputation. Prosthet. Orthot. Int. 35, 97–105.

Haneline, M.T, et al, 2008. Determining spinal level using the inferior angle of the scapula as a reference landmark: a retrospective analysis of 50 radiographs. J. Can. Chiropr. Assoc. 52 (1), 24–29. at: pmc/articles/PMC2258239/?report=abstract. (Accessed 2016).

Hanzlíková, I, Richards, J, Tomsa, M, et al, 2016. The effect of proprioceptive knee bracing on knee stability during three different sport related movement tasks in healthy subjects and the implications to the management of anterior cruciate ligament (ACL) injuries. Gait Posture 48, 165–170. doi:10.1016/j.gaitpost.2016.05.011. ISSN 0966-6362.

Harrington, M.E, Zavatsky, A.B, Lawson, S.E, et al, 2007. Prediction of the hip joint centre in adults: children, and patients with cerebral palsy based on magnetic resonance imaging. J. Biomech. 40 (3), 595–602.

Haskell, W, Yee, M, Evans, A, et al, 1993. Simultaneous measurement of heart rate and body motion to quantitate physical activity. Med. Sci. Sports Exerc. 25 (1), 109–115.

Hattin, H.C, Pierrynowski, M.R, Ball, K.A, 1989. Effect of load cadence and fatigue on tibiofemoral joint force during a half squat. Med. Sci. Sports Exerc. 21, 613–618.

Hazlewood, M.E, Brown, J.K, Rowe, P.J, et al, 1994. The use of therapeutic electrical stimulation in the treatment of hemiplegic cerebral palsy. Dev. Med. Child Neurol. 36 (8), 661–673.

Hazlewood, M.E, Hillman, S.J, Lawson, A.M, et al, 1997. Marker attachment in gait analysis: on skin or lycra? Gait Posture 6, 265.

Healy, A, Chatzistergos, P, Needham, R, et al, 2013. Comparison of design features in diabetic footwear and their effect on plantar pressure. Footwear Sci. 5 (1), S67–

S69.

Healy, A, Dunning, D.N, Chockalingam, N, 2012. Effect of insole material on lower limb kinematics and plantar pressures during treadmill walking. Prosthet. Orthot. Int. 36 (1), 53–62.

Hebert, L.J, Moffet, H, McFadyen, B.J, et al, 2002. Scapular behavior in shoulder impingement syndrome. Arch. Phys. Med. Rehabil. 83 (1), 60–69.

Hennig, E.M, Milani, T.L, 1995. In-shoe pressure distribution for running in various type of footwear. J. Appl. Biomech. 11 (3), 299–310.

Hennig, E.M, Rosenbaum, D, 1991. Pressure distribution patterns under the feet of children in comparison with adults. Foot Ankle 11 (5), 306–311.

Henriksson, M, Hirschfeld, H, 2005. Physically active older adults display alterations in gait initiation. Gait Posture 21 (3), 289–296.

Hershler, C, Milner, M, 1980. Angle–angle diagrams in above-knee amputee and cerebral palsy gait. Am. J. Phys. Med. 59 (4), 165–183.

Hewett, T.E, Noyes, F.R, Barber-Westin, S.D, et al, 1998. Decrease in knee joint pain and increase in function in patients with medial compartment arthrosis: a prospective analysis of valgus bracing. Orthopedics 21, 131–138.

Hewitt, B.A, Refshauge, K.M, Kilbreath, S.L, 2002. Kinesthesia at the knee: the effect of osteoarthritis and bandage application. Arthritis Rheum. 47 (5), 479–483.

Heyrman, L, et al, 2013. Reliability of head and trunk kinematics during gait in children with spastic diplegia. Gait Posture 37 (3), 424–429. at: http://www.ncbi.nlm.nih.gov/pubmed/23062729. (Accessed 2016).

Heyrman, L, et al, 2014. Altered trunk movements during gait in children with spastic diplegia: compensatory or underlying trunk control deficit? Res. Dev. Disabil. 35 (9), 2044–2052. at: http://www.ncbi.nlm.nih.gov/pubmed/24864057. (Accessed 2016).

Hills, A.P, Hennig, E.M, McDonald, M, et al, 2001. Plantar pressure differences between obese and non-obese adults: a biomechanical analysis. Int. J. Obes. 25 (11), 1674–1679.

Hirokawa, S, Matsumura, K, 1987. Gait analysis using a measuring walkway for temporal and distance factors. Med. Biol. Eng. Comput. 25, 577–582.

Hirokawa, S, 1989. Normal gait characteristics under temporal and distance constraints. J. Biomed. Eng. 11, 449–456.

Hobara, H, Kobayashi, Y, Nakamura, T, et al, 2011. Lower extremity joint kinematics of stair ascent in transfemoral amputees. Prosthet. Orthot. Int. 35, 467–472.

Hogfors, C, Peterson, B, Sigholm, G, et al, 1991. Biomechanical model of the human shoulder joint-II. The shoulder rhythm. J. Biomech. 24 (8), 699–709.

Holden, J.P, Orsini, J.A, Lohmann Siegel, K, et al, 1997. Surface movement errors in shank kinematics and knee kinetics during gait. Gait Posture 5, 217–227.

Holden, J.P, Stanhope, S.J, 1998. The effect of variation in knee center location estimates on net knee joint moments. Gait Posture 7 (1), 1–6.

Holzbaur, K.R.S, Murray, W.M, Delp, S.L, 2005. A model of the upper extremity for simulating musculoskeletal surgery and analyzing neuromuscular control. Ann. Biomed. Eng. 33 (6), 829–840.

Hortobagyi, T, Katch, F.I, 1990. Eccentric and concentric torque-velocity relationships during arm flexion and extension. Influence of strength level. Eur. J. Appl. Physiol. Occup. Physiol. 60 (5), 395–401.

Houdijk, H, Hak, L, Beek, P.J, et al, 2014. Step length asymmetry in transtibial amputees: a strategy to regulate gait stability? Gait Posture 39, S84.

Hullin, M.G, Robb, J.E, Loudon, I.R, 1992. Ankle-foot orthosis function in low-level myelomeningocele. J. Pediatr. Orthop. 12, 518–521.

Hurley, G.R, McKenney, R, Robinson, M, et al, 1990. The role of the contralateral limb in below-knee amputee gait. Prosthet. Orthot. Int. 14 (1), 33–42.

Hurmuzlu, Y, Basdogan, C, Carollo, J.J, 1994. Presenting joint kinematics of human locomotion using phase plane portraits and Poincare maps. J. Biomech. 27 (12), 1495–1499.

Hurmuzlu, Y, Basdogan, C, Stoianovici, D, 1996. Kinematics and dynamic stability of the locomotion of post-polio patients. J. Biomed. Eng. 118 (3), 405–411.

Illyés, A, Kiss, R.M, 2006. Kinematic and muscle

activity characteristics of multidirectional shoulder joint instability during elevation. Knee Surg. Sports Traumatol. Arthrosc. 14, 673–685.

Imms, F, MacDonald, I, Prestidge, S, 1976. Energy expenditure during walking in patients recovering from fractures of the leg. Scand. J. Rehabil. Med. 8, 1–9.

Inman, V.T, Ralston, H.J, Todd, F, 1981. Human Walking. Williams and Wilkins Company, Baltimore, MD.

Inman, V.T, 1967. Conservation of energy in ambulation. Arch. Phys. Med. Rehabil. 48.

Inman, V.T, 1966. Human locomotion. Can. Med. Assoc. J. 94, 1047–1054.

Inman, V.T, Saunders, J.B, Abbott, L.C, 1996. [1944]. Observations of the function of the shoulder joint. Clin. Orthop. Relat. Res. 330, 3–12.

International Building Code, 2003. ISBN-13: 978-1892395566.

Isaac Newton. Philosophiae Naturalis Principia Mathematica.1687.

Isakov, E, Burger, H, Krajnik, J, et al, 1996. Influence of speed on gait parameters and on symmetry in trans-tibial amputees. Prosthet. Orthot. Int. 20 (3), 153–158.

JAMA, 1992. Evidence Based Practice or Evidenced Based Medicine. The users' guides to evidence-based medicine. J. Am. Med. Assoc.

Jarrett, M.O, Andrews, B.J, Paul, J.P, 1974. Quantitative analysis of locomotion using television. ISPO World Congress, Montreux, Switzerland.

Jerosch, J, Prymka, M, 1996. Knee joint proprioception in patients with posttraumatic recurrent patella dislocation. Knee Surg. Sports Traumatol. Arthrosc. 4, 14–18.

Jevsevar, D.S, Riley, P.O, Hodge, W.A, et al, 1993. Knee kinematics and kinetics during locomotor activities of daily living in subjects with knee arthroplasty and in healthy control subjects. Phys. Ther. 73 (4), 229–242.

Jian, Y, Winter, D.A, Ishac, M.G, et al, 1993. Trajectory of the body COG and COP during initiation and termination of gait. Gait Posture 1, 9–22.

Jiang, Y, Norman, K.E, 2006. Effects of visual and auditory cues on gait initiation in people with Parkinson's disease. Clin. Rehabil. 20 (1), 36–45.

Johnson, F, Leitl, S, Waugh, W, 1980. The distribution of load across the knee. A comparison of static and dynamic measurements. J. Bone Joint Surg. Br. 62 (3), 346–349.

Jones, R.K, Nester, C.J, Kim, W.Y, et al. Direct and indirect orthotic management of medial compartment osteoarthritis of the knee, ESMAC & GCMAS meeting, Amsterdam, 25–30 September, 2006.

Jones, R.K, Nester, C.J, Richards, J.D, et al, 2013. A comparison of the biomechanical effects of valgus knee braces and lateral wedged insoles in patients with knee osteoarthritis. Gait Posture 37 (3), 368–372.

Jones, S.F, Twigg, P.C, Scally, A.J, et al, 2006. The mechanics of landing when stepping down in unilateral lower-limb amputees. Clin. Biomech. (Bristol, Avon) 21, 184–193.

Jonsson, P, Alfredson, H, 2005. Superior results with eccentric compared to concentric quadriceps training in patients with jumper's knee: a prospective randomised study. Br. J. Sports Med. 39, 847–850.

Kadaba, M.P, Ramakrishnan, H.K, Wootten, M.E, et al, 1989. Repeatability of kinematic, kinetic, and electromyographic data in normal adult gait. J. Orthop. Res. 7 (6), 849–860.

Kahle, J.T, Highsmith, M.J, Hubbard, S.L, 2008. Comparison of nonmicroprocessor knee mechanism versus C-Leg on Prosthesis Evaluation Questionnaire, stumbles, falls, walking tests, stair descent and knee preference. J. Rehabil. Res. Dev. 45, 1–13.

Karlsson, D, Peterson, B, 1992. Towards a model for force predictions in the human shoulder. J. Biomech. 25 (2), 189–199.

Kaufman, K.R, Levine, J.A, Brey, R.H, et al, 2007. Gait and balance of transfemoral amputees using passive mechanical and microprocessor-controlled prosthetic knees. Gait Posture 26, 489–493.

Kaufman, K.R, Levine, J.A, Brey, R.H, et al, 2008. Energy expenditure and activity amputees using mechanical and of transfemoral microprocessor-controlled prosthetic knees. Arch. Phys. Med. Rehabil. 89, 1380–1385.

Kavanagh, J.J, Menz, H.B, 2008. Accelerometry:

a technique for quantifying movement patterns during walking. Gait Posture 28 (1), 1–15.

Keemink, C.J, Hoek van Dijke, G.A, Snijders, C.J, 1991. Upgrading of efficiency in the tracking of body markers with video techniques. Med. Biol. Eng. Comput. 29 (1), 70–74.

Kellis, E, Baltzopoulos, V, 1996. The effects of normalization on antagonistic activity patterns during eccentric and concentric isokinetic knee extension and flexion. J. Electromyogr. Kinesiol. 6 (4), 235.

Kepple, T.M, Arnold, A.S, Stanhope, S.J, et al, 1994. Assessment of a method to estimate muscle attachments from surface landmarks: a 3D computer graphics approach. J. Biomech. 27 (3), 365–371.

Khan, K, Maffulli, N, Coleman, B, et al, 1998. Patellar tendinopathy: some basic aspects of science and clinical management. Br. J. Sports Med. 32, 346–355.

Kiernan, D, Malone, A, O'Brien, T, et al, 2015. The clinical impact of hip joint centre regression equation error on kinematics and kinetics during paediatric gait. Gait Posture 41 (1), 175–179. doi:10.1016/j.gaitpost.2014.09.026. http://www.sciencedirect.com/science/article/pii/S0966636214007255. ISSN 0966-6362.

Kim, W.Y, Richards, J.D, Jones, R.K, et al, 2004. Single limb stance adduction moment in medial compartment osteoarthritis of the knee. Knee 11, 225–231.

Kingma, I, Toussaint, H.M, Commissaris, D.A.C.M, et al, 1995. Optimising the determination of the body centre of mass. J. Biomech. 28 (9), 1137–1142.

Kirkley, A, Webster-Bogaert, S, Litchfield, R, et al, 1999. The effect of bracing on varus gonarthrosis. J. Bone Joint Surg. Am. 81–A, 539–548.

Klein, P.J, Gabusi, C.A, Brinn, M.B, 1992. Validation of linear and angular displacement estimation by computer-assisted motion analysis. Phys. Ther. 72.

Kowalk, D.L, Duncan, J.A, Vaughan, C.L, 1996. Abduction-adduction moments at the knee during stair ascent and descent. J. Biomech. 29 (3), 383–388.

Ladin, Z, Mansfield, P.K, Murphy, M.C, et al, 1990. Segmental analysis in kinesiological measurements. Image-based motion measurements. SPIE 1356, 110–120.

Lafortune, M.A, 1991. Three-dimensional acceleration of the tibia during walking and running. J. Biomech. 24 (10), 877–886.

Lafortune, M.A, Hennig, V, 1991. Contribution of angular motion and gravity to tibial acceleration. Med. Sci. Sports Exerc. 23 (3), 360–363.

Lafortune, M.A, Hennig, V, Valiant, G.A, 1995. Tibial shock measured with bone and skin mounted transducers. J. Biomech. 28 (8), 989–993.

Lamoth, C.J.C, et al, 2006. Effects of chronic low back pain on trunk coordination and back muscle activity during walking: changes in motor control. Eur. Spine J. 15 (1), 23–40. at: http://www.ncbi.nlm.nih.gov/pubmed/15864670. (Accessed 2016).

Lamoth, C.J.C, et al, 2002. Pelvis-thorax coordination in the transverse plane during walking in persons with nonspecific low back pain. Spine 27 (4), E92–E99. at: http://www.ncbi.nlm.nih.gov/pubmed/11840116. (Accessed 2016).

Larose Chevalier, T, Hodgins, H, Chockalingam, C, 2010. Plantar pressure measurements using an in-shoe system and a pressure platform: a comparison. Gait Posture 31 (3), 397–399.

Laubenthal, K.N, Smidt, G.L, Kettlekamp, D.B, 1972. A quantitative analysis of knee motion during activities of daily living. Phys. Ther. 52 (1), 34–43.

Laudner, K.G, Stanek, J.M, Meister, K, 2006. Assessing posterior shoulder contracture: the reliability and validity of measuring glenohumeral joint horizontal adduction. J. Athl. Train. 41 (4), 375–380.

Leardini, A, Cappozzo, A, Catani, F, et al, 1999. Validation of a functional method for the estimation of hip joint centre location. J. Biomech. 32 (1), 99–103.

Leardini, A, Chiari, L, Della Croce, U, et al, 2005. Human movement analysis using stereophotogrammetry. Part 3. Soft tissue artifact assessment and compensation. Gait Posture 21, 212–225.

Leardini, A, et al, 2011a. Multi-segment trunk kinematics during locomotion and elementary exercises. Clin. Biomech. (Bristol, Avon) 26 (6), 562–571.

Leardini, A, et al, 2011b. Multi-segment trunk kinematics during locomotion and elementary exercises. Clin. Biomech. (Bristol, Avon) 26 (6), 562–571. at: http://

www.ncbi.nlm.nih.gov/pubmed/21419535. (Accessed 2014).

Lebold, C, Almeida, Q.J. Evaluating the contributions of dynamic flow to freezing of gait in Parkinson's disease. Sage-Hindawi Access to Research Parkinson's Disease, 2010.

Lee, V.S, Solomonidis, S.E, Spence, W.D, 1997. Stump-socket interface pressure as an aid to socket design in prostheses for trans- femoral amputees–a preliminary study. Proc. Inst. Mech. Eng. H 211 (2), 167–180.

Leiper, C.I, Craik, R.L, 1991. Relationship between physical activity and temporal-distance characteristics of walking in elderly women. Phys. Ther. 71 (11), 791–803.

Lephart, S.M, Fu, F.H, 2000. Proprioception and Neuromuscular Control in Joint Stability. Human Kinetics, Champaign, IL, pp. xvii–xxiv.

Lephart, S.M, Henry, T.J, 1995. Functional rehabilitation for the upper and lower extremity. Orthop. Clin. North Am. 26 (3), 579–592.

Lesh, M.D, Mansour, J.M, Simon, S.R, 1979. A gait analysis subsystem for smoothing and differentiation of human motion data. J. Biomech. Eng. 101, 205–212.

Levens, A.S, Inman, V.T, Blosser, J.A, 1948. Transverse rotation of the segments of the lower extremity in locomotion. J. Bone Joint Surg. Am. 30A, 859–872.

Lim, E, Thong-Meng, T, Chee-Seong Seet, R, 2006. Laser assisted device for start hesitation and freezing in Parkinson's disease. Case Rep. Clin. Pract. Rev. 7, 92–95.

Lin, H.C, Lu, T.W, Hsu, H.C, 2005. Comparisons of joint kinetics in the lower extremity between stair ascent and descent. J. Mech. 21, 41–50.

Lin, J.-J, Lim, H.K, Yang, J.-L, 2006. Effect of shoulder tightness on glenohumeral translation, scapular kinematics, and scapulohumeral rhythm in subjects with stiff shoulders. J. Orthop. Res. 24 (5), 1044–1051.

Lindenfeld, T.N, Hewett, T.E, Andriacchi, T.P, 1997. Joint loading with valgus bracing in patients with varus gonarthrosis. Clin. Orthop. 344, 290–297.

Lloyd, C.H, Stanhope, S.J, Davis, I.S, et al, 2010. Strength asymmetry and osteoarthritis risk factors in unilateral trans-tibial, amputee gait. Gait Posture 32, 296–300.

Lockard, M.A, 1988. Foot orthoses. Phys. Ther. 68 (12), 1866–1873.

Lough, J, 1995. Quantifying motor performance in patients with peripheral neuropathy undergoing treatment (abstract). Physiotherapy 81, 745.

Low, J, Reid, A, 1992. Electrotherapy explained. Butterworth Heinemann, Oxford.

Lu, T.W, O'Connor, J.J. Three dimensional computer graphics based modelling and mechanical analysis of the human locomotor system. In: Sixth International Symposium on the 3D Analysis of Human Movement. 1–4 May, 2000.

Lucchetti, L, Cappozzo, A, Cappello, A, et al, 1998. Skin movement artefact assessment and compensation in the estimation of knee-joint kinematics. J. Biomech. 31, 977–984.

Ludewig, P.M, Cook, T.M, 2000. Alterations in shoulder kinematics and associated muscle activity in people with symptoms of shoulder impingement. Phys. Ther. 80 (3), 276–291.

Ludewig, P.M, Hassett, D.R, LaPrade, R.F, et al, 2010. Comparison of scapular local coordinate systems. Clin. Biomech. (Bristol, Avon) 25 (5), 415–421.

Ludewig, P.M, Reynolds, J.R, 2009. The association of scapular kinematics and glenohumeral joint pathologies. J. Orthop. Sports Phys. Ther. 39 (2), 90–104.

Lukaseiwicz, A.C, McClure, P, Michener, L, et al, 1999. Comparison of 3-dimensional scapular position and orientation between subjects with and without shoulder impingement. J. Orthop. Sports Phys. Ther. 29 (10), 574–583.

Lundgren, P, Nester, C, Liu, A, et al, 2008. Invasive in vivo measurement of rear-, mid- and forefoot motion during walking. Gait Posture 28 (1), 93–100.

MacGregor, J, 1979. Rehabilitation ambulatory monitoring. Disability, Strathclyde Bioengineering Seminars. MacMillan, London, pp. 159–172.

MacGregor, J, 1981. The evaluation of patient performance using long- term ambulatory monitoring technique in the domiciliary environment. Physiotherapy 67 (2), 30–33.

MacWilliams, B.A, Cowley, M, Nicholson, D.E,

2003. Foot kinematics and kinetics during adolescent gait. Gait Posture 17 (3), 214–224.

MacWilliams, B.A, et al, 2013. Assessment of three-dimensional lumbar spine vertebral motion during gait with use of indwelling bone pins. J. Bone Joint Surg. Am. 95 (23), e1841–e1848. at: http://www.ncbi.nlm.nih.gov/pubmed/24306707. (Accessed 2014).

Maly, M.R, Culham, E.G, Costigan, P.A, 2002. Static and dynamic biomechanics of foot orthoses in people with medial compartment knee osteoarthritis. Clin. Biomech. (Bristol, Avon) 17 (8), 603–610.

Manal, K, McClay, I, Richards, J, et al, 2002. Knee moment profiles during walking: errors due to soft tissue movement of the shank and the influence of the reference coordinate system. Gait Posture 15, 10–17.

Manal, K, McClay, I, Stanhope, S, et al, 2000. Comparison of surface mounted markers and attachment methods in estimating tibial rotations during walking: an in vivo study. Gait Posture 11, 38–45.

Mann, R.A, Antonsson, E.K, 1983. Gait analysis–precise, rapid, automatic, 3-D position and orientation kinematics and dynamics. Bull. Hosp. Joint Dis. Orthop. Inst. 43 (2), 137–146.

Mann, R.A, Hagey, J.L, White, V, et al, 1979. The initiation of gait. J. Bone Joint Surg. 61–a, 232–239.

Mansour, J.M, Lesh, M.D, Nowak, M.D, et al, 1982. A three dimensional multi-segmental analysis of the energetics of normal and pathological gait. J. Biomech. 15 (1), 51–59.

Marciniak, W, 1973. Design of an electrogoniometer for the examination of the movements of the knee and foot during walking. Chir. Narzadow Ruchu Ortop. Pol. 38 (5), 573–579.

Marey, E.J, 1873. Animal mechanism: a treatise on terrestrial and aerial locomotion. Republished as Vol. XI of the International Scientific Series. Appleton, New York.

Martin, M, Shinberg, M, Kuchibhatla, M, et al, 2002. Gait initiation in community-dwelling adults with Parkinson disease: comparison with older and younger adults without the disease. Phys. Ther. 82 (6), 566–577.

Mason, D.L, et al, 2016. Reproducibility of kinematic measures of the thoracic spine, lumbar spine and pelvis during fast running. Gait Posture 43, 96–100.

Matias, R, Pascoal, A.G, 2006. The unstable shoulder in arm elevation: a three-dimensional and electromyographic study in subjects with glenohumeral instability. Clin. Biomech. (Bristol, Avon) 21, S52–S58.

Matsumo, H, Kadowaki, K, Tsuji, H, 1997. Generation II knee bracing for severe medial compartment osteoarthritis of the knee. Arch. Phys. Med. Rehabil. 78, 745–749.

Mattes, S.J, Martin, P.E, Royer, T.D, 2000. Walking symmetry and energy cost in persons with unilateral transtibial amputations: matching prosthetic and intact limb inertial properties. Arch. Phys. Med. Rehabil. 81, 561–568.

Maurel, W, Thalmann, D, 1999. A case study on human upper limb modelling for dynamic simulation. Comput. Methods Biomech. Biomech. Engin. 1 (2), 1–17.

Maurel, W, Thalmann, D, 2000. Human shoulder modelling including scapulothoracic constraint and joint sinus cones. Comput. Graphics 24, 203–218.

Mell, A.G, LaScalza, S, Guffey, P, et al, 2005. Effect of rotator cuff pathology on shoulder rhythm. J. Shoulder Elbow Surg. 14 (1 Suppl.S), 58S–64S.

McCandless, P.J, Evans, B.J, Janssen, J, et al, 2016. Effect of three cueing devices for people with Parkinson's disease with gait initiation difficulties. Gait Posture 44, 7–11.

McClay, I, Manal, K, 1998. A comparison of 3D lower extremity kinematics during running between excessive pronators and normals. Clin. Biomech. (Bristol, Avon) 13 (3), 195–203.

McClure, P.W, Michener, L.A, Karduna, A.R, 2006. Shoulder function and 3-dimensional scapular kinematics in people with and without shoulder impingement syndrome. Phys. Ther. 86, 1075–1090.

McConnell, J, 2002. The physical therapist's approach to patellofemoral disorders. Clin. Sports Med. 21 (3), 363–387.

McDonough, A.L, Batavia, M, Chen, F.C, et al, 2001. The validity and reliability of the GAITRite system's measurements: a preliminary evaluation. Arch. Phys. Med. Rehabil. 82 (3), 419–425.

McFadyen, B, Winter, D.A, 1988. An integrated biomechanical analysis of normal stair ascent and descent. J. Biomech. 21 (9), 733–744.

McGinty, G, Irrgang, J.J, Pezullo, D, 2000. Biomechanical considerations for rehabilitation of the knee. Clin. Biomech. (Bristol, Avon) 15, 160–166.

McGrath, D, Judkins, T.N, Pipinos, I.I, et al, 2012. Peripheral arterial disease affects the frequency response of ground reaction forces during walking. Clin. Biomech. (Bristol, Avon) 27 (10), 1058–1063. doi:10.1016/j.clinbiomech.2012.08.004. [Epub 2012 Sep 9].

Medical Progress Through Technology, 1993. Med. Prog. Technol. 19 (2), 61–81.

Messier, S.P, Loeser, R.F, Hoover, J.L, et al, 1992. Osteoarthritis of the knee: effects on gait, strength, and flexibility. Arch. Phys. Med. Rehabil. 73 (1), 29–36.

Mian, O.S, Thom, J.M, Narici, M.V, et al, 2007. Kinematics of stair descent in young and older adults and the impact of exercise training. Gait Posture 25, 9–17.

Mickelborough, J, van der Linden, M.L, Tallis, R.C, et al, 2004. Muscle activity during gait initiation in normal elderly people. Gait Posture 19 (1), 50–57.

Miller, C, Verstraete, M, 1996. Determination of the step duration of gait ignition using a mechanical energy analysis. J. Biomech. 29 (9), 1195–1199.

Mizahi, J, Suzak, Z, Heller, L, et al, 1982. Variation of the time distance parameters of the stride as related to clinical gait improvement in hemiplegics. Scand. J. Rehabil. Med. 14, 133–140.

Moore, O, Peretz, C, Giladi, N, 2007. Freezing of gait affects quality of life of peoples with Parkinson's disease beyond its relationships with mobility and gait. Mov. Disord. 22, 2192–2195.

Morag, E, Cavanagh, P.R, 1999. Structural and functional predictors of regional peak pressures under the foot during walking. J. Biomech. 32 (4), 359–370.

Moritani, T, Muramatsu, S, Muro, M, 1987. Activity of motor units during concentric and eccentric contractions. Am. J. Phys. Med. 66 (6), 338–350.

Morrison, J.B, 1970. The mechanics of the knee joint in relation to normal walking. J. Biomech. 3, 51–61.

Muilenburg, A.L, Wilson, A.B, Jr. A manual for above-knee (Trans-Femoral) amputees [Online]. 1996. Available at http://www.oandp.com/resources/patientinfo/manuals/akindex.htm (Accessed 22 August 2016).

Murray, M.P, Drought, A.B, Kory, R.C, 1964. Walking patterns of normal men. J. Bone Joint Surg. Am. 46A, 335–360.

Murray, M.P, Kory, R.C, Clarkson, B.H, et al, 1966. Comparison of free and fast speed walking patterns of normal men. Am. J. Phys. Med. 45, 8–25.

Murray, M.P, Kory, R.C, Sepic, S.B, 1970. Walking patterns of normal women. Arch. Phys. Med. Rehabil. 51 (11), 637–650.

Murray, M.P, Sepic, S.B, Barnard, E.J, 1967. Patterns of sagittal rotation of the upper limbs in walking. Phys. Ther. 47 (4), 272–284.

Murray, M.P, 1967. Gait as a total pattern of movement. Am. J. Phys. Med. 40, 290–333.

Muybridge, E, 1957. Animal locomotion. In: Brown, L.S. (Ed.), Animal in motion. Dover, New York, p. 1887.

Muybridge, E, 1901. The human figure in motion. Chapman and Hall, London.

Nadler, R, Nadler, S, 2001. Assistive devices and lower extremity orthotics in the treatment of osteoarthritis. Physical medicine and rehabilitation. State Art Rev. 15 (1), 57–64.

Naemi, R, Larose Chevalier, T, Healy, A, et al, 2012. The effect of the use of a walkway and the choice of the foot on plantar pressure assessment when using pressure platforms. The Foot. 22 (2), 100–104.

National Amputee Statistical Database for the United Kingdom (NASDAB). 2009.

Needham, R, Naemi, R, Chockalingam, N, 2015. A new coordination pattern classification to assess gait kinematics when utilising a modified vector coding technique. J. Biomech. 48 (12), 3506–3511.

Needham, R, Naemi, R, Healy, A, et al, 2016. Multi-segment kinematic model to assess three-dimensional movement of the spine and back during gait. Prosthet. Orthot. Int. 40 (5), 624–635. at: http://www.ncbi.nlm.nih.gov/pubmed/25991730. (Accessed 2015).

Needham, R, Stebbins, J, Chockalingam, N, 2016. Three-dimensional kinematics of the lumbar spine during gait using marker-based systems: a systematic review. J. Med. Eng. Technol. 40 (4), 172–185. at: http://www.ncbi.nlm.nih.gov/pubmed/27011295. (Accessed 2016).

Needham, R, Naemi, R, Chockalingam, N, 2014. Quantifying lumbar–pelvis coordination during gait using a modified vector coding technique. J. Biomech. 47, 1020–1026.

Needham, R, Naemi, R, Chockalingam, N, 2015. A new coordination pattern classification to assess gait kinematics when utilising a modified vector coding technique. J. Biomech. 48, 3506–3511.

Nelson, R.M, Currier, D.P, 1991. Clinical electrotherapy, 2nd ed. Appleton & Lange, Conneticut.

Nene, A.V, Patrick, J, 1989. Energy cost of paraplegic locomotion with the ORLAU parawalker. Paraplegia 27, 5–18.

Nene, A.V, 1993. Physiological cost index of walking in able-bodied adolescents and adults. Clin. Rehabil. 7 (4), 319–326.

Nester, C.J, van der Linden, M.L, Bowker, P, 2003. Effect of foot orthoses on the kinematics and kinetics of normal walking gait. Gait Posture 17 (2), 180–187.

Ng, G.Y, Zhang, A.Q, Li, C.K, 2008. Biofeedback exercise improved the EMG activity ratio of the medial and lateral vasti muscles in subjects with patellofemoral pain syndrome. J. Electromyogr. Kinesiol. 18 (1), 128–133. [Epub 2006 Oct 27].

Nguyen, T.C, Baker, R, 2004. Two methods of calculating thorax kinematics in children with myelomeningocele. Clin. Biomech. (Bristol, Avon) 19 (10), 1060–1065.

Nicol, A.C, 1987. A flexible electrogoniometer with widespread applications. In: Jonsson, B. (Ed.), Biomechanics XB. Human Kinetics Pub, Illinois, pp. 1029–1033.

Nicol, A.C, 1989. Measurement of joint motion. Clin. Rehabil. 3, 1–9.

Nigg, B.M, Herzog, W, 1994. Biomechanics of the musculo-skeletal system. John Wiley & Sons Ltd.

Nissel, R, Ekholm, J, 1985. Patellar forces during knee extension. Scand. J. Rehabil. Med. 17, 74.

Nisell, R, Ekholm, J, 1986. Joint load during the parallel squat in powerlifting and force analysis of in vivo bilateral quadriceps tendon rupture. Scand. J. Sports Sci. 8, 63–70.

Noyes, F.R, Schipplein, O.D, Andriacchi, T.P, et al, 1992. The anterior cruciate ligament-deficient knee with varus alignment. An analysis of gait adaptations and dynamic joint loadings. Am. J. Sports Med. 20 (6), 707–716.

Ogston, J.B, Ludewig, P.M, 2007. Differences in 3-dimensional shoulder kinematics between persons with multidirectional instability and asymptomatic controls. Am. J. Sports Med. 35, 1361–1370.

Ojima, H, Miyake, S, Kumashiro, M, et al, 1991. Dynamic analysis of wrist circumduction: a new application of the biaxial flexible electrogoniometer. Clin. Biomech. (Bristol, Avon) 6 (4), 221–229.

Olney, S.J, Grondin, R.C, McBride, I.D, 1989. Energy and power considerations in slow walking (abstract). J. Biomech. 22, 1066.

Olney, S.J, Monga, T.N, Costigan, P.A, 1986. Mechanical energy of walking of stroke patients. Arch. Phys. Med. Rehabil. 67, 92–98.

Olney, S.J, Costigan, P.A, Hedden, D.M, 1987. Mechanical energy patterns in gait of cerebral palsied children with hemiplegia. Phys. Ther. 67, 1348–1354.

Olree, K.S, Engsberg, J.R, White, D.K, 1996. Indices of effort and oxygen uptake in children with cerebral palsy. Dev. Med. Child Neurol. 38 (S74), 49–50.

Onishi, H, Yagi, R, Akasaka, K, et al, 2000. Relationship between signals and force in human vastus lateralis muscle using multipolar wire electrodes. J. Electromyogr. Kinesiol. 10, 59–67.

Orthopaedics, Biomechanics and Sports Rehabilitation edn, University of Perugia, 2005.

Osternig, L.R, James, C.R, Bercades, D.T, 1996. Eccentric knee flexor torque following anterior cruciate ligament surgery. Med. Sci. Sports Exerc. 28 (10), 1229–1234.

2000. Outcome of nonoperative and operative management. Am. J. Sports Med. 28 (3), 392–397.

Owen, E, 2010. The importance of being earnest about shank and thigh kinematics especially when using ankle-foot orthoses. Prosthet. Orthot. Int. 34 (3), 254–269.

Owings, M, Kozak, L, 1998. Ambulatory and inpatient procedures in the United States, 1996. Vital Health Stat. 39, 1–119.

Ozaki, J, Nakagawa, Y, Sakurai, G, et al, 1998. Recalcitrant chronic adhesive capsulitis of the shoulder. Role of contracture of the coracohumeral ligament and rotator interval in pathogenesis and treatment. J. Bone Joint Surg. Am. 71 (10), 1511–1515.

Paletta, G.A, Jr, Warner, J.J, Warren, R.F, et al, 1997. Shoulder kinematics with two-plane x-ray evaluation in patients with anterior instability or rotator cuff tearing. J. Shoulder Elbow Surg. 6 (6), 516–527.

Palmitier, R.A, An, K.N, Scott, S.G, et al, 1991. Kinetic chain exercise in knee rehabilitation. Sports Med. 11 (6), 402–413.

Pandy, M.G, 1999. Moment arm of a muscle force. Exerc. Sport Sci. Rev. 27, 79–118.

Panni, A, Tartarone, M, Maffulli, N, 2000. Tendinopathy in athletes. Outcome of nonoperative and operative management. Am. J. Sports Med. 28 (3), 392–397.

Pascoal, A.G, van der Helm, F.F, Pezarat Correia, P, et al, 2000. Effects of different arm external loads on the scapulo-humeral rhythm. Clin. Biomech. (Bristol, Avon) 15, S21–S24.

Passmore, R, Draper, M.H, 1965. Energy metabolism. In: Albance, A. (Ed.), Newer methods of nutritional biochemistry. Academic, New York.

Passmore, R, Durnin, J, 1955. Human energy expenditure. Phys. Rev. 35, 801–840.

Patrick, J, 1991. Gait laboratory investigations to assist decision making. Br. J. Hosp. Med. 45, 35–37.

Paul, J.P, 1967. Forces transmitted by joints in the human body. Proc. Inst. Mech. Eng. 181 (3J), 8–15.

Pearcy, M.J, et al, 1987. Dynamic back movement measured using a three-dimensional television system. J. Biomech. 20 (10), 943–949. at: http://www.ncbi.nlm.nih.gov/pubmed/3693375. (Accessed 2014).

Perry, J, 1992. Gait analysis: Normal and pathological function. SLACK Incorporated, Thorofare, NJ.

Perttunen, J.R, Anttila, E, Sodergard, J, et al, 2004. Gait asymmetry in patients with limb length discrepancy. Scand. J. Med. Sci. Sports 14 (1), 49–56.

Peters, A, et al, 2010. Quantification of soft tissue artifact in lower limb human motion analysis: a systematic review. Gait Posture 31 (1), 1–8. at: http://www.sciencedirect.com/science/article/pii/S0966636209006171. (Accessed 2015).

Petersen, W.A, Brookhart, J.M, Stone, S.A, 1965. A strain-gage platform for force measurements. J. Appl. Physiol. 20, 1095–1097, 8750–7587.

Phadke, V, Braman, J.P, LaPrade, R.F, et al, 2011. Comparison of glenohumeral motion using different rotation sequences. J. Biomech. 44 (4), 700–705.

Pierrynowski, M, Winter, D, Norman, R, 1980. Transfers of mechanical energy within the total body and mechanical efficiency during treadmill walking. Ergonomics 23.

Pierrynowski, M.R, Norman, R.W, Winter, D.A, 1981. Mechanical energy analyses of the human during local carriage on a treadmill. Ergonomics 24 (1), 1–14.

Podsiadlo, D, Richardson, S, 1991. The timed up and go: a test of basic functional mobility for frail elderly persons. J. Am. Geriatr. Soc. 39, 142–148.

Polcyn, A.F, Lipsitz, L.A, Kerrigan, C, et al, 1998. Age-related changes in the initiation of gait: degredation of central mechanisms for momentum generation. Arch. Phys. Med. Rehabil. 79, 1582–1589.

Pollack, C.V, Kerstein, M.D, 1985. Prevention of postoperative complications in the lower-extremity amputee. J. Cardiovasc. Surg. 26, 287–290.

Pollo, F.E, Otis, J.C, Backus, S.I, et al, 2002. Reduction of medial compartment loads with valgus bracing of the osteoarthritis knee. Am. J. Sports Med. 30, 414–421.

Pollo, F.E, 1998. Bracing and heel wedging for unicompartmental osteoarthritis of the knee. Am. J. Knee Surg. 11, 47–50.

Poppen, N.K, Walker, P.S, 1978. Force at the glcnohunieral joint in abduction. Clin. Orthop. 135, 165–170.

Powers, C.M, 2003. The influence of altered lower extremity kinematics on patellofemoral joint dysfunction:

a theoretical perspective. J. Orthop. Sports Phys. Ther. 33, 639–646.

Powers, C.M, Boyd, L.A, Torburn, L, et al, 1997. Stair ambulation in persons with transtibial amputation: An analysis of the Seattle LightFoot(TM). J. Rehabil. Res. Dev. 34, 9–18.

Powers, C.M, Rao, S, Perry, J, 1998. Knee kinetics in trans-tibial amputee gait. Gait Posture 8, 1–7.

Prodromos, C.C, Andriacchi, T.P, Galante, J.O, 1985. A relationship between gait and clinical changes following high tibial osteotomy. J. Bone Joint Surg. Am. 67 (8), 1188–1194.

Prymka, M, Schmidt, K, Jerosch, J, 1998. Proprioception in patients suffering from chondropathia patellae. Int. J. Sports Med. 19, S60.

Purdam, C.R, Johnson, P, Alfredson, H, et al, 2004. A pilot study of the eccentric decline squat in the management of painful chronic patellar tendinopathy. Br. J. Sports Med. 38, 395–397.

Putti, A.B, Arnold, G.P, Abboud, R.J, 2010. Foot pressure differences in men and women. Foot Ankle Surg. 16 (1), 21–24.

Quanbury, A, Winter, D, Reimer, G, 1975. Instantaneous power and power flow in body segments during walking. J. Hum. Mov. Stud. 1, 59–67.

Rab, G, Petuskey, K, Bagley, A, 2002. A method for determination of upper extremity kinematics. Gait Posture 15 (2), 113–119. at: http://www.ncbi.nlm.nih.gov/pubmed/11869904. (Accessed 2016).

Rafferty, D, Bell, F, 1995. Gait analysis – a semiautomated approach. Gait Posture 3 (3), 184.

Ralston, H, Lukin, L, 1969. Energy levels of human body segments during level walking. Ergonomics 12 (1), 39–46.

Ralston, H.J, 1958. Energy speed relation and optimal speed during level walking. Int. Z. Angew. Physiol. 17, 277.

Ramstrand, N, Nilsson, K.A, 2009. A comparison of foot placement strategies of transtibial amputees and able-bodied subjects during stair ambulation. Prosthet. Orthot. Int. 33, 348–355.

Redhead, R.G, Davis, B.C, Robinson, K.P, et al, 1978. Post-amputation pneumatic walking aid. Br. J. Surg. 65, 611–612.

Reilly, D.T, Martens, M, 1972. Experimental analysis of the quadriceps muscle force and patellofemoral joint reaction force for various activities. Acta Orthop. Scand. 43, 126–137.

Reinschmidt, C, van den Bogert, T, Nigg, B.M, et al, 1997. Effect of skin movement on the analysis of skeletal knee joint motion during running. J. Biomech. 30 (7), 729–732.

Reinschmidt, C. Three-dimensional tibiocalcaneal and tibiofemoral kinematics during human locomotion – measured with externaland bone markers. Ph.D. thesis. University of Calgary, Calgary, Alberta, 1996.

Rennie, J, Bell, F, Rafferty, D, et al, 1997. Measurement of spatial parameters of gait and velocity in schools and centres for young adults with learning disabilities. Physiotherapy 83 (7), 364.

Richards, J, Jones, R, Kim, W. Biomechanical changes in the conservative treatment of medial compartment osteoarthritis of the knee using valgus bracing. International Cartilage Repair Society, 2006a.

Richards, J.D, Pramanik, A, Sykes, L, et al, 2003. A comparison of knee kinematic characteristics of stroke patients and age-matched healthy volunteers. Clin. Rehabil. 7 (5), 565–571.

Richards, J.D, Sanchez-Ballester, J, Jones, R.K, et al, 2005. A comparison of knee braces during walking for the treatment of osteoarthritis of the medial compartment of the knee. J. Bone Joint Surg. Br. 87 (7), 937–939.

Richards, J, Selfe, J, Kilmurray, S. The biomechanics of step descent under different treatment modalities used in patellofemoral pain. 9th International conference of.

Richards, J, Thewlis, D, Selfe, J, et al. The biomechanics of single limb squats at different decline angles Enkle de Enkle congress 2006b. 2006b.

Richards, J, Thewlis, D, Selfe, J, et al, 2008. A biomechanical investigation of a single-limb squat: implications for lower extremity rehabilitation exercise. J. Athl. Train. 43 (5), 477–482.

Richardson, J.K, 1991. Rocker-soled shoes and walking distance in patients with calf claudication. Arch.

Phys. Med. Rehabil. 72 (8), 554–558.

Rigas, C, 1984. Spatial parameters of gait related to the position of the foot on the ground. Prosthet. Orthot. Int. 8 (3), 130–134.

Rine, R.M, Ward, J, Lindeblad, S, 1992. Use of angle–angle diagrams to analyze effects of lower extremity in children with cerebral palsy. Phys. Ther. 72 (Suppl.), S57–S58.

Roetenberg, D, Luinge, H, Slycke, P. Xsens MVN: Full 6DOF Human Motion Tracking Using Miniature Inertial Sensors. XSENS TECHNOLOGIES–VERSION APRIL 3, 2013. http://www.xsens.com/images/stories/PDF/MVN_white_paper.pdf.

Roos, E, Engstrom, M, Lagerquist, A, et al, 2004. Clinical improvement after 6 weeks of eccentric exercise in patients with mid – portion Achilles tendinopathy – a randomized trial with 1-year follow up. Scand. J. Med. Sci. Sports 14, 286–295.

Root, M.L, Orien, W.P, Weed, J.H, 1977. Normal and Abnormal Function of the Foot: Clinical Biomechanics, vol. 2. Clinical Biomechanics Co, Los Angeles.

Rose, J, Gamble, J.G, 1994. Human walking. Williams and Wilkins, Baltimore.

Rosenbaum, D, Hautmann, S, Gold, M, et al, 1994. Effects of walking speed on plantar pressure patterns and hindfoot angular motion. Gait Posture 2 (3), 191–197.

Rosenbaum, D, Westhues, M, Bosch, K, 2013. Effect of gait speed changes on foot loading characteristics in children. Gait Posture 28 (4), 1058–1060.

Rowe, P.J, Nicol, A.C, Kelly, I.G, 1989. Flexible goniometer computer system for the assessment of hip function. Clin. Biomech. (Bristol, Avon) 4, 68–72.

Rowell, L, Taylor, H, Wang, Y, 1964. Limitatiions to prediction of maximal oxygen intake. J. Appl. Physiol. 19 (5), 919–927.

Rozumalski, A, et al, 2008. The in vivo three-dimensional motion of the human lumbar spine during gait. Gait Posture 28 (3), 378–384. at: http://www.ncbi.nlm.nih.gov/pubmed/18585041. (Accessed 2014).

Rundquist, P, 2007. Alterations in scapular kinematics in subjects with idiopathic loss of shoulder range of motion. J. Orthop. Sports Phys. Ther. 37 (1), 19–25.

Rydell, N.W, 1966. Forces acting on the femoral head-prosthesis. A study on strain gauge supplied prostheses in living persons. Acta Orthop. Scand. 37 (Suppl. 88), 1–32.

Salsich, G.B, Brechter, J.H, Farwell, D, et al, 2002. The effects of patellar taping on knee kinetics, kinematics, and vastus lateralis muscle activity during stair ambulation in individuals with patellofemoral pain. J. Orthop. Sports Phys. Ther. 32 (1), 3–10.

Sanderson, D.J, Martin, P.E, 1997. Lower extremity kinematic and kinetic adaptations in unilateral below-knee amputees during walking. Gait Posture 6, 126–136.

Saul, K.R, Vidt, M.E, Gold, G.E, et al, 2015. Upper limb strength and muscle volume in healthy middle-aged adults. J. Appl. Biomech. 31 (6), 484–491.

Saunders, J.B.D.M, Inman, V.T, Eberhart, H.S, 1953. The major determinants in normal and pathological gait. J. Bone Joint Surg. 35A, 543–558.

Schaafsma, J.D, Balash, Y, Gurevich, T, et al, 2003. Characterization of freezing of gait subtypes and the response of each to levodopa in Parkinson's disease. Eur. J. Neurol. 10 (4), 391–398.

Schaarschmidt, M, Lipfert, S.W, Meier-Gratz, C, et al, 2012. Functional gait asymmetry of unilateral transfemoral amputees. Hum. Mov. Sci. 31, 907–917.

Schache, A.G, et al, 2002. Intra-subject repeatability of the three dimensional angular kinematics within the lumbo-pelvic-hip complex during running. Gait Posture 15 (2), 136–145. at: http://www.ncbi.nlm.nih.gov/pubmed/11869907. (Accessed 2014).

Schache, A.G, Wrigley, T.V, Blanch, P.D, et al, 2001. The effect of differing Cardan angle sequences on three dimensional lumbo-pelvic angular kinematics during running. Med. Eng. Physiother. 23 (7), 493–501.

Schenkman, M, Riley, P.O, Pieper, C, 1996. Sit to stand from progressively lower seat heights – alterations in angular velocity. Clin. Biomech. (Bristol, Avon) 11 (3), 153–158.

Schmalz, T, Blumentritt, S, Marx, B, 2007. Biomechanical analysis of stair ambulation in lower limb amputees. Gait Posture 25, 267–278.

Schwartz, M.H, Rozumalski, A, 2005. A new method

for estimating joint parameters from motion data. J. Biomech. 38 (1), 107–116.

Scott, S.H, Winter, D.A, 1990. Internal forces of chronic running injury sites. Med. Sci. Sports Exerc. 22 (2), 357–369.

Seay, J, Selbie, W.S, Hamill, J, 2008. In vivo lumbosacral forces and moments during constant speed running at different stride lengths. J. Sports Sci. 26 (14), 1519–1529. at: http://www.ncbi.nlm.nih.gov/pubmed/18937134. (Accessed 2016).

Seay, J.F, Van Emmerik, R.E.A, Hamill, J, 2011. Influence of low back pain status on pelvis-trunk coordination during walking and running. Spine 36 (16), E1070–E1079. at: http://www.ncbi.nlm.nih.gov/pubmed/21304421. (Accessed 2014).

Seedhom, B.B, Takeda, T, Tsubuku, M, et al, 1979. Mechanical factors and patellofemoral osteoarthrosis. Ann. Rheum. Dis. 38, 307–316.

Seel, T, Raisch, J, Schauer, T, 2014. IMU-based joint angle measurement for gait analysis. Sensors (Basel) 14 (4), 6891–6909.

Segal, A.D, Orendurff, M.S, Mute, G.K, et al, 2006. Kinematic and kinetic comparisons of transfemoral amputee gait using C-Leg (R) and Mauch SNS (R) prosthetic knees. J. Rehabil. Res. Dev. 43, 857–869.

Segal, A.D, Zelik, K.E, Klute, G.K, et al, 2012. The effects of a controlled energy storage and return prototype prosthetic foot on transtibial amputee ambulation. Hum. Mov. Sci. 31, 918–931.

Selfe, J, 2000. Peak 5 motion analysis of an eccentric step test performed by 100 normal subjects. Physiotherapy 86 (5), 241–247.

Selfe, J, 2004. The Patellofemoral joint: a review of primary research. Crit. Rev. Phys. Rehabil. Med. 16 (1), 1–30.

Selfe, J, Harper, L, Pedersen, I, et al, 2001a. Four outcome measures for patellofemoral joint problems: part 1 development and validity. Physiotherapy 87 (10), 507–515.

Selfe, J, Harper, L, Pedersen, I, et al, 2001b. Four outcome measures for patellofemoral joint problems: Part 2 reliability and clinical sensitivity. Physiotherapy 87 (10), 516–522.

Selfe, J, Janssen, J, Callaghan, M, et al, 2016. Are there three main subgroups within the patellofemoral pain population? A detailed characterisation study of 127 patients to help develop targeted intervention (TIPPs). Br. J. Sports Med. 50, 873–880.

Selfe, J, Richards, J, Thewlis, D, et al, 2008. The biomechanics of step descent under different treatment modalities used in patellofemoral pain. Gait Posture 27 (2), 258–263.

Selfe, J, Thewlis, D, Hill, S, et al, 2011. A clinical study of the biomechanics of step descent using different treatment modalities for patellofemoral pain. Gait Posture 34 (1), 92–96.

Selles, R.W, et al, 2001. Disorders in trunk rotation during walking in patients with low back pain: a dynamical systems approach. Clin. Biomech. (Bristol, Avon) 6 (3), 175–181. at: http://www.ncbi.nlm.nih.gov/pubmed/11240051. (Accessed 2016).

Seth, A, Matias, R, Veloso, A.P, et al, 2016. A biomechanical model of the scapulothoracic joint to accurately capture scapular kinematics during shoulder movements. PLoS ONE 11 (1), e0141028.

Shaeffer, D.K, 2013. Mems inertial sensors: A tutorial overview. Topics in integrated circuits for communications. IEEE Communications Magazine 100–109.

Shakoor, N, Lidtke, R.H, Wimmer, M.A, et al, 2013. Improvement in knee loading after use of specialized footwear for knee osteoarthritis: results of a six-month pilot investigation. Arthritis Rheum. 65, 1282–1289. doi:10.1002/art.37896.

Sharma, L, Pai, Y.C, Holtkamp, K, et al, 1997. Is knee joint proprioception worse in the arthritic knee versus the unaffected knee in unilateral knee osteoarthritis? Arthritis Rheum. 40 (8), 1518–1525.

Sherk, V, Bemben, M.G, Bemben, D.A, 2008. BMD and bone geometry in transtibial and transfemoral amputees. J. Bone Miner. Res. 23, 1449–1457.

Shinno, N, 1971. Analysis of knee function in ascending and descending stairs. Med. Sport 6, 202–207.

Shumway-Cook, A, Brauer, S, Woollacott, M, 2000. Predicting the probability for falls in community dwelling older adults using the timed up and go test. Phys. Ther. 80 (9), 896–903.

Sidway, B, Heise, G, Schoenfelder-Zohdi, B, 1995. Quantifying the variability of angle–angle plots. J. Hum. Mov. Stud. 29, 181–197.

Simonson, E, Keys, A. Working capacity in patients with orthopaedic handicaps from poliomyelitis, 1947.

Sinclair, J.K, Selfe, J, Taylor, P.J, et al, 2016. Influence of a knee brace intervention on perceived pain and patellofemoral loading in recreational athletes. Clin. Biomech. (Bristol, Avon) 37, 7–12. doi:10.1016/j.clinbiomech.2016.05.002. ISSN 0268-0033.

Singerman, R, Berilla, J, Archdeacon, M, et al, 1999. In vitro forces in the normal and cruciate deficient knee during simulated squatting motion. Trans. ASME 121, 234–242.

Sojka, A.M, Stuberg, W.A, Knutson, L.M, et al, 1995. Kinematic and electromyographic characteristics of children with cerebral palsy who exhibit genu recurvatum. Arch. Phys. Med. Rehabil. 76 (6), 558–565.

Sparrow, W.A, Donovan, E, van Emmerik, R.E.A, et al, 1987. Using relative motion plots to measure changes in intra-limb and inter-limb coordination. J. Mot. Behav. 19, 115–129.

Starholm, I.M, Mirtaheri, P, Kapetanovic, N, et al, 2016. Energy expenditure of transfemoral amputees during floor and treadmill walking with different speeds. Prosthet. Orthot. Int. 40, 336–342.

Stebbins, J, Harrington, M, Thompson, N, 2006. Repeatability of a model for measuring multi-segment foot kinematics in children. Gait Posture 23 (4), 401–410.

Steindler, A, 1955. Kiniesiology of the human body. Charles Thomas, Springfield, Il.

Stergiou, N, Giakas, G, Byrne, J.B, et al, 2002. Frequency domain characteristics of ground reaction forces during walking of young and elderly females. Clin. Biomech. (Bristol, Avon) 17 (8), 615–617.

Struyf, F, Nijs, J, Baeyens, J.P, et al, 2011. Scapular positioning and movement in unimpaired shoulders, shoulder impingement syndrome, and glenohumeral instability. Scand. J. Med. Sci. Sports 21, 352–358.

Stuart, M.J, Meglan, D.A, Lutz, G.E, et al, 1996. Comparison of intersegmental tibiofemoral joint forces and muscle activity during various closed kinetic chain exercise. Am. J. Sports Med. 24, 792–799.

Sutherland, D.H, Cooper, L, 1978. The pathomechanics of progressive crouch gait in spastic diplegia. Orthop. Clin. North Am. 9, 143–154.

Swinnen, E, et al, 2016. Thorax and pelvis kinematics during walking, a comparison between children with and without cerebral palsy: a systematic review. Neurorehabilitation 38 (2), 129–146. at: http://www.medra.org/servlet/aliasResolver?alias=iospress&doi=10.3233/NRE-161303. (Accessed 2016).

Syczewska, M, Oberg, T, Karlsson, D, 1999. Segmental movements of the spine during treadmill walking with normal speed. Clin. Biomech. (Bristol, Avon) 14 (6), 384–388. at: http://www.ncbi.nlm.nih.gov/pubmed/10521619. (Accessed 2014).

Tasi, R.Y. An efficient and accurate camera calibration technique for 3D machine vision. Proceedings of the 1986 IEEE Computer Society Conference on Computer Vision and Pattern Recognition, 1986; pp. 364–374.

Tata, J.A, Quanbury, A.O, Steinke, T.G, et al, 1978. A variable axis electrogoniometer for the measurement of simple plane movement. J. Biomech. 11, 421–425.

Taylor, A.J, Menz, H.B, Keenan, A.-M, 2004. The influence of walking speed on plantar pressure measurements using the two-step gait initiation protocol. Foot 14 (1), 49–55.

Taylor, N.F, Evans, O.M, Goldie, P.A, 1996. Angular movements of the lumbar spine and pelvis can be reliably measured after 4 minutes of treadmill walking. Clin. Biomech. (Bristol, Avon) 11 (8), 484–486. at: http://www.ncbi.nlm.nih.gov/pubmed/11415664. (Accessed 2014).

Taylor, W.R, Heller, M, Bergmann, G, et al, 2004. Tibio femoral loading during human gait and stair climbing. J. Orthop. Res. 22 (3), 625–632.

Thewlis, D, Richards, J, Bower, J, 2008. Discrepancies in knee joint moments using common anatomical frames defined by different palpable landmarks. J. Appl. Biomech. 24 (2), 185–190.

Thewlis, D, Richards, J, Bower, J. Discrepancies in knee joint moments using common anatomical frames defined by different palpable landmarks. Journal of Applied Biomechanics (in press).

Thorstensson, A, et al, 1984. Trunk movements in human locomotion. Acta Physiol. Scand. 121 (1), 9–22. at: http://www.ncbi.nlm.nih.gov/pubmed/6741583. (Accessed 2014).

Thummerer, Y, et al, 2012. Is age or speed the predominant factor in the development of trunk movement in normally developing children? Gait Posture 35 (1), 23–28. at: http://www.sciencedirect.com/science/article/pii/S0966636211002426. (Accessed 2014).

Thurston, A.J, 1982. Repeatability studies of a television/computer system for measuring spinal and pelvic movements. J. Biomed. Eng. 4 (2), 129–132. at: http://www.ncbi.nlm.nih.gov/pubmed/7070066. (Accessed 2014).

Toutoungi, D.E, Lu, T.W, Leardini, A, et al, 2000. Cruciate ligament forces in the human knee during rehabilitation exercises. Clin. Biomech. (Bristol, Avon) 15, 176–187.

Turcot, K, Aissaoui, R, Boivin, K, et al, 2008. Test-retest reliability and minimal clinical change determination for 3-dimensional tibial and femoral accelerations during treadmill walking in knee osteoarthritis patients. Arch. Phys. Med. Rehabil. 89 (4), 732–737.

van der Helm, F, 1994a. A finite element musculoskeletal model of the shoulder mechanism. J. Biomech. 27 (5), 551–569.

Van de Walle, P, et al, 2012. Increased mechanical cost of walking in children with diplegia: the role of the passenger unit cannot be neglected. Res. Dev. Disabil. 33 (6), 1996–2003. at: http://www.ncbi.nlm.nih.gov/pubmed/22750355. (Accessed 2016).

Van Emmerik, R.E.A, et al, 2005. Age-related changes in upper body adaptation to walking speed in human locomotion. Gait Posture 22 (3), 233–239. at: http://www.ncbi.nlm.nih.gov/pubmed/16214663. (Accessed 2016).

van Wegen, E, de Goede, C, Lim, I, et al, 2006. The effect of rhythmic somato-sensory cueing on gait in patients with Parkinson's disease. J. Neurol. Sci. 248 (1-2), 210–214.

Vanicek, N, Strike, S, Mcnaughton, L, et al, 2009. Gait patterns in transtibial amputee fallers vs. non-fallers: Biomechanical differences during level walking. Gait Posture 29, 415–420.

Vanicek, N, Strike, S.C, Mcnaughton, L, et al, 2010. Lower limb kinematic and kinetic differences between transtibial amputee fallers and non-fallers. Prosthet. Orthot. Int. 34, 399–410.

Vanicek, N, Strike, S.C, Polman, R, 2015. Kinematic differences exist between transtibial amputee fallers and non-fallers during downwards step transitioning. Prosthet. Orthot. Int. 39, 322–332.

Vermeulen, H.M, Stokdijk, M, Eilers, P.H, et al, 2002. Measurement of three dimensional shoulder movement patterns with an electromagnetic tracking device in patients with a frozen shoulder. Ann. Rheum. Dis. 61, 115–120.

Viton, J.M, Timsit, M, Mesure, S, et al, 2000. Asymmetry of gait initiation in patients with unilateral knee arthritis. Arch. Phys. Med. Rehabil. 81 (2), 194–200.

Von Eisenhart-Rothe, R, Matsen, F.A, Eckstein, F, et al, 2005. Pathomechanics in atraumatic shoulder instability: scapular positioning correlates with humeral head centering. Clin. Orthop. Relat. Res. 433, 82–89.

Wagner, H, 1990. Pelvic tilt and leg length correction. Orthopade. 19 (5), 273–277.

Wall, J.C, Ashburn, A, 1979. Assessment of gait disability in hemiplegics. Scand. J. Rehabil. Med. 11, 95–103.

Wall, J.C, Charteris, J, Turnbull, G, 1987. Two steps equals one stride equals what? Clin. Biomech. (Bristol, Avon) 2, 119–125.

Wang, J.W, Kuo, K.N, Andriacchi, T.P, et al, 1990. The influence of walking mechanics and time on the results of proximal tibial osteotomy. J. Bone Joint Surg. Am. 72 (6), 905–909.

Warner, J.J, Micheli, L.J, Arslanian, L.E, et al, 1992. Scapulothoracic motion in normal shoulders and shoulders with glenohumeral instability and impingement syndrome: a study using moiré topographic analysis. Clin. Orthop. Relat. Res. 285, 191–199.

Wentink, E.C, Prinsen, E.C, Rietman, J.S, et al, 2013.

Comparison of muscle activity patterns of transfemoral amputees and control subjects during walking. J. Neuroengineering Rehabil. 10, 11.

Wiberg, G, 1941. Roentgenographic and anatomic studies on the femoropatellar joint. Acta Orthop. Scand. 12, 319–410.

Wilk, K, Dynamic Muscle strength testing. In: Amundsen, L.T. (Ed.), Muscle strength testing instrumented and non-instrumented systems. Churchill Livingstone, New York, (Chapter 5).

Wilk, K.E, Escamilla, R.F, Fleisig, G.S, et al, 1996. A comparison of tibiofemoral joint forces and electromyographic activity during open and closed kinetic chain exercises. Am. J. Sports Med. 24, 518–527.

Williams, G.N, Krishnan, C, 2007. Articular neurophysiology and sensorimotor control. In: Magee, D.J, Zachewski, J.E, Quillen, W.S. (Eds.), Scientific Foundations and Principles of Practice in Musculoskeletal Rehabilitation. Saunders, Misouri.

Winter, D, 1995. Human balance and posture control during standing and walking. Gait Posture 3 (4), 193–214.

Winter, D.A, 1993. Knowledge base for diagnostic gait assessments. Med. Prog. Technol. 19 (2), 61–81.

Winter, D.A, 1978. Energy assessment in pathological gait. Physiother. Can. 30, 183–191.

Winter, D.A. A. B. C. (Anatomy, Biomechanics, Control) of Balance during Standing and Walking. ISBN : 0-9699420-0-1, 1995.

Winter, D.A. Knowledge base for diagnostic gait assessments.

Winter, D.A, Quanbury, A.O, Reimer, G.D, 1976. Analysis of instantaneous energy of normal gait. J. Biomech. 9 (4), 253–257.

Winter, D.A, Sienko, S.E, 1988. Biomechanics of below-knee amputee gait. J. Biomech. 21, 361–367.

Wolf, E.J, Everding, V.Q, Linberg, A.L, et al, 2012. Assessment of transfemoral amputees using C-Leg and Power Knee for ascending and descending inclines and steps. J. Rehabil. Res. Dev. 49, 831–842.

Wolff, S.L, 1978. Essential considerations in the use of EMG Biofeedback. Phys. Ther. 58, 25.

Woltring, H.J, 1976. Calibration and measurement in 3-dimensional monitoring of human motion by optoelectronic means. II. Experimental results and discussion. Biotelemetry 3 (2), 65–97.

Woltring, H.J, 1980. Planar control in multi-camera calibration for three- dimensional gait studies. J. Biomech. 13 (1), 39–48.

Woltring, H.J, 1982. Estimation and precision of 3D kinematics by analytical photogrametery. Comput. Med. 232–241.

Woltring, H.J, Huiskes, R, de Lange, A, 1985. Finite centroid and helical axis estimation from noisy landmark measurements in the study of human joint kinematics. J. Biomech. 18 (5), 379–389.

Wong, D.W.C, Lam, W.K, Yeung, L.F, et al, 2015. Does long-distance walking improve or deteriorate walking stability of transtibial amputees? Clin. Biomech. (Bristol, Avon) 30, 867–873.

Wood, G.A, Jennings, L.S, 1979. On the use of spline functions for data smoothing. J. Biomech. 12, 477–479.

Woodburn, J, Nelson, K.M, Siegel, K.L, et al, 2004. Multisegment foot motion during gait: proof of concept in rheumatoid arthritis. J. Rheumatol. 31 (10), 1918–1927.

Wretenberg, P, Feng, Y, Arborelius, U.P, 1996. High and low bar squatting techniques during weight training. Med. Sci. Sports Exerc. 22, 218–224.

Wright, F, 1994. Accident prevention and risk taking by elderly people: The need for advice. Age Concern, London.

Wu, G, et al, 2005. ISB recommendation on definitions of joint coordinate systems of various joints for the reporting of human joint motion – Part II: shoulder, elbow, wrist and hand. J. Biomech. 38 (5), 981–992. at: http://www.sciencedirect.com/science/article/pii/S002192900400301X. (Accessed 2014).

Wu, G, Siegler, S, Allard, P, et al, 2002. Standardization and Terminology Committee of the International Society of Biomechanics. ISB recommendation on definitions of joint coordinate system of various joints for the reporting of human joint motion – part I: ankle, hip, and spine. International Society of Biomechanics. J. Biomech. 35 (4), 543–548.

Wu, G, van der Helm, F.C, Veeger, H.E, et al,

2005. International Society of Biomechanics. ISB recommendation on definitions of joint coordinate systems of various joints for the reporting of human joint motion – part II: shoulder, elbow, wrist and hand. J. Biomech. 38 (5), 981–992.

Wunderlich, R.E, Cavanagh, P.R, 2001. Gender differences in adult foot shape: implications for shoe design. Med. Sci. Sports Exerc. 33 (4), 605–611.

Wurdeman, S.R, Huisinga, J.M, Filipi, M, et al, 2011. Multiple sclerosis affects the frequency content in the vertical ground reaction forces during walking. Clin. Biomech. (Bristol, Avon) 26 (2), 207–212. doi:10.1016/j.clinbiomech.2010.09.021. [Epub 2010 Oct 29].

Yack, H.J, Nielsen, D.H, Shurr, D.G, 1999. Kinetic patterns during stair ascent in patients with transtibial amputations using three different prostheses. J. Prosthet. Orthot. 11, 57–62.

Young, M, Cook, J, Purdam, C, et al, 2005. Eccentric decline squat protocol offers superior results at 12 months compared with traditional eccentric protocol for patellar tendinopathy in volleyball players. Br. J. Sports Med. 39, 102–105.

Zatsiorsky, V, Seluyanov, V, 1983. The mass and inertia characteristics of the main segments of the body. In: Matsui, H, Kobayashi, K. (Eds.), Biomechanics VIII–B. Human Kinetics Publishers, Champaign, IL, pp. 1152–1159.

Ziegler-Graham, K, Mackenzie, E.J, Ephraim, P.L, et al, 2008. Estimating the prevalence of limb loss in the United States: 2005 to 2050. Arch. Phys. Med. Rehabil. 89, 422–429.